Übungs- und Lernbuch Wahrscheinlichkeitstheorie und Stochastik

Niklas Hebestreit-Düsing

Übungs- und Lernbuch Wahrscheinlichkeitstheorie und Stochastik

Theoretische Hintergründe und Anwendungen mit Python

Niklas Hebestreit-Düsing
Leipzig, Sachsen, Deutschland

ISBN 978-3-662-72719-5 ISBN 978-3-662-72720-1 (eBook)
https://doi.org/10.1007/978-3-662-72720-1

Die Deutsche Nationalbibliothek verzeichnet diese Publikation in der Deutschen Nationalbibliografie; detaillierte bibliografische Daten sind im Internet über https://portal.dnb.de abrufbar.

Planung/Lektorat: Anna Sippel
Springer Spektrum ist ein Imprint der eingetragenen Gesellschaft Springer-Verlag GmbH, DE und ist ein Teil von Springer Nature.
Die Anschrift der Gesellschaft ist: Heidelberger Platz 3, 14197 Berlin, Germany

Für meine Frau Louisa

Einleitung

Dieses Werk ist als Übungs- und Lernbuch zur Wahrscheinlichkeitstheorie und Stochastik konzipiert. Es richtet sich an Studierende, die sich im Rahmen ihres Studiums mit diesen Themen auseinandersetzen; auch interessierte Schülerinnen und Schüler sowie autodidaktisch Lernende finden hier verständliche und relevante Inhalte.

In diesem Buch ergeben sich naturgemäß zahlreiche Berührungspunkte mit der Maßtheorie und der Integrationstheorie, die daher ebenfalls zentrale Bestandteile sind. Diese Verflechtungen sind naheliegend, denn die Wahrscheinlichkeitstheorie baut in zentralen Teilen auf diesen Konzepten auf. Für die Bearbeitung der Aufgaben ist es hilfreich, jedoch nicht zwingend erforderlich, dass grundlegende Kenntnisse der Analysis I und der linearen Algebra vorhanden sind.

Vor diesem Hintergrund bilden die behandelten Themen das Fundament zahlreicher Anwendungen, von der mathematischen Statistik über die Finanzmathematik bis hin zum maschinellen Lernen. Insbesondere ist die Maß- und Integrationstheorie unverzichtbar, um Zufallsgrößen und ihre Verteilungen präzise zu fassen. Ebenso bilden die verschiedenen Konvergenzbegriffe das Rückgrat für asymptotische Resultate wie den zentralen Grenzwertsatz, ein Schlüsselkonzept in Statistik und Datenanalyse.

In Anlehnung an die Werke [5–7] gliedert sich dieses Buch in drei Teile: Übungsaufgaben, Lösungshinweise und ausführliche Lösungen. Die Aufgaben sind thematisch geordnet und behandeln Definitionen grundlegender Begriffe, die Anwendung abstrakter Resultate sowie die Lösung praktischer Fragestellungen.

Ein besonderes Merkmal dieses Buches ist die konsequente Verknüpfung der theoretischen Inhalte mit der Anwendung moderner Softwarewerkzeuge wie zum Beispiel `Python` und `SageMath`. Durch diese Herangehensweise wird es möglich, die gestellten Aufgaben und Probleme nicht nur theoretisch, sondern auch rechnerisch und graphisch zu lösen. Mithilfe dieser Programme können Ergebnisse approximiert, Lösungsansätze überprüft und anschauliche Darstellungen erstellt werden. So gelingt es, zentrale Fragestellungen der Wahrscheinlichkeitstheorie und Stochastik mit den Möglichkeiten der Programmierung zu verknüpfen und einen tieferen Einblick in die Materie zu gewinnen.

Das erste Kapitel dieses Buches führt in die Grundlagen ein: Mengen und Ereignisse, kombinatorische Fragestellungen, Eigenschaften von Funktionen und Abbildungen, topologische Räume und Eigenschaften stetiger Abbildungen.

Das zweite Kapitel widmet sich den zentralen Mengensystemen der Wahrscheinlichkeitstheorie und Stochastik: σ-Algebren, erzeugte σ-Algebren und Dynkin-Systeme. Hier finden sich auch Aufgaben zu messbaren Abbildungen und Zufallsvariablen sowie deren Eigenschaften.

Im dritten Kapitel geht es um Wahrscheinlichkeitsräume und ihre Eigenschaften, Beispiele für Wahrscheinlichkeitsmaße, bedingte Wahrscheinlichkeiten, unabhängige Ereignisse und verschiedene Zufallsexperimente. Bekannte Paradoxa wie das Geburtstagsparadoxon oder das Monty-Hall-Problem (Ziegenproblem) werden hier ebenfalls behandelt.

Das vierte Kapitel behandelt die Transformation von Wahrscheinlichkeitsmaßen, darunter Bildmaße, Maße mit Dichten, Verteilungen, Verteilungsfunktionen sowie unabhängige Zufallsvariablen.

Das fünfte Kapitel widmet sich der Integration bezüglich eines Wahrscheinlichkeitsmaßes sowie der Untersuchung von Kenngrößen von Zufallsvariablen. Hierbei werden nicht nur technische Fragen, sondern auch Methoden zur Berechnung von Erwartungswerten und Varianzen für unterschiedliche Verteilungen behandelt. Zudem werden Sätze wie die von Fubini und Tonelli sowie der Transformationssatz thematisiert.

Im vorletzten Kapitel stehen erzeugende Funktionen im Mittelpunkt, darunter wahrscheinlichkeitserzeugende Funktionen, momenterzeugende Funktionen und charakteristische Funktionen. Diese Werkzeuge sind besonders nützlich, da sie die Bestimmung von Momenten oder sogar ganzer Verteilungen erleichtern.

Das letzte Kapitel des ersten Teils widmet sich der Konvergenz von Folgen von Zufallsvariablen: fast sichere Konvergenz, stochastische Konvergenz, Konvergenz im p-ten Mittel, schwache Konvergenz und Konvergenz in Verteilung. Hier wird auch der zentrale Grenzwertsatz vorgestellt, begleitet von Anwendungsbeispielen.

Es ist selbstverständlich, dass man beim Lösen von Aufgaben nicht immer sofort den passenden Lösungsansatz parat hat. Das ist völlig normal. Daher enthält dieses Buch zu jeder Aufgabe einen Hinweis, der eine erste Beweisidee oder einen nützlichen Ansatz liefert, ohne die Lösung vorwegzunehmen, sodass Sie selbstständig arbeiten und hoffentlich erfolgreich zur Lösung finden können.

Um Ihre Arbeit zu überprüfen, finden Sie zu jeder Aufgabe eine ausführlich ausgearbeitete Musterlösung. Neben der Standardlösung werden, wo sinnvoll, auch alternative Herangehensweisen diskutiert oder in Bemerkungen angedeutet. Diese sollen Ihnen helfen, die Ergebnisse in einen größeren mathematischen Zusammenhang einzuordnen und gegebenenfalls nützliche Zusatzinformationen zu erhalten.

Ein wichtiger Hinweis zur Nutzung: Versuchen Sie bitte, sich zunächst intensiv mit jeder Aufgabe auseinanderzusetzen, bevor Sie auf den Lösungshinweis oder gar die Musterlösung zurückgreifen. Dazu gehört insbesondere das Nachschlagen relevanter Definitionen und Zusammenhänge. Gerade diese Phase des eigenständigen Überlegens und Entwickelns von Lösungsansätzen ist entscheidend, da sie wesentlich zum Verständnis beiträgt.

Einige Aufgaben erfordern die Unterstützung durch Programme wie `Python` oder `SageMath`. Hierbei geht es nicht um die eleganteste oder schnellste Lösung, sondern um das praktische Nachvollziehen von Resultaten. Den im Buch dargestellten Code finden Sie auf meinem GitHub-Repository unter

https://github.com/MathNiklasHebestreit/Uebungsbuch-Wahrscheinlichkeitstheorie-und-Stochastik-Code.git

Den Code können Sie eigenständig ausprobieren, testen und nach Belieben anpassen.

Dieses Buch erhebt keinen Anspruch auf Vollständigkeit – zweifellos gibt es viele Themen der Wahrscheinlichkeitstheorie und Stochastik, die hier nur gestreift oder gar nicht behandelt werden.

Trotz mehrfacher und sorgfältiger Korrekturen können Fehler oder Unstimmigkeiten im Text vorkommen. Sollten Sie solche entdecken oder Verbesserungsvorschläge haben, freue ich mich über Ihre Rückmeldung per E-Mail

math.niklas.hebestreit@gmail.com

Ich wünsche Ihnen viel Freude und Erfolg bei der Arbeit mit diesem Übungsbuch und hoffe, dass es Ihnen dabei hilft, die wesentlichen Konzepte und Ergebnisse der Wahrscheinlichkeitstheorie und Stochastik zu verstehen und praktisch anwenden zu können.

Leipzig
2026

Dr. Niklas Hebestreit-Düsing

Notationen und Software

Dieses Buch folgt im Wesentlichen den in der Maß- und Integrationstheorie sowie in der Wahrscheinlichkeitstheorie und Stochastik gebräuchlichen Notationen. Vergleichen Sie dazu auch die hervorragenden Werke [3, 12]. Eine kompakte Übersicht über die meisten in diesem Buch verwendeten Notationen und Definitionen bietet insbesondere Kap. 1 von [7].

Um Missverständnisse zu vermeiden, halten wir einige in der Literatur uneinheitlich verwendete Notationen und Schreibweisen kurz fest: Wird in einer Rechnung ein spezielles Resultat herangezogen, kennzeichnen wir dies durch „(!)“. Beispielsweise schreiben wir

$$\mathfrak{a} \overset{(!)}{=} \mathfrak{b}$$

und betonen damit, dass die Gleichheit der beiden Objekte $\mathfrak{a}$ und $\mathfrak{b}$ aufgrund eines gewissen Resultats gilt.

Wir schreiben $A \sqcup B$ für die *disjunkte Vereinigung* der Mengen A und B. Eine analoge Notation verwenden wir für disjunkte Vereinigungen von Familien von Mengen. Für eine Menge X ist $\mathfrak{P}(X)$ die *Potenzmenge,* also die Menge aller Teilmengen von X. Eine Teilmenge $\mathfrak{E} \subseteq \mathfrak{P}(X)$ heißt *Mengensystem;* ihre Elemente sind selbst wieder Mengen. Mengensysteme notieren wir mit Frakturbuchstaben wie $\mathfrak{A}$, $\mathfrak{B}$, $\mathfrak{C}$, $\mathfrak{D}$, $\mathfrak{E}$ und so weiter. Die Menge der *positiven reellen Zahlen* bezeichnen wir mit $\mathbb{R}_{>0}$, die der *nichtnegativen* mit $\mathbb{R}_{\geq 0}$. Mit $\overline{\mathbb{R}}$ meinen wir die *erweiterten reellen Zahlen,* also $\mathbb{R}$ ergänzt um die beiden Symbole $-\infty$ und $+\infty$.

Im gesamten Buch bezeichnet $\mathfrak{B}(\mathbb{R}^q)$ die *Borelsche σ-Algebra* auf $\mathbb{R}^q$; ferner steht $\beta^q : \mathfrak{B}(\mathbb{R}^q) \to \overline{\mathbb{R}}$ für das *Borel-Lebesgue-Maß* auf $(\mathbb{R}^q, \mathfrak{B}(\mathbb{R}^q))$, das in der Literatur häufig kurz Lebesgue-Maß genannt und mit λ^q abgekürzt wird.

Bei der Bezeichnung der in diesem Buch verwendeten Verteilungen folgen wir [12]. Die folgenden Bezeichnungen werden konsequent im gesamten Buch verwendet:

$\mathbf{B}(p)$	*Bernoulli-Verteilung*
$\mathbf{Be}(\alpha, \gamma)$	*Beta-Verteilung*
$\mathbf{Bin}(n, p)$	*Binomial-Verteilung*
$\mathbf{Ca}(\alpha, \gamma)$	*Cauchy-Verteilung*
δ_ω	*Dirac-Verteilung*
$\mathbf{Exp}(\alpha)$	*Exponential-Verteilung*
$\mathbf{Ga}(\alpha, \gamma)$	*Gamma-Verteilung*
$\mathbf{Geo}(p)$	*geometrische Verteilung*
$\mathbf{N}(\mu, \sigma^2)$	*Normal-Verteilung*
$\mathbf{N}(0, 1)$	*Standardnormal-Verteilung*
$\mathbf{Pa}(\alpha, \gamma)$	*Pareto-Verteilung (europäischer Art)*
$\mathbf{Pan}(a, b)$	*Panjer-Verteilung*
$\mathbf{P}(\alpha)$	*Poisson-Verteilung*
$\mathbf{U}(a, b)$	*uniforme Verteilung*

Einige Aufgaben in diesem Buch erfordern das Entwickeln kurzer Programme in `Python` oder `SageMath`. `Python` ist eine vielseitige, gut lesbare und leicht zu lernende Programmiersprache. `SageMath` ist ein frei verfügbares Computeralgebrasystem, das `Python` als Benutzersprache nutzt und zahlreiche mathematische Bibliotheken unter einer gemeinsamen Oberfläche bündelt. Beide müssen Sie nicht lokal installieren; sie lassen sich auch direkt im Browser nutzen, etwa über

https://jupyter.org/try-jupyter/lab/

für `Python` beziehungsweise

https://sagecell.sagemath.org/

für `SageMath`. Alle Codebeispiele in den Hinweisen und Lösungen dieses Buches werden stets abgesetzt dargestellt, wie das folgende Beispiel zur Berechnung der Fibonacci-Folge zeigt:

```
def fibonacci(n):
    """
    Computes the n-th element in the Fibonacci sequence.

    Argument:
        n (int): A nonnegative integer.
    Result:
        (int): The n-th element in the Fibonacci sequence.
    """

    # Initial values
    a, b = 0, 1
    # Iteratively compute successive elements
    for _ in range(n):
        a, b = b, a + b
    return a

# Compute the 117th Fibonacci number
print(fibonacci(117))

126493703204299739348832 2
```

Bezeichner und Kommentare sind, wie in der Programmierpraxis üblich, auf Englisch; zur besseren Lesbarkeit und zum besseren Verständnis werden die Funktionen ausführlich dokumentiert. Die Programmausgabe ist, wie unten gezeigt, in Rot gesetzt.

Der in diesem Buch entwickelte Code in `Python` und `SageMath` erhebt keinen Anspruch auf Kürze, Eleganz oder Effizienz; im Vordergrund steht die möglichst klare Veranschaulichung der zugrunde liegenden Konzepte und Programmiertechniken. Ich freue mich über alternative, elegantere oder effizientere Lösungen und nehme sie gern in mein GitHub-Repository auf.

Inhaltsverzeichnis

Abbildungsverzeichnis

Teil I
Aufgaben

Grundlagen 1

Dieses Kapitel behandelt grundlegende Konzepte der Mengenlehre, Kombinatorik und Topologie. Darüber hinaus können Sie Eigenschaften mengenwertiger Folgen sowie Abbildungen und Funktionen nachweisen. Die Inhalte dieses Kapitels sind essenziell für das Verständnis der folgenden Kapitel.

1.1 Mengen und Ereignisse

Im Mittelpunkt dieses Abschnitts stehen Mengen und Ereignisse.

Aufgabe 1 Seien A und B beliebige Mengen. Beweisen Sie die folgenden Identitäten:

(a) $A \setminus (A \setminus B) = A \cap B$
(b) $A \setminus B = B^c \setminus A^c$
(c) $A \cap B^c = A \triangle (A \cap B)$
(d) $A \triangle B = (A^c \cap B^c)^c \cap (A \cap B)^c$

Aufgabe 2 Gegeben seien die vier Mengen

$$A := \{1, 2, 3, 4\}, \quad B := \{1, 3, 5, 7\}, \quad C := \{5, 6, 7, 8\}, \quad D := \{1, 2, 5, 8\}$$

Bearbeiten Sie die folgenden Teilaufgaben in `SageMath`:

(a) Bestimmen Sie die Schnittmenge $A \cap B$ sowie die Vereinigungen $A \cup B$ und $B \cup C \cup D$.

N. Hebestreit-Düsing, *Übungs- und Lernbuch Wahrscheinlichkeitstheorie und Stochastik*, https://doi.org/10.1007/978-3-662-72720-1_1

(b) Ermitteln Sie die Potenzmenge von A. Geben Sie anschließend alle Teilmengen von A an, die eine gerade Mächtigkeit haben. Untersuchen Sie, ob $\{1, 2\}$ eine Teilmenge von A ist.
(c) Berechnen Sie $A \setminus B$ und $A \setminus (B \cup C \cup D)$.
(d) Bestimmen Sie $A \triangle B$, $B \triangle A$ und $A \triangle (B \triangle C)$.

Aufgabe 3 (Defekte Bauteile einer Maschine). Eine Maschine bestehe aus vier Bauteilen, die ausfallen können oder funktionieren. Für jedes $k \in \{1, 2, 3, 4\}$ bezeichne A_k das Ereignis, dass das k-te Bauteil defekt ist. Beschreiben Sie die folgenden Ereignisse mithilfe geeigneter Mengenoperationen:

(a) *Alle* Bauteile sind defekt.
(b) *Kein* Bauteil ist defekt.
(c) *Genau ein* Bauteil ist defekt.
(d) *Mindestens ein* Bauteil ist defekt.

Stellen Sie die vier Ereignisse anschließend in einem Venn-Diagramm (Mengendiagramm) dar.

Aufgabe 4 (De Morgansche Regeln). Sei X eine Menge, I eine beliebige Indexmenge und $(A_i)_{i \in I}$ eine Familie von Teilmengen von X. Beweisen Sie die beiden De Morganschen Regeln

$$\left(\bigcup_{i \in I} A_i\right)^c = \bigcap_{i \in I} A_i^c$$

und

$$\left(\bigcap_{i \in I} A_i\right)^c = \bigcup_{i \in I} A_i^c$$

Aufgabe 5 (Mächtigkeit der Potenzmenge). Sei X eine endliche Menge. Zeigen Sie, dass für die Mächtigkeit der Potenzmenge

$$|\mathfrak{P}(X)| = 2^{|X|}$$

gilt. Die Potenzmenge von X enthält also genau $2^{|X|}$ Teilmengen. Verifizieren Sie diese Identität anschließend exemplarisch für eine vier-elementige Menge mithilfe von `SageMath`.

1.2 Kombinatorik

Dieser Abschnitt behandelt grundlegende Resultate und Konzepte der Kombinatorik. Dazu gehören zum Beispiel die vier Urnenmodelle *Ziehen mit/ohne Zurücklegen unter/ohne Beachtung der Reihenfolge,* das Prinzip des doppelten Abzählen oder der binomische Lehrsatz.

Aufgabe 6 (Urnenmodelle). Viele Zufallsexperimente lassen sich durch ein gemeinsames abstraktes Modell mit Regeln beschreiben: Aus einer Gesamtheit von Individuen werden zufällig einige ausgewählt. Hierbei betrachtet man in der Regel eine Urne, in der sich mehrere Kugeln unterschiedlicher Ausprägungen befinden. Aus dieser werden zufällig Kugeln gezogen und registriert. Man unterscheidet dabei das Ziehen mit/ohne Zurücklegen und unter/ohne Beachtung der Reihenfolge. Seien nun $k, n \in \mathbb{N}$ mit $k \in \{1, \ldots, n\}$ beliebige Zahlen. Wir stellen uns vor, dass die Kugeln der Urne von 1 bis n beschriftet werden und wir zufällig k viele Kugeln ziehen. Dabei ergeben sich die folgenden vier Mengen von Ergebnissen, die in Abb. 1.1 dargestellt sind:

(1) Ziehen mit Zurücklegen unter Beachtung der Reihenfolge:

$$\Omega^1_{k,n} := \{1, \ldots, n\}^k$$

(2) Ziehen ohne Zurücklegen unter Beachtung der Reihenfolge:

$$\Omega^2_{k,n} := \left\{(x_1, \ldots, x_k) \in \Omega^1_{k,n} \mid x_i \neq x_j \text{ für } i, j \in \{1, \ldots, k\} \text{ und } i \neq j\right\}$$

(3) Ziehen mit Zurücklegen ohne Beachtung der Reihenfolge:

$$\Omega^3_{k,n} := \left\{(x_1, \ldots, x_k) \in \Omega^1_{k,n} \mid 1 \leq x_1 \leq \ldots \leq x_k \leq n\right\}$$

(4) Ziehen ohne Zurücklegen ohne Beachtung der Reihenfolge:

$$\Omega^4_{k,n} := \left\{(x_1, \ldots, x_k) \in \Omega^1_{k,n} \mid 1 \leq x_1 < \ldots < x_k \leq n\right\}$$

(a) $\Omega^1_{2,6}$

(b) $\Omega^2_{2,6}$

(c) $\Omega^3_{2,6}$

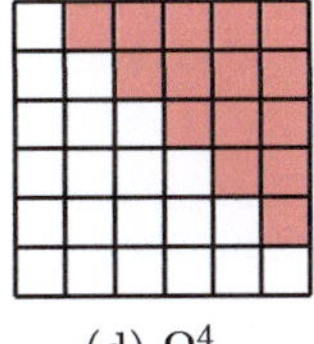

(d) $\Omega^4_{2,6}$

Abb. 1.1 Illustration der vier Urnenmodelle im Fall $k = 2$ und $n = 6$

Wir sind nun daran interessiert, aus wie vielen Ergebnissen die obigen vier Mengen bestehen. Verifizieren Sie dazu zuerst die drei Beziehungen

$$\Omega^4_{k,n} = \Omega^2_{k,n} \cap \Omega^3_{k,n}, \qquad \Omega^4_{k,n} \subseteq \Omega^2_{k,n} \subseteq \Omega^1_{k,n}, \qquad \Omega^4_{k,n} \subseteq \Omega^3_{k,n} \subseteq \Omega^1_{k,n}$$

und beweisen Sie anschließend die Formeln

$$|\Omega^1_{k,n}| = n^k, \qquad |\Omega^2_{k,n}| = \frac{n!}{(n-k)!},$$

$$|\Omega^3_{k,n}| = \binom{n+k-1}{k}, \qquad |\Omega^4_{k,n}| = \binom{n}{k}$$

Aufgabe 7 Bearbeiten Sie die folgenden Teilaufgaben:

(a) Wie viele voneinander verschiedene dreistellige Zahlen kann man mithilfe der Ziffern 1, 2, 3, 4 und 5 bilden? Wie viele Möglichkeiten gibt es, wenn jede Ziffer nur höchstens einmal in der zu bildenden Zahl vorkommen darf?
(b) Auf einer Feier unterhält sich jeder der acht Gäste mit einem anderen Gast. Ermitteln Sie, wie viele verschiedene Gespräche zwischen zwei Personen möglich sind.
(c) Wie viele Möglichkeiten gibt es, beim *Lotto* 6 *aus* 49 genau vier Richtige zu haben?
(d) Bei der Beurteilung der Klangqualität von 15 Lautsprecher-Boxen ist in der Weise zu verfahren, dass die Tester jeweils zwei Boxen durch aufeinanderfolgendes Anhören miteinander vergleichen. Um die Objektivität der Tester zu überprüfen, soll auch jede Box mit sich selbst in der angegebenen Weise verglichen werden. Wie viele Hörvergleiche sind durchzuführen, wenn es auf die Reihenfolge, in der zwei Boxen angehört werden, nicht ankommt?
(e) Aus einer Fußballmannschaft von 11 Personen erhalten drei verschiedene Spieler eine Auszeichnung. Wie viele Auszeichnungen sind möglich?
(f) Ein Kartenspiel bestehe aus 60 verschiedenen Karten. Davon sind acht Sonderkarten. Wie viele Möglichkeiten gibt es, alle Karten unter vier Spielern gleichmäßig aufzuteilen? Wie viele Möglichkeiten gibt es, dass ein Spieler alle Sonderkarten ausgeteilt bekommt?

Aufgabe 8 (Kommissionen in einer Klasse). Eine Klasse bestehe aus neun Mädchen und sieben Jungen.

(a) Wie viele Kommissionen aus vier Kindern sind möglich?
(b) Wie viele Kommissionen können aus genau drei Mädchen und zwei Jungen gebildet werden?
(c) Wie viele Kommissionen aus gleich vielen Mädchen und Jungen können gebildet werden?

Aufgabe 9 (Doppeltes Abzählen). Bearbeiten Sie die beiden folgenden Teilaufgaben:

(a) Zeigen Sie

$$\binom{n}{k} = \binom{n}{n-k}$$

für natürliche Zahlen $k, n \in \mathbb{N}_0$ mit $k \in \{0, \ldots, n\}$.

(b) Beweisen Sie für beliebige Zahlen $k, m, n \in \mathbb{N}_0$ mit $k \leq m \leq n$ die Identität

$$\binom{n}{m}\binom{m}{k} = \binom{n}{k}\binom{n-k}{m-k}$$

Gehen Sie in beiden Teilaufgaben insbesondere auf die kombinatorische Bedeutung der Identitäten ein.

Aufgabe 10

(a) (Pascalsches Dreieck). Beweisen Sie für $k, n \in \mathbb{N}$ mit $k \in \{1, \ldots, n\}$ die rekursive Darstellung der Binomialkoeffizienten

$$\binom{n+1}{k} = \binom{n}{k} + \binom{n}{k-1}$$

Vergleichen Sie auch Abb. 1.2.

(b) (Binomischer Lehrsatz). Beweisen Sie für $x, y \in \mathbb{R}$ und $n \in \mathbb{N}_0$ die Identität

$$(x+y)^n = \sum_{k=0}^{n} \binom{n}{k} x^{n-k} y^k$$

$$\binom{0}{0}$$
$$\binom{1}{0} \quad \binom{1}{1}$$
$$\binom{2}{0} \quad \binom{2}{1} \quad \binom{2}{2}$$
$$\binom{3}{0} \quad \binom{3}{1} \quad \binom{3}{2} \quad \binom{3}{3}$$
$$\binom{4}{0} \quad \binom{4}{1} \quad \binom{4}{2} \quad \binom{4}{3} \quad \binom{4}{4}$$
$$\binom{5}{0} \quad \binom{5}{1} \quad \binom{5}{2} \quad \binom{5}{3} \quad \binom{5}{4} \quad \binom{5}{5}$$

Abb. 1.2 Illustration des Pascalschen Dreiecks: Ab der dritten Zeile ist jeder Eintrag die Summe der zwei darüberstehenden Einträge

Aufgabe 11 Sei stets $n \in \mathbb{N}$ beliebig.

(a) Zeigen Sie die Identität

$$\sum_{k=0}^{n} \binom{n}{k} = 2^n$$

und verifizieren Sie diese anschließend für $n = 1000$ in `Python`.

(b) Beweisen Sie

$$\sum_{k=0}^{n} k \binom{n}{k} = n2^{n-1}$$

(c) Zeigen Sie die Identität

$$\left(\sum_{k=0}^{n} \binom{n}{k} \right)^2 = \sum_{k=0}^{2n} \binom{2n}{k}$$

(d) Beweisen Sie

$$\sum_{k=0}^{n} (-1)^k \binom{n}{k} = 0$$

und verifizieren Sie die Identität anschließend für $n = 1000$ in `Python`.

1.3 Folgen von Mengen

In diesem Abschnitt werden Eigenschaften und Konvergenzsätze mengenwertiger Folgen behandelt.

Aufgabe 12 Erklären Sie, wann eine Folge von Mengen als *konvergent* bezeichnet wird. Begründen Sie anschließend, dass der Limes Inferior einer solchen Folge stets eine Teilmenge des Limes Superior ist.

Aufgabe 13 Sei $(A'_n)_{n \in \mathbb{N}}$ eine beliebige Folge von Mengen. Zeigen Sie, dass die Folge $(A_n)_{n \in \mathbb{N}}$ mit

$$A_n := \bigcup_{k=1}^{n} A'_k$$

konvergent ist. Seien weiter A und B zwei beliebige Mengen. Untersuchen Sie anschließend die Folge $(B_n)_{n\in\mathbb{N}}$ mit

$$B_n := \begin{cases} A & \text{falls } n \in 2\mathbb{N} \\ B & \text{falls } n \in 2\mathbb{N}_0 + 1 \end{cases}$$

auf Konvergenz.

Aufgabe 14 (Konvergenzsatz für monotone Folgen). Weisen Sie nach, dass jede monotone Folge $(A_n)_{n\in\mathbb{N}}$ von Mengen konvergent ist. Zeigen Sie dazu

$$\lim_{n\to+\infty} A_n = \bigcup_{n=1}^{+\infty} A_n$$

falls $(A_n)_{n\in\mathbb{N}}$ wachsend und

$$\lim_{n\to+\infty} A_n = \bigcap_{n=1}^{+\infty} A_n$$

falls die Folge $(A_n)_{n\in\mathbb{N}}$ fallend ist.

Aufgabe 15 Sei $(A_n)_{n\in\mathbb{N}}$ eine Folge von Mengen und A eine beliebige Menge.

(a) Beweisen Sie $A_n \to A$ genau dann, wenn $A_n^{\mathsf{c}} \to A^{\mathsf{c}}$.
(b) Zeigen Sie $A_n \to A$ genau dann, wenn $\chi_{A_n} \to \chi_A$. Die Folge $(A_n)_{n\in\mathbb{N}}$ von Mengen konvergiert also genau dann gegen A, wenn die Funktionenfolge $(\chi_{A_n})_{n\in\mathbb{N}}$ punktweise gegen die Indikatorfunktion χ_A konvergiert.

1.4 Funktionen und Abbildungen

Im Mittelpunkt dieses Abschnitts stehen Eigenschaften von Funktionen und Abbildungen. Insbesondere die Resultate aus Aufgabe 16 finden in der Wahrscheinlichkeitstheorie und Stochastik häufig Anwendung.

Aufgabe 16 (Operationstreue der Urbildfunktion). Sei $f : X \to Y$ eine Abbildung zwischen den Mengen X und Y. Beweisen Sie die folgenden Eigenschaften der Urbildfunktion:

(a) (Vereinigung und Durchschnitt). Ist I eine beliebige Indexmenge und B_i für jedes $i \in I$ eine Teilmenge von Y, so gelten

$$f^{-1}\left(\bigcup_{i\in I} B_i\right) = \bigcup_{i\in I} f^{-1}(B_i), \qquad f^{-1}\left(\bigcap_{i\in I} B_i\right) = \bigcap_{i\in I} f^{-1}(B_i)$$

(b) (Differenz und symmetrische Differenz). Für zwei Teilmengen B und B' von Y gelten die Identitäten

$$f^{-1}(B \setminus B') = f^{-1}(B) \setminus f^{-1}(B'), \qquad f^{-1}(B \triangle B') = f^{-1}(B) \triangle f^{-1}(B')$$

(c) (Komplementbildung). Für jede Teilmenge B von Y gilt

$$f^{-1}(B^c) = \left(f^{-1}(B)\right)^c$$

(d) (Monotonie). Für zwei Teilmengen B und B' von Y mit $B \subseteq B'$ gilt die Inklusion

$$f^{-1}(B) \subseteq f^{-1}(B')$$

Aufgabe 17 (Eigenschaften der Indikatorfunktion). Beweisen Sie die folgenden Eigenschaften der Indikatorfunktion:

(a) Für jede beliebige Menge A gelten stets

$$\chi_A \cdot \chi_{A^c} = 0, \qquad \chi_A + \chi_{A^c} = 1$$

(b) Für zwei Mengen A und B gelten

$$\chi_{A \cap B} = \chi_A \cdot \chi_B, \qquad \chi_A + \chi_B = \chi_{A \cup B} + \chi_{A \cap B}$$

(c) Eine Folge $(A_n)_{n \in \mathbb{N}}$ von Mengen ist genau dann wachsend beziehungsweise fallend, wenn die Folge der Indikatorfunktionen $(\chi_{A_n})_{n \in \mathbb{N}}$ wachsend beziehungsweise fallend ist.

1.5 Topologische Räume und stetige Abbildungen

Dieser Abschnitt behandelt verschiedene Eigenschaften und Beispiele topologischer Räume. Weiter werden stetige Abbildungen zwischen topologischen und metrischen Räumen untersucht. In Aufgabe 23 können Sie mithilfe von topologischen Mitteln nachweisen, dass es unendlich viele Primzahlen gibt.

Aufgabe 18 (Definition topologischer Raum). Erklären Sie die Begriffe *Topologie* und *topologischer Raum.*

Aufgabe 19 (Teilraumtopologie). Sei $(X, \mathfrak{O}_X)$ ein topologischer Raum und Y eine beliebige Teilmenge von X. Beweisen Sie, dass die sogenannte *Teilraumtopologie*

$$\mathfrak{O}_{X|Y} := \{U \cap Y \mid U \in \mathfrak{O}_X\}$$

eine Topologie auf Y definiert.

Aufgabe 20 (Topologie eines metrischen Raums). Es sei (X, d) ein metrischer Raum. Beweisen Sie, dass das Mengensystem

$$\mathfrak{O}_X := \{U \subseteq X \mid \text{für alle } x \in U \text{ gibt es } \varepsilon \in \mathbb{R}_{>0} \text{ mit } \mathbb{B}(x, \varepsilon) \subseteq U\}$$

eine Topologie auf X definiert. Die Topologie $\mathfrak{O}_X$ heißt von der Metrik *erzeugte Topologie* oder *metrische Topologie* auf X. Dabei wird die Menge

$$\mathbb{B}(x, \varepsilon) := \{y \in X \mid d(x, y) < \varepsilon\}$$

offene Kugel um $x \in X$ mit Radius $\varepsilon \in \mathbb{R}$ genannt.

Aufgabe 21 Sei (X, d) ein metrischer Raum. Neben der offenen Kugel bezeichnet

$$\overline{\mathbb{B}}(x, \varepsilon) := \{y \in X \mid d(x, y) \leq \varepsilon\}$$

die *abgeschlossene Kugel* um $x \in X$ mit Radius $\varepsilon \in \mathbb{R}$. Beweisen Sie, dass $\mathbb{B}(x, \varepsilon)$ offen und $\overline{\mathbb{B}}(x, \varepsilon)$ abgeschlossen bezüglich der metrischen Topologie ist.

Aufgabe 22 Sei (X, d) ein metrischer Raum, sei $x \in X$ und sei weiter $\varepsilon \in \mathbb{R}$ beliebig. Zeigen Sie durch ein geeignetes Gegenbeispiel

$$\overline{\mathbb{B}(x, \varepsilon)} \neq \overline{\mathbb{B}}(x, \varepsilon)$$

Damit stimmt der Abschluss einer offenen Kugel im Allgemeinen *nicht* mit der entsprechenden abgeschlossenen Kugel überein.

Aufgabe 23 (Unendlichkeit der Primzahlen). In dieser Aufgabe soll mithilfe von topologischen Mitteln gezeigt werden, dass es unendlich viele Primzahlen gibt. Gehen Sie dazu wie folgt vor:

(a) (Topologie auf $\mathbb{Z}$). Weisen Sie nach, dass durch die folgende Festlegung eine Topologie auf den ganzen Zahlen $\mathbb{Z}$ erklärt wird: Eine Teilmenge U von $\mathbb{Z}$ heißt *offen,* wenn sie entweder leer ist oder es zu jedem $a \in U$ eine Zahl $b \in \mathbb{N}$ mit $a + b\mathbb{Z} \subseteq U$ gibt.

(b) Beweisen Sie die beiden folgenden Hilfsaussagen:

(α) Jede nichtleere und offene Teilmenge von $\mathbb{Z}$ besitzt unendlich viele Elemente.

(β) Jede Menge der Form $a + b\mathbb{Z}$ mit $a \in \mathbb{Z}$ und $b \in \mathbb{N}$ ist gleichzeitig sowohl offen als auch abgeschlossen.

(c) Es bezeichne $\mathbb{P}$ die Menge der Primzahlen. Beweisen Sie

$$\bigcup_{p\in\mathbb{P}} p\mathbb{Z} = \mathbb{Z} \setminus \{-1, 1\}$$

Begründen Sie anschließend anhand der obigen Gleichung, dass es unendlich viele Primzahlen gibt.

Aufgabe 24 (Charakterisierung stetiger Abbildungen). Es seien $(X, \mathfrak{O}_X)$ und $(Y, \mathfrak{O}_Y)$ zwei topologische Räume. Eine Abbildung $f : X \to Y$ heißt $\mathfrak{O}_X$-$\mathfrak{O}_Y$-*stetig* oder kurz *stetig*, falls

$$f^{-1}(U) \in \mathfrak{O}_X$$

für alle $U \in \mathfrak{O}_Y$ gilt. In anderen Worten: Das Urbild jeder offenen Teilmenge von Y ist offen in X. Beweisen Sie, dass die folgenden Aussagen äquivalent sind:

(a) f ist stetig.
(b) Das Urbild jeder abgeschlossenen Teilmenge von Y ist abgeschlossen in X.
(c) Für jedes $x \in X$ und jede Umgebung V von $f(x)$ in Y ist $f^{-1}(V)$ eine Umgebung von x in X.
(d) Für jede Basis $\mathfrak{B}_Y$ von $\mathfrak{O}_Y$ gilt $f^{-1}(B) \in \mathfrak{O}_X$ für alle $B \in \mathfrak{B}_Y$.

Aufgabe 25 (Stetigkeit der Komposition). Seien $(X, \mathfrak{O}_X)$, $(Y, \mathfrak{O}_Y)$ und $(Z, \mathfrak{O}_Z)$ topologische Räume sowie $f : X \to Y$ und $g : Y \to Z$ stetige Abbildungen. Weisen Sie nach, dass dann auch die Komposition $g \circ f : X \to Z$ von f und g eine stetige Abbildung ist.

Aufgabe 26 Seien (X, d) und (Y, ρ) zwei metrische Räume. Eine Abbildung $f : X \to Y$ heißt *stetig in* $x \in X$, wenn es für alle $\varepsilon \in \mathbb{R}_{>0}$ ein $\delta \in \mathbb{R}_{>0}$ gibt, derart, dass für alle $y \in X$ mit $d(x, y) < \delta$ auch $\rho(f(x), f(y)) < \varepsilon$ gilt. Beweisen Sie die Äquivalenz der beiden folgenden Aussagen:

(a) f ist stetig im Sinne von Aufgabe 24.
(b) Für alle $x \in X$ ist f stetig in x.

Mengensysteme und Zufallsvariablen 2

Im ersten Teil dieses Kapitels können Sie die wesentlichen Eigenschaften und Zusammenhänge der für die Maß- und Integrationstheorie sowie Wahrscheinlichkeitstheorie und Stochastik wichtigsten Mengensysteme studieren. Dazu gehören beispielsweise monotone Klassen, Algebren, (erzeugte) σ-Algebren und (erzeugte) Dynkin-Systeme. Ein besonderes Augenmerk sollten Sie hierbei auf die Aufgaben 28, 30, 32, 33, 35, 37 und 38 legen. Im Abschn. 2.4 werden die grundlegenden Eigenschaften messbarer Abbildungen und Zufallsvariablen behandelt. Besonders relevante Aufgaben hierzu sind die Aufgaben 39, 40, 41 und 44.

2.1 σ-Algebren

Dieser Abschnitt ist der wohl wichtigsten Struktur der Maß- und Integrationstheorie sowie der Wahrscheinlichkeitstheorie und Stochastik gewidmet: der σ-Algebra.

Aufgabe 27 Sei X eine überabzählbare Menge. Beweisen Sie, dass das Mengensystem

$$\mathfrak{A} := \{A \subseteq X \mid A \text{ oder } A^{\mathrm{c}} \text{ ist höchstens abzählbar}\}$$

eine σ-Algebra auf X definiert. Dabei heißt eine Menge *höchstens abzählbar*, wenn sie entweder endlich oder abzählbar ist.

Aufgabe 28 (Eigenschaften von σ-Algebren). Sei $\mathfrak{A}$ eine σ-Algebra über der Menge X. Beweisen Sie die folgenden Aussagen:

N. Hebestreit-Düsing, *Übungs- und Lernbuch Wahrscheinlichkeitstheorie und Stochastik*, https://doi.org/10.1007/978-3-662-72720-1_2

(a) Es gilt $\emptyset \in \mathfrak{A}$.
(b) Für jede Folge $(A_n)_{n\in\mathbb{N}}$ von Mengen aus $\mathfrak{A}$ gilt auch

$$\bigcap_{n=1}^{+\infty} A_n \in \mathfrak{A}$$

(c) Für endlich viele Mengen $A_k \in \mathfrak{A}$ mit $k \in \{1, \ldots, n\}$ gelten

$$\bigcup_{k=1}^{n} A_k \in \mathfrak{A}, \qquad \bigcap_{k=1}^{n} A_k \in \mathfrak{A}$$

Folglich gehören die Vereinigung und der Durchschnitt jeder endlichen Familie aus $\mathfrak{A}$ zur σ-Algebra $\mathfrak{A}$.
(d) Für jede Folge $(A_n)_{n\in\mathbb{N}}$ von Mengen aus $\mathfrak{A}$ gelten

$$\liminf_{n\to+\infty} A_n \in \mathfrak{A}, \qquad \limsup_{n\to+\infty} A_n \in \mathfrak{A}$$

das heißt, der Limes Inferior und Limes Superior jeder Folge von Mengen aus $\mathfrak{A}$ gehört ebenfalls zur σ-Algebra $\mathfrak{A}$.
(e) Seien $A, B \in \mathfrak{A}$ zwei beliebige Mengen. Dann gelten

$$A \cup B \in \mathfrak{A}, \qquad A \cap B \in \mathfrak{A}, \qquad A \setminus B \in \mathfrak{A}, \qquad A \triangle B \in \mathfrak{A}$$

Die σ-Algebra $\mathfrak{A}$ ist also stabil bezüglich der Vereinigung, dem Durchschnitt, der Differenz und der symmetrischen Differenz von Mengen aus $\mathfrak{A}$.

Aufgabe 29 (Initial-σ-Algebra). Sei $f : X \to Y$ eine Abbildung zwischen den Mengen X und Y sowie $\mathfrak{B}$ eine beliebige σ-Algebra auf Y. Weisen Sie nach, dass das Mengensystem

$$f^{-1}(\mathfrak{B}) := \{f^{-1}(B) \mid B \in \mathfrak{B}\}$$

eine σ-Algebra auf X definiert. Dieses wird *Initial-σ-Algebra* genannt.

Aufgabe 30 (Borelsche σ-Algebra). Sei $(X, \mathfrak{O}_X)$ ein topologischer Raum. Erklären Sie, wie die *Borelsche σ-Algebra*

$$\mathfrak{B}(X)$$

auf X definiert ist. Begründen Sie anschließend, dass $\mathfrak{B}(X)$ vom System der abgeschlossenen Teilmengen von X erzeugt wird.

Aufgabe 31 In dieser Aufgabe soll nachgewiesen werden, dass eine Teilmenge B von $\mathbb{R}^q$ zur Borelschen σ-Algebra $\mathfrak{B}(\mathbb{R}^q)$ gehört, falls es zu jedem $\varepsilon \in \mathbb{R}_{>0}$ eine offene Menge $U \subseteq \mathbb{R}^q$ und eine abgeschlossene Menge $A \subseteq \mathbb{R}^q$ mit den Eigenschaften

$$A \subseteq B \subseteq U, \qquad \beta^q(U \setminus A) < \varepsilon$$

gibt. Weisen Sie dazu die folgenden Aussagen nach:

(a) Das Mengensystem

$$\mathfrak{B}^q := \left\{ B \in \mathfrak{B}(\mathbb{R}^q) \mid \inf_{A \subseteq B \subseteq U} \beta^q(U \setminus A) = 0 \right\}$$

definiert eine Algebra über $\mathbb{R}^q$. Dabei wird das Infimum für jedes $B \in \mathfrak{B}(\mathbb{R}^q)$ über alle offenen Mengen $U \subseteq \mathbb{R}^q$ und alle abgeschlossenen Mengen $A \subseteq \mathbb{R}^q$ mit $A \subseteq B \subseteq U$ gebildet.

(b) $\mathfrak{B}^q$ ist eine monotone Klasse.

(c) Das System $\mathfrak{B}^q$ definiert eine σ-Algebra über $\mathbb{R}^q$ und es gilt

$$\mathfrak{B}^q = \mathfrak{B}(\mathbb{R}^q)$$

2.2 Erzeugte σ-Algebren

Dieser Abschnitt widmet sich sogenannten erzeugten σ-Algebren. Diese sind von großem Interesse, da man viele Aussagen über σ-Algebren auf den Erzeuger zurückführen kann. Auf diese Weise lassen sich praktische Aussagen und Kriterien, beispielsweise für die Messbarkeit einer reellen Funktion, herleiten.

Aufgabe 32 (Eigenschaften der erzeugten σ-Algebra). Sei X eine Menge und sei $\mathfrak{E} \subseteq \mathfrak{P}(X)$ ein beliebiges System von Teilmengen von X. Dann wird das Mengensystem

$$\sigma(\mathfrak{E}) := \bigcap_{\substack{\mathfrak{A} \text{ ist } \sigma\text{-Algebra auf } X \\ \mathfrak{E} \subseteq \mathfrak{A}}} \mathfrak{A}$$

die von $\mathfrak{E}$ erzeugte σ-Algebra auf X genannt. Das System $\mathfrak{E}$ wird *Erzeuger* von $\sigma(\mathfrak{E})$ genannt. Beweisen Sie die folgenden Eigenschaften der erzeugten σ-Algebra:

(a) (Wohldefiniertheit)**.** Das System $\sigma(\mathfrak{E})$ definiert eine σ-Algebra auf X.

(b) (Extensivität)**.** Es gilt $\mathfrak{E} \subseteq \sigma(\mathfrak{E})$. Das heißt, die von $\mathfrak{E}$ erzeugte σ-Algebra auf X enthält den Erzeuger $\mathfrak{E}$ als Teilmenge.

(c) (Monotonie). Für zwei Mengensysteme $\mathfrak{E}, \mathfrak{E}' \subseteq \mathfrak{P}(X)$ mit $\mathfrak{E} \subseteq \mathfrak{E}'$ gilt stets $\sigma(\mathfrak{E}) \subseteq \sigma(\mathfrak{E}')$.
(d) (Idempotenz). Es gilt $\sigma(\sigma(\mathfrak{E})) = \sigma(\mathfrak{E})$.
(e) (Minimalität). Ist $\mathfrak{E}$ sogar eine σ-Algebra auf X, so gilt $\sigma(\mathfrak{E}) = \mathfrak{E}$. Damit ist $\sigma(\mathfrak{E})$ die bezüglich mengentheoretischer Inklusion kleinste σ-Algebra auf X, die $\mathfrak{E}$ enthält.

Aufgabe 33 (Erzeuger der Borelschen σ-Algebra auf $\mathbb{R}^q$). Weisen Sie nach, dass jedes der folgenden Mengensysteme ein durchschnittstabiler Erzeuger der Borelschen σ-Algebra $\mathfrak{B}(\mathbb{R}^q)$ ist:

$$\begin{aligned} \mathfrak{O}^q &:= \{U \subseteq \mathbb{R}^q \mid U \text{ ist offen}\}, \\ \mathfrak{C}^q &:= \{A \subseteq \mathbb{R}^q \mid A \text{ ist abgeschlossen}\}, \\ \mathfrak{I}^q &:= \{(a, b] \mid a, b \in \mathbb{R}^q\}, \\ \mathfrak{I}_0^q &:= \{(-\infty, b] \mid b \in \mathbb{R}^q\} \end{aligned}$$

Aufgabe 34 (Konstruktion erzeugter σ-Algebren). Es sei X eine Menge, $n \in \mathbb{N}$ eine natürliche Zahl und $\mathfrak{E} := \{E_1, \ldots, E_n\}$ ein Mengensystem, das aus endlich vielen Teilmengen von X besteht. Im Folgenden sollen Sie eine Konstruktionsmethode für die Berechnung der von $\mathfrak{E}$ erzeugten σ-Algebra auf X nachvollziehen. Gehen Sie dazu wie folgt vor:

(a) (Partition der Menge X). Für eine Teilmenge E von X werden $E^0 := E^c$ und $E^1 := E$ definiert. Weiter wird

$$E_\alpha := \bigcap_{k=1}^{n} E_k^{\alpha_k} \tag{2.1}$$

für $\alpha \in \{0, 1\}^n$ gesetzt. Weisen Sie nach, dass das System

$$\mathfrak{P} := \{E_\alpha \mid \alpha \in \{0, 1\}^n\} \setminus \{\emptyset\}$$

eine Partition von X ist.
(b) Es bezeichne $\mathfrak{A}$ das Mengensystem, das aus allen endlichen Vereinigungen von Mengen aus $\mathfrak{P}$ besteht, also

$$\mathfrak{A} := \left\{ \bigsqcup_{E \in \mathfrak{I}} E \mid \mathfrak{I} \subseteq \mathfrak{P} \right\}$$

Beweisen Sie $\sigma(\mathfrak{E}) = \mathfrak{A}$, das heißt, die von $\mathfrak{E}$ erzeugte σ-Algebra stimmt mit $\mathfrak{A}$ überein.

(c) Bestimmen Sie mithilfe der Konstruktionsmethode aus Teil (b) die vom System

$$\mathfrak{E} := \{\{1\}, \{2, 3\}\}$$

erzeugte σ-Algebra auf der Menge $X := \{1, 2, 3, 4\}$. Bestätigen Sie Ihr Ergebnis mithilfe von `SageMath`.

(d) (Implementierung des Konstruktionsverfahrens). Implementieren Sie beispielsweise in `SageMath` die Funktion

```
generate_sigma_algebras(X)
```

die alle σ-Algebren über einer endlichen Menge X berechnet. Geben Sie anschließend alle σ-Algebren über $\{1\}$, $\{1, 2\}$ und $\{1, 2, 3\}$ an.

(e) Untersuchen Sie, welches der beiden Mengensysteme

$$\mathfrak{A} := \big\{\emptyset, \{1\}, \{3\}, \{1, 2\}, \{3, 4\}, \{1, 3, 4\}, \{2, 3, 4\}, \{1, 2, 3, 4\}\big\}$$

und

$$\mathfrak{B} := \big\{\emptyset, \{1\}, \{2\}, \{1, 3\}, \{1, 3, 4\}, \{2, 3, 4\}, \{1, 2, 3, 4\}\big\}$$

eine σ-Algebra über der Menge $\{1, 2, 3, 4\}$ definiert.

2.3 Dynkin-Systeme

Dieser Abschnitt befasst sich mit Dynkin-Systemen und ihrem Zusammenhang zu σ-Algebren.

Aufgabe 35 (Charakterisierung von Dynkin-Systemen). Sei X eine Menge und $\mathfrak{D} \subseteq \mathfrak{P}(X)$ ein Mengensystem. Beweisen Sie, dass die folgenden Aussagen äquivalent sind:

(a) $\mathfrak{D}$ ist ein Dynkin-System auf X.

(b) $\mathfrak{D}$ ist eine monotone Klasse mit $X \in \mathfrak{D}$ und für alle Mengen $A, B \in \mathfrak{D}$ mit $A \subseteq B$ gilt $B \setminus A \in \mathfrak{D}$.

Aufgabe 36 Bestimmen Sie das vom Mengensystem

$$\mathfrak{E} := \big\{\{1, 2\}, \{1, 3\}\big\}$$

erzeugte Dynkin-System über der Menge $\{1, 2, 3, 4\}$. Diskutieren Sie, ob es sich dabei sogar um eine σ-Algebra handelt.

Aufgabe 37 (Eigenschaften von Dynkin-Systemen) Sei X eine beliebige Menge und sei $\mathfrak{E} \subseteq \mathfrak{P}(X)$ ein Mengensystem. Beweisen Sie die folgenden drei Aussagen:

(a) Jede σ-Algebra auf X ist auch ein Dynkin-System auf X.
(b) Es gilt immer

$$\delta(\mathfrak{E}) \subseteq \sigma(\mathfrak{E})$$

Dabei bezeichnet $\delta(\mathfrak{E})$ das von $\mathfrak{E}$ erzeugte Dynkin-System auf X und $\sigma(\mathfrak{E})$ die von $\mathfrak{E}$ erzeugte σ-Algebra auf X.
(c) Ein durchschnittstabiles Dynkin-System auf X ist eine σ-Algebra auf X.

Aufgabe 38 (Lebesguesche σ-Algebra). Sei X eine beliebige Menge und sei $\eta : \mathfrak{P}(X) \to \overline{\mathbb{R}}$ ein äußeres Maß. Eine Teilmenge A von X heißt *η-messbar* oder *Carathéodory-messbar*, falls

$$\eta(B) \geq \eta(B \cap A) + \eta(B \cap A^{c})$$

für alle Teilmengen B von X gilt. Beweisen Sie, dass das System der η-messbaren Mengen

$$\mathfrak{A}_{\eta} := \{A \subseteq X \mid A \text{ ist } \eta\text{-messbar}\}$$

ein durchschnittsstabiles Dynkin-System über X und damit eine σ-Algebra über X ist. Diese wird *Lebesguesche σ-Algebra* über X genannt.

2.4 Messbare Abbildungen und Zufallsvariablen

In diesem Abschnitt können Sie die wesentlichen Eigenschaften von messbaren Abbildungen und Zufallsvariablen beweisen. Diese sind für das Verständnis aller weiteren Aufgaben in diesem Buch von großem Vorteil.

Aufgabe 39 Sei $(\Omega, \mathfrak{F})$ ein messbarer Raum und sei $X : \Omega \to \mathbb{R}$ eine Funktion. Erklären Sie, wann X eine *(reelle) Zufallsvariable* genannt wird. Begründen Sie, dass dies genau dann der Fall ist, wenn

$$\{X \leq \alpha\} \in \mathfrak{F}$$

für alle $\alpha \in \mathbb{R}$ gilt.

Aufgabe 40 Zeigen Sie, dass die folgenden Funktionen $\mathfrak{B}(\mathbb{R})$-$\mathfrak{B}(\mathbb{R})$-messbar beziehungsweise $\mathfrak{B}(\mathbb{R}^2)$-$\mathfrak{B}(\mathbb{R})$-messbar sind:

(a) $f : \mathbb{R} \to \mathbb{R}$ mit $f(x) := x^q$ und $q \in \mathbb{N}_0$
(b) (Dirichlet-Funktion). $f : \mathbb{R} \to \mathbb{R}$ vermöge

$$f(x) := \begin{cases} 1 & \text{falls } x \in \mathbb{Q} \\ 0 & \text{sonst} \end{cases}$$

(c) (Zähldichte der Poisson-Verteilung). $f : \mathbb{R} \to \mathbb{R}$ mit

$$f(k) := \begin{cases} \mathrm{e}^{-\alpha} \dfrac{\alpha^k}{k!} & \text{falls } k \in \mathbb{N}_0 \\ 0 & \text{sonst} \end{cases}$$

und $\alpha \in \mathbb{R}_{>0}$
(d) $f : \mathbb{R}^2 \to \mathbb{R}$ vermöge $f(x_1, x_2) := x_1$

Aufgabe 41 (Messbarkeit der Komposition). Seien $(X, \mathfrak{A})$, $(Y, \mathfrak{B})$ und $(Z, \mathfrak{C})$ messbare Räume, sei $f : X \to Y$ eine $\mathfrak{A}$-$\mathfrak{B}$-messbare Abbildung und sei $g : Y \to Z$ eine $\mathfrak{B}$-$\mathfrak{C}$-messbare Abbildung. Zeigen Sie, dass dann die Komposition $g \circ f : X \to Z$ von f und g eine $\mathfrak{A}$-$\mathfrak{C}$-messbare Abbildung ist.

Aufgabe 42 Sei $(\Omega, \mathfrak{F})$ ein messbarer Raum, seien $X, Y : \Omega \to \mathbb{R}$ zwei reelle Zufallsvariablen und sei $\alpha \in \mathbb{R}$ eine beliebige Zahl. Begründen Sie, dass jede der Mengen

$$\{X \leq \alpha Y\}, \qquad \{X = Y\}, \qquad \{XY \leq \alpha\}, \qquad \{X \leq \alpha,\ Y \geq \alpha\}$$

zur σ-Algebra $\mathfrak{F}$ gehört.

Aufgabe 43 Sei $\mathfrak{A}$ die vom Mengensystem $\mathfrak{E} := \{\{1\}, \{2, 3, 4\}\}$ erzeugte σ-Algebra über der Menge $X := \{1, 2, 3, 4\}$.

(a) Weisen Sie nach, dass die Funktion $f : X \to \mathbb{R}$ mit $f(x) := x^2 + 1$ nicht $\mathfrak{A}$-$\mathfrak{B}(\mathbb{R})$-messbar ist.
(b) Geben Sie eine $\mathfrak{A}$-$\mathfrak{B}(\mathbb{R})$-messbare Funktion von X nach $\mathbb{R}$ an.

Aufgabe 44 Seien $(X, \mathfrak{O}_X)$ und $(Y, \mathfrak{O}_Y)$ zwei topologische Räume. Beweisen Sie die $\mathfrak{B}(X)$-$\mathfrak{B}(Y)$-Messbarkeit einer stetigen Abbildung von X nach Y.

Aufgabe 45 Sei $(X, \mathfrak{A})$ ein messbarer Raum. Beweisen Sie die Äquivalenz der beiden folgenden Aussagen:

(a) Die Funktion $f : X \to \mathbb{R}^q$ mit $f = (f_1, \ldots, f_q)$ ist $\mathfrak{A}$-$\mathfrak{B}(\mathbb{R}^q)$-messbar.
(b) Jede Koordinatenfunktion ist $\mathfrak{A}$-$\mathfrak{B}(\mathbb{R})$-messbar. Das heißt, für jeden Index $k \in \{1, \ldots, q\}$ ist $f_k : X \to \mathbb{R}$ eine $\mathfrak{A}$-$\mathfrak{B}(\mathbb{R})$-messbare Funktion.

Aufgabe 46 Eine nichtnegative Funktion $f : \mathbb{R} \to \mathbb{R}$ heißt *Zähldichte,* wenn es eine höchstens abzählbare Teilmenge C von $\mathbb{R}$ mit $f(x) = 0$ für $x \in \mathbb{R} \setminus C$ und

$$\sum_{x \in C} f(x) = 1$$

gibt.

(a) (Messbarkeit von Zähldichten)**.** Beweisen Sie die $\mathfrak{B}(\mathbb{R})$-$\mathfrak{B}(\mathbb{R})$-Messbarkeit einer Zähldichte.

(b) (Zähldichte der Binomial-Verteilung)**.** Beweisen Sie, dass die Funktion $f : \mathbb{R} \to \mathbb{R}$ mit

$$f(k) := \begin{cases} \binom{n}{k} p^k (1-p)^{n-k} & \text{falls } k \in \{0, \ldots, n\} \\ & \text{sonst} \end{cases}$$

eine Zähldichte definiert. Zeigen Sie weiter, dass die obige Zähldichte der Rekursion

$$f(k+1) = \frac{n-k}{k+1} \cdot \frac{p}{1-p} \cdot f(k)$$

für $k \in \{0, \ldots, n-1\}$ genügt.

Aufgabe 47 Es sei $n \in \mathbb{N}$ eine natürliche Zahl und sei $p : \mathbb{R} \to \mathbb{R}$ eine Zähldichte mit

$$\sum_{k=1}^{n} p_k = 1$$

wobei zur Abkürzung $p_k := p(k)$ für jeden Index $k \in \{1, \ldots, n\}$ gesetzt wird.

(a) Beweisen Sie

$$\sum_{k=1}^{n} \left(p_k^2 - \frac{1}{n^2} \right) = \sum_{k=1}^{n} \left(p_k - \frac{1}{n} \right)^2$$

(b) Zeigen Sie

$$\sum_{k=1}^{n} p_k^2 \geq \frac{1}{n}$$

und untersuchen Sie anschließend, wann in der obigen Ungleichung Gleichheit vorliegt.

Aufgabe 48 (Vektorraum der messbaren Funktionen) Sei $(X, \mathfrak{A})$ ein messbarer Raum und sei V ein Vektorraum von Funktionen von X nach $\mathbb{R}$ mit den folgenden Eigenschaften:

(α) $1 \in V$.
(β) Jeder Limes einer wachsenden Folge von Funktionen aus V gehört wieder zur Menge V.

Bearbeiten Sie die beiden folgenden Teilaufgaben:

(a) Beweisen Sie, dass das Mengensystem

$$\mathfrak{D} := \{A \in \mathfrak{A} \mid \chi_A \in V\}$$

ein Dynkin-System auf X definiert.
(b) Sei $\mathfrak{E} \subseteq \mathfrak{P}(X)$ ein durchschnittstabiler Erzeuger von $\mathfrak{A}$ mit $\chi_A \in V$ für alle $A \in \mathfrak{E}$. Beweisen Sie, dass dann alle $\mathfrak{A}$-$\mathfrak{B}(\mathbb{R})$-messbaren Funktionen von X nach $\mathbb{R}$ zu V gehören.

Wahrscheinlichkeitsräume 3

In diesem Kapitel lernen Sie die grundlegenden Eigenschaften und Beispiele von Wahrscheinlichkeitsräumen und Wahrscheinlichkeitsmaßen kennen. Ein solides Verständnis der Resultate aus dem ersten Abschnitt ist dabei essenziell, da diese als Fundament für die weiteren Inhalte des Buches dienen. Besonderes Augenmerk liegt im zweiten Abschnitt auf bedingten Wahrscheinlichkeitsmaßen sowie zentralen Sätzen wie dem Satz von der totalen Wahrscheinlichkeit und dem Satz von Bayes. In den beiden letzten Abschnitten dieses Kapitels können Sie sich mit der Unabhängigkeit von Ereignissen und der Modellierung von Zufallsexperimenten mit `Python` befassen. Dadurch haben Sie die Möglichkeit, Ihre theoretischen Überlegungen durch Simulationen praktisch zu überprüfen. In diesem Kapitel sind besonders die Aufgaben 49, 51, 54, 59, 64, 65, 69, 74 und 77 zu empfehlen. Eine intensive Auseinandersetzung mit diesen Aufgaben wird Ihr Verständnis des behandelten Stoffs erheblich fördern.

3.1 Maße und Wahrscheinlichkeitsmaße

Dieser Abschnitt behandelt Maße und Wahrscheinlichkeitsmaße sowie Eigenschaften dieser.

Aufgabe 49 (Dirac-Maß). Sei $(\Omega, \mathfrak{F})$ ein messbarer Raum und sei $\omega \in \Omega$ ein beliebiges Element. Beweisen Sie, dass die Funktion $\delta_\omega : \mathfrak{F} \to \overline{\mathbb{R}}$ mit

$$\delta_\omega(A) := \begin{cases} 1 & \text{falls } \omega \in A \\ 0 & \text{sonst} \end{cases}$$

ein Wahrscheinlichkeitsmaß auf $(\Omega, \mathfrak{F})$ definiert. Das Maß δ_ω wird *Dirac-Maß* oder gelegentlich auch *Punktmaß* genannt.

N. Hebestreit-Düsing, *Übungs- und Lernbuch Wahrscheinlichkeitstheorie und Stochastik*, https://doi.org/10.1007/978-3-662-72720-1_3

Aufgabe 50 (Laplacesches Wahrscheinlichkeitsmaß). Ein Wahrscheinlichkeitsraum $(\Omega, \mathfrak{F}, \mathbb{P})$ heißt *symmetrisch,* falls er die folgenden Eigenschaften besitzt:

(a) Die Menge Ω ist endlich.
(b) Es gilt $\mathfrak{F} = \mathfrak{P}(\Omega)$.
(c) Es gibt eine Zahl $p \in [0, 1]$ mit $\mathbb{P}(\{\omega\}) = p$ für alle $\omega \in \Omega$.

Sei $(\Omega, \mathfrak{F}, \mathbb{P})$ ein symmetrischer Wahrscheinlichkeitsraum. Beweisen Sie

$$\mathbb{P}(A) = \frac{|A|}{|\Omega|}$$

für alle $A \in \mathfrak{F}$. Der Wahrscheinlichkeitsraum $(\Omega, \mathfrak{F}, \mathbb{P})$ wird häufig auch *Laplace-Raum* und das Wahrscheinlichkeitsmaß $\mathbb{P}$ *Laplacesches Wahrscheinlichkeitsmaß* genannt.

Aufgabe 51 Sei $(X, \mathfrak{A})$ ein messbarer Raum, sei $(\alpha_n)_{n \in \mathbb{N}}$ eine Folge nichtnegativer reeller Zahlen und sei $\mu_n : \mathfrak{A} \to \overline{\mathbb{R}}$ für jedes $n \in \mathbb{N}$ ein Maß auf $(X, \mathfrak{A})$.

(a) Beweisen Sie, dass die Funktion $\mu : \mathfrak{A} \to \overline{\mathbb{R}}$ mit

$$\mu := \sum_{n=1}^{+\infty} \alpha_n \, \mu_n$$

ein Maß auf $(X, \mathfrak{A})$ definiert. Untersuchen Sie anschließend, unter welcher zusätzlichen Voraussetzung $\mu(X) = 1$ gilt.
(b) (Zählmaß). Folgern Sie, dass das *Zählmaß* auf $\mathbb{N}$, also die Funktion $\mu : \mathfrak{P}(\mathbb{N}) \to \overline{\mathbb{R}}$ vermöge

$$\mu(A) := \begin{cases} |A| & \text{falls } A \text{ endlich ist} \\ +\infty & \text{sonst} \end{cases}$$

ein Maß auf $(\mathbb{N}, \mathfrak{P}(\mathbb{N}))$ definiert.

Aufgabe 52 Sei X eine Menge. Beweisen Sie, dass das Zählmaß $\mu : \mathfrak{P}(X) \to \overline{\mathbb{R}}$ genau dann σ-endlich ist, wenn die Menge X höchstens abzählbar ist.

Aufgabe 53 Eine Folge $(\alpha_n)_{n \in \mathbb{N}}$ nichtnegativer reeller Zahlen heißt *stochastische Folge,* wenn

$$\sum_{n=1}^{+\infty} \alpha_n = 1$$

Sei $\mu : \mathfrak{B}(\mathbb{R}) \to \overline{\mathbb{R}}$ ein Wahrscheinlichkeitsmaß. Beweisen Sie $\mu(\mathbb{N}) = 1$ genau dann, wenn es eine stochastische Folge $(\alpha_n)_{n\in\mathbb{N}}$ gibt mit

$$\mu = \sum_{n=1}^{+\infty} \alpha_n \, \delta_n$$

Aufgabe 54 (Eigenschaften von Wahrscheinlichkeitsmaßen). Sei $(\Omega, \mathfrak{F}, \mathbb{P})$ ein Wahrscheinlichkeitsraum. Beweisen Sie die folgenden Eigenschaften eines Wahrscheinlichkeitsmaßes:

(a) (Additivität). Für zwei disjunkte Ereignisse $A, B \in \mathfrak{F}$ gilt

$$\mathbb{P}(A \sqcup B) = \mathbb{P}(A) + \mathbb{P}(B)$$

(b) Für beliebige Ereignisse $A, B \in \mathfrak{F}$ gilt

$$\mathbb{P}(A \cup B) = \mathbb{P}(A) + \mathbb{P}(B) - \mathbb{P}(A \cap B)$$

(c) Für jedes Ereignis $A \in \mathfrak{F}$ gilt

$$\mathbb{P}(A^{\mathsf{c}}) = 1 - \mathbb{P}(A)$$

(d) (Subtraktivität). Für zwei Ereignisse $A, B \in \mathfrak{F}$ mit $B \subseteq A$ gilt

$$\mathbb{P}(A \setminus B) = \mathbb{P}(A) - \mathbb{P}(B)$$

(e) (Monotonie). Sind $A, B \in \mathfrak{F}$ zwei beliebige Ereignisse mit $A \subseteq B$, so gilt

$$\mathbb{P}(A) \leq \mathbb{P}(B)$$

(f) (σ-Subadditivität). Für jede Folge $(A_n)_{n\in\mathbb{N}}$ von Ereignissen aus $\mathfrak{F}$ gilt die Ungleichung

$$\mathbb{P}\left(\bigcup_{n=1}^{+\infty} A_n\right) \leq \sum_{n=1}^{+\infty} \mathbb{P}(A_n)$$

Aufgabe 55 Sei Ω eine höchstens abzählbare Menge. Eine Funktion $p : \Omega \to [0, 1]$ heißt *Wahrscheinlichkeitsfunktion,* falls

$$\sum_{\omega\in\Omega} p(\omega) = 1$$

gilt. Sei Ω eine höchstens abzählbare Menge und sei $p : \Omega \to [0, 1]$ eine Wahrscheinlichkeitsfunktion. Beweisen Sie, dass es genau ein Wahrscheinlichkeitsmaß $\mathbb{P} : \mathfrak{P}(\Omega) \to \overline{\mathbb{R}}$ mit der Eigenschaft

$$\mathbb{P}(\{\omega\}) = p(\omega)$$

für alle $\omega \in \Omega$ und

$$\mathbb{P}(A) = \sum_{\omega \in A} p(\omega)$$

für alle $A \in \mathfrak{P}(\Omega)$ gibt. Somit induziert jede Wahrscheinlichkeitsfunktion ein eindeutiges Wahrscheinlichkeitsmaß auf dem messbaren Raum $(\Omega, \mathfrak{P}(\Omega))$.

Aufgabe 56 (1. Lemma von Borel und Cantelli). Sei $(\Omega, \mathfrak{F}, \mathbb{P})$ ein Wahrscheinlichkeitsraum und sei $(A_n)_{n \in \mathbb{N}}$ eine Folge von Ereignissen aus $\mathfrak{F}$ mit der Eigenschaft

$$\sum_{n=1}^{+\infty} \mathbb{P}(A_n) < +\infty$$

Beweisen Sie

$$\mathbb{P}\left(\limsup_{n \to +\infty} A_n\right) = 0$$

das heißt, die Wahrscheinlichkeit, dass unendlich viele Ereignisse eintreten, ist Null.

Aufgabe 57 (Siebformel von Sylvester-Poincaré). Bearbeiten Sie die folgenden Teilaufgaben:

(a) Sei $(X, \mathfrak{A}, \mu)$ ein endlicher Maßraum und seien $A_1, A_2, A_3 \in \mathfrak{A}$ beliebige Mengen. Beweisen Sie

$$\begin{aligned} \mu(A_1 \cup A_2 \cup A_3) = {} & \mu(A_1) + \mu(A_2) + \mu(A_3) \\ & - \mu(A_1 \cap A_2) - \mu(A_1 \cap A_3) - \mu(A_2 \cap A_3) \\ & + \mu(A_1 \cap A_2 \cap A_3) \end{aligned} \tag{3.1}$$

(b) Berechnen Sie in `SageMath` die Mächtigkeit der Vereinigungsmenge $A_1 \cup A_2 \cup A_3$, wobei

$$A_1 := \{1, 2, 3\}, \qquad A_2 := \{4, 5, 6\}, \qquad A_3 := \{2, 3, 4, 5, 6, 7, 8, 9, 10\}$$

definiert sind. Bestätigen Sie Ihr Ergebnis anschließend mithilfe der Formel (3.1) aus Teil (a).

(c) (Siebformel von Sylvester-Poincaré). Sei $(X, \mathfrak{A}, \mu)$ ein endlicher Maßraum und sei $A_k \in \mathfrak{A}$ für $k \in \{1, \ldots, n\}$. Beweisen Sie die sogenannte Siebformel von Sylvester-Poincaré

$$\mu\left(\bigcup_{j=1}^{n} A_j\right) = \sum_{k=1}^{n} (-1)^{k+1} \sum_{\substack{J \subseteq \{1,\ldots,n\} \\ |J|=k}} \mu\left(\bigcap_{j \in J} A_j\right) \tag{3.2}$$

(d) (Siebformel von Sylvester-Poincaré in `SageMath`). In diesem Teil soll die Siebformel von Sylvester-Poincaré zur Berechnung der Mächtigkeit von Vereinigungsmengen in `SageMath` umgesetzt werden. Entwickeln Sie dazu die Funktion

`sieve_formula(M)`

die als Argument ein Mengensystem `M` von endlich vielen endlichen Mengen akzeptiert und die Mächtigkeit aller vereinigten Mengen bestimmt. Beispielsweise sollte die Funktion folgende Ausgabe liefern:

```
A = Set([1, 2, 3, 4, 5])
B = Set([5, 6, 7])
C = Set([3, 4, 5, 6, 7, 8, 9])
M = Set([A, B, C])

sieve_formula(M)

cardinality: 9
```

(e) Sei $(X, \mathfrak{A}, \mu)$ ein endlicher Maßraum. Erklären Sie, wie sich die rechte Seite von Gl. (3.2) vereinfachen lässt, falls die Mengen $A_k \in \mathfrak{A}$ für $k \in \{1, \ldots, n\}$ paarweise disjunkt sind.

(f) Sei $(X, \mathfrak{A}, \mu)$ ein endlicher Maßraum und seien $A_k \in \mathfrak{A}$ für $k \in \{1, \ldots, n\}$ Mengen mit der Eigenschaft

$$\mu\left(\bigcap_{i \in I} A_i\right) = \mu\left(\bigcap_{j \in J} A_j\right)$$

für alle Indexmengen $I, J \subseteq \{1, \ldots, n\}$ mit $|I| = |J|$. Untersuchen Sie, wie sich die Siebformel (3.2) in diesem Fall vereinfachen lässt.

Aufgabe 58 (Permutationen mit Fixpunkten). Gegeben sei eine natürliche Zahl $n \in \mathbb{N}$ sowie die Menge $\Omega := \{1, \ldots, n\}$. Berechnen Sie die Wahrscheinlichkeit, dass eine zufällig gewählte Permutation $\pi : \Omega \to \Omega$ der Menge Ω mindestens einen Fixpunkt besitzt, das heißt, dass es ein Element $k \in \Omega$ gibt mit

$$\pi(k) = k$$

Überprüfen Sie anschließend Ihr Ergebnis mithilfe von `SageMath`.

Aufgabe 59 (Stetigkeit von Wahrscheinlichkeitsmaßen). Sei $(\Omega, \mathfrak{F}, \mathbb{P})$ ein Wahrscheinlichkeitsraum und sei $(A_n)_{n\in\mathbb{N}}$ eine wachsende Folge von Ereignissen aus $\mathfrak{F}$. Beweisen Sie

$$\lim_{n\to+\infty} \mathbb{P}(A_n) = \mathbb{P}\left(\bigcup_{n=1}^{+\infty} A_n\right)$$

Erläutern Sie anschließend den Fall, dass die Folge $(A_n)_{n\in\mathbb{N}}$ fallend ist.

3.2 Bedingte Wahrscheinlichkeiten

In diesem Abschnitt werden bedingte Wahrscheinlichkeiten sowie die Sätze der totalen Wahrscheinlichkeit und von Bayes behandelt. Zudem werden zwei bekannte Paradoxa aus der Wahrscheinlichkeitstheorie und Stochastik näher untersucht: das Kahneman-Tversky-Phänomen und das Monty-Hall-Problem, auch als Ziegenproblem bekannt.

Aufgabe 60 (Bedingtes Wahrscheinlichkeitsmaß). Sei $(\Omega, \mathfrak{F}, \mathbb{P})$ ein Wahrscheinlichkeitsraum und sei $B \in \mathfrak{F}$ ein Ereignis mit $\mathbb{P}(B) > 0$. Beweisen Sie, dass die Funktion $\mathbb{P}_B : \mathfrak{F} \to \overline{\mathbb{R}}$ vermöge

$$\mathbb{P}_B(A) := \frac{\mathbb{P}(A \cap B)}{\mathbb{P}(B)}$$

ein Wahrscheinlichkeitsmaß auf $(\Omega, \mathfrak{F})$ definiert. Dieses wird *bedingtes Wahrscheinlichkeitsmaß* genannt.

Aufgabe 61 (Pólya-Urne). Seien $r, s, t \in \mathbb{N}$ beliebige Zahlen. In einer sogenannten *Pólya-Urne* befinden sich anfangs r rote und s schwarze Kugeln. Es wird zufällig eine Kugel gezogen und diese anschließend neben t weiteren Kugeln derselben Farbe in die Urne zurückgelegt. Nun wird erneut eine Kugel gezogen, diese sei rot. Bestimmen Sie die bedingte Wahrscheinlichkeit, dass die gezogene Kugel aus der zweiten Urne stammt, unter der Bedingung, dass sie rot ist (Abb. 3.1).

Aufgabe 62 Sei $(\Omega, \mathfrak{F}, \mathbb{P})$ ein Wahrscheinlichkeitsraum und seien $A, B, C \in \mathfrak{F}$ drei Ereignisse mit $\mathbb{P}(B^c \cap C^c) > 0$. Beweisen Sie

$$\mathbb{P}(A \cup B \cup C) = 1 - \mathbb{P}(A^c \mid B^c \cap C^c)\, \mathbb{P}(B^c \mid C^c)\, \mathbb{P}(C^c)$$

Aufgabe 63 Sei $(\Omega, \mathfrak{F}, \mathbb{P})$ ein Wahrscheinlichkeitsraum. Beweisen Sie die folgenden Aussagen:

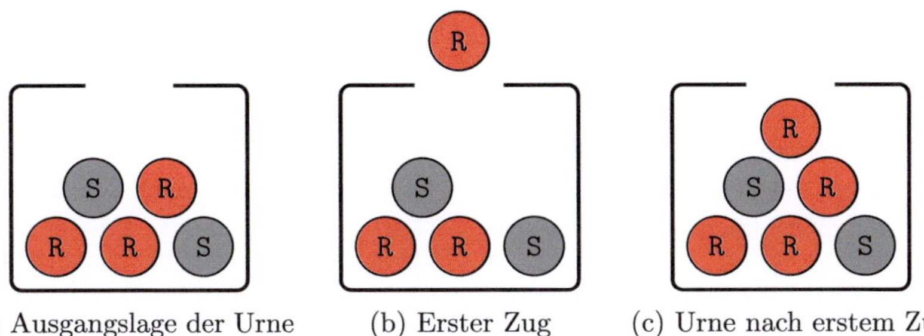

(a) Ausgangslage der Urne (b) Erster Zug (c) Urne nach erstem Zug

Abb. 3.1 Illustration der Pólya-Urne für $r = 3$, $s = 2$ und $t = 1$. Aus der Urne wird zufällig eine Kugel mit Zurücklegen gezogen. Dabei handelt es sich um eine rote Kugel. Anschließend wird die Urne mit einer weiteren roten Kugel aufgefüllt. Beim zweiten Zug enthält die Urne vier rote und zwei schwarze Kugeln

(a) (Formel von Bayes). Für zwei beliebige Ereignisse $A, B \in \mathfrak{F}$ mit $\mathbb{P}(A) > 0$ und $\mathbb{P}(B) > 0$ gilt

$$\mathbb{P}(A)\,\mathbb{P}(B \mid A) = \mathbb{P}(B)\,\mathbb{P}(A \mid B)$$

(b) Seien $A, B \in \mathfrak{F}$ zwei Ereignisse, wobei $\mathbb{P}(B) > 0$. Dann gilt

$$1 - \frac{\mathbb{P}(A^c)}{\mathbb{P}(B)} \leq \mathbb{P}(A \mid B) \leq \frac{\mathbb{P}(A)}{\mathbb{P}(B)}$$

(c) (Multiplikationssatz). Sind $A_k \in \mathfrak{F}$ für $k \in \{1, \ldots, n\}$ endlich viele Ereignisse mit der Eigenschaft $\mathbb{P}\big(\bigcap_{k=1}^{n-1} A_k\big) > 0$, so gilt

$$\mathbb{P}\left(\bigcap_{j=1}^{n} A_j\right) = \prod_{k=1}^{n} \mathbb{P}\left(A_k \mid \bigcap_{j=1}^{k-1} A_j\right)$$

Aufgabe 64 (Satz von der totalen Wahrscheinlichkeit). Sei $(\Omega, \mathfrak{F}, \mathbb{P})$ ein Wahrscheinlichkeitsraum und seien $A, B \in \mathfrak{F}$ zwei Ereignisse. Sei weiter $(B_n)_{n\in\mathbb{N}}$ eine Folge paarweiser disjunkter Ereignisse aus $\mathfrak{F}$ mit $\mathbb{P}(B_n) > 0$ für alle $n \in \mathbb{N}$ und $\bigsqcup_{n=1}^{+\infty} B_n = B$. Beweisen Sie

$$\mathbb{P}(A \cap B) = \sum_{n=1}^{+\infty} \mathbb{P}(A \mid B_n)\,\mathbb{P}(B_n)$$

Aufgabe 65 (Satz von Bayes). Sei $(\Omega, \mathfrak{F}, \mathbb{P})$ ein Wahrscheinlichkeitsraum und sei $A \in \mathfrak{F}$ mit $\mathbb{P}(A) > 0$ beliebig. Sei weiter $(B_n)_{n\in\mathbb{N}}$ eine Folge paarweiser disjunkter Ereignisse aus $\mathfrak{F}$ mit $\mathbb{P}(B_n) > 0$ für $n \in \mathbb{N}$ und $\bigsqcup_{n=1}^{+\infty} B_n = \Omega$. Zeigen Sie

$$\mathbb{P}(B_n \mid A) = \frac{\mathbb{P}(A \mid B_n)\,\mathbb{P}(B_n)}{\sum_{k=1}^{+\infty} \mathbb{P}(A \mid B_k)\,\mathbb{P}(B_k)}$$

für jedes $n \in \mathbb{N}$.

Aufgabe 66 Gegeben seien vier Urnen, die jeweils 10 Kugeln enthalten. Die erste Urne enthalte eine rote Kugel, die zweite zwei, die dritte drei und die vierte vier rote Kugeln. Die vier Urnen werden weiter mit den Auswahlwahrscheinlichkeiten von 10 %, 40 %, 30 % und 20 % ausgewählt.

(a) Berechnen Sie, wie hoch die Wahrscheinlichkeit ist, dass aus den vier Urnen eine rote Kugel gezogen wird.
(b) Ermitteln Sie die Wahrscheinlichkeit, dass die gezogene rote Kugel aus der zweiten Urne stammt.

Aufgabe 67 (Kahneman–Tversky Phänomen). In einer imaginären Stadt gibt es nur schwarze und weiße Autos, von denen 85 % weiß sind. Seien S und W die Ereignisse, dass ein Auto schwarz beziehungsweise weiß ist. Nach einem Unfall wird bei polizeilichen Ermittlungen ein Zeuge befragt. Zur Überprüfung seiner Glaubwürdigkeit werden verschiedene Experimente durchgeführt, die die bedingten Wahrscheinlichkeiten

$$\mathbb{P}(\hat{S} \mid S) = 0.9, \qquad \mathbb{P}(\hat{W} \mid W) = 0.8$$

ergeben. Dabei bezeichnen $\hat{S}$ und $\hat{W}$ die Ereignisse, dass der Zeuge ein schwarzes beziehungsweise weißes Auto benennt. Untersuchen Sie, wie zuverlässig die Aussage des Zeugen ist. Berechnen Sie dazu die beiden Wahrscheinlichkeiten $\mathbb{P}(S \mid \hat{S})$ und $\mathbb{P}(W \mid \hat{W})$.

Aufgabe 68 (Monty-Hall-Problem). In einer Spielshow steht ein Kandidat vor drei Türen, die alle gleich aussehen. Hinter einer der Türen ist ein Gewinn, während sich hinter den beiden verbleibenden Türen eine Niete befindet (Abb. 3.2). Der Kandidat wählt zufällig eine Tür aus, die zunächst verschlossen bleibt. Der Showmaster, dem bekannt ist hinter welcher Tür sich der Gewinn befindet, öffnet eine andere Tür, hinter der sich eine Niete befindet. Dabei entscheidet sich der Showmaster zufällig, wenn sich hinter beiden verbleibenden Türen eine Niete befindet. Nun wird der Kandidat gefragt: Möchten Sie Ihre Türwahl ändern?

(a) Nehmen Sie nun an, es liegt folgende Situation vor: Der Kandidat hat die erste Tür gewählt und der Showmaster hat daraufhin die zweite Tür geöffnet. Untersuchen Sie, mit welcher der beiden folgenden Strategien der Kandidat die größte Gewinnwahrscheinlichkeit hat:

`(stay)` Der Kandidat ändert seine Wahl nicht.
`(switch)` Der Kandidat ändert seine Wahl und entscheidet sich für die andere verschlossene Tür.

(b) Simulieren Sie beide Spielstrategien in `Python` und bestätigen Sie damit Ihre Überlegungen aus Teil (a) dieser Aufgabe.

3.3 Unabhängige Ereignisse

In diesem Abschnitt haben Sie die Möglichkeit, die wesentlichen Eigenschaften von unabhängigen Ereignissen nachzuweisen. In den Aufgaben 72 und 73 können Sie diese Ergebnisse nutzen, um Aussagen aus der Algebra und Zahlentheorie zu beweisen.

Aufgabe 69 (Eigenschaften unabhängiger Ereignisse). Sei $(\Omega, \mathfrak{F}, \mathbb{P})$ ein Wahrscheinlichkeitsraum. Beweisen Sie die folgenden Eigenschaften unabhängiger Ereignisse:

(a) Für zwei Ereignisse $A, B \in \mathfrak{F}$ mit $\mathbb{P}(B) \in (0, 1)$ sind folgende Aussagen äquivalent:

  (α) A und B sind *unabhängig,* das heißt, es gilt $\mathbb{P}(A \cap B) = \mathbb{P}(A)\,\mathbb{P}(B)$.
  (β) Es gilt $\mathbb{P}(A \mid B) = \mathbb{P}(A)$.
  (γ) Es gilt $\mathbb{P}(A \mid B) = \mathbb{P}(A \mid B^{\mathsf{c}})$.

(b) Sind $A, B \in \mathfrak{F}$ zwei Ereignisse mit $\mathbb{P}(A \cap B) = 1$, so sind auch A und B unabhängig.
(c) Sind $A \in \mathfrak{F}$ und $B \in \mathfrak{F}$ mit $\mathbb{P}(B) \in \{0, 1\}$ zwei Ereignisse, so sind diese unabhängig.
(d) Zwei disjunkte Ereignisse $A, B \in \mathfrak{F}$ sind genau dann unabhängig, falls $\mathbb{P}(A) = 0$ oder $\mathbb{P}(B) = 0$ gilt.
(e) Sind $A, B \in \mathfrak{F}$ zwei Ereignisse mit $A \subseteq B$, so sind A und B genau dann unabhängig, wenn $\mathbb{P}(A) = 0$ oder $\mathbb{P}(B) = 1$.
(f) Die Ereignisse $\emptyset$ und Ω sind unabhängig zu jedem anderen Ereignis aus $\mathfrak{F}$.
(g) Seien $A, B \in \mathfrak{F}$ beliebig. Sind A und B unabhängig, so sind auch A und B^{c} unabhängig.

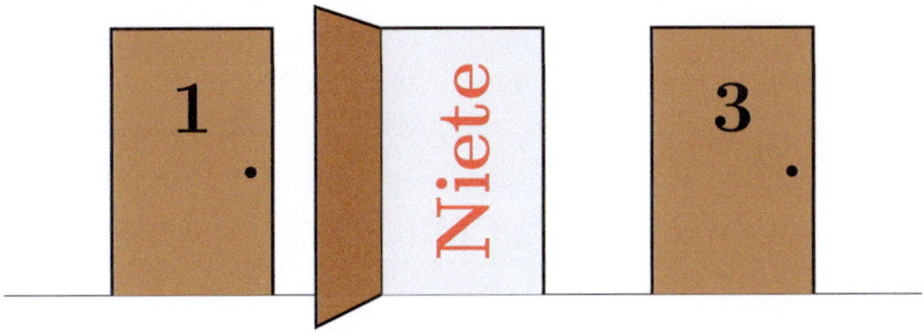

Abb. 3.2 Illustration des Monty-Hall-Problems

Abb. 3.3 Verschiedene Würfelkombinationen aus zwei Würfeln

Aufgabe 70 (Zweifacher Würfelwurf). Wir betrachten das Zufallsexperiment des zweifachen Würfelwurfs (Abb. 3.3).

(a) Stellen Sie das Zufallsexperiment unter geeigneten Annahmen durch einen Wahrscheinlichkeitsraum dar.
(b) Berechnen Sie die Wahrscheinlichkeit der folgenden drei Ereignisse:

$$A := \textit{Es wird ein Pasch gewürfelt}$$
$$B := \textit{Die Augensumme ist eine ungerade Zahl}$$
$$C := \textit{Der erste oder zweite Würfel zeigt eine Primzahl}$$

(c) Bestätigen Sie die Ergebnisse aus Teil (b) durch eine Simulation in `Python`.
(d) Untersuchen Sie, ob die Ereignisse A und B beziehungsweise A und C unabhängig sind.
(e) Finden Sie drei Ereignisse, die paarweise unabhängig, aber *nicht* unabhängig in der Gesamtheit sind.

Aufgabe 71 Es sei $p \in \mathbb{N}$ eine Primzahl. Wir betrachten den symmetrischen Wahrscheinlichkeitsraum $(\Omega, \mathfrak{F}, \mathbb{P})$ mit

$$\Omega := \{1, \ldots, p\}, \qquad \mathfrak{F} := \mathfrak{P}(\Omega), \qquad \mathbb{P}(A) := \frac{|A|}{|\Omega|}$$

Beweisen Sie: Sind $A, B \in \mathfrak{F}$ zwei unabhängige Ereignisse, so ist mindestens eines dieser gleich $\emptyset$ oder Ω.

Aufgabe 72 (Eulersche Funktion). In der Algebra und Kryptographie spielt die sogenannte *Eulersche Funktion* $\varphi : \mathbb{N} \to \mathbb{N}$ mit

$$\varphi(n) := |\{k \in \{1, \ldots, n\} \mid \mathrm{ggT}(k, n) = 1\}|$$

eine wichtige Rolle. Diese zählt alle zu $n \in \mathbb{N}$ teilerfremden Zahlen aus $\{1, \ldots, n\}$ oder in anderen Worten die Mächtigkeit der Einheitengruppe $(\mathbb{Z}/n\mathbb{Z})^\times$ des Restklassenrings $\mathbb{Z}/n\mathbb{Z}$. Im Folgenden soll die allgemeine Berechnungsformel

$$\varphi(n) = n \prod_{j=1}^{r} \left(1 - \frac{1}{p_j}\right) \tag{3.3}$$

mithilfe der Wahrscheinlichkeitstheorie hergeleitet werden, wobei $n \in \mathbb{N}$ die Primfaktorzerlegung $n = p_1^{\nu_1} \cdot \ldots \cdot p_r^{\nu_r}$ besitzt. Dabei sind $r \in \mathbb{N}$ eine natürliche Zahl,

$p_1, \ldots, p_r \in \mathbb{N}$ verschiedene Primzahlen und $\nu_1, \ldots, \nu_r \in \mathbb{N}$ die Vielfachheiten der Primzahlen. Weiter wird für jede natürliche Zahl $p \in \mathbb{N}$ das Ereignis

$$A_p := \{m \in \{1, \ldots, n\} \mid p \text{ teilt } m\}$$

definiert. Gehen Sie für die Herleitung von Gl. (3.3) wie folgt vor:

(a) Verifizieren Sie die Berechnungsformel der Eulerschen Funktion in `SageMath`. Prüfen Sie dazu Gl. (3.3) für $n \in \{3, 10, 18, 64, 997\}$.
(b) Verifizieren Sie Gl. (3.3) im Fall, dass $n \in \mathbb{N}$ eine Primzahl ist.
(c) Zeigen Sie, dass die Folge der Ereignisse $(A_{p_j})_{1 \le j \le 2}$ im Fall $n = 10$ unabhängig ist und folgern Sie damit Gl. (3.3). Beim zugrundeliegenden Wahrscheinlichkeitsraum handelt es sich um den symmetrischen Wahrscheinlichkeitsraum $(\Omega, \mathfrak{F}, \mathbb{P})$ mit $\Omega := \{1, \ldots, 10\}$ und $\mathfrak{F} := \mathfrak{P}(\Omega)$.
(d) Verallgemeinern Sie Ihre Beobachtung aus Teil (c) dieser Aufgabe und beweisen Sie damit Gl. (3.3) für jede beliebige natürliche Zahl $n \in \mathbb{N}$.

Aufgabe 73 (Produktdarstellung der Riemannschen Zeta-Funktion). Die *Riemannsche Zeta-Funktion* $\zeta : (1, +\infty) \to \mathbb{R}$ ist definiert als

$$\zeta(s) := \sum_{n=1}^{+\infty} \frac{1}{n^s}$$

Sei ab jetzt $s \in (1, +\infty)$ beliebig. In dieser Aufgabe soll die Produktdarstellung

$$\zeta(s) = \prod_{p \in \mathbb{P}} \frac{1}{1 - p^{-s}} \tag{3.4}$$

der Zeta-Funktion bewiesen werden, wobei in dieser Aufgabe $\mathbb{P}$ die Menge der Primzahlen bezeichnet.

(a) Begründen Sie, dass es auf dem messbaren Raum $(\mathbb{N}, \mathfrak{P}(\mathbb{N}))$ genau ein Wahrscheinlichkeitsmaß $\mu_s : \mathfrak{P}(\mathbb{N}) \to \overline{\mathbb{R}}$ mit der Eigenschaft

$$\mu_s(\{n\}) = n^{-s} \zeta(s)^{-1}$$

für alle $n \in \mathbb{N}$ gibt.
(b) Beweisen Sie, dass die Folge $(A_p)_{p \in \mathbb{P}}$ mit

$$A_p := p\mathbb{N} := \{pn \mid n \in \mathbb{N}\}$$

unabhängig ist und folgern Sie damit die Produktdarstellung (3.4).

3.4 Zufallsexperimente

In diesem Abschnitt geht es um Zufallsexperimente. Sie lernen nicht nur, wie man diese mathematisch modelliert, sondern haben auch die Möglichkeit, diese in `Python` zu simulieren, um experimentell Aussagen zu überprüfen. Ein besonderes Highlight dieses Abschnitts ist das berühmte Geburtstagsparadoxon, das in Aufgabe 76 behandelt wird.

Aufgabe 74 (Zweifacher Würfelwurf). Bei einem Zufallsexperiment werden gleichzeitig ein schwarzer und ein weißer Würfel geworfen.

(a) Beweisen Sie, dass das Mengensystem

$$\mathfrak{F} := \{A \subseteq \Omega \mid \text{für alle } (\omega_1, \omega_2) \in \Omega \text{ gilt } (\omega_1, \omega_2) \in A \\ \text{genau dann, wenn } (\omega_2, \omega_1) \in A\}$$

eine σ-Algebra über $\Omega := \{1, \dots, 6\}^2$ definiert und geben Sie eine mögliche Interpretation von $\mathfrak{F}$ an.

(b) Es bezeichne A das Ereignis, dass einer der Würfel die Augenzahl 1 zeigt. Begründen Sie $A \in \mathfrak{F}$. Finden Sie anschließend eine Menge $B \subseteq \Omega$ mit $B \notin \mathfrak{F}$ und geben Sie eine mögliche Interpretation von B an.

(c) Untersuchen Sie, welche der beiden folgenden Funktionen $X, Y : \Omega \to \mathbb{R}$ eine Zufallsvariable, also eine $\mathfrak{F}$-$\mathfrak{B}(\mathbb{R})$-messbare Funktion, definiert:

$$X(\omega_1, \omega_2) := |\omega_1 - \omega_2|, \qquad Y(\omega_1, \omega_2) := \omega_2$$

Aufgabe 75 (Erste 6 gewinnt). Bei einem Würfelspiel werfen Anton und Bert abwechselnd einen fairen Würfel, bis eine 6 erscheint. Anton würfelt zuerst. Gewinner des Spiels ist derjenige, der als erstes eine 6 würfelt. Bestimmen Sie die Gewinnwahrscheinlichkeiten beider Spieler mit `Python` und begründen Sie anschließend Ihr Ergebnis durch eine Rechnung.

Aufgabe 76 (Geburtstagsparadoxon). Sei $n \in \mathbb{N}$ beliebig. Aus einer n-elementigen Menge werden mit Zurücklegen $k \in \{0, \dots, n\}$ viele Elemente gezogen.

(a) Es bezeichne $p_{k,n}$ die Wahrscheinlichkeit, dass die k Elemente voneinander verschieden sind. Begründen Sie

$$p_{k,n} = \prod_{j=0}^{k-1} \left(1 - \frac{j}{n}\right)$$

(b) Folgern Sie

$$p_{k,n} \approx \exp\left(-\frac{k(k-1)}{2n}\right)$$

falls k sehr klein im Verhältnis zu n ist.

(c) Bestimmen Sie die Wahrscheinlichkeit $q_{k,n}$, dass beim k-fachen zufälligen Ziehen aus einer n-elementigen Menge mindestens zwei Elemente gleich sind. Berechnen Sie anschließend mithilfe von `Python` die kleinste natürliche Zahl $k \in \mathbb{N}$ mit $q_{k,365} \geq 1/2$. Wie lässt sich dieses Ergebnis interpretieren?

Aufgabe 77 (Geburtstage auf einer Party). Auf einer Party tauschen sich die Gäste über ihre Geburtstage aus. In dieser Aufgabe soll untersucht werden, wie viele Paare von Personen denselben Geburtstag haben. Sei $(\Omega, \mathfrak{F}, \mathbb{P})$ ein Wahrscheinlichkeitsraum, sei $n \in \mathbb{N}$ mit $n \geq 2$ die Anzahl der Personen und sei $I := \{1, \ldots, n\}$. Für $k \in I$ bezeichne $B_k : \Omega \to \mathbb{R}$ den Geburtstag der k-ten Person. Die Familie der Geburtstage sei unabhängig und uniform verteilt auf $\{1, \ldots, 365\}$. Weiter werde für $(j, k) \in I^2$ die Zufallsvariable $C_{j,k} : \Omega \to \mathbb{R}$ vermöge

$$C_{j,k} := \chi_{\{B_j = B_k\}} = \begin{cases} 1 & \text{falls } B_j = B_k \\ 0 & \text{sonst} \end{cases}$$

definiert. Diese gibt an, ob die j-te und k-te Person einen gemeinsamen Geburtstag teilen.

(a) Bestimmen Sie den Erwartungswert und die Varianz der Zufallsvariable $D : \Omega \to \mathbb{R}$ mit

$$D := \sum_{\substack{(j,k)\in I^2 \\ j<k}} C_{j,k}$$

(b) Nehmen Sie nun an, dass auf der Party 100 Gäste sind. Schätzen Sie die Wahrscheinlichkeit des Ereignisses $\{|D - \mathbb{E}[D]| \geq 6\}$ nach oben ab und interpretieren Sie das Ergebnis.

Aufgabe 78 (Natriumkonzentration in Leitungswasser). Aufgrund langjähriger Untersuchungen ist bekannt, dass die Natriumkonzentration in einem Liter Leitungswasser normal-verteilt mit Erwartungswert $\mu = 42\,\text{mg}$ und Standardabweichung $\sigma = 5\,\text{mg}$ ist. Lösen Sie die folgenden Teilaufgaben mit `Python`:

(a) Skizzieren Sie die Wahrscheinlichkeit, dass die Natriumkonzentration zwischen 37 mg und 52 mg liegt und bestimmen Sie diese anschließend.
(b) Bestimmen Sie die Wahrscheinlichkeit, dass die Natriumkonzentration höchstens 32 mg beträgt.
(c) Untersuchen Sie, welche Natriumkonzentration mit einer Wahrscheinlichkeit von 97.5 % überschritten wird.

Transformation von Wahrscheinlichkeitsmaßen

4

Dieses Kapitel behandelt einige technische, zugleich jedoch wichtige Resultate der Maß- und Integrationstheorie mit Anwendungen in der Wahrscheinlichkeitstheorie und Stochastik. Neben Bildmaßen haben Sie in den beiden ersten Abschnitten die Möglichkeit, Maße mit Dichten zu untersuchen. Besonders empfehlenswert ist die Bearbeitung der Aufgaben 79, 81, 86 und 89. Die Abschn. 4.3 und 4.4 behandeln Verteilungen und Verteilungsfunktionen sowie unabhängige Zufallsvariablen und Faltung. Hier empfiehlt es sich, insbesondere die Aufgaben 92, 93, 96, 108 und 109 zu bearbeiten.

4.1 Bildmaße

In diesem Abschnitt werden Bildmaße behandelt und deren grundlegende Eigenschaften untersucht. Sie lernen, wie Maße unter Abbildungen transformiert werden und welche Rolle dabei Bildmaße spielen. Darüber hinaus werden Beispiele und zentrale Sätze wie die Transitivität von Bildmaßen behandelt.

Aufgabe 79 (Bildmaß). Sei $(X, \mathfrak{A}, \mu)$ ein Maßraum, sei $(Y, \mathfrak{B})$ ein messbarer Raum und sei $f : X \to Y$ eine $\mathfrak{A}$-$\mathfrak{B}$-messbare Abbildung. Weisen Sie nach, dass die Funktion $\mu_f : \mathfrak{B} \to \overline{\mathbb{R}}$ vermöge

$$\mu_f(B) := \mu(f^{-1}(B))$$

ein Maß auf $(Y, \mathfrak{B})$ definiert. Dieses wird *Bildmaß* von μ unter f genannt.

Aufgabe 80 Gegeben sei die Funktion $f : \mathbb{R}^2 \to \mathbb{R}$ mit $f(x, y) := \sqrt{x^2 + y^2}$. Bearbeiten Sie die folgenden Teilaufgaben:

N. Hebestreit-Düsing, *Übungs- und Lernbuch Wahrscheinlichkeitstheorie und Stochastik*, https://doi.org/10.1007/978-3-662-72720-1_4

(a) Beweisen Sie die $\mathfrak{B}(\mathbb{R}^2)$-$\mathfrak{B}(\mathbb{R})$-Messbarkeit der Funktion. Bestimmen Sie anschließend das Bildmaß des zweidimensionalen Borel-Lebesgue-Maßes $\beta^2 : \mathfrak{B}(\mathbb{R}^2) \to \overline{\mathbb{R}}$ unter f.

(b) (Radon-Nikodym Ableitung). Ermitteln Sie die Radon-Nikodym Ableitung von β^2_f bezüglich des eindimensionalen Borel-Lebesgue-Maßes.

Aufgabe 81 (Transitivität des Bildmaßes). Seien $(X, \mathfrak{A})$, $(Y, \mathfrak{B})$ und $(Z, \mathfrak{C})$ messbare Räume sowie $f : X \to Y$ eine $\mathfrak{A}$-$\mathfrak{B}$-messbare und $g : Y \to Z$ eine $\mathfrak{B}$-$\mathfrak{C}$-messbare Abbildung. Beweisen Sie

$$\mu_{g\circ f} = (\mu_f)_g$$

für jedes Maß $\mu : \mathfrak{A} \to \overline{\mathbb{R}}$. Somit stimmt das Bildmaß von μ unter $g \circ f$ mit dem Bildmaß von μ_f unter g überein.

Aufgabe 82 Sei $(X, \mathfrak{A}, \mu)$ ein σ-endlicher Maßraum, sei $(Y, \mathfrak{B})$ ein messbarer Raum und sei $f : X \to Y$ eine $\mathfrak{A}$-$\mathfrak{B}$-messbare Abbildung. Zeigen Sie, dass das Bildmaß $\mu_f : \mathfrak{B} \to \overline{\mathbb{R}}$ im Allgemeinen *nicht* σ-endlich ist.

Aufgabe 83 (Translationsinvariante Maße). Für jedes $a \in \mathbb{R}^q$ wird die Funktion $\Psi_a : \mathbb{R}^q \to \mathbb{R}^q$ mit $\Psi_a(x) := x + a$ *Translation* um a genannt. Ein Maß $\mu : \mathfrak{B}(\mathbb{R}^q) \to \overline{\mathbb{R}}$ heißt *translationsinvariant,* falls

$$\mu_{\Psi_a} = \mu$$

für alle $a \in \mathbb{R}^q$ gilt. Hier bezeichnet $\mu_{\Psi_a} : \mathfrak{B}(\mathbb{R}^q) \to \overline{\mathbb{R}}$ wie üblich das Bildmaß von μ unter Ψ_a.

(c) Zeigen Sie, dass jede Translation sowohl bijektiv als auch $\mathfrak{B}(\mathbb{R}^q)$-$\mathfrak{B}(\mathbb{R}^q)$-messbar ist und für jedes $a \in \mathbb{R}^q$ die beiden Identitäten

$$\Psi_a^{-1} = \Psi_{-a}, \qquad \Psi_a = \Psi_{-a}^{-1}$$

gelten.

(d) Beweisen Sie, dass ein Maß $\mu : \mathfrak{B}(\mathbb{R}^q) \to \overline{\mathbb{R}}$ genau dann translationsinvariant ist, falls

$$\mu(B + a) = \mu(B)$$

für alle $a \in \mathbb{R}^q$ und $B \in \mathfrak{B}(\mathbb{R}^q)$ gilt.

Aufgabe 84 (Translationsinvarianz des Borel-Lebesgue-Maßes). Beweisen Sie, dass das Borel-Lebesgue-Maß $\beta^q : \mathfrak{B}(\mathbb{R}^q) \to \overline{\mathbb{R}}$ translationsinvariant ist.

4.2 Maße mit Dichten

In diesem Abschnitt werden Maße mit Dichten sowie ihre grundlegenden Eigenschaften und Beziehungen zu Bildmaßen untersucht. Dabei stehen zentrale Resultate wie die Bildmaßformel und die Transformation von Maßen unter bijektiven Abbildungen im Vordergrund. Diese Konzepte finden wichtige Anwendungen in der Maß- und Integrationstheorie sowie der Wahrscheinlichkeitstheorie, insbesondere bei der Beschreibung und Analyse von Verteilungen wie der Normal-Verteilung und ihrer Eigenschaften.

Aufgabe 85 (Maße mit Dichten). Es seien $(X, \mathfrak{A}, \mu)$ ein Maßraum und $f : X \to \overline{\mathbb{R}}$ eine $\mathfrak{A}$-$\mathfrak{B}(\overline{\mathbb{R}})$-messbare Funktion. Weiter sei die Funktion $\nu : \mathfrak{A} \to \overline{\mathbb{R}}$ vermöge

$$\nu(A) := \int_X f \cdot \chi_A \, \mathrm{d}\mu$$

definiert.

(a) Beweisen Sie, dass ν ein Maß auf $(X, \mathfrak{A})$ definiert, falls die Funktion f zusätzlich nichtnegativ ist. Dieses wird *Maß mit μ-Dichte f* genannt.
(b) Weisen Sie nach, dass ν ein endliches signiertes Maß auf $(X, \mathfrak{A})$ definiert, falls die Funktion f zusätzlich μ-integrierbar über X ist.

Aufgabe 86 (Bildmaßformel). Sei $(X, \mathfrak{A}, \mu)$ ein Maßraum, sei $(Y, \mathfrak{B})$ ein messbarer Raum und sei $\Psi : X \to Y$ eine $\mathfrak{A}$-$\mathfrak{B}$-messbare Abbildung. Beweisen Sie die beiden folgenden Aussagen:

(a) (Bildmaßformel). Für jede nichtnegative und $\mathfrak{B}$-$\mathfrak{B}(\overline{\mathbb{R}})$-messbare Funktion $f : Y \to \overline{\mathbb{R}}$ gilt

$$\int_{\Psi^{-1}(B)} f \circ \Psi \, \mathrm{d}\mu = \int_B f \, \mathrm{d}\mu_\Psi \tag{4.1}$$

für alle $B \in \mathfrak{B}$. Dabei bezeichnet $\mu_\Psi : \mathfrak{B} \to \overline{\mathbb{R}}$ das in Aufgabe 79 definierte Bildmaß von μ unter Ψ.
(b) Eine Funktion $f : Y \to \overline{\mathbb{R}}$ ist μ_Ψ-integrierbar über Y genau dann, wenn $f \circ \Psi : X \to \overline{\mathbb{R}}$ μ-integrierbar über X ist, und dann gilt Gl. (4.1) für alle $B \in \mathfrak{B}$.

Aufgabe 87 (Bildmaß von Maßen mit Dichten). Sei $(X, \mathfrak{A}, \mu)$ ein Maßraum, sei $(Y, \mathfrak{B})$ ein messbarer Raum, sei $\Psi : X \to Y$ eine $\mathfrak{A}$-$\mathfrak{B}$-messbare Bijektion mit $\mathfrak{B}$-$\mathfrak{A}$-messbarer Inversen und sei $f : X \to \overline{\mathbb{R}}$ eine nichtnegative und $\mathfrak{A}$-$\mathfrak{B}(\overline{\mathbb{R}})$-messbare Funktion. Beweisen Sie für das Maß $\nu : \mathfrak{A} \to \overline{\mathbb{R}}$ vermöge

$$\nu(A) := \int_X f \cdot \chi_A \, \mathrm{d}\mu$$

für alle $B \in \mathfrak{B}$ die Darstellung

$$\nu_\Psi(B) = \int_B f \circ \Psi^{-1} \, \mathrm{d}\mu_\Psi \tag{4.2}$$

für das Bildmaß von ν unter Ψ.

Aufgabe 88 (Definition Normal-Verteilung). Erklären Sie die Normal-Verteilung und Standardnormal-Verteilung im Detail.

Aufgabe 89 (Affine Transformation der Normal-Verteilung). Sei $(\Omega, \mathfrak{F}, \mathbb{P})$ ein Wahrscheinlichkeitsraum und sei $Y : \Omega \to \mathbb{R}$ eine normal-verteilte Zufallsvariable mit

$$\mathbb{P}_Y = \mathbf{N}(\mu, \sigma^2)$$

Dabei sind $\mu \in \mathbb{R}$ und $\sigma \in \mathbb{R} \setminus \{0\}$ zwei beliebige Parameter. Beweisen Sie

$$\mathbb{P}_{a+bY} = \mathbf{N}\big(a + b\mu, (|b|\sigma)^2\big)$$

für alle $a \in \mathbb{R}$ und $b \in \mathbb{R} \setminus \{0\}$, das heißt, die Normal-Verteilung ist stabil unter affinen Transformationen.

Aufgabe 90 (Symmetrische Verteilungen). Eine univariate Verteilung $\mu : \mathfrak{B}(\mathbb{R}) \to \overline{\mathbb{R}}$ heißt *symmetrisch,* falls

$$\mu_\Psi = \mu$$

für die Funktion $\Psi : \mathbb{R} \to \mathbb{R}$ mit $\Psi(x) := -x$ gilt. Beweisen Sie, dass die Standardnormal-Verteilung symmetrisch ist.

Aufgabe 91 Sei X eine überabzählbare Menge und bezeichne $\mathfrak{A}$ die σ-Algebra aus Aufgabe 27.

(a) Begründen Sie, dass $\nu : \mathfrak{A} \to \overline{\mathbb{R}}$ mit

$$\nu(A) := \begin{cases} 0 & \text{falls } A \text{ höchstens abzählbar ist} \\ +\infty & \text{sonst} \end{cases}$$

ein Maß auf $(X, \mathfrak{A})$ definiert.

(b) Beweisen Sie, dass ν absolutstetig bezüglich dem Zählmaß $\mu : \mathfrak{A} \to \overline{\mathbb{R}}$ mit

$$\mu(A) := \begin{cases} |A| & \text{falls } A \text{ endlich ist} \\ +\infty & \text{sonst} \end{cases}$$

ist, also $\nu \ll \mu$ gilt. Untersuchen Sie, ob auch $\mu \ll \nu$ gilt.

(c) (Radon-Nikodym). Begründen Sie, dass das Maß ν keine μ-Dichte besitzt und erklären Sie anschließend, warum diese Beobachtung nicht im Widerspruch zum Satz von Radon–Nikodym steht.

4.3 Verteilungen und Verteilungsfunktionen

In diesem Abschnitt lernen Sie die wichtigsten Eigenschaften von Verteilungen und Verteilungsfunktionen kennen. Dazu gehören insbesondere die Exponential-Verteilung und geometrische Verteilung.

Aufgabe 92 (Univariate Verteilungen). Erklären Sie, was man unter der *(univariaten) Verteilung* einer Zufallsvariable versteht und geben Sie einige Beispiele an.

Aufgabe 93 (Verteilung von Indikatorfunktionen). Sei $(\Omega, \mathfrak{F}, \mathbb{P})$ ein Wahrscheinlichkeitsraum und sei A eine beliebige Teilmenge von Ω. Dann heißt die Funktion $\chi_A : \Omega \to \mathbb{R}$ mit

$$\chi_A(\omega) := \begin{cases} 1 & \text{falls } \omega \in A \\ 0 & \text{sonst} \end{cases}$$

Indikatorfunktion der Menge A. Sei ab jetzt $A \in \mathfrak{F}$ ein beliebiges Ereignis.

(a) Weisen Sie nach, dass die Indikatorfunktion von A eine Zufallsvariable, also eine $\mathfrak{F}$-$\mathfrak{B}(\mathbb{R})$-messbare Funktion ist.
(b) Bestimmen Sie die Verteilung und die Verteilungsfunktion der Indikatorfunktion von A.

Aufgabe 94 (Dreifacher Münzwurf). Beim dreifachen Münzwurf wird gezählt, wie oft „Kopf" geworfen wird. Modellieren Sie das dazugehörige Zufallsexperiment und die Zufallsvariable. Bestimmen Sie anschließend die Verteilung der Zufallsvariable.

Aufgabe 95 (Gedächtnislosigkeit der Exponential-Verteilung). Sei $\mu : \mathfrak{B}(\mathbb{R}) \to \overline{\mathbb{R}}$ eine univariate Verteilung. Beweisen Sie, dass die folgenden Aussagen äquivalent sind:

(a) Es ist $\mu(\mathbb{R}_{>0}) = 1$ und für alle $x, y \in \mathbb{R}_{>0}$ gilt

$$\mu((x + y, +\infty)) = \mu((x, +\infty))\, \mu((y, +\infty)) \tag{4.3}$$

(b) Bei μ handelt es sich um die Exponential-Verteilung.

Aufgabe 96 (Lebensdauer eines Bauteils). Sei $(\Omega, \mathfrak{F}, \mathbb{P})$ ein Wahrscheinlichkeitsraum. Die Lebensdauer $X : \Omega \to \mathbb{R}$ eines Transistors besitze eine univariate Verteilung mit der Lebesgue-Dichte $f : \mathbb{R} \to \mathbb{R}$ vermöge

$$f(x) := \begin{cases} \alpha \mathrm{e}^{-\alpha x} & \text{falls } x \in \mathbb{R}_{>0} \\ 0 & \text{sonst} \end{cases}$$

wobei $\alpha \in \mathbb{R}_{>0}$ ein beliebiger Parameter ist. Die Verteilung wird *Exponential-Verteilung* genannt und mit $\mathbf{Exp}(\alpha)$ bezeichnet.

(a) (Lebesgue-Dichte der Exponential-Verteilung). Beweisen Sie, dass die Funktion f in der Tat eine Lebesgue-Dichte ist.
(b) (Verteilungsfunktion der Exponential-Verteilung). Bestimmen Sie die von der Verteilung von X induzierte Verteilungsfunktion $F_X : \mathbb{R} \to [0, 1]$ auf $\mathbb{R}$.
(c) Zeichnen Sie die Graphen der beiden Funktionen f und F_X im Fall $\alpha = 2$.
(d) Bestimmen Sie für $\alpha = 2$ die Wahrscheinlichkeiten der beiden folgenden Ereignisse: „Der Transistor funktioniert höchstens ein Jahr." und „Der Transistor funktioniert mindestens ein halbes Jahr." Berechnen Sie anschließend die Wahrscheinlichkeit $\mathbb{P}(\{1 \leq X \leq 2\})$ und interpretieren Sie das Ergebnis.
(e) (Gedächtnislosigkeit der Exponential-Verteilung). Verifizieren Sie für beliebige Zahlen $x, y \in \mathbb{R}_{>0}$ die Identität

$$\mathbb{P}(\{X > x + y\} \mid \{X > y\}) = \mathbb{P}(\{X > x\})$$

und interpretieren Sie diese.

Aufgabe 97 (Geometrische Verteilung). Sei in der gesamten Aufgabe $p \in (0, 1)$ ein beliebiger Parameter.

(a) (Zähldichte der geometrischen Verteilung). Weisen Sie nach, dass die Funktion $f : \mathbb{R} \to \mathbb{R}$ mit

$$f(n) := \begin{cases} (1-p)^{n-1}p & \text{falls } n \in \mathbb{N} \\ 0 & \text{sonst} \end{cases}$$

eine Zähldichte definiert.
(b) (Gedächtnislosigkeit). Sei $(\Omega, \mathfrak{F}, \mathbb{P})$ ein Wahrscheinlichkeitsraum. Die von der obigen Zähldichte induzierte univariate Verteilung heißt *geometrische Verteilung* und wird mit $\mathbf{Geo}(p)$ abgekürzt. Sei $X : \Omega \to \mathbb{R}$ eine Zufallsvariable mit abzählbarem Bild $X(\Omega)$. Gelte weiter $\mathbb{P}_X(\mathbb{N}) = 1$ und $\mathbb{P}(\{X > n\}) > 0$ für alle $n \in \mathbb{N}$. Beweisen Sie, dass die folgenden Aussagen äquivalent sind:
(α) Die Zufallsvariable X ist *gedächtnislos*, das heißt, es gilt

$$\mathbb{P}(\{X > m + n\} \mid \{X > m\}) = \mathbb{P}(\{X > n\}) \tag{4.4}$$

für alle $m, n \in \mathbb{N}$.
(β) Es gilt $\mathbb{P}_X = \mathbf{Geo}(p)$ mit $p := \mathbb{P}(\{X = 1\})$.
(c) (Erwartungswert und Varianz). Bestimmen Sie den Erwartungswert und die Varianz einer geometrisch verteilten Zufallsvariable.

Aufgabe 98 (Eigenschaften von Verteilungsfunktionen). Sei $\mu : \mathfrak{B}(\mathbb{R}) \to \overline{\mathbb{R}}$ eine univariate Verteilung auf $(\mathbb{R}, \mathfrak{B}(\mathbb{R}))$. Beweisen Sie, dass die Funktion $F_\mu : \mathbb{R} \to [0, 1]$ mit

$$F_\mu(x) := \mu((-\infty, x])$$

eine (univariate) Verteilungsfunktion auf $\mathbb{R}$ definiert. Zeigen Sie dazu, dass F_μ folgende Eigenschaften besitzt:

(a) F_μ ist wachsend.
(b) F_μ ist rechtsseitig stetig.
(c) Es gelten $\lim_{x\to-\infty} F_\mu(x) = 0$ und $\lim_{x\to+\infty} F_\mu(x) = 1$.

Aufgabe 99 (Eindeutigkeitssatz für Verteilungsfunktionen auf $\mathbb{R}$). Gegeben seien die univariaten Verteilungen $\mu, \nu : \mathfrak{B}(\mathbb{R}) \to \overline{\mathbb{R}}$ mit den dazugehörigen Verteilungsfunktionen $F_\mu, F_\nu : \mathbb{R} \to [0, 1]$. Beweisen Sie, dass genau dann $\mu = \nu$ gilt, wenn $F_\mu = F_\nu$.

Aufgabe 100 Sei $F : \mathbb{R} \to [0, 1]$ eine stetige Verteilungsfunktion auf $\mathbb{R}$. Zeigen Sie, dass $G_h : \mathbb{R} \to [0, 1]$ mit

$$G_h(x) := \frac{1}{h} \int_x^{x+h} F(t)\, \mathrm{d}t$$

für jedes $h \in \mathbb{R}_{>0}$ eine Verteilungsfunktion auf $\mathbb{R}$ definiert. Beachten Sie, dass es sich bei dem Integral auf der rechten Seite um ein Riemann-Integral handelt.

Aufgabe 101 Gegeben sei die Funktion $F : \mathbb{R} \to [0, 1]$ mit

$$F(x) := \sum_{n=1}^{+\infty} \frac{1}{2^n} \chi_{\left[\frac{1}{n}, +\infty\right)}(x)$$

(a) Berechnen Sie die beiden Funktionswerte $F(0)$ und $F(1)$. Begründen Sie anschließend, dass $0 \leq F(x) \leq 1$ für alle $x \in \mathbb{R}$ gilt.
(b) Skizzieren Sie die Funktion. Zeigen Sie anschließend, dass F sowohl wachsend als auch rechtsseitig stetig ist.
(c) Ermitteln Sie die eindeutig bestimmte univariate Verteilung $\mathbb{P}_F : \mathfrak{B}(\mathbb{R}) \to \overline{\mathbb{R}}$ mit $\mathbb{P}_F((-\infty, x]) = F(x)$ für alle $x \in \mathbb{R}$.
(d) Berechnen Sie die beiden Wahrscheinlichkeiten $\mathbb{P}_F([0, 1/2])$ und $\mathbb{P}_F(\{1/2\})$. Untersuchen Sie anschließend, ob F an der Stelle $1/2$ stetig ist.

4.4 Unabhängige Zufallsvariablen und Faltung

In diesem Abschnitt lernen Sie die Definition und die wichtigsten Eigenschaften unabhängiger Zufallsvariablen kennen. Sie begegnen grundlegenden Ergebnissen wie der Faltungsformel und der Charakterisierung der Unabhängigkeit. Dass die Summe von zwei unabhängigen und normal-verteilten Zufallsvariablen wieder normal-verteilt ist, können Sie in Aufgabe 109 beweisen. In Aufgabe 113 erfahren Sie außerdem, dass paarweise Unabhängigkeit nicht zwingend Unabhängigkeit in der Gesamtheit bedeutet.

Aufgabe 102 (Definition unabhängiger Zufallsvariablen). Erklären Sie im Detail, wann eine Familie von Zufallsvariablen *unabhängig* genannt wird.

Aufgabe 103 Sei $(\Omega, \mathfrak{F}, \mathbb{P})$ ein Wahrscheinlichkeitsraum und seien $X, Y : \Omega \to \mathbb{R}$ zwei unabhängige Zufallsvariablen. Zeigen Sie

$$\mathbb{P}(\{X \vee Y \leq x\}) = \mathbb{P}(\{X \leq x\})\,\mathbb{P}(\{Y \leq x\})$$

und

$$\mathbb{P}(\{X \wedge Y > x\}) = \mathbb{P}(\{X > x\})\,\mathbb{P}(\{Y > x\})$$

für $x \in \mathbb{R}$. Dabei bezeichnen $X \vee Y$ und $X \wedge Y$ das Maximum beziehungsweise das Minimum von X und Y.

Aufgabe 104 Sei $(\Omega, \mathfrak{F}, \mathbb{P})$ ein Wahrscheinlichkeitsraum und seien $X, Y : \Omega \to \mathbb{R}$ zwei Zufallsvariablen. Beweisen Sie, dass X und Y unabhängig sind, falls mindestens eine der Zufallsvariablen konstant ist.

Aufgabe 105 (Charakterisierung unabhängiger Zufallsvariablen). Sei $(\Omega, \mathfrak{F}, \mathbb{P})$ ein Wahrscheinlichkeitsraum und seien $X, Y : \Omega \to \mathbb{R}$ zwei Zufallsvariablen. Beweisen Sie, dass die beiden folgenden Aussagen äquivalent sind:

(a) X und Y sind unabhängig.
(b) Für alle $\mathfrak{B}(\mathbb{R})$-$\mathfrak{B}(\mathbb{R})$-messbaren Funktionen $f, g : \mathbb{R} \to \mathbb{R}$ sind die Zufallsvariablen $f \circ X$ und $g \circ Y$ unabhängig.

Aufgabe 106 Sei $(\Omega, \mathfrak{F}, \mathbb{P})$ ein Wahrscheinlichkeitsraum und sei $X : \Omega \to \mathbb{R}$ eine Zufallsvariable. Beweisen Sie, dass X genau dann unabhängig zu sich selbst ist, falls es eine Zahl $c \in \mathbb{R}$ mit der Eigenschaft

$$\mathbb{P}(\{X = c\}) = 1$$

gibt, das heißt, die Zufallsvariable ist fast sicher konstant.

Aufgabe 107 (Unabhängigkeit von Indikatorfunktionen). Sei $(\Omega, \mathfrak{F}, \mathbb{P})$ ein Wahrscheinlichkeitsraum und seien $A, B \in \mathfrak{F}$ beliebig. Beweisen Sie, dass folgende Aussagen äquivalent sind:

(a) Die Indikatorfunktionen $\chi_A : \Omega \to \mathbb{R}$ und $\chi_B : \Omega \to \mathbb{R}$ sind unabhängig.
(b) Die Ereignisse A und B sind unabhängig.

Aufgabe 108 (Faltungsformel). Sei $(\Omega, \mathfrak{F}, \mathbb{P})$ ein Wahrscheinlichkeitsraum und seien $X, Y : \Omega \to \mathbb{R}$ zwei unabhängige Zufallsvariablen mit $\mathbb{P}_X(\mathbb{N}_0) = 1$ und $\mathbb{P}_Y(\mathbb{N}_0) = 1$. Beweisen Sie

$$m_{X+Y}(t) = m_X(t)\, m_Y(t)$$

für $t \in [0, 1]$ und folgern Sie damit für jedes $n \in \mathbb{N}_0$ die Faltungsformel

$$\mathbb{P}(\{X + Y = n\}) = \sum_{k=0}^{n} \mathbb{P}(\{X = k\})\, \mathbb{P}(\{Y = n - k\})$$

Zeigen Sie anschließend mithilfe einer der obigen Identitäten, dass die Summe von zwei unabhängigen und Binomial-verteilten Zufallsvariablen (mit der selben Erfolgswahrscheinlichkeit) ebenfalls Binomial-verteilt ist.

Aufgabe 109 (Summe unabhängiger und normal-verteilter Zufallsvariablen). Sei $(\Omega, \mathfrak{F}, \mathbb{P})$ ein Wahrscheinlichkeitsraum und seien $Y_1, Y_2 : \Omega \to \mathbb{R}$ zwei unabhängige und normal-verteilte Zufallsvariablen mit

$$\mathbb{P}_{Y_k} = \mathbf{N}(\mu_k, \sigma_k^2)$$

wobei $\mu_k \in \mathbb{R}$ und $\sigma_k \in \mathbb{R}_{>0}$ für $k \in \{1, 2\}$. Beweisen Sie mit der Faltungsformel für absolutstetige Verteilungen, dass die Summe $Y_1 + Y_2$ ebenfalls normal-verteilt ist mit

$$\mathbb{P}_{Y_1+Y_2} = \mathbf{N}(\mu_1 + \mu_2, \sigma_1^2 + \sigma_2^2)$$

Aufgabe 110 Berechnen Sie die Faltung der Indikatorfunktion $\chi_{(0,1)}$ mit sich selbst, also die Funktion

$$\chi_{(0,1)} * \chi_{(0,1)}$$

Bestimmen Sie anschließend die Verteilung der Summe von zwei unabhängigen und auf $(0, 1)$ uniform verteilten Zufallsvariablen.

Aufgabe 111 Sei $(\Omega, \mathfrak{F}, \mathbb{P})$ ein Wahrscheinlichkeitsraum und sei $X : \Omega \to \mathbb{R}^2$ ein Zufallsvektor mit unabhängigen Koordinaten. Beweisen Sie

$$\mathbb{E}[X_1 X_2] = \mathbb{E}[X_1]\,\mathbb{E}[X_2]$$

falls die Koordinaten nichtnegativ sind oder einen endlichen Erwartungswert besitzen.

Aufgabe 112 Konstruieren Sie einen Wahrscheinlichkeitsraum $(\Omega, \mathfrak{F}, \mathbb{P})$ und zwei Zufallsvariablen $X_1, X_2 : \Omega \to \mathbb{R}$ mit $\mathbb{E}[X_1 X_2] = \mathbb{E}[X_1]\,\mathbb{E}[X_2]$, die jedoch *nicht* unabhängig sind.

Aufgabe 113 Sei $(\Omega, \mathfrak{F}, \mathbb{P})$ ein Wahrscheinlichkeitsraum und seien $X_1, X_2, X_3 : \Omega \to \mathbb{R}$ drei Bernoulli-verteilte Zufallsvariable mit $\mathbb{P}_{X_1} = \mathbb{P}_{X_2} = \mathbb{P}_{X_3} = \mathbf{B}(p)$ und sei $p \in (0, 1)$ ein beliebiger Parameter.

(a) Beweisen Sie

$$\mathbb{P}(\{X_1 X_2 X_3 = 0\}) \geq 3p(1-p) \tag{4.5}$$

falls die Zufallsvariablen X_1, X_2 und X_3 paarweise unabhängig sind.

(b) Zeigen Sie, dass die Zufallsvariablen $Y_1, Y_2, Y_3 : \Omega \to \mathbb{R}$ mit

$$Y_1 := \max(X_1, X_2), \qquad Y_2 := \max(X_1, X_3), \qquad Y_3 := \max(X_2, X_3)$$

Bernoulli-verteilt sind, falls X_1, X_2 und X_3 paarweise unabhängig sind. Bestimmen Sie anschließend Erwartungswert und Varianz von Y_1, Y_2 und Y_3.

(c) Seien nun X_1, X_2 und X_3 in ihrer Gesamtheit unabhängig. Bestimmen Sie den Erwartungswert und die Varianz der Zufallsvariable $Y_1 + Y_2 + Y_3$.

(d) Zeigen Sie, dass drei paarweise unabhängige und Bernoulli-verteilte Zufallsvariablen im Allgemeinen *nicht* in ihrer Gesamtheit unabhängig sind.

Integration bezüglich Wahrscheinlichkeitsmaßen und Invarianten von Zufallsvariablen

5

In diesem Kapitel können Sie grundlegende Konzepte und zentrale Techniken der Maß- und Integrationstheorie mit direktem Bezug zur Wahrscheinlichkeitstheorie und Stochastik vertiefen. In den beiden ersten Abschnitten lernen Sie, wie Erwartungswert und Varianz von Zufallsvariablen definiert und bestimmt werden und wenden diese Methoden auf bekannte Verteilungen wie die Normal-, Binomial- und Beta-Verteilung an. Im dritten Abschnitt stehen höhere Momente und deren Berechnung im Fokus. Den Abschluss bilden die wichtigen Sätze von Fubini und Tonelli sowie der Transformationssatz, die das Arbeiten mit mehrdimensionalen Integralen erleichtern. Besonders empfohlen ist die Bearbeitung der Aufgaben 114, 115, 119, 126, 128, 129, 133 und 134.

5.1 Erwartungswert und Lebesgue-Integral

In diesem Abschnitt lernen Sie den Erwartungswert einer Zufallsvariablen als Lebesgue-Integral kennen. Neben der formalen Definition werden zentrale Eigenschaften behandelt und an Beispielen wie der Summe von drei Würfeln illustriert. Praktische Berechnungen mit `Python`, die Charakterisierung durch Integrale sowie die Bedeutung des Erwartungswerts für Ungleichungen wie die von Markow werden in diesem Abschnitt diskutiert.

Aufgabe 114 (Definition Erwartungswert). Sei $(\Omega, \mathfrak{F}, \mathbb{P})$ ein Wahrscheinlichkeitsraum und sei $X : \Omega \to \overline{\mathbb{R}}$ eine Zufallsvariable. Erklären Sie im Detail, wie der *Erwartungswert,* also das *Lebesgue-Integral*

$$\mathbb{E}[X] := \int_{\Omega} X(\omega)\, \mathrm{d}\mathbb{P}(\omega)$$

N. Hebestreit-Düsing, *Übungs- und Lernbuch Wahrscheinlichkeitstheorie und Stochastik*, https://doi.org/10.1007/978-3-662-72720-1_5

Abb. 5.1 Verschiedene Würfelkombinationen aus drei Würfeln

definiert ist.

Aufgabe 115 (Dreifacher Würfelwurf). Wir betrachten den symmetrischen Wahrscheinlichkeitsraum $(\Omega, \mathfrak{F}, \mathbb{P})$ mit

$$\Omega := \{1, \ldots, 6\}^3, \qquad \mathfrak{F} := \mathfrak{P}(\Omega), \qquad \mathbb{P}(A) := \frac{|A|}{|\Omega|}$$

und die Zufallsvariable $X : \Omega \to \mathbb{R}$ vermöge

$$X(\omega_1, \omega_2, \omega_3) := \omega_1 + \omega_2 + \omega_3$$

(a) Geben Sie eine mögliche Interpretation der Zufallsvariable X an (Abb. 5.1).
(b) Ermitteln Sie alle Darstellungen der Zahl 5 als Summe von drei Zahlen aus der Menge $\{1, \ldots, 6\}$. Bestimmen Sie anschließend in `Python`, wie viele Möglichkeiten es gibt, eine beliebige natürliche Zahl als Summe von drei Zahlen aus $\{1, \ldots, 6\}$ zu schreiben.
(c) Berechnen Sie den Erwartungswert der Zufallsvariable einmal anhand der Definition und anschließend mithilfe der Identität

$$\mathbb{E}[X] = \sum_{n=0}^{+\infty} \mathbb{P}(\{X > n\}) \tag{5.1}$$

Verwenden Sie in beiden Fällen `Python`.

Aufgabe 116 (Sammelbilderproblem mit Würfeln). Bestimmen Sie in `Python` die durchschnittliche Anzahl an Würfen, die benötigt wird, damit jede Augenzahl eines Würfels mindestens einmal gewürfelt wird.

Aufgabe 117 Sei $(\Omega, \mathfrak{F}, \mathbb{P})$ ein Wahrscheinlichkeitsraum und sei $X : \Omega \to \mathbb{R}$ eine nichtnegative Zufallsvariable. Beweisen Sie mit dem Satz von Fubini die Identität

$$\mathbb{E}[X] = \int_0^{+\infty} \mathbb{P}(\{X \geq x\}) \, \mathrm{d}\beta(x) \tag{5.2}$$

Aufgabe 118 Es seien $(\Omega, \mathfrak{F}, \mathbb{P})$ ein Wahrscheinlichkeitsraum und $X : \Omega \to \mathbb{R}$ eine nichtnegative Zufallsvariable. Beweisen Sie

$$\sum_{n=1}^{+\infty} \mathbb{P}(\{X \geq n\}) \leq \mathbb{E}[X] \leq 1 + \sum_{n=1}^{+\infty} \mathbb{P}(\{X \geq n\})$$

Insbesondere besitzt X damit genau dann einen endlichen Erwartungswert, wenn die Reihe $\sum_{n=1}^{+\infty} \mathbb{P}(\{X \geq n\})$ konvergent ist.

Aufgabe 119 (Erwartungswert und Varianz der Normal-Verteilung). Es sei $(\Omega, \mathfrak{F}, \mathbb{P})$ ein Wahrscheinlichkeitsraum und $X, Y : \Omega \to \mathbb{R}$ zwei normal-verteilte Zufallsvariablen mit $\mathbb{P}_X = \mathbf{N}(0, 1)$ und $\mathbb{P}_Y = \mathbf{N}(\mu, \sigma^2)$, wobei $\mu, \sigma \in \mathbb{R}$ beliebige Parameter sind. Beweisen Sie

$$\mathbb{E}[X] = 0, \qquad \mathbb{V}[X] = 1$$

Folgern Sie anschließend aus den Eigenschaften von Erwartungswert und Varianz

$$\mathbb{E}[Y] = \mu, \qquad \mathbb{V}[Y] = \sigma^2$$

Aufgabe 120 (Erwartete Wartezeit einer Serveranfrage). Ein Server-Cluster besteht aus n Servern, wobei jeder Server höchstens α Minuten benötigt, um eine Anfrage vollständig zu bearbeiten. Dabei sind $\alpha \in \mathbb{R}_{>0}$ und $n \in \mathbb{N}$ beliebige Zahlen. Eine neue Anfrage trifft auf den Cluster und stellt fest, dass alle Server derzeit ausgelastet sind, jedoch keine weiteren Anfragen in der Warteschlange stehen. Es ist bekannt, dass die Bearbeitungszeiten der Server unabhängig und uniform verteilt auf $(0, \alpha)$ sind. Bestimmen Sie die mittlere Wartezeit für eine neue Anfrage.

Aufgabe 121 Sei $(\Omega, \mathfrak{F}, \mathbb{P})$ ein Wahrscheinlichkeitsraum und sei $(X_n)_{n\in\mathbb{N}}$ eine Folge von positiven sowie unabhängig und identisch verteilten Zufallsvariablen auf Ω. Bestimmen Sie für $m, n \in \mathbb{N}$ mit $m \leq n$ den Erwartungswert

$$\mathbb{E}\left[\frac{X_1 + \ldots + X_m}{X_1 + \ldots + X_n}\right]$$

Aufgabe 122 (Erwartungswert der Cauchy-Verteilung). Sei $(\Omega, \mathfrak{F}, \mathbb{P})$ ein Wahrscheinlichkeitsraum und sei $X : \Omega \to \mathbb{R}$ eine Zufallsvariable mit $\mathbb{P}_X = \mathbf{Ca}(0, 1)$. Weisen Sie nach, dass X *keinen* Erwartungswert besitzt.

Aufgabe 123 (Ungleichung von Markow). Sei $(\Omega, \mathfrak{F}, \mathbb{P})$ ein Wahrscheinlichkeitsraum, sei $X : \Omega \to \mathbb{R}$ eine Zufallsvariable und sei $\varphi : \mathbb{R}_{\geq 0} \to \mathbb{R}_{\geq 0}$ eine wachsende Funktion. Beweisen Sie

$$\varphi(x)\, \mathbb{P}(\{|X| \geq x\}) \leq \mathbb{E}[\varphi \circ |X|]$$

beziehungsweise

$$\mathbb{P}(\{|X| \geq x\}) \leq \frac{1}{\varphi(x)} \int_\Omega \varphi \circ |X| \, \mathrm{d}\mathbb{P}$$

für alle $x \in \mathbb{R}_{\geq 0}$ mit $\varphi(x) > 0$.

5.2 Varianz

In diesem Abschnitt betrachten wir die Varianz einer Zufallsvariablen, die ihre Streuung um den Erwartungswert misst. Neben grundlegenden Eigenschaften und Formeln lernen Sie wichtige Resultate wie den Verschiebungssatz, die Charakterisierung der Varianz als Minimierung und Anwendungen in verschiedenen Verteilungen. Dazu werden auch praktische Beispiele in `Python` behandelt.

Aufgabe 124 (Eigenschaften der Varianz). Gegeben sei ein Wahrscheinlichkeitsraum $(\Omega, \mathfrak{F}, \mathbb{P})$ und eine Zufallsvariable $X : \Omega \to \overline{\mathbb{R}}$ mit endlichem Erwartungswert. Beweisen Sie die folgenden Aussagen:

(a) Es gilt $\mathbb{V}[X] \geq 0$ sowie

$$\mathbb{V}[X] = \mathbb{E}[X^2] - (\mathbb{E}[X])^2$$

und

$$\mathbb{V}[X] = \mathbb{E}[X(X-1)] + \mathbb{E}[X] - (\mathbb{E}[X])^2$$

(b) (Verschiebungssatz). Für alle $\mu \in \mathbb{R}$ gilt

$$\mathbb{E}[(X-\mu)^2] = (\mathbb{E}[X] - \mu)^2 + \mathbb{V}[X]$$

(c) Für alle $a, b \in \mathbb{R}$ gilt

$$\mathbb{V}[a + bX] = b^2\mathbb{V}[X]$$

(d) Besitzt X ein endliches zweites Moment mit Varianz $\mathbb{V}[X] > 0$, so gelten für die sogenannte *standardisierte Zufallsvariable* $Z : \Omega \to \overline{\mathbb{R}}$ mit

$$Z := \frac{X - \mathbb{E}[X]}{\sqrt{\mathbb{V}[X]}}$$

sowohl $\mathbb{E}[Z] = 0$ als auch $\mathbb{V}[Z] = 1$.

(e) Besitzt X ein endliches zweites Moment, so gilt genau dann $\mathbb{V}[X] = 0$, wenn $X = \mathbb{E}[X]$ fast sicher.

(f) (Charakterisierung der Varianz). Es gilt

$$\mathbb{V}[X] = \inf_{\mu \in \mathbb{R}} \mathbb{E}[(X-\mu)^2]$$

Damit entspricht die Varianz von X dem Minimum des erwarteten quadratischen Abstands zwischen X und jeder beliebigen reellen Zahl.

Aufgabe 125 Sei $(\Omega, \mathfrak{F}, \mathbb{P})$ ein Wahrscheinlichkeitsraum und sei $X : \Omega \to \overline{\mathbb{R}}$ eine Zufallsvariable mit endlichem Erwartungswert. Zeigen Sie, dass die folgenden drei Aussagen äquivalent sind:

(a) Es gilt $\mathbb{V}[X] = 0$.
(b) Es gilt $\mathbb{P}(\{X = \mathbb{E}[X]\}) = 1$.
(c) Die Zufallsvariable X ist fast sicher konstant.

Aufgabe 126 (Erwartungswert und Varianz der Binomial-Verteilung). Es seien $(\Omega, \mathfrak{F}, \mathbb{P})$ ein Wahrscheinlichkeitsraum und $X : \Omega \to \mathbb{R}$ eine Binomial-verteilte Zufallsvariable mit $\mathbb{P}_X = \mathbf{B}(n, p)$. Dabei sind $n \in \mathbb{N}$ und $p \in (0, 1)$ beliebige Parameter. Beweisen Sie

$$\mathbb{E}[X] = np, \qquad \mathbb{V}[X] = np(1 - p)$$

Aufgabe 127 (Varianz der Beta-Verteilung). Sei $(\Omega, \mathfrak{F}, \mathbb{P})$ ein Wahrscheinlichkeitsraum und seien $\alpha, \gamma \in \mathbb{R}_{>0}$ beliebig. Die von der Lebesgue-Dichte $f : \mathbb{R} \to \mathbb{R}$ vermöge

$$f(x) := \begin{cases} \dfrac{1}{\mathsf{B}(\alpha, \gamma)} x^{\alpha-1}(1-x)^{\gamma-1} & \text{falls } x \in (0, 1) \\ 0 & \text{sonst} \end{cases}$$

induzierte Verteilung wird *Beta-Verteilung* genannt und mit $\mathbf{Be}(\alpha, \gamma)$ bezeichnet. Berechnen Sie die Varianz einer Beta-verteilten Zufallsvariable auf Ω.

Aufgabe 128 (Dominosteine in einer Reihe). Betrachten Sie eine unendliche Reihe von Dominosteinen, die aufsteigend nummeriert sind, also 1, 2, 3 und so weiter. Der erste Stein wird angestoßen und fällt um. Jeder folgende Dominostein fällt nur dann um, wenn der vorherige Stein erfolgreich umgefallen ist. Vergleichen Sie auch Abb. 5.2. Die Wahrscheinlichkeit, dass der n-te Dominostein fällt, nachdem der Vorgängerstein umgefallen ist, betrage $1/n$. Falls ein Dominostein nicht umfällt, wird die gesamte Reihe von Dominosteinen wieder aufgebaut, und der Prozess beginnt von vorne. Die Zufallsvariable X beschreibe den Index des letzten Dominosteins, der erfolgreich umgefallen ist, bevor ein Stein nicht mehr fällt.

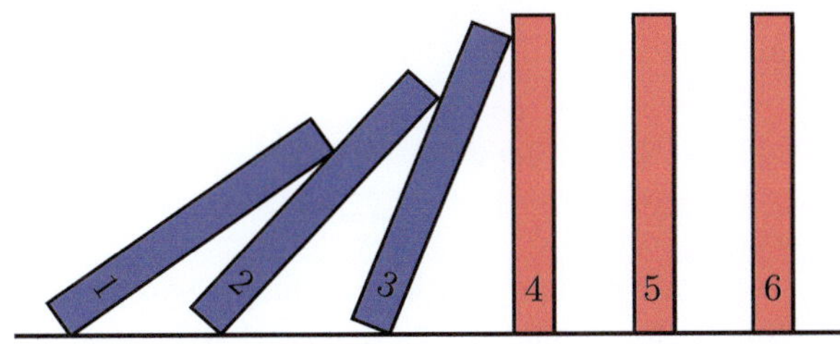

Abb. 5.2 Illustration von Dominosteinen in einer Reihe

(a) Bestimmen Sie die Verteilung von X.
(b) Simulieren Sie das obige Zufallsexperiment in `Python` und bestimmen Sie so eine Näherung für den Erwartungswert und die Varianz von X.
(c) Berechnen Sie den Erwartungswert und die Varianz von X exakt.

5.3 Momente

In diesem Abschnitt betrachten wir Momente von Zufallsvariablen, die zentrale Kennzahlen zur Beschreibung ihrer Verteilungen darstellen. Dabei lernen Sie wichtige Formeln und Techniken zur Bestimmung von Erwartungswerten, Varianzen und höheren Momenten.

Aufgabe 129 (Pareto-Verteilung). Seien $\alpha, \gamma \in \mathbb{R}_{>0}$ beliebig. Die von der Funktion $f : \mathbb{R} \to \mathbb{R}$ vermöge

$$f(x) := \begin{cases} \frac{\gamma}{\alpha}\left(\frac{\alpha}{x}\right)^{\gamma+1} & \text{falls } x \in (\alpha, +\infty) \\ 0 & \text{sonst} \end{cases}$$

induzierte (univariate) Verteilung wird *Pareto-Verteilung* (*europäischer Art*) genannt und mit $\mathbf{Pa}(\alpha, \gamma)$ bezeichnet.

(a) Weisen Sie nach, dass die Funktion eine Lebesgue-Dichte definiert.
(b) (Momente der Pareto-Verteilung). Bestimmen Sie die ersten beiden Momente einer Pareto-verteilten Zufallsvariable. Geben Sie anschließend den Erwartungswert und die Varianz der Zufallsvariable an.

Aufgabe 130 Sei $(\Omega, \mathfrak{F}, \mathbb{P})$ ein Wahrscheinlichkeitsraum und sei $X : \Omega \to \mathbb{R}$ eine Zufallsvariable mit einem endlichen Moment der Ordnung $n \in \mathbb{N}$.

(a) Beweisen Sie die beiden Identitäten

$$\mathbb{E}[(X - \mathbb{E}[X])^n] = \sum_{k=0}^{n} \binom{n}{k} \mathbb{E}[X^k](-\mathbb{E}[X])^{n-k}$$

und

$$\mathbb{E}[X^n] = \sum_{k=0}^{n} \binom{n}{k} \mathbb{E}[(X - \mathbb{E}[X])^k](\mathbb{E}[X])^{n-k} \tag{5.3}$$

(b) (Momente der uniformen Verteilung). Verifizieren Sie Gl. (5.3) im Fall, dass die Zufallsvariable uniform verteilt auf dem Intervall (a, b) mit den Parametern $a, b \in \mathbb{R}$ und $0 < a < b$ ist.

Aufgabe 131 (Momente der uniformen Verteilung). Sei $(\Omega, \mathfrak{F}, \mathbb{P})$ ein Wahrscheinlichkeitsraum und sei $X : \Omega \to \mathbb{R}$ eine Zufallsvariable mit $\mathbb{P}_X = \mathbf{U}(0, 1)$. Bestimmen Sie die momenterzeugende Funktion $M_X : \mathbb{R} \to \overline{\mathbb{R}}$ von X und ermitteln Sie damit $\mathbb{E}[X^n]$ für $n \in \mathbb{N}_0$.

5.4 Satz von Fubini-Tonelli und Transformationssatz

Die folgenden Aufgaben behandeln zentrale Konzepte der Maß- und Integrationstheorie, die nicht nur von fundamentaler Bedeutung für die Wahrscheinlichkeitstheorie und Stochastik sind, sondern auch in zahlreichen Anwendungen der mathematischen Physik, Statistik und Analysis eine zentrale Rolle spielen. Der Fokus liegt auf der Berechnung und Interpretation von Integralen bezüglich verschiedener Maße – darunter das Borel-Lebesgue-Maß, das Dirac-Maß und das Zählmaß – sowie auf der Anwendung des Satzes von Fubini und der Transformation von Dichten. Diese Resultate ermöglichen die Bestimmung von Verteilungen, Lebesgue-Dichten und Momenten, was für das Verständnis von Verteilungen essenziell ist.

Aufgabe 132 Gegeben sei die Funktion $F : \mathbb{R}^2 \to \mathbb{R}$ vermöge

$$F(x, y) := \begin{cases} y\mathrm{e}^{-(1+x^2)y^2} & \text{falls } (x, y) \in \mathbb{R}_{>0} \times \mathbb{R}_{>0} \\ 0 & \text{sonst} \end{cases}$$

(a) Berechnen Sie das iterierte Integral

$$\int_{\mathbb{R}} \left(\int_{\mathbb{R}} F(x, y)\, \mathrm{d}\beta(y) \right) \mathrm{d}\beta(x)$$

und zeigen Sie anschließend

$$\int_{\mathbb{R}} \left(\int_{\mathbb{R}} F(x, y)\, \mathrm{d}\beta(x) \right) \mathrm{d}\beta(y) = \left(\int_0^{+\infty} \mathrm{e}^{-x^2}\, \mathrm{d}\beta(x) \right)^2$$

(b) Folgern Sie mit dem Satz von Fubini die bekannte Identität

$$\int_0^{+\infty} \mathrm{e}^{-x^2}\, \mathrm{d}\beta(x) = \frac{\sqrt{\pi}}{2} \tag{5.4}$$

(c) (Lebesgue-Dichte der Standardnormal-Verteilung). Begründen Sie anschließend, dass die Funktion $f : \mathbb{R} \to \mathbb{R}$ mit

$$f(x) := \frac{1}{\sqrt{2\pi}} \mathrm{e}^{-\frac{1}{2}x^2}$$

Lebesgue-Dichte einer univariaten Verteilung ist.

Aufgabe 133 (Integral bezüglich dem Dirac-Maß). Es seien $(X, \mathfrak{A})$ ein messbarer Raum und $f : X \to \overline{\mathbb{R}}$ eine nichtnegative und $\mathfrak{A}$-$\mathfrak{B}(\overline{\mathbb{R}})$-messbare Funktion. Beweisen Sie

$$\int_X f \, \mathrm{d}\delta_x = f(x)$$

für jedes $x \in X$. Damit entspricht das Lebesgue-Integral einer Funktion bezüglich des Dirac-Maßes δ_x dem Funktionswert $f(x)$.

Aufgabe 134 (Integral bezüglich dem Zählmaß). Wir betrachten den Maßraum $(\mathbb{N}, \mathfrak{P}(\mathbb{N}), \mu)$, wobei $\mu : \mathfrak{P}(\mathbb{N}) \to \overline{\mathbb{R}}$ das Zählmaß aus Aufgabe 51 bezeichnet.

(a) Begründen Sie die $\mathfrak{P}(\mathbb{N})$-$\mathfrak{B}(\overline{\mathbb{R}})$-Messbarkeit jeder Funktion von $\mathbb{N}$ nach $\overline{\mathbb{R}}$.
(b) Sei $f : \mathbb{N} \to \overline{\mathbb{R}}$ eine nichtnegative Funktion. Beweisen Sie

$$\int_{\mathbb{N}} f \, \mathrm{d}\mu = \sum_{k=1}^{+\infty} f(k)$$

Damit entspricht das Integral bezüglich dem Zählmaß der Reihe über die Funktionswerte.
(c) Untersuchen Sie, für welchen Parameter $\alpha \in \mathbb{R}$ die Funktion $f_\alpha : \mathbb{N} \to \overline{\mathbb{R}}$ mit $f_\alpha(k) := (-1)^k k^{-\alpha}$ über $\mathbb{N}$ bezüglich μ integrierbar ist.

Aufgabe 135 In dieser Aufgabe soll mithilfe von Techniken der Maß- und Integrationstheorie die Identität

$$\sum_{k=1}^{+\infty} \frac{\alpha^{-k}}{k+1} = \alpha \ln\left(\frac{\alpha}{\alpha-1}\right) - 1$$

für $\alpha \in \mathbb{R}_{>1}$ bewiesen werden. Betrachten Sie dazu die Funktion $f_\alpha : [0, 1] \times \mathbb{N} \to \mathbb{R}$ mit $f_\alpha(x, k) := x^k \alpha^{-k}$ und berechnen Sie anschließend mit dem Satz von Fubini das folgende Lebesgue-Integral auf zwei unterschiedliche Weisen:

$$\int_{[0,1]\times\mathbb{N}} f_\alpha(x, k) \, \mathrm{d}(\beta \otimes \mu)(x, k)$$

Dabei bezeichnet $\mu : \mathfrak{P}(\mathbb{N}) \to \overline{\mathbb{R}}$ das Zählmaß und $\beta : \mathfrak{B}([0, 1]) \to \overline{\mathbb{R}}$ das Borel-Lebesgue-Maß auf $\mathfrak{B}([0, 1])$.

Aufgabe 136 Seien $(X, \mathfrak{A}, \mu)$ und $(Y, \mathfrak{B}, \nu)$ zwei σ-endliche Maßräume. Sei weiter $f : X \to \mathbb{R}$ eine $\mathfrak{A}$-$\mathfrak{B}(\mathbb{R})$-messbare Funktion und sei $g : Y \to \mathbb{R}$ eine $\mathfrak{B}$-$\mathfrak{B}(\mathbb{R})$-messbare Funktion.

(a) Beweisen Sie die $\mathfrak{A} \otimes \mathfrak{B}$-$\mathfrak{B}(\mathbb{R})$-Messbarkeit der Funktion $h : X \times Y \to \mathbb{R}$ vermöge $h(x, y) := f(x)g(y)$.

(b) Zeigen Sie

$$\int_{X\times Y} h(x, y)\, \mathrm{d}(\mu \otimes \nu)(x, y) = \left(\int_X f(x)\, \mathrm{d}\mu(x)\right)\left(\int_Y g(y)\, \mathrm{d}\nu(y)\right)$$

falls beide Funktionen f und g nichtnegativ sind.

(c) Berechnen Sie anschließend das q-dimensionale Lebesgue-Integral

$$\int_{\mathbb{R}^q} \mathrm{e}^{-\|x\|_2^2}\, \mathrm{d}\beta^q(x)$$

wobei $\|\cdot\|_2$ wie üblich die euklidische Norm im $\mathbb{R}^q$ bezeichnet.

Aufgabe 137 (Lebesgue-Dichte der Normal-Verteilung). Sei $(\Omega, \mathfrak{F}, \mathbb{P})$ ein Wahrscheinlichkeitsraum. Bekanntlich handelt es sich bei der Funktion $f : \mathbb{R} \to \mathbb{R}$ vermöge

$$f(x) := \frac{1}{\sqrt{2\pi}}\, \mathrm{e}^{-\frac{1}{2}x^2}$$

um die Lebesgue-Dichte der Standardnormal-Verteilung $\mathbf{N}(0, 1)$. Bestimmen Sie mithilfe des Transformationssatzes für $\mu \in \mathbb{R}$ und $\sigma \in \mathbb{R}_{>0}$ die Lebesgue-Dichte der Normal-Verteilung $\mathbf{N}(\mu, \sigma^2)$.

Aufgabe 138 Sei $A \in \mathbb{R}^{q\times q}$ eine invertierbare Matrix. Beweisen Sie die Identität

$$\int_{\mathbb{R}^q} \mathrm{e}^{-\|Ax\|_2^2}\, \mathrm{d}\beta^q(x) = \frac{\pi^{\frac{q}{2}}}{|\det(A)|}$$

Dabei bezeichnet $\|\cdot\|_2$ die Euklidische Norm im $\mathbb{R}^q$.

Erzeugende Funktionen 6

Dieses Kapitel beschäftigt sich mit sogenannten erzeugenden Funktionen. Das Interesse an erzeugenden Funktionen beruht darauf, dass sie in vielen Fällen die Bestimmung von Momenten einer Zufallsvariablen oder sogar die Bestimmung der Verteilung einer Zufallsvariablen erleichtern; diesen Eigenschaften verdanken die erzeugenden Funktionen ihren Namen. Die Bearbeitung der Aufgaben 139, 140, 142, 145 und 146 wird ausdrücklich empfohlen.

6.1 Wahrscheinlichkeitserzeugende Funktionen

Dieser Abschnitt behandelt wahrscheinlichkeitserzeugende Funktionen, mit Fokus auf die Poisson- und Panjer-Verteilung. Die Panjer-Verteilung wird insbesondere in der Finanzmathematik häufig verwendet, da sie dort als Schadenzahlverteilung eingesetzt wird.

Aufgabe 139 (Wahrscheinlichkeitserzeugende Funktion der Poisson-Verteilung). Sei $(\Omega, \mathfrak{F}, \mathbb{P})$ ein Wahrscheinlichkeitsraum und sei $X : \Omega \to \mathbb{R}$ eine Zufallsvariable mit $\mathbb{P}_X = \mathbf{P}(\alpha)$. Dabei ist $\alpha \in \mathbb{R}_{>0}$ ein beliebiger Parameter.

(a) (Wahrscheinlichkeitserzeugende Funktion). Berechnen Sie die wahrscheinlichkeitserzeugende Funktion $m_X : [0, 1] \to \mathbb{R}$ der Poisson-verteilten Zufallsvariable X.
(b) Begründen Sie, dass m_X wachsend und stetig ist, und

$$0 \leq m_X(t) \leq m_X(1) = 1$$

für alle $t \in [0, 1]$ gilt.

N. Hebestreit-Düsing, *Übungs- und Lernbuch Wahrscheinlichkeitstheorie und Stochastik*, https://doi.org/10.1007/978-3-662-72720-1_6

(c) Begründen Sie, dass die wahrscheinlichkeitserzeugende Funktion von X beliebig oft auf dem Intervall $[0, 1)$ differenzierbar ist und berechnen Sie für jedes $n \in \mathbb{N}$ die Ableitung $m_X^{(n)}$. Bestätigen Sie anschließend die Identität

$$\mathbb{P}(\{X = n\}) = \frac{1}{n!} m_X^{(n)}(0)$$

für jede natürliche Zahl $n \in \mathbb{N}_0$.

(d) (Erwartungswert und Varianz). Berechnen Sie den Erwartungswert und die Varianz von X. Verifizieren Sie anschließend

$$\mathbb{E}[X] = m'_X(1), \qquad \mathbb{V}[X] = m''_X(1) + m'_X(1) - (m'_X(1))^2$$

(e) Verifizieren Sie für $n \in \mathbb{N}_0$ und $t \in [0, 1)$ die Identität

$$m_X^{(n)}(t) = \sum_{k=n}^{+\infty} \mathbb{P}(\{X = k\}) \frac{k!}{(k-n)!} t^{k-n}$$

(f) Zeigen Sie, dass jede Ableitung von m_X auf dem Intervall $[0, 1)$ wachsend ist. Bestätigen Sie anschließend für $n \in \mathbb{N}_0$ die Identität

$$\sup_{t \in [0,1)} m_X^{(n)}(t) = \sum_{k=n}^{+\infty} \mathbb{P}(\{X = k\}) \frac{k!}{(k-n)!}$$

Aufgabe 140 (Panjer-Verteilung). Sei $(\Omega, \mathfrak{F}, \mathbb{P})$ ein Wahrscheinlichkeitsraum, sei $X : \Omega \to \mathbb{R}$ eine Zufallsvariable und seien $a, b \in \mathbb{R}$ mit $a + b > 0$ beliebig. Wir sagen, dass die Zufallsvariable X einer *Panjer-Verteilung* genügt und schreiben $\mathbb{P}_X = \mathbf{Pan}(a, b)$, falls $\mathbb{P}_X(\mathbb{N}_0) = 1$ und

$$\mathbb{P}(\{X = n\}) = \left(a + \frac{b}{n}\right) \mathbb{P}(\{X = n - 1\})$$

für alle $n \in \mathbb{N}$ gilt.

(a) (Erwartungswert und Varianz). Beweisen Sie

$$\mathbb{E}[X] = \frac{a+b}{1-a}, \qquad \mathbb{V}[X] = \frac{a+b}{(1-a)^2}$$

(b) (Charakterisierung der Panjer-Verteilung). Beweisen Sie, dass die folgenden drei Aussagen äquivalent sind:

(α) Es gilt $\mathbb{P}_X = \mathbf{Pan}(a, b)$.

(β) Für die wahrscheinlichkeitserzeugende Funktion $m_X : [0,1] \to \mathbb{R}$ gilt

$$(1-at)m'_X(t) = (a+b)m_X(t)$$

für alle $t \in [0, 1)$.

(γ) Für alle $t \in [0, 1)$ und $n \in \mathbb{N}$ gilt

$$(1-at)m_X^{(n)}(t) = (na+b)m_X^{(n-1)}(t)$$

Folgern Sie, dass in jedem der drei Fälle $a < 1$ gilt.

(c) Zeigen Sie, dass die Binomial-Verteilung ein Spezialfall der Panjer-Verteilung ist. Berechnen Sie anschließend mithilfe von Teil (a) den Erwartungswert und die Varianz einer Binomial-verteilten Zufallsvariable.

(d) Ermitteln Sie im Fall $\mathbb{P}_X = \mathbf{Pan}(0, b)$ die (bekannte) Verteilung von X.

6.2 Momenterzeugende Funktionen

In diesem Abschnitt werden momenterzeugende Funktionen als zentrales Werkzeug zur Untersuchung von Zufallsvariablen eingeführt. Anhand klassischer Verteilungen wie der Normal-Verteilung, Exponential-Verteilung und Gamma-Verteilung lernen Sie, wie sich Momente und Verteilungsparameter mithilfe dieser Funktionen berechnen lassen.

Aufgabe 141 (Momenterzeugende Funktion der Normal-Verteilung). Berechnen Sie die momenterzeugende Funktion einer normal-verteilten Zufallsvariable.

Aufgabe 142 (Momenterzeugende Funktion der Exponential-Verteilung). Sei im Folgenden $(\Omega, \mathfrak{F}, \mathbb{P})$ ein Wahrscheinlichkeitsraum und sei $X : \Omega \to \mathbb{R}$ eine Zufallsvariable mit $\mathbb{P}_X = \mathbf{Exp}(\alpha)$ und $\alpha \in \mathbb{R}_{>0}$.

(a) (Momente der Exponential-Verteilung). Bestimmen Sie alle Momente von X. Zeigen Sie dazu

$$\mathbb{E}[X^n] = \frac{n!}{\alpha^n}$$

für $n \in \mathbb{N}$.

(b) Berechnen Sie die momenterzeugende Funktion $M_X : \mathbb{R} \to \overline{\mathbb{R}}$ von X. Verifizieren Sie anschließend $M_X(0) = 1$ und $M_X(t) \in (0, +\infty]$ für alle $t \in \mathbb{R}$.

(c) Verifizieren Sie für $t \in (-\alpha, \alpha)$ die Identität

$$M_X(t) = \sum_{n=0}^{+\infty} \frac{t^n}{n!}\, \mathbb{E}[X^n]$$

(d) Begründen Sie, dass die momenterzeugende Funktion von X auf dem offenen Intervall $(-\alpha, \alpha)$ beliebig oft differenzierbar ist. Bestimmen Sie für jedes $n \in \mathbb{N}$ die Ableitung $M_X^{(n)}$ und verifizieren Sie anschließend

$$\mathbb{E}[X^n] = M_X^{(n)}(0)$$

Folgern Sie, dass M_X konvex ist.

Aufgabe 143 Sei $(\Omega, \mathfrak{F}, \mathbb{P})$ ein Wahrscheinlichkeitsraum und bezeichne $M_X : \mathbb{R} \to \overline{\mathbb{R}}$ die momenterzeugende Funktion der Zufallsvariable $X : \Omega \to \mathbb{R}$.

(a) Beweisen Sie folgende Aussage: Besitzt X einen endlichen Erwartungswert, so gilt

$$\mathbb{E}[X] \leq \frac{1}{t} \ln\left(M_X(t)\right) \tag{6.1}$$

für alle $t \in \mathbb{R}_{>0}$.

(b) Verifizieren Sie Ungleichung (6.1) im Fall, dass X eine Normal-Verteilung, Exponential-Verteilung und Poisson-Verteilung besitzt.

Aufgabe 144 Sei $(\Omega, \mathfrak{F}, \mathbb{P})$ ein Wahrscheinlichkeitsraum.

(a) (Momenterzeugende Funktion der Gamma-Verteilung). Sei $X : \Omega \to \mathbb{R}$ eine Zufallsvariable mit $\mathbb{P}_X = \mathbf{Ga}(\alpha, \gamma)$ und seien $\alpha, \gamma \in \mathbb{R}_{>0}$ beliebige Parameter. Berechnen Sie die momenterzeugende Funktion von X.

(b) Sei nun $Y : \Omega \to \mathbb{R}$ eine weitere Zufallsvariable mit $\mathbb{P}_Y = \mathbf{Ga}(\alpha, \hat{\gamma})$ und $\hat{\gamma} \in \mathbb{R}_{>0}$. Beweisen Sie

$$\mathbb{P}_{X+Y} = \mathbf{Ga}(\alpha, \gamma + \hat{\gamma})$$

falls X und Y unabhängig sind. Somit ist die Summe zweier gamma-verteilter Zufallsvariablen wieder gamma-verteilt.

6.3 Charakteristische Funktionen

In diesem Abschnitt werden charakteristische Funktionen von normal-verteilten und Cauchy-verteilten Zufallsvariablen untersucht. Zudem werden Zusammenhänge mit symmetrischen Verteilungen dargestellt.

Aufgabe 145 (Charakteristische Funktion der Standardnormal-Verteilung). Sei $(\Omega, \mathfrak{F}, \mathbb{P})$ ein Wahrscheinlichkeitsraum und sei $X : \Omega \to \mathbb{R}$ eine Zufallsvariable mit $\mathbb{P}_X = \mathbf{N}(0, 1)$.

(a) Berechnen Sie die charakteristische Funktion $\psi_X : \mathbb{R} \to \mathbb{C}$ von X. Verifizieren Sie anschließend

$$\psi_X(0) = 1, \qquad |\psi_X(t)| \le 1, \qquad \psi_X(-t) = \overline{\psi_X(t)}$$

für $t \in \mathbb{R}$.

(b) (Charakteristische Funktion der Normal-Verteilung). Bestimmen Sie mithilfe von Teil (a) die charakteristische Funktion einer normal-verteilten Zufallsvariable. Folgern Sie, dass die Summe von zwei unabhängigen und normal-verteilten Zufallsvariablen ebenfalls normal-verteilt ist.

(c) (Momente der Standardnormal-Verteilung). Bestimmen Sie alle Momente von X. Zeigen Sie dazu für alle $n \in \mathbb{N}$

$$\mathbb{E}[X^n] = \begin{cases} 0 & \text{falls } n \in 2\mathbb{N}_0 + 1 \\ \frac{(2k)!}{2^k k!} & \text{falls } n \in 2\mathbb{N}_0 \text{ mit } n = 2k \end{cases}$$

(d) Begründen Sie, dass die charakteristische Funktion von X beliebig oft differenzierbar ist. Verifizieren Sie anschließend für jedes $n \in \mathbb{N}_0$ die Identität

$$\psi_X^{(n)}(0) = \mathrm{i}^n \, \mathbb{E}[X^n] \tag{6.2}$$

Aufgabe 146 (Symmetrische Verteilungen). Sei $(\Omega, \mathfrak{F}, \mathbb{P})$ ein Wahrscheinlichkeitsraum und sei $X : \Omega \to \mathbb{R}$ eine Zufallsvariable. Beweisen Sie, dass die folgenden Aussagen äquivalent sind:

(a) Die Verteilung $\mathbb{P}_X : \mathfrak{B}(\mathbb{R}) \to \overline{\mathbb{R}}$ ist im Sinne von Aufgabe 90 symmetrisch.
(b) Die charakteristische Funktion von X erfüllt $\psi_X(t) = \psi_{-X}(t)$ für $t \in \mathbb{R}$.
(c) Es gilt $\psi_X(t) = \mathbb{E}[\cos(tX)]$ für $t \in \mathbb{R}$.
(d) Die charakteristische Funktion ψ_X ist reell, das heißt, es gilt $\psi_X(t) \in \mathbb{R}$ für alle $t \in \mathbb{R}$.

Aufgabe 147 (Charakteristische Funktion der Cauchy-Verteilung). Sei $(\Omega, \mathfrak{F}, \mathbb{P})$ ein Wahrscheinlichkeitsraum sowie $\alpha \in \mathbb{R}$ und $\gamma \in \mathbb{R}_{>0}$ beliebige Parameter. Die von der Lebesgue-Dichte $f : \mathbb{R} \to \mathbb{R}$ vermöge

$$f(x) := \frac{1}{\pi} \frac{\gamma}{\gamma^2 + (x - \alpha)^2}$$

induzierte Verteilung heißt *Cauchy-Verteilung* und wird mit $\mathbf{Ca}(\alpha, \gamma)$ bezeichnet. Bestimmen Sie die charakteristische Funktion einer Cauchy-verteilten Zufallsvariable.

7 Konvergenz von Folgen von Zufallsvariablen

In diesem Kapitel werden die für die Wahrscheinlichkeitstheorie und Stochastik wichtigen Konvergenzarten von Folgen von Zufallsvariablen behandelt. Dazu zählen die fast sichere Konvergenz, die stochastische Konvergenz, die Konvergenz im p-ten Mittel sowie die schwache Konvergenz und Konvergenz in Verteilung. Die Bearbeitung der Aufgaben 149, 150, 152, 154, 156, 159, 160 und 164 ist sehr empfehlenswert und trägt zu einem fundierten Verständnis der Konvergenzarten bei.

7.1 Fast sichere Konvergenz

Dieser Abschnitt behandelt die fast sichere Konvergenz einer Folge von Zufallsvariablen.

Aufgabe 148 Sei $(\Omega, \mathfrak{F}, \mathbb{P})$ ein Wahrscheinlichkeitsraum und $A \in \mathfrak{F}$ ein Ereignis mit $\mathbb{P}(A) = 0$. Beweisen Sie, dass die Folge $(X_n)_{n\in\mathbb{N}}$ von reellen Zufallsvariablen auf Ω mit

$$X_n(\omega) := \begin{cases} 2 & \text{falls } \omega \in A \\ 1/\ln(n+1) & \text{sonst} \end{cases}$$

fast sicher konvergent ist.

Aufgabe 149 Gegeben sei der Wahrscheinlichkeitsraum $(\Omega, \mathfrak{F}, \mathbb{P})$ mit

$$\Omega := [0,1], \qquad \mathfrak{F} := \mathfrak{B}([0,1]), \qquad \mathbb{P} := \beta|_{\mathfrak{B}([0,1])}$$

N. Hebestreit-Düsing, *Übungs- und Lernbuch Wahrscheinlichkeitstheorie und Stochastik*,
https://doi.org/10.1007/978-3-662-72720-1_7

Für $m \in \mathbb{N}$ und $k \in \{1, \ldots, 2^m\}$ werde die Zufallsvariable $X_{2^m+k-2} : \Omega \to \mathbb{R}$ vermöge

$$X_{2^m+k-2}(\omega) := \begin{cases} 1 & \text{falls } \omega \in ((k-1)2^{-m}, k2^{-m}] \\ 0 & \text{sonst} \end{cases}$$

definiert. Weisen Sie nach, dass die Folge $(X_n)_{n\in\mathbb{N}}$ stochastisch, aber *nicht* fast sicher gegen 0 konvergiert.

Aufgabe 150 Sei $(\Omega, \mathfrak{F}, \mathbb{P})$ ein Wahrscheinlichkeitsraum und sei $(X_n)_{n\in\mathbb{N}}$ eine Folge von reellen und Bernoulli-verteilten Zufallsvariablen auf Ω mit $\mathbb{P}_{X_n} = \mathbf{B}(p_n)$ und $p_n \in (0, 1)$ für alle $n \in \mathbb{N}$. Beweisen Sie die beiden folgenden Konvergenzkriterien:

(a) (Fast sichere Konvergenz). Ist die Folge der Zufallsvariablen zusätzlich unabhängig, so gilt $X_n \to 0$ fast sicher genau dann, wenn die Reihe der Parameter $\sum_{n=1}^{+\infty} p_n$ konvergiert.
(b) (Stochastische Konvergenz). Es gilt $X_n \to 0$ stochastisch genau dann, wenn $(p_n)_{n\in\mathbb{N}}$ eine Nullfolge ist, also $p_n \to 0$ gilt.

7.2 Stochastische Konvergenz

Dieser Abschnitt ist der stochastischen Konvergenz einer Folge von Zufallsvariablen gewidmet. Dabei werden wesentliche Eigenschaften dieser Konvergenzart untersucht, insbesondere die Eindeutigkeit des Grenzwerts sowie lineare Stabilität.

Aufgabe 151 Sei $(\Omega, \mathfrak{F}, \mathbb{P})$ ein Wahrscheinlichkeitsraum und sei $(X_n)_{n\in\mathbb{N}}$ eine Folge von reellen Zufallsvariablen auf Ω. Beweisen Sie: Konvergiert die Folge stochastisch gegen die Zufallsvariablen $X : \Omega \to \mathbb{R}$ und $Y : \Omega \to \mathbb{R}$, so stimmen diese $\mathbb{P}$-fast überall überein.

Aufgabe 152 Sei $(\Omega, \mathfrak{F}, \mathbb{P})$ ein Wahrscheinlichkeitsraum und seien $(X_n)_{n\in\mathbb{N}}$ und $(Y_n)_{n\in\mathbb{N}}$ Folgen von reellen Zufallsvariablen auf Ω, die stochastisch gegen die Zufallsvariablen $X : \Omega \to \mathbb{R}$ und $Y : \Omega \to \mathbb{R}$ konvergieren. Zeigen Sie, dass dann für jede Wahl von $a, b \in \mathbb{R}$ die Folge $(aX_n + bY_n)_{n\in\mathbb{N}}$ stochastisch gegen $aX + bY$ konvergiert.

Aufgabe 153 Es seien $(\Omega, \mathfrak{F}, \mathbb{P})$ ein Wahrscheinlichkeitsraum und $X : \Omega \to \mathbb{R}$ eine Zufallsvariable mit $\mathbb{P}_X = \mathbf{U}(0, 1)$. Auf Ω sei die Folge $(X_n)_{n\in\mathbb{N}}$ vermöge

$$X_n := \begin{cases} X & \text{falls } n \in 2\mathbb{N} \\ 1 - X & \text{sonst} \end{cases}$$

definiert. Weisen Sie nach, dass die Folge in Verteilung, aber nicht stochastisch konvergiert.

7.3 Konvergenz im p-ten Mittel

In diesem Abschnitt steht die Konvergenz von Folgen reeller Zufallsvariablen im p-ten Mittel im Fokus. Zudem wird das schwache Gesetz der großen Zahlen als wichtiges Beispiel behandelt.

Aufgabe 154 Sei $(\Omega, \mathfrak{F}, \mathbb{P})$ ein Wahrscheinlichkeitsraum, sei $p \in [1, +\infty)$ beliebig und sei $(X_n)_{n\in\mathbb{N}}$ eine Folge reeller Zufallsvariablen aus $\mathcal{L}^p(\Omega, \mathfrak{F}, \mathbb{P})$. Beweisen Sie: Konvergiert die Folge im p-ten Mittel gegen eine Zufallsvariable $X : \Omega \to \mathbb{R}$, so konvergiert diese auch stochastisch gegen X.

Aufgabe 155 Sei $p \in [1, +\infty)$ und sei der Wahrscheinlichkeitsraum $(\Omega, \mathfrak{F}, \mathbb{P})$ definiert als

$$\Omega := [0, 1], \qquad \mathfrak{F} := \mathfrak{B}([0, 1]), \qquad \mathbb{P} := \beta|_{\mathfrak{B}([0,1])}$$

Weisen Sie nach, dass die Folge von Zufallsvariablen $(X_n)_{n\in\mathbb{N}}$ mit $X_n : \Omega \to \mathbb{R}$ und $X_n(\omega) := 2^n \cdot \chi_{[0,1/n]}(\omega)$ stochastisch, aber *nicht* im p-ten Mittel gegen 0 konvergiert.

Aufgabe 156 (Schwaches Gesetz der großen Zahlen). Es sei $(\Omega, \mathfrak{F}, \mathbb{P})$ ein Wahrscheinlichkeitsraum und sei $(X_n)_{n\in\mathbb{N}}$ eine Folge reeller und quadratisch integrierbarer Zufallsvariablen aus $\mathcal{L}^2(\Omega, \mathfrak{F}, \mathbb{P})$ mit $\mathbb{E}[X_n] = \mu$ für alle $n \in \mathbb{N}$ und

$$\lim_{n\to+\infty} \mathbb{V}\left[\frac{1}{n}\sum_{k=1}^{n} X_k\right] = 0$$

Beweisen Sie

$$\lim_{n\to+\infty} \frac{1}{n}\sum_{k=1}^{n} X_k = \mu$$

im quadratischen Mittel und stochastisch. Damit konvergiert das Stichprobenmittel der Zufallsvariablen sowohl quadratisch als auch stochastisch gegen die deterministische Zufallsvariable μ.

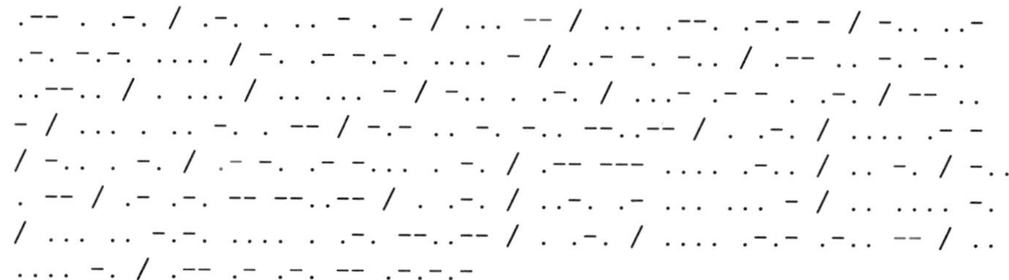

Abb. 7.1 Morsecode-Darstellung der ersten Strophe des Erlkönigs von J. W. Goethe mit fehlerhaft übertragenen Buchstaben in Rot

7.4 Schwache Konvergenz und Konvergenz in Verteilung

Dieser Abschnitt beschäftigt sich mit der schwachen Konvergenz und Konvergenz in Verteilung von Zufallsvariablen. Anhand verschiedener Aufgaben werden Definitionen, grundlegende Eigenschaften und Beispiele wie die Poisson-Approximation behandelt.

Aufgabe 157 Definieren und erläutern Sie die Begriffe *schwache Konvergenz* und *Konvergenz in Verteilung.*

Aufgabe 158 (Schwache Konvergenz von Dirac-Maßen). Sei $(\omega_n)_{n\in\mathbb{N}}$ eine Folge reeller Zahlen und $\omega \in \mathbb{R}$. Beweisen Sie die Äquivalenz der folgenden Aussagen:

(a) Die Folge $(\omega_n)_{n\in\mathbb{N}}$ konvergiert gegen ω.
(b) Die Folge der Dirac-Maße $(\delta_{\omega_n})_{n\in\mathbb{N}}$ mit $\delta_{\omega_n} : \mathfrak{B}(\mathbb{R}) \to \overline{\mathbb{R}}$ konvergiert schwach gegen das Dirac-Maß $\delta_\omega : \mathfrak{B}(\mathbb{R}) \to \overline{\mathbb{R}}$.

Aufgabe 159 (Poisson-Approximation). Sei $(\Omega, \mathfrak{F}, \mathbb{P})$ ein Wahrscheinlichkeitsraum und sei $X : \Omega \to \mathbb{R}$ eine Zufallsvariable mit $\mathbb{P}_X = \mathbf{P}(\alpha)$ und $\alpha \in \mathbb{R}_{>0}$. Beweisen Sie, dass die Folge $(X_n)_{n\in\mathbb{N}}$ von reellen Zufallsvariablen auf Ω mit $\mathbb{P}_{X_n} = \mathbf{B}(n, \alpha/n)$ in Verteilung gegen X konvergiert.

Aufgabe 160 Bei der Übermittlung einer Nachricht per Telegraph, die aus 3000 Buchstaben besteht, werden Buchstaben mit einer Wahrscheinlichkeit von 0.2 % fehlerhaft übertragen. Vergleichen Sie auch Abb. 7.1. Bestimmen Sie einmal exakt und anschließend mithilfe der Poisson-Approximation die Wahrscheinlichkeit, dass höchstens drei Buchstaben fehlerhaft übertragen werden. Benutzen Sie in beiden Fällen `Python`.

Aufgabe 161 Es seien $(\Omega, \mathfrak{F}, \mathbb{P})$ ein Wahrscheinlichkeitsraum und $(X_n)_{n\in\mathbb{N}}$ eine Folge reeller Zufallsvariablen auf Ω. Beweisen Sie die folgende Aussage: Falls die Folge $(X_n)_{n\in\mathbb{N}}$ in Verteilung gegen eine konstante Zufallsvariable konvergiert, so konvergiert sie auch stochastisch gegen diese.

Aufgabe 162 Gegeben sei die Folge $(\mu_n)_{n\in\mathbb{N}}$ von univariaten Verteilungen $\mu_n : \mathfrak{B}([0,1]) \to \overline{\mathbb{R}}$ mit

$$\mu_n := \frac{1}{n}\sum_{k=0}^{n-1} \delta_{\frac{k}{n}}$$

Beweisen Sie, dass die Folge schwach gegen $\beta|_{\mathfrak{B}([0,1])} : \mathfrak{B}([0,1]) \to \overline{\mathbb{R}}$, also gegen die Einschränkung des Borel-Lebesgue-Maßes auf $\mathfrak{B}([0,1])$, konvergiert.

Aufgabe 163 Es sei $(\sigma_n)_{n\in\mathbb{N}}$ eine reelle und positive Nullfolge. Beweisen Sie

$$\lim_{n\to+\infty} \mathbf{N}(0,\sigma_n^2) = \delta_0$$

das heißt, die Folge der Normal-Verteilungen konvergiert schwach gegen die Dirac-Verteilung δ_0.

7.5 Zentraler Grenzwertsatz

In diesem Abschnitt steht der zentrale Grenzwertsatz im Mittelpunkt, eines der wichtigsten Resultate der Wahrscheinlichkeitstheorie. Er beschreibt das asymptotische Verhalten von Summen unabhängiger Zufallsvariablen und erklärt, warum Normal-Verteilungen in der Statistik so häufig auftreten. Anhand von Aufgaben zum Satz von Moivre-Laplace, zur Wahrscheinlichkeitsberechnung bei Münzwurf-Experimenten und zur numerischen Fehleranalyse vertiefen Sie Ihr Verständnis dieses fundamentalen Theorems. Zudem werden verwandte Themen wie der Approximationssatz von Weierstraß behandelt, der eine Brücke zwischen Wahrscheinlichkeitstheorie und Analysis schlägt.

Aufgabe 164

(a) (Zentraler Grenzwertsatz). Formulieren Sie den zentralen Grenzwertsatz.
(b) (Satz von Moivre-Laplace). Beweisen Sie den Satz von Moivre-Laplace in folgender Form: Sei $(\Omega, \mathfrak{F}, \mathbb{P})$ ein Wahrscheinlichkeitsraum und sei $(X_n)_{n\in\mathbb{N}}$ eine unabhängige und identisch verteilte Folge von Bernoulli-verteilten Zufallsvariablen auf Ω mit $\mathbb{P}_{X_n} = \mathbf{B}(p)$ und $p \in (0,1)$. Dann gilt für alle $x \in \mathbb{R}$

$$\lim_{n\to+\infty} \mathbb{P}\left(\left\{\frac{S_n - np}{\sqrt{np(1-p)}} \leq x\right\}\right) = \Phi(x)$$

wobei $S_n := \sum_{k=1}^{n} X_k$ gesetzt wird und $\Phi : \mathbb{R} \to \mathbb{R}$ die Verteilungsfunktion der Standardnormal-Verteilung bezeichnet.

(c) (Mehrfacher Münzwurf). In einem Münzwurfexperiment werde 1000 mal eine faire Münze geworfen. Bestimmen Sie (näherungsweise) die Wahrscheinlichkeit, dass mindestens 480 und höchstens 540 mal „Kopf" geworfen wird.

Aufgabe 165 (Approximationssatz von Weierstraß). Für eine stetige Funktion $f : [0, 1] \to \mathbb{R}$ ist das zugehörige *Bernstein-Polynom* vom Grad $n \in \mathbb{N}$ definiert als die Funktion $f_n : [0, 1] \to \mathbb{R}$ mit

$$f_n(p) := \sum_{k=0}^{n} f\left(\frac{k}{n}\right)\binom{n}{k}p^k(1-p)^{n-k}$$

(a) Sei $(\Omega, \mathfrak{F}, \mathbb{P})$ ein Wahrscheinlichkeitsraum. Geben Sie eine Folge $(X_n)_{n\in\mathbb{N}}$ von unabhängigen und reellen Zufallsvariablen auf Ω an, die

$$f_n(p) = \mathbb{E}\left[f\left(\frac{1}{n}\sum_{k=1}^{n} X_k\right)\right]$$

für alle $n \in \mathbb{N}$ und $p \in (0, 1)$ erfüllt.

(b) Folgern Sie mithilfe von Teil (a), dass die Folge $(f_n)_{n\in\mathbb{N}}$ der Bernstein-Polynome gleichmäßig gegen die Funktion f konvergiert.

Aufgabe 166 Da Computer nur eine begrenzte Anzahl an Zahlen darstellen können, ist das Runden bei numerischen Berechnungen unvermeidlich. Zur Vereinfachung nehmen wir ab jetzt an, dass jede reelle Zahl auf die nächstgelegene ganze Zahl gerundet wird. Der dabei entstehende Rundungsfehler ist eine auf dem Intervall $(-1/2, 1/2)$ uniform verteilte Zufallsvariable. Werden also 1000 Zahlen addiert, so könnten sich die unabhängigen Rundungsfehler theoretisch zu -500 beziehungsweise 500 aufsummieren. Beweisen Sie

$$\mathbb{P}\left(\left|\sum_{k=1}^{1000} X_k\right| \le 18\right) \approx 0.95$$

wobei X_k für $k \in \{1, \ldots, 1000\}$ den Rundungsfehler der k-ten Zahl bezeichnet.

Aufgabe 167 Beweisen Sie mit dem zentralen Grenzwertsatz die Identität

$$\lim_{n\to+\infty} \mathrm{e}^{-n}\sum_{k=0}^{n}\frac{n^k}{k!} = \frac{1}{2}$$

Teil II
Hinweise

Hinweise: Grundlagen

8

Hinweis Aufgabe 1

(a) Verwenden Sie $A \setminus B = A \cap B^c$ und Aufgabe 4.
(b) Beachten Sie $(A^c)^c = A$ und den Hinweis aus Teil (a).
(c) Die symmetrische Differenz von zwei Mengen A und B ist definiert als

$$A \triangle B := (A \setminus B) \cup (B \setminus A)$$

(d) Verwenden Sie erneut die De Morganschen Regeln aus Aufgabe 4.

Hinweis Aufgabe 2 Eine ausführliche Dokumentation aller `SageMath` Befehle sowie weitere relevante Informationen finden Sie unter

https://www.sagemath.org/

Falls Sie SageMath nicht installiert haben oder es nicht installieren möchten, können Sie alle Befehle ganz einfach unter

https://sagecell.sagemath.org/

ausführen. Dieses benutzerfreundliche Web-Interface für das freie und Open-Source-Mathematiksoftware-System SageMath erlaubt es, Berechnungen direkt im Browser durchzuführen – ganz ohne Installation.

(a) In `SageMath` lassen sich Mengen durch explizite Angabe ihrer Elemente angeben:

N. Hebestreit-Düsing, *Übungs- und Lernbuch Wahrscheinlichkeitstheorie und Stochastik*, https://doi.org/10.1007/978-3-662-72720-1_8

```
A = Set([1, 2, 3, 4])

{1, 2, 3, 4}
```

Der Durchschnitt und die Vereinigung von Mengen werden mithilfe der Operatoren `&` und `+` dargestellt.

(b) Mit `powerset(A)` erhält man die Potenzmenge von `A`. Eine Menge `B` besteht genau dann aus einer geraden Anzahl von Elementen, wenn `len(B)` eine gerade Zahl ist.
(c) Die Differenz der Mengen `A` und `B` erhält man in `SageMath` mit dem Befehl `A.difference(B)`.
(d) Die symmetrische Differenz der Mengen `A` und `B` erhält man mit dem Befehl `A.symmetric_difference(B)`.

Hinweis Aufgabe 3 Es ist hilfreich, wenn Sie die vier Ereignisse zuerst in einem Venn-Diagramm darstellen und anschließend die explizite Darstellung ableiten. Für die Darstellung des Ereignis „Genau ein Bauteil ist defekt" können Sie wie folgt vorgehen: Ermitteln Sie zuerst eine Darstellung für das Ereignis „Das k-te Bauteil ist defekt während alle anderen Bauteile funktionstüchtig sind" und vereinen Sie dann die vier Ereignisse.

Hinweis Aufgabe 4 Die Aussagen lassen sich mit elementaren Mengenbeweisen zeigen. Beachten Sie, dass die Vereinigung und der Schnitt einer Familie $(A_i)_{i\in I}$ von Mengen gemäß

$$\bigcup_{i\in I} A_i = \{x \in X \mid \text{es gibt } i \in I \text{ mit } x \in A_i\}$$

beziehungsweise

$$\bigcap_{i\in I} A_i = \{x \in X \mid \text{für alle } i \in I \text{ gilt } x \in A_i\}$$

definiert ist.

Hinweis Aufgabe 5 Sie können die Identität $|\mathfrak{P}(X)| = 2^{|X|}$ beispielsweise mithilfe vollständiger Induktion über die Mächtigkeit von X beweisen. Für den Induktionsschritt von n nach $n+1$ können Sie wie folgt argumentieren: Ist X eine Menge mit $n+1$ Elementen und $x \in X$ beliebig, so tritt für jede Menge $A \subseteq X$ genau einer der beiden folgenden Fälle ein:

(1) Es gilt $x \in A$.
(2) Es gilt $x \notin A$.

Begründen Sie, dass es in jedem Fall genau 2^n Möglichkeiten gibt, und folgern Sie daraus den Induktionsschritt. Alternativ können Sie auch einen kombinatorischen Beweis auf der Grundlage der Aufgaben 6 und 10 (b) führen. In `SageMath` können Sie die Potenzmenge von $\{1, 2, 3, 4\}$ mithilfe von `Subsets(4)` erzeugen. Die Teilmengen mit genau drei Elementen erhält man mithilfe der Anweisung `Subsets(4, 3)`.

Hinweis Aufgabe 6 Hilfreich ist es, die Ergebnisse zunächst am Beispiel $n = 6$ und $k = 2$ zu verifizieren, wie in Abb. 1.1 dargestellt. Die Zusammenhänge zwischen den vier Mengen von Ergebnissen folgen sofort aus der Definition dieser. Die Mächtigkeit der Mengen können Sie geschickt in der Reihenfolge (a), (b), (d) und (c) nachweisen.

(a) Für jede endliche Menge A und $k \in \mathbb{N}$ gilt $|A^k| = |A|^k$.
(b) Beachten Sie, dass die Kugeln *nicht* zurückgelegt werden und sich somit die Gesamtanzahl der verbleibenden Kugeln in der Urne nach jedem Zug verringert.
(d) Begründen Sie $|\Omega^2_{k,n}| = k!\,|\Omega^4_{k,n}|$ und folgern Sie damit die Formel.
(c) Machen Sie sich klar, dass es ausreicht, eine Bijektion zwischen den Mengen $\Omega^3_{k,n}$ und $\Omega^4_{k,n+k-1}$ zu finden. Für die Konstruktion der Bijektion ist es ratsam zu bemerken, dass $\Omega^3_{k,n}$ aus monotonen k-Tupeln und $\Omega^4_{k,n}$ aus *streng* monotonen k-Tupeln besteht.

Hinweis Aufgabe 7 Bevor Sie mit dieser Aufgabe beginnen, sollten Sie zunächst Aufgabe 6 bearbeiten.

(a) Es handelt sich um die Urnenmodelle *Ziehen mit Zurücklegen unter Beachtung der Reihenfolge* und *Ziehen ohne Zurücklegen unter Beachtung der Reihenfolge.*
(b) Hierbei handelt es sich um das Modell *Ziehen ohne Zurücklegen ohne Beachtung der Reihenfolge.*
(c) Berechnen Sie zuerst, wie viele Möglichkeiten es gibt, aus den 6 Gewinnzahlen genau 4 zu ziehen. Berechnen Sie anschließend wie viele Möglichkeiten die beiden verbleibenden Tippzahlen besitzen.
(d) Beachten Sie, dass jede Lautsprecher-Box mit jeder anderen (einschließlich sich selbst) verglichen wird, wobei die Reihenfolge keine Rolle spielt.
(e) Es handelt sich hierbei um das Urnenmodell *Ziehen ohne Zurücklegen ohne Beachtung der Reihenfolge.*
(f) Gehen Sie ähnlich wie in Teil (c) vor. Beachten Sie dabei, dass jeder der vier Spieler genau 15 Karten erhält.

Hinweis Aufgabe 8

(a) Beachten Sie, dass zufällig 4 von insgesamt 16 Kindern ausgewählt werden.
(b) Die Gesamtzahl der möglichen Kommissionen ergibt sich aus dem Produkt der folgenden Auswahlmöglichkeiten: der Wahl von 3 Mädchen aus 9 und der Wahl von 2 Jungen aus 7.

(c) Verfahren Sie analog zu Teil (b). Beachten Sie dabei, dass in der Klasse nur sieben Jungen sind, sodass eine solche Kommission mindestens einen und höchstens sieben Jungen enthalten kann. Für eine Berechnung der Gesamtanzahl aller Kommissionen ist die *Vandermonde-Identität*

$$\sum_{k=0}^{7} \binom{9}{k}\binom{7}{k} = \sum_{k=0}^{7} \binom{9}{k}\binom{7}{7-k} = \binom{16}{7}$$

sehr hilfreich.

Hinweis Aufgabe 9

(a) Rechnen Sie die Identität anhand der Definition des Binomialkoeffizienten nach. Eine alternative Beweismethode besteht daran, die Gleichmächtigkeit der beiden Mengensysteme

$$\mathfrak{A} := \{A \subseteq X \mid |A| = k\}, \qquad \mathfrak{B} := \{B \subseteq X \mid |B| = n-k\}$$

nachzuweisen. Beachten Sie, dass Sie dafür lediglich eine Bijektion von $\mathfrak{A}$ nach $\mathfrak{B}$ angeben müssen.

(b) Begründen Sie die Identität

$$\binom{n}{m}\binom{m}{k} = \binom{n}{k}\binom{n-k}{m-k}$$

mit dem sogenannten Prinzip des *doppelten Abzählen.* Stellen Sie sich dazu beispielsweise vor, dass aus einer Gruppe von n Personen Ausschüsse aus m Personen und von diesen wiederum Unterausschüsse aus k Personen gebildet werden sollen.

Hinweis Aufgabe 10

(a) Ähnlich wie in Aufgabe 9 (a) können Sie die Identität direkt überprüfen. Verwenden Sie dazu ausschließlich die Definition des Binomialkoeffizienten:

$$\binom{n}{k} := \frac{n!}{(n-k)!\,k!}$$

Alternativ lässt sich die Identität mithilfe der Methode des *doppelten Abzählens* herleiten: Stellen Sie sich vor, Sie ziehen k unterschiedliche Zahlen aus der Menge $\{1, \ldots, n+1\}$. Dabei lassen sich zwei Fälle unterscheiden: Entweder ist die Zahl 1 Teil der Auswahl, oder sie ist es nicht. Stellen Sie anschließend alle Möglichkeiten mithilfe von Binomialkoeffizienten dar und folgern Sie damit die Identität.

(b) Verwenden Sie vollständige Induktion. Für den Induktionsschritt von n nach $n+1$ ist es ratsam zuerst

$$\begin{aligned}(x+y)^{n+1} &= x^{n+1} + \sum_{k=1}^{n} \binom{n}{k} x^{n-k+1}\, y^k + \sum_{k=0}^{n-1} \binom{n}{k} x^{n-k}\, y^{k+1} + y^{n+1} \\ &= x^{n+1} + \sum_{k=1}^{n} \left[\binom{n}{k} + \binom{n}{k-1}\right] x^{n-k+1}\, y^k + y^{n+1}\end{aligned}$$

zu verifizieren und anschließend Teil (a) dieser Aufgabe zu verwenden um die beiden Binomialkoeffizienten zusammenzufassen.

Hinweis Aufgabe 11

(a) Verwenden Sie den binomischen Lehrsatz oder die Identität aus Aufgabe 5. In `Python` können Sie den Binomialkoeffizienten $\binom{n}{k}$ mithilfe von `math.comb(n, k)` berechnen.
(b) Sie können die Identität einmal direkt nachrechnen oder die Funktion $f : \mathbb{R} \to \mathbb{R}$ vermöge

$$f(x) := \sum_{k=0}^{n} \binom{n}{k} x^k$$

differenzieren. Beachten Sie dabei $f(x) = (x+1)^n$ für $x \in \mathbb{R}$.
(c) Für $\Omega_1 := \{1, \dots, n\}$ und $\Omega_2 := \{n+1, \dots, 2n\}$ gilt

$$|\mathfrak{P}(\Omega_1 \sqcup \Omega_2)| = |\mathfrak{P}(\Omega_1)|\, |\mathfrak{P}(\Omega_2)|$$

Stellen Sie beide Seiten als Summe von Binomialkoeffizienten dar und folgern Sie damit die Identität.
(d) Verwenden Sie den binomischen Lehrsatz.

Hinweis Aufgabe 12 Einen Überblick über alle nötigen Begriffe finden Sie beispielsweise in einem der Werke [3, 12]. Die Inklusion

$$\liminf_{n\to+\infty} A_n \subseteq \limsup_{n\to+\infty} A_n$$

ergibt sich dann unmittelbar aus den Definitionen von Limes Inferior und Limes Superior.

Hinweis Aufgabe 13 Die Definition der Konvergenz einer Folge von Mengen können Sie in Aufgabe 12 nachlesen. Für die Folge $(A_n)_{n\in\mathbb{N}}$ ist insbesondere das Resultat aus Aufgabe 14 hilfreich. Um die Konvergenz der Folge $(B_n)_{n\in\mathbb{N}}$ zu untersuchen, sollten Sie

$$\liminf_{n\to+\infty} B_n = A \cap B, \qquad \limsup_{n\to+\infty} B_n = A \cup B$$

nachweisen.

Hinweis Aufgabe 14 Bevor Sie sich mit dieser Aufgabe beschäftigen, sollten Sie zuerst Aufgabe 12 bearbeiten. Eine Folge $(A_n)_{n\in\mathbb{N}}$ von Mengen heißt *wachsend,* falls $A_n \subseteq A_{n+1}$ für alle $n \in \mathbb{N}$ gilt. Gilt hingegen $A_{n+1} \subseteq A_n$ für alle $n \in \mathbb{N}$, so heißt diese *fallend.* Verifizieren Sie ausführlich jeden Schritt in

$$\liminf_{n\to+\infty} A_n = \bigcup_{n=1}^{+\infty}\bigcap_{k=n}^{+\infty} A_k = \bigcup_{n=1}^{+\infty} A_n \supseteq \bigcap_{n=1}^{+\infty}\bigcup_{k=n}^{+\infty} A_k = \limsup_{n\to+\infty} A_n \supseteq \liminf_{n\to+\infty} A_n$$

falls die Folge $(A_n)_{n\in\mathbb{N}}$ wachsend ist. Ist die Folge hingegen fallend, so können Sie

$$\liminf_{n\to+\infty} A_n = \bigcup_{n=1}^{+\infty}\bigcap_{k=n}^{+\infty} A_k = \bigcap_{n=1}^{+\infty} A_n = \bigcap_{n=1}^{+\infty}\bigcup_{k=n}^{+\infty} A_k = \limsup_{n\to+\infty} A_n$$

begründen und damit die Konvergenz beweisen.

Hinweis Aufgabe 15

(a) Beweisen Sie unter Zuhilfenahme der De Morganschen Regeln die beiden Identitäten

$$\liminf_{n\to+\infty} A_n = \left(\limsup_{n\to+\infty} A_n^{\mathsf{c}}\right)^{\mathsf{c}}, \qquad \limsup_{n\to+\infty} A_n = \left(\liminf_{n\to+\infty} A_n^{\mathsf{c}}\right)^{\mathsf{c}}$$

und folgern Sie daraus die Behauptung.

(b) Beachten Sie, dass die reelle Zahlenfolge $(\chi_{A_n}(x))_{n\in\mathbb{N}}$ genau dann konvergiert, wenn ihr Limes Inferior und Limes Superior übereinstimmen. Verwenden Sie dann ohne Beweis die beiden Identitäten

$$\chi_{\liminf_{n\to+\infty} A_n} = \liminf_{n\to+\infty} \chi_{A_n}, \qquad \chi_{\limsup_{n\to+\infty} A_n} = \limsup_{n\to+\infty} \chi_{A_n}$$

um den Zusammenhang zwischen der Konvergenz der Zahlenfolge und der Konvergenz der Mengenfolge $(A_n)_{n\in\mathbb{N}}$ herzustellen.

Hinweis Aufgabe 16 Ist $f : X \to Y$ eine Abbildung und $B \subseteq Y$ eine beliebige Menge, so definiert man

$$f^{-1}(B) := \{x \in X \mid f(x) \in B\}$$

Die Menge $f^{-1}(B)$ wird *Urbild* von B unter der Abbildung f genannt.

(a) Beachten Sie den Lösungshinweis von Aufgabe 4.
(b) Die *symmetrische Differenz* von zwei Mengen B, $B' \subseteq Y$ ist definiert als

$$B \triangle B' := (B \setminus B') \cup (B' \setminus B)$$

Wenden Sie geschickt die Resultate der beiden Aufgabenteile (a) und (c) an.
(c) Beachten Sie

$$\{x \in X \mid f(x) \in B^{\mathsf{c}}\} = X \setminus \{x \in X \mid f(x) \in B\}$$

(d) Verwenden Sie lediglich die Definition des Urbildes.

Hinweis Aufgabe 17 Sei X eine Menge und $A \subseteq X$ eine beliebige Teilmenge. Die *Indikatorfunktion* von A ist definiert als die Funktion $\chi_A : X \to \mathbb{R}$ mit

$$\chi_A(x) := \begin{cases} 1 & \text{falls } x \in A \\ 0 & \text{sonst} \end{cases}$$

(a) Beachten Sie, dass die Darstellung $X = A \sqcup A^{\mathsf{c}}$ eine disjunkte Zerlegung der Menge X angibt.
(b) Nutzen Sie für die erste Identität, dass ein Element genau dann in $A \cap B$ liegt, wenn es sowohl in A als auch in B enthalten ist. Die zweite Identität lässt sich mithilfe einer Fallunterscheidung zeigen. Unterscheiden Sie dazu für $x \in X$ die folgenden vier Fälle:

$$x \in A \cap B, \quad x \in A \cap B^{\mathsf{c}}, \quad x \in A^{\mathsf{c}} \cap B, \quad x \in A^{\mathsf{c}} \cap B^{\mathsf{c}}$$

(c) Zeigen Sie: Für zwei Mengen $A, B \subseteq X$ gilt genau dann $A \subseteq B$, wenn $\chi_A \leq \chi_B$ punktweise auf ganz X gilt.

Hinweis Aufgabe 18 Konsultieren Sie beispielsweise das erste Kapitel in [8] oder [13]. Dort finden Sie viele äquivalente Definitionen für den Begriff *topologischer Raum.*

Hinweis Aufgabe 19 Ist I eine Indexmenge und $(V_i)_{i \in I}$ eine Familie von Mengen aus $\mathfrak{O}_{X|Y}$, so gibt es zu jedem Index eine Menge $U_i \in \mathfrak{O}_X$ mit $V_i = U_i \cap Y$. Verwenden Sie

$$\bigcup_{i \in I} V_i = \left(\bigcup_{i \in I} U_i\right) \cap Y, \qquad \bigcap_{i \in I} V_i = \left(\bigcap_{i \in I} U_i\right) \cap Y$$

um die Axiome einer Topologie nachzuweisen.

Hinweis Aufgabe 20 Die zentrale Schwierigkeit besteht im Nachweis der Stabilität bezüglich endlicher Durchschnitte. Sei dazu I eine endliche Indexmenge und U_i für jedes $i \in I$ eine offene Menge. Ist $x \in \bigcap_{i \in I} U_i$ beliebig, dann existiert zu jedem Index eine Zahl $\varepsilon_i \in \mathbb{R}_{>0}$ mit $\mathbb{B}(x, \varepsilon_i) \subseteq U_i$. Zeigen Sie nun, dass die Wahl

$$\varepsilon := \min_{i \in I} \varepsilon_i$$

ausreicht, um eine offene Kugel $\mathbb{B}(x, \varepsilon)$ zu finden, die Teilmenge aller U_i und damit auch von $\bigcap_{i \in I} U_i$ ist.

Hinweis Aufgabe 21 Um zu zeigen, dass die Menge $\mathbb{B}(x, \varepsilon)$ offen ist, können Sie wie folgt vorgehen: Wählen Sie ein beliebiges $y \in \mathbb{B}(x, \varepsilon)$ und konstruieren Sie beispielsweise mit Hilfe einer passenden Skizze eine Zahl $\varepsilon' \in \mathbb{R}_{>0}$, sodass $\mathbb{B}(y, \varepsilon') \subseteq \mathbb{B}(x, \varepsilon)$ gilt. Die Abgeschlossenheit der Menge $\overline{\mathbb{B}}(x, \varepsilon)$ können Sie nachweisen, indem Sie zeigen, dass die Menge

$$X \setminus \overline{\mathbb{B}}(x, \varepsilon) = \{y \in X \mid d(x, y) > \varepsilon\}$$

offen ist.

Hinweis Aufgabe 22 Betrachten Sie auf X die sogenannte *diskrete Metrik* $d : X \times X \to \mathbb{R}$, definiert durch

$$d(x, y) := \begin{cases} 0 & x = y \\ 1 & \text{sonst} \end{cases}$$

Zeigen Sie zunächst, dass die offenen und abgeschlossenen Kugeln entweder nur aus dem Mittelpunkt bestehen oder den gesamten Raum X umfassen. Zeigen Sie dann, dass

$$\overline{\mathbb{B}(x, 1)} \neq \overline{\mathbb{B}}(x, 1)$$

gilt. Dazu sollten Sie sich zunächst klarmachen, dass jede Teilmenge von X sowohl offen als auch abgeschlossen ist. Beachten Sie dabei, dass $\overline{\mathbb{B}(x, 1)}$ der Abschluss der Menge $\mathbb{B}(x, 1)$ ist, der als Durchschnitt aller abgeschlossenen Mengen definiert ist, die $\mathbb{B}(x, 1)$ enthalten.

Hinweis Aufgabe 23

(a) Die Definition eines *topologischen Raums* können Sie in der Lösung von Aufgabe 18 nachlesen. Beachten Sie dabei: Sind $m, n \in \mathbb{N}$ zwei natürliche Zahlen und ist m ein Teiler von n, so gilt $n\mathbb{Z} \subseteq m\mathbb{Z}$.
(b) Um nachzuweisen, dass jede Menge der Form $a + b\mathbb{Z}$ abgeschlossen ist, können Sie mit Begründung

$$\mathbb{Z} = \bigsqcup_{j=0}^{b-1} (j + b\mathbb{Z})$$

verwenden. Beachten Sie, dass $a + b\mathbb{Z}$ genau dann abgeschlossen ist, wenn das Komplement $(a + b\mathbb{Z})^c$ offen ist.

(c) Anhand von Gleichung

$$\bigcup_{p \in \mathbb{P}} p\mathbb{Z} = \mathbb{Z} \setminus \{-1, 1\}$$

können Sie wie folgt die Unendlichkeit von $\mathbb{P}$ begründen: Erklären Sie zunächst, warum die Menge $\bigcup_{p \in \mathbb{P}} p\mathbb{Z}$ nicht abgeschlossen sein kann. Nehmen Sie dann an, die Menge $\mathbb{P}$ wäre endlich und führen Sie dies zu einem Widerspruch.

Hinweis Aufgabe 24 Zeigen Sie, dass Aussage (a) äquivalent zu den übrigen drei Aussagen ist.

(α) Für den Nachweis der Äquivalenz von (a) und (b) ist das Resultat aus Aufgabe 16 (c) besonders hilfreich.

(β) Um zu zeigen, dass Aussage (c) die Stetigkeit von f impliziert, können Sie sich die Gleichung

$$f^{-1}(U) = \bigcup_{x \in f^{-1}(U)} f^{-1}(V_x \cap U)$$

klarmachen, wobei V_x eine offene Menge in Y ist mit $f(x) \in V_x$ und $f^{-1}(V_x)$ eine Umgebung von $x \in X$ darstellt. Die umgekehrte Implikation ist leicht nachzuweisen.

(γ) Die Äquivalenz von (a) und (d) ergibt sich unmittelbar aus zwei Eigenschaften einer Basis: Jede Basismenge aus $\mathfrak{B}_Y$ ist offen in Y und jede offene Teilmenge von Y lässt sich als Vereinigung von Basismengen darstellen.

Hinweis Aufgabe 25 Die Komposition von f und g ist definiert als die Funktion $g \circ f : X \to Z$ vermöge $(g \circ f)(x) = g(f(x))$ und es gilt

$$(g \circ f)^{-1}(U) = f^{-1}(g^{-1}(U))$$

für jede Teilmenge U von Z.

Hinweis Aufgabe 26 Beachten Sie bei der Lösung dieser Aufgabe: Ist $f : X \to Y$ eine Abbildung, so gelten für beliebige Mengen $A \subseteq X$ und $B \subseteq Y$ die beiden Inklusionen $A \subseteq f^{-1}(f(A))$ und $f(f^{-1}(B)) \subseteq B$. Beweisen Sie die Äquivalenzaussage in zwei Schritten:

($\Longrightarrow$). Sei f stetig im Sinne von Aufgabe 24. Weiter seien $x \in X$ und $\varepsilon \in \mathbb{R}_{>0}$ beliebig. Begründen Sie, dass $f^{-1}(\mathbb{B}_\rho(f(x), \varepsilon))$ offen ist. Zeigen Sie anschließend, dass es eine Zahl $\delta \in \mathbb{R}_{>0}$ mit der Eigenschaft

$$f(\mathbb{B}_d(x, \delta)) \subseteq \mathbb{B}_\rho(f(x), \varepsilon)$$

gibt.

($\Longleftarrow$). Sei $U \subseteq Y$ offen, sei $x \in X$ mit $x \in f^{-1}(U)$ und sei die Abbildung f stetig in x. Begründen Sie, dass

$$\mathbb{B}_d(x, \delta) \subseteq f^{-1}(U)$$

für ein $\delta \in \mathbb{R}_{>0}$ gilt.

9 Hinweise: Mengensysteme und Zufallsvariablen

Hinweis Aufgabe 27 Ist X eine beliebige Menge, so wird ein Mengensystem $\mathfrak{A} \subseteq \mathfrak{P}(X)$ eine *σ-Algebra* über X genannt, falls es die folgenden Eigenschaften besitzt:

(a) Es gilt $X \in \mathfrak{A}$.
(b) Für jede Menge $A \in \mathfrak{A}$ gilt auch $A^{\mathsf{c}} \in \mathfrak{A}$.
(c) Für jede Folge $(A_n)_{n\in\mathbb{N}}$ von Mengen aus $\mathfrak{A}$ gilt $\bigcup_{n=1}^{+\infty} A_n \in \mathfrak{A}$.

Bei den Eigenschaften (b) und (c) spricht man häufig auch von der Stabilität bezüglich Komplementbildung beziehungsweise abzählbarer Vereinigungen. Speziell der Nachweis von Eigenschaft (c) erfordert eine genauere Erklärung: Betrachten Sie dazu eine beliebige Folge $(A_n)_{n\in\mathbb{N}}$ von Mengen aus $\mathfrak{A}$. Sind alle Mengen abzählbar, so gehört auch $\bigcup_{n=1}^{+\infty} A_n$ zu $\mathfrak{A}$. Gibt es hingegen einen Index $k \in \mathbb{N}$ derart, dass A_k überabzählbar ist, so können Sie die Inklusion

$$\left(\bigcup_{n=1}^{+\infty} A_n\right)^{\mathsf{c}} \subseteq A_k^{\mathsf{c}}$$

begründen und damit $\bigcup_{n=1}^{+\infty} A_n \in \mathfrak{A}$ folgern.

Hinweis Aufgabe 28 Verwenden Sie für diese Aufgabe ausschließlich die drei definierenden Eigenschaften einer σ-Algebra. Vergleichen Sie dazu auch den Lösungshinweis von Aufgabe 27.

N. Hebestreit-Düsing, *Übungs- und Lernbuch Wahrscheinlichkeitstheorie und Stochastik*, https://doi.org/10.1007/978-3-662-72720-1_9

(a) Bestimmen Sie das Komplement der Menge X.
(b) Begründen Sie die Gleichheit

$$\bigcap_{n=1}^{+\infty} A_n = \left(\bigcup_{n=1}^{+\infty} A_n^{\mathsf{c}}\right)^{\mathsf{c}}$$

und folgern Sie daraus die Behauptung.
(c) Betrachten Sie die Folge $(B_k)_{k\in\mathbb{N}}$ mit

$$B_k := \begin{cases} A_k & \text{falls } k \in \{1, \ldots, n\} \\ \emptyset & \text{sonst} \end{cases}$$

und bestimmen Sie die Vereinigung aller Mengen. Für den zweiten Teil können Sie die Folge $(C_k)_{k\in\mathbb{N}}$ mit

$$C_k := \begin{cases} A_k & \text{falls } k \in \{1, \ldots, n\} \\ X & \text{sonst} \end{cases}$$

betrachten und den Durchschnitt aller Mengen berechnen.
(d) Der Limes Inferior und Limes Superior einer Folge von Mengen wird aus-führlich in Aufgabe 12 diskutiert. Verwenden Sie die Teile (b) und (c) dieser Aufgabe.
(e) Verwenden Sie erneut Teil (c). Beachten Sie außerdem $A \setminus B = A \cap B^{\mathsf{c}}$ und $A \triangle B = (A \cup B) \setminus (A \cap B)$.

Hinweis Aufgabe 29 Die nachzuweisenden Eigenschaften des Mengensystems $f^{-1}(\mathfrak{B})$ können Sie im Lösungshinweis von Aufgabe 27 nachlesen. Besonders hilfreich sind beim Nachweis aller Eigenschaften die Resultate aus Aufgabe 16.

Hinweis Aufgabe 30 Die Borelsche σ-Algebra $\mathfrak{B}(X)$ ist ein grundlegender Begriff der Maß- und Integrationstheorie und wird in jedem entsprechenden Lehrbuch behandelt, siehe zum Beispiel [3, Kap. I]. Für den zweiten Teil der Aussage empfiehlt es sich, zunächst die Aufgaben 18 und 32 zu bearbeiten. Dort werden insbesondere die zentralen Eigenschaften der erzeugten σ-Algebra erläutert, die Sie für den Beweis der Aussage benötigen.

Hinweis Aufgabe 31 Bevor Sie sich dieser Aufgabe widmen, sollten Sie zuerst die Aufgaben 14, 32, 54 und 59 bearbeiten.

(a) Ist X eine Menge, so wird das Mengensystem $\mathfrak{A} \subseteq \mathfrak{P}(X)$ eine *Algebra* über X genannt, falls es die folgenden Eigenschaften besitzt:
   (a) Es gilt $X \in \mathfrak{A}$.
   (b) Für jede Menge $A \in \mathfrak{A}$ gilt auch $A^{\mathsf{c}} \in \mathfrak{A}$.
   (c) Für alle $A, B \in \mathfrak{A}$ gilt $A \cup B \in \mathfrak{A}$.

Die wesentliche Schwierigkeit ist der Beweis der dritten Eigenschaft. Wäh-len Sie dazu $B_1, B_2 \in \mathfrak{B}^q$ und $\varepsilon \in \mathbb{R}_{>0}$ beliebig. Dann gibt es offene Mengen $U_1, U_2 \subseteq \mathbb{R}^q$ und abgeschlossene Mengen $A_1, A_2 \subseteq \mathbb{R}^q$ mit den Eigenschaften

$$A_k \subseteq B_k \subseteq U_k, \qquad \beta^q(U_k \setminus A_k) < \frac{\varepsilon}{2}$$

Zeigen Sie damit die Ungleichung

$$\beta^q((U_1 \cup U_2) \setminus (A_1 \cup A_2)) < \varepsilon$$

und folgern Sie so $B_1 \cup B_2 \in \mathfrak{B}^q$.

(b) Es genügt nachzuweisen, dass der Grenzwert jeder monotonen Folge aus $\mathfrak{B}^q$ wieder zu $\mathfrak{B}^q$ gehört. Sei $(B_n)_{n\in\mathbb{N}}$ eine wachsende Folge von Mengen aus $\mathfrak{B}^q$ und bezeichne B ihren Grenzwert. Weiter sei $\varepsilon \in \mathbb{R}_{>0}$ beliebig gewählt. Dann gibt es zu jedem $n \in \mathbb{N}$ eine offene Menge $U_n \subseteq \mathbb{R}^q$ und eine abgeschlossene Menge $A_n \subseteq \mathbb{R}^q$ mit

$$A_n \subseteq B_n \subseteq U_n, \qquad \beta^q(U_n \setminus A_n) < \varepsilon\, 2^{-n}$$

Begründen Sie, dass es eine Zahl $k_\varepsilon \in \mathbb{N}$ mit $\beta^q(B) \leq \beta^q(B_{k_\varepsilon}) + \varepsilon$ gibt und weisen Sie anschließend nach, dass die Mengen A_{k_ε} und $\bigcup_{n=1}^{+\infty} U_n$ das Gewünschte leisten, also $A_{k_\varepsilon} \subseteq B \subseteq U$ und

$$\beta^q(U \setminus A_{k_\varepsilon}) = \beta^q(U \setminus B) + \beta^q(B \setminus A_{k_\varepsilon}) \leq 4\varepsilon$$

erfüllen.

(c) Dass es sich bei $\mathfrak{B}^q$ um eine σ-Algebra auf $\mathbb{R}^q$ handelt, folgt sofort aus Teil (b). Für den Nachweis von $\mathfrak{B}^q = \mathfrak{B}(\mathbb{R}^q)$ müssen Sie lediglich die Inklusion $\mathfrak{B}(\mathbb{R}^q) \subseteq \mathfrak{B}^q$ beweisen. Zeigen Sie dazu, dass der Erzeuger der Borelschen σ-Algebra

$$\mathfrak{K}_0^q := \left\{[a, b] \mid a, b \in \mathbb{R}^q\right\}$$

vollständig in $\mathfrak{B}^q$ liegt. Konstruieren Sie dazu zu jedem Intervall $[a, b]$ eine Folge offener Intervalle $(U_n)_{n\in\mathbb{N}}$ mit $U_n \downarrow [a, b]$.

Hinweis Aufgabe 32 Beachten Sie, dass die erzeugte σ-Algebra $\sigma(\mathfrak{E})$ definiert ist als Durchschnitt aller σ-Algebren, die das Mengensystem $\mathfrak{E}$ enthalten.

(a) Beweisen Sie, dass $\sigma(\mathfrak{E})$ eine σ-Algebra über X definiert. Weisen Sie dazu die drei definierenden Eigenschaften einer σ-Algebra nach. Diese finden Sie im Lösungshinweis zu Aufgabe 27.
(b) Verwenden Sie ausschließlich die Definition der erzeugten σ-Algebra $\sigma(\mathfrak{E})$.
(c) Die Aussage folgt ebenfalls sofort aus der Definition von $\sigma(\mathfrak{E})$.
(d) Verwenden Sie die Minimalität aus Teil (e).
(e) Zeigen Sie: Für jede σ-Algebra $\mathfrak{A}'$ mit $\mathfrak{E} \subseteq \mathfrak{A}'$ gilt $\sigma(\mathfrak{E}) \subseteq \mathfrak{A}'$.

Hinweis Aufgabe 33 Bevor Sie diese Aufgabe lösen, empfiehlt es sich, zuerst die Aufgaben 28 und 30 zu bearbeiten. Zeigen Sie zunächst, dass

$$\mathfrak{B}(\mathbb{R}^q) = \sigma(\mathfrak{O}^q) = \sigma(\mathfrak{C}^q)$$

gilt. Dabei ist zu beachten, dass das Komplement einer offenen Menge abgeschlossen und das Komplement einer abgeschlossenen Menge offen ist. Für den Nachweis von $\mathfrak{B}(\mathbb{R}^q) = \sigma(\mathfrak{J}^q)$ reicht es aus, getrennt zu zeigen, dass $\mathfrak{J}^q \subseteq \mathfrak{B}(\mathbb{R}^q)$ und $\mathfrak{O}^q \subseteq \sigma(\mathfrak{J}^q)$ gilt. Ebenso genügt es für den Nachweis von $\mathfrak{B}(\mathbb{R}^q) = \sigma(\mathfrak{J}_0^q)$, zu zeigen, dass $\mathfrak{B}(\mathbb{R}^q) \subseteq \sigma(\mathfrak{J}_0^q)$ gilt.

Hinweis Aufgabe 34

(a) Weisen Sie nach, dass das Mengensystem $\mathfrak{P}$ die folgenden Eigenschaften besitzt:
   (1) Für alle $E \in \mathfrak{P}$ gilt $E \neq \emptyset$.
   (2) Die Elemente von $\mathfrak{P}$ sind paarweise disjunkt, das heißt, für alle Mengen $E, E' \in \mathfrak{P}$ mit $E \neq E'$ gilt $E \cap E' = \emptyset$.
   (3) Es gilt

$$X = \bigsqcup_{E \in \mathfrak{P}} E$$

(b) Beweisen Sie die Behauptung, indem Sie zuerst nachweisen, dass $\mathfrak{A}$ eine σ-Algebra über X ist. Folgern Sie damit $\sigma(\mathfrak{E}) \subseteq \mathfrak{A}$ und anschließend die umgekehrte Inklusion $\mathfrak{A} \subseteq \sigma(\mathfrak{E})$. Beachten Sie hierbei die einschlägigen Eigenschaften des σ-Operators aus Aufgabe 32.
(c) Die Partition $\mathfrak{P}$ besteht aus den drei Mengen $E_{(0,0)}$, $E_{(0,1)}$ und $E_{(1,0)}$. Für die Berechnung der erzeugten σ-Algebra müssen Sie die Vereinigung von einer, zwei oder allen drei Mengen aus $\mathfrak{P}$ bestimmen. Beachten Sie, dass die so erzeugte σ-Algebra aus acht Mengen besteht.
(d) Für die Funktion `generate_sigma_algebras(X)` ist es hilfreich, wenn Sie zuvor die folgenden drei Hilfsfunktionen einführen und testen:
   (1) Die Funktion `cond_intersection(E, X, alpha)` berechnet für jeden Vektor $\alpha \in \{0, 1\}^n$ und jedes Mengensystem $\mathfrak{E}$ die durch Gl. (2.1) definierte Menge.
   (2) Mithilfe der Funktion `partition(E, X)` wird aus dem Mengensystem $\mathfrak{E}$ eine Partition der Menge X berechnet.
   (3) Die Funktion `sigma_algebra_from_partition(P)` erzeugt aus der Partition $\mathfrak{P}$ eine σ-Algebra über der Menge X.
(e) Bestimmen Sie mithilfe der Funktion `generate_sigma_algebras(X)` alle σ-Algebren über der Menge $X := \{1, 2, 3, 4\}$ und prüfen Sie so, welches der Mengensysteme eine σ-Algebra ist.

Hinweis Aufgabe 35 Eine ausführliche Definition des Dynkin-Systems $\mathfrak{D}$ finden Sie im Hinweis zu Aufgabe 36. Beweisen Sie die Äquivalenzaussage in zwei Schritten. Dafür sind folgende Beobachtungen besonders hilfreich: Ist $(A_n)_{n\in\mathbb{N}}$ eine Folge *disjunkter* Mengen aus $\mathfrak{D}$, so besitzt die wachsende Folge $(B_n)_{n\in\mathbb{N}}$ mit $B_n := \bigsqcup_{k=1}^{n} A_k$ den Grenzwert

$$\bigcup_{n=1}^{+\infty} B_n = \bigsqcup_{n=1}^{+\infty} A_n$$

Umgekehrt kann man aus jeder wachsenden Folge $(A_n)_{n\in\mathbb{N}}$ von Mengen aus $\mathfrak{D}$ vermöge $B_1 := A_1$ und $B_n := A_n \setminus A_{n-1}$ sonst eine *disjunkte* Folge $(B_n)_{n\in\mathbb{N}}$ konstruieren.

Hinweis Aufgabe 36 Das von einem Mengensystem $\mathfrak{E} \subseteq \mathfrak{P}(X)$ über einer Menge *X erzeugte Dynkin-System* ist definiert als das kleinste Dynkin-System $\mathfrak{D}$ mit der Eigenschaft $\mathfrak{E} \subseteq \mathfrak{D}$. Beachten Sie, dass $\mathfrak{D}$ ein Dynkin-System über X genannt wird, falls folgende Bedingungen erfüllt sind:

(a) Es gilt $X \in \mathfrak{D}$.
(b) Aus $A \in \mathfrak{D}$ folgt $A^{\mathsf{c}} \in \mathfrak{D}$.
(c) Für jede Folge $(A_n)_{n\in\mathbb{N}}$ *disjunkter* Mengen aus $\mathfrak{D}$ gilt $\bigsqcup_{n=1}^{+\infty} A_n \in \mathfrak{D}$.

Hinweis Aufgabe 37

(a) Schlagen Sie zuerst die Definition einer σ-Algebra und die eines Dynkin-Systems nach und argumentieren Sie dann geschickt.
(b) Das von $\mathfrak{E}$ erzeugte Dynkin-System $\delta(\mathfrak{E})$ besitzt die gleichen Eigenschaften wie die von $\mathfrak{E}$ erzeugte σ-Algebra $\sigma(\mathfrak{E})$ aus Aufgabe 32.
(c) Zeigen Sie, dass $\mathfrak{D}$ bezüglich *beliebiger* abzählbarer Vereinigungen von Mengen aus $\mathfrak{D}$ abgeschlossen ist. Beweisen Sie dazu zuerst den folgenden Hilfssatz:

(Eigenschaften durchschnittsstabiler Dynkin-Systeme). In jedem durchschnittsstabilen Dynkin-System $\mathfrak{D}$ gelten:

(α) Sind $A_1, \ldots, A_n$ endlich viele Mengen aus $\mathfrak{D}$, so gilt auch $\bigcup_{j=1}^{n} A_j \in \mathfrak{D}$.
(β) Für beliebige Mengen $A, B \in \mathfrak{D}$ gilt $A \setminus B \in \mathfrak{D}$.

Machen Sie sich weiter folgende Aussage klar: Ist $(A_n)_{n\in\mathbb{N}}$ eine Folge von Mengen aus $\mathfrak{D}$, so ist die neue Folge $(B_n)_{n\in\mathbb{N}}$ mit

$$B_n := A_n \setminus \bigcup_{j=1}^{n-1} A_j$$

disjunkt und für jedes $n \in \mathbb{N}$ gilt

$$\bigcup_{j=1}^{n} A_j = \bigsqcup_{j=1}^{n} B_j$$

Hinweis Aufgabe 38 Ist X eine Menge, so heißt die Funktion $\eta : \mathfrak{P}(X) \to \overline{\mathbb{R}}$ *äußeres Maß*, falls sie die folgenden Eigenschaften besitzt:

(α) Es gilt $\eta(\emptyset) = 0$.
(β) (Monotonie). Für alle $A, B \subseteq X$ mit $A \subseteq B$ gilt $\eta(A) \leq \eta(B)$.
(γ) (σ-Subadditivität). Für jede Folge $(A_n)_{n \in \mathbb{N}}$ von Teilmengen von X gilt

$$\eta\left(\bigcup_{n=1}^{+\infty} A_n\right) \leq \sum_{n=1}^{+\infty} \eta(A_n)$$

Eine Menge $A \subseteq X$ wird η-*messbar* genannt, falls

$$\eta(B) = \eta(B \cap A) + \eta(B \cap A^{\mathsf{c}})$$

für jede Teilmenge B von X gilt. Wegen der σ-Subadditivität ist dies genau dann der Fall, wenn

$$\eta(B) \geq \eta(B \cap A) + \eta(B \cap A^{\mathsf{c}})$$

für alle Teilmengen B von X gilt. Um nachzuweisen, dass $\mathfrak{A}_\eta$ eine σ-Algebra auf X definiert, können Sie beispielsweise wie folgt vorgehen:

(a) Zeigen Sie zuerst, dass $\mathfrak{A}_\eta$ durchschnittsstabil ist. Wählen Sie dazu beliebige Mengen $A_1, A_2 \in \mathfrak{A}_\eta$ und verifizieren Sie jeden Schritt in der Ungleichungskette

$$\begin{aligned}
\eta(B) &\leq \eta(B \cap A_1 \cap A_2) + \eta(B \cap (A_1 \cap A_2)^{\mathsf{c}}) \\
&\leq \eta(B \cap A_1 \cap A_2) + \eta(B \cap A_1 \cap A_2^{\mathsf{c}}) \\
&\qquad + \eta(B \cap A_1^{\mathsf{c}} \cap A_2) + \eta(B \cap A_1^{\mathsf{c}} \cap A_2^{\mathsf{c}}) \\
&= \eta((B \cap A_2) \cap A_1) + \eta((B \cap A_2) \cap A_1^{\mathsf{c}}) \\
&\qquad + \eta((B \cap A_2^{\mathsf{c}}) \cap A_1) + \eta((B \cap A_2^{\mathsf{c}}) \cap A_1^{\mathsf{c}}) \\
&\leq \eta(B \cap A_2) + \eta(B \cap A_2^{\mathsf{c}}) \\
&\leq \eta(B)
\end{aligned}$$

(b) Weisen Sie nach, dass $\mathfrak{A}_\eta$ ein Dynkin-System auf X definiert. Die wesentliche Schwierigkeit dabei ist der Nachweis der Abgeschlossenheit bezüglich disjunkter Vereinigungen. Sei $(A_n)_{n\in\mathbb{N}}$ eine disjunkte Folge von Mengen aus $\mathfrak{A}_\eta$. Zeigen Sie mit Hilfe von vollständiger Induktion

$$\bigsqcup_{n=1}^{k} A_n \in \mathfrak{A}_\eta, \qquad \eta\left(B \cap \bigsqcup_{n=1}^{k} A_n\right) = \sum_{n=1}^{k} \eta(B \cap A_n)$$

für alle $k \in \mathbb{N}$ und jede Teilmenge B von X. Zeigen Sie anschließend sowohl

$$\sum_{n=1}^{k} \eta(B \cap A_n) + \eta\left(B \cap \left(\bigsqcup_{n=1}^{+\infty} A_n\right)^{\mathsf{c}}\right) \leq \eta(B)$$

für $k \in \mathbb{N}$ als auch

$$\eta(B) \leq \sum_{n=1}^{+\infty} \eta(B \cap A_n) + \eta\left(B \cap \left(\bigsqcup_{n=1}^{+\infty} A_n\right)^{\mathsf{c}}\right)$$

und folgern Sie $\bigsqcup_{n=1}^{+\infty} A_n \in \mathfrak{A}_\eta$.

(c) Konsultieren Sie Aufgabe 37 (c) und schließen Sie den Beweis ab.

Hinweis Aufgabe 39 Reelle Zufallsvariablen werden in jedem Buch über Wahrscheinlichkeitstheorie und Stochastik definiert. Vergleichen Sie zum Beispiel [2, 12]. Für den zweiten Teil der Aufgabe sind Aufgabe 33 und das folgende Resultat nützlich:

(Kriterium für Messbarkeit). Seien $(\Omega, \mathfrak{F})$ und $(\Gamma, \mathfrak{G})$ zwei messbare Räu-me, wobei die σ-Algebra $\mathfrak{G}$ vom Mengensystem $\mathfrak{E} \subseteq \mathfrak{P}(\Gamma)$ erzeugt werde. Dann ist eine Abbildung $X : \Omega \to \Gamma$ genau dann $\mathfrak{F}$-$\mathfrak{G}$-messbar, falls

$$X^{-1}(E) \in \mathfrak{F}$$

für alle $E \in \mathfrak{E}$ gilt.

Das Messbarkeitskriterium finden Sie ebenfalls in den oben zitierten Werken oder können den Beweis der Aussage eigenständig in [7, Aufgabe 68] entwickeln.

Hinweis Aufgabe 40 Für die Aufgabenteile (a) und (d) ist das Resultat aus Aufgabe 44 von großem Nutzen. Um nachzuweisen, dass die Dirichlet-Funktion $\mathfrak{B}(\mathbb{R})$-$\mathfrak{B}(\mathbb{R})$-messbar ist, können Sie sich zuerst $\mathbb{Q} \in \mathfrak{B}(\mathbb{R})$ überlegen und anschließend Aufgabe 93 (a) verwenden. Zeigen Sie, dass die Funktion in Teil (c) in der Tat eine Zähldichte definiert um dann Aufgabe 46 zu nutzen.

Hinweis Aufgabe 41 Die Messbarkeit der Komposition von f und g folgt sofort aus der bekannten Identität

$$(g \circ f)^{-1} = f^{-1} \circ g^{-1}$$

Hinweis Aufgabe 42 Für eine Zufallsvariable $X : \Omega \to \mathbb{R}$ und $\alpha \in \mathbb{R}$ wird häufig die abkürzende Schreibweise

$$\{X < \alpha\} := \{\alpha > X\} := \{\omega \in \Omega \mid X(\omega) < \alpha\} = X^{-1}((-\infty, \alpha))$$

verwendet. Entsprechend sind alle anderen Mengen zu verstehen. Vergleichen Sie auch die Lösung von Aufgabe 33. Sie können in dieser Aufgabe stillschweigend verwenden, dass die Summe und das Produkt von Zufallsvariablen wieder eine Zufallsvariable ist.

Hinweis Aufgabe 43 Begründen Sie zunächst

$$\mathfrak{A} = \big\{\emptyset, \{1\}, \{2, 3, 4\}, X\big\}$$

Dazu ist das Resultat aus Aufgabe 34 hilfreich.

(a) Finden Sie eine Zahl $b \in \mathbb{R}$ mit der Eigenschaft $f^{-1}((-\infty, b]) \notin \mathfrak{A}$.
(b) Betrachten Sie eine konstante Funktion.

Hinweis Aufgabe 44 Die Aufgabe kann auf zwei verschiedene Arten gelöst werden:

(a) Verwenden Sie ausschließlich die Definition der Borelschen σ-Algebra und die einer stetigen Abbildung um $f^{-1}(B) \in \mathfrak{B}(X)$ für alle $B \in \mathfrak{B}(Y)$ zu beweisen. Beachten Sie dabei auch das Messbarkeitskriterium aus dem Lösungshinweis zu Aufgabe 39.
(b) Begründen Sie zuerst die Gültigkeit der Inklusion

$$\sigma(f^{-1}(\mathfrak{O}_Y)) \subseteq \mathfrak{B}(X)$$

und verwenden Sie anschließend geschickt das folgende Resultat:

> Sei $f : X \to Y$ eine Abbildung zwischen den Mengen X und Y sowie $\mathfrak{E} \subseteq \mathfrak{P}(Y)$ ein Erzeuger der σ-Algebra $\mathfrak{B}$ über Y, also $\mathfrak{B} = \sigma(\mathfrak{E})$. Dann gilt
>
> $$\sigma(f^{-1}(\mathfrak{E})) = f^{-1}(\sigma(\mathfrak{E}))$$
>
> das heißt, das Mengensystem $f^{-1}(\mathfrak{E})$ ist ein Erzeuger der σ-Algebra $f^{-1}(\mathfrak{B})$.

Einen Beweis dieser Aussage können Sie in [2,3] nachlesen oder diesen in [7, Aufgabe 54] eigenständig erarbeiten.

Hinweis Aufgabe 45 Führen Sie den Beweis der Äquivalenzaussage in zwei Schritten:

($\Longleftarrow$). Sei zuerst $f : X \to \mathbb{R}$ eine $\mathfrak{A}$-$\mathfrak{B}(\mathbb{R})$-messbare Funktion und bezeichne $\pi_k : \mathbb{R}^q \to \mathbb{R}$ für $k \in \{1, \ldots, q\}$ die Projektion auf die k-te Koordinate. Begründen Sie anhand von

$$f_k = \pi_k \circ f$$

die $\mathfrak{A}$-$\mathfrak{B}(\mathbb{R})$-Messbarkeit der Koordinatenfunktion $f_k : X \to \mathbb{R}$. Hierbei sind die Aufgaben 41 und 44 nützlich.

($\Longrightarrow$). Seien nun alle Koordinatenfunktionen $\mathfrak{A}$-$\mathfrak{B}(\mathbb{R})$-messbar. Für diesen Teil genügt es $f^{-1}((a, b]) \in \mathfrak{A}$ für alle $a, b \in \mathbb{R}^q$ mit $a = (a_1, \ldots, a_q)$ und $b = (b_1, \ldots, b_q)$ zu beweisen, wobei

$$\mathfrak{I}^q := \left\{(a, b] \mid a, b \in \mathbb{R}^q\right\}$$

Stellen Sie dazu die Menge $f^{-1}((a, b])$ mithilfe der Mengen $f_k^{-1}((a_k, b_k])$ dar und argumentieren Sie geschickt.

Hinweis Aufgabe 46

(a) Sei $f : \mathbb{R} \to \mathbb{R}$ eine Zähldichte. Begründen Sie für $B \in \mathfrak{B}(\mathbb{R})$ die Identität

$$f^{-1}(B) = f^{-1}(B \setminus \{0\}) \sqcup f^{-1}(B \cap \{0\})$$

Zeigen Sie anschließend, dass beide Mengen auf der rechten Seite zur Borelschen σ-Algebra gehören um $f^{-1}(B) \in \mathfrak{B}(\mathbb{R})$ zu folgern.

(b) Verwenden Sie den binomischen Lehrsatz aus Aufgabe 10 (b).

Hinweis Aufgabe 47

(a) Unter Verwendung von

$$\left(p_k - \frac{1}{n}\right)^2 = p_k^2 - \frac{1}{n}\left(2p_k - \frac{1}{n}\right)$$

für $k \in \{1, \ldots, n\}$ lässt sich die Identität sofort nachrechnen.

(b) Verwenden Sie die Cauchy-Schwarz-Ungleichung. Diese besagt

$$\left(\sum_{k=1}^{n} x_k\, y_k\right)^2 \leq \left(\sum_{k=1}^{n} x_k^2\right)\left(\sum_{k=1}^{n} y_k^2\right)$$

für alle $x, y \in \mathbb{R}^n$ mit $x = (x_1, \ldots, x_n)$ und $y = (y_1, \ldots, y_n)$. Dabei gilt Gleichheit, falls die beiden Vektoren linear abhängig sind.

Hinweis Aufgabe 48 Bevor Sie diese Aufgabe bearbeiten, sollten Sie zunächst die Aufgaben 14, 17 und 37 lösen.

(a) Weisen Sie die drei folgenden Eigenschaften nach: (1) Es gilt $X \in \mathfrak{D}$. (2) Aus $A \in \mathfrak{D}$ folgt $A^c \in \mathfrak{D}$. (3) Für jede Folge $(A_n)_{n\in\mathbb{N}}$ disjunkter Mengen aus $\mathfrak{D}$ gilt auch $\bigsqcup_{n=1}^{+\infty} A_n \in \mathfrak{D}$. Für die beiden ersten Aussagen ist Aufgabe 17 hilfreich. Beim Nachweis der Abgeschlossenheit bezüglich disjunkter Vereinigung können Sie die (wachsende) Folge $(B_n)_{n\in\mathbb{N}}$ mit

$$B_n := \bigsqcup_{k=1}^{n} A_k$$

und ihren Grenzwert

$$B := \bigsqcup_{k=1}^{+\infty} A_k$$

betrachten. Begründen Sie kurz $\chi_{B_n} \uparrow \chi_B$ und folgern Sie $\chi_B \in V$.

(b) Sie können ohne Beweis verwenden, dass der δ-Operator die gleichen Eigenschaften wie der σ-Operator aus Aufgabe 32 besitzt. Insbesondere stimmt das von einem *durchschnittstabilen* Mengensystem erzeugte Dynkin-System mit der erzeugten σ-Algebra überein. Dieses Resultat ist bekannt als Dynkin-Lemma [3, Kap. I, §6, 6.7 Satz]. Folgern Sie so $\mathfrak{A} = \mathfrak{D}$ und zeigen Sie dann den zweiten Teil der Aufgabe mit sogenannter *maßtheoretischer Induktion:*

(1) Begründen Sie $\chi_A \in V$ für $A \in \mathfrak{A}$.
(2) Folgern Sie, dass jede Treppenfunktion zu V gehört.
(3) Begründen Sie, dass jede nichtnegative und $\mathfrak{A}$-$\mathfrak{B}(\mathbb{R})$-messbare Funktion in V liegt. Hier ist der sogenannte Approximationssatz hilfreich. Diesen finden Sie beispielsweise in [7, Aufgabe 81].
(4) Folgern Sie abschließend, dass V jede $\mathfrak{A}$-$\mathfrak{B}(\mathbb{R})$-messbare Funktion von X nach $\mathbb{R}$ enthält.

Hinweise: Wahrscheinlichkeitsräume 10

Hinweis Aufgabe 49 Ist $(\Omega, \mathfrak{F})$ ein messbarer Raum, so heißt eine Funktion $\mu : \mathfrak{F} \to \overline{\mathbb{R}}$ *Wahrscheinlichkeitsmaß* auf $(\Omega, \mathfrak{F})$, falls diese ein Maß mit $\mu(\Omega) = 1$ ist. Dabei wird μ ein *Maß* auf $(\Omega, \mathfrak{F})$ genannt, falls die folgenden Bedingungen erfüllt sind:

(a) Es gilt $\mu(\emptyset) = 0$.
(b) μ ist nichtnegativ, das heißt, es gilt $\mu(A) \geq 0$ für alle $A \in \mathfrak{F}$.
(c) μ ist σ-additiv, das heißt, für jede Folge $(A_n)_{n \in \mathbb{N}}$ disjunkter Mengen aus $\mathfrak{F}$ gilt

$$\mu\left(\bigsqcup_{n=1}^{+\infty} A_n\right) = \sum_{n=1}^{+\infty} \mu(A_n) \tag{10.1}$$

Der anspruchsvollste Teil des Beweises ist der Nachweis der σ-Additivität des Dirac-Maßes. Dazu fixieren Sie ein beliebiges Element $\omega \in \Omega$ und zeigen die Gleichung (10.1) zunächst für den Fall $\omega \in \bigsqcup_{n=1}^{+\infty} A_n$ und anschließend im Fall $\omega \notin \bigsqcup_{n=1}^{+\infty} A_n$. Beachten Sie dabei, dass die Folge $(A_n)_{n \in \mathbb{N}}$ aus paarweise *disjunkten* Mengen besteht.

Hinweis Aufgabe 50 Beginnen Sie damit, die Gleichung

$$1 = \mathbb{P}(\Omega) = \sum_{\omega \in \Omega} \mathbb{P}(\{\omega\}) = |\Omega|\, \mathbb{P}(\{\omega\})$$

für alle $\omega \in \Omega$ zu begründen. Verwenden Sie anschließend das obige Ergebnis, um die gewünschte Eigenschaft des Wahrscheinlichkeitsmaßes abzuleiten.

N. Hebestreit-Düsing, *Übungs- und Lernbuch Wahrscheinlichkeitstheorie und Stochastik*, https://doi.org/10.1007/978-3-662-72720-1_10

Hinweis Aufgabe 51

(a) Die meisten Eigenschaften der Maße μ_n übertragen sich direkt auf μ. Für den Nachweis der σ-Additivität von μ kann man wie folgt vorgehen: Zuerst zeigt man

$$\mu\left(\bigsqcup_{k=1}^{+\infty} A_k\right) = \sum_{n=1}^{+\infty}\sum_{k=1}^{+\infty} \alpha_n\, \mu_n(A_k)$$

Dabei ist $(A_k)_{k\in\mathbb{N}}$ eine Folge disjunkter Mengen aus $\mathfrak{A}$. Anschließend verwendet man den *großen Umordnungssatz,* um die Reihenfolge beider Reihen zu vertauschen.

(b) Beachten Sie: Für jede endliche Teilmenge A von $\mathbb{N}$ entspricht $\mu(A)$ der Anzahl der *Treffer,* ob $n \in \mathbb{N}$ in der Menge A enthalten ist. Beispielsweise gilt $\mu(\{2, 3, 5\}) = 3$, da es genau drei Treffer gibt: $2 \in A$, $3 \in A$ und $5 \in A$. Vergleichen Sie auch Aufgabe 49.

Hinweis Aufgabe 52 Beachten Sie, dass das Zählmaß auf X per Definition genau dann σ-endlich ist, falls es eine Folge endlicher Mengen $(A_n)_{n\in\mathbb{N}}$ mit $\bigcup_{n=1}^{+\infty} A_n = X$ gibt.

Hinweis Aufgabe 53 Erinnern Sie sich daran, dass die Funktion $\delta_n : \mathfrak{B}(\mathbb{R}) \to \overline{\mathbb{R}}$ für $n \in \mathbb{N}$ das Dirac-Maß aus Aufgabe 49 bezeichnet. Führen Sie den Beweis der Äquivalenzaussage in zwei Schritten durch:

($\Longrightarrow$). Es sei $\mu(\mathbb{N}) = 1$. Begründen Sie zunächst, dass $\mu(\mathbb{R} \setminus \mathbb{N}) = 0$ gilt, und folgern Sie anschließend

$$\mu(B) = \mu(B \cap \mathbb{N})$$

für alle $B \in \mathfrak{B}(\mathbb{R})$. Definieren Sie dann die Folge $(\alpha_n)_{n\in\mathbb{N}}$ durch $\alpha_n := \mu(\{n\})$ und zeigen Sie, dass es sich um eine stochastische Folge handelt. Schließen Sie daraus

$$\mu(B) = \sum_{n\in B\cap\mathbb{N}} \alpha_n = \sum_{n=1}^{+\infty} \alpha_n\, \delta_n(B)$$

($\Longleftarrow$). Zeigen Sie umgekehrt, dass aus der Darstellung

$$\mu = \sum_{n=1}^{+\infty} \alpha_n\, \delta_n$$

und der Eigenschaft $\delta_n(\mathbb{N}) = 1$ für alle $n \in \mathbb{N}$ folgt, dass $\mu(\mathbb{N}) = 1$ gilt.

Hinweis Aufgabe 54 Die Definition eines Wahrscheinlichkeitsmaßes finden Sie im Lösungshinweis zu Aufgabe 49. Gehen Sie für den Nachweis der Eigenschaften wie folgt vor:

(a) Wenden Sie die σ-Additivität auf die Folge $(A_n)_{n\in\mathbb{N}}$ mit

$$A_1 := A, \qquad A_2 := B, \qquad A_n := \emptyset$$

für $n \in \mathbb{N}$ und $n \geq 3$ an.

(b) Verifizieren Sie zunächst die beiden Identitäten

$$A \cup B = A \sqcup (B \setminus A), \qquad B = (B \setminus A) \sqcup (A \cap B)$$

und verwenden Sie anschließend Teil (a).

(c) Verwenden Sie $\Omega = A \sqcup A^c$ für $A \in \mathfrak{F}$ und die bereits bewiesene Additivität des Wahrscheinlichkeitsmaßes.

(d) Beachten Sie: Für zwei Ereignisse $A, B \in \mathfrak{F}$ mit $B \subseteq A$ gilt

$$A = B \sqcup (A \setminus B)$$

(e) Verfahren Sie analog zu Teil (d) und nutzen Sie zusätzlich die Nichtnegativität des Wahrscheinlichkeitsmaßes.

(f) Sei $(A_n)_{n\in\mathbb{N}}$ eine beliebige Folge von Ereignissen. Wenden Sie die σ-Additivität des Wahrscheinlichkeitsmaßes auf die Folge $(B_n)_{n\in\mathbb{N}}$ vermöge

$$B_n := A_n \setminus \left(\bigcup_{k=1}^{n-1} A_k \right)$$

an.

Hinweis Aufgabe 55 Die wesentliche Schwierigkeit liegt im Nachweis der σ-Additivität. Sei $(A_n)_{n\in\mathbb{N}}$ eine Folge disjunkter Teilmengen von Ω. Setzen Sie dann $A := \bigsqcup_{n=1}^{+\infty} A_n$ und verifizieren Sie jeden Schritt in der Gleichungskette

$$\mathbb{P}(A) = \sum_{\omega \in A} \mathbb{P}(\{\omega\}) = \sum_{n=1}^{+\infty} \sum_{\omega \in A_n} p(\omega) = \sum_{n=1}^{+\infty} \mathbb{P}(A_n)$$

Hinweis Aufgabe 56 Beachten Sie, dass der Limes Superior einer Folge $(A_n)_{n\in\mathbb{N}}$ von Ereignissen aus $\mathfrak{F}$ in Aufgabe 12 eingeführt wird. Machen Sie sich zuerst für $m \in \mathbb{N}$ die Gültigkeit von

$$\limsup_{n\to+\infty} A_n \subseteq \bigcup_{k=m}^{+\infty} A_k$$

klar. Wenden Sie anschließend die Monotonie und σ-Subadditivität des Wahrscheinlichkeitsmaßes an und gehen Sie dann zum Grenzwert $m \to +\infty$ über.

Hinweis Aufgabe 57

a) Wenden Sie die Identität aus Aufgabe 54 (b) auf die beiden Mengen $A_1 \cup A_2$ und A_3 an. Die dabei entstandenen Ausdrücke

$$\mu(A_1 \cup A_2), \qquad \mu((A_1 \cap A_3) \cup (A_2 \cap A_3))$$

können Sie ebenfalls mithilfe der Identität umschreiben.

b) Mengen können in `SageMath` durch explizite Angabe ihrer Elemente angegeben werden:

```
Set([1, 2, 3])

{1, 2, 3}
```

Die Anzahl der Elemente berechnet man dann wie bei Listen mit der Funktion `len()`. Für die Vereinigung von Mengen kann man den Operator + verwenden.

(c) Beweisen Sie die Behauptung mithilfe von vollständiger Induktion. Für den Induktionsschritt von n nach $n+1$ können Sie beispielsweise wie folgt vorgehen: Begründen Sie zunächst

$$\mu\left(\bigcup_{j=1}^{n+1} A_j\right) = \mu\left(\bigcup_{j=1}^{n} A_j\right) + \mu(A_{n+1}) - \mu\left(\bigcup_{j=1}^{n}(A_j \cap A_{n+1})\right)$$

Wenden Sie anschließend zweimal die Induktionsvoraussetzung an. Verwenden Sie dann

$$\mu(A_{n+1}) = \sum_{\substack{J \subseteq \{1,\ldots,n+1\} \\ n+1 \in J,\ |J|=1}} \mu\left(\bigcap_{j \in J}(A_j \cap A_{n+1})\right)$$

um alle Ausdrücke zusammenzufassen und zeigen Sie damit den Induktionsschritt.

(d) Die Siebformel von Sylvester-Poincaré liefert als Spezialfall

$$\left|\bigcup_{j=1}^{n} A_j\right| = \sum_{\emptyset \neq J \subseteq \{1,\ldots,n\}} (-1)^{|J|+1} \left|\bigcap_{j \in J} A_j\right|$$

Folglich müssen Sie für die Berechnung von $\left|\bigcup_{j=1}^{n} A_j\right|$ lediglich für jede nichtleere Teilmenge J der Indexmenge $\{1, \ldots, n\}$ die Mächtigkeit der entsprechenden Schnittmenge $\bigcap_{j \in J} A_j$ berechnen und anschließend das Ergebnis mit einem Vorzeichen versehen.

(e) Beachten Sie

$$\bigcap_{j \in J} A_j = \emptyset$$

für jede Teilmenge J von $\{1, \ldots, n\}$ mit mindestens zwei Elementen.

(f) Beachten Sie, dass es genau $\binom{n}{k}$ viele Teilmengen von $\{1, \ldots, n\}$ mit genau k Elementen gibt. Vergleichen Sie auch Aufgabe 6.

Hinweis Aufgabe 58 Eine Permutation der Menge $\Omega := \{1, \ldots, n\}$ ist eine bijektive Abbildung von Ω auf sich selbst. Betrachten Sie zur analytischen Lösung dieser Aufgabe den Wahrscheinlichkeitsraum

$$(S_n, \mathfrak{P}(S_n), \mathbb{P})$$

wobei

$$S_n := \{\pi : \Omega \to \Omega \mid \pi \text{ ist eine Permutation}\}$$

die Menge aller Permutationen von Ω bezeichnet. Das Wahrscheinlichkeitsmaß $\mathbb{P} : \mathfrak{P}(S_n) \to \mathbb{R}$ ist das *Laplacesche Wahrscheinlichkeitsmaß* vermöge

$$\mathbb{P}(A) := \frac{|A|}{|S_n|}$$

Vergleichen Sie auch Aufgabe 50. Begründen Sie zunächst, dass $|S_n| = n!$ gilt und bestimmen Sie anschließend die Wahrscheinlichkeit des Ereignisses

$$A_k := \{\pi \in S_n \mid \pi(k) = k\}$$

für ein beliebiges $k \in \Omega$. Berechnen Sie dann mithilfe der Siebformel von Sylvester-Poincaré aus Aufgabe 57 (f) die Wahrscheinlichkeit des Ereignisses $\bigcup_{k=1}^{n} A_k$. Für eine Lösung in `SageMath` können Sie alle Permutationen der Menge Ω mit dem Befehl `Permutations(range(1, n + 1)).list()` generieren. Die Fixpunkte einer Permutation lassen sich mit `.fixed_points()` ermitteln.

Hinweis Aufgabe 59 Ist $(A_n)_{n \in \mathbb{N}}$ eine wachsende Folge von Ereignissen, so können Sie aus dieser wie folgt eine *disjunkte* Folge konstruieren:

$$B_1 := A_1, \qquad B_n := A_n \setminus A_{n-1}$$

für $n \in \mathbb{N}$ mit $n \geq 2$. Beachten Sie, dass damit insbesondere

$$\bigcup_{n=1}^{+\infty} A_n = \bigsqcup_{n=1}^{+\infty} B_n$$

gilt, sodass Sie mithilfe der σ-Additivität des Wahrscheinlichkeitsmaßes die Stetigkeit nachweisen können.

Hinweis Aufgabe 60 Die definierenden Eigenschaften eines Wahrscheinlichkeitsmaßes können Sie in dem Lösungshinweis von Aufgabe 49 nachlesen. Sie müssen dabei lediglich beachten, dass $\mathbb{P} : \mathfrak{F} \to \overline{\mathbb{R}}$ selbst ein Wahrscheinlichkeitsmaß ist, dessen Eigenschaften sich nahezu unmittelbar auf die Funktion $\mathbb{P}_B : \mathfrak{F} \to \overline{\mathbb{R}}$ übertragen.

Hinweis Aufgabe 61 Die Funktionsweise der Pólya-Urne ist noch einmal in Abbildung 3.1 illustriert. Betrachten Sie die drei Ereignisse

$$\begin{aligned} A &:= \textit{Die zweite gezogene Kugel ist rot} \\ B_1 &:= \textit{Die erste gezogene Kugel ist rot} \\ B_2 &:= \textit{Die erste gezogene Kugel ist schwarz} \end{aligned}$$

Begründen Sie

$$\mathbb{P}(A \mid B_1) = \frac{r+t}{r+s+t}, \qquad \mathbb{P}(A \mid B_2) = \frac{r}{r+s+t}$$

und berechnen Sie anschließend die Wahrscheinlichkeit $\mathbb{P}(B_1 \mid A)$ mit der Formel von Bayes und dem Satz von der totalen Wahrscheinlichkeit aus den Aufgaben 63 (a) und 65.

Hinweis Aufgabe 62 Zeigen Sie

$$\mathbb{P}(A \cup B \cup C) = 1 - \mathbb{P}(A^{\mathsf{c}} \cap B^{\mathsf{c}} \cap C^{\mathsf{c}})$$

und

$$\mathbb{P}(A^{\mathsf{c}} \cap B^{\mathsf{c}} \cap C^{\mathsf{c}}) = \mathbb{P}(A^{\mathsf{c}} \mid B^{\mathsf{c}} \cap C^{\mathsf{c}})\,\mathbb{P}(B^{\mathsf{c}} \mid C^{\mathsf{c}})\,\mathbb{P}(C^{\mathsf{c}})$$

Verwenden Sie dabei für die zweite Gleichung ausschließlich die Definition der bedingten Wahrscheinlichkeit.

Hinweis Aufgabe 63

(a) Verwenden Sie ausschließlich die Definition der bedingten Wahrscheinlichkeit: Ist $(\Omega, \mathfrak{F}, \mathbb{P})$ ein Wahrscheinlichkeitsraum und sind $A, B \in \mathfrak{F}$ zwei Ereignisse mit $\mathbb{P}(B) > 0$, so definiert man

$$\mathbb{P}(A \mid B) := \frac{\mathbb{P}(A \cap B)}{\mathbb{P}(B)}$$

Der Ausdruck $\mathbb{P}(A \mid B)$ wird *bedingte Wahrscheinlichkeit* von A bezüglich B genannt.

(b) Die Ungleichung nach rechts folgt sofort aus der Monotonie des Wahrscheinlichkeitsmaßes. Für die Ungleichung nach links ist die Identität

$$B = (A^{\mathrm{c}} \cap B) \sqcup (A \cap B)$$

sowie die Resultate aus Aufgabe 54 (a) und (e) hilfreich.

(c) Verwenden Sie ausschließlich die Definition der bedingten Wahrscheinlichkeit. Vereinfachen Sie jeden Faktor des Produkts

$$\prod_{k=1}^{n} \mathbb{P}\left(A_k \mid \bigcap_{j=1}^{k-1} A_j\right)$$

und beachten Sie, dass sich die Nenner und Zähler der vereinfachten Ausdrücke paarweise aufheben.

Hinweis Aufgabe 64 Zeigen Sie zuerst

$$\mathbb{P}(A \mid B_n)\,\mathbb{P}(B_n) = \mathbb{P}(A \cap B_n)$$

für jedes $n \in \mathbb{N}$. Anschließend lässt sich die Reihe der Wahrscheinlichkeiten

$$\sum_{n=1}^{+\infty} \mathbb{P}(A \cap B_n)$$

mit der σ-Additivität des Wahrscheinlichkeitsmaßes vereinfachen.

Hinweis Aufgabe 65 Verwenden Sie den Satz von der totalen Wahrscheinlichkeit um $\mathbb{P}(A)$ als Reihe bedingter Wahrscheinlichkeiten zu schreiben und nutzen Sie anschließend das Resultat aus Aufgabe 63 (a).

Hinweis Aufgabe 66 Bezeichnen Sie mit A das Ereignis, dass eine rote Kugel gezogen wird, und mit B_k für $k \in \{1, \ldots, 4\}$ das Ereignis, dass die k-te Urne ausgewählt wurde.

(a) Zeigen Sie, dass die Voraussetzungen des Satzes von der totalen Wahrscheinlichkeit erfüllt sind und berechnen Sie damit $\mathbb{P}(A)$. Beachten Sie, dass nach Aufgabenstellung

$$\mathbb{P}(A \mid B_k) = \frac{k}{10}$$

für $k \in \{1, \ldots, 4\}$ gilt.

(b) Verwenden Sie die Formel von Bayes aus Aufgabe 63 (a).

Hinweis Aufgabe 67 Aus der Aufgabenstellung sind die folgenden Wahrscheinlichkeiten bekannt:

$$\mathbb{P}(W) = 0{,}85, \qquad \mathbb{P}(\hat{S} \mid S) = 0{,}9, \qquad \mathbb{P}(\hat{W} \mid W) = 0{,}8$$

Bestimmen Sie zunächst $\mathbb{P}(S)$ aus der bekannten Verteilung der Fahrzeugfarben. Verwenden Sie anschließend den Satz von Bayes, um die bedingten Wahrscheinlichkeiten $\mathbb{P}(S \mid \hat{S})$ und $\mathbb{P}(W \mid \hat{W})$ zu berechnen. Dabei können Sie mit Begründung die Zusammenhänge

$$\mathbb{P}(\hat{S} \mid W) = 1 - \mathbb{P}(\hat{W} \mid W), \qquad \mathbb{P}(\hat{W} \mid S) = 1 - \mathbb{P}(\hat{S} \mid S)$$

verwenden, da der Zeuge entweder ein schwarzes oder ein weißes Auto benennt.

Hinweis Aufgabe 68

(a) Für die Berechnung der Gewinnwahrscheinlichkeit mit Strategie `stay` müssen Sie lediglich beachten, dass der Gewinn zufällig hinter einer der drei Türen versteckt wurde. Jede dieser Türen ist gleichwahrscheinlich. Betrachten Sie für Strategie `switch` für jedes $k \in \{1, 2, 3\}$ die folgenden Ereignisse:

$$G_k := \textit{Der Gewinn ist hinter Tür } \texttt{k}$$
$$S_k := \textit{Der Showmaster öffnet Tür } \texttt{k}$$

Begründen Sie anschließend die Gültigkeit von

$$\mathbb{P}(G_3 \mid S_2) = \frac{\mathbb{P}(G_3)\,\mathbb{P}(S_2 \mid G_3)}{\mathbb{P}(G_1)\,\mathbb{P}(S_2 \mid G_1) + \mathbb{P}(G_2)\,\mathbb{P}(S_2 \mid G_2) + \mathbb{P}(G_3)\,\mathbb{P}(S_2 \mid G_3)}$$

und bestimmen Sie damit die Gewinnwahrscheinlichkeit des Kandidaten. Die Wahrscheinlichkeiten aller Ausdrücke auf der rechten Seite lassen sich der Aufgabenstellung entnehmen.

(b) Für die Simulation beider Strategien ist das Modul `random` hilfreich. Beispielsweise können Sie die drei Türen als Liste `[1, 2, 3]` darstellen und dann mithilfe von `random.choice([1, 2, 3])` zufällig zwei Türen auswählen: eine Tür steht für die des Kandidaten und die andere für die Gewinnertür. Die Entscheidungen des Moderators lassen sich leicht umsetzen, wenn Sie die Liste der Türen gemäß `set([1, 2, 3])` als Menge auffassen.

Hinweis Aufgabe 69

(a) Beweisen Sie, dass die Aussagen (α) und (β) sowie (β) und (γ) äquivalent sind. Für die erste Äquivalenz müssen Sie lediglich die Definition unabhängiger Ereignisse verwenden. Die zweite Äquivalenz können Sie mit Begründung aus

$$\mathbb{P}(A) = \mathbb{P}(A \cap B) + \mathbb{P}(A \cap B^{\mathsf{c}}) = \mathbb{P}(A \mid B)\,\mathbb{P}(B) + \mathbb{P}(A \mid B^{\mathsf{c}})\,\mathbb{P}(B^{\mathsf{c}})$$

folgern.

(b) Verwenden Sie die Monotonie des Wahrscheinlichkeitsmaßes, um $\mathbb{P}(A) = 1$ zu zeigen und folgern Sie damit die Unabhängigkeit der Ereignisse A und B.
(c) Unterscheiden Sie getrennt die Fälle $\mathbb{P}(B) = 0$ und $\mathbb{P}(B) = 1$, um ähnlich wie in Teil (b) vorzugehen.
(d) Für zwei disjunkte Ereignisse A und B gilt $\mathbb{P}(A \cap B) = 0$.
(e) Verwenden Sie ausschließlich die Definition unabhängiger Ereignisse.
(f) Beachten Sie $\mathbb{P}(\emptyset) = 0$ und $\mathbb{P}(\Omega) = 1$.
(g) Begründen Sie zuerst

$$\mathbb{P}(A) = \mathbb{P}(A \cap B) + \mathbb{P}(A \cap B^{c}) = \mathbb{P}(A)\,\mathbb{P}(B) + \mathbb{P}(A \cap B^{c})$$

und argumentieren Sie dann geschickt.

Hinweis Aufgabe 70

(a) Verwenden Sie das sogenannte *Prinzip des unzureichenden Grundes.* Dieses finden Sie beispielsweise in [12, Kap. 10].
(b) Zählen Sie die Elemente der drei Ereignisse. Für die Berechnung von $\mathbb{P}(C)$ können Sie das Ereignis schreiben als $C = C_1 \cup C_2$, wobei

$$C_1 := \{(j, k) \in \Omega \mid j \in \{2, 3, 5\}\}, \qquad C_2 := \{(j, k) \in \Omega \mid k \in \{2, 3, 5\}\}$$

definiert sind, und anschließend das Resultat aus Aufgabe 54 (b) verwenden.
(c) Verwenden Sie das `Python`-Modul `random`. Beispielsweise liefert der Befehl `random.randint(1, 6)` eine zufällige Zahl aus $\{1, \dots, 6\}$. Schreiben Sie damit eine Funktion `simulate`, die zwei Würfel insgesamt `runs` mal wirft und anschließend zählt, wie oft eines der drei Ereignisse eingetreten ist. Für hinreichend viele Wiederholungen des Zufallsexperiments (Simulationen) lassen sich die in Teil (b) berechneten Wahrscheinlichkeiten approximieren.
(d) Die Ereignisse A und B sowie A und C sind abhängig.
(e) Untersuchen Sie die drei Ereignisse

$$\begin{aligned} A' &:= \textit{Der erste Würfel zeigt eine gerade Zahl} \\ B' &:= \textit{Der zweite Würfel zeigt eine ungerade Zahl} \\ C' &:= \textit{Die Augensumme ist eine gerade Zahl} \end{aligned}$$

Um nachzuweisen, dass A', B' und C' nicht in der Gesamtheit unabhängig sind, sollten Sie sich $A' \cap B' \cap C' = \emptyset$ und

$$\mathbb{P}(A') = \mathbb{P}(B') = \mathbb{P}(C') = \frac{1}{2}$$

überlegen.

Hinweis Aufgabe 71 Beachten Sie, dass zwei Ereignisse A und B unabhängig genannt werden, falls $\mathbb{P}(A \cap B) = \mathbb{P}(A)\,\mathbb{P}(B)$ gilt. Vereinfachen Sie diese Gleichung und verwenden Sie anschließend das bekannte Lemma von Euklid, das eine direkte Konsequenz des (erweiterten) euklidischen Algorithmus ist: Teilt eine Primzahl $p \in \mathbb{N}$ das Produkt ab von zwei natürlichen Zahlen $a, b \in \mathbb{N}$, so ist p auch ein Teiler von a oder von b.

Hinweis Aufgabe 72

(a) In `SageMath` lässt sich die Primfaktorzerlegung einer natürlichen Zahl mit dem Befehl `factor()` berechnen.
(b) Ist $n \in \mathbb{N}$ eine Primzahl, so ist jede Zahl aus $\{1, \ldots, n-1\}$ teilerfremd zu n.
(c) Beachten Sie $10 = 2 \cdot 5$, also $p_1 = 2$, $p_2 = 5$ und $\nu_1 = \nu_2 = 1$. Bestimmen Sie zuerst eine explizite Darstellung der beiden Ereignisse

$$A_2 = \big\{m \in \Omega \mid 2 \text{ teilt } m\big\}, \qquad A_5 = \big\{m \in \Omega \mid 5 \text{ teilt } m\big\}$$

Verifizieren Sie anschließend

$$\mathbb{P}(A_2 \cap A_5) = \frac{1}{10} = \mathbb{P}(A_2)\,\mathbb{P}(A_5)$$

(d) Betrachten Sie den Wahrscheinlichkeitsraum $(\Omega, \mathfrak{F}, \mathbb{P})$ mit

$$\Omega := \{1, \ldots, n\}, \qquad \mathfrak{F} := \mathfrak{P}(\Omega), \qquad \mathbb{P}(A) := \frac{|A|}{|\Omega|}$$

sowie für jede natürliche Zahl $p \in \mathbb{N}$ das Ereignis

$$A_p = \big\{m \in \Omega \mid p \text{ teilt } m\big\} = \left\{kp \mid k \in \mathbb{N} \text{ und } 1 \leq k \leq \frac{n}{p}\right\}$$

Sei $\{p_{j_1}, \ldots, p_{j_s}\} \subseteq \{p_1, \ldots, p_r\}$ eine beliebige Teilmenge mit mindestens zwei Elementen und definiere die Zahl $p := p_{j_1} \cdot \ldots \cdot p_{j_s}$. Begründen Sie anschließend

$$\mathbb{P}\left(\bigcap_{\nu=1}^{s} A_{p_{j_\nu}}\right) = \mathbb{P}(A_p) = \prod_{\nu=1}^{s} \mathbb{P}(A_{p_{j_\nu}})$$

um die Unabhängigkeit der Folge $(A_{p_j})_{1 \leq j \leq r}$ zu beweisen. Gl. (3.3) lässt sich dann mithilfe der Unabhängigkeit der komplementären Folge $(A^{\mathsf{c}}_{p_j})_{1 \leq j \leq r}$ nachweisen.

Hinweis Aufgabe 73

(a) Verwenden Sie Aufgabe 55. Zeigen Sie explizit

$$\sum_{n=1}^{+\infty} f_s(n) = 1$$

und begründen Sie anschließend, dass $0 \leq f_s(n) \leq 1$ für alle $n \in \mathbb{N}$ gilt.

(b) Seien $p_1, \ldots, p_k \in \mathbb{P}$ verschiedene Primzahlen. Begründen Sie, warum eine natürliche Zahl genau dann durch jede der Primzahlen $p_1, \ldots, p_k$ teilbar ist, wenn sie durch das Produkt $p := p_1 \cdot \ldots \cdot p_k$ teilbar ist, und folgern Sie daraus die Gültigkeit der Gleichung

$$\bigcap_{j=1}^{k} A_{p_j} = A_p$$

Beweisen Sie anschließend die Unabhängigkeit der komplementären Folge $(A_p^{\mathsf{c}})_{p \in \mathbb{P}}$, indem Sie

$$\mu_s\left(\bigcap_{j=1}^{k} A_{p_j}\right) = \prod_{j=1}^{k} \mu_s(A_{p_j})$$

zeigen. Verifizieren Sie dann ausführlich jeden Schritt in der Gleichungskette

$$\zeta(s)^{-1} = \mu_s\left(\bigcap_{p \in \mathbb{P}} A_p^{\mathsf{c}}\right) = \prod_{p \in \mathbb{P}} \mu_s(A_p^{\mathsf{c}}) = \prod_{p \in \mathbb{P}} (1 - \mu_s(A_p)) = \prod_{p \in \mathbb{P}} (1 - p^{-s})$$

Hinweis Aufgabe 74

(a) Die nachzuweisenden Eigenschaften einer σ-Algebra können Sie im Lösungshinweis von Aufgabe 27 nachlesen.

(b) Lesen Sie $A \in \mathfrak{F}$ anhand der Darstellung

$$A = \{(\omega_1, 1) \mid \omega_1 \in \{1, \ldots, 6\}\} \cup \{(1, \omega_2) \mid \omega_2 \in \{1, \ldots, 6\}\}$$

ab. Betrachten Sie anschließend beispielsweise die Menge

$$B := \{(\omega_1, 1) \in \Omega \mid \omega_1 \in \{1, \ldots, 6\}\}$$

und begründen Sie $B \notin \mathfrak{F}$.

(c) Für den Beweis, dass Y keine Zufallsvariable ist, genügt es

$$Y^{-1}((-\infty, 1]) = \{(\omega_1, \omega_2) \in \Omega \mid \omega_2 \leq 1\} \notin \mathfrak{F}$$

nachzuweisen.

Hinweis Aufgabe 75 Ein Würfelwurf kann in `Python` beispielsweise mit dem Befehl `random.randint(1, 6)` simuliert werden. Lassen Sie das Spiel `runs`-mal laufen und zählen Sie, wie oft Anton und Bert gewinnen. Sei $X : \Omega \to \mathbb{R}$ die Anzahl der Würfe, bis erstmals eine 6 erscheint. Dann gilt $\mathbb{P}_X = \mathbf{Geo}(1/6)$. Seien A und B das Ereignis, dass Anton beziehungsweise Bert das Spiel gewinnt. Machen Sie sich klar, dass

$$A = \{X \in 2\mathbb{N}_0 + 1\}$$

gilt. Berechnen Sie dann $\mathbb{P}(A)$ mithilfe der geometrischen Reihe und nutzen Sie anschließend aus, dass es genau einen Gewinner gibt, um $\mathbb{P}(B)$ zu bestimmen.

Hinweis Aufgabe 76

(a) Bestimmen Sie die Wahrscheinlichkeit des Ereignisses

$$A_{k,n} := \left\{(\omega_1, \dots, \omega_k) \in \Omega^k \mid \omega_1 \neq \dots \neq \omega_k\right\}$$

Gehen Sie dabei schrittweise vor: Überlegen Sie zunächst, wie viele Möglichkeiten es für die Wahl von ω_1 gibt, dann für ω_2 und so weiter. Beachten Sie, dass die Ziehung *mit Zurücklegen* erfolgt und $\omega_1 \neq \dots \neq \omega_k$ gilt.

(b) Verwenden Sie die Darstellung

$$p_{k,n} = \exp\left(\ln\left(\prod_{j=0}^{k-1}\left(1 - \frac{j}{n}\right)\right)\right)$$

Vereinfachen Sie anschließend den Logarithmus-Ausdruck und verwenden Sie (ohne Beweis) die Näherung $\ln(1 + x) \approx x$. Zur weiteren Vereinfachung kann die Gaußsche Summenformel hilfreich sein. Diese finden Sie beispielsweise in [5, Aufgabe 31 (a)].

(c) Nutzen Sie Aufgabe 54 (c). In `Python` lassen sich Produkte rekursiv mit einer `for`-Schleife berechnen. Beispielsweise kann die Fakultät einer natürlichen Zahl wie folgt implementiert werden:

```python
def factorial(n):
    """
    Computes the factorial of a given number n.

    Argument:
        n (int): A non-negative integer.

    Returns:
        (int): The factorial of n.
    """
    result = 1
    for k in range(1, n + 1):
        result *= k

    return result
```

Beachten Sie, dass die Variable `result` mit dem Wert `1` initialisiert wird.

Hinweis Aufgabe 77 Gehen Sie wie folgt vor:

(a) Zeigen Sie zunächst, dass jede Zufallsvariable $C_{j,k}$ Bernoulli-verteilt ist und bestimmen Sie mithilfe von Aufgabe 126 den Erwartungswert und Varianz. Verwenden Sie anschließend die paarweise Unabhängigkeit der $C_{j,k}$, um den Erwartungswert und die Varianz von D zu berechnen.
(b) Verwenden Sie die Tschebyscheff-Ungleichung. Gemäß dieser gilt

$$\mathbb{P}(\{|D - \mathbb{E}[D]| \geq 6\}) \leq \frac{\mathbb{V}[D]}{36}$$

Setzen Sie danach die berechneten Werte ein. Sie können hier mit dem gerundeten Wert $\mathbb{E}[D] \approx 14$ rechnen, um die Ungleichung umzustellen und zu interpretieren.

Hinweis Aufgabe 78 Zur Berechnung der Wahrscheinlichkeiten können Sie das Paket `scipy.stats` und dort das Modul `norm` verwenden. Die Verteilungsfunktion der Zufallsvariable Y an einer Stelle $x \in \mathbb{R}$ lässt sich in `Python` über den Befehl `norm.cdf(x, mu, sigma)` auswerten, wobei `mu` den Erwartungswert und `sigma` die Standardabweichung von Y bezeichnet.

(a) Nutzen Sie die Beziehung $\mathbb{P}(\{37 \leq Y \leq 52\}) = F_Y(52) - F_Y(37)$.
(b) Berechnen Sie den Funktionswert $F_Y(32)$.
(c) Bestimmen Sie $y \in \mathbb{R}$ mit $\mathbb{P}(\{Y > y\}) = 0.975$. Verwenden Sie dazu in `Python` die inverse Verteilungsfunktion `norm.ppf()`.

11 Hinweise: Transformation von Wahrscheinlichkeitsmaßen

Hinweis Aufgabe 79 Die wesentliche Schwierigkeit liegt im Nachweis der σ-Additivität. Verwenden Sie dazu Aufgabe 16 und beachten Sie, dass μ ein Maß auf $(X, \mathfrak{A})$ ist.

Hinweis Aufgabe 80

(a) Es genügt das Bildmaß auf dem durchschnittsstabilen Erzeuger

$$\mathfrak{J} := \big\{[a, b] \mid a, b \in \mathbb{R}\big\} \cup \{\emptyset\}$$

der σ-Algebra $\mathfrak{B}(\mathbb{R})$ zu bestimmen.

(b) Bei der Radon-Nikodym Ableitung von β_f^2 bezüglich des eindimensionalen Borel-Lebesgue-Maßes handelt es sich um die nichtnegative und $\mathfrak{B}(\mathbb{R})$-$\mathfrak{B}(\mathbb{R})$-messbare Funktion $g : \mathbb{R} \to \mathbb{R}$ mit der Eigenschaft

$$\beta_f^2(B) = \int_B g \,\mathrm{d}\beta$$

für alle $B \in \mathfrak{B}(\mathbb{R})$.

Hinweis Aufgabe 81 Beachten Sie, dass für zwei Abbildungen $f : X \to Y$ und $g : Y \to Z$ stets

$$(g \circ f)^{-1} = f^{-1} \circ g^{-1}$$

gilt. Verwenden Sie für die Lösung dieser Aufgabe ausschließlich die obige Identität und die Definition des Bildmaßes aus Aufgabe 79.

N. Hebestreit-Düsing, *Übungs- und Lernbuch Wahrscheinlichkeitstheorie und Stochastik*, https://doi.org/10.1007/978-3-662-72720-1_11

Hinweis Aufgabe 82 Zeigen Sie, dass das Bildmaß $\beta_f : \mathfrak{P}(\mathbb{N}) \to \overline{\mathbb{R}}$ der konstanten Funktion $f : \mathbb{R} \to \mathbb{N}$ vermöge $f(x) := 1$ nicht σ-endlich ist. Beachten Sie $\beta(\mathbb{R}) = +\infty$.

Hinweis Aufgabe 83

(a) Verwenden Sie Aufgabe 44. Für den Nachweis der beiden Identitäten genügt es die explizite Darstellung der Inversen einer Translation zu bestimmen.
(b) Führen Sie den Beweis der Äquivalenzaussage in zwei Schritten. Verwenden Sie dazu ausschließlich Teil (a) und die Definition des Bildmaßes um $\mu_{\Psi_a} = \mu$ für alle $a \in \mathbb{R}^q$ nachzuweisen.

Hinweis Aufgabe 84 Es ist hilfreich, wenn Sie zuerst Aufgabe 83 bearbeiten. Beweisen Sie mit dem Eindeutigkeitssatz für Maße [3, Satz 5.6] die Gültigkeit der Gleichung

$$\beta^q_{\Psi_a} = \beta^q$$

Dabei ist $\Psi_a : \mathbb{R}^q \to \mathbb{R}^q$ vermöge $\Psi(x) := x + a$ die Translation um $a \in \mathbb{R}^q$ und $\beta^q_{\Psi_a}$ bezeichnet das Bildmaß von β^q bezüglich Ψ_a.

Hinweis Aufgabe 85

(a) Die Hauptschwierigkeit liegt im Nachweis der σ-Additivität von ν. Gehen Sie dazu wie folgt vor: Zeigen Sie zunächst

$$\chi_{\bigsqcup_{n=1}^{+\infty} A_n} = \sum_{n=1}^{+\infty} \chi_{A_n}$$

für eine Folge $(A_n)_{n\in\mathbb{N}}$ disjunkter Mengen aus $\mathfrak{A}$. Wenden Sie anschließend mit Begründung den Satz von der monotonen Konvergenz (Satz von Beppo Levi) auf die Folge $(g_k)_{k\in\mathbb{N}}$ mit

$$g_k := f \cdot \chi_{\bigsqcup_{n=1}^{k} A_n} = \sum_{n=1}^{k} f \cdot \chi_{A_n}$$

an. Zeigen Sie damit

$$\nu\left(\bigsqcup_{n=1}^{+\infty} A_n\right) = \int_X \left(\sum_{n=1}^{+\infty} f \cdot \chi_{A_n}\right) \mathrm{d}\mu = \sum_{n=1}^{+\infty} \int_X f \cdot \chi_{A_n} \,\mathrm{d}\mu = \sum_{n=1}^{+\infty} \nu(A_n)$$

(b) Verwenden Sie, dass sich jede μ-integrierbare Funktion $f : X \to \overline{\mathbb{R}}$ in ihren Positiv- und Negativteil zerlegen lässt. Definieren Sie so zwei naheliegende endliche Maße $\nu^{\pm} : \mathfrak{A} \to \overline{\mathbb{R}}$ und zeigen Sie

$$\nu(A) = \nu^{+}(A) - \nu^{-}(A)$$

für alle $A \in \mathfrak{A}$.

Hinweis Aufgabe 86

(a) Beweisen Sie die Gl. (4.1) mittels maßtheoretischer Induktion. Beginnen Sie dazu mit $f = \chi_A$ für ein $A \in \mathfrak{B}$ und zeigen Sie

$$\int_{\Psi^{-1}(B)} f \circ \Psi \, \mathrm{d}\mu = \int_{\Psi^{-1}(B)} \chi_A \circ \Psi \, \mathrm{d}\mu = \mu(\Psi^{-1}(A \cap B)) = \int_B f \, \mathrm{d}\mu_\Psi$$

Führen Sie den Beweis anschließend zunächst für Treppenfunktionen und schließlich für beliebige nichtnegative und $\mathfrak{B}$-$\mathfrak{B}(\overline{\mathbb{R}})$-messbare Funktionen.

(b) Wenden Sie Teil (a) der Aufgabe auf $|f|$ an.

Hinweis Aufgabe 87 Zeigen Sie zuerst

$$\nu_\Psi(B) = \int_{\Psi^{-1}(B)} f \, \mathrm{d}\mu$$

für $B \in \mathfrak{B}$. Verwenden Sie dazu nur die Definition des Bildmaßes und des Lebesgue-Integrals. Schreiben Sie anschließend den Integranden geschickt in der Form $(f \circ \Psi^{-1}) \circ \Psi$ um die Bildmaßformel aus Aufgabe 86 (a) anwenden zu können.

Hinweis Aufgabe 88 Weiterführende Erläuterungen zur Normal-Verteilung finden sich beispielsweise in den Werken [2, Zweiter Teil, IV. Grundbegriffe der Theorie] sowie [12, Kap. 12], die eine fundierte mathematische Behandlung bieten. Eine besonders anschauliche und motivierende Einführung mit vielen Beispielen und grafischen Darstellungen bietet [4, 2.5 Normalverteilung und Grenzwertsätze]. Dieses Werk setzt nur minimale Kenntnisse der Maßtheorie voraus und eignet sich daher gut für den Einstieg.

Hinweis Aufgabe 89 Zeigen Sie zunächst, dass die Verteilung von $a + bY$ durch eine geeignete Funktion $\Psi : \mathbb{R} \to \mathbb{R}$ aus der Verteilung von Y hervorgeht, also

$$\mathbb{P}_{a+bY} = (\mathbb{P}_Y)_\Psi$$

Nutzen Sie anschließend das Ergebnis aus Aufgabe 87, um

$$(\mathbb{P}_Y)_\Psi(B) = \frac{1}{\sqrt{2\pi(|b|\sigma)^2}} \int_B \mathrm{e}^{-\frac{1}{2}\left(\frac{x-(a+b\mu)}{|b|\sigma}\right)^2} \mathrm{d}\beta(x)$$

für alle $B \in \mathfrak{B}(\mathbb{R})$ zu beweisen. Schließen Sie daraus, dass auch $a + bY$ einer Normal-Verteilung genügt.

Hinweis Aufgabe 90 Bevor Sie sich dieser Aufgabe widmen, sollten Sie zuerst Aufgabe 88 bearbeiten. Beachten Sie weiter, dass die Lebesgue-Dichte der Standardnormal-Verteilung eine symmetrische Funktion ist und $\mu_\Psi(B) = \mu(-B)$ für $B \in \mathfrak{B}(\mathbb{R})$ gilt.

Hinweis Aufgabe 91

(a) Die größte Herausforderung im Beweis ist der Nachweis der σ-Additivität. Betrachten Sie dazu eine disjunkte Folge $(A_n)_{n\in\mathbb{N}}$ von Mengen aus $\mathfrak{A}$ und unterscheiden Sie zwei Fälle: Die Vereinigung $\bigsqcup_{n=1}^{+\infty} A_n$ ist höchstens abzählbar oder überabzählbar.
(b) Zeigen Sie: Jede μ-Nullmenge aus $\mathfrak{A}$ ist auch eine ν-Nullmenge, doch nicht jede ν-Nullmenge ist eine μ-Nullmenge.
(c) Führen Sie einen Widerspruchsbeweis: Angenommen, es existiert eine nichtnegative und $\mathfrak{A}$-$\mathfrak{B}(\mathbb{R})$-messbare Funktion $f : X \to \mathbb{R}$ mit der Eigenschaft

$$\nu(A) = \int_X f \cdot \chi_A \, \mathrm{d}\mu$$

für alle $A \in \mathfrak{A}$. Zeigen Sie, dass daraus $f = 0$ folgt, und leiten Sie so einen Widerspruch her. Beachten Sie abschließend, dass im Satz von Radon-Nikodym die σ-Additivität des zugrundeliegenden Maßes eine essenzielle Voraussetzung ist.

Hinweis Aufgabe 92 Gehen Sie auf die folgenden drei wichtigen Klassen von Verteilungen ein: *absolutstetige* (*stetige*), *stetigsinguläre* und *diskrete* Verteilungen. Für eine detaillierte Einführung dieser Verteilungen können Sie beispielsweise die Werke [2,9,12] konsultieren.

Hinweis Aufgabe 93 Beachten Sie bei der Bearbeitung beider Teilaufgaben, dass die Indikatorfunktion lediglich die beiden Werte 0 und 1 annimmt.

(a) Weisen Sie nach, dass die Menge $\{\chi_A \in B\} := \chi_A^{-1}(B)$ für jedes $B \in \mathfrak{B}(\mathbb{R})$ zur σ-Algebra $\mathfrak{F}$ gehört. Zeigen Sie dazu mithilfe einer Fallunterscheidung, dass $\{\chi_A \in B\}$ entweder gleich $\emptyset$, A, A^c oder Ω ist.
(b) Bei der Verteilung von χ_A handelt es sich um das Wahrscheinlichkeitsmaß $\mathbb{P}_{\chi_A} : \mathfrak{B}(\mathbb{R}) \to \overline{\mathbb{R}}$ mit

$$\mathbb{P}_{\chi_A}(B) := \mathbb{P}(\{\chi_A \in B\})$$

Vergleichen Sie auch Aufgabe 79 und die Bemerkungen in der Lösung. Die Verteilungsfunktion der Indikatorfunktion lautet $F_{\chi_A} : \mathbb{R} \to [0, 1]$ vermöge

$$F_{\chi_A}(x) := \mathbb{P}_{\chi_A}((-\infty, x]) = \mathbb{P}(\{\chi_A \le x\})$$

Hinweis Aufgabe 94 Betrachten Sie den Wahrscheinlichkeitsraum $(\Omega, \mathfrak{F}, \mathbb{P})$ mit

$$\Omega := \{0, 1\}^3, \qquad \mathfrak{F} := \mathfrak{P}(\Omega), \qquad \mathbb{P}(A) := \frac{|A|}{|\Omega|}$$

und die Zufallsvariable $X : \Omega \to \mathbb{R}$ vermöge

$$X(\omega_1, \omega_2, \omega_3) := 3 - (\omega_1 + \omega_2 + \omega_3)$$

Machen Sie sich dabei klar, wie Sie beispielsweise $X(1, 0, 1)$ interpretieren wollen. Berechnen Sie anschließend für $k \in \{0, 1, 2, 3\}$ den Ausdruck $\mathbb{P}_X(\{k\})$ beziehungsweise $\mathbb{P}(\{X = k\})$. Die Verteilung einer Zufallsvariable wird ausführlich in Aufgabe 92 erläutert.

Hinweis Aufgabe 95 Beweisen Sie die Behauptung in zwei Schritten:

($\Longrightarrow$). Sei $\mu : \mathfrak{B}(\mathbb{R}) \to \overline{\mathbb{R}}$ eine beliebige univariate Verteilung mit $\mu(\mathbb{R}_{>0}) = 1$, die Gl. (4.3) genügt. Zeigen Sie, dass die (fallende) Funktion $G_\mu : \mathbb{R}_{\ge 0} \to [0, 1]$ mit

$$G_\mu(x) := 1 - F_\mu(x)$$

der sogenannten Cauchy-Funktionalgleichung

$$G_\mu(x + y) = G_\mu(x)\, G_\mu(y)$$

für alle $x, y \in \mathbb{R}_{>0}$ genügt. Hier bezeichnet $F_\mu : \mathbb{R} \to [0, 1]$ die Verteilungsfunktion von μ. Vergleichen Sie dazu auch Aufgabe 98. Recherchieren Sie anschließend, wie die eindeutige Lösung der Funktionalgleichung zum Anfangswert $G_\mu(0) = 1$ lautet um

$$F_\mu(x) = 1 - \mathrm{e}^{-\alpha x}$$

zu folgern.

($\Longleftarrow$). Sei $\mu : \mathfrak{B}(\mathbb{R}) \to \overline{\mathbb{R}}$ die Exponential-Verteilung. Begründen Sie zuerst $\mu(\mathbb{R}_{>0}) = 1$ und folgern Sie damit

$$\mu((x + y, +\infty)) = 1 - F_\mu(x + y)$$

Zerlegen Sie anschließend die rechte Seite der obigen Gleichung und beweisen Sie so

$$\mu((x + y, +\infty)) = \mu((x, +\infty))\, \mu((y, +\infty))$$

für alle $x, y \in \mathbb{R}_{>0}$.

Hinweis Aufgabe 96

(a) Begründen Sie, dass die Funktion $f : \mathbb{R} \to \mathbb{R}$ sowohl nichtnegativ als auch $\mathfrak{B}(\mathbb{R})$-$\mathfrak{B}(\mathbb{R})$-messbar ist. Zeigen Sie anschließend

$$\int_{\mathbb{R}} f(x)\,\mathrm{d}\beta(x) = \alpha \int_0^{+\infty} \mathrm{e}^{-\alpha x}\,\mathrm{d}\beta(x) = 1$$

(b) Die Verteilungsfunktion $F_X : \mathbb{R} \to [0, 1]$ ist gegeben durch

$$F_X(x) = \int_{-\infty}^{x} f(t)\,\mathrm{d}\beta(t)$$

Unterscheiden Sie bei der Berechnung die Fälle $x \in (-\infty, 0]$ und $x \in \mathbb{R}_{>0}$.

(c) Stellen Sie die Graphen von f und F_X mit einer Geometrie-Software dar. Bewährt hat sich beispielsweise `GeoGebra`, das Sie online unter

https://www.geogebra.org/

verwenden können. Dort können Sie auch interaktiv den Einfluss des Parameters α untersuchen.

(d) Verwenden Sie das Ergebnis aus Teil (b). Beachten Sie dabei die Identitäten $\{X \geq 1/2\} = \Omega \setminus \{X < 1/2\}$ und $\{1 \leq X \leq 2\} = \{X \leq 2\} \setminus \{X < 1\}$.

(e) Drücken Sie $\mathbb{P}(\{X > x + y\} \mid \{X > y\})$ und $\mathbb{P}(\{X > x\})$ mithilfe der Verteilungsfunktion F_X aus und vereinfachen Sie die Terme anschließend.

Hinweis Aufgabe 97 Für die Bearbeitung der Teilaufgaben sind die folgenden Identitäten hilfreich, die für $q \in (-1, 1)$ und $n \in \mathbb{N}_0$ gelten:

$$\sum_{k=0}^{n} q^k = \frac{1 - q^{n+1}}{1 - q}, \qquad \sum_{k=0}^{+\infty} q^k = \frac{1}{1 - q}$$

(a) Zeigen Sie

$$\sum_{n=1}^{+\infty} f(n) = 1$$

Die Definition einer Zähldichte finden Sie in Aufgabe 46.

(b) Beweisen Sie die Äquivalenzaussage wie folgt in zwei Schritten:

($\Longrightarrow$). Sei zuerst X eine gedächtnislose Zufallsvariable. Definiere $p := \mathbb{P}(\{X = 1\})$ und $q_n := \mathbb{P}(\{X > n\})$ für $n \in \mathbb{N}$. Folgern Sie aus Gl. (4.4) die Identität

$$q_{m+n} = q_m\, q_n$$

Zeigen Sie damit $q_{n+1} = (1-p)^{n+1}$ um anschließend

$$\mathbb{P}(\{X = n+1\}) = \mathbb{P}(\{X > n\}) - \mathbb{P}(\{X > n+1\}) = (1-p)^n p$$

zu beweisen.

($\Longleftarrow$). Machen Sie sich zunächst klar, dass

$$F_X(n) := \mathbb{P}(\{X \le n\}) = 1 - (1-p)^n$$

für $n \in \mathbb{N}$ gilt. Zeigen Sie so, dass beide Seiten von Gl. (18.7) gleich $(1-p)^n$ sind.

(c) Erwartungswert und Varianz der geometrischen Zufallsvariable lassen sich mit den Formeln

$$\mathbb{E}[X] = \sum_{n=1}^{+\infty} n f(n) = \sum_{n=1}^{+\infty} n(1-p)^{n-1} p$$

und

$$\mathbb{V}[X] = \mathbb{E}[X^2] - (\mathbb{E}[X])^2$$

berechnen. Da die direkte Berechnung der Varianz schnell unübersichtlich wird, verwenden Sie stattdessen die *wahrscheinlichkeitserzeugende Funktion* $m_X : [0, 1] \to \mathbb{R}$ mit $m_X(t) := \mathbb{E}[t^X]$. Zeigen Sie die Darstellung

$$m_X(t) = \frac{tp}{1-(1-p)t}$$

für $t \in [0, 1]$ mit $(1-p)t < 1$. Berechnen Sie anschließend die ersten beiden Ableitungen von m_X und nutzen Sie

$$\mathbb{E}[X] = m'_X(1), \qquad \mathbb{V}[X] = m''_X(1) + m'_X(1) - (m'_X(1))^2$$

Weitere Informationen hierzu finden Sie beispielsweise in [12, 16.1.6 Folgerung].

Hinweis Aufgabe 98 Bevor Sie mit dieser Aufgabe beginnen, empfiehlt es sich, zunächst die Aufgaben 54 und 59 durchzuarbeiten. Die Monotonie der Verteilungsfunktion ergibt sich unmittelbar aus der Monotonie des Wahrscheinlichkeitsmaßes $\mu : \mathfrak{B}(\mathbb{R}) \to \overline{\mathbb{R}}$. Die übrigen beiden Eigenschaften von F_μ lassen sich mithilfe der Stetigkeit von μ nachweisen. Dabei ist insbesondere zu beachten, dass die Funktion

$F_\mu : \mathbb{R} \to [0, 1]$ an einer Stelle $x \in \mathbb{R}$ genau dann rechtsseitig stetig ist, wenn für jede fallende Folge $(x_n)_{n\in\mathbb{N}}$ mit $x_n \downarrow x$ der Grenzwert $F_\mu(x_n) \to F_\mu(x)$ gilt.

Hinweis Aufgabe 99 Verwenden Sie den Eindeutigkeitssatz für Maße. Diesen finden Sie beispielsweise in [3, Kap. II, §5, 5.6 Satz]. Beachten Sie dabei, dass das Mengensystem

$$\mathfrak{J} := \{(-\infty, x] \mid x \in \mathbb{R}\}$$

gemäß Aufgabe 33 ein durchschnittsstabiler Erzeuger der Borelschen σ-Algebra $\mathfrak{B}(\mathbb{R})$ ist.

Hinweis Aufgabe 100 Die drei definierenden Eigenschaften einer Verteilungsfunktion können Sie in Aufgabe 98 nachlesen. Zeigen Sie mithilfe der Leibnizregel für Parameterintegrale $G_h'(x) \geq 0$ für $x \in \mathbb{R}$. Folgern Sie aus der Ungleichung die Monotonie von G_h. Für den Nachweis der beiden Grenzwertbeziehungen genügt es die Ungleichungskette

$$0 \leq F(x) \leq G_h(x) \leq F(x+h) \leq 1$$

zu zeigen.

Hinweis Aufgabe 101

(a) Da die Indikatorfunktion definitionsgemäß lediglich die beiden Werte 0 und 1 annimmt, gilt

$$0 \leq F(x) \leq \sum_{n=1}^{+\infty} \frac{1}{2^n}$$

für jedes $x \in \mathbb{R}$. Beachten Sie, dass es sich bei der Reihe auf der rechten Seite um eine geometrische Reihe handelt.

(b) Zeigen Sie zuerst $F(x) \leq F(y)$ für alle $x, y \in \mathbb{R}$ mit $x \leq y$. Unterscheiden Sie dabei die beiden folgenden Fälle: Es gibt ein $n \in \mathbb{N}$ mit $x \in A_n$ oder es gilt $x \notin A_n$ für alle $n \in \mathbb{N}$. Für die rechtsseitige Stetigkeit genügt es zu bemerken, dass F die Summe rechtsseitig stetiger Funktionen ist.

(c) Verwenden Sie den Satz von der dominierten Konvergenz, um Grenzwert und Reihe zu vertauschen. Zeigen Sie so

$$\lim_{x\to-\infty} F(x) = 0, \qquad \lim_{x\to+\infty} F(x) = 1$$

Verwenden Sie anschließend den Korrespondenzsatz [12, 12.1.1 Satz] um die Existenz eines Wahrscheinlichkeitsmaßes $\mathbb{P}_F : \mathfrak{B}(\mathbb{R}) \to \overline{\mathbb{R}}$ mit der Eigenschaft

$$\mathbb{P}_F((-\infty, x]) = F(x)$$

für alle $x \in \mathbb{R}$ zu garantieren. Folgern Sie daraus

$$\mathbb{P}_F\left(\left\{\frac{1}{n}\right\}\right) = F\left(\frac{1}{n}\right) - F\left(\frac{1}{n+1}\right)$$

für $n \in \mathbb{N}$ und damit die Darstellung

$$\mathbb{P}_F = \sum_{n=1}^{+\infty} \frac{1}{2^n}\,\delta_{\frac{1}{n}}$$

des Wahrscheinlichkeitsmaßes.

(d) Verwenden Sie

$$\mathbb{P}_F\left(\left[0, \frac{1}{2}\right]\right) = F\left(\frac{1}{2}\right) - \lim_{y \uparrow 0} F(y)$$

und begründen Sie so, dass die Funktion F nicht in $1/2$ stetig ist.

Hinweis Aufgabe 102 Die Definition unabhängiger Familien von Zufallsvariablen finden Sie beispielsweise in [2,9,12].

Hinweis Aufgabe 103 Bevor Sie diese Aufgabe lösen, empfiehlt es sich, zunächst Aufgabe 102 zu bearbeiten. Zeigen Sie

$$\{X \vee Y \leq x\} = \{X \leq x\} \cap \{Y \leq x\}$$

für $x \in \mathbb{R}$ und nutzen Sie anschließend die Unabhängigkeit der Zufallsvariablen. Verfahren Sie analog für das Minimum $X \wedge Y$.

Hinweis Aufgabe 104 Sie können ohne Einschränkung annehmen, dass die Zufallsvariable X konstant ist. Folglich gibt es eine Zahl $c \in \mathbb{R}$ mit $X(\omega) = c$ für alle $\omega \in \Omega$. Beweisen Sie

$$\mathbb{P}(\{X \in A\} \cap \{Y \in B\}) = \mathbb{P}(\{X \in A\})\,\mathbb{P}(\{Y \in B\})$$

für alle $A, B \in \mathfrak{B}(\mathbb{R})$. Zeigen Sie die Gleichung getrennt in den Fällen $c \in A$ und $c \notin A$.

Hinweis Aufgabe 105 Seien $X, Y : \Omega \to \mathbb{R}$ unabhängige Zufallsvariablen und $f, g : \mathbb{R} \to \mathbb{R}$ zwei beliebige $\mathfrak{B}(\mathbb{R})$-$\mathfrak{B}(\mathbb{R})$-messbare Funktionen. Begründen Sie sorgfältig jeden Schritt in

$$\begin{aligned}\mathbb{P}(\{f \circ X \in A\} \cap \{g \circ Y \in B\}) &= \mathbb{P}(\{X \in f^{-1}(A)\} \cap \{Y \in g^{-1}(B)\})\\ &= \mathbb{P}(\{X \in f^{-1}(A)\})\,\mathbb{P}(\{Y \in g^{-1}(B)\})\\ &= \mathbb{P}(\{f \circ X \in A\})\,\mathbb{P}(\{g \circ Y \in B\})\end{aligned}$$

und beweisen Sie damit die Unabhängigkeit von $f \circ X$ und $g \circ Y$. Beachten Sie, dass die umgekehrte Implikation der nachzuweisenden Aussage trivial ist.

Hinweis Aufgabe 106 Beachten Sie, dass es sich bei der Aussage um eine Äquivalenzaussage handelt.

($\Longrightarrow$). Sei die Zufallsvariable $X : \Omega \to \mathbb{R}$ unabhängig zu sich selbst. Folgern Sie zuerst $\mathbb{P}(\{X \in B\}) \in \{0, 1\}$ für alle $B \in \mathfrak{B}(\mathbb{R})$ und begründen Sie dann, dass die Menge

$$N := \{x \in \mathbb{R} \mid F_X(x) = 0\}$$

nichtleer und beschränkt ist. Dabei bezeichnet $F_X : \mathbb{R} \to [0, 1]$ die Verteilungsfunktion von X. Vergleichen Sie auch Aufgabe 98. Beweisen Sie $\mathbb{P}(\{X = c\}) = 1$ für $c := \sup(N)$, indem Sie sich zuerst $\mathbb{P}(\{X < c\}) = 0$ überlegen und anschließend

$$\mathbb{P}(\{X = c\}) = \mathbb{P}(\{X \leq c\}) - \mathbb{P}(\{X < c\})$$

schreiben.

($\Longleftarrow$). Nehmen Sie an, es gibt eine Zahl $c \in \mathbb{R}$ mit $\mathbb{P}(\{X = c\}) = 1$. Bestimmen Sie die Verteilung der Zufallsvariable und folgern Sie, gegebenenfalls durch eine Fallunterscheidung, die Gültigkeit von

$$\mathbb{P}(\{X \in A\} \cap \{X \in B\}) = \mathbb{P}(\{X \in A\})\,\mathbb{P}(\{X \in B\})$$

für alle Mengen $A, B \in \mathfrak{B}(\mathbb{R})$.

Hinweis Aufgabe 107 Für die Lösung dieser Aufgabe ist es sinnvoll zuerst die Lösung der Aufgaben 69 und 102 zu konsultieren, die einen Zusammenhang zwischen der Unabhängigkeit einer Familie von Zufallsvariablen und Ereignissen herstellt.

Hinweis Aufgabe 108 Die Funktion $m_X : [0, 1] \to \mathbb{R}$ mit

$$m_X(t) := \mathbb{E}[t^X]$$

wird *wahrscheinlichkeitserzeugende Funktion* von X genannt. Für den Nachweis der Identität

$$m_{X+Y}(t) = m_X(t)\, m_Y(t)$$

ist das Resultat aus Aufgabe 111 sehr hilfreich. Differenzieren Sie n-mal beide Seiten der Identität, wobei Sie die rechte Seite mit der sogenannten Leibniz-Formel für höhere Ableitungen umschreiben. Die so entstandenen Ausdrücke lassen sich dann unter Verwendung von

$$\mathbb{P}(\{X + Y = n\}) = \frac{1}{n!}\, m_{X+Y}^{(n)}(0)$$

umschreiben und somit die Faltungsformel herleiten. Gelte ab jetzt $\mathbb{P}_X = \mathbf{B}(m, p)$ und $\mathbb{P}_Y = \mathbf{B}(n, p)$ für beliebige Parameter $m, n \in \mathbb{N}$ und $p \in (0, 1)$. Bestimmen Sie zuerst mit dem binomischen Lehrsatz die wahrscheinlichkeitserzeugenden Funktionen von X und Y. Folgern Sie

$$m_{X+Y}(t) = (1 - p + pt)^{m+n}$$

Beachten Sie nun, dass die Verteilung von $X + Y$ gemäß dem Eindeutigkeitssatz [12, 16.1.4 Satz] eindeutig durch die wahrscheinlichkeitserzeugende Funktion bestimmt wird. Zeigen Sie weiter

$$\mathbb{P}(\{X + Y = i\}) = p^i (1 - p)^{m+n-i} \sum_{k=0}^{i} \binom{m}{k} \binom{n}{i-k}$$

für jedes $i \in \mathbb{N}_0$ und vereinfachen Sie dann die rechte Seite mit der sogenannten Vandermonde-Identität.

Hinweis Aufgabe 109 Es ist sinnvoll, zunächst Aufgabe 88 zu bearbeiten, um diese Aufgabe zu lösen. Die Faltungsformel für absolutstetige Verteilungen ist beispielsweise in [12, 13.5.9 Folgerung] zu finden. Diese besagt

$$\mathbb{P}_{Y_1+Y_2}(B) = \int_B \left(\int_{\mathbb{R}} f_1(x - y) f_2(y) \, \mathrm{d}\beta(y) \right) \mathrm{d}\beta(x)$$

für alle $B \in \mathfrak{B}(\mathbb{R})$, wobei $f_k : \mathbb{R} \to \mathbb{R}$ die Lebesgue-Dichte der Normal-Verteilung $\mathbf{N}(\mu_k, \sigma_k^2)$ bezeichnet. Berechnen Sie zuerst das innere Faltungsintegral. Nehmen Sie dazu zur Vereinfachung $\mu_k = 0$ für $k \in \{1, 2\}$ an und überprüfen Sie die Gleichung

$$-\frac{1}{2} \left(\frac{(x - y)^2}{\sigma_1^2} + \frac{y^2}{\sigma_2^2} \right) = -\frac{1}{2} \frac{\sigma_1^2 + \sigma_2^2}{\sigma_1^2 \sigma_2^2} \left(y - \frac{\sigma_2^2}{\sigma_1^2 + \sigma_2^2} x \right)^2 - \frac{1}{2} \frac{x^2}{\sigma_1^2 + \sigma_2^2}$$

Führen Sie anschließend das innere Integral mithilfe der Bildmaßformel aus Aufgabe 86 auf das Integral

$$\frac{\sqrt{2\sigma_1^2 \sigma_2^2}}{\sqrt{\sigma_1^2 + \sigma_2^2}} \int_{\mathbb{R}} \mathrm{e}^{-y^2} \, \mathrm{d}\beta(y)$$

zurück und bestimmen Sie so die Verteilung von $Y_1 + Y_2$. Betrachten Sie dazu die affine Transformation $\Psi : \mathbb{R} \to \mathbb{R}$ vermöge

$$\Psi(y) := \frac{\sqrt{\sigma_1^2 + \sigma_2^2}}{\sqrt{2\sigma_1^2 \sigma_2^2}} \left(y - \frac{\sigma_2^2}{\sigma_1^2 + \sigma_2^2} x \right)$$

Untersuchen Sie zum Schluss den allgemeinen Fall $\mu_k \in \mathbb{R}$ für $k \in \{1, 2\}$. Hierfür ist das Resultat aus Aufgabe 89 nützlich.

Hinweis Aufgabe 110 Bei der Faltung der Indikatorfunktion $\chi_{(0,1)}$ mit sich selbst handelt es sich um die Funktion $\chi_{(0,1)} * \chi_{(0,1)} : \mathbb{R} \to \mathbb{R}$ vermöge

$$\chi_{(0,1)} * \chi_{(0,1)}(x) := \int_{\mathbb{R}} \chi_{(0,1)}(x-y)\chi_{(0,1)}(y)\, \mathrm{d}\beta(y) = \int_0^1 \chi_{(0,1)}(x-y)\, \mathrm{d}\beta(y)$$

Überlegen Sie sich, dass $\chi_{(0,1)}(x-y) \neq 0$ für alle $x \in \mathbb{R}$ und $y \in (0,1) \cap (x-1, x)$ gilt. Berechnen Sie anschließend das Faltungsintegral im Fall $x \in (0,1)$ und $x \in [1,2)$ und zeigen Sie damit

$$\chi_{(0,1)} * \chi_{(0,1)}(x) = \begin{cases} x & \text{falls } x \in (0,1) \\ 2-x & \text{falls } x \in [1,2) \\ 0 & \text{sonst} \end{cases}$$

Die Verteilung der Summe von zwei unabhängigen und uniform verteilten Zufallsvariablen lässt sich mithilfe der Faltungsformel für absolutstetige Verteilungen angeben.

Hinweis Aufgabe 111 Sie können ohne Beweis verwenden, dass der Zufallsvektor $X : \Omega \to \mathbb{R}^2$ genau dann unabhängige Koordinaten $X_1, X_2 : \Omega \to \mathbb{R}$ besitzt, falls

$$\mathbb{P}_X = \mathbb{P}_{X_1} \otimes \mathbb{P}_{X_2}$$

gilt. Die Verteilung von X ist also gleich dem Produktmaß der Verteilungen von X_1 und X_2. Nehmen Sie nun zusätzlich an, dass die Koordinaten von X nichtnegativ sind und zeigen Sie dann mit dem Satz von Fubini

$$\mathbb{E}[|X_1 X_2|] = \mathbb{E}[|X_1|]\,\mathbb{E}[|X_2|]$$

Alternativ können Sie aber auch direkt das Resultat aus Aufgabe 136 (b) verwenden. Der allgemeine Fall lässt sich dann auf den Spezialfall mit nichtnegativen Koordinaten zurückführen.

Hinweis Aufgabe 112 Betrachten Sie beispielsweise den symmetrischen Wahrscheinlichkeitsraum $(\Omega, \mathfrak{F}, \mathbb{P})$ mit

$$\Omega := \{1, 2, 3\}, \qquad \mathfrak{F} := \mathfrak{P}(\Omega), \qquad \mathbb{P}(A) := \frac{|A|}{3}$$

und die beiden Zufallsvariablen $X_1, X_2 : \Omega \to \mathbb{R}$ mit

$$X_1(\omega) := \begin{cases} -1 & \text{falls } \omega = 1 \\ 0 & \text{falls } \omega = 2 \\ 1 & \text{falls } \omega = 3 \end{cases} \qquad X_2(\omega) := \begin{cases} 0 & \text{falls } \omega = 1 \\ 1 & \text{falls } \omega = 2 \\ 0 & \text{falls } \omega = 3 \end{cases}$$

Um nachzuweisen, dass X_1 und X_2 nicht unabhängig sind, können Sie geschickt $\{X_1 = 1\} \cap \{X_2 = 1\} = \emptyset$ verwenden.

Hinweis Aufgabe 113 Beachten Sie, dass drei Zufallsvariablen $X_1, X_2, X_3 : \Omega \to \mathbb{R}$ *paarweise unabhängig* genannt werden, falls

$$\begin{aligned}
\mathbb{P}(\{X_1 \in B_1\} \cap \{X_2 \in B_2\}) &= \mathbb{P}(\{X_1 \in B_1\})\,\mathbb{P}(\{X_2 \in B_2\}) \\
\mathbb{P}(\{X_1 \in B_1\} \cap \{X_3 \in B_3\}) &= \mathbb{P}(\{X_1 \in B_1\})\,\mathbb{P}(\{X_3 \in B_3\}) \\
\mathbb{P}(\{X_2 \in B_2\} \cap \{X_3 \in B_3\}) &= \mathbb{P}(\{X_2 \in B_2\})\,\mathbb{P}(\{X_3 \in B_3\})
\end{aligned}$$

für alle $B_1, B_2, B_3 \in \mathfrak{B}(\mathbb{R})$ gilt. Gilt zusätzlich

$$\begin{aligned}
&\mathbb{P}(\{X_1 \in B_1\} \cap \{X_2 \in B_2\} \cap \{X_3 \in B_3\}) \\
&\qquad = \mathbb{P}(\{X_1 \in B_1\})\,\mathbb{P}(\{X_2 \in B_2\})\,\mathbb{P}(\{X_3 \in B_3\})
\end{aligned}$$

so spricht man von der *Unabhängigkeit in ihrer Gesamtheit*. Zur Vereinfachung der Notation können Sie in jeder Teilaufgabe annehmen, dass die Zufallsvariablen nur Werte in $\{0, 1\}$ annehmen.

(a) Begründen Sie zuerst

$$\{X_1 X_2 X_3 = 0\} = \{X_1 = 0\} \cup \{X_2 = 0\} \cup \{X_3 = 0\}$$

und schätzen Sie anschließend die Wahrscheinlichkeit der rechten Seite mit der Siebformel von Sylvester-Poincaré aus Aufgabe 57 (a) ab.

(b) Zeigen Sie, dass Y_1 Bernoulli-verteilt mit $\mathbb{P}_{Y_1} = \mathbf{B}(q)$ und Parameter $q := 1 - (1-p)^2$ ist. Beachten Sie, dass die Bernoulli-Verteilung ein Spezialfall der Binomial-Verteilung ist. Vergleichen Sie auch Aufgabe 126. Die verbleibenden Zufallsvariablen Y_2 und Y_3 können Sie analog behandeln.

(c) Der Erwartungswert von $Y_1 + Y_2 + Y_3$ berechnet sich sofort aus der Summe der drei Erwartungswerte. Überlegen Sie sich für die Berechnung der Varianz zunächst

$$\mathbb{V}[Y] = 3\mathbb{V}[Y_1] + 6\mathrm{Cov}(Y_1, Y_2)$$

Ermitteln Sie anschließend den Erwartungswert von $Y_1 Y_2$. Begründen Sie dazu

$$\begin{aligned}
\mathbb{E}[Y_1 Y_2] &= \mathbb{P}(\{Y_1 Y_2 = 1\}) \\
&= \mathbb{P}(\{X_1 = 1\} \cup (\{X_2 = 1\} \cap \{X_3 = 1\})) \\
&= \mathbb{P}(\{X_1 = 1\}) + \mathbb{P}(\{X_2 = 1\})\,\mathbb{P}(\{X_3 = 1\}) \\
&\qquad - \mathbb{P}(\{X_1 = 1\})\,\mathbb{P}(\{X_2 = 1\})\,\mathbb{P}(\{X_3 = 1\})
\end{aligned}$$

(d) Betrachten Sie zwei unabhängige und Bernoulli-verteilte Zufallsvariablen $Z_2, Z_3 : \Omega \to \mathbb{R}$ mit $\mathbb{P}_{Z_2} = \mathbf{B}(1/2)$ und $\mathbb{P}_{Z_3} = \mathbf{B}(1/2)$. Definieren Sie weiter $Z_1 : \Omega \to \mathbb{R}$ vermöge

$$Z_1(\omega) := \chi_{\{Z_2=Z_3\}}(\omega) = \begin{cases} 1 & \text{falls } Z_2(\omega) = Z_3(\omega) \\ 0 & \text{sonst} \end{cases}$$

Beweisen Sie, dass die drei Zufallsvariablen paarweise unabhängig, aber nicht unabhängig in ihrer Gesamtheit sind.

Hinweise: Integration bezüglich Wahrscheinlichkeitsmaßen und Invarianten von Zufallsvariablen

12

Hinweis Aufgabe 114 Sie können die Definition des Erwartungswerts beziehungsweise des Lebesgue-Integrals in den Werken [7, Aufgabe 116] und [3, 12] nachlesen. Beachten Sie, dass das Lebesgue-Integral in der Regel in einem abgestuften Prozess definiert wird.

Hinweis Aufgabe 115

(a) Der Funktionswert von beispielsweise $X(1, 6, 5)$ ist $1 + 6 + 5 = 12$.

(b) Durchlaufen Sie in Python die Menge $\{1, \ldots, 6\}^3$, berechnen Sie jeweils die Summe der drei Einträge und erfassen Sie die Häufigkeiten der Ergebnisse. Die Grundmenge lässt sich etwa mit

```python
from itertools import product

product(range(1, 7), repeat=3)
```

erzeugen.

(c) Verwenden Sie

$$X(\omega_1, \omega_2, \omega_3) = \sum_{n=3}^{18} n \cdot \chi_{A_n}(\omega_1, \omega_2, \omega_3)$$

wobei

$$A_n := \{(\omega_1, \omega_2, \omega_3) \in \Omega \mid \omega_1 + \omega_2 + \omega_3 = n\}$$

für $n \in \mathbb{N}$ gesetzt wird. Die Werte $|A_n|$ für $n \in \{3, \ldots, 18\}$ kennen Sie bereits aus Teil (b).

N. Hebestreit-Düsing, *Übungs- und Lernbuch Wahrscheinlichkeitstheorie und Stochastik*, https://doi.org/10.1007/978-3-662-72720-1_12

Hinweis Aufgabe 116 Die durchschnittliche Anzahl an Würfen lässt sich in `Python` wie folgt bestimmen: Erzeugen Sie mit

```
import random

throw = random.randint(1, 6)
```

einen zufälligen Würfelwurf und entfernen Sie die geworfene Zahl aus der Liste `remaining_numbers = list(range(1, 7))`. Wiederholen Sie diesen Vorgang so lange, bis die Liste leer ist, und zählen Sie dabei die Anzahl der Würfe. Um den durchschnittlichen Wert zu berechnen, führen Sie das obige Zufallsexperiment beispielsweise 10000-mal aus und berechnen den Mittelwert der benötigten Würfe.

Hinweis Aufgabe 117 Zeigen Sie zunächst, dass die Menge

$$A := \big\{(\omega, x) \in \Omega \times \mathbb{R} \mid 0 \leq x \leq X(\omega)\big\}$$

zur Produkt-σ-Algebra $\mathfrak{F} \otimes \mathfrak{B}(\mathbb{R})$ gehört. Begründen Sie anschließend die Gültigkeit von

$$\begin{aligned}&\int_{\Omega\times\mathbb{R}} \chi_A(\omega, x)\,\mathrm{d}(\mathbb{P}\otimes\beta)(\omega, x)\\ &\quad= \int_\Omega \left(\int_\mathbb{R} \chi_A(\omega, x)\,\mathrm{d}\beta(x)\right) \mathrm{d}\mathbb{P}(\omega) = \int_\mathbb{R} \left(\int_\Omega \chi_A(\omega, x)\,\mathrm{d}\mathbb{P}(\omega)\right) \mathrm{d}\beta(x)\end{aligned}$$

Berechnen Sie nun beide iterierten Integrale separat: Für das erste iterierte Integral sollten Sie beachten, dass $(\omega, x) \in A$ genau dann gilt, wenn $x \in [0, X(\omega)]$. Zeigen Sie damit

$$\int_\Omega \left(\int_\mathbb{R} \chi_A(\omega, x)\,\mathrm{d}\beta(x)\right) \mathrm{d}\mathbb{P}(\omega) = \int_\Omega X(\omega)\,\mathrm{d}\mathbb{P}(\omega)$$

Für das zweite iterierte Integral können Sie mit Begründung die Identität

$$\chi_A(\omega, x) = \chi_{[0,+\infty)}(x) \cdot \chi_{\{X\geq x\}}(\omega)$$

verwenden. Zeigen Sie so die Gleichung

$$\int_\mathbb{R} \left(\int_\Omega \chi_A(\omega, x)\,\mathrm{d}\mathbb{P}(\omega)\right) \mathrm{d}\beta(x) = \int_0^{+\infty} \mathbb{P}(\{X \geq x\})\,\mathrm{d}\beta(x)$$

Hinweis Aufgabe 118 Machen Sie sich zuerst klar, dass

$$\mathbb{P}(\{X \geq n\}) \leq \mathbb{P}(\{X \geq x\}) \leq \mathbb{P}(\{X \geq n-1\})$$

für $x \in \mathbb{R}$ und $n \in \mathbb{N}$ mit $n-1 \leq x \leq n$ gilt. Integrieren Sie anschließend die Ungleichungskette über $[n-1, n)$ und summieren Sie die resultierenden Ungleichungen. Der Ausdruck

$$\sum_{n=1}^{+\infty} \int_{[n-1,n)} \mathbb{P}(\{X \geq x\}) \, \mathrm{d}\beta(x)$$

lässt sich dann mithilfe von Aufgabe 85 (a) umschreiben und so die Ungleichskette nachweisen.

Hinweis Aufgabe 119 Die Normal-Verteilung $\mathbf{N}(0, 1)$ ist absolutstetig und besitzt die Lebesgue-Dichte $f : \mathbb{R} \to \mathbb{R}$ gegeben durch

$$f(x) := \frac{1}{\sqrt{2\pi}} \mathrm{e}^{-\frac{1}{2}x^2}$$

Berechnen Sie zunächst den Erwartungswert des Positivteils X^+. Zeigen Sie dazu

$$\mathbb{E}[X^+] = \frac{1}{\sqrt{2\pi}} \int_0^{+\infty} x\mathrm{e}^{-\frac{1}{2}x^2} \, \mathrm{d}x = \frac{1}{\sqrt{2\pi}}$$

Für die Berechnung von $\mathbb{E}[X^-]$ empfiehlt es sich, die Ergebnisse aus den Aufgaben 90 und 146 heranzuziehen. Zur Bestimmung der Varianz genügt es gemäß Aufgabe 124 (a), dass Sie den Erwartungswert von X^2 berechnen. Für Erwartungswert und Varianz der Zufallsvariablen Y können Sie schließlich die Darstellung $Y = \mu + \sigma X$ verwenden und die bereits hergeleiteten Resultate entsprechend übertragen.

Hinweis Aufgabe 120 Bestimmen Sie die Verteilungsfunktion der Zufallsvariable $X : \Omega \to \mathbb{R}$ mit

$$X := \min(X_1, \ldots, X_n)$$

Zeigen Sie dazu unter Beachtung der Unabhängigkeit der Wartezeiten

$$F_X(x) = 1 - \prod_{k=1}^{n} (1 - F_{X_k}(x))$$

für $x \in \mathbb{R}$. Anschließend können Sie die in Aufgabe 117 bewiesene Darstellung

$$\mathbb{E}[X] = \int_0^{+\infty} 1 - F_X(x) \, \mathrm{d}\beta(x)$$

des Erwartungswerts verwenden.

Hinweis Aufgabe 121 Beweisen Sie zuerst

$$\mathbb{E}\left[\frac{X_k}{X_1 + \ldots + X_n}\right] = \frac{1}{n}$$

für $k \in \{1, \ldots, n\}$ und folgern Sie so mithilfe der Linearität des Erwartungswertes

$$\mathbb{E}\left[\frac{X_1 + \ldots + X_m}{X_1 + \ldots + X_n}\right] = \frac{m}{n}$$

Hinweis Aufgabe 122 Da die Cauchy-Verteilung $\mathbf{Ca}(0, 1)$ symmetrisch ist, genügt es, $\mathbb{E}[X^+] = +\infty$ zu zeigen. Dazu sollten Sie den Integranden des Integrals

$$\mathbb{E}[X^+] = \frac{1}{\pi} \int_0^{+\infty} \frac{x}{1 + x^2} \, d\beta(x)$$

geschickt nach unten abschätzen. Zerlegen Sie dazu den Integrationsbereich und schätzen Sie den Integranden in jedem Teilintervall ab, um die Ungleichung

$$\mathbb{E}[X^+] \geq \frac{1}{2\pi} \sum_{n=2}^{+\infty} \frac{1}{n}$$

nachzuweisen. Begründen Sie so, dass der Erwartungswert von X^+ nicht endlich ist.

Hinweis Aufgabe 123 Beweisen Sie für $x \in \mathbb{R}_{>0}$ zuerst die vereinfachte Ungleichung

$$\mathbb{P}(\{|X| \geq x\}) \leq \frac{1}{x} \int_\Omega |X| \, d\mathbb{P}$$

indem Sie

$$x \cdot \chi_{\{|X| \geq x\}}(\omega) \leq |X(\omega)| \cdot \chi_{\{|X| \geq x\}}(\omega)$$

für $x \in \mathbb{R}_{>0}$ und $\omega \in \Omega$ begründen und die obige Ungleichung anschließend integrieren. Die Ungleichung von Markow lässt sich dann auf den obigen Spezialfall zurückführen.

Hinweis Aufgabe 124 Beachten Sie, dass die Varianz einer Zufallsvariable $X : \Omega \to \overline{\mathbb{R}}$ mit endlichem Erwartungswert definiert ist als die Zahl

$$\mathbb{V}[X] := \mathbb{E}[(X - \mathbb{E}[X])^2] \in [0, +\infty]$$

Die Varianz von X ist also genau dann endlich, wenn X ein endliches zweites Moment besitzt.

(a) Unterscheiden Sie die beiden Fälle $\mathbb{E}[X^2] = +\infty$ und $\mathbb{E}[X^2] < +\infty$. Im zweiten Fall lassen sich wegen der Linearität des Erwartungswerts alle Identitäten direkt nachrechnen.
(b) Gehen Sie ähnlich wie in Teil (a) vor.
(c) Verwenden Sie ausschließlich die Definition der Varianz oder Teil (a) dieser Aufgabe.
(d) Die Aussage lässt sich mit den Teilen (a) und (c) direkt nachrechnen.
(e) Nehmen Sie an, dass die Zufallsvariable X ein endliches Moment der zweiten Ordnung besitzt. Bestimmen Sie dann das Minimum der Funktion $f : \mathbb{R} \to \mathbb{R}$ mit

$$f(\mu) := \mathbb{E}[(X - \mu)^2]$$

und folgern Sie so die Identität.

Hinweis Aufgabe 125 Zur Bearbeitung dieser Aufgabe können die Aufgaben 14 und 59 sehr hilfreich sein.

(α) Beweisen Sie die Äquivalenz (a) $\iff$ (b). Für die Implikation ($\Longrightarrow$) können Sie wie folgt vorgehen: Betrachten Sie die Zufallsvariable $Y : \Omega \to \overline{\mathbb{R}}$ mit $Y := (X - \mathbb{E}[X])^2$ und das Ereignis $A_n := \{Y > 1/n\}$ für $n \in \mathbb{N}$. Zeigen Sie, dass die Folge $(A_n)_{n\in\mathbb{N}}$ monoton gegen das Ereignis $A := \{Y > 0\}$ konvergiert und $\mathbb{P}(A_n) = 0$ gilt. Für die umgekehrte Implikation ($\Longleftarrow$) können Sie zuerst $0 \leq Y \leq (+\infty) \cdot \chi_A$ begründen und diese Ungleichung anschließend integrieren.
(β) Für den Nachweis von (b) $\iff$ (c) können Sie verwenden, dass das Lebesgue-Integral invariant gegenüber Abänderungen auf Nullmengen ist.

Hinweis Aufgabe 126 Beachten Sie

$$\mathbb{P}(\{X = k\}) = \binom{n}{k} p^k (1-p)^{n-k}$$

für $k \in \{0, \ldots, n\}$. Damit lässt sich der Erwartungswert von X mithilfe der Formel

$$\mathbb{E}[X] = \sum_{k=0}^{n} k\, \mathbb{P}(\{X = k\})$$

berechnen. Nachdem Sie die Zähldichte der Binomial-Verteilung eingesetzt haben, lässt sich der Ausdruck auf der rechten Seite mit einer Indexverschiebung und dem binomischen Lehrsatz aus Aufgabe 10 (b) berechnen. Für die Berechnung der Varianz können Sie mit ähnlichen Methoden

$$\mathbb{E}[X^2] = np \sum_{k=0}^{n-1} k \binom{n-1}{k} p^k (1-p)^{(n-1)-k} + np \sum_{k=0}^{n-1} \binom{n-1}{k} p^k (1-p)^{(n-1)-k}$$

nachweisen und anschließend geschickt argumentieren. Alternativ zum obigen Ansatz können Sie aber auch die Funktion $f : \mathbb{R} \to \mathbb{R}$ vermöge

$$f(t) := \sum_{k=0}^{n} \binom{n}{k} p^k t^k (1-p)^{n-k}$$

untersuchen. Machen Sie sich zuerst $f(t) = (pt + (1-p))^n$ für $t \in \mathbb{R}$ klar und differenzieren Sie dann die Funktion.

Hinweis Aufgabe 127 Die Funktion $\mathsf{B} : \mathbb{R}_{>0} \times \mathbb{R}_{>0} \to \mathbb{R}$ mit

$$\mathsf{B}(\alpha, \gamma) := \int_0^1 t^{\alpha-1}(1-t)^{\gamma-1}\,\mathrm{d}t$$

wird (*Eulersche*) *Beta-Funktion* genannt und ist eng mit der Gamma-Funktion verwandt. Vergleichen Sie dazu auch Kapitel VI, 9 Die Gammafunktion in [1]. Gehen Sie für die Lösung dieser Aufgabe beispielsweise wie folgt vor: Bestimmen Sie zuerst alle Momente von X. Berechnen Sie dazu für jedes $n \in \mathbb{N}$

$$\mathbb{E}[X^n] = \frac{1}{\mathsf{B}(\alpha, \gamma)} \int_0^1 x^{\alpha+n-1}(1-x)^{\gamma-1}\,\mathrm{d}\beta(x)$$

Schreiben Sie dazu das obige Integral geschickt mithilfe der bekannten Identität [1, 9.12 Bemerkung]

$$\mathsf{B}(\alpha, \gamma) = \frac{\Gamma(\alpha)\,\Gamma(\gamma)}{\Gamma(\alpha+\gamma)}$$

um. Verwenden Sie anschließend die Funktionalgleichung der Gamma-Funktion und folgern Sie damit

$$\mathbb{E}[X^n] = \prod_{k=0}^{n-1} \frac{\alpha+k}{\alpha+\gamma+k}$$

Die Varianz der Beta-verteilten Zufallsvariable lässt sich dann leicht mithilfe von Aufgabe 124 bestimmen.

Hinweis Aufgabe 128

(a) Zeigen Sie zuerst mit dem Multiplikationssatz aus Aufgabe 63 (c)

$$\mathbb{P}(\{X = n\}) = \mathbb{P}\left(A_{n+1}^{\mathsf{c}} \mid \bigcap_{j=1}^{n} A_j\right) \prod_{k=1}^{n} \mathbb{P}\left(A_k \mid \bigcap_{j=1}^{k-1} A_j\right)$$

Begründen Sie anschließend die Gültigkeit von

$$A_n = \bigcap_{j=1}^{n} A_j$$

und zeigen Sie so

$$\mathbb{P}(\{X = n\}) = \frac{1}{n!} - \frac{1}{(n+1)!}$$

für jedes $n \in \mathbb{N}$.

(b) Simulieren Sie das Zufallsexperiment und erzeugen Sie die Liste der Indizes der zuletzt umgefallenen Dominosteine. Der Erwartungswert von X lässt sich dann als Durchschnitt all dieser Werte berechnen. Die Varianz `V` können Sie anschließend mit

```
V = sum((n - E) ** 2 for n in results) / runs
```

berechnen, wobei `E` den Erwartungswert, `results` das Ergebnis der Simulation und `runs` die Anzahl der Simulationen bezeichnet.

(c) Für die Berechnung von Erwartungswert und Varianz müssen Sie die ersten beiden Momente von X bestimmen. Der Erwartungswert lässt sich mit den Identitäten

$$\sum_{n=1}^{+\infty} \frac{n}{(n+1)!} = 1, \qquad \sum_{n=1}^{+\infty} \frac{1}{(n-1)!} = \mathrm{e}$$

berechnen, während für die Berechnung der Varianz die beiden Identitäten

$$\sum_{n=1}^{+\infty} \frac{n}{(n-1)!} = 2\mathrm{e}, \qquad \sum_{n=1}^{+\infty} \frac{n^2}{(n+1)!} = \mathrm{e} - 1$$

hilfreich sind.

Hinweis Aufgabe 129

(a) Zeigen Sie

$$\int_{\mathbb{R}} f(x)\, \mathrm{d}\beta(x) = \frac{\gamma}{\alpha} \int_{\alpha}^{+\infty} \left(\frac{\alpha}{x}\right)^{\gamma+1} \mathrm{d}\beta(x) = 1$$

Das Integral können Sie als Riemann-Integral auffassen und wie gewohnt berechnen.

(b) Sie können, ähnlich wie in Teil (a), alle Integrale als Riemann-Integrale auffassen. Dabei ist folgendes Resultat aus der Analysis I hilfreich: Für zwei reelle Zahlen $a \in \mathbb{R}_{>0}$ und $b \in \mathbb{R}$ ist das uneigentliche Riemann-Integral

$$\int_a^{+\infty} \frac{1}{x^b}\,\mathrm{d}x$$

genau dann konvergent, wenn $b > 1$.

Hinweis Aufgabe 130

(a) Begründen Sie

$$\mathbb{E}[(X - \mathbb{E}[X])^n] = \int_{\mathbb{R}} (x - \mathbb{E}[X])^n \,\mathrm{d}\mathbb{P}_X(x)$$

für $n \in \mathbb{N}$ und schreiben Sie dann den Integranden des Integrals auf der rechten Seite mit dem binomischen Lehrsatz aus Aufgabe 10 (b) um. Für den Nachweis der zweiten Identität können Sie ähnlich vorgehen: Schreiben Sie zuerst

$$x^n = ((x - \mathbb{E}[X]) + \mathbb{E}[X])^n$$

wenden Sie dann den binomischen Lehrsatz an und integrieren Sie die erhaltene Gleichung.

(b) Die uniforme Verteilung $\mathbf{U}(a, b)$ ist absolutstetig mit Lebesgue-Dichte $f : \mathbb{R} \to \mathbb{R}$ vermöge

$$f(x) := \frac{1}{b-a}\,\chi_{(a,b)}(x)$$

Zeigen Sie damit

$$\mathbb{E}[X^k] = \frac{1}{k+1}\,\frac{b^{k+1} - a^{k+1}}{b-a}$$

für $k \in \mathbb{N}_0$. Machen Sie sich klar, dass Gl. (5.3) verifiziert ist, falls Sie

$$\frac{1}{n+1}\,\frac{b^{n+1} - a^{n+1}}{b-a} = \sum_{k=0}^{\lfloor n/2 \rfloor} \frac{1}{2k+1}\binom{n}{2k}\left(\frac{b-a}{2}\right)^{2k}\left(\frac{b+a}{2}\right)^{n-2k}$$

gezeigt haben. Setzen Sie $\xi := (b-a)/(b+a)$ und stellen Sie dann den Ausdruck auf der rechten Seite wie folgt als Integral dar:

$$\frac{1}{\xi}\left(\frac{b+a}{2}\right)^n \int_0^{\xi} \sum_{k=0}^{\lfloor n/2 \rfloor}\binom{n}{2k} x^{2k}\,\mathrm{d}x$$

Wenden Sie erneut den binomischen Lehrsatz an und berechnen Sie so das Integral.

Hinweis Aufgabe 131 Die Definition der momenterzeugenden Funktion $M_X : \mathbb{R} \to \overline{\mathbb{R}}$ können Sie in Aufgabe 141 oder [12, Kap. 16] nachlesen. Ermitteln Sie zuerst eine explizite Darstellung von M_X. Verwenden Sie dann ohne Beweis

$$M_X(t) = \sum_{n=0}^{+\infty} \frac{t^n}{n!} \mathbb{E}[X^n]$$

für $t \in \mathbb{R}$ und entwickeln Sie die momenterzeugende Funktion in eine Potenzreihe. Mit einem Koeffizientenvergleich können Sie dann die Momente von X direkt ablesen.

Hinweis Aufgabe 132

(a) Das iterierte Integral lässt sich elegant berechnen, wenn man

$$\partial_y \left(-\frac{e^{-(1+x^2)y^2}}{2(1+x^2)} \right) = y e^{-(1+x^2)y^2}$$

ausnutzt. Beachten Sie, dass das zweite iterierte Integral *nicht* berechnet werden soll. Verwenden Sie für festes $y \in \mathbb{R}_{>0}$ die Abbildung $\Psi : \mathbb{R} \to \mathbb{R}$ mit $\Psi(x) = xy$ und wenden Sie die Substitutionsregel [3, Kap. III, §2, Satz 2.5] und die Bildmaßformel an.

(b) Beachten Sie, dass die iterierten Integral gemäß dem Satz von Fubini übereinstimmen.

(c) Zeigen Sie

$$\frac{1}{\sqrt{2\pi}} \int_{\mathbb{R}} e^{-\frac{1}{2}x^2} \, d\beta(x) = 1$$

Mithilfe der Substitution $y = x/\sqrt{2}$ können Sie das Integral auf die in Teil (b) hergeleitete Identität zurückführen.

Hinweis Aufgabe 133 Die Definition des Dirac-Maßes $\delta_x : \mathfrak{A} \to \overline{\mathbb{R}}$ können Sie in Aufgabe 49 nachlesen. Beweisen Sie die Aussage mithilfe von *maßtheoretischer Induktion*. Gehen Sie dazu wie folgt vor:

(a) Beweisen Sie die Identität

$$\int_X f \, d\delta_x = f(x)$$

im Fall, dass f eine Indikatorfunktion ist, also $f := \chi_A$ mit $A \in \mathfrak{A}$ gilt.

(b) Leiten Sie anschließend mithilfe der Linearität und Teil (a) die Identität für Treppenfunktionen her.

(c) Beweisen Sie schließlich die Aussage im allgemeinen Fall mithilfe des Satzes von der monotonen Konvergenz. Beachten Sie dabei, dass sich jede nichtnegative und $\mathfrak{A}$-$\mathfrak{B}(\overline{\mathbb{R}})$-messbare Funktion $f : X \to \overline{\mathbb{R}}$ durch eine wachsende Folge von Treppenfunktionen $(f_n)_{n\in\mathbb{N}}$ approximieren lässt, die punktweise gegen f konvergiert.

Hinweis Aufgabe 134

(a) Beachten Sie, dass die Messbarkeitsbedingung trivial ist.
(b) Machen Sie sich zuerst klar, dass die wachsende Folge $(g_n)_{n\in\mathbb{N}}$ vermöge

$$g_n := \sum_{k=1}^{n} f(k) \cdot \chi_{\{k\}}$$

punktweise gegen f konvergiert. Begründen Sie dann ausführlich jeden Schritt in

$$\int_{\mathbb{N}} f \,\mathrm{d}\mu = \int_{\mathbb{N}} \left(\lim_{n\to+\infty} g_n \right) \mathrm{d}\mu = \lim_{n\to+\infty} \int_{\mathbb{N}} g_n \,\mathrm{d}\mu = \sum_{k=1}^{+\infty} \int_{\mathbb{N}} f(k) \cdot \chi_{\{k\}} \,\mathrm{d}\mu$$

und vereinfachen Sie die rechte Seite. Dafür müssen Sie lediglich die Definition des Lebesgue-Integrals für Indikatorfunktionen beachten.
(c) Nutzen Sie Teil (b) dieser Aufgabe. Untersuchen Sie dazu, für welchen Parameter $\alpha \in \mathbb{R}$ die Reihe

$$\sum_{k=1}^{+\infty} k^{-\alpha}$$

konvergiert. Unterscheiden Sie dabei die beiden Fälle $\alpha \leq 0$ und $\alpha > 0$. Für den zweiten Fall bietet es sich an, das sogenannte Verdichtungskriterium von Cauchy zu verwenden.

Hinweis Aufgabe 135 Beweisen Sie zuerst die $\mathfrak{B}([0,1]) \otimes \mathfrak{P}(\mathbb{N})$-$\mathfrak{B}(\mathbb{R})$-Messbarkeit der Funktion $f_\alpha : [0,1] \times \mathbb{N} \to \mathbb{R}$. Zeigen Sie dazu

$$f_\alpha^{-1}((-\infty, b]) \in \mathfrak{B}([0,1]) \otimes \mathfrak{P}(\mathbb{N})$$

für $b \in \mathbb{R}$. Begründen Sie anschließend, dass das Integral

$$\int_{[0,1]\times\mathbb{N}} f_\alpha(x,k) \,\mathrm{d}(\beta \otimes \mu)(x,k)$$

äquivalent zu den zwei iterierten Integralen

$$\int_{[0,1]} \left(\int_{\mathbb{N}} f_\alpha(x,k) \,\mathrm{d}\mu(k) \right) \mathrm{d}\beta(x), \qquad \int_{\mathbb{N}} \left(\int_{[0,1]} f_\alpha(x,k) \,\mathrm{d}\beta(x) \right) \mathrm{d}\mu(k)$$

ist. Diese lassen sich mithilfe des Resultats aus Aufgabe 134 berechnen.

Hinweis Aufgabe 136

(a) Sei $f : X \to \mathbb{R}$ eine beliebige $\mathfrak{A}$-$\mathfrak{B}(\mathbb{R})$-messbare Funktion. Wenden Sie Aufgabe 48 auf

$$V_f := \{g : Y \to \mathbb{R} \text{ ist } \mathfrak{B}\text{-}\mathfrak{B}(\mathbb{R})\text{-messbar} \mid X \times Y \to \mathbb{R},\\ (x, y) \mapsto f(x)g(y) \text{ ist } \mathfrak{A} \otimes \mathfrak{B}\text{-}\mathfrak{B}(\mathbb{R})\text{-messbar}\}$$

an. Zeigen Sie so, dass die Menge V_f alle $\mathfrak{B}$-$\mathfrak{B}(\mathbb{R})$-messbaren Funktionen von Y nach $\mathbb{R}$ enthält.

(b) Verwenden Sie Teil (a) dieser Aufgabe und den Satz von Fubini (nichtnegative Version).

(c) Beachten Sie, dass sich der Integrand des Integrals als Produkt schreiben lässt und

$$\mathfrak{B}(\mathbb{R}^q) = \bigotimes_{k=1}^{q} \mathfrak{B}(\mathbb{R}), \qquad \beta^q = \bigotimes_{k=1}^{q} \beta$$

gilt.

Hinweis Aufgabe 137 Beweisen Sie den Zusammenhang

$$f_Y(x) = \frac{1}{|\sigma|} f_X\left(\frac{x-\mu}{\sigma}\right) \tag{12.1}$$

für $x \in \mathbb{R}$. Dabei bezeichnet $f_X : \mathbb{R} \to \mathbb{R}$ die Lebesgue-Dichte der Standardnormal-Verteilung $\mathbf{N}(0, 1)$ und $f_Y : \mathbb{R} \to \mathbb{R}$ die der Normal-Verteilung $\mathbf{N}(\mu, \sigma^2)$. Gehen Sie dabei wie folgt vor: Verwenden Sie Aufgabe 81, um zu zeigen, dass

$$\int_B f_Y \, \mathrm{d}\beta = \mathbb{P}_Y(B) = \mathbb{P}_X(\Psi^{-1}(B)) = \int_{\Psi^{-1}(B)} f_X \, \mathrm{d}\beta$$

für alle $B \in \mathfrak{B}(\mathbb{R})$ gilt, wobei $\Psi : \mathbb{R} \to \mathbb{R}$ eine geeignete Abbildung ist. Schreiben Sie anschließend das Integral auf der rechten Seite mit Hilfe des Transformationssatzes um und folgern Sie daraus Gl. (12.1).

Hinweis Aufgabe 138 Verwenden Sie den Transformationssatz (Transformationsformel). Diesen können Sie beispielsweise in [3, Kap. V] nachlesen. Betrachten Sie dazu die Abbildung $\Psi : \mathbb{R}^q \to \mathbb{R}^q$ mit $\Psi(x) := Ax$ und führen Sie das Integral auf das in Aufgabe 136 (c) zurück.

13 Hinweise: Erzeugende Funktionen

Hinweis Aufgabe 139 Für eine Poisson-verteilte Zufallsvariable $X : \Omega \to \mathbb{R}$ gilt

$$\mathbb{P}(\{X = n\}) = \mathrm{e}^{-\alpha} \frac{\alpha^n}{n!}$$

für alle $n \in \mathbb{N}_0$.

(a) Die *wahrscheinlichkeitserzeugende Funktion* $m_X : [0, 1] \to \mathbb{R}$ ist definiert als

$$m_X(t) := \mathbb{E}[t^X] = \sum_{n=0}^{+\infty} \mathbb{P}(\{X = n\})\, t^n$$

Für die Berechnung von m_X sollten Sie die bekannte Exponentialreihe und deren Reihenwert beachten, also

$$\sum_{n=0}^{+\infty} \frac{\gamma^n}{n!} = \mathrm{e}^{\gamma}$$

für $\gamma \in \mathbb{R}$.

(b) Lesen Sie die Eigenschaften von m_X anhand der expliziten Darstellung aus Teil (a) ab.

(c) Berechnen Sie die ersten drei Ableitungen der wahrscheinlichkeitserzeugenden Funktion und schließen Sie somit auf eine Darstellung von $m_X^{(n)}$. Dabei bezeichnet $m_X^{(n)}$ die n-te Ableitung von m_X.

N. Hebestreit-Düsing, *Übungs- und Lernbuch Wahrscheinlichkeitstheorie und Stochastik*, https://doi.org/10.1007/978-3-662-72720-1_13

(d) Zeigen Sie zuerst ähnlich wie in Teil (a) die Identität $\mathbb{E}[X] = \alpha$. Für die Berechnung der Varianz genügt es den Erwartungswert der Zufallsvariable $X(X-1)$ zu berechnen. Anschließend können Sie geschickt $\mathbb{E}[X^2] = \mathbb{E}[X(X-1)] + \mathbb{E}[X]$ verwenden. Vergleichen Sie auch Aufgabe 124 (a). Alternativ lassen sich Erwartungswert und Varianz auch vermöge

$$\mathbb{E}[X] = m'_X(1), \qquad \mathbb{V}[X] = m''_X(1) + m'_X(1) - (m'_X(1))^2$$

bestimmen.

(e) Beachten Sie, dass sich der Ausdruck auf der rechten Seite mithilfe der Exponentialreihe vereinfachen lässt.

(f) Für diesen Aufgabenteil müssen Sie lediglich die Überlegungen der Teile (c) und (e) nutzen.

Hinweis Aufgabe 140 Beachten Sie, dass die Panjer-Verteilung $\mathbf{Pan}(a,b)$ von der stochastischen Folge $(p_n)_{n\in\mathbb{N}_0}$ vermöge $p_n := \mathbb{P}(\{X = n\})$ induziert wird. Die Folge besitzt die Eigenschaften

$$\sum_{n=0}^{+\infty} p_n = 1, \qquad p_n = \left(a + \frac{b}{n}\right) p_{n-1}$$

für $n \in \mathbb{N}$. Beide Eigenschaften spielen bei der Bearbeitung der folgenden Teilaufgaben eine zentrale Rolle.

(a) Überlegen Sie sich für den Erwartungswert zunächst

$$\mathbb{E}[X] = a \sum_{n=1}^{+\infty} (n-1) p_{n-1} + (a+b) \sum_{n=1}^{+\infty} p_{n-1}$$

und folgern Sie anschließend $\mathbb{E}[X] = a\mathbb{E}[X] + a + b$. Für die Berechnung der Varianz ist es zweckdienlich zuerst den Erwartungswert von X^2 zu ermitteln. Zeigen Sie dazu

$$\mathbb{E}[X^2] = a \sum_{n=1}^{+\infty} n(n-1) p_{n-1} + a \sum_{n=1}^{+\infty} n p_{n-1} + b \sum_{n=1}^{+\infty} (n-1) p_{n-1} + b \sum_{n=1}^{+\infty} p_{n-1}$$

und folgern Sie weiter

$$\mathbb{E}[X^2] = a\mathbb{E}[X^2] + (2a+b)\mathbb{E}[X] + a + b$$

Mithilfe der Identität aus Aufgabe 124 (a) lässt sich dann die Varianz von X bestimmen.

(b) Die Definition der wahrscheinlichkeitserzeugenden Funktion finden Sie im Lösungshinweise von Aufgabe 139. Beweisen Sie die Behauptung mit einem sogenannten Ringschluss:

(1) *Aus* (α) *folgt* (β). Beachten Sie, dass Potenzreihen im Inneren ihres Konvergenzbereichs gliedweise differenziert werden können. Für den Nachweis von Aussage (β) müssen Sie lediglich die beiden Eigenschaften der Panjer-Folge verwenden.

(2) *Aus* (β) *folgt* (γ). Verwenden Sie vollständige Induktion.

(3) *Aus* (γ) *folgt* (α). Die höheren Ableitungen der wahrscheinlichkeitserzeugenden Funktion lauten

$$m_X^{(n)}(t) = \sum_{k=n}^{+\infty} p_k \frac{k!}{(k-n)!} t^{k-n}$$

für $n \in \mathbb{N}_0$.

Da alle drei Aussagen äquivalent sind, können Sie für den Nachweis von $a < 1$ ohne Einschränkung $\mathbb{P}_X = \mathbf{Pan}(a, b)$ annehmen. Überlegen Sie sich zuerst

$$p_n = \left(a + \frac{b}{n}\right) p_{n-1} \geq \frac{(n-1)a}{n} p_{n-1}$$

Beweisen Sie die Behauptung dann mit einem Widerspruchsbeweis.

(c) Die Binomial-Verteilung wird von der Zähldichte aus Aufgabe 46 (b) induziert. Schreiben Sie die Zähldichte in rekursiver Form und ermitteln Sie so die Parameter

$$a := \frac{p}{p-1}, \qquad b := \frac{p(n+1)}{1-p}$$

(d) Begründen Sie zuerst

$$p_n = \frac{b^n}{n!} p_0$$

für $n \in \mathbb{N}$ und ermitteln Sie dann den Wert von p_0. Hierbei ist die Normierungsbedingung der Panjer-Folge hilfreich.

Hinweis Aufgabe 141 Ist $X : \Omega \to \mathbb{R}$ eine Zufallsvariable, so wird die *momenterzeugende Funktion* $M_X : \mathbb{R} \to \overline{\mathbb{R}}$ vermöge

$$M_X(t) := \mathbb{E}[\mathrm{e}^{tX}] = \int_{\mathbb{R}} \mathrm{e}^{tx} \, \mathrm{d}\mathbb{P}_X(x)$$

definiert. Zur Vereinfachung der Rechnung können Sie zuerst $\mathbb{P}_X = \mathbf{N}(0, 1)$ annehmen und damit

$$M_X(t) = \mathrm{e}^{\frac{1}{2}t^2}$$

zeigen. Das dabei auftretende Integral lässt sich mithilfe einer Substitution und der bekannten Identität

$$\int_{-\infty}^{+\infty} \mathrm{e}^{-\frac{1}{2}y^2}\,\mathrm{d}y = \sqrt{2\pi}$$

berechnen. Leiten Sie damit die momenterzeugende Funktion einer normal-verteilten Zufallsvariable $Y : \Omega \to \mathbb{R}$ mit $\mathbb{P}_Y = \mathbf{N}(\mu, \sigma^2)$ und $Y = \mu + \sigma X$ her.

Hinweis Aufgabe 142 Die Exponential-Verteilung $\mathbf{Exp}(\alpha)$ besitzt die Lebesgue-Dichte $f : \mathbb{R} \to \mathbb{R}$ mit

$$f(x) := \begin{cases} \alpha \mathrm{e}^{-\alpha x} & \text{falls } x \in \mathbb{R}_{>0} \\ 0 & \text{sonst} \end{cases}$$

(a) Für alle $n \in \mathbb{N}$ gilt

$$\int_0^{+\infty} y^n \mathrm{e}^{-y}\,\mathrm{d}y = \Gamma(n+1) = n!$$

(b) Die Definition der momenterzeugenden Funktion M_X können Sie im Lösungshinweis von Aufgabe 141 nachlesen. Unterscheiden Sie bei der Berechnung von $M_X(t)$ die Fälle $t \in (-\infty, \alpha)$ und $t \in [\alpha, +\infty)$.
(c) Beachten Sie, dass eine geometrische Reihe der Form

$$\sum_{n=0}^{+\infty} \gamma^n$$

genau dann konvergent ist, wenn $\gamma \in (-1, 1)$ gilt. In diesem Fall besitzt die Reihe bekanntlich den Wert $1/(1-\gamma)$.
(d) Bestimmen Sie mithilfe der expliziten Darstellung aus Teil (b) die ersten drei Ableitungen der momenterzeugenden Funktion M_X. Schließen Sie so auf eine Darstellung der n-ten Ableitung $M_X^{(n)}$.

Hinweis Aufgabe 143

(a) Nutzen Sie die Ungleichung von Jensen, die Sie beispielsweise in [3, 12] finden.
(b) Für eine normal-verteilte Zufallsvariable $X : \Omega \to \mathbb{R}$ mit $\mathbb{P}_X = \mathbf{N}(\mu, \sigma^2)$ gilt

$$M_X(t) = \mathrm{e}^{\mu t + \frac{1}{2}\sigma^2 t^2}$$

Die momenterzeugende Funktion der Exponentialverteilung $\mathbf{Exp}(\alpha)$ ist gegeben durch

$$M_X(t) = \begin{cases} \dfrac{\alpha}{\alpha - t} & \text{falls } t \in (-\infty, \alpha) \\ +\infty & \text{sonst} \end{cases}$$

Im Fall $\mathbb{P}_X = \mathbf{P}(\alpha)$ gilt $M_X(t) = \mathrm{e}^{\alpha(\mathrm{e}^t - 1)}$.

Hinweis Aufgabe 144

(a) Beachten Sie, dass die Gamma-Verteilung $\mathbf{Ga}(\alpha, \gamma)$ die Lebesgue-Dichte $f : \mathbb{R} \to \mathbb{R}$ mit

$$f(x) := \begin{cases} \frac{\alpha^\gamma}{\Gamma(\gamma)} \, \mathrm{e}^{-\alpha x} x^{\gamma - 1} & \text{falls } x \in \mathbb{R}_{>0} \\ 0 & \text{sonst} \end{cases}$$

besitzt. Bei der Berechnung der momenterzeugenden Funktion M_X ist im Fall $t \in (0, \alpha)$ die Substitution $y = (\alpha - t)x$ hilfreich.
(b) Beachten Sie, dass $M_{X+Y} = M_X \, M_Y$ für zwei unabhängige Zufallsvariablen X und Y gilt.

Hinweis Aufgabe 145

(a) Die *charakteristische Funktion* $\psi_X : \mathbb{R} \to \mathbb{C}$ einer Zufallsvariable $X : \Omega \to \mathbb{R}$ ist definiert als

$$\psi_X(t) := \mathbb{E}[\mathrm{e}^{\mathrm{i}tX}] = \int_{\mathbb{R}} \mathrm{e}^{\mathrm{i}tx} \, \mathrm{d}\mathbb{P}_X(x)$$

Beachten Sie bei der Berechnung des Integrals, dass die Standardnormal-Verteilung absolutstetig ist und

$$\frac{1}{\sqrt{2\pi}} \int_{\mathbb{R}} \mathrm{e}^{-\frac{1}{2}(x - \mathrm{i}t)^2} \, \mathrm{d}\beta(x) = 1$$

gilt. Konsultieren Sie gegebenenfalls noch einmal Aufgabe 132.
(b) Zeigen Sie zunächst, dass für eine Zufallsvariable $X : \Omega \to \mathbb{R}$ und Parameter $\mu, \sigma \in \mathbb{R}$ die Identität

$$\psi_{\mu + \sigma X}(t) = \mathrm{e}^{\mathrm{i}t\mu} \, \psi_X(\sigma t)$$

gilt. Nutzen Sie dieses Ergebnis, um eine Darstellung der charakteristischen Funktion einer normal-verteilten Zufallsvariable zu ermitteln. Für die Berechnung von $\psi_{Y_1 + Y_2}$ können Sie die Unabhängigkeit der Zufallsvariablen verwenden:

$$\mathbb{E}[\mathrm{e}^{\mathrm{i}tY_1} \, \mathrm{e}^{\mathrm{i}tY_2}] = \mathbb{E}[\mathrm{e}^{\mathrm{i}tY_1}] \, \mathbb{E}[\mathrm{e}^{\mathrm{i}tY_2}]$$

(c) Zeigen Sie, dass alle Momente ungerader Ordnung verschwinden. Leiten Sie anschließend mit partieller Integration die Identität

$$\mathbb{E}[X^{2k+2}] = (2k + 1)\mathbb{E}[X^{2k}]$$

für $k \in \mathbb{N}_0$ her und folgern Sie daraus die Darstellung der Momente mit gerader Ordnung.

(d) Beweisen Sie beispielsweise durch vollständige Induktion, dass

$$\psi_X^{(n)}(t) = P_n(t)\,\psi_X(t)$$

für alle $t \in \mathbb{R}$ und $n \in \mathbb{N}_0$ gilt, wobei P_n ein Polynom vom Grad n ist. Leiten Sie eine Rekursionsformel für diese Polynome her und bestimmen Sie deren Werte für $t = 0$.

Hinweis Aufgabe 146 Beweisen Sie die Äquivalenz mit einem sogenannten Ringschluss. Gehen Sie dazu wie folgt vor:

(1) *Aus* (a) *folgt* (b). Verwenden Sie die Aufgaben 81 und 86.
(2) *Aus* (b) *folgt* (c). Zeigen Sie zuerst $e^{itX} + e^{-itX} = 2\cos(tX)$ und folgern Sie damit $\psi_X(t) + \psi_X(-t) = 2\mathbb{E}[\cos(tX)]$.
(3) *Aus* (c) *folgt* (d). Hier müssen Sie lediglich argumentieren.
(4) *Aus* (d) *folgt* (a). Beachten Sie $\psi_X(-t) = \overline{\psi_X(t)} = \psi_X(t)$ für $t \in \mathbb{R}$ und gehen Sie dann ähnlich wie im ersten Schritt vor. Hier ist der Eindeutigkeitssatz für charakteristische Funktionen [12, 16.4.7 Satz] hilfreich.

Hinweis Aufgabe 147 Die charakteristische Funktion der Cauchy-Verteilung $\mathbf{Ca}(\alpha, \gamma)$ ergibt sich aus

$$\psi_X(t) = \frac{\gamma}{\pi} \int_{\mathbb{R}} \frac{e^{itx}}{\gamma^2 + (x-\alpha)^2}\, d\beta(x)$$

für $t \in \mathbb{R}$. Die Berechnung dieses Integrals ist keineswegs trivial. Verwenden Sie dazu den Residuensatz [10, Satz 4.41] aus der Funktionalanalysis und gehen Sie folgendermaßen vor: Betrachten Sie für $t \in \mathbb{R}_{>0}$ die komplexe Funktion $g : \mathbb{C} \setminus \{z_1, z_2\} \to \mathbb{C}$ mit

$$g(z) := \frac{e^{itz}}{\gamma^2 + (z-\alpha)^2}$$

und integrieren Sie diese entlang der in Abb. 13.1 dargestellten geschlossenen Kurve $\gamma_\eta := \gamma_{1,\eta} \oplus \gamma_{2,\eta}$, wobei $z_1 := \alpha + i\gamma$ und $z_2 := \alpha - i\gamma$ sind. Zeigen Sie dann, dass

$$\oint_{\gamma_\eta} g(z)\, dz = 2\pi i \operatorname{Res}(g, z_1) = \frac{\pi}{\gamma}\, e^{\alpha t i}\, e^{-\gamma t}$$

gilt. Beweisen Sie anschließend, dass das Integral über den Halbkreis $\gamma_{2,\eta}$ für $\eta \to +\infty$ verschwindet. Zeigen Sie damit $\psi_X(t) = e^{\alpha t i}\, e^{-\gamma t}$. Der verbleibende Fall

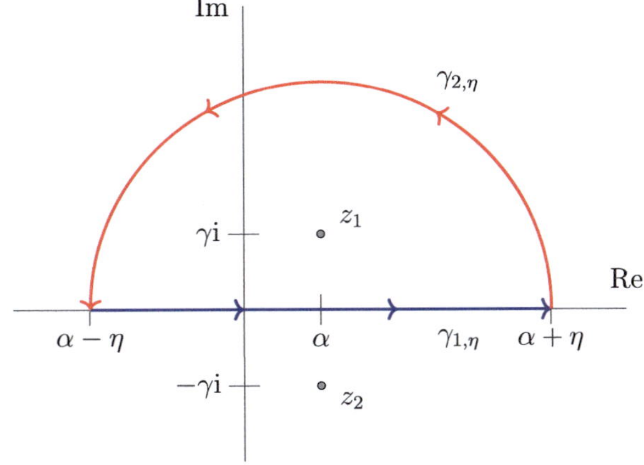

Abb. 13.1 Darstellung der geschlossenen Kurve $\gamma_{1,\eta} \oplus \gamma_{2,\eta}$

$t \in \mathbb{R} \setminus \mathbb{R}_{>0}$ lässt sich analog behandeln, indem Sie den Halbkreis $\gamma_{2,\eta}$ durch einen Halbkreis in der unteren Halbebene ersetzen und die Orientierung entsprechend anpassen. Alternativ zur obigen Vorgehensweise können Sie aber auch die Umkehrformel für Wahrscheinlichkeitsdichten [11, 7.10 Satz] verwenden.

14 Hinweise: Konvergenz von Folgen von Zufallsvariablen

Hinweis Aufgabe 148 Beachten Sie, dass die Folge $(X_n)_{n\in\mathbb{N}}$ fast sicher konvergiert, falls

$$\mathbb{P}\left(\left\{\liminf_{n\to+\infty} X_n = \limsup_{n\to+\infty} X_n\right\}\right) = 1$$

Zeigen Sie dazu, dass der Grenzwert $\lim_n X_n(\omega)$ für jedes $\omega \in \Omega$ existiert und argumentieren Sie dann geschickt.

Hinweis Aufgabe 149 Für den Nachweis der stochastischen Konvergenz müssen Sie zeigen, dass

$$\lim_{n\to+\infty} \mathbb{P}(\{|X_n| \geq \varepsilon\}) = 0$$

für jedes $\varepsilon \in \mathbb{R}_{>0}$ gilt. Verwenden Sie dabei ausschließlich die Definition der nichtnegativen Folge $(X_n)_{n\in\mathbb{N}}$. Beachten Sie, dass sich für jedes $n \in \mathbb{N}$ eindeutig bestimmte Zahlen $m \in \mathbb{N}$ und $k \in \{1, \ldots, 2^m\}$ finden lassen, sodass

$$n = 2^m + k - 2$$

gilt. Um hingegen die fast sichere Konvergenz zu widerlegen, reicht es aus zu zeigen, dass

$$\liminf_{n\to+\infty} X_n(\omega) = 0 \neq 1 = \limsup_{n\to+\infty} X_n(\omega)$$

für alle $\omega \in \Omega$ erfüllt ist.

N. Hebestreit-Düsing, *Übungs- und Lernbuch Wahrscheinlichkeitstheorie und Stochastik*,
https://doi.org/10.1007/978-3-662-72720-1_14

Hinweis Aufgabe 150

(a) Verwenden Sie die Lemmata von Borel und Cantelli. Diese finden Sie in Aufgabe 56 sowie in [12, 11.1.13 Lemma].
(b) Beachten Sie, dass die Folge $(X_n)_{n\in\mathbb{N}}$ genau dann stochastisch gegen Null konvergiert, falls

$$\lim_{n\to+\infty} \mathbb{P}(\{|X_n| \geq \varepsilon\}) = 0$$

für jedes $\varepsilon \in \mathbb{R}_{>0}$ gilt. Unterscheiden Sie bei Ihren Überlegungen die beiden Fälle $\varepsilon \in (0, 1]$ und $\varepsilon \in (1, +\infty)$.

Hinweis Aufgabe 151 Zeigen Sie zunächst, dass für jedes $\varepsilon \in \mathbb{R}_{>0}$ die Inklusion

$$\{|X - Y| \geq \varepsilon\} \subseteq \{|X - X_n| \geq \varepsilon/2\} \cup \{|Y - X_n| \geq \varepsilon/2\}$$

gilt. Schließen Sie daraus mithilfe der σ-Subadditivität des Wahrscheinlichkeitsmaßes sowie der stochastischen Konvergenz der Folge, dass $\mathbb{P}(\{|X - Y| \geq \varepsilon\}) = 0$ ist. Folgern Sie abschließend, dass $\{X \neq Y\}$ eine $\mathbb{P}$-Nullmenge ist.

Hinweis Aufgabe 152 Beweisen Sie

$$\lim_{n\to+\infty} \mathbb{P}(\{|aX_n + bY_n - (aX + bY)| \geq \varepsilon\}) = 0$$

für $\varepsilon \in \mathbb{R}_{>0}$. Zeigen Sie dazu ähnlich wie in Aufgabe 151 die Inklusion

$$\{|aX_n + bY_n - (aX + bY)| \geq \varepsilon\} \subseteq \{|a||X_n - X| \geq \varepsilon/2\} \cup \{|b||Y_n - Y| \geq \varepsilon/2\}$$

und folgern Sie daraus

$$\begin{aligned}&\mathbb{P}(\{|aX_n + bY_n - (aX + bY)| \geq \varepsilon\})\\ &\qquad \leq \mathbb{P}(\{|X_n - X| \geq \varepsilon/|2a|\}) + \mathbb{P}(\{|Y_n - Y| \geq \varepsilon/|2b|\})\end{aligned}$$

wobei Sie ohne Einschränkung $a \neq 0$ und $b \neq 0$ annehmen dürfen.

Hinweis Aufgabe 153 Zeigen Sie zuerst, dass die Zufallsvariable $1 - X$ ebenfalls auf $(0, 1)$ uniform verteilt ist und folgern Sie so die Konvergenz in Verteilung. Um nachzuweisen, dass die Folge nicht stochastisch gegen X konvergiert, können Sie wie folgt vorgehen: Wählen Sie $n \in 2\mathbb{N}_0 + 1$ und $\varepsilon \in (0, 1)$ beliebig. Begründen Sie dann $\mathbb{P}(\{|X_n - X| < \varepsilon\}) = \varepsilon$ und folgern Sie so

$$\limsup_{n\to+\infty} \mathbb{P}(\{|X_n - X| \geq \varepsilon\}) > 0$$

Hinweis Aufgabe 154 Verwenden Sie die Ungleichung von Markow aus Aufgabe 123.

Hinweis Aufgabe 155 Zeigen Sie zunächst für $\varepsilon \in \mathbb{R}_{>0}$ und $n \in \mathbb{N}$ mit $2^n \geq \varepsilon$, dass

$$\mathbb{P}(\{X_n \geq \varepsilon\}) = \mathbb{P}([0, 1/n]) = \frac{1}{n}$$

gilt. Schließen Sie daraus, dass die Folge $(X_n)_{n\in\mathbb{N}}$ stochastisch gegen 0 konvergiert. Zeigen Sie anschließend

$$\|X_n\|_p^p = \frac{2^{np}}{n}$$

für $n \in \mathbb{N}$ und folgern Sie daraus, dass die Folge nicht im p-ten Mittel gegen 0 konvergiert.

Hinweis Aufgabe 156 Begründen Sie

$$\left\| \frac{1}{n} \sum_{k=1}^{n} X_k - \mu \right\|_2^2 = \mathbb{V}\left[\frac{1}{n} \sum_{k=1}^{n} X_k \right]$$

für alle $n \in \mathbb{N}$ gilt und zeigen Sie so die Konvergenz im quadratischen Mittel. Für den Nachweis der stochastischen Konvergenz können Sie entweder Aufgabe 154 verwenden oder die Ungleichung von Markow verwenden. Diese finden Sie in Aufgabe 123 oder [12, 12.3.11 Lemma].

Hinweis Aufgabe 157 Konsultieren Sie beispielsweise Kap. 17 in [12].

Hinweis Aufgabe 158 Bevor Sie diese Aufgabe bearbeiten, sollten Sie sich zunächst mit den Aufgaben 133 und 157 vertraut machen. Die zentrale Schwierigkeit im Nachweis der Äquivalenz liegt darin, aus der schwachen Konvergenz der Verteilungen auf die Konvergenz der reellen Zahlenfolge $(\omega_n)_{n\in\mathbb{N}}$ zu schließen. Hierfür bietet es sich an, für ein beliebiges $\varepsilon \in \mathbb{R}_{>0}$ die beschränkte und stetige Funktion $f_\varepsilon : \mathbb{R} \to \mathbb{R}$ mit

$$f_\varepsilon(x) := \begin{cases} 1 - \dfrac{|x - \omega|}{\varepsilon} & \text{falls } |x - \omega| \leq \varepsilon \\ 0 & \text{sonst} \end{cases}$$

zu betrachten. Zeigen Sie anschließend unter Verwendung der schwachen Konvergenz

$$\lim_{n\to+\infty} f_\varepsilon(\omega_n) = f_\varepsilon(\omega)$$

und folgern Sie daraus die Konvergenz $\omega_n \to \omega$.

Hinweis Aufgabe 159 Zeigen Sie zuerst

$$\mathbb{P}(\{X_n = k\}) = \frac{\alpha^k}{k!}\left(1 - \frac{\alpha}{n}\right)^n \left(1 - \frac{\alpha}{n}\right)^{-k} \prod_{j=0}^{k-1}\left(1 - \frac{j}{n}\right)$$

für $k \in \mathbb{N}_0$ und $n \in \mathbb{N}$ und gehen Sie dann zum Grenzwert $n \to +\infty$ über.

Hinweis Aufgabe 160 Die Zufallsvariable, die die Anzahl der fehlerhaft übertragenen Buchstaben beschreibt, ist Binomial-verteilt mit den Parametern $n = 3000$ und $p = 0.002$. In `Python` kann man beispielsweise das Statistik Modul `stats` verwenden, um die Verteilungsfunktion der Binomial-Verteilung oder alternativ die der Poisson-Verteilung zu berechnen. Die Poisson-Approximation können Sie in Aufgabe 159 nachvollziehen.

Hinweis Aufgabe 161 Verwenden Sie den Satz von Helly und Bray, den Sie beispielsweise in [12, 17.1.4 Satz] nachlesen können. Gemäß diesem konvergiert die Folge $(X_n)_{n\in\mathbb{N}}$ genau dann gegen die Zufallsvariable $X : \Omega \to \mathbb{R}$, wenn

$$\lim_{n\to+\infty} F_{X_n}(x) = F_X(x)$$

für alle $x \in \mathbb{R}$ gilt, in denen die Verteilungsfunktion $F_X : \mathbb{R} \to [0, 1]$ stetig ist. Vergleichen Sie auch die Lösungen der Aufgaben 92 und 157. Wenn die Zufallsvariable X konstant ist, existiert ein $c \in \mathbb{R}$ mit $X(\omega) = c$ für alle $\omega \in \Omega$. In diesem Fall lässt sich die Verteilungsfunktion F_X explizit angeben. Zeigen Sie dann für $\varepsilon \in \mathbb{R}_{>0}$ die Ungleichung

$$\mathbb{P}(\{|X_n - X| \geq \varepsilon\}) \leq 1 - F_{X_n}(c + \varepsilon/2) + F_{X_n}(c - \varepsilon/2)$$

Verwenden Sie hierzu lediglich die Ergebnisse aus Aufgabe 54. Gehen Sie anschließend in der Ungleichung zum Grenzwert über und zeigen Sie so die stochastische Konvergenz.

Hinweis Aufgabe 162 Begründen Sie zunächst für jedes $n \in \mathbb{N}$ und jede beschränkte und stetige Funktion $f : [0, 1] \to \mathbb{R}$ die Gültigkeit der Gleichung

$$\int_0^1 f \, d\mu_n = \frac{1}{n}\sum_{k=0}^{n-1}\int_0^1 f \, d\delta_{\frac{k}{n}} = \frac{1}{n}\sum_{k=0}^{n-1} f\left(\frac{k}{n}\right) = \sum_{k=0}^{n-1}\left(\frac{k+1}{n} - \frac{k}{n}\right) f\left(\frac{k}{n}\right)$$

Recherchieren Sie anschließend in [3,7] die Zusammenhänge zwischen Riemann- und Lebesgue-Integral und zeigen Sie damit

$$\lim_{n\to+\infty}\int_0^1 f \, d\mu_n = \int_0^1 f \, d\beta|_{\mathfrak{B}([0,1])}$$

Hinweis Aufgabe 163 Beweisen Sie, dass

$$\lim_{n\to+\infty}\int_{\mathbb{R}} g\,\mathrm{d}\mathbf{N}(0,\sigma_n^2) = \int_{\mathbb{R}} g\,\mathrm{d}\delta_0$$

für jede beschränkte und stetige Funktion $g : \mathbb{R} \to \mathbb{R}$ gilt. Begründen Sie dazu zuerst

$$\int_{\mathbb{R}} g\,\mathrm{d}\mathbf{N}(0,\sigma_n^2) = \frac{1}{\sqrt{2\pi}}\int_{\mathbb{R}} g(\sigma_n x)\,\mathrm{e}^{-\frac{1}{2}x^2}\,\mathrm{d}\beta(x)$$

Weisen Sie anschließend nach, dass die Voraussetzungen des Satzes von der dominierten Konvergenz (Satz von Lebesgue) erfüllt sind. Gehen Sie dann auf der rechten Seite der obigen Gleichung zum Grenzwert über und nutzen Sie das Ergebnis aus Aufgabe 133.

Hinweis Aufgabe 164

(a) Den zentralen Grenzwertsatz finden Sie beispielsweise in [2, 12] oder jedem anderen Werk über Wahrscheinlichkeitstheorie und Stochastik.
(b) Verwenden Sie den zentralen Grenzwertsatz.
(c) Auch dieser Teil lässt sich mit dem zentralen Grenzwertsatz lösen. Schreiben Sie dazu

$$\mathbb{P}(\{480 \le S_{1000} \le 540\}) = \mathbb{P}\left(\left\{-\frac{20}{\sqrt{250}} \le \frac{S_{1000}-500}{\sqrt{250}} \le \frac{40}{\sqrt{250}}\right\}\right)$$

wobei $S_{1000} = \sum_{k=1}^{1000} X_k$ gesetzt wird.

Hinweis Aufgabe 165

(a) Betrachten Sie eine Folge von unabhängigen und Bernoulli-verteilten Zufallsvariablen $(X_n)_{n\in\mathbb{N}}$ mit $\mathbb{P}_{X_n} = \mathbf{B}(p)$ und $p \in (0,1)$. Zeigen Sie

$$\mathbb{E}\left[f\left(\frac{1}{n}\sum_{k=1}^{n} X_k\right)\right] = \sum_{k=0}^{n} f\left(\frac{k}{n}\right)\binom{n}{k}p^k(1-p)^{n-k}$$

Beachten Sie dabei, dass die Summe von unabhängigen und Bernoulli-verteilten Zufallsvariablen gemäß Aufgabe 108 Binomial-verteilt ist.
(b) Es bezeichnet $\|\cdot\|$ die Supremumsnorm. Zeigen Sie $\|f_n - f\| \to 0$. Gehen Sie dazu wie folgt vor: Beweisen Sie für

$$Y_n := \frac{1}{n}\sum_{k=1}^{n} X_k$$

mit einer Fallunterscheidung

$$|f_n(p) - f(p)| \leq \mathbb{E}[|f(Y_n) - f(p)|] \leq \mathbb{E}\left[\varepsilon + 2\|f\| \cdot \chi_{\{|Y_n - p| \geq \delta\}}\right]$$

für $\varepsilon \in \mathbb{R}_{>0}$ und $p \in [0, 1]$. Beachten Sie dabei, dass jede auf einer kompakten Menge definierte und stetige Funktion sowohl gleichmäßig stetig als auch beschränkt ist. Vereinfachen Sie anschließend die rechte Seite der obigen Ungleichung und schätzen Sie diese mit der Tschebyschevschen Ungleichung ab. Zeigen Sie so die Abschätzung

$$|f_n(p) - f(p)| \leq \varepsilon + \frac{2\|f\|\, p(1-p)}{n\,\delta^2} < \varepsilon + \frac{2\|f\|}{n\,\delta^2}$$

und folgern Sie die gleichmäßige Konvergenz $f_n \to f$.

Hinweis Aufgabe 166 Verwenden Sie für die Abschätzung der Wahrscheinlichkeit den zentralen Grenzwertsatz. Beachten Sie

$$\mathbb{P}\left(\left\{\sum_{k=1}^{1000} \frac{X_k}{1/\sqrt{12} \cdot \sqrt{1000}} \leq 2\right\}\right) \approx \mathbb{P}\left(\left\{\left|\sum_{k=1}^{1000} X_k\right| \leq 18\right\}\right)$$

und die Ergebnisse von Aufgabe 130.

Hinweis Aufgabe 167 Betrachten Sie eine Folge unabhängiger und Poisson-verteilter Zufallsvariablen $(X_n)_{n\in\mathbb{N}}$ mit $\mathbb{P}_{X_n} = \mathbf{P}(1)$. Vergleichen Sie dazu auch Aufgabe 139 (d). Betrachten Sie anschließend die Zufallsvariable

$$Y_n := \sum_{k=1}^{n} X_k$$

und berechnen Sie mit dem zentralen Grenzwertsatz den Grenzwert

$$\lim_{n\to+\infty} \mathbb{P}(\{Y_n \leq n\})$$

Sie können dabei ohne Beweis verwenden, dass auch Y_n Poisson-verteilt ist.

Teil III
Lösungen

Lösungen: Grundlagen

15

Lösung Aufgabe 1 Seien in der gesamten Lösung A und B beliebige Mengen.

(a) Es gilt $A \setminus B = A \cap B^c$ und daher

$$A \setminus (A \setminus B) = A \cap (A \setminus B)^c = A \cap (A \cap B^c)^c$$

Die rechte Seite der obigen Gleichung lässt sich mit den De Morganschen Regeln aus Aufgabe 4 und dem Distributivgesetz weiter zu

$$A \cap (A^c \cup (B^c)^c) = A \cap (A^c \cup B) = (A \cap A^c) \cup (A \cap B)$$

umformen. Wegen $A \cap A^c = \emptyset$ erhalten wir wie gewünscht

$$A \setminus (A \setminus B) = (A \cap A^c) \cup (A \cap B) = \emptyset \cup (A \cap B) = A \cap B$$

(b) Es gilt $(A^c)^c = A$. Daher folgt sofort

$$A \setminus B = A \cap B^c = B^c \cap (A^c)^c = B^c \setminus A^c$$

(c) Per Definition der symmetrischen Differenz gilt

$$A \triangle (A \cap B) = (A \setminus (A \cap B)) \cup ((A \cap B) \setminus A)$$

Wegen $A \cap A^c = \emptyset$ und $B \cap \emptyset = \emptyset$ folgt mit den De Morganschen Regeln

$$\begin{aligned}(A \setminus (A \cap B)) \cup ((A \cap B) \setminus A) &= (A \cap (A \cap B)^c) \cup (A \cap B \cap A^c)\\ &= A \cap (A^c \cup B^c)\\ &= A \cap B^c\end{aligned}$$

N. Hebestreit-Düsing, *Übungs- und Lernbuch Wahrscheinlichkeitstheorie und Stochastik*, https://doi.org/10.1007/978-3-662-72720-1_15

Damit ist alles gezeigt.

(d) Per Definition der symmetrischen Differenz gilt

$$A \triangle B = (A \setminus B) \cup (B \setminus A) = (A \cup B) \setminus (A \cap B) = (A \cup B) \cap (A \cap B)^c$$

Mit den De Morganschen Regeln können wir

$$A \cup B = ((A \cup B)^c)^c = (A^c \cap B^c)^c$$

schreiben, womit wir insgesamt die gewünschte Darstellung

$$A \triangle B = (A^c \cap B^c)^c \cap (A \cap B)^c$$

erhalten.

Lösung Aufgabe 2 Der Durchschnitt und die Vereinigung von Mengen wird in `SageMath` mit den Operatoren `&` und `+` dargestellt. Für die Mengendifferenz und symmetrische Differenz verwendet man die beiden Methoden `.difference()` und `.symmetric_difference()`. Die vier Mengen lassen sich durch explizite Angabe ihrer Elemente wie folgt definieren:

```
A = Set([1, 2, 3, 4])
B = Set([1, 3, 5, 7])
C = Set([5, 6, 7, 8])
D = Set([1, 2, 5, 8])
```

Wir kommen nun zur eigentlichen Lösung der Teilaufgaben.

(a) Die drei Mengen lassen sich wie folgt berechnen:

```
A & B
A + B
B + C + D

{1, 3}
{1, 2, 3, 4, 5, 7}
{1, 2, 3, 5, 6, 7, 8}
```

(b) Die Potenzmenge der Menge `A` erhält man mit `powerset(A)` oder alternativ mit `A.subsets()`. Die Potenzmenge lautet wie folgt:

```
list(powerset(A))

[[], [1], [2], [1, 2], [3], [1, 3], [2, 3], [1, 2,3],
 [4], [1, 4], [2, 4], [1, 2, 4], [3, 4], [1, 3, 4],
 [2, 3, 4], [1, 2, 3, 4]]
```

Damit lassen sich alle Teilmengen von `A` mit einer geraden Anzahl von Elementen wie folgt ermitteln:

```
# Generate all subsets with an even number of elements

even_subsets = []

for subset in powerset(A):
    # Check if length of 'subset' is divisible by 2
    if len(subset) % 2 == 0:
        even_subsets.append(subset)
even_subsets

[[], [1, 2], [1, 3], [2, 3], [1, 4], [2, 4], [3,4],
 [1, 2, 3, 4]]
```

Mithilfe der Methode `.issubset(A)` können wir überprüfen, ob eine gegebene Menge eine Teilmenge von `A` ist:

```
Set([1, 2]).issubset(A)

True
```

Folglich handelt es sich bei `{1,2}` um eine Teilmenge von `A`. Deutlich eleganter lässt sich die Überprüfung wie folgt durchführen:

```
Set([1, 2]) + A == A

True
```

Wir nutzen hier die Tatsache, dass für zwei Mengen genau dann $B \subseteq A$ gilt, wenn $B \cup A = A$ ist.

(c) Die zu berechnenden Mengen lassen sich auf folgende Weise ermitteln:

```
A.difference(B)
A.difference(B + C + D)

{2, 4}
{4}
```

(d) Die drei Mengen lassen sich wie folgt berechnen:

```
A.symmetric_difference(B)
B.symmetric_difference(A)
A.symmetric_difference(B.symmetric_difference(C))

{2, 4, 5, 7}
{2, 4, 5, 7}
{2, 4, 6, 8}
```

Da die symmetrische Differenz kommutativ ist, stimmen die ersten beiden Ausdrücke überein.

Lösung Aufgabe 3 Wir bezeichnen die vier Ereignisse der Reihenfolge nach mit A, B, C und D. Weiter sei A_k für jedes $k \in \{1, 2, 3, 4\}$ das Ereignis, dass das k-te

Bauteil defekt ist. Sind *alle Bauteile defekt,* so tritt jedes der Ereignisse A_k ein. Dies bedeutet

$$A = \bigcap_{k=1}^{4} A_k$$

Sind hingegen *alle Bauteile intakt,* also keines dieser defekt, so erhalten wir

$$B = \bigcap_{k=1}^{4} A_k^{\mathsf{c}} = \left(\bigcup_{k=1}^{4} A_k \right)^{\mathsf{c}}$$

Beachten Sie, dass B *nicht* das Gegenereignis von A ist. Dieses lautet nämlich: „Mindestens eines der Bauteile ist funktionstüchtig." Für die Darstellung von Ereignis C müssen wir beachten, dass sich dieses aus den folgenden vier Ereignissen zusammensetzen lässt: „Für jedes $k \in \{1, 2, 3, 4\}$ ist das k-te Bauteil defekt während alle anderen Bauteile funktionstüchtig sind." Bezeichnen wir jedes dieser Ereignisse mit C_k, so gilt

$$C_k = A_k \cap \bigcap_{\substack{j=1 \\ j \neq k}}^{4} A_j^{\mathsf{c}}$$

Speziell ist damit beispielsweise $C_2 = A_1^{\mathsf{c}} \cap A_2 \cap A_3^{\mathsf{c}} \cap A_4^{\mathsf{c}}$. Somit folgt insgesamt

$$C = \bigcup_{k=1}^{4} C_k = \bigcup_{k=1}^{4} \left(A_k \cap \bigcap_{\substack{j=1 \\ j \neq k}}^{4} A_j^{\mathsf{c}} \right) = \bigcup_{k=1}^{4} \bigcap_{\substack{j=1 \\ j \neq k}}^{4} (A_k \cap A_j^{\mathsf{c}}) = \bigcup_{k=1}^{4} \bigcap_{\substack{j=1 \\ j \neq k}}^{4} (A_k \setminus A_j)$$

Ist nun *mindestens ein Bauteil defekt,* so tritt mindestens eines der vier Ereignisse A_k ein. Das Ereignis D lässt sich daher schreiben als

$$D = B^{\mathsf{c}} = \bigcup_{k=1}^{4} A_k$$

Eine graphische Darstellung der vier Ereignisse A, B, C und D findet man in Abb. 15.1.

Lösung Aufgabe 4 Sei X eine beliebige Menge, sei I eine Indexmenge und sei A_i für jedes $i \in I$ eine Teilmenge von X. Wir zeigen die De Morganschen Regeln mit einem klassischen Mengenbeweis, indem wir nachweisen, dass die linke Seite in der rechten enthalten ist, und umgekehrt.

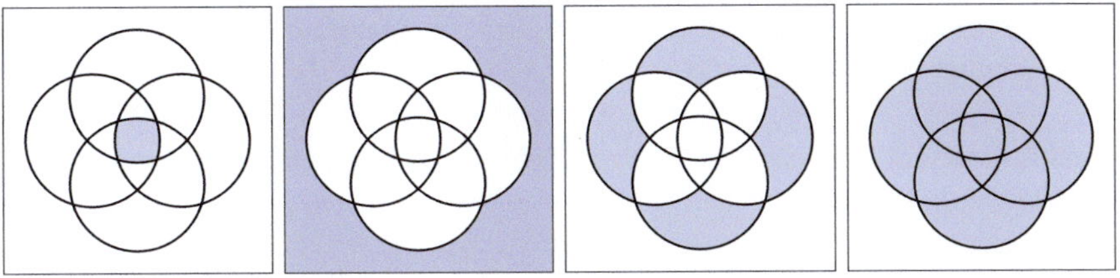

Abb. 15.1 Darstellung der vier Ereignisse A, B, C und D

(a) Sei zuerst $x \in X$ mit $x \in \left(\bigcup_{i\in I} A_i\right)^{\mathsf{c}}$ beliebig gewählt. Da das Element *nicht* zur Menge

$$\bigcup_{i\in I} A_i = \{x \in X \mid \text{es gibt } i \in I \text{ mit } x \in A_i\}$$

gehört, folgt $x \notin A_i$ beziehungsweise äquivalent $x \in A_i^{\mathsf{c}}$ für alle $i \in I$. Damit liegt das Element im Durchschnitt aller Komplemente, also in

$$\bigcap_{i\in I} A_i^{\mathsf{c}} = \{x \in X \mid \text{für alle } i \in I \text{ gilt } x \in A_i^{\mathsf{c}}\}$$

Unsere Überlegungen beweisen die Inklusion

$$\left(\bigcup_{i\in I} A_i\right)^{\mathsf{c}} \subseteq \bigcap_{i\in I} A_i^{\mathsf{c}}$$

Für die umgekehrte Inklusion sei $x \in X$ mit $x \in \bigcap_{i\in I} A_i^{\mathsf{c}}$ beliebig gewählt. Folglich gilt $x \in A_i^{\mathsf{c}}$ für alle $i \in I$. Da das Element in keiner der Mengen A_i liegt, folgt $x \notin \bigcup_{i\in I} A_i$ beziehungsweise $x \in \left(\bigcup_{i\in I} A_i\right)^{\mathsf{c}}$. Dies beweist die Inklusion

$$\bigcap_{i\in I} A_i^{\mathsf{c}} \subseteq \left(\bigcup_{i\in I} A_i\right)^{\mathsf{c}}$$

Insgesamt erhalten wir damit wie gewünscht

$$\left(\bigcup_{i\in I} A_i\right)^{\mathsf{c}} = \bigcap_{i\in I} A_i^{\mathsf{c}}$$

(b) Die zweite De Morgansche Regel zeigen wir analog. Sei dazu $x \in X$ ein beliebiges Element mit $x \in (\bigcap_{i\in I} A_i)^{\mathsf{c}}$. Damit liegt das Element *nicht* in der Menge

$$\bigcap_{i\in I} A_i = \{x \in X \mid \text{für alle } i \in I \text{ gilt } x \in A_i\}$$

also gibt es einen Index $i \in I$ mit $x \notin A_i$ beziehungsweise $x \in A_i^{\mathsf{c}}$. Folglich liegt das Element in

$$\bigcup_{i \in I} A_i^{\mathsf{c}} = \{x \in X \mid \text{es gibt } i \in I \text{ mit } x \in A_i^{\mathsf{c}}\}$$

Es folgt

$$\left(\bigcap_{i \in I} A_i\right)^{\mathsf{c}} \subseteq \bigcup_{i \in I} A_i^{\mathsf{c}}$$

Zum Nachweis der umgekehrten Inklusion wählen wir $x \in X$ mit $x \in \bigcup_{i \in I} A_i^{\mathsf{c}}$ beliebig. Dann gibt es einen Index $i \in I$ mit $x \in A_i^{\mathsf{c}}$. Dies bedeutet aber gerade $x \in \left(\bigcap_{i \in I} A_i\right)^{\mathsf{c}}$ und damit

$$\bigcup_{i \in I} A_i^{\mathsf{c}} \subseteq \left(\bigcap_{i \in I} A_i\right)^{\mathsf{c}}$$

Damit ist alles gezeigt und die De Morganschen Regeln bewiesen.

Bemerkung

(1) Man kann sich die De Morganschen Regeln wie folgt einprägsam merken: *Das Komplement der Vereinigung entspricht dem Schnitt der Komplemente und das Komplement des Durchschnitts entspricht der Vereinigung der Komplemente.*

(2) Sind A und B zwei beliebige Mengen, so erhalten wir als Spezialfall dieser Aufgabe die beiden nützlichen Identitäten

$$(A \cup B)^{\mathsf{c}} = A^{\mathsf{c}} \cap B^{\mathsf{c}}, \qquad (A \cap B)^{\mathsf{c}} = A^{\mathsf{c}} \cup B^{\mathsf{c}}$$

Lösung Aufgabe 5 Es sei X eine endliche Menge. Wie so oft gibt es verschiedene Möglichkeiten, diese Aufgabe zu lösen. Im Folgenden präsentieren wir zwei alternative Beweise. Der erste stützt sich auf ein kombinatorisches Argument unter Verwendung des binomischen Lehrsatzes, während der zweite auf vollständiger Induktion über die Mächtigkeit der Menge X basiert.

(a) Die Potenzmenge von X besteht per Definition aus allen Teilmengen von X. Für jedes $k \in \{0, \ldots, |X|\}$ gibt es somit wegen Aufgabe 6 genau $\binom{|X|}{k}$ verschiedene Teilmengen von X mit k Elementen. Der Binomische Lehrsatz aus Aufgabe 10 (b) lehrt nun wie gewünscht

$$|\mathfrak{P}(X)| = \sum_{k=0}^{|X|} \binom{|X|}{k} = 2^{|X|}$$

womit die Behauptung bewiesen ist. Wir wollen die obige Formel noch mithilfe von `SageMath` für die Menge $\{1, 2, 3, 4\}$ verifizieren. Die Potenzmenge können wir wie folgt erzeugen:

```
# Generate the power set of {1, 2, 3, 4}.
# Alternatively, you can use Subsets([1, 2, 3, 4]) for the
# same result.

Subsets(4).list()

[{},
 {1},
 {2},
 {3},
 {4},
 {1, 2},
 {1, 3},
 {1, 4},
 {2, 3},
 {2, 4},
 {3, 4},
 {1, 2, 3},
 {1, 2, 4},
 {1, 3, 4},
 {2, 3, 4},
 {1, 2, 3, 4}]
```

Die Teilmengen von $\{1, 2, 3, 4\}$ mit genau drei Elementen lassen sich ähnlich erzeugen:

```
# Subsets of {1, 2, 3, 4} with 3 elements

Subsets(4, 3).list()

[{1, 2, 3}, {1, 2, 4}, {1, 3, 4}, {2, 3, 4}]
```

Indem wir die Anzahl aller Teilmengen mit jeweils k Elementen für jedes $k \in \{0, \ldots, 4\}$ berechnen und aufsummieren, ergibt sich folgendes Ergebnis:

```
n = 4
card = 0
# Loop over all possible subset sizes from 0 to n
for k in range(n + 1):
    # Add the number of subsets of size k to the
    # total count card += len(Subsets(n, k))

print(f"The powerset of {{1, ..., {n}}} contains
        {card} elements.")

The powerset of {1, ..., 4} contains 16 elements.
```

Unsere Berechnungen zeigen, dass die Potenzmenge $\mathfrak{P}(\{1, 2, 3, 4\})$ aus 16 Elementen besteht.

(b) Wir führen den Beweis durch vollständige Induktion über die Mächtigkeit von X. Im Fall $|X| = 0$ enthält X keine Elemente und es folgen $X = \emptyset$ und $\mathfrak{P}(X) = \{\emptyset\}$. Somit gilt

$$|\mathfrak{P}(X)| = 1 = 2^{|X|}$$

was den Induktionsanfang zeigt. Sei $n \in \mathbb{N}$ derart, dass die zu beweisende Identität für jede n-elementige Menge gilt. Für den Induktionsschritt nehmen wir an, dass die Menge X genau $n + 1$ Elemente enthält. Sei $x \in X$ beliebig. Für jede Teilmenge A von X kann somit genau einer der beiden folgenden Fälle eintreten:

(1) Es gilt $x \in A$. Folglich gibt es eine Menge $B \subseteq X \setminus \{x\}$ mit der Eigenschaft $A = B \sqcup \{x\}$.
(2) Es gilt $x \notin A$ oder äquivalent dazu $A \subseteq X \setminus \{x\}$.

Da $X \setminus \{x\}$ aus n Elementen besteht, gibt es gemäß der Induktionsvoraussetzung genau 2^n Möglichkeiten für jeden der beiden Fälle. Damit folgt schließlich

$$|\mathfrak{P}(X)| = 2^n + 2^n = 2^{n+1} = 2^{|X|}$$

und die Identität ist bewiesen. In `SageMath` kann man die beiden Fälle für eine vier-elementige Menge beispielsweise wie folgt illustrieren:

```
import random

n = 4
# Choose a random element from {1, ..., n}
x = random.randint(1, n)
# Lists to hold subsets that include or exclude the
# randomly chosen element
subsets_with_x = []
subsets_without_x = []

for A in Subsets(n):
    if x in A:
        subsets_with_x.append(A)
    else:
        subsets_without_x.append(A)

# Display results
print(f"Randomly selected element: {x}\n")
print(f"Subsets of {{1, ..., {n}}} that contain {x}:")
for A in subsets_with_x:
    print(A)
print(f"There are {len(subsets_with_x)} such subsets.\n")

print(f"Subsets that do not contain {x}:")
for A in subsets_without_x:
    print(A)
print(f"There are {len(subsets_without_x)} such subsets.")
```

```

Randomly selected element: 3

Subsets of {1, ..., 4} that contain 3:
{3}
{1, 3}
{2, 3}
{3, 4}
{1, 2, 3}
{1, 3, 4}
{2, 3, 4}
{1, 2, 3, 4}
There are 8 such subsets.

Subsets that do not contain 3:
{}
{1}
{2}
{4}
{1, 2}
{1, 4}
{2, 4}
{1, 2, 4}
There are 8 such subsets.
```

Lösung Aufgabe 6 Seien in der gesamten Lösung $k, n \in \mathbb{N}$ zwei natürliche Zahlen mit $k \in \{1, \ldots, n\}$. Es ist $(x_1, \ldots, x_k) \in \Omega^4_{k,n}$ genau dann, wenn gleichzeitig $(x_1, \ldots, x_k) \in \Omega^3_{k,n}$ und $x_1 \neq \ldots \neq x_k$ gelten. Dies ist gleichbedeutend mit $\Omega^4_{k,n} = \Omega^2_{k,n} \cap \Omega^3_{k,n}$. Per Definition sind $\Omega^2_{k,n}$ und $\Omega^3_{k,n}$ Teilmengen von $\Omega^1_{k,n}$. Weiter gehört jedes k-Tupel (Ergebnis) aus $\Omega^4_{k,n}$ sowohl zu $\Omega^2_{k,n}$ als auch zu $\Omega^3_{k,n}$. Das liegt daran, dass $\Omega^4_{k,n}$ aus allen Ergebnissen mit streng aufsteigenden Einträgen besteht. Wir kommen nun zum Beweis der vier Formeln:

(a) (Ziehen mit Zurücklegen unter Beachtung der Reihenfolge). Da die Menge $\{1, \ldots, n\}$ aus genau n Elementen besteht, folgt

$$|\Omega^1_{k,n}| = \left|\{1, \ldots, n\}^k\right| = |\{1, \ldots, n\}|^k = n^k$$

(b) (Ziehen ohne Zurücklegen unter Beachtung der Reihenfolge). Beim Ziehen *ohne* Zurücklegen unter Beachtung der Reihenfolge verringert sich die Anzahl der Kugeln nach jedem Zug. Ziehen wir das erste mal eine Kugel, so gibt es dafür n Möglichkeiten. Da die Kugel nicht wieder zurückgelegt wird, gibt es beim zweiten mal nur noch $n - 1$ Kugeln und so weiter. Insgesamt ergeben sich damit $n \cdot (n - 1) \cdot \ldots \cdot (n - k + 1)$ Möglichkeiten k verschiedene Kugeln ohne Zurücklegen und unter Beachtung der Reihenfolge zu ziehen. Somit folgt wie gewünscht

$$|\Omega^2_{k,n}| = \prod_{j=0}^{k-1}(n-j) = \frac{n!}{(n-k)!}$$

(c) (Ziehen ohne Zurücklegen ohne Beachtung der Reihenfolge). Im Vergleich zu $\Omega^2_{k,n}$ werden die Komponenten der k-Tupel aus $\Omega^4_{k,n}$ zusätzlich der Größe nach geordnet. Da jedes Ergebnis aus k Einträgen besteht, kann jedes Ergebnis aus $\Omega^4_{k,n}$ aus $k!$ verschiedenen Ergebnissen aus $\Omega^2_{k,n}$ entstehen. Dies bedeutet $|\Omega^2_{k,n}| = k!\,|\Omega^4_{k,n}|$ und damit wie gewünscht

$$|\Omega^4_{k,n}| = \frac{|\Omega^2_{k,n}|}{k!} \overset{\text{(b)}}{=} \frac{n!}{k!\,(n-k)!} = \binom{n}{k}$$

Bemerkung Jede der drei Fakultäten des Binomialkoeffizienten hat eine anschauliche Bedeutung: Die Zahl $n!$ ist die Anzahl aller n-Tupel in $\{1, \dots, n\}$ mit unterschiedlichen Komponenten. Man redet gelegentlich auch von den *injektiven* n-Tupeln. Die Division durch die Fakultät $(n-k)!$ beschreibt die Reduktion auf k-Tupel während die Division durch $k!$ angibt, dass wir von der Reihenfolge der Komponenten absehen.

(d) (Ziehen mit Zurücklegen ohne Beachtung der Reihenfolge). Für die Bestimmung der Mächtigkeit von $\Omega^3_{k,n}$ bemerken wir zunächst

$$|\Omega^4_{k,n+k-1}| \overset{\text{(d)}}{=} \binom{n+k-1}{k}$$

Es genügt somit eine Bijektion von $\Omega^3_{k,n}$ nach $\Omega^4_{k,n+k-1}$ anzugeben. Eine solche wird definiert durch $\pi : \Omega^3_{k,n} \to \Omega^4_{k,n+k-1}$ vermöge

$$\pi(x_1, \dots, x_k) = (x_1, x_2 + 1, x_3 + 2, \dots, x_k + k - 1)$$

wie man leicht prüft. Somit folgt wie gewünscht

$$|\Omega^3_{k,n}| = |\Omega^4_{k,n+k-1}| = \binom{n+k-1}{k}$$

und wir sind fertig.

Bemerkung Die grundlegende Idee des obigen Beweises ist es, ein monotones k-Tupel $(x_1, \dots, x_k)$ durch Addition von $(0, 1, \dots, k-1)$ zu einem streng monotonen k-Tupel aus $\Omega^4_{k,n+k-1}$ zu liften. Im Fall $n = 7$ und $k = 4$ erhalten wir beispielsweise $\pi(1, 1, 5, 7) = (1, 2, 7, 10)$.

Bemerkung Die vier Ergebnismengen kann man sich auch einprägsam wie folgt merken: $\Omega^1_{k,n}$ entspricht der Menge aller k-Tupel aus $\{1, \ldots, n\}$, $\Omega^2_{k,n}$ entspricht der Menge aller wiederholungsfreien k-Tupel aus $\{1, \ldots, n\}$, $\Omega^3_{k,n}$ entspricht der Menge aller monoton steigenden k-Tupel aus $\{1, \ldots, n\}$ und $\Omega^4_{k,n}$ entspricht der Menge aller streng monotonen steigenden k-Tupel aus $\{1, \ldots, n\}$.

Lösung Aufgabe 7 Für die Lösung aller Teilaufgaben werden wir die Formeln aus Aufgabe 6 verwenden.

(a) Der erste Teil der Aufgabe lässt sich wie folgt als Urnenmodell interpretieren: Aus einer Urne mit $n = 5$ Kugeln (Ziffern) werden mit Zurücklegen und unter Beachtung der Reihenfolge $k = 3$ Kugeln gezogen. Wegen

$$n^k = 5^3 = 125$$

lassen sich 125 verschiedene dreistellige Zahlen aus fünf Ziffern bilden. Fordern wir nun zusätzlich, dass die Ziffern jeder Zahl unterschiedlich sind, so handelt es sich dabei um das Urnenmodell $\Omega^2_{3,5}$. Wir erhalten

$$\frac{n!}{(n-k)!} = \frac{5!}{(5-3)!} = 5 \cdot 4 \cdot 3 = 60$$

Es gibt also 60 dreistellige Zahlen mit unterschiedlichen Ziffern.

(b) Es handelt sich hierbei um das Urnenmodell *Ziehen ohne Zurücklegen ohne Beachtung der Reihenfolge*. Aus $n = 8$ Personen werden zufällig $k = 2$ verschiedene Personen (Gesprächspartner) ausgewählt. Dafür gibt es insgesamt

$$\binom{n}{k} = \binom{8}{2} = \frac{8!}{2!\,6!} = \frac{7 \cdot 8}{2} = 28$$

Möglichkeiten.

Bemerkung In der englischsprachigen Literatur ist die obige Fragestellung auch als *Handshaking Lemma* bekannt.

(c) Zieht man beim *Lotto* 6 *aus* 49 genau vier Richtige, so lässt sich die Anzahl der Möglichkeiten wie folgt berechnen: Aus den insgesamt sechs Gewinnzahlen müssen genau vier richtig getippt werden. Die Anzahl der Möglichkeiten dafür lautet

$$\binom{6}{4} = \frac{6!}{4!\,2!} = 15$$

Die beiden verbleibenden Zahlen im Tipp des Spielers sind falsch und werden aus den restlichen 43 Zahlen gewählt. Dafür gibt es

$$\binom{43}{2} = \frac{43!}{41!\,2!} = 903$$

Insgesamt gibt es also

$$\binom{6}{4}\binom{43}{2} = 15 \cdot 903 = 13\,545$$

Möglichkeiten aus 49 Zahlen genau vier Gewinnzahlen auszuwählen.

Bemerkung Da es insgesamt $\binom{49}{6} = 13\,983\,816$ verschiedene Tipps gibt, liegt die Wahrscheinlichkeit dafür, mit einem Tipp genau vier richtige Zahlen zu treffen, bei etwa 0.0969 %.

(d) Zur Beurteilung der Klangqualität von $n = 15$ Lautsprecher-Boxen werden diese paarweise, aber auch mit sich selbst geprüft. Hier ist $k = 2$. Es handelt sich also um das Urnenmodell *Ziehen mit Zurücklegen ohne Beachtung der Reihenfolge*, womit insgesamt

$$\binom{n+k-1}{k} = \binom{16}{2} = \frac{15 \cdot 16}{2} = 120$$

Hörvergleiche durchgeführt werden müssen.

(e) Es handelt sich hierbei um das Urnenmodell *Ziehen ohne Zurücklegen ohne Beachtung der Reihenfolge* mit $n = 11$ und $k = 3$. Folglich sind

$$\binom{n}{k} = \binom{11}{3} = 165$$

Auszeichnungen möglich.

(f) Jeder der vier Spieler erhält 15 von insgesamt 60 Karten. Dem ersten Spieler können auf $\binom{60}{15}$ unterschiedliche Weisen Karten zugeteilt werden. Dem zweiten Spieler verbleiben nur noch 45 der 60 Karten. Ihm können entsprechend auf $\binom{45}{15}$ Weisen die Karten zugeteilt werden. Für die beiden verbleibenden Spieler gehen wir analog vor und erhalten insgesamt

$$\binom{60}{15}\binom{45}{15}\binom{30}{15}\binom{15}{15} = 2845616726065971560165538537369600$$

also rund $2.8 \cdot 10^{33}$ Möglichkeiten. Es gibt $\binom{8}{8}\binom{52}{7}$ Möglichkeiten, dass einer der vier Spieler alle, also genau acht, Spezialkarten und sieben normale Karten enthält. Da die verbleibenden 45 Karten wie oben unter den drei restlichen Spieler aufgeteilt werden, gibt es

$$4 \cdot \binom{8}{8}\binom{52}{7}\binom{45}{15}\binom{30}{15}\binom{15}{15} = 28627209331180958137883443200$$

also rund $2.8 \cdot 10^{28}$ Möglichkeiten, dass einer der Spieler alle Sonderkarten bekommt.

Lösung Aufgabe 8 Eine Klasse bestehe aus 16 Kindern. Davon seien neun Mädchen und sieben Jungen.

(a) Wählen wir vier beliebige Kinder aus der Klasse, so gibt es dafür insgesamt

$$\binom{16}{4} = \frac{16!}{12!\,4!} = 1820$$

Möglichkeiten. Dabei haben wir stillschweigend angenommen, dass kein Kind mehrfach in der Kommission sein kann und die Reihenfolge der Kinder irrelevant ist.

(b) Wir wählen zufällig drei der neun Mädchen und zwei der sieben Jungen. Dafür gibt es jeweils $\binom{9}{3}$ und $\binom{7}{2}$ Möglichkeiten. Folglich können insgesamt

$$\binom{9}{3}\binom{7}{2} = 84 \cdot 21 = 1764$$

verschiedene Kommissionen gebildet werden.

(c) Eine Kommission, in der sich gleich viele Jungen und Mädchen befinden, enthält mindestens einen und höchstens sieben Jungen. Beispielsweise gibt es $\binom{9}{1}\binom{7}{1}$ Kommissionen aus genau einem Jungen und einem Mädchen. Insgesamt gibt es daher

$$\sum_{k=1}^{7}\binom{9}{k}\binom{7}{k} = 63 + 756 + 2940 + 4410 + 2646 + 588 + 36 = 11\,439$$

verschiedene Kommissionen, in denen gleich viele Mädchen und Jungen sind.

Bemerkung In der Lösung von Aufgabe 108 werden wir die sogenannte *Vandermonde-Identität* beweisen. Diese lehrt in unserem Fall

$$\sum_{k=0}^{7}\binom{9}{k}\binom{7}{k} = \sum_{k=0}^{7}\binom{9}{k}\binom{7}{7-k} = \binom{9+7}{7} = \binom{16}{7}$$

Damit lässt sich die Anzahl der möglichen Kommissionen vermöge

$$\sum_{k=1}^{7} \binom{9}{k}\binom{7}{k} = \binom{16}{7} - \binom{9}{0}\binom{7}{0} = 11\,440 - 1 = 11\,439$$

ermitteln.

Lösung Aufgabe 9

(a) Seien $k, n \in \mathbb{N}_0$ mit $k \in \{0, \ldots, n\}$ beliebig gewählt. Die Identität lässt sich direkt anhand der Definition des Binomialkoeffizienten nachrechnen:

$$\binom{n}{n-k} = \frac{n!}{(n-(n-k))!\,(n-k)!} = \frac{n!}{(n-k)!\,k!} = \binom{n}{k}$$

Alternativ kann man aber auch die beiden Mengensysteme

$$\mathfrak{A} := \big\{A \subseteq X \mid |A| = k\big\}, \qquad \mathfrak{B} := \big\{B \subseteq X \mid |B| = n-k\big\}$$

betrachten, wobei wir $X := \{1, \ldots, n\}$ setzen. Da es genau $\binom{n}{k}$ viele Teilmengen von X mit k Elementen gibt, gilt $|\mathfrak{A}| = \binom{n}{k}$. Analog folgt auch $|\mathfrak{B}| = \binom{n}{n-k}$. Die behauptete Identität ist damit bewiesen, wenn $\mathfrak{A}$ und $\mathfrak{B}$ gleichmächtig sind, also $|\mathfrak{A}| = |\mathfrak{B}|$ gilt. Wir überlegen uns dazu, dass die Abbildung $f : \mathfrak{A} \to \mathfrak{B}$ mit

$$f(A) := X \setminus A$$

eine Bijektion ist. Zunächst ist f wohldefiniert, denn ist A eine k-elementige Teilmenge von X, so besteht das Komplement $X \setminus A$ wegen

$$|X \setminus A| = |X| - |A| = n - k$$

aus $n-k$ vielen Elementen. Definieren wir nun die Abbildung $g : \mathfrak{B} \to \mathfrak{A}$ vermöge

$$g(B) := X \setminus B$$

so ist auch g mit einer analogen Begründung wohldefiniert. Weiter folgen

$$(g \circ f)(A) = g(f(A)) = X \setminus (X \setminus A) = A$$

und

$$(f \circ g)(B) = f(g(B)) = X \setminus (X \setminus B) = B$$

für alle $A \in \mathfrak{A}$ und $B \in \mathfrak{B}$. Folglich ist f bijektiv mit Umkehrabbildung g. Unsere Überlegungen zeigen nun wie gewünscht

$$\binom{n}{k} = |\mathfrak{A}| = |\mathfrak{B}| = \binom{n}{n-k}$$

Bemerkung Stellen wir uns ein Netzwerk vor, in dem n Teilnehmer miteinander kommunizieren wollen. Um sichere Kommunikation zu gewährleisten, wird jedem Teilnehmer ein Schlüssel zugewiesen. Es soll aber nicht jeder Teilnehmer denselben Schlüssel haben, sondern bestimmte Gruppen von Teilnehmern sollen jeweils einen gemeinsamen Schlüssel teilen, sodass die Kommunikation innerhalb der Gruppe gesichert ist. Angenommen, wir möchten k Teilnehmer auswählen, die denselben Schlüssel teilen. Eine andere Möglichkeit wäre, die Schlüssel für die restlichen $n-k$ Teilnehmer zu verteilen, da die Wahl der ersten Gruppe automatisch die übrigen Teilnehmer festlegt. Kombinatorisch gesprochen entspricht dies der Auswahl von k Teilnehmern oder den restlichen $n-k$ Teilnehmern.

(b) Seien $k, m, n \in \mathbb{N}_0$ mit $k \leq m \leq n$ beliebige natürliche Zahlen. Die Identität kann man ähnlich wie in Teil (a) nachrechnen. Wir setzen dazu $X := \{1, \ldots, n\}$ und betrachten die beiden Mengensysteme

$$\mathfrak{A} := \{(A, B) \in \mathfrak{P}(X) \times \mathfrak{P}(X) \mid A \subseteq B,\ |A| = k,\ |B| = m\}$$

und

$$\mathfrak{B} := \{(A, B) \in X \times X \mid A \cap B = \emptyset,\ |A| = k,\ |B| = m-k\}$$

Die Menge $\mathfrak{A}$ lässt sich direkt auszählen: Zunächst wählen wir die Menge $B \subseteq X$ mit $|B| = m$. Dafür gibt es $\binom{n}{m}$ Möglichkeiten. Danach wählen wir eine Teilmenge $A \subseteq B$ mit $|A| = k$. Dafür gibt es $\binom{m}{k}$ Möglichkeiten. Also gilt

$$|\mathfrak{A}| = \binom{n}{m}\binom{m}{k}$$

Ebenso erhält man

$$|\mathfrak{B}| = \binom{n}{k}\binom{n-k}{m-k}$$

denn wir können zunächst $A \subseteq X$ mit $|A| = k$ und anschließend $B \subseteq X \setminus A$ mit $|B| = m-k$ wählen.

Die behauptete Identität ist damit bewiesen, falls wir zeigen können, dass die Mengensysteme $\mathfrak{A}$ und $\mathfrak{B}$ gleichmächtig sind, es also eine bijektive Abbildung von $\mathfrak{A}$ nach $\mathfrak{B}$ gibt. Dies leistet die Abbildung $f : \mathfrak{A} \to \mathfrak{B}$ mit

$$f(A, B) := (A, B \setminus A)$$

Dabei ist f wohldefiniert, denn für alle Teilmengen A und B von X gilt sowohl $A \cap (B \setminus A) = \emptyset$ als auch $|B \setminus A| = |B| - |A|$. Die Abbildung ist bijektiv, denn sie besitzt die Umkehrabbildung $g : \mathfrak{B} \to \mathfrak{A}$ mit

$$g(A, B) := (A, A \cup B)$$

wie man leicht verifiziert. Damit folgt wie gewünscht

$$\binom{n}{m}\binom{m}{k} = |\mathfrak{A}| = |\mathfrak{B}| = \binom{n}{k}\binom{n-k}{m-k} \tag{15.1}$$

Die obige Identität lässt sich alternativ sehr elegant mit dem Prinzip des *doppeltem Abzählen* herleiten. Wir stellen uns dazu eine Gruppe von n Personen vor. Aus dieser wollen wir einen Ausschuss von m Personen und von diesen einen Unterausschuss aus k Personen wählen. Wir können dazu auf zwei verschiedene Weisen vorgehen. Einerseits können wir zuerst den Ausschuss auswählen. Dafür gibt es $\binom{n}{m}$ viele Möglichkeiten. Aus den m Personen wählen wir dann einen Unterausschuss. Hier gibt es $\binom{m}{k}$ Möglichkeiten, sodass die Gesamtzahl aller Möglichkeiten der linken Seite von Gl. (15.1) entspricht. Andererseits können wir auch zuerst den Unterausschuss bilden. Dafür gibt es $\binom{n}{k}$ Möglichkeiten. Aus den verbleibenden $n-k$ Personen wählen wir $m-k$ Personen für einen Ausschuss. Hierfür gibt es entsprechend $\binom{n-k}{m-k}$ Möglichkeiten und die Gesamtzahl an Möglichkeiten ist die rechte Seite von Gl. (15.1).

Lösung Aufgabe 10

(a) Seien $k, n \in \mathbb{N}$ mit $k \in \{1, \dots, n\}$ beliebige Zahlen. Die Identität lässt sich direkt nachrechnen. Per Definition des Binomialkoeffizienten gilt

$$\begin{aligned}\binom{n}{k} + \binom{n}{k-1} &= \frac{n!}{(n-k)!\,k!} + \frac{n!}{(n-(k-1))!\,(k-1)!}\\ &= \frac{n!\,(n-k+1)}{(n-k+1)!\,k!} + \frac{n!\,k}{(n-k+1)!\,k!}\end{aligned}$$

Beachten Sie dabei $(n-k+1)! = (n-k)!\,(n-k+1)$ und $k! = (k-1)!\,k$. Die beiden Brüche auf der rechten Seite lassen sich anschließend zusammenfassen, womit wir wie gewünscht

$$\binom{n}{k} + \binom{n}{k-1} = \frac{n!\,(n+1)}{(n-k+1)!\,k!} = \frac{(n+1)!}{(n+1-k)!\,k!} = \binom{n+1}{k}$$

erhalten. Die obige Identität lässt sich alternativ mithilfe der Methode des *doppelten Abzählens* herleiten. Vergleichen Sie dazu die Lösung von Aufgabe 9 (b). Wir untersuchen dazu das Ziehen von k beliebigen Elementen aus der Menge $\{1, \ldots, n+1\}$. Für diese Auswahl gibt es insgesamt $\binom{n+1}{k}$ Möglichkeiten. Nun unterteilen wir diesen Vorgang in zwei Fälle: *Die Auswahl enthält die Zahl* 1. In diesem Fall müssen die verbleibenden $k-1$ Elemente aus der Menge $\{2, \ldots, n+1\}$ gewählt werden. Dafür gibt es $\binom{n}{k-1}$ Möglichkeiten. *Die Auswahl enthält nicht die Zahl* 1. Hier müssen alle k Elemente aus der Menge $\{2, \ldots, n+1\}$ gezogen werden. Dies ist auf $\binom{n}{k}$ Arten möglich. Da beide Fälle alle möglichen Szenarien abdecken, ergibt sich damit wie gewünscht die Identität.

(b) Sei $n \in \mathbb{N}_0$ und seien $x, y \in \mathbb{R}$ beliebig. Wir beweisen den binomischen Lehrsatz mit vollständiger Induktion. Dabei ist der Induktionsanfang für $n = 0$ offensichtlich erfüllt, da die linke und rechte Seite gleich 1 ist. Der Induktionsschritt von n nach $n + 1$ ergibt sich wie folgt:

$$\begin{aligned}
(x+y)^{n+1} &\overset{(!)}{=} (x+y) \sum_{k=0}^{n} \binom{n}{k} x^{n-k} y^k \\
&= x^{n+1} + \sum_{k=1}^{n} \binom{n}{k} x^{n-k+1} y^k + \sum_{k=0}^{n-1} \binom{n}{k} x^{n-k} y^{k+1} + y^{n+1} \\
&= x^{n+1} + \sum_{k=1}^{n} \binom{n}{k} x^{n-k+1} y^k + \sum_{k=1}^{n} \binom{n}{k-1} x^{n-k+1} y^k + y^{n+1} \\
&= x^{n+1} + \sum_{k=1}^{n} \left[\binom{n}{k} + \binom{n}{k-1} \right] x^{n-k+1} y^k + y^{n+1} \\
&\overset{(a)}{=} x^{n+1} + \sum_{k=1}^{n} \binom{n+1}{k} x^{n-k+1} y^k + y^{n+1} \\
&= \sum_{k=0}^{n+1} \binom{n+1}{k} x^{n+1-k} y^k
\end{aligned}$$

Dabei haben wir in Schritt (!) die Induktionsvoraussetzung angewandt und das so entstandene Produkt so lange mithilfe von Indexverschiebungen umgeformt, sodass wir schließlich die Rekursionsformel für Binomialkoeffizienten aus Teil (a) verwenden konnten. Damit ist alles gezeigt.

Lösung Aufgabe 11 Für die Lösung einiger Identitäten ist es zweckdienlich den binomischen Lehrsatz aus Aufgabe 10 (b) zu verwenden. Sei ab jetzt $n \in \mathbb{N}$ eine beliebige Zahl.

(a) Im Fall $x = 1$ und $y = 1$ folgt aus dem binomischen Lehrsatz sofort die Identität

$$\sum_{k=0}^{n} \binom{n}{k} = \sum_{k=0}^{n} \binom{n}{k} 1^{n-k}\, 1^{k} = (1+1)^n = 2^n$$

und wir sind fertig. Alternativ kann man die obige Identität aber auch wie folgt herleiten: Wir betrachten die Menge $\Omega := \{1, \ldots, n\}$. Wegen $|\Omega| = n$ lehrt Aufgabe 5

$$|\mathfrak{P}(\Omega)| = 2^{|\Omega|} = 2^n$$

das heißt, die Potenzmenge von Ω besteht aus 2^n verschiedenen Teilmengen von Ω. Dabei gibt es $\binom{n}{k}$ viele Teilmengen von Ω mit $k \in \{0, \ldots, n\}$ vielen Elementen. Dies bedeutet aber gerade

$$|\mathfrak{P}(\Omega)| = \left| \bigsqcup_{k=0}^{n} \{A \subseteq \Omega \mid |A| = k\} \right| = \sum_{k=0}^{n} |\{A \subseteq \Omega \mid |A| = k\}| = \sum_{k=0}^{n} \binom{n}{k}$$

womit die Behauptung folgt. In `Python` prüfen wir die Identität für $n = 1000$ wie folgt:

```
import math

n = 1000
sum(math.comb(n, k) for k in range(n + 1)) == 2**n

True
```

Bemerkung Die Beweismethode, die Mächtigkeit einer Menge auf zwei unterschiedliche Weisen zu bestimmen, ist bekannt als *doppeltes Abzählen.* Vergleichen Sie auch die Lösung der Aufgaben 9 und 10 (a).

(b) Für $k \in \{1, \ldots, n\}$ gilt per Definition des Binomialkoeffizienten

$$k\binom{n}{k} = \frac{k \cdot n!}{(n-k)!\,k!} = \frac{n \cdot (n-1)!}{((n-1)-(k-1))!\,(k-1)!} = n\binom{n-1}{k-1}$$

und somit

$$\sum_{k=0}^{n} k\binom{n}{k} = \sum_{k=1}^{n} k\binom{n}{k} = n\sum_{k=1}^{n} \binom{n-1}{k-1} = n\sum_{k=0}^{n-1} \binom{n-1}{k} \overset{\text{(a)}}{=} n2^{n-1}$$

Alternativ können wir aber auch wie folgt vorgehen: Wir betrachten die differenzierbare Funktion $f : \mathbb{R} \to \mathbb{R}$ mit

$$f(x) := \sum_{k=0}^{n} \binom{n}{k} x^k$$

Wegen dem binomischen Lehrsatz gilt $f(x) = (x+1)^n$ für alle $x \in \mathbb{R}$ und daher

$$\sum_{k=0}^{n} k \binom{n}{k} x^{k-1} = f'(x) = n(x+1)^{n-1}$$

Setzen wir nun $x = 1$ in die obige Gleichung ein, so folgt die behauptete Identität.

Bemerkung Ist $(\Omega, \mathfrak{F}, \mathbb{P})$ ein Wahrscheinlichkeitsraum und $X : \Omega \to \mathbb{R}$ eine Binomial-verteilte Zufallsvariable mit $\mathbb{P}_X = \mathbf{B}(n, 1/2)$ und $n \in \mathbb{N}$, so folgt aus Aufgabe 126

$$\frac{n}{2} = \mathbb{E}[X] = \sum_{k=0}^{n} k \binom{n}{k} \left(\frac{1}{2}\right)^k \left(1 - \frac{1}{2}\right)^{n-k} = \left(\frac{1}{2}\right)^n \sum_{k=0}^{n} k \binom{n}{k}$$

und damit die obige Identität.

(c) Für den Nachweis der Identität können wir ähnlich wie in Teil (a) vorgehen. Wir betrachten dazu die Menge $\Omega := \{1, \dots, 2n\}$ und zerlegen diese in $\Omega_1 := \{1, \dots, n\}$ und $\Omega_2 := \{n+1, \dots, 2n\}$. Da die Mengen Ω_1 und Ω_2 per Konstruktion disjunkt sind, handelt es sich bei der Abbildung

$$f : \mathfrak{P}(\Omega) \to \mathfrak{P}(\Omega_1) \boxtimes \mathfrak{P}(\Omega_2), \qquad f(A) := (A \cap \Omega_1, A \cap \Omega_2)$$

um eine Bijektion. Daher gilt

$$|\mathfrak{P}(\Omega)| = |\mathfrak{P}(\Omega_1 \sqcup \Omega_2)| = |\mathfrak{P}(\Omega_1)||\mathfrak{P}(\Omega_2)|$$

Wie in Teil (a) folgen nun wegen $|\Omega| = 2n$ und $|\Omega_1| = |\Omega_2| = n$ sowohl

$$|\mathfrak{P}(\Omega)| = \sum_{k=0}^{2n} |\{A \subseteq \Omega \mid |A| = k\}| = \sum_{k=0}^{2n} \binom{2n}{k}$$

als auch

$$|\mathfrak{P}(\Omega_j)| = \sum_{k=0}^{n} |\{A \subseteq \Omega_j \mid |A| = k\}| = \sum_{k=0}^{n} \binom{n}{k}$$

für $j \in \{1, 2\}$. Zusammensetzen aller Ergebnisse liefert nun wie gewünscht

$$\left(\sum_{k=0}^{n} \binom{n}{k}\right)^2 = |\mathfrak{P}(\Omega_1)||\mathfrak{P}(\Omega_2)| = |\mathfrak{P}(\Omega)| = \sum_{k=0}^{2n} \binom{2n}{k}$$

(d) Wenden wir den binomischen Lehrsatz auf $x = 1$ und $y = -1$ an, so folgt

$$\sum_{k=0}^{n} (-1)^k \binom{n}{k} = 0$$

In `Python` prüfen wir die Identität im Fall $n = 1000$ wie folgt:

```
import math

n = 1000
sum((-1)**k * math.comb(n, k) for k in range(n + 1)) == 0

True
```

Lösung Aufgabe 12 Sei $(A_n)_{n\in\mathbb{N}}$ eine Folge von Mengen. Der *Limes Inferior* und *Limes Superior* von $(A_n)_{n\in\mathbb{N}}$ werden vermöge

$$\liminf_{n\to+\infty} A_n := \bigcup_{n=1}^{+\infty} \bigcap_{k=n}^{+\infty} A_k, \qquad \limsup_{n\to+\infty} A_n := \bigcap_{n=1}^{+\infty} \bigcup_{k=n}^{+\infty} A_k$$

definiert. Beachten Sie, dass es sich bei beiden Ausdrücken um Mengen handelt. In Analogie zum Konvergenzbegriff aus der Analysis wird die Folge $(A_n)_{n\in\mathbb{N}}$ *konvergent* genannt, falls Limes Inferior und Limes Superior im Sinne der Mengengleichheit übereinstimmen. In diesem Fall bezeichnet

$$\lim_{n\to+\infty} A_n := \liminf_{n\to+\infty} A_n = \limsup_{n\to+\infty} A_n$$

den *Grenzwert* der Folge. Wir wollen uns zum Schluss überlegen, warum stets

$$\liminf_{n\to+\infty} A_n \subseteq \limsup_{n\to+\infty} A_n$$

gilt. Sei dazu $x \in \liminf_n A_n$ beliebig. Dann existiert eine Zahl $n_0 \in \mathbb{N}$ mit der Eigenschaft $x \in \bigcap_{k=n_0}^{+\infty} A_k$. Dies ist gleichbedeutend mit $x \in A_k$ für alle $k \in \mathbb{N}$ mit $k \geq n_0$. Dies bedeutet aber gerade $x \in \bigcup_{k=n}^{+\infty} A_k$ für alle $n \in \mathbb{N}$ und weiter $x \in \bigcap_{n=1}^{+\infty} \bigcup_{k=n}^{+\infty} A_k$. Da dies gleichbedeutend mit $x \in \limsup_n A_n$ ist, ist alles gezeigt.

Lösung Aufgabe 13 Seien $(A'_n)_{n\in\mathbb{N}}$ eine Folge sowie A und B beliebige Mengen. Wir betrachten die beiden Folgen $(A_n)_{n\in\mathbb{N}}$ und $(B_n)_{n\in\mathbb{N}}$ mit

$$A_n := \bigcup_{k=1}^{n} A'_k, \qquad B_n := \begin{cases} A & \text{falls } n \in 2\mathbb{N} \\ B & \text{falls } n \in 2\mathbb{N}_0 + 1 \end{cases}$$

deren Konvergenzverhalten wir untersuchen wollen. Für alle $n \in \mathbb{N}$ gilt offensichtlich

$$A_n = \bigcup_{k=1}^{n} A'_k \subseteq \bigcup_{k=1}^{n+1} A'_k = A_{n+1}$$

das heißt, die Folge $(A_n)_{n\in\mathbb{N}}$ ist wachsend. Gemäß Aufgabe 14 ist sie damit automatisch konvergent und besitzt den Grenzwert $\bigcup_{n=1}^{+\infty} A'_n$. Für die Konvergenzuntersuchung von $(B_n)_{n\in\mathbb{N}}$ bestimmen wir den Limes Inferior und Limes Superior der Folge. Für jedes $n \in \mathbb{N}$ gelten

$$\bigcup_{k=n}^{+\infty} B_k = A \cup B, \qquad \bigcap_{k=n}^{+\infty} B_k = A \cap B$$

Das liegt daran, dass die Folge lediglich zwei Werte annimmt. Dies impliziert sowohl

$$\liminf_{n\to+\infty} B_n = \bigcup_{n=1}^{+\infty}\bigcap_{k=n}^{+\infty} B_k = \bigcup_{n=1}^{+\infty}(A \cap B) = A \cap B$$

als auch

$$\limsup_{n\to+\infty} B_n = \bigcap_{n=1}^{+\infty}\bigcup_{k=n}^{+\infty} B_k = \bigcap_{n=1}^{+\infty}(A \cup B) = A \cup B$$

Daher ist die Folge $(B_n)_{n\in\mathbb{N}}$ genau dann konvergent, falls $A \cap B = A \cup B$. Dies ist gleichbedeutend mit $A = B$.

Lösung Aufgabe 14 Sei $(A_n)_{n\in\mathbb{N}}$ eine Folge von Mengen. Im Folgenden werden wir

$$\lim_{n\to+\infty} A_n = \begin{cases} \bigcup_{n=1}^{+\infty} A_n & \text{falls } (A_n)_{n\in\mathbb{N}} \text{ wachsend ist} \\ \bigcap_{n=1}^{+\infty} A_n & \text{falls } (A_n)_{n\in\mathbb{N}} \text{ fallend ist} \end{cases}$$

zeigen. Den Nachweis der beiden Aussagen erbringen wir in zwei Schritten:

(a) Sei die Folge $(A_n)_{n\in\mathbb{N}}$ zuerst *wachsend*, das heißt, es gilt $A_n \subseteq A_{n+1}$ für alle $n \in \mathbb{N}$. Damit gilt insbesondere auch

$$A_n = \bigcap_{k=n}^{+\infty} A_k$$

für $n \in \mathbb{N}$ und folglich

$$\bigcup_{n=1}^{+\infty} A_n = \bigcup_{n=1}^{+\infty}\bigcap_{k=n}^{+\infty} A_k = \liminf_{n\to+\infty} A_n$$

Weiter gilt

$$\bigcup_{n=1}^{+\infty} A_n \supseteq \bigcap_{n=1}^{+\infty} \bigcup_{k=n}^{+\infty} A_k = \limsup_{n\to+\infty} A_n \supseteq \liminf_{n\to+\infty} A_n$$

also können wir die obigen Überlegungen wie folgt zusammensetzen:

$$\liminf_{n\to+\infty} A_n = \bigcup_{n=1}^{+\infty} \bigcap_{k=n}^{+\infty} A_k = \bigcup_{n=1}^{+\infty} A_n \supseteq \bigcap_{n=1}^{+\infty} \bigcup_{k=n}^{+\infty} A_k = \limsup_{n\to+\infty} A_n \supseteq \liminf_{n\to+\infty} A_n$$

Dabei nutzen wir, dass der Limes Inferior jeder Folge gemäß Aufgabe 12 stets Teilmenge des Limes Superiors ist. Vergleichen wir nun die rechte und linke Seite, so lesen wir wie gewünscht

$$\liminf_{n\to+\infty} A_n = \limsup_{n\to+\infty} A_n = \bigcup_{n=1}^{+\infty} A_n$$

ab. Unsere Überlegungen zeigen, dass die wachsende Folge $(A_n)_{n\in\mathbb{N}}$ konvergent mit Grenzwert $\bigcup_{n=1}^{+\infty} A_n$ ist.

(b) Die zweite Behauptung zeigen wir ähnlich. Zunächst gilt für jede Folge $(A_n)_{n\in\mathbb{N}}$

$$\liminf_{n\to+\infty} A_n = \bigcup_{n=1}^{+\infty} \bigcap_{k=n}^{+\infty} A_k \supseteq \bigcap_{n=1}^{+\infty} A_n$$

Ist die Folge zusätzlich *fallend,* also $A_{n+1} \subseteq A_n$ für alle $n \in \mathbb{N}$, so gilt auch die umgekehrte Inklusion. Insgesamt erhalten wir damit

$$\liminf_{n\to+\infty} A_n = \bigcup_{n=1}^{+\infty} \bigcap_{k=n}^{+\infty} A_k = \bigcap_{n=1}^{+\infty} A_n = \bigcap_{n=1}^{+\infty} \bigcup_{k=n}^{+\infty} A_k = \limsup_{n\to+\infty} A_n$$

und somit wie gewünscht

$$\liminf_{n\to+\infty} A_n = \limsup_{n\to+\infty} A_n = \bigcap_{n=1}^{+\infty} A_n$$

Bemerkung Als direkte Konsequenz dieser Aufgabe erhalten wir mit den De Morganschen Regeln aus Aufgabe 4 folgendes Resultat:

Sei X eine Menge, sei $A \subseteq X$ und sei $(A_n)_{n\in\mathbb{N}}$ eine Folge von Teilmengen von X. Dann gelten die folgenden Aussagen: Es gilt genau dann $A_n \downarrow A$, wenn $A_n^{\mathsf{c}} \uparrow A^{\mathsf{c}}$, und es gilt genau dann $A_n \uparrow A$, wenn $A_n^{\mathsf{c}} \downarrow A^{\mathsf{c}}$.

Lösung Aufgabe 15 Es sei im Folgenden $(A_n)_{n\in\mathbb{N}}$ eine Folge von Teilmengen von X mit $A_n \to A$, wobei A eine beliebige Teilmenge von X ist.

(a) Durch zweifache Anwendung der De Morganschen Regeln (!) aus Aufgabe 4 erhalten wir

$$\left(\liminf_{n\to+\infty} A_n\right)^{\mathsf{c}} = \left(\bigcup_{n=1}^{+\infty}\bigcap_{k=n}^{+\infty} A_k\right)^{\mathsf{c}} \overset{(!)}{=} \bigcap_{n=1}^{+\infty}\left(\bigcap_{k=n}^{+\infty} A_k\right)^{\mathsf{c}} \overset{(!)}{=} \bigcap_{n=1}^{+\infty}\bigcup_{k=n}^{+\infty} A_k^{\mathsf{c}} = \limsup_{n\to+\infty} A_n^{\mathsf{c}}$$

beziehungsweise

$$\liminf_{n\to+\infty} A_n = \left(\limsup_{n\to+\infty} A_n^{\mathsf{c}}\right)^{\mathsf{c}}$$

Mit derselben Begründung folgt auch

$$\limsup_{n\to+\infty} A_n = \left(\liminf_{n\to+\infty} A_n^{\mathsf{c}}\right)^{\mathsf{c}}$$

Da eine Folge von Mengen genau dann konvergiert, wenn Limes Inferior und Limes Superior übereinstimmen, folgt $A_n \to A$ genau dann, wenn $A_n^{\mathsf{c}} \to A^{\mathsf{c}}$ gilt.

(b) Sei $x \in X$ beliebig gewählt. Die reelle Zahlenfolge $(\chi_{A_n}(x))_{n\in\mathbb{N}}$ konvergiert bekanntlich genau dann, wenn der Limes Inferior und Limes Superior dieser übereinstimmen, das heißt, wenn

$$\liminf_{n\to+\infty} \chi_{A_n}(x) = \limsup_{n\to+\infty} \chi_{A_n}(x)$$

gilt. Man überlegt sich leicht, dass dies äquivalent zu

$$\chi_{\liminf_{n\to+\infty} A_n}(x) = \chi_{\limsup_{n\to+\infty} A_n}(x)$$

ist. Damit die Indikatorfunktionen auf beiden Seiten übereinstimmen, muss aber gerade

$$\liminf_{n\to+\infty} A_n = \limsup_{n\to+\infty} A_n$$

gelten, was gleichbedeutend mit der Konvergenz der Folge $(A_n)_{n\in\mathbb{N}}$ ist. Also gilt $A_n \to A$ genau dann, wenn $\chi_{A_n} \to \chi_A$ punktweise. Damit ist alles gezeigt.

Lösung Aufgabe 16 Wir zeigen nun die Operationstreue der Urbildfunktion beziehungsweise des Urbilds. Sei dazu $f : X \to Y$ eine Abbildung zwischen den beiden Mengen X und Y.

(a) (Vereinigung und Durchschnitt). Sei I eine beliebige Indexmenge und B_i für jedes $i \in I$ eine Teilmenge von Y. Die beiden Identitäten lassen sich direkt zeigen:

$$\begin{aligned} f^{-1}\left(\bigcup_{i\in I} B_i\right) &= \left\{x \in X \mid f(x) \in \bigcup_{i\in I} B_i\right\} \\ &= \{x \in X \mid \text{es gibt } i \in I \text{ mit } f(x) \in B_i\} \\ &= \bigcup_{i\in I}\{x \in X \mid f(x) \in B_i\} \\ &= \bigcup_{i\in I} f^{-1}(B_i) \end{aligned}$$

und

$$\begin{aligned} f^{-1}\left(\bigcap_{i\in I} B_i\right) &= \left\{x \in X \mid f(x) \in \bigcap_{i\in I} B_i\right\} \\ &= \{x \in X \mid \text{für alle } i \in I \text{ gilt } f(x) \in B_i\} \\ &= \bigcap_{i\in I}\{x \in X \mid f(x) \in B_i\} \\ &= \bigcap_{i\in I} f^{-1}(B_i) \end{aligned}$$

(b) (Differenz und symmetrische Differenz). Seien B und B' beliebige Teilmengen von Y. Dann gilt

$$\begin{aligned} f^{-1}(B \setminus B') &= \{x \in X \mid f(x) \in B \setminus B'\} \\ &= \{x \in X \mid f(x) \in B \text{ und } f(x) \notin B'\} \\ &= \{x \in X \mid f(x) \in B\} \cap \{x \in X \mid f(x) \notin B'\} \\ &\overset{(a)}{=} f^{-1}(B) \cap (f^{-1}(B'))^{\mathsf{c}} \\ &= f^{-1}(B) \setminus f^{-1}(B') \end{aligned}$$

Die zweite Identität erhalten wir ähnlich:

$$\begin{aligned} f^{-1}(B \triangle B') &= f^{-1}((B \setminus B') \cup (B' \setminus B)) \\ &\overset{(a)}{=} f^{-1}(B \setminus B') \cup f^{-1}(B' \setminus B) \\ &\overset{(c)}{=} (f^{-1}(B) \setminus f^{-1}(B')) \cup (f^{-1}(B') \setminus f^{-1}(B)) \\ &= f^{-1}(B) \triangle f^{-1}(B') \end{aligned}$$

(c) (Komplementbildung). Sei B eine beliebige Teilmenge von Y. Dann folgt

$$\begin{aligned} f^{-1}(B^c) &= \{x \in X \mid f(x) \in B^c\} \\ &= \{x \in X \mid f(x) \notin B\} \\ &= X \setminus \{x \in X \mid f(x) \in B\} \\ &= X \setminus f^{-1}(B) \\ &= (f^{-1}(B))^c \end{aligned}$$

(d) (Monotonie). Seien B und B' zwei Teilmengen von Y mit $B \subseteq B'$. Dann folgt per Definition des Urbilds wie gewünscht

$$f^{-1}(B) = \{x \in X \mid f(x) \in B\} \subseteq \{x \in X \mid f(x) \in B'\} = f^{-1}(B')$$

Lösung Aufgabe 17 Sei X eine Menge und A eine beliebige Teilmenge von X. Dann nennt man die Funktion $\chi_A : X \to \mathbb{R}$ mit

$$\chi_A(x) := \begin{cases} 1 & \text{falls } x \in A \\ 0 & \text{sonst} \end{cases}$$

Indikatorfunktion von A.

(a) Bei $X = A \sqcup A^c$ handelt es sich um eine disjunkte Zerlegung von X. Jedes Element aus X liegt also entweder in A oder in A^c. Daher gelten

$$\chi_A \cdot \chi_{A^c} = 0, \qquad \chi_A + \chi_{A^c} = 1$$

denn es ist entweder $\chi_A(x) = 0$ und $\chi_{A^c} = 1$, oder $\chi_A(x) = 1$ und $\chi_{A^c} = 0$.

(b) Sei A und B beliebige Teilmengen von X. Ein Element $x \in X$ liegt genau dann in $A \cap B$, wenn es gleichzeitig in A und B liegt. Daraus folgt unmittelbar

$$\chi_{A\cap B}(x) = \chi_A(x) \cdot \chi_B(x)$$

oder kurz $\chi_{A\cap B} = \chi_A \cdot \chi_B$. Beachten Sie dabei, dass ein Produkt genau dann Null ist, wenn mindestens einer der Faktoren Null ist. Zum Nachweis der verbleibenden Identität

$$\chi_A + \chi_B = \chi_{A\cup B} + \chi_{A\cap B}$$

unterscheiden wir vier Fälle, die wir wie folgt zusammenfassen können:

Fall	$x \in A$	$x \in B$	$\chi_A(x)$	$\chi_B(x)$	$\chi_{A\cup B}(x)$	$\chi_{A\cap B}(x)$
1	$x \in A$	$x \in B$	1	1	1	1
2	$x \in A$	$x \notin B$	1	0	1	0
3	$x \notin A$	$x \in B$	0	1	1	0
4	$x \notin A$	$x \notin B$	0	0	0	0

Wie wir sofort anhand der letzten vier Spalten sehen, ist die Identität erfüllt.

(c) Für den Nachweis der Aussage müssen wir lediglich folgende Äquivalenz beweisen: Für zwei Teilmengen A und B von X gilt genau dann $A \subseteq B$, wenn $\chi_A \leq \chi_B$. Gelte zuerst $A \subseteq B$. Im Fall $x \in A$ ist $\chi_A(x) = 1$ und somit wegen $x \in B$ auch $\chi_B(x) = 1$. Der verbleibende Fall $x \in A^c$ ist wegen $\chi_{A^c}(x) = 0$ trivial, womit wir $\chi_A(x) \leq \chi_B(x)$ für alle $x \in X$ erhalten. Gelte umgekehrt $\chi_A \leq \chi_B$. Für $x \in X$ mit $\chi_A(x) = 1$ gilt $x \in A$. Wegen $1 \leq \chi_B(x)$ folgt direkt $x \in B$, was $A \subseteq B$ beweist. Damit ist alles gezeigt.

Lösung Aufgabe 18 Es sei X eine beliebige Menge. Ein Mengensystem $\mathfrak{O}_X \subseteq \mathfrak{P}(X)$ wird *Topologie* auf X genannt, falls es die folgenden Eigenschaften besitzt:

(a) Die Vereinigung *beliebig vieler* Mengen aus $\mathfrak{O}_X$ gehört zu $\mathfrak{O}_X$. In anderen Worten: Ist I eine *beliebige* Indexmenge und $(A_i)_{i\in I}$ eine Familie von Mengen aus $\mathfrak{O}_X$, so gilt

$$\bigcup_{i\in I} A_i \in \mathfrak{O}_X$$

(b) Der Durchschnitt *endlich vieler* Mengen aus $\mathfrak{O}_X$ gehört zu $\mathfrak{O}_X$. Ist also I eine *endliche* Indexmenge und $(A_i)_{i\in I}$ eine Familie von *endlich vielen* Mengen aus $\mathfrak{O}_X$, so gilt

$$\bigcap_{i\in I} A_i \in \mathfrak{O}_X$$

Häufig spricht man bei diesen Eigenschaften von der sogenannten Abgeschlossenheit oder Stabilität bezüglich beliebiger Vereinigungen und endlicher Durchschnitte. Dabei wird in beiden Fällen nicht ausgeschlossen, dass die Indexmenge leer ist. In diesem Fall definiert man üblicherweise

$$\bigcup_{i\in\emptyset} A_i := \emptyset, \qquad \bigcap_{i\in\emptyset} A_i := X$$

Als direkte Konsequenz folgt somit, dass die beiden Mengen $\emptyset$ und X stets zur Topologie gehören. Die Elemente einer Topologie heißen *offene Mengen.* Eine Teilmenge $U \subseteq X$ heißt *abgeschlossen,* wenn ihr Komplement $X \setminus U$ offen ist, also zu

$\mathfrak{O}_X$ gehört. Insbesondere sind $\emptyset$ und X abgeschlossen, denn es gelten $X \setminus \emptyset = X$ und $X \setminus X = \emptyset$. Ist $\mathfrak{O}_X$ eine Topologie auf X, so wird das Paar $(X, \mathfrak{O}_X)$ *topologischer Raum* genannt.

Bemerkung

(1) Verschiedene alternative Definitionen können Sie im ersten Kapitel von [8] nachlesen.
(2) Wie wir in Aufgabe 30 sehen werden, führt jede Topologie auf einer Menge auf natürliche Weise zu einer σ-Algebra, der sogenannten Borelschen σ-Algebra. Sie umfasst nicht nur alle offenen Mengen der Topologie, sondern auch alle Mengen, die sich durch abzählbare Vereinigungen, abzählbare Durchschnitte und Komplementbildungen dieser erzeugen lassen.

Lösung Aufgabe 19 Sei $(X, \mathfrak{O}_X)$ ein topologischer Raum und Y eine beliebige Teilmenge von X. Wir werden zeigen, dass sich die Eigenschaften der Topologie $\mathfrak{O}_X$ direkt auf das Mengensystem

$$\mathfrak{O}_{X|Y} := \{U \cap Y \mid U \in \mathfrak{O}_X\}$$

übertragen und es sich daher um eine Topologie auf Y handelt. Dazu zeigen wir, dass $\mathfrak{O}_{X|Y}$ stabil bezüglich *beliebiger* Vereinigungen und *endlicher* Durchschnitte ist. Sei I eine beliebige Indexmenge und sei $V_i \in \mathfrak{O}_{X|Y}$ für $i \in I$. Wir finden somit zu jedem Index eine offene Menge $U_i \in \mathfrak{O}_X$ mit $V_i = U_i \cap Y$. Per Definition der Vereinigung und des Durchschnitts gelten

$$\bigcup_{i \in I} V_i = \left(\bigcup_{i \in I} U_i\right) \cap Y, \qquad \bigcap_{i \in I} V_i = \left(\bigcap_{i \in I} U_i\right) \cap Y$$

Da $\mathfrak{O}_X$ eine Topologie ist, liegt $\bigcup_{i \in I} U_i$ stets in $\mathfrak{O}_X$, also auch $\bigcup_{i \in I} V_i$ in $\mathfrak{O}_{X|Y}$. Ist die Indexmenge I *endlich,* so folgt analog auch $\bigcap_{i \in I} V_i \in \mathfrak{O}_{X|Y}$. Damit ist $\mathfrak{O}_{X|Y}$ tatsächlich eine Topologie auf Y.

Bemerkung

(1) Unsere Überlegungen zeigen, dass der Name *Teilraumtopologie* gerechtfertigt ist.
(2) Sei $(X, \mathfrak{O}_X)$ ein topologischer Raum und Y eine Teilmenge von X. Dann ist $V \subseteq Y$ genau dann offen (abgeschlossen) in der Teilraumtopologie, wenn es eine offene (abgeschlossene) Menge $U \subseteq X$ mit $V = U \cap Y$ gibt.

Lösung Aufgabe 20 Sei (X, d) ein metrischer Raum. Wir wollen nachweisen, dass das Mengensystem

$$\mathfrak{O}_X := \{U \subseteq X \mid \text{für alle } x \in U \text{ gibt es } \varepsilon \in \mathbb{R}_{>0} \text{ mit } \mathbb{B}(x, \varepsilon) \subseteq U\}$$

eine Topologie auf X definiert. Sei I eine *beliebige* Indexmenge und U_i offen für jedes $i \in I$. Weiter sei $x \in \bigcup_{i \in I} U_i$ beliebig gewählt. Wir finden somit einen Index $k \in I$ mit $x \in U_k$. Da U_k offen ist, also zu $\mathfrak{O}_X$ gehört, gibt es ein $\varepsilon \in \mathbb{R}_{>0}$ mit $\mathbb{B}(x, \varepsilon) \subseteq U_k$. Damit gilt aber auch

$$\mathbb{B}(x, \varepsilon) \subseteq \bigcup_{i \in I} U_i$$

also ist $\bigcup_{i \in I} U_i$ offen. Sei nun I eine *endliche* Indexmenge und U_i offen für $i \in I$. Für $x \in \bigcap_{i \in I} U_i$ folgt $x \in U_i$ für alle $i \in I$. Daher gibt es per Definition von $\mathfrak{O}_X$ Zahlen $\varepsilon_i \in \mathbb{R}_{>0}$ mit $\mathbb{B}(x, \varepsilon_i) \subseteq U_i$ für alle $i \in I$. Wir setzen

$$\varepsilon := \min_{i \in I} \varepsilon_i$$

Da I endlich ist, gilt $\varepsilon > 0$, und somit

$$\mathbb{B}(x, \varepsilon) \subseteq \bigcap_{i \in I} U_i$$

Damit ist die Stabilität unter endlichen Durchschnitten gezeigt, also definiert $\mathfrak{O}_X$ wie behauptet eine Topologie auf X. Damit ist alles gezeigt.

Bemerkung Die Aufgabe zeigt, dass man jeden metrischen Raum als topologischen Raum auffassen kann.

Lösung Aufgabe 21 Es seien (X, d) ein metrischer Raum, $x \in X$ und $\varepsilon \in \mathbb{R}_{>0}$. Beachten Sie, dass wir den Radius der Kugeln ohne Beschränkung als nichtnegativ annehmen können, da diese andernfalls leer sind und somit sowohl offen als auch abgeschlossen wären. Zur Übersicht unterteilen wir den Beweis in zwei Teile:

(a) Wir wollen zeigen, dass die Menge

$$\mathbb{B}(x, \varepsilon) = \{y \in X \mid d(x, y) < \varepsilon\}$$

bezüglich der metrischen Topologie offen ist. Per Definition müssen wir zu jedem $y \in \mathbb{B}(x, \varepsilon)$ eine Zahl $\varepsilon' \in \mathbb{R}_{>0}$ mit $\mathbb{B}(y, \varepsilon') \subseteq \mathbb{B}(x, \varepsilon)$ finden. Sei also $y \in \mathbb{B}(x, \varepsilon)$ beliebig. Wir definieren $\varepsilon' := \varepsilon - d(x, y)$. Da $d(x, y) < \varepsilon$ gilt, ist $\varepsilon' > 0$. Vergleichen Sie auch Abb. 15.2. Für $z \in \mathbb{B}(y, \varepsilon')$ folgt aus der Dreiecksungleichung der Metrik

$$d(x, z) \leq d(x, y) + d(y, z) < d(x, y) + \varepsilon' = \varepsilon$$

und damit wie gewünscht $z \in \mathbb{B}(x, \varepsilon)$. Unsere Überlegungen zeigen, dass die Menge $\mathbb{B}(x, \varepsilon)$ offen ist.

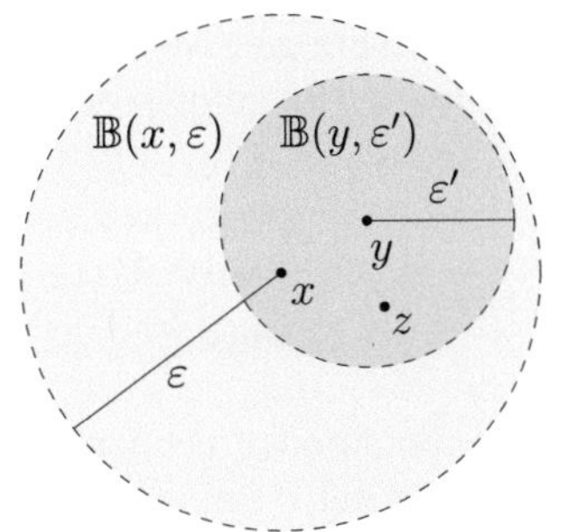

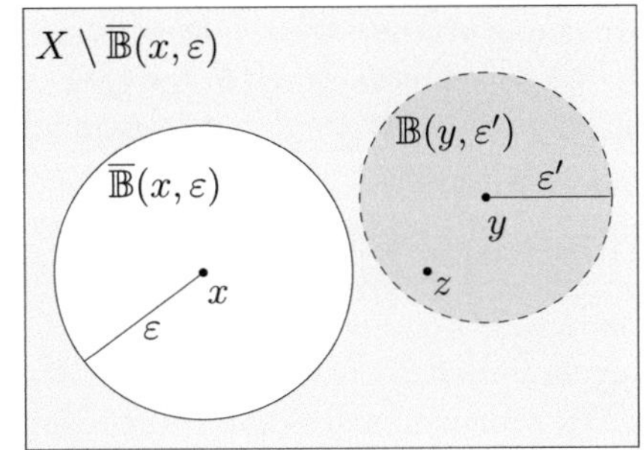

Abb. 15.2 Illustration des Beweises von Aufgabe 21

(b) In diesem Teil zeigen wir, dass die Kugel $\overline{\mathbb{B}}(x, \varepsilon)$ abgeschlossen oder äquivalent die Menge

$$X \setminus \overline{\mathbb{B}}(x, \varepsilon) = \{y \in X \mid d(x, y) > \varepsilon\}$$

bezüglich der metrischen Topologie offen ist. Sei $z \in X$ mit $d(x, z) > \varepsilon$ beliebig. Wir setzen $\varepsilon' := d(x, z) - \varepsilon$. Dann gilt $\varepsilon' > 0$. Weiter gilt

$$\mathbb{B}(z, \varepsilon') \subseteq \{y \in X \mid d(x, y) > \varepsilon\}$$

denn für alle $y \in \mathbb{B}(z, \varepsilon')$ liefert die (umgekehrte) Dreiecksungleichung der Metrik

$$d(x, y) \geq d(x, z) - d(y, z) > d(x, z) - \varepsilon' = \varepsilon$$

Damit ist die Abgeschlossenheit der Kugel $\overline{\mathbb{B}}(x, \varepsilon)$ gezeigt.

Bemerkung Die Aufgabe zeigt, dass die beiden Bezeichnungen *offene* und *abgeschlossene Kugel* in jedem metrischen Raum gerechtfertigt sind. Dabei sollte man aber unbedingt beachten, dass die geometrische Form beider Mengen von der betrachteten Metrik des zugrundeliegenden metrischen Raumes abhängt und die Kugeln damit verschiedene Gestalten annehmen können. Vergleichen Sie dazu auch die Lösung von Aufgabe 22 (a) oder [6, Aufgabe 34].

Lösung Aufgabe 22 Es sei X eine Menge mit mehr als einem Element und $\varepsilon \in \mathbb{R}_{>0}$ beliebig. Weiter sei $d : X \times X \to \mathbb{R}$ mit

$$d(x, y) := \begin{cases} 0 & x = y \\ 1 & \text{sonst} \end{cases}$$

die sogenannte *diskrete Metrik*. Dass es sich dabei wirklich um eine Metrik handelt, können Sie beispielsweise in [6, Aufgabe 26 (a)] nachlesen. Da die diskrete Metrik lediglich die beiden Werte 0 und 1 annimmt, folgt für jedes $x \in X$

$$\mathbb{B}(x, \varepsilon) = \begin{cases} \{x\} & \varepsilon \in (0, 1] \\ X & \text{sonst,} \end{cases} \qquad \overline{\mathbb{B}}(x, \varepsilon) = \begin{cases} \{x\} & \varepsilon \in (0, 1) \\ X & \text{sonst} \end{cases}$$

Die Kugeln bestehen also entweder nur aus dem Mittelpunkt oder aus dem ganzen Raum. Wir zeigen nun, dass alle Teilmengen von X in der durch d induzierten metrischen Topologie sowohl offen als auch abgeschlossen sind. Sei dazu A eine nichtleere Teilmenge von X. Dann folgt für jedes $x \in A$ und $\varepsilon \in (0, 1)$ wegen $\mathbb{B}(x, \varepsilon) = \{x\}$ automatisch $\mathbb{B}(x, \varepsilon) \subseteq A$. Daher ist A offen, und somit ist auch A abgeschlossen, da $X \setminus A$ offen ist. Abschließend wollen wir für $x \in X$ zeigen, dass der Abschluss von $\mathbb{B}(x, 1)$ nicht mit der abgeschlossenen Kugel $\overline{\mathbb{B}}(x, 1)$ übereinstimmt, also

$$\overline{\mathbb{B}(x, 1)} \neq \overline{\mathbb{B}}(x, 1)$$

gilt. Bei der Menge auf der linken Seite handelt es sich um den sogenannten *Abschluss* von $\mathbb{B}(x, 1)$. Dieser ist definiert als der Durchschnitt aller abgeschlossenen Mengen, die $\mathbb{B}(x, 1)$ enthalten, also

$$\overline{\mathbb{B}(x, 1)} = \bigcap_{\substack{A \subseteq X \text{ ist abgeschlossen} \\ A \supseteq \mathbb{B}(x,1)}} A = \bigcap_{\substack{A \subseteq X \text{ ist abgeschlossen} \\ A \supseteq \{x\}}} A = \{x\}$$

Wegen $\overline{\mathbb{B}}(x, 1) = X$ und $X \neq \{x\}$ ist damit alles gezeigt.

Lösung Aufgabe 23 Wir betrachten auf $\mathbb{Z}$ folgende Festlegung: Eine Teilmenge U von $\mathbb{Z}$ wird *offen* genannt, wenn sie leer ist oder es zu jedem $a \in U$ ein $b \in \mathbb{N}$ mit

$$a + b\mathbb{Z} \subseteq U$$

gibt. Dabei ist $a + b\mathbb{Z}$ eine abkürzende Schreibweise für die Menge $\{a + bk \mid k \in \mathbb{Z}\}$. Das Mengensystem aller offenen Mengen bezeichnen wir ab jetzt mit $\mathfrak{O}_{\mathbb{Z}}$. Beachten Sie, dass eine Teilmenge A von $\mathbb{Z}$ *abgeschlossen* genannt wird, falls $A^{\mathrm{c}} \in \mathfrak{O}_{\mathbb{Z}}$ gilt.

(a) *$\mathfrak{O}_{\mathbb{Z}}$ definiert eine Topologie auf $\mathbb{Z}$.* Wir werden zeigen, dass das Mengensystem $\mathfrak{O}_{\mathbb{Z}}$ stabil bezüglich beliebiger Vereinigungen und stabil bezüglich endlicher Durchschnitte ist. Sei dazu I eine beliebige Indexmenge und U_i für jedes $i \in I$ eine offene Teilmenge von $\mathbb{Z}$. Ohne Einschränkung sei $\bigcup_{i \in I} U_i$ nichtleer, denn andernfalls gehört die Menge bereits zu $\mathfrak{O}_{\mathbb{Z}}$. Da die Vereinigung nichtleer ist, finden wir zu jedem $a \in \bigcup_{i \in I} U_i$ mindestens einen Index $k \in I$ mit $a \in U_k$. Da U_k offen ist, existiert $b_k \in \mathbb{N}$ mit $a + b_k\mathbb{Z} \subseteq U_k$. Wegen

$$a + b_k\mathbb{Z} \subseteq U_k \subseteq \bigcup_{i \in I} U_i$$

ist folglich auch die Vereinigung offen. Dies beweist die Stabilität bezüglich beliebiger Vereinigungen. Seien nun $U_1, \ldots, U_n$ endlich viele offene Mengen, wobei wir ohne Einschränkung annehmen, dass der Schnitt der Mengen nichtleer ist. Ist nun $a \in \bigcap_{i=1}^n U_i$ beliebig, so gilt $a \in U_i$ für jeden Index. Da jede Menge U_i offen ist, finden wir zu jedem $i \in \{1, \ldots, n\}$ eine Zahl $b_i \in \mathbb{N}$ mit $a + b_i\mathbb{Z} \subseteq U_i$. Wir setzen $b := b_1 \cdot \ldots \cdot b_n$. Da jedes b_i ein Teiler von b ist, gilt $a + b\mathbb{Z} \subseteq a + b_i\mathbb{Z}$. Dies impliziert

$$a + b\mathbb{Z} \subseteq \bigcap_{i=1}^{n}(a + b_i\mathbb{Z}) \subseteq \bigcap_{i=1}^{n} U_i$$

womit der Durchschnitt $\bigcap_{i=1}^n U_i$ als offen identifiziert ist. Unsere Überlegungen zeigen, dass das System $\mathfrak{O}_\mathbb{Z}$ auch stabil bezüglich endlicher Durchschnitte ist und somit eine Topologie auf $\mathbb{Z}$ definiert. Damit ist alles bewiesen.

(b) Sei U eine nichtleere und offene Teilmenge von $\mathbb{Z}$. Dann finden wir per Definition von $\mathfrak{O}_\mathbb{Z}$ zu jedem $a \in U$ eine Zahl $b \in \mathbb{N}$ mit $a + b\mathbb{Z} \subseteq U$. Da $a + b\mathbb{Z}$ unendlich viele Elemente besitzt, muss U ebenfalls unendlich viele haben. Damit ist Aussage (α) bewiesen. Für Aussage (β) wählen wir $a \in \mathbb{Z}$ und $b \in \mathbb{N}$ beliebig. Sei $c \in a + b\mathbb{Z}$, das heißt, es gibt $k \in \mathbb{Z}$ mit $c = a + bk$. Wegen $bk + b\mathbb{Z} = b\mathbb{Z}$ folgt

$$c + b\mathbb{Z} = a + bk + b\mathbb{Z} = a + b\mathbb{Z}$$

Daher ist $a + b\mathbb{Z}$ offen. Wir zeigen nun, dass die Menge auch abgeschlossen, also das Komplement $(a + b\mathbb{Z})^\mathsf{c}$ offen, ist. Dazu werden wir

$$\mathbb{Z} = \bigsqcup_{j=0}^{b-1}(j + b\mathbb{Z}) \tag{15.2}$$

verwenden. Die obige Identität lässt sich beispielsweise wie folgt begründen: Für $x, y \in \mathbb{Z}$ wird durch die Festlegung $x \equiv_b y$ genau dann, wenn es $k \in \mathbb{Z}$ mit $x = y + kb$ gibt, eine Äquivalenzrelation auf $\mathbb{Z}$ definiert. Man überlegt sich leicht, dass es genau b verschiedene Äquivalenzklassen gibt. Diese sind für $j \in \{0, \ldots, b - 1\}$ gegeben durch

$$[j] = \{x \in \mathbb{Z} \mid x \equiv_b j\} = \{x \in \mathbb{Z} \mid x = j + kb \text{ für ein } k \in \mathbb{Z}\} = j + b\mathbb{Z}$$

Da das System der Äquivalenzklassen eine Partition der Menge $\mathbb{Z}$ erzeugt, erhalten wir wie gewünscht Gl. (15.2). Damit folgt

$$(a + b\mathbb{Z})^\mathsf{c} = \bigsqcup_{\substack{j=0 \\ j \not\equiv_b a}}^{b-1} (j + b\mathbb{Z})$$

Da jede der Mengen $j + b\mathbb{Z}$ wegen unseren Vorüberlegungen offen ist, ist es auch $(a + b\mathbb{Z})^\mathsf{c}$. Dies bedeutet aber gerade, dass $a + b\mathbb{Z}$ abgeschlossen ist und wir sind fertig.

(c) Im letzten Teil werden wir beweisen, dass es unendlich viele Primzahlen gibt. Sei

$$\mathbb{P} := \{2, 3, 5, \dots\}$$

die Menge der Primzahlen. Ist $z \in \mathbb{Z} \setminus \{-1, 1\}$ eine ganze Zahl, so besitzt diese mindestens einen Primteiler $p \in \mathbb{P}$. Folglich gilt $z \in p\mathbb{Z}$ und daher

$$\bigcup_{p \in \mathbb{P}} p\mathbb{Z} = \mathbb{Z} \setminus \{-1, 1\}$$

Aus Teil (b) wissen wir, dass die endliche Menge $\{-1, 1\}$ nicht offen ist. Daher ist ihr Komplement $\mathbb{Z} \setminus \{-1, 1\}$ und somit auch die Vereinigung $\bigcup_{p \in \mathbb{P}} p\mathbb{Z}$ nicht abgeschlossen. Andererseits wissen wir, dass jede Menge der Form $p\mathbb{Z}$ abgeschlossen ist. Gäbe es nur endlich viele Primzahlen, dann wäre $\bigcup_{p \in \mathbb{P}} p\mathbb{Z}$ als endliche Vereinigung abgeschlossener Mengen ebenfalls abgeschlossen. Das steht im Widerspruch dazu, dass wir festgestellt haben, dass diese Vereinigung nicht abgeschlossen ist. Daraus folgt, dass $\mathbb{P}$ unendlich sein muss.

Lösung Aufgabe 24 Es seien $(X, \mathfrak{O}_X)$ und $(Y, \mathfrak{O}_Y)$ zwei topologische Räume sowie $f : X \to Y$ eine beliebige Abbildung.

(α) Zunächst zeigen wir die Äquivalenz der Aussagen (a) und (b). Sei dazu f stetig, das heißt, für jede offene Menge $U \subseteq Y$ ist $f^{-1}(U)$ offen in X, also $f^{-1}(U) \in \mathfrak{O}_X$. Ist $A \subseteq Y$ abgeschlossen, so ist A^{c} offen, also $f^{-1}(A^{\mathsf{c}})$ offen in X. Gemäß Aufgabe 16 (c) gilt

$$f^{-1}(A^{\mathsf{c}}) = \left(f^{-1}(A)\right)^{\mathsf{c}}$$

Also ist $(f^{-1}(A))^{\mathsf{c}}$ offen und damit $f^{-1}(A)$ abgeschlossen. Ist umgekehrt das Urbild jeder abgeschlossenen Teilmenge von Y abgeschlossen in X, so folgt aus der obigen Gleichung auch die Stetigkeit der Funktion. Dies beweist die Äquivalenz der Aussagen (a) und (b).

(β) Im Folgenden zeigen wir, dass (a) und (c) äquivalent sind. Sei f stetig, $x \in X$ und V eine Umgebung von $f(x)$ in Y. Dann gibt es eine offene Menge $U \subseteq Y$ mit $f(x) \in U$ und $U \subseteq V$. Wegen der Stetigkeit ist $f^{-1}(U)$ offen in X und es gelten $x \in f^{-1}(U)$ und $f^{-1}(U) \subseteq f^{-1}(V)$. Also ist $f^{-1}(V)$ eine Umgebung von x. Sei umgekehrt vorausgesetzt, dass für jedes $x \in X$ und jede Umgebung $V \subseteq Y$ mit $f(x) \in V$ die Menge $f^{-1}(V)$ eine Umgebung von x ist. Sei $U \subseteq Y$ offen. Wir zeigen, dass $f^{-1}(U)$ offen in X ist. Sei $x \in f^{-1}(U)$. Nach Annahme gibt es eine in Y offene Menge V_x mit $f(x) \in V_x$ und $f^{-1}(V_x)$ eine Umgebung von x. Dann ist auch $f^{-1}(V_x \cap U)$ eine Umgebung von x. Unsere Überlegungen zeigen

$$f^{-1}(U) = \bigcup_{x \in f^{-1}(U)} f^{-1}(V_x \cap U)$$

also ist $f^{-1}(U)$ als Vereinigung offener Mengen offen in X. Damit sind (a) und (c) äquivalent.

(γ) Wir beweisen im letzten Teil die Äquivalenz der Aussagen (a) und (d). Sei f stetig und $\mathfrak{B}_Y$ eine Basis von Y. Jedes $B \in \mathfrak{B}_Y$ ist offen, also ist $f^{-1}(B)$ offen in X. Sei nun umgekehrt $f^{-1}(B)$ für jedes $B \in \mathfrak{B}_Y$ offen in X. Weiter sei $U \subseteq Y$ offen. Da $\mathfrak{B}_Y$ eine Basis von Y ist, lässt sich U als Vereinigung beliebig vieler Mengen aus $\mathfrak{B}_Y$ schreiben. In anderen Worten, wir finden eine Teilmenge $\mathfrak{B}'_Y \subseteq \mathfrak{B}_Y$ mit

$$U = \bigcup_{B \in \mathfrak{B}'_Y} B$$

Die Operationstreue der Urbildfunktion aus Aufgabe 16 liefert schließlich

$$f^{-1}(U) = \bigcup_{B \in \mathfrak{B}'_Y} f^{-1}(B)$$

also ist $f^{-1}(U)$ offen in X. Damit ist die Stetigkeit der Abbildung bewiesen.

Zusammenfassend haben wir damit wie gewünscht gezeigt, dass die Aussagen (a), (b), (c) und (d) äquivalent sind.

Lösung Aufgabe 25 Es seien $(X, \mathfrak{O}_X)$, $(Y, \mathfrak{O}_Y)$ und $(Z, \mathfrak{O}_Z)$ drei topologische Räume sowie $f : X \to Y$ und $g : Y \to Z$ stetige Abbildungen. Wir zeigen, dass auch die Komposition $g \circ f : X \to Z$, definiert durch $(g \circ f)(x) = g(f(x))$, stetig ist. Da g stetig ist, gilt für jede offene Menge $U \in \mathfrak{O}_Z$, dass $g^{-1}(U) \in \mathfrak{O}_Y$ ist. Ebenso ist f stetig, was impliziert, dass $f^{-1}(g^{-1}(U)) \in \mathfrak{O}_X$ ist. Beachten wir nun

$$(g \circ f)^{-1}(U) = f^{-1}(g^{-1}(U))$$

so folgt, dass das Urbild jeder offenen Teilmenge von Z unter $g \circ f$ offen in X ist. Dies zeigt die Stetigkeit der Komposition $g \circ f$ und schließt den Beweis ab.

Bemerkung Das Resultat kann man sich wie folgt einprägsam merken: *Die Komposition (Verknüpfung, Hintereinanderausführung) stetiger Abbildungen ist stetig.*

Lösung Aufgabe 26 Seien in der gesamten Lösung (X, d) und (Y, ρ) zwei metrische Räume sowie $f : X \to Y$ eine beliebige Abbildung. Dabei statten wir X und Y ab jetzt stillschweigend mit der metrischen Topologie aus Aufgabe 20 aus. Für den Beweis der Äquivalenzaussage werden wir die beiden folgenden Eigenschaften der Urbildfunktion verwenden, die sich unmittelbar aus der Definition ergeben: Für beliebige Mengen $A \subseteq X$ und $B \subseteq Y$ gelten die beiden Inklusionen $A \subseteq f^{-1}(f(A))$ und $f(f^{-1}(B)) \subseteq B$. Wir kommen nun zur eigentlichen Lösung dieser Aufgabe, die wir in zwei Teile aufteilen:

($\Longrightarrow$). Sei f stetig im Sinne von Aufgabe 24. Das heißt, für jede offene Teilmenge $U \subseteq Y$ ist das Urbild $f^{-1}(U)$ offen. Seien $x \in X$ und $\varepsilon \in \mathbb{R}_{>0}$ beliebig. Da die offene Kugel

$$\mathbb{B}_\rho(f(x), \varepsilon) := \{y \in Y \mid \rho(f(x), y) < \varepsilon\}$$

gemäß Aufgabe 21 offen ist, ist es folglich auch $f^{-1}(\mathbb{B}_\rho(f(x), \varepsilon))$. Beachten wir weiter $x \in f^{-1}(\mathbb{B}_\rho(f(x), \varepsilon))$, so existiert eine Zahl $\delta \in \mathbb{R}_{>0}$ mit der Eigenschaft

$$\mathbb{B}_d(x, \delta) \subseteq f^{-1}(\mathbb{B}_\rho(f(x), \varepsilon))$$

wobei wir $\mathbb{B}_d(x, \delta) := \{y \in X \mid d(x, y) < \delta\}$ setzen. Die obige Inklusion impliziert

$$f(\mathbb{B}_d(x, \delta)) \subseteq \mathbb{B}_\rho(f(x), \varepsilon)$$

Folglich gibt es zu jedem $\varepsilon \in \mathbb{R}_{>0}$ eine Zahl $\delta \in \mathbb{R}_{>0}$ derart, dass für alle $y \in X$ mit $d(x, y) < \delta$ auch $\rho(f(x), f(y)) < \varepsilon$ gilt. Somit ist die Abbildung stetig in x.

($\Longleftarrow$). Seien nun $U \subseteq Y$ eine offene Menge, $x \in X$ mit $x \in f^{-1}(U)$ und f stetig in x. Wir wollen zeigen, dass f stetig im Sinne von Aufgabe 24 ist. Da U offen ist und $f(x) \in U$ gilt, gibt es eine Zahl $\varepsilon \in \mathbb{R}_{>0}$ mit $\mathbb{B}_\rho(f(x), \varepsilon) \subseteq U$. Da f stetig in x ist, finden wir weiter $\delta \in \mathbb{R}_{>0}$ mit der Eigenschaft

$$f(\mathbb{B}_d(x, \delta)) \subseteq \mathbb{B}_\rho(f(x), \varepsilon)$$

Daher gilt insbesondere $f(\mathbb{B}_d(x, \delta)) \subseteq U$ und somit

$$\mathbb{B}_d(x, \delta) \subseteq f^{-1}(U)$$

Unsere Überlegungen zeigen, dass das Urbild $f^{-1}(U)$ offen ist, was die Stetigkeit von f beweist.

Lösungen: Mengensysteme und Zufallsvariablen

16

Lösung Aufgabe 27 Sei X eine überabzählbare Menge. Wir betrachten das Mengensystem

$$\mathfrak{A} := \{A \subseteq X \mid A \text{ oder } A^{\mathsf{c}} \text{ ist höchstens abzählbar}\}$$

von dem wir nachweisen wollen, dass es eine σ-Algebra auf X definiert.

(a) Da die leere Menge eine endliche und damit höchstens abzählbare Menge ist, folgt aus $X^{\mathsf{c}} = \emptyset$ bereits $X \in \mathfrak{A}$.

(b) Wir überlegen uns nun, dass das System $\mathfrak{A}$ stabil bezüglich Komplementbildung ist. Sei dazu $A \in \mathfrak{A}$ beliebig, also A oder A^{c} höchstens abzählbar. Wegen

$$A = (A^{\mathsf{c}})^{\mathsf{c}}$$

gilt somit auch $A^{\mathsf{c}} \in \mathfrak{A}$.

(c) Nun zeigen wir, dass das System $\mathfrak{A}$ stabil bezüglich abzählbarer Vereinigungen ist. Sei dazu $(A_n)_{n\in\mathbb{N}}$ eine Folge von Mengen aus $\mathfrak{A}$. Sind alle Mengen höchstens abzählbar, so ist auch die (abzählbare) Vereinigung $\bigcup_{n=1}^{+\infty} A_n$ höchstens abzählbar und gehört damit zu $\mathfrak{A}$. Gibt es jedoch mindestens einen Index $k \in \mathbb{N}$ derart, dass A_k überabzählbar ist, so liegt $\bigcup_{n=1}^{+\infty} A_n$ dennoch in $\mathfrak{A}$, wie wir gleich sehen werden. Da A_k zu $\mathfrak{A}$ gehört, muss das Komplement A_k^{c} höchstens abzählbar sein. Gemäß den De Morganschen Regeln aus Aufgabe 4 folgt

$$\left(\bigcup_{n=1}^{+\infty} A_n\right)^{\mathsf{c}} = \bigcap_{n=1}^{+\infty} A_n^{\mathsf{c}} \subseteq A_k^{\mathsf{c}}$$

N. Hebestreit-Düsing, *Übungs- und Lernbuch Wahrscheinlichkeitstheorie und Stochastik*, https://doi.org/10.1007/978-3-662-72720-1_16

Somit ist das Komplement von $\bigcup_{n=1}^{+\infty} A_n$ als Teilmenge einer höchstens abzählbaren Menge ebenfalls höchstens abzählbar. Daher gilt $\bigcup_{n=1}^{+\infty} A_n \in \mathfrak{A}$ und wir sind fertig.

Bemerkung Das Mengensystem $\mathfrak{A}$ definiert auch eine σ-Algebra auf X, falls die Menge X höchstens abzählbar ist. In diesem Fall gilt jedoch $\mathfrak{A} = \mathfrak{P}(X)$.

Lösung Aufgabe 28 Sei $\mathfrak{A}$ eine σ-Algebra über der Menge X.

(a) Da die σ-Algebra per Definition stabil bezüglich Komplementbildung ist, implizieren $X \in \mathfrak{A}$ und $X^{\mathsf{c}} = \emptyset$ unmittelbar $\emptyset \in \mathfrak{A}$.

(b) Sei $(A_n)_{n\in\mathbb{N}}$ eine beliebige Folge von Mengen aus $\mathfrak{A}$. Da $\mathfrak{A}$ eine σ-Algebra ist, gilt $A_n^{\mathsf{c}} \in \mathfrak{A}$ für alle $n \in \mathbb{N}$. Mithilfe der De Morganschen Regeln aus Aufgabe 4 folgt dann wie gewünscht

$$\bigcap_{n=1}^{+\infty} A_n = \bigcap_{n=1}^{+\infty} (A_n^{\mathsf{c}})^{\mathsf{c}} = \left(\bigcup_{n=1}^{+\infty} A_n^{\mathsf{c}}\right)^{\mathsf{c}} \in \mathfrak{A}$$

Beachten Sie, dass die rechte Seite und somit auch die linke Seite der obigen Gleichung zu $\mathfrak{A}$ gehört, da die σ-Algebra stabil bezüglich abzählbarer Vereinigungen und Komplementbildung ist.

(c) Seien $A_k \in \mathfrak{A}$ für $k \in \{1, \dots, n\}$ beliebige Mengen. Wir definieren die Folge $(B_k)_{k\in\mathbb{N}}$ gemäß

$$B_k := \begin{cases} A_k & \text{falls } k \in \{1, \dots, n\} \\ \emptyset & \text{sonst} \end{cases}$$

Diese liegt wegen Teil (a) dieser Aufgabe vollständig in $\mathfrak{A}$. Weiter folgt offensichtlich

$$\bigcup_{k=1}^{n} A_k = \left(\bigcup_{k=1}^{n} A_k\right) \cup \left(\bigcup_{k=n+1}^{+\infty} \emptyset\right) = \bigcup_{k=1}^{+\infty} B_k \in \mathfrak{A}$$

also gehört auch die endliche Vereinigung $\bigcup_{k=1}^{n} A_k$ zur σ-Algebra $\mathfrak{A}$. Die zweite Aussage dieses Aufgabenteils lässt sich ähnlich zeigen. Dazu betrachten wir die Folge $(C_k)_{k\in\mathbb{N}}$ mit

$$C_k := \begin{cases} A_k & \text{falls } k \in \{1, \dots, n\} \\ X & \text{sonst} \end{cases}$$

Wegen Teil (b) dieser Aufgabe und $X \in \mathfrak{A}$ folgt $\bigcap_{k=1}^{+\infty} C_k \in \mathfrak{A}$ und damit wie gewünscht

$$\bigcap_{k=1}^{n} A_k = \left(\bigcap_{k=1}^{n} A_k\right) \cap \left(\bigcap_{k=n+1}^{+\infty} X\right) = \bigcap_{k=1}^{+\infty} C_k \in \mathfrak{A}$$

(d) Sei $(A_n)_{n\in\mathbb{N}}$ eine Folge von Mengen aus $\mathfrak{A}$. Der Limes Inferior und Limes Superior der Folge ist Aufgabe 12 folgend gemäß

$$\liminf_{n\to+\infty} A_n := \bigcup_{n=1}^{+\infty}\bigcap_{k=n}^{+\infty} A_k, \qquad \limsup_{n\to+\infty} A_n := \bigcap_{n=1}^{+\infty}\bigcup_{k=n}^{+\infty} A_k$$

definiert. Ähnlich wie in Teil (c) zeigt man leicht

$$\bigcap_{k=n}^{+\infty} A_k \in \mathfrak{A}, \qquad \bigcup_{k=n}^{+\infty} A_k \in \mathfrak{A}$$

für alle $n \in \mathbb{N}$. Die Stabilität bezüglich abzählbarer Vereinigungen und Durchschnitte der σ-Algebra $\mathfrak{A}$ stellen schließlich sicher, dass der Limes Inferior und Limes Superior wieder zur σ-Algebra $\mathfrak{A}$ gehört.

(e) Seien $A, B \in \mathfrak{A}$ beliebige Mengen. Gemäß Teil (c) folgen $A \cup B \in \mathfrak{A}$ und $A \cap B \in \mathfrak{A}$. Wegen $A \setminus B = A \cap B^{\mathrm{c}}$ und $A \triangle B = (A \cup B) \setminus (A \cap B)$ gehören somit auch das Komplement von A und B beziehungsweise die symmetrische Differenz dieser Mengen zur σ-Algebra $\mathfrak{A}$.

Bemerkung Die oben bewiesenen Eigenschaften von σ-Algebren spielen in der Maßtheorie beziehungsweise Wahrscheinlichkeitstheorie und Stochastik eine große Rolle. Salopp gesagt ist in einer σ-Algebra alles erlaubt, was sich auf höchstens abzählbare Weise ausdrücken lässt.

Lösung Aufgabe 29 Sei $f : X \to Y$ eine Abbildung zwischen den beiden Mengen X und Y. Wir betrachten das Mengensystem

$$f^{-1}(\mathfrak{B}) := \{f^{-1}(B) \mid B \in \mathfrak{B}\}$$

wobei $\mathfrak{B}$ eine beliebige σ-Algebra auf Y ist. Unser Ziel ist zu zeigen, dass $f^{-1}(\mathfrak{B})$ eine σ-Algebra auf X definiert. Dazu werden wir die drei definierenden Eigenschaften einer σ-Algebra nachweisen. Zunächst gilt per Definition des Urbilds

$$X = \{x \in X \mid f(x) \in Y\} = f^{-1}(Y)$$

Da $Y \in \mathfrak{B}$ ist, folgt $X \in f^{-1}(\mathfrak{B})$. Sei nun $A \in f^{-1}(\mathfrak{B})$ beliebig, das heißt, wir finden eine Menge $B \in \mathfrak{B}$ mit $A = f^{-1}(B)$. Wegen dem zweiten Teil aus Aufgabe 16 (b) folgt

$$A^{\mathrm{c}} = (f^{-1}(B))^{\mathrm{c}} = f^{-1}(B^{\mathrm{c}})$$

Da $B^{\mathrm{c}} \in \mathfrak{B}$ gilt, liegt A^{c} in $f^{-1}(\mathfrak{B})$. Unsere Überlegungen zeigen, dass das Mengensystem $f^{-1}(\mathfrak{B})$ stabil bezüglich Komplementbildung ist. Sei nun $(A_n)_{n\in\mathbb{N}}$ eine

Folge von Mengen aus $f^{-1}(\mathfrak{B})$. Zu jedem Index $n \in \mathbb{N}$ gibt es eine Menge $B_n \in \mathfrak{B}$ mit $A_n = f^{-1}(B_n)$. Wegen der Operationstreue der Urbildfunktion folgt dann

$$\bigcup_{n=1}^{+\infty} A_n = \bigcup_{n=1}^{+\infty} f^{-1}(B_n) = f^{-1}\left(\bigcup_{n=1}^{+\infty} B_n\right) \in f^{-1}(\mathfrak{B})$$

Beachten Sie dabei $\bigcup_{n=1}^{+\infty} B_n \in \mathfrak{B}$. Wir haben somit wie gewünscht bewiesen, dass es sich beim Mengensystem $f^{-1}(\mathfrak{B})$ um eine σ-Algebra über X handelt.

Bemerkung Sei X eine Menge, sei $(Y, \mathfrak{B})$ ein messbarer Raum und sei $f : X \to Y$ eine beliebige Abbildung. Dann ist die Initial-σ-Algebra $f^{-1}(\mathfrak{B})$ die bezüglich mengentheoretischer Inklusion *kleinste* σ-Algebra auf X, für die f eine messbare Abbildung ist.

Lösung Aufgabe 30 Sei $(X, \mathfrak{O}_X)$ ein topologischer Raum. Die Elemente der Topologie $\mathfrak{O}_X$ werden bekanntlich *offene Mengen* genannt, während alle Teilmengen von X, deren Komplement offen ist, *abgeschlossen* heißen. Beispielsweise sind damit $\emptyset$ und X stets gleichzeitig offen und abgeschlossen, wie wir in Aufgabe 18 festgestellt haben. Die *Borelsche σ-Algebra* $\mathfrak{B}(X)$ auf X ist definiert als die von $\mathfrak{O}_X$ erzeugte σ-Algebra auf X. Man setzt also

$$\mathfrak{B}(X) := \sigma(\mathfrak{O}_X)$$

Mit anderen Worten ist $\mathfrak{B}(X)$ die bezüglich mengentheoretischer Inklusion kleinste σ-Algebra über X, die alle offenen Teilmengen von X enthält, wie in Aufgabe 32 erläutert. Anders ausgedrückt ist $\mathfrak{B}(X)$ der Durchschnitt aller σ-Algebren auf X, die sämtliche offenen Teilmengen enthalten. Die Elemente von $\mathfrak{B}(X)$ werden *Borelsche Mengen, Borel-Mengen* oder *Borel-messbare Mengen* genannt.

Ab jetzt bezeichne $\mathfrak{C}_X$ das System der abgeschlossenen Teilmengen von X. Wir beweisen nun

$$\sigma(\mathfrak{O}_X) = \sigma(\mathfrak{C}_X)$$

denn dies zeigt, dass $\mathfrak{B}(X)$ auch vom Mengensystem $\mathfrak{C}_X$ erzeugt wird. Sei zuerst $U \in \mathfrak{O}_X$ eine offene Menge. Das Komplement von U ist wegen $U = (U^c)^c$ wieder abgeschlossen, gehört also zu $\mathfrak{C}_X$. Folglich gilt $U^c \in \mathfrak{C}_X$ und damit auch $U^c \in \sigma(\mathfrak{C}_X)$. Da die σ-Algebra $\sigma(\mathfrak{C}_X)$ per Definition stabil bezüglich Komplementbildung ist, folgt $U \in \sigma(\mathfrak{C}_X)$. Wir haben somit $\sigma(\mathfrak{O}_X) \subseteq \sigma(\mathfrak{C}_X)$ gezeigt. Die umgekehrte Inklusion $\sigma(\mathfrak{O}_X) \supseteq \sigma(\mathfrak{C}_X)$ folgt analog, da die Komplemente abgeschlossener Mengen offen sind. Unsere Überlegungen zeigen nun wie gewünscht

$$\mathfrak{B}(X) = \sigma(\mathfrak{O}_X) = \sigma(\mathfrak{C}_X)$$

Damit ist alles gezeigt.

Bemerkung

(1) In der Literatur werden häufig auch die Schreibweisen $\mathcal{B}(X)$ oder $\mathfrak{B}_X$ für die Borelsche σ-Algebra auf der Menge X genutzt. Die Borelsche σ-Algebra über $\mathbb{R}^q$ wird beispielsweise in [3] mit $\mathfrak{B}^q$ abgekürzt.

(2) Ist $(X, \mathfrak{O}_X)$ ein σ-kompakter Hausdorff-Raum, dann wird die Borelsche σ-Algebra $\mathfrak{B}(X)$ neben den Systemen der offenen und abgeschlossenen Mengen auch vom System der kompakten Teilmengen von X erzeugt. Einen Beweis dieser Aussage finden Sie beispielsweise in [7, Aufgabe 58]. Versehen wir $\mathbb{R}^q$ mit der durch die euklidischen Metrik induzierten (metrischen) Topologie, so ist der resultierende topologische Raum σ-kompakt und jedes der drei Mengensysteme erzeugt die Borelsche σ-Algebra $\mathfrak{B}(\mathbb{R}^q)$.

Lösung Aufgabe 31 Wir wollen nachweisen, dass das Mengensystem

$$\mathfrak{B}^q := \left\{ B \in \mathfrak{B}(\mathbb{R}^q) \mid \inf_{A \subseteq B \subseteq U} \beta^q(U \setminus A) = 0 \right\}$$

eine σ-Algebra über $\mathbb{R}^q$ mit $\mathfrak{B}^q = \mathfrak{B}(\mathbb{R}^q)$ definiert. Dabei wird das Infimum für jedes $B \in \mathfrak{B}(\mathbb{R}^q)$ über alle offenen Mengen $U \subseteq \mathbb{R}^q$ und abgeschlossenen Mengen $A \subseteq \mathbb{R}^q$ mit $A \subseteq B \subseteq U$ gebildet, während $\beta^q : \mathfrak{B}(\mathbb{R}^q) \to \overline{\mathbb{R}}$ wie üblich das Borel-Lebesgue-Maß bezeichnet.

(a) *$\mathfrak{B}^q$ ist eine Algebra über $\mathbb{R}^q$.* Wir werden nun nacheinander die drei definierenden Eigenschaften einer Algebra nachweisen. Vergleichen Sie dazu auch den Lösungshinweis zu dieser Aufgabe. Zunächst ist die Menge $\mathbb{R}^q$ sowohl offen als auch abgeschlossen. Wegen $\beta^q(\mathbb{R}^q \setminus \mathbb{R}^q) = \beta^q(\emptyset) = 0$ folgt $\mathbb{R}^q \in \mathfrak{B}^q$. Nun zeigen wir, dass das System $\mathfrak{B}^q$ stabil bezüglich Komplementbildung ist. Seien dazu $B \in \mathfrak{B}^q$ und $\varepsilon \in \mathbb{R}_{>0}$ beliebig. Dann finden wir eine offene Menge $U \subseteq \mathbb{R}^q$ und eine abgeschlossene Menge $A \subseteq \mathbb{R}^q$ mit $A \subseteq B \subseteq U$ und $\beta^q(U \setminus A) < \varepsilon$. Gehen wir zum Komplement über, so erhalten wir $U^c \subseteq B^c \subseteq A^c$. Dabei ist A^c offen, während U^c abgeschlossen ist. Wegen Aufgabe 1 (b) folgt schließlich

$$\beta^q(A^c \setminus U^c) = \beta^q(U \setminus A) < \varepsilon$$

was gleichbedeutend mit $B^c \in \mathfrak{B}^q$ ist. Zum Schluss weisen wir nach, dass für zwei Mengen $B_1, B_2 \in \mathfrak{B}^q$ auch die Vereinigung $B_1 \cup B_2$ zu $\mathfrak{B}^q$ gehört. Ist $\varepsilon \in \mathbb{R}_{>0}$ beliebig, so finden wir offene Mengen $U_1, U_2 \subseteq \mathbb{R}^q$ und abgeschlossene Mengen $A_1, A_2 \subseteq \mathbb{R}^q$ mit den Eigenschaften

$$A_k \subseteq B_k \subseteq U_k, \qquad \beta^q(U_k \setminus A_k) < \frac{\varepsilon}{2}$$

für $k \in \{1, 2\}$. Mit einem Venn-Diagramm überzeugt man sich leicht von der Inklusion

$$(U_1 \cup U_2) \setminus (A_1 \cup A_2) \subseteq (U_1 \setminus A_1) \cup (U_2 \setminus A_2)$$

womit sich das Borel-Lebesgue-Maß der Menge $(U_1 \cup U_2) \setminus (A_1 \cup A_2)$ wie folgt nach oben abschätzen lässt:

$$\beta^q((U_1 \cup U_2) \setminus (A_1 \cup A_2)) \leq \beta^q(U_1 \setminus A_1) + \beta^q(U_2 \setminus A_2) < \frac{\varepsilon}{2} + \frac{\varepsilon}{2} = \varepsilon$$

Da $U_1 \cup U_2$ offen und $A_1 \cup A_2$ abgeschlossen ist, zeigt die obige Abschätzung wie gewünscht $B_1 \cup B_2 \in \mathfrak{B}^q$. Daher definiert $\mathfrak{B}^q$ eine Algebra über $\mathbb{R}^q$.

(b) $\mathfrak{B}^q$ *ist eine monotone Klasse.* Gemäß [7, Aufgabe 39] müssen wir lediglich nachweisen, dass der Grenzwert jeder monotonen Folge aus $\mathfrak{B}^q$ wieder zu $\mathfrak{B}^q$ gehört. Sei also $(B_n)_{n\in\mathbb{N}}$ eine wachsende Folge von Mengen aus $\mathfrak{B}^q$. Die Folge ist wegen Aufgabe 14 konvergent und besitzt den Grenzwert

$$B := \bigcup_{n=1}^{+\infty} B_n$$

Sei ab jetzt $\varepsilon \in \mathbb{R}_{>0}$ beliebig. Dann finden wir zu jedem $n \in \mathbb{N}$ eine offene Menge $U_n \subseteq \mathbb{R}^q$ und eine abgeschlossene Menge $A_n \subseteq \mathbb{R}^q$ mit

$$A_n \subseteq B_n \subseteq U_n, \qquad \beta^q(U_n \setminus A_n) < \varepsilon\, 2^{-n}$$

Da das Borel-Lebesgue-Maß β^q stetig ist, folgt aus $B_n \uparrow B$ automatisch $\beta^q(B_n) \uparrow \beta^q(B)$. Vergleichen Sie auch Aufgabe 59. Wir finden somit eine Zahl $k_\varepsilon \in \mathbb{N}$ mit

$$\beta^q(B) \leq \beta^q(B_{k_\varepsilon}) + \varepsilon$$

Beachten wir weiter $B_{k_\varepsilon} \subseteq U_{k_\varepsilon} = (U_{k_\varepsilon} \setminus A_{k_\varepsilon}) \sqcup A_{k_\varepsilon}$, so können wir wie folgt abschätzen:

$$\beta^q(B) \leq \beta^q(B_{k_\varepsilon}) + \varepsilon \leq \beta^q(U_{k_\varepsilon} \setminus A_{k_\varepsilon}) + \beta^q(A_{k_\varepsilon}) + \varepsilon < \beta^q(A_{k_\varepsilon}) + 2\varepsilon$$

Die wachsende Folge $(U'_n)_{n\in\mathbb{N}}$ mit $U'_n := \bigcup_{j=1}^n U_j$ besitzt den Grenzwert

$$U := \bigcup_{n=1}^{+\infty} U_n$$

Daher finden wir eine Zahl $l_\varepsilon \in \mathbb{N}$ mit

$$\beta^q(U) \leq \beta^q\left(\bigcup_{j=1}^{l_\varepsilon} U_j\right) + \varepsilon = \beta^q(B_{l_\varepsilon}) + \beta^q\left(\left(\bigcup_{j=1}^{l_\varepsilon} U_j\right) \setminus B_{l_\varepsilon}\right) + \varepsilon$$

Die rechte Seite können wir wie folgt weiter nach oben abschätzen:

$$\begin{aligned}\beta^q(B_{l_\varepsilon}) + \beta^q\left(\left(\bigcup_{j=1}^{l_\varepsilon} U_j\right) \setminus B_{l_\varepsilon}\right) + \varepsilon &\le \beta^q(B_{l_\varepsilon}) + \sum_{j=1}^{l_\varepsilon} \beta^q(U_j \setminus B_{l_\varepsilon}) + \varepsilon \\ &\le \beta^q(B_{l_\varepsilon}) + \sum_{j=1}^{l_\varepsilon} \beta^q(U_j \setminus B_j) + \varepsilon \\ &\le \beta^q(B) + \sum_{j=0}^{l_\varepsilon} \frac{\varepsilon}{2^j}\end{aligned}$$

Indem wir die Summe durch eine (geometrische) Reihe nach oben abschätzen und den Reihenwert dieser berechnen, erhalten wir insgesamt

$$\beta^q(U) \le \beta^q(B) + \sum_{j=0}^{l_\varepsilon} \frac{\varepsilon}{2^j} \le \beta^q(B) + \sum_{j=0}^{+\infty} \frac{\varepsilon}{2^j} = \beta^q(B) + 2\varepsilon$$

Beachten wir nun, dass U offen, A_{k_ε} abgeschlossen und $A_{k_\varepsilon} \subseteq B \subseteq U$ gilt, so folgt wegen

$$\beta^q(U \setminus A_{k_\varepsilon}) = \beta^q(U \setminus B) + \beta^q(B \setminus A_{k_\varepsilon}) \le 4\varepsilon$$

wie gewünscht $B \in \mathfrak{B}^q$. Damit gehört der Grenzwert jeder wachsenden Folge aus $\mathfrak{B}^q$ ebenfalls zu $\mathfrak{B}^q$. Ist nun $(B'_n)_{n\in\mathbb{N}}$ eine fallende Folge von Mengen aus $\mathfrak{B}^q$, so ist die komplementäre Folge wachsend und der Grenzwert dieser gehört zur Algebra $\mathfrak{B}^q$. Da diese stabil bezüglich Komplementbildung ist, gehört damit auch der Grenzwert jeder fallenden Folge aus $\mathfrak{B}^q$ wieder zu $\mathfrak{B}^q$. Vergleichen Sie dazu auch Aufgabe 15. Unsere Überlegungen zeigen, dass das Mengensystem $\mathfrak{B}^q$ eine monotone Klasse ist.

(c) *Es gilt* $\mathfrak{B}^q = \mathfrak{B}(\mathbb{R}^q)$. *Insbesondere ist* $\mathfrak{B}^q$ *eine* σ*-Algebra auf* $\mathbb{R}^q$. Aus Teil (b) dieser Lösung wissen wir bereits, dass $\mathfrak{B}^q$ eine Algebra auf $\mathbb{R}^q$ definiert. Wir müssen also lediglich noch die Stabilität bezüglich abzählbarer Vereinigungen nachweisen. Sei dazu $(B_n)_{n\in\mathbb{N}}$ eine Folge von Mengen aus $\mathfrak{B}^q$. Dann liegt die neue Folge $(B'_n)_{n\in\mathbb{N}}$ mit $B'_n := \bigcup_{j=1}^n B_j$ vollständig in $\mathfrak{B}^q$ und erfüllt

$$\bigcup_{n=1}^{+\infty} B_n = \bigcup_{n=1}^{+\infty} B'_n \in \mathfrak{B}^q$$

Dabei haben wir genutzt, dass $\mathfrak{B}^q$ wegen Teil (b) eine monotone Klasse ist. Folglich definiert $\mathfrak{B}^q$ eine σ-Algebra auf $\mathbb{R}^q$. Für den Beweis von $\mathfrak{B}^q = \mathfrak{B}(\mathbb{R}^q)$ müssen wir lediglich $\mathfrak{B}(\mathbb{R}^q) \subseteq \mathfrak{B}^q$ nachweisen, da die umgekehrte Inklusion gemäß der Definition von $\mathfrak{B}^q$ automatisch erfüllt ist. Man kann zeigen, dass das System

$$\mathfrak{K}_0^q := \{[a,b] \mid a, b \in \mathbb{R}^q\}$$

der kompakten Intervalle ein Erzeuger der Borelschen σ-Algebra $\mathfrak{B}(\mathbb{R}^q)$ ist. Aufgabe 32 folgend müssen wir daher für $\mathfrak{B}(\mathbb{R}^q) \subseteq \mathfrak{B}^q$ lediglich

$$\mathfrak{K}_0^q \subseteq \mathfrak{B}^q$$

beweisen. Seien dazu $a, b \in \mathbb{R}^q$ und $\varepsilon \in \mathbb{R}_{>0}$ beliebig. Wir definieren für jedes $n \in \mathbb{N}$ die offene Menge $U_n := (\alpha_n, \beta_n)$ mit

$$\alpha_n := (a_1 - 1/n, \ldots, a_q - 1/n), \qquad \beta_n := (b_1 + 1/n, \ldots, b_q + 1/n)$$

Die Folge $(U_n)_{n\in\mathbb{N}}$ ist fallend und konvergiert gegen das kompakte Intervall $[a, b]$. Wir finden daher wegen der Stetigkeit des Borel-Lebesgue-Maßes eine Zahl $k_\varepsilon \in \mathbb{N}$ mit $\beta^q([a,b]) \geq \beta^q(U_{k_\varepsilon}) - \varepsilon$. Unsere Überlegungen zeigen

$$[a,b] \subseteq [a,b] \subseteq U_{k_\varepsilon}, \qquad \beta^q(U_{k_\varepsilon} \setminus [a,b]) \leq \varepsilon$$

Dies bedeutet aber gerade $[a,b] \in \mathfrak{B}^q$. Somit liegt der Erzeuger $\mathfrak{K}_0^q$ vollständig in $\mathfrak{B}^q$ und wir erhalten wie gewünscht $\mathfrak{B}^q = \mathfrak{B}(\mathbb{R}^q)$. Damit ist alles gezeigt.

Lösung Aufgabe 32 Sei in der gesamten Lösung X eine Menge und $\mathfrak{E} \subseteq \mathfrak{P}(X)$ ein beliebiges Mengensystem. Zur Vereinfachung der Notation definieren wir das System

$$\mathfrak{I}(\mathfrak{E}) := \{\mathfrak{A} \subseteq \mathfrak{P}(X) \mid \mathfrak{A} \text{ ist eine } \sigma\text{-Algebra auf } X \text{ mit } \mathfrak{E} \subseteq \mathfrak{A}\}$$

der σ-Algebren auf X, die $\mathfrak{E}$ enthalten. Das System $\mathfrak{I}(\mathfrak{E})$ ist nichtleer, denn die Potenzmenge von X ist stets ein Element dieser. Die von $\mathfrak{E}$ erzeugte σ-Algebra auf X lässt sich somit schreiben als

$$\sigma(\mathfrak{E}) = \bigcap_{\mathfrak{A} \in \mathfrak{I}(\mathfrak{E})} \mathfrak{A}$$

Wir kommen nun zum Nachweis aller Eigenschaften des σ-Operators.

(a) (Wohldefiniertheit). Wir überlegen uns, dass $\sigma(\mathfrak{E})$ eine σ-Algebra auf X definiert. Dabei sehen wir sofort, dass $X \in \sigma(\mathfrak{E})$ gilt, denn jede σ-Algebra aus $\mathfrak{I}(\mathfrak{E})$ enthält bereits per Definition die Menge X. Folglich ist diese Menge auch im Schnitt aller σ-Algebren aus $\mathfrak{I}(\mathfrak{E})$ enthalten. Sei nun $A \in \sigma(\mathfrak{E})$ beliebig, das heißt, für alle $\mathfrak{A} \in \mathfrak{I}(\mathfrak{E})$ gilt $A \in \mathfrak{A}$. Dann liegt auch das Komplement A^c in jeder σ-Algebra über X, die $\mathfrak{E}$ enthält, womit $A^c \in \sigma(\mathfrak{E})$ folgt. Zum Schluss müssen wir uns überlegen, warum $\sigma(\mathfrak{E})$ bezüglich abzählbarer Vereinigungen stabil ist. Sei dazu

$(A_n)_{n\in\mathbb{N}}$ eine Folge von Mengen aus $\sigma(\mathfrak{E})$. Folglich gilt $\bigcup_{n=1}^{+\infty} A_n \in \mathfrak{A}$ für alle $\mathfrak{A} \in \mathfrak{J}(\mathfrak{E})$ und damit auch $\bigcup_{n=1}^{+\infty} A_n \in \sigma(\mathfrak{E})$. Hierbei haben wir erneut verwendet, dass $\sigma(\mathfrak{E})$ als Durchschnitt aller σ-Algebren auf X definiert ist, die das System $\mathfrak{E}$ enthalten. Unsere Überlegungen zeigen, dass $\sigma(\mathfrak{E})$ eine σ-Algebra auf X definiert.

Bemerkung Allgemeiner gilt sogar:

(Durchschnitt von σ-Algebren). Ist X eine Menge und $(\mathfrak{A}_i)_{i\in I}$ eine Familie von σ-Algebren auf X, so definiert auch $\bigcap_{i\in I} \mathfrak{A}_i$ eine σ-Algebra auf X.

(b) (Extensivität). Die Extensivität ist automatisch erfüllt, denn für jede σ-Algebra $\mathfrak{A} \in \mathfrak{J}(\mathfrak{E})$ gilt per Definition bereits $\mathfrak{E} \subseteq \mathfrak{A}$. Insbesondere liegt $\mathfrak{E}$ damit auch im Durchschnitt über all jene σ-Algebren und ist somit auch in $\sigma(\mathfrak{E})$ enthalten.
(c) (Monotonie). Ist $\mathfrak{E}' \subseteq \mathfrak{P}(X)$ ein weiteres System von Mengen mit $\mathfrak{E} \subseteq \mathfrak{E}'$, so folgt auch $\mathfrak{J}(\mathfrak{E}) \subseteq \mathfrak{J}(\mathfrak{E})$, da jede σ-Algebra auf X, die $\mathfrak{E}'$ enthält, automatisch auch $\mathfrak{E}$ enthalten muss. Das bedeutet aber gerade $\sigma(\mathfrak{E}) \subseteq \sigma(\mathfrak{E}')$.
(d) (Idempotenz). Da das Mengensystem $\sigma(\mathfrak{E})$ gemäß Teil (a) dieser Aufgabe eine σ-Algebra auf X definiert, folgt aus der Minimalität wie gewünscht $\sigma(\mathfrak{E}) = \sigma(\sigma(\mathfrak{E}))$.
(e) (Minimalität). Sei $\mathfrak{A}' \in \mathfrak{J}(\mathfrak{E})$ eine beliebige σ-Algebra auf X. Bilden wir den Durchschnitt über alle σ-Algebren aus $\mathfrak{J}(\mathfrak{E})$, so folgt

$$\bigcap_{\mathfrak{A}\in\mathfrak{J}(\mathfrak{E})} \mathfrak{A} \subseteq \mathfrak{A}'$$

Das bedeutet aber gerade $\sigma(\mathfrak{E}) \subseteq \mathfrak{A}'$. Damit ist $\sigma(\mathfrak{E})$ die bezüglich mengentheoretischer Inklusion kleinste σ-Algebra auf X, die $\mathfrak{E}$ enthält. Ist $\mathfrak{E}$ selbst eine σ-Algebra auf X, so gilt $\mathfrak{E} \in \mathfrak{J}(\mathfrak{E})$. Somit folgt

$$\mathfrak{E} = \bigcap_{\mathfrak{A}\in\mathfrak{J}(\mathfrak{E})} \mathfrak{A} = \sigma(\mathfrak{E})$$

und damit wie gewünscht $\sigma(\mathfrak{E}) = \mathfrak{E}$.

Lösung Aufgabe 33 Im Folgenden wollen wir nachweisen, dass jedes der vier Mengensysteme

$$\begin{aligned}
\mathfrak{O}^q &:= \{U \subseteq \mathbb{R}^q \mid U \text{ ist offen}\},\\
\mathfrak{C}^q &:= \{A \subseteq \mathbb{R}^q \mid A \text{ ist abgeschlossen}\},\\
\mathfrak{J}^q &:= \left\{(a, b] \mid a, b \in \mathbb{R}^q\right\},\\
\mathfrak{J}_0^q &:= \left\{(-\infty, b] \mid b \in \mathbb{R}^q\right\}
\end{aligned}$$

ein durchschnittsstabiler Erzeuger der Borelschen σ-Algebra $\mathfrak{B}(\mathbb{R}^q)$ ist. Wir beweisen die Behauptung in mehreren Schritten:

(a) Per Definition gilt $\mathfrak{B}(\mathbb{R}^q) = \sigma(\mathfrak{O}^q)$. Vergleichen Sie auch Aufgabe 30. Ist $A \subseteq \mathbb{R}^q$ eine abgeschlossene Menge, so ist das Komplement A^{C} offen und liegt gemäß Aufgabe 32 (a) insbesondere in $\mathfrak{B}(\mathbb{R}^q)$. Da die σ-Algebra stabil bezüglich Komplementbildung ist, folgt $\mathfrak{C}^q \subseteq \mathfrak{B}(\mathbb{R}^q)$. Umgekehrt ist das Komplement jeder offenen Teilmenge von $\mathbb{R}^q$ abgeschlossen, sodass wir mit einer analogen Begründung $\mathfrak{O}^q \subseteq \sigma(\mathfrak{C}^q)$ erhalten. Dies zeigt

$$\mathfrak{B}(\mathbb{R}^q) = \sigma(\mathfrak{O}^q) = \sigma(\mathfrak{C}^q)$$

Dass die Mengensysteme $\mathfrak{O}^q$ und $\mathfrak{C}^q$ durchschnittsstabil sind, folgt sofort aus den definierenden Eigenschaften der Topologie $\mathfrak{O}^q$.

Bemerkung Eine entsprechende Verallgemeinerung auf topologische Räume findet sich in Aufgabe 30 dieses Buches.

(b) Seien $a, b \in \mathbb{R}^q$ beliebig gewählt. Dann lässt sich das nach links halboffene Intervall $(a, b]$ wie folgt als abzählbarer Durchschnitt von offenen Intervallen schreiben:

$$(a, b] = \bigcap_{n=1}^{+\infty} \left(a, b + \frac{1}{n}\right)$$

Wir verwenden dabei die Notation

$$\left(a, b + \frac{1}{n}\right) := \left(a_1, b_1 + \frac{1}{n}\right) \times \ldots \times \left(a_q, b_q + \frac{1}{n}\right)$$

Da die Borelsche σ-Algebra gemäß Aufgabe 28 (b) stabil bezüglich abzählbarer Durchschnitte ist, folgt $\mathfrak{J}^q \subseteq \mathfrak{B}(\mathbb{R}^q)$ und damit $\sigma(\mathfrak{J}^q) \subseteq \mathfrak{B}(\mathbb{R}^q)$. Umgekehrt gilt

$$(a, b) = \bigcup_{\substack{s,t \in \mathbb{Q}^q \\ a \leq s \leq t < b}} (s, t]$$

Damit gehört jedes offene Intervall zur erzeugten σ-Algebra $\sigma(\mathfrak{J}^q)$. Ist nun $U \subseteq \mathbb{R}^q$ eine beliebige offene Menge, so lässt sich diese als abzählbare Vereinigung von offenen Mengen schreiben:

$$U = \bigcup_{\substack{a,b \in \mathbb{Q}^q \\ (a,b) \subseteq U}} (a, b)$$

Dies zeigt $\mathfrak{O}^q \subseteq \sigma(\mathfrak{J}^q)$ und weiter $\mathfrak{B}(\mathbb{R}^q) \subseteq \sigma(\mathfrak{J}^q)$. Wir erhalten nun wie gewünscht

$$\mathfrak{B}(\mathbb{R}^q) = \sigma(\mathfrak{J}^q)$$

also handelt es sich bei $\mathfrak{J}^q$ ebenfalls um einen Erzeuger der Borelschen σ-Algebra. Wegen

$$(a, b] \cap (c, d] = (a \vee c, b \wedge d]$$

für $a, b, c, d \in \mathbb{R}^q$ ist der Erzeuger durchschnittsstabil.

(c) Da jede Menge aus $\mathfrak{J}_0^q$ abgeschlossen ist, folgt $\sigma(\mathfrak{J}_0^q) \subseteq \mathfrak{B}(\mathbb{R}^q)$. Für die umgekehrte Inklusion wählen wir $a, b \in \mathbb{R}^q$ beliebig. Dann können wir anhand der Darstellungen

$$(a_k, b_k] = (-\infty, b_k] \cap (a_k, +\infty), \qquad (a_k, +\infty) = \bigcup_{n=1}^{+\infty} (-\infty, a_k + 1/n]^\mathsf{c}$$

für $k \in \{1, \ldots, q\}$ ablesen, dass das halboffene Intervall $(a, b]$ zu $\sigma(\mathfrak{J}_0^q)$ gehört. Folglich gilt $\sigma(\mathfrak{J}^q) \subseteq \sigma(\mathfrak{J}_0^q)$ und damit

$$\mathfrak{B}(\mathbb{R}^q) = \sigma(\mathfrak{J}_0^q)$$

Dass der Erzeuger durchschnittsstabil ist, folgt sofort aus der Identität

$$(-\infty, a] \cap (-\infty, b] = (-\infty, a \wedge b]$$

Beachten Sie, dass die obige Gleichung komponentenweise zu verstehen ist.

Bemerkung Die Borelsche σ-Algebra $\mathfrak{B}(\mathbb{R}^q)$ besitzt noch viele weitere durchschnittsstabile Erzeuger. Diese finden Sie beispielsweise in [3, Kap. I, § 4, 4.3 Satz].

Lösung Aufgabe 34 Seien in der gesamten Lösung X eine Menge, $n \in \mathbb{N}$ eine natürliche Zahl und

$$\mathfrak{E} := \{E_1, \ldots, E_n\}$$

ein Mengensystem, das aus endlich vielen Teilmengen von X besteht.

(a) Wir wollen zeigen, dass das Mengensystem

$$\mathfrak{P} := \left\{E_\alpha \mid \alpha \in \{0, 1\}^n\right\} \setminus \{\emptyset\}$$

eine Partition von X ist. Dazu müssen wir nachweisen, dass die Mengen aus $\mathfrak{P}$ nichtleer und paarweise disjunkt sind und X die Vereinigung aller Mengen aus $\mathfrak{P}$ ist. Per Definition des Mengensystems $\mathfrak{P}$ gilt $E \neq \emptyset$ für alle $E \in \mathfrak{P}$. Seien nun $\alpha, \alpha' \in \{0, 1\}^n$ mit $\alpha \neq \alpha'$. Dann gibt es einen Index $k \in \{1, \ldots, n\}$ mit $\alpha_k \neq \alpha'_k$. Folglich wird in der Darstellung von $E_\alpha \cap E_{\alpha'}$ einmal über

$$E_k^{\alpha_k} \cap E_k^{\alpha'_k} = E_k \cap E_k^\mathsf{c} = \emptyset$$

geschnitten und wir erhalten $E_\alpha \cap E_{\alpha'} = \emptyset$. Somit sind die Mengen aus $\mathfrak{P}$ paarweise disjunkt. Zum Schluss beweisen wir

$$X = \bigsqcup_{E \in \mathfrak{P}} E \tag{16.1}$$

Dafür genügt es offensichtlich nachzuweisen, dass jedes Element aus X zur Vereinigung $\bigsqcup_{E \in \mathfrak{P}} E$ gehört. Sei $x \in X$ beliebig. Für $k \in \{1, \ldots, n\}$ setzen wir

$$\alpha_k := \chi_{E_k}(x) = \begin{cases} 1 & \text{falls } x \in E_k \\ 0 & \text{sonst} \end{cases}$$

Der Vektor $\alpha \in \{0, 1\}^n$ gibt also an, in welchen Mengen aus $\mathfrak{E}$ das Element enthalten ist. Daher gilt $x \in E_\alpha$ und die Inklusion $X \subseteq \bigsqcup_{E \in \mathfrak{P}} E$ ist bewiesen. Unsere Überlegungen zeigen, dass $\mathfrak{P}$ eine Partition von X ist.

(b) In diesem Teil wollen wir beweisen, dass das Mengensystem

$$\mathfrak{A} := \left\{ \bigsqcup_{E \in \mathfrak{I}} E \mid \mathfrak{I} \subseteq \mathfrak{P} \right\}$$

mit der von $\mathfrak{E}$ über X erzeugten σ-Algebra übereinstimmt, also

$$\sigma(\mathfrak{E}) = \mathfrak{A}$$

gilt. Zur Übersicht unterteilen wir den Beweis in mehrere Teile:

(1) $\mathfrak{A}$ *ist eine σ-Algebra.* Da $\mathfrak{P}$ wegen Teil (a) eine Partition von X ist, folgt aus Gl. (16.1) bereits $X \in \mathfrak{A}$. Sei $A \in \mathfrak{A}$ beliebig, das heißt, wir finden ein endliches Mengensystem $\mathfrak{I} \subseteq \mathfrak{P}$ mit $A = \bigsqcup_{E \in \mathfrak{I}} E$. Dann gehört auch das Komplement der Menge zu $\mathfrak{A}$, denn es gilt

$$A^{\mathrm{c}} = X \setminus \left(\bigsqcup_{E \in \mathfrak{I}} E \right) = \left(\bigsqcup_{E \in \mathfrak{P}} E \right) \setminus \left(\bigsqcup_{E \in \mathfrak{I}} E \right) = \bigsqcup_{E \in \mathfrak{P} \setminus \mathfrak{I}} E$$

Sei nun $(A_k)_{k \in \mathbb{N}}$ eine Folge von Mengen aus $\mathfrak{A}$, das heißt, für $k \in \mathbb{N}$ gelten $A_k = \bigsqcup_{E \in \mathfrak{I}_k} E$ und $\mathfrak{I}_k \subseteq \mathfrak{P}$. Wir setzen

$$\mathfrak{I} := \bigcup_{k=1}^{+\infty} \mathfrak{I}_k$$

Wegen $\mathfrak{I} \subseteq \mathfrak{P}$ und

$$\bigcup_{k=1}^{+\infty} A_k = \bigcup_{k=1}^{+\infty} \left(\bigsqcup_{E \in \mathfrak{I}_k} E \right) = \bigsqcup_{E \in \mathfrak{I}} E$$

gehört somit auch die Vereinigung aller Mengen zu $\mathfrak{A}$. Unsere Überlegungen zeigen, dass $\mathfrak{A}$ eine σ-Algebra auf X definiert.

(2) *Es gilt* $\sigma(\mathfrak{E}) \subseteq \mathfrak{A}$. Offensichtlich gilt $\mathfrak{E} \subseteq \mathfrak{A}$. Da der σ-Operator gemäß Aufgabe 32 sowohl monoton als auch minimal ist, folgt

$$\sigma(\mathfrak{E}) \subseteq \sigma(\mathfrak{A}) = \mathfrak{A}$$

Dabei haben wir verwendet, dass das System $\mathfrak{A}$ gemäß Teil (1) eine σ-Algebra ist.

(3) *Es gilt* $\mathfrak{A} \subseteq \sigma(\mathfrak{E})$. Für jedes $\alpha \in \{0, 1\}^n$ gilt $E_\alpha \in \sigma(\mathfrak{E})$. Es folgt $\mathfrak{P} \subseteq \sigma(\mathfrak{E})$ und damit wie gewünscht $\mathfrak{A} \subseteq \sigma(\mathfrak{E})$.

Aus den Teilen (2) und (3) folgt nun gewünscht $\sigma(\mathfrak{E}) = \mathfrak{A}$. Damit ist alles gezeigt.

Bemerkung Die Überlegungen in diesem Aufgabenteil zeigen, dass die Anzahl der (erzeugten) σ-Algebren über einer endlichen Menge mit der Anzahl ihrer Partitionen übereinstimmt – und damit mit den sogenannten Bellschen Zahlen. Die ersten Bellschen Zahlen lauten 1, 1, 2, 5 und 15. Daraus folgt, dass eine vier-elementige Menge exakt 15 Partitionen aufweist und entsprechend ebenso viele σ-Algebren über dieser Menge existieren.

(c) In diesem Aufgabenteil wollen wir die Konstruktionsmethode aus Teil (b) dieser Aufgabe nachvollziehen. Wir betrachten dazu das Mengensystem $\mathfrak{E} := \{E_1, E_2\}$, wobei wir $E_1 := \{1\}$ und $E_2 := \{2, 3\}$ setzen. Per Definition gilt

$$E_{(0,0)} = E_1^0 \cap E_2^0 = E_1^c \cap E_2^c = \{1\}^c \cap \{2, 3\}^c = \{2, 3, 4\} \cap \{1, 4\} = \{4\}$$

Analog berechnen sich die drei verbleibenden Mengen. Es gelten

$$E_{(0,1)} = \{2, 3\}, \qquad E_{(1,0)} = \{1\}, \qquad E_{(1,1)} = \emptyset$$

Damit lautet die Partition der Menge $\{1, 2, 3, 4\}$

$$\mathfrak{P} = \big\{\{1\}, \{4\}, \{2, 3\}\big\}$$

also ist die von $\mathfrak{E}$ erzeugte σ-Algebra wegen Teil (b) von der folgenden Form:

$$\begin{aligned}\sigma(\mathfrak{E}) &= \left\{ \bigsqcup_{E \in \mathfrak{I}} E \mid \mathfrak{I} \subseteq \mathfrak{P} \right\} \\ &= \left\{ E \mid E \in \mathfrak{P} \right\} \\ &\qquad \cup \left\{ E \sqcup E' \mid E, E' \in \mathfrak{P} \right\} \\ &\qquad\qquad \cup \left\{ E \sqcup E' \sqcup E'' \mid E, E', E'' \in \mathfrak{P} \right\}\end{aligned}$$

Da $\mathfrak{P}$ aus lediglich drei Mengen besteht, sind bei der Betrachtung der Vereinigungen lediglich Kombinationen aus einer, zwei oder allen drei dieser Mengen relevant. Indem wir sukzessive die Vereinigung von zwei und drei Mengen aus $\mathfrak{P}$ bestimmen, erhalten wir folgende Darstellung der erzeugten σ-Algebra:

$$\sigma(\mathfrak{E}) = \left\{ \emptyset, \{1\}, \{4\}, \{1, 4\}, \{2, 3\}, \{1, 2, 3\}, \{2, 3, 4\}, \{1, 2, 3, 4\} \right\}$$

Die Berechnung von $\sigma(\mathfrak{E})$ lässt sich beispielsweise wie folgt mit SageMath bestätigen:

```
# Partition of the set X = {1, 2, 3, 4}.

P = [[1], [4], [2, 3]]

# Generate the sigma-algebra generated by the partition 'P'.
# For each subset E in the powerset of 'P', compute the union
# of the subsets in E. This gives all possible unions of the
# original partition elements.

sigma_algebra = [list(set().union(*E)) for E in powerset(P)]

# Display the resulting sigma-algebra.
sigma_algebra

[[], [1], [4], [1, 4], [2, 3], [1, 2, 3], [2, 3, 4]
 [1, 2, 3, 4]]
```

(d) In diesem Teil wollen wir die Konstruktionsmethode aus Teil (b) in SageMath umsetzen, um alle σ-Algebren über einer endlichen Menge X zu bestimmen. Wir werden dazu nacheinander die drei folgenden Hilfsfunktionen definieren:

(1) Die Funktion `cond_intersection(E, X, alpha)` berechnet für jeden Vektor $\alpha \in \{0, 1\}^n$ und jedes Mengensystem $\mathfrak{E}$ die durch Gl. (2.1) definierte Menge.

(2) Mithilfe der Funktion `partition(E, X)` wird aus dem Mengensystem $\mathfrak{E}$ eine Partition der Menge X berechnet.

(3) Die Funktion `sigma_algebra_from_partition(P)` erzeugt aus der Partition $\mathfrak{P}$ eine σ-Algebra über der Menge X.

Zuerst definieren wir die Funktion `cond_intersection(E, X, alpha)` wie folgt:

```
def cond_intersection(E, X, alpha):
    """
    Compute a conditional intersection of sets based on a
    binary vector.

    Arguments:
        E (list): A list of lists.
        X (list): The base set from which the conditional
                  intersection is computed.
        alpha (list): A binary vector of 0s and 1s indicating
                      inclusion (1) or exclusion (0) of each
                      corresponding subset in E.

    Returns:
        intsc (list): The conditional intersection of E with
                      respect to alpha.
    """

    # Start with the full set X.
    intsc = X
    for i in range(len(alpha)):
        if alpha[i] == 1:
            # Include elements in E[i].
            intsc = list(set(intsc) & set(E[i]))
        else:
            # Exclude elements in E[i] by intersecting with
            # the complement of E[i]
            intsc = list(set(intsc) & (set(X) - set(E[i])))
    return intsc
```

Beispielsweise erhalten wir folgende Ausgabe der Funktion, was unsere Berechnungen aus Teil (c) bestätigt:

```
E = [[1], [2, 3]]
X = [1, 2, 3, 4]
alpha = (0,0)

cond_intersection(E, X, alpha)

[4]
```

Im nächsten Schritt definieren wir die Funktion `partition(E, X)`, die mithilfe von `cond_intersection(E, X, alpha)` eine Partition der Menge X erzeugt:

```
import itertools

def partition(E, X):
    """
    Generates a partition of the universal set 'X' based on a
    family of subsets 'E'.
```

```
    Argument:
        E (list): A list of lists.
        X (list): The base set.

    Returns:
        P (list) : A partition of 'X' based on 'E'.
    """

    P = []
    # List of all binary indicator vectors with entries
    # 0 or 1.
    vecs = list(itertools.product([0, 1], repeat = len(E)))

    for alpha in vecs:
        cond_intsc = cond_intersection(E, X, alpha)
        if cond_intsc:
            # Only keep non-empty subsets.
            P.append(cond_intsc)

    return P
```

Auch hier können wir unsere Berechnungen aus Teil (b) dieser Aufgabe erneut bestätigen:

```
E = [[1], [2, 3]]
X = [1, 2, 3, 4]

partition(E, X)

[[1], [2, 3], [4]]
```

Wie wir in Teil (b) gezeigt haben, erzeugt jede Partition eine σ-Algebra. Dazu müssen wir lediglich alle möglichen Vereinigungen der Mengen der Partition bestimmen. Dies lässt sich wie folgt umsetzen:

```
def sigma_algebra_from_partition(P):
    """
    Generates a sigma-algebra based on the partition 'P'.

    Arguments:
        P (list): A partition of a universal set.

    Returns:
        (list): All possible unions of the subsets in 'P'.
                This forms the sigma-algebra generated by the
                partition 'P'.
    """

    return [list(set().union(*E)) for E in powerset(P)]
```

Beispielsweise liefert die Funktion folgende σ-Algebra für die oben berechnete Partition:

```
P = [[1], [2, 3], [4]]
sigma_algebra_from_partition(P)

[[], [1], [4], [1, 4], [2, 3], [1, 2, 3], [2, 3, 4]]
 [1, 2, 3, 4]]
```

Nun können wir die drei oben definierten Hilfsfunktionen verwenden, um alle σ-Algebren auf einer endlichen Menge X zu bestimmen. Dazu iterieren wir über alle Teilsysteme von $\mathfrak{P}(X)$, ermitteln jeweils die daraus erzeugte Partition von X und daraus wiederum die entsprechende σ-Algebra über X. Der vollständige Code lautet wie folgt:

```
from itertools import combinations

def generate_sigma_algebras(X):
    """
    Generates all sigma-algebras over the finite set 'X' in
    the following way:
    - Loop over all subsets of 'X' and compute the
      partition generated by it.
    - If a partition is found, compute the sigma-algebra
      generated by that partition.
    - Collect and return all distinct sigma-algebras.

    Argument:
        X (list): The base set.

    Returns:
        (list): A list of sigma-algebras, where each
                sigma-algebra is a list of lists.
    """

    # A list to store all generated sigma-algebras; may
    # include duplicates.
    sigma_algebras = []

    # Generate all combinations of i subsets from the powerset
    # of 'X'. Each element in subsys is a list of i subsets
    # from 'X'.
    for i in range(2**len(X) + 1):
        S = [list(A) for A in combinations(powerset(X), i)]

        # Generate a partition of 'X' and the
        # sigma-algebra from that partition.
        for E in S:
            P = partition(E, X)
            alg = sigma_algebra_from_partition(P)
            # Save the sigma-algebra.
            sigma_algebras.append(alg)

    result = []
```

```
    # Clean up: remove all duplicate sigma-algebras.
    for alg in sigma_algebras:
        alg = sorted([sorted(A) for A in alg])
        if alg not in result:
            result.append(alg)

    return result
```

Mithilfe der Funktion `generate_sigma_algebras(X)` können wir nun alle σ-Algebren über einer endlichen Menge `X` berechnen:

```
# Sigma-algebras over the empty set {}
generate_sigma_algebras([])

[[[]]]
```

```
# Sigma-algebras over the set {1}
generate_sigma_algebras([1])

[[[], [1]]]
```

```
# Sigma-algebras over the set {1, 2}
generate_sigma_algebras([1, 2])

[[[], [1, 2]],
 [[], [1], [1, 2], [2]]]
```

```
# Sigma-algebras over the set {1, 2, 3}
generate_sigma_algebras([1, 2, 3])

[[[], [1, 2, 3]],
 [[], [1], [2, 3], [1, 2, 3]],
 [[], [2], [1, 3], [1, 2, 3]],
 [[], [3], [1, 2], [1, 2, 3]],
 [[], [1], [2], [3], [1, 2], [1, 3], [2, 3], [1, 2, 3]]]
```

(e) Die σ-Algebren über der Menge $\{1, 2, 3, 4\}$ lauten wie folgt:

```
# Sigma-algebras over the set {1, 2, 3, 4}
generate_sigma_algebras([1, 2, 3, 4])

[[[], [1, 2, 3, 4]],
 [[], [1], [1, 2, 3, 4], [2, 3, 4]],
 [[], [2], [1, 3, 4], [1, 2, 3, 4]],
 [[], [3], [1, 2, 4], [1, 2, 3, 4]],
 [[], [4], [1, 2, 3], [1, 2, 3, 4]],
 [[], [1, 2], [3, 4], [1, 2, 3, 4]],
 [[], [1, 3], [2, 4], [1, 2, 3, 4]],
 [[], [1, 4], [2, 3], [1, 2, 3, 4]],
 [[], [1], [2], [1, 2], [3, 4], [1, 3, 4], [2, 3, 4],
  [1, 2, 3, 4]],
 [[], [1], [3], [1, 3], [2, 4], [1, 2, 4], [2, 3, 4],
  [1, 2, 3, 4]],
```

```
[[], [1], [4], [1, 4], [2, 3], [1, 2, 3], [2, 3, 4],
 [1, 2, 3, 4]],
[[], [2], [3], [1, 4], [2, 3], [1, 2, 4], [1, 3, 4],
 [1, 2, 3, 4]],
[[], [2], [4], [1, 3], [2, 4], [1, 2, 3], [1, 3, 4],
 [1, 2, 3, 4]],
[[], [3], [4], [1, 2], [3, 4], [1, 2, 3], [1, 2, 4],
 [1, 2, 3, 4]],
[[], [1], [2], [3], [4], [1, 2], [1, 3], [1, 4], [2, 3],
 [2, 4], [3, 4], [1, 2, 3], [1, 2, 4], [1, 3, 4], [2, 3, 4],
 [1, 2, 3, 4]]]
```

Folglich handelt es sich bei dem Mengensystem

$$\mathfrak{A} := \big\{\emptyset, \{1\}, \{3\}, \{1,2\}, \{3,4\}, \{1,3,4\}, \{2,3,4\}, \{1,2,3,4\}\big\}$$

um eine σ-Algebra, während

$$\mathfrak{B} := \big\{\emptyset, \{1\}, \{2\}, \{1,3\}, \{1,3,4\}, \{2,3,4\}, \{1,2,3,4\}\big\}$$

keine σ-Algebra ist, da dieses Mengensystem in der obigen Liste nicht enthalten ist.

Lösung Aufgabe 35 Seien X eine Menge und $\mathfrak{D} \subseteq \mathfrak{P}(X)$ ein Mengensystem. Es sei daran erinnert, dass $\mathfrak{D}$ ein *Dynkin-System* über X genannt wird, falls es folgende Eigenschaften besitzt:

(α) Es gilt $X \in \mathfrak{D}$.
(β) Für jedes $A \in \mathfrak{D}$ gilt auch $A^{\mathsf{c}} \in \mathfrak{D}$.
(γ) Für jede Folge $(A_n)_{n\in\mathbb{N}}$ disjunkter Mengen aus $\mathfrak{D}$ gilt $\bigsqcup_{n=1}^{+\infty} A_n \in \mathfrak{D}$.

Wir beweisen die Äquivalenzaussage in zwei Schritten. Zuerst nehmen wir an, dass $\mathfrak{D}$ eine monotone Klasse mit $X \in \mathfrak{D}$ ist, und für alle $A, B \in \mathfrak{D}$ mit $A \subseteq B$ auch $B \setminus A \in \mathfrak{D}$ gilt. Dann ist Eigenschaft (α) offensichtlich erfüllt. Wegen $X \in \mathfrak{D}$ folgt für jedes $A \in \mathfrak{D}$ automatisch $A^{\mathsf{c}} \in \mathfrak{D}$. Somit ist auch Eigenschaft (β) erfüllt. Sei nun $(A_n)_{n\in\mathbb{N}}$ eine Folge disjunkter Mengen aus $\mathfrak{D}$. Dann ist die neue Folge $(B_n)_{n\in\mathbb{N}}$ mit

$$B_n := \bigsqcup_{k=1}^{n} A_k$$

wachsend. Aufgabe 14 lehrt, dass die Folge konvergent mit Grenzwert

$$\lim_{n\to+\infty} B_n = \bigcup_{n=1}^{+\infty} B_n = \bigcup_{n=1}^{+\infty} \bigsqcup_{k=1}^{n} A_k = \bigsqcup_{n=1}^{+\infty} A_n$$

ist. Da der Grenzwert jeder wachsenden Folge von Mengen aus $\mathfrak{D}$ wieder zu $\mathfrak{D}$ gehört, erhalten wir

$$\bigsqcup_{n=1}^{+\infty} A_n \in \mathfrak{D}$$

was schließlich Eigenschaft (γ) beweist. Unsere Überlegungen zeigen, dass $\mathfrak{D}$ ein Dynkin-System über X ist. Wir nehmen nun umgekehrt an, dass $\mathfrak{D}$ ein Dynkin-System ist, also die Eigenschaften (α), (β) und (γ) besitzt. Seien $A, B \in \mathfrak{D}$ mit $A \subseteq B$ beliebig gewählt. Dann sind die Mengen A und B^{c} disjunkt. Wenden wir Eigenschaft (γ) auf die disjunkte Folge $(A_n)_{n\in\mathbb{N}}$ mit $A_1 := A$, $A_2 := B^{\mathsf{c}}$ und $A_n := \emptyset$ sonst an, so folgt

$$A \sqcup B^{\mathsf{c}} = A \sqcup B^{\mathsf{c}} \sqcup \bigsqcup_{n=3}^{+\infty} \emptyset = \bigsqcup_{n=1}^{+\infty} A_n \in \mathfrak{D}$$

Wegen der Darstellung

$$B \setminus A = B \cap A^{\mathsf{c}} = \big((A^{\mathsf{c}})^{\mathsf{c}} \sqcup B^{\mathsf{c}}\big)^{\mathsf{c}} = (A \sqcup B^{\mathsf{c}})^{\mathsf{c}}$$

und Eigenschaft (β) gilt nun $B \setminus A \in \mathfrak{D}$. Zum Schluss beweisen wir, dass $\mathfrak{D}$ eine monotone Klasse ist. Sei dazu $(A_n)_{n\in\mathbb{N}}$ eine wachsende Folge von Mengen aus $\mathfrak{D}$. Gemäß Aufgabe 14 ist die Folge konvergent mit Grenzwert $\bigcup_{n=1}^{+\infty} A_n$. Wir setzen $B_1 := A_1$ und $B_n := A_n \setminus A_{n-1}$ sonst. Dann ist die so definierte Folge $(B_n)_{n\in\mathbb{N}}$ disjunkt und es gilt

$$\bigsqcup_{n=1}^{+\infty} B_n = \bigcup_{n=1}^{+\infty} A_n$$

Da $\mathfrak{D}$ als Dynkin-System stabil bezüglich disjunkter Vereinigungen von Mengen aus $\mathfrak{D}$ ist, gehört der Grenzwert der wachsenden Folge $(A_n)_{n\in\mathbb{N}}$ zu $\mathfrak{D}$. Die Identität

$$\bigcap_{n=1}^{+\infty} A_n^{\mathsf{c}} = \left(\bigcup_{n=1}^{+\infty} A_n^{\mathsf{c}}\right)^{\mathsf{c}}$$

zeigt weiter, dass auch der Grenzwert jeder fallenden Folge von Mengen aus $\mathfrak{D}$ wieder zu $\mathfrak{D}$ gehört. Folglich handelt es sich bei $\mathfrak{D}$ um eine monotone Klasse und wir sind fertig.

Lösung Aufgabe 36 Wir betrachten das Mengensystem

$$\mathfrak{E} := \big\{\{1, 2\}, \{1, 3\}\big\}$$

über der Menge $\{1, 2, 3, 4\}$. Da das von $\mathfrak{E}$ erzeugte Dynkin-System $\delta(\mathfrak{E})$ per Definition ein Dynkin-System ist, enthält es zusätzlich zu $\{1, 2\}$ und $\{1, 3\}$ die folgenden Mengen:

$$\{1, 2, 3, 4\}, \qquad \{1, 2, 3, 4\}^c = \emptyset, \qquad \{1, 2\}^c = \{3, 4\}, \qquad \{1, 3\}^c = \{2, 4\}$$

Durch Komplementbildung dieser Mengen lassen sich keine neuen Mengen erzeugen. Auch die *disjunkte* Vereinigung aller Mengen gehört zu $\delta(\mathfrak{E})$, wie man leicht nachprüfen kann. Daher folgt insgesamt

$$\delta(\mathfrak{E}) = \big\{\emptyset, \{1, 2\}, \{1, 3\}, \{2, 4\}, \{3, 4\}, \{1, 2, 3, 4\}\big\}$$

Bei dem Dynkin-System handelt es sich jedoch *nicht* um eine σ-Algebra. Dafür ist lediglich zu bemerken, dass das System wegen $\{1, 2\} \cap \{1, 3\} \notin \delta(\mathfrak{E})$ *nicht* durchschnittsstabil ist.

Bemerkung In der Lösung zu Aufgabe 34 (e) haben wir bereits sämtliche σ-Algebren über der Menge $\{1, 2, 3, 4\}$ bestimmt. Da das Mengensystem $\delta(\mathfrak{E})$ dort nicht vorkommt, kann es sich folglich nicht um eine σ-Algebra handeln.

Lösung Aufgabe 37 Sei X eine beliebige Menge und sei $\mathfrak{E} \subseteq \mathfrak{P}(X)$ ein Mengensystem.

(a) Per Definition unterscheiden sich σ-Algebren und Dynkin-Systeme lediglich in einer Eigenschaft: Eine σ-Algebra ist stabil bezüglich abzählbarer Vereinigungen, während das Dynkin-System stabil bezüglich abzählbarer und *disjunkter* Vereinigungen ist. Die Eigenschaften einer σ-Algebra umfassen also die eines Dynkin-Systems. Als Ergebnis unserer Überlegungen erhalten wir, dass jede σ-Algebra ein Dynkin-System ist.

(b) Wir erinnern zunächst daran, dass das von $\mathfrak{E}$ erzeugte Dynkin-System $\delta(\mathfrak{E})$ auf X gemäß

$$\delta(\mathfrak{E}) := \bigcap_{\substack{\mathfrak{D} \text{ ist Dynkin-System auf } X \\ \mathfrak{E} \subseteq \mathfrak{D}}} \mathfrak{D}$$

definiert ist. Analog zu Aufgabe 32 ist das erzeugte Dynkin-System $\delta(\mathfrak{E})$ damit das bezüglich mengentheoretischer Inklusion kleinste Dynkin-System auf X, das $\mathfrak{E}$ enthält. Da die erzeugte σ-Algebra $\sigma(\mathfrak{E})$ wegen der gleichen Aufgabe eine σ-Algebra auf X ist, folgt aus Teil (a) dieser Aufgabe bereits

$$\delta(\mathfrak{E}) \subseteq \sigma(\mathfrak{E})$$

Damit ist alles gezeigt.

Bemerkung Im Allgemeinen gilt die umgekehrte Inklusion $\delta(\mathfrak{E}) \supseteq \sigma(\mathfrak{E})$ nicht, was sich leicht durch ein Gegenbeispiel zeigen lässt. Ist das Mengensystem $\mathfrak{E}$ jedoch zusätzlich *durchschnittsstabil,* das heißt, es gilt $A \cap B \in \mathfrak{E}$ für alle $A, B \in \mathfrak{E}$, so ergibt sich folgendes wichtige Resultat:

Ist X eine Menge und $\mathfrak{E} \subseteq \mathfrak{P}(X)$ ein durchschnittsstabiles Mengensystem, so ist das von $\mathfrak{E}$ erzeugte Dynkin-System gleich der von $\mathfrak{E}$ erzeugten σ-Algebra. Es gilt also $\delta(\mathfrak{E}) = \sigma(\mathfrak{E})$.

Der Beweis der obigen Aussage lässt sich beispielsweise in [3, Kap. I, § 6, 6.7 Satz] nachvollziehen und beruht auf dem *Prinzip der guten Mengen.* Insbesondere folgt daraus, dass die Borelsche σ-Algebra $\mathfrak{B}(\mathbb{R}^q)$ mit dem von $\mathfrak{O}^q$, $\mathfrak{C}^q$ oder $\mathfrak{K}^q$ erzeugten Dynkin-System übereinstimmt. Dabei bezeichnen $\mathfrak{O}^q$, $\mathfrak{C}^q$ und $\mathfrak{K}^q$ die Mengensysteme der offenen, abgeschlossenen beziehungsweise kompakten Teilmengen von $\mathbb{R}^q$.

(c) Sei $\mathfrak{D}$ ein durchschnittsstabiles Dynkin-System über X, das heißt, für alle $A, B \in \mathfrak{D}$ gilt $A \cap B \in \mathfrak{D}$. Wie wir bereits in Teil (a) dieser Aufgabe festgestellt haben, unterscheiden sich Dynkin-Systeme und σ-Algebren in nur einer definierenden Eigenschaft. Wir müssen daher lediglich beweisen, dass $\mathfrak{D}$ stabil bezüglich *beliebiger* abzählbarer Vereinigungen ist. Zuvor wollen wir noch die beiden folgende Hilfsaussagen beweisen, die wir für den Nachweis der verbleibenden Eigenschaft verwenden werden:

(Eigenschaften durchschnittsstabiler Dynkin-Systeme). In jedem durchschnittstabilen Dynkin-System $\mathfrak{D}$ gelten:

(α) Sind $A_1, \ldots, A_n$ endlich viele Mengen aus $\mathfrak{D}$, so gilt auch $\bigcup_{j=1}^n A_j \in \mathfrak{D}$.
(β) Für beliebige Mengen $A, B \in \mathfrak{D}$ gilt $A \setminus B \in \mathfrak{D}$.

Seien zuerst $A_1, A_2 \in \mathfrak{D}$ beliebig. Da $\mathfrak{D}$ ein durchschnittsstabiles Dynkin-System ist, folgen $A_1^c \in \mathfrak{D}$, $A_2^c \in \mathfrak{D}$ und $A_1^c \cap A_2^c \in \mathfrak{D}$. Unter Beachtung der De Morganschen Regeln aus Aufgabe 4 erhalten wir somit

$$A_1 \cup A_2 = (A_1^c \cap A_2^c)^c \in \mathfrak{D} \tag{16.2}$$

Hilfsaussage (α) folgt nun induktiv aus Gl. (16.2). Zum Nachweis der zweiten Hilfsaussage seien $A, B \in \mathfrak{D}$ beliebig. Wegen $B^c \in \mathfrak{D}$ folgt mithilfe von Aufgabe 4 wie gewünscht

$$A \setminus B = A \cap B^c \overset{(\alpha)}{\in} \mathfrak{D}$$

was auch die zweite Hilfsaussage beweist. Wir kommen nun zum Beweis, dass $\mathfrak{D}$ eine σ-Algebra über X ist. Sei dazu $(A_n)_{n \in \mathbb{N}}$ eine *beliebige* Folge von Mengen aus $\mathfrak{D}$. Setzen wir

$$B_n := A_n \setminus \bigcup_{j=1}^{n-1} A_j$$

für $n \in \mathbb{N}$, so liegt die Folge $(B_n)_{n\in\mathbb{N}}$ wegen der Hilfsaussagen (α) und (β) vollständig in $\mathfrak{D}$. Sie ist zudem disjunkt und es gilt

$$\bigcup_{j=1}^{n} A_j = \bigsqcup_{j=1}^{n} B_j$$

Da $\mathfrak{D}$ ein Dynkin-System ist, folgt somit wie gewünscht $\bigcup_{n=1}^{+\infty} A_n \in \mathfrak{D}$. Unsere Überlegungen zeigen, dass $\mathfrak{D}$ stabil bezüglich abzählbarer Vereinigungen und somit eine σ-Algebra auf X ist.

Bemerkung Da jede σ-Algebra gemäß Aufgabe 28 *durchschnittsstabil* ist, erhalten wir aus Teil (a) dieser Aufgabe folgende bekannte Aussage:

Ist X eine Menge und $\mathfrak{D}$ ein Dynkin-System auf X, so definiert dieses genau dann eine σ-Algebra auf X, wenn es durchschnittsstabil ist.

Lösung Aufgabe 38 Sei X eine Menge. Eine Funktion $\eta : \mathfrak{P}(X) \to \overline{\mathbb{R}}$ heißt *äußeres Maß,* falls sie die folgenden Eigenschaften besitzt:

(α) Es gilt $\eta(\emptyset) = 0$.
(β) (Monotonie). Für alle $A, B \subseteq X$ mit $A \subseteq B$ gilt $\eta(A) \leq \eta(B)$.
(γ) (σ-Subadditivität). Für jede Folge $(A_n)_{n\in\mathbb{N}}$ von Teilmengen von X gilt

$$\eta\left(\bigcup_{n=1}^{+\infty} A_n\right) \leq \sum_{n=1}^{+\infty} \eta(A_n)$$

Wir wollen nun zeigen, dass das Mengensystem

$$\mathfrak{A}_\eta := \{A \subseteq X \mid A \text{ ist } \eta\text{-messbar}\}$$

ein durchschnittsstabiles Dynkin-System über X und damit eine σ-Algebra über X definiert. Dabei sei daran erinnert, dass eine Teilmenge A von X *η-messbar* genannt wird, falls

$$\eta(B) \geq \eta(B \cap A) + \eta(B \cap A^{\mathrm{c}})$$

für alle Teilmengen B von X gilt. Wendet man die σ-Subadditivität auf die Folge $(A_n)_{n\in\mathbb{N}}$ mit $A_1 := B \cap A$, $A_2 := B \cap A^c$ und $A_n := \emptyset$ sonst an, so folgt wegen

$$\eta\left(\bigcup_{n=1}^{+\infty} A_n\right) = \eta((B \cap A) \cup (B \cap A^c)) = \eta(B \cap (A \cup A^c)) = \eta(B \cap X) = \eta(B)$$

gerade

$$\eta(B) = \eta\left(\bigcup_{n=1}^{+\infty} A_n\right) \leq \sum_{n=1}^{+\infty} \eta(A_n) = \eta(B \cap A) + \eta(B \cap A^c)$$

Daher ist eine Teilmenge A von X genau dann η-messbar, falls

$$\eta(B) = \eta(B \cap A) + \eta(B \cap A^c)$$

für jede Teilmenge B von X gilt. Wir kommen nun zur eigentlichen Lösung dieser Aufgabe, dessen Beweis wir der Übersicht halber unterteilen:

(a) $\mathfrak{A}_\eta$ *ist durchschnittsstabil.* Seien $A_1, A_2 \in \mathfrak{A}_\eta$ beliebige Mengen. Wir wollen zeigen, dass der Durchschnitt $A_1 \cap A_2$ ebenfalls in $\mathfrak{A}_\eta$ liegt. Da das äußere Maß η per Definition σ-subadditiv ist, gilt mit einer analogen Begründung wie oben

$$\eta(B) \leq \eta(B \cap A_1 \cap A_2) + \eta(B \cap (A_1 \cap A_2)^c)$$

für jede Teilmenge B von X. Beachten wir weiter

$$(A_1 \cap A_2)^c = (A_1 \cap A_2^c) \cup (A_1^c \cap A_2) \cup (A_1^c \cap A_2^c)$$

so lässt sich mithilfe der σ-Subadditivität von η wie folgt weiter abschätzen:

$$\begin{aligned}
\eta(B) &\leq \eta(B \cap A_1 \cap A_2) + \eta(B \cap (A_1 \cap A_2)^c) \\
&\leq \eta(B \cap A_1 \cap A_2) + \eta(B \cap A_1 \cap A_2^c) \\
&\qquad + \eta(B \cap A_1^c \cap A_2) + \eta(B \cap A_1^c \cap A_2^c) \\
&= \eta((B \cap A_2) \cap A_1) + \eta((B \cap A_2) \cap A_1^c) \\
&\qquad + \eta((B \cap A_2^c) \cap A_1) + \eta((B \cap A_2^c) \cap A_1^c) \\
&\leq \eta(B \cap A_2) + \eta(B \cap A_2^c) \\
&\leq \eta(B)
\end{aligned}$$

Dabei gehen in die beiden letzten Schritte die η-Messbarkeit der Mengen A_1 und A_2 ein. Unsere Überlegungen zeigen nun wie gewünscht

$$\eta(B) = \eta(B \cap A_1 \cap A_2) + \eta(B \cap (A_1 \cap A_2)^c)$$

was äquivalent zu $A_1 \cap A_2 \in \mathfrak{A}_\eta$ ist. Damit alles gezeigt.

(b) $\mathfrak{A}_\eta$ *definiert ein Dynkin-System auf* X. Es gilt $X \in \mathfrak{A}_\eta$, denn für jede Teilmenge B von X gelten $B \cap X = B$, $B \cap X^{\mathrm{c}} = \emptyset$ und $\eta(\emptyset) = 0$, und damit

$$\eta(B) = \eta(B \cap X) + \eta(B \cap X^{\mathrm{c}})$$

Sei nun $A \in \mathfrak{A}_\eta$ beliebig. Für jede Teilmenge B von X gilt offensichtlich

$$\eta(B) \geq \eta(B \cap A) + \eta(B \cap A^{\mathrm{c}}) = \eta(B \cap A^{\mathrm{c}}) + \eta(B \cap (A^{\mathrm{c}})^{\mathrm{c}})$$

und damit $A^{\mathrm{c}} \in \mathfrak{A}_\eta$. Unsere Überlegungen zeigen, dass das Mengensystem $\mathfrak{A}_\eta$ stabil bezüglich Komplementbildung ist. Zum Schluss beweisen wir die Stabilität bezüglich disjunkter Vereinigungen von Mengen aus $\mathfrak{A}_\eta$. Sei dazu $(A_n)_{n\in\mathbb{N}}$ eine disjunkte Folge von Mengen aus $\mathfrak{A}_\eta$. Wir zeigen zuerst $A_1 \sqcup A_2 \in \mathfrak{A}_\eta$. Wegen den De Morganschen Gesetzen gilt

$$A_1 \sqcup A_2 = (A_1^{\mathrm{c}} \cap A_2^{\mathrm{c}})^{\mathrm{c}}$$

sodass unsere Überlegungen oben $A_1 \sqcup A_2 \in \mathfrak{A}_\eta$ zeigen. Weiter gilt

$$\begin{aligned}
\eta(B \cap (A_1 \sqcup A_2)) &= \eta(B \cap (A_1 \sqcup A_2) \cap A_1) + \eta(B \cap (A_1 \sqcup A_2) \cap A_1^{\mathrm{c}}) \\
&= \eta(B \cap A_1) + \eta(B \cap A_2)
\end{aligned}$$

Mithilfe von vollständiger Induktion gelten entsprechend

$$\bigsqcup_{n=1}^{k} A_n \in \mathfrak{A}_\eta, \qquad \eta\left(B \cap \bigsqcup_{n=1}^{k} A_n\right) = \sum_{n=1}^{k} \eta(B \cap A_n)$$

für alle $k \in \mathbb{N}$ und jede Teilmenge B von X. Da η monoton ist, folgt

$$\begin{aligned}
&\sum_{n=1}^{k} \eta(B \cap A_n) + \eta\left(B \cap \left(\bigsqcup_{n=1}^{+\infty} A_n\right)^{\mathrm{c}}\right) \\
&\quad = \eta\left(B \cap \bigsqcup_{n=1}^{k} A_n\right) + \eta\left(B \cap \left(\bigsqcup_{n=1}^{+\infty} A_n\right)^{\mathrm{c}}\right) \\
&\quad \leq \eta\left(B \cap \bigsqcup_{n=1}^{k} A_n\right) + \eta\left(B \cap \left(\bigsqcup_{n=1}^{k} A_n\right)^{\mathrm{c}}\right) \\
&\quad = \eta(B)
\end{aligned}$$

und weiter beim Übergang zum Grenzwert

$$\sum_{n=1}^{+\infty} \eta(B \cap A_n) + \eta\left(B \cap \left(\bigsqcup_{n=1}^{+\infty} A_n\right)^{\mathrm{c}}\right) \leq \eta(B)$$

Aus der σ-Subadditivität und der obigen Ungleichung folgt schließlich

$$\begin{aligned}\eta(B) &\le \eta\left(B \cap \bigsqcup_{n=1}^{+\infty} A_n\right) + \eta\left(B \cap \left(\bigsqcup_{n=1}^{+\infty} A_n\right)^c\right)\\ &= \eta\left(\bigsqcup_{n=1}^{+\infty} (B \cap A_n)\right) + \eta\left(B \cap \left(\bigsqcup_{n=1}^{+\infty} A_n\right)^c\right)\\ &\le \sum_{n=1}^{+\infty} \eta(B \cap A_n) + \eta\left(B \cap \left(\bigsqcup_{n=1}^{+\infty} A_n\right)^c\right)\\ &\le \eta(B)\end{aligned}$$

Setzen wir nun alle Ungleichungen zusammen, so erhalten wir wie gewünscht

$$\eta(B) = \eta\left(B \cap \bigsqcup_{n=1}^{+\infty} A_n\right) + \eta\left(B \cap \left(\bigsqcup_{n=1}^{+\infty} A_n\right)^c\right)$$

Dies bedeutet aber gerade $\bigsqcup_{n=1}^{+\infty} A_n \in \mathfrak{A}_\eta$, also handelt es sich bei $\mathfrak{A}_\eta$ um eine Dynkin-System auf X.

(c) *$\mathfrak{A}_\eta$ definiert eine σ-Algebra auf X.* In den Teilen (a) und (b) haben wir nachgewiesen, dass $\mathfrak{A}_\eta$ ein durchschnittsstabiles Dynkin-System auf X definiert. Gemäß Aufgabe 37 (c) handelt es sich damit also gerade um eine σ-Algebra über X.

Bemerkung Die Aufgabe zeigt, dass jedes äußere Maß auf einer Menge eine σ-Algebra induziert. Weiter gilt sogar:

> (Satz von Carathéodory). Sind X eine beliebige Menge und $\eta : \mathfrak{P}(X) \to \overline{\mathbb{R}}$ ein äußeres Maß, dann definiert das System $\mathfrak{A}_\eta$ der η-messbaren Mengen eine σ-Algebra über X. Weiter ist die Einschränkung von η auf $\mathfrak{A}_\eta$, also die Funktion $\eta|_{\mathfrak{A}_\eta} : \mathfrak{A}_\eta \to \overline{\mathbb{R}}$ ein vollständiges Maß.

Einen Beweis dieser Aussage findet man beispielsweise in [3, Kap. II, § 4]. Wie man [3] oder [7, Aufgabe 99] entnehmen kann, ist der Satz von Carathéodory die Grundlage der Konstruktion des Lebesgue- beziehungsweise Borel-Lebesgue-Maßes auf einer abstrakten Menge. Man spricht dabei häufig auch vom *Carathéodorischen Konstruktionsverfahren*.

Lösung Aufgabe 39 Seien $(\Omega, \mathfrak{F})$ und $(\Gamma, \mathfrak{G})$ zwei messbare Räume. Eine Abbildung $X : \Omega \to \Gamma$ wird *$\mathfrak{F}$-$\mathfrak{G}$-messbar* oder *Zufallsgröße* genannt, falls

$$X^{-1}(G) \in \mathfrak{F} \tag{16.3}$$

für alle $G \in \mathfrak{G}$ gilt. In anderen Worten: Das Urbild jeder messbaren Menge ist messbar. Eine reelle Funktion $X : \Omega \to \mathbb{R}$ wird *reelle Zufallsvariable* genannt, falls sie $\mathfrak{F}$-$\mathfrak{B}(\mathbb{R})$-messbar ist. Dabei wird $\mathbb{R}$ stets stillschweigend mit der Borelschen σ-Algebra

$\mathfrak{B}(\mathbb{R})$ ausgestattet. Hingegen wird jede numerische Funktion $X : \Omega \to \overline{\mathbb{R}}$ *Zufallsvariable* genannt, falls diese $\mathfrak{F}$-$\mathfrak{B}(\overline{\mathbb{R}})$-messbar ist. Es ist zu beachten, dass in der Literatur häufig nicht zwischen Zufallsgrößen, reellen Zufallsvariablen und Zufallsvariablen unterschieden wird, da aus dem Kontext klar ist, worum es sich handelt. Sei nun $\mathfrak{E} \subseteq \mathfrak{P}(\Gamma)$ ein Erzeuger der σ-Algebra $\mathfrak{G}$, das heißt, es gilt $\mathfrak{G} = \sigma(\mathfrak{E})$. In diesem Fall kann man zeigen, dass eine Abbildung $X : \Omega \to \Gamma$ genau dann $\mathfrak{F}$-$\mathfrak{G}$-*messbar* ist, falls

$$X^{-1}(E) \in \mathfrak{F} \tag{16.4}$$

für alle $E \in \mathfrak{E}$ gilt. Beachten Sie, dass die Messbarkeitsbedingung lediglich für die Elemente des Erzeugers $\mathfrak{E}$ geprüft werden muss. Einen Beweis dieser Aussage können Sie beispielsweise in [7, Aufgabe 68] oder [3] nachlesen. Auf den ersten Blick mag das vereinfachte Messbarkeitskriterium nicht bemerkenswert sein. Jedoch besitzen σ-Algebren im Allgemeinen wenig Struktur, ihre Erzeuger hingegen schon. Der Nachweis von Bedingung (16.3) ist dabei häufig schwieriger als der von (16.4). Die Borelsche σ-Algebra $\mathfrak{B}(\mathbb{R})$, die in der Maß- und Integrationstheorie beziehungsweise Wahrscheinlichkeitstheorie und Stochastik von großem Interesse ist, ist ein prominentes Beispiel solch einer σ-Algebra. Ein Erzeuger von $\mathfrak{B}(\mathbb{R})$ ist beispielsweise das Mengensystem

$$\mathfrak{J} := \{(-\infty, \alpha] \mid \alpha \in \mathbb{R}\}$$

wie man Aufgabe 33 entnehmen kann. Somit ist eine Funktion $X : \Omega \to \mathbb{R}$ genau dann $\mathfrak{F}$-$\mathfrak{B}(\mathbb{R})$-messbar, also eine reelle Zufallsvariable, wenn

$$X^{-1}((-\infty, \alpha]) \in \mathfrak{F}$$

für alle $\alpha \in \mathbb{R}$ gilt. Üblicherweise definiert man vereinfachend

$$\{X \leq \alpha\} := X^{-1}((-\infty, \alpha]) = \{\omega \in \Omega \mid X(\omega) \leq \alpha\}$$

und schreibt die Messbarkeitsbedingung daher äquivalent in der Form

$$\{X \leq \alpha\} \in \mathfrak{F}$$

für $\alpha \in \mathbb{R}$. Beachten Sie, dass es aufgrund der Vielzahl an Erzeugern von $\mathfrak{B}(\mathbb{R})$ mehrere äquivalente Messbarkeitsbedingungen für reelle Zufallsvariablen gibt.

Lösung Aufgabe 40

(a) Die Potenzfunktion $f : \mathbb{R} \to \mathbb{R}$ vermöge $f(x) := x^q$ ist bekanntlich für jedes $q \in \mathbb{N}_0$ stetig und daher gemäß Aufgabe 44 bereits $\mathfrak{B}(\mathbb{R})$-$\mathfrak{B}(\mathbb{R})$-messbar.

(b) Die Dirichlet-Funktion $f : \mathbb{R} \to \mathbb{R}$ mit

$$f(x) := \begin{cases} 1 & \text{falls } x \in \mathbb{Q} \\ 0 & \text{sonst} \end{cases}$$

entspricht der Indikatorfunktion der Menge $\mathbb{Q}$. Wir wollen uns kurz überlegen, warum $\mathbb{Q} \in \mathfrak{B}(\mathbb{R})$ gilt. Ist $x \in \mathbb{R}$ beliebig, so gehört wegen

$$\{x\} = \bigcap_{n=1}^{+\infty} \left(x - \frac{1}{n}, x + \frac{1}{n} \right)$$

jede einelementige Teilmenge von $\mathbb{R}$ zur Borelschen σ-Algebra. Beachten Sie, dass jedes Intervall auf der rechten Seite offen ist und somit per Konstruktion von $\mathfrak{B}(\mathbb{R})$ zu $\mathfrak{B}(\mathbb{R})$ gehört. Infolgedessen ist auch die abzählbare Vereinigung

$$\mathbb{Q} = \bigcup_{x \in \mathbb{Q}} \{x\}$$

Element der Borelschen σ-Algebra. Wegen $\mathbb{Q} \in \mathfrak{B}(\mathbb{R})$ folgt aus Aufgabe 93 (a) wie gewünscht die $\mathfrak{B}(\mathbb{R})$-$\mathfrak{B}(\mathbb{R})$-Messbarkeit der Dirichlet-Funktion.

Bemerkung Aus den obigen Überlegungen folgt unmittelbar, dass jede höchstens abzählbare Teilmenge von $\mathbb{R}$ – und damit insbesondere auch jede einelementige Menge – zur Borelschen σ-Algebra $\mathfrak{B}(\mathbb{R})$ gehört. Entsprechendes gilt auch im $\mathbb{R}^q$ für jedes $q \in \mathbb{N}$.

(c) Wir überlegen uns, dass $f : \mathbb{R} \to \mathbb{R}$ mit

$$f(k) := \begin{cases} \mathrm{e}^{-\alpha} \dfrac{\alpha^k}{k!} & \text{falls } k \in \mathbb{N}_0 \\ 0 & \text{sonst} \end{cases}$$

für jeden Parameter $\alpha \in \mathbb{R}_{>0}$ eine Zähldichte definiert, da diese dann wegen Aufgabe 46 eine $\mathfrak{B}(\mathbb{R})$-$\mathfrak{B}(\mathbb{R})$-messbare Funktion ist. Die Menge $\mathbb{N}_0$ ist abzählbar und per Definition ist $f = 0$ auf $\mathbb{R} \setminus \mathbb{N}_0$. Weiter gilt

$$\sum_{k=0}^{+\infty} f(k) = \mathrm{e}^{-\alpha} \sum_{k=0}^{+\infty} \frac{\alpha^k}{k!} = \mathrm{e}^{-\alpha} \mathrm{e}^{\alpha} = 1$$

Beachten Sie, dass es sich bei der obigen Reihe um die Exponentialreihe handelt. Damit ist alles gezeigt.

Bemerkung Die obige Zähldichte induziert eine univariate Verteilung, die *Poisson-Verteilung* genannt und in diesem Buch mit $\mathbf{P}(\alpha)$ abgekürzt wird.

(d) Auch die Funktion $f : \mathbb{R}^2 \to \mathbb{R}$ vermöge $f(x_1, x_2) := x_1$ ist stetig und damit automatisch $\mathfrak{B}(\mathbb{R}^2)$-$\mathfrak{B}(\mathbb{R})$-messbar. Es handelt sich dabei um eine sogenannte *Projektion*. Man kann die Messbarkeit der Funktion aber auch anhand der Definition beweisen. Für $B \in \mathfrak{B}(\mathbb{R})$ gilt nämlich

$$\begin{aligned} f^{-1}(B) &= \{(x_1, x_2) \in \mathbb{R}^2 \mid f(x_1, x_2) \in B\} \\ &= \{(x_1, x_2) \in \mathbb{R}^2 \mid x_1 \in B\} \\ &= \mathbb{R} \times B \end{aligned}$$

und $\mathbb{R} \times B$ ist ein Element von $\mathfrak{B}(\mathbb{R}^2)$.

Lösung Aufgabe 41 Seien $(X, \mathfrak{A})$, $(Y, \mathfrak{B})$ und $(Z, \mathfrak{C})$ messbare Räume, sei $f : X \to Y$ eine $\mathfrak{A}$-$\mathfrak{B}$-messbare Abbildung und sei $g : Y \to Z$ eine $\mathfrak{B}$-$\mathfrak{C}$-messbare Abbildung. Wir wollen nachweisen, dass die Komposition

$$g \circ f : X \to Z, \qquad (g \circ f)(x) = g(f(x))$$

eine $\mathfrak{A}$-$\mathfrak{C}$-messbare Abbildung ist. Sei $C \in \mathfrak{C}$ beliebig. Dann folgt aus der $\mathfrak{B}$-$\mathfrak{C}$-Messbarkeit von g bereits $g^{-1}(C) \in \mathfrak{B}$. Wegen der $\mathfrak{A}$-$\mathfrak{B}$-Messbarkeit von f folgt dann weiter

$$(g \circ f)^{-1}(C) = (f^{-1} \circ g^{-1})(C) = f^{-1}(g^{-1}(C)) \in \mathfrak{A}$$

also handelt es sich bei $g \circ f$ um eine $\mathfrak{A}$-$\mathfrak{C}$-messbare Abbildung.

Bemerkung Zusammenfassend lässt sich das obige Resultat wie folgt einprägsam merken: *Die Komposition messbarer Abbildungen ist messbar.*

Lösung Aufgabe 42 Sei $(\Omega, \mathfrak{F})$ ein messbarer Raum und seien $X, Y : \Omega \to \mathbb{R}$ zwei Zufallsvariablen, also $\mathfrak{F}$-$\mathfrak{B}(\mathbb{R})$-messbare Funktionen. In der Wahrscheinlichkeitstheorie und Stochastik vereinbart man für $\alpha \in \mathbb{R}$ folgende Notation:

$$\{X < \alpha\} := \{\alpha > X\} := \{\omega \in \Omega \mid X(\omega) < \alpha\} = X^{-1}((-\infty, \alpha))$$

Entsprechend sind auch die abkürzenden Schreibweisen $\{X \leq \alpha\}$, $\{X > \alpha\}$, $\{X \geq \alpha\}$ und so weiter zu verstehen. Daher lässt sich die Messbarkeitsbedingung von X schreiben als

$$\{X \leq \gamma\} \in \mathfrak{F}$$

für alle $\gamma \in \mathbb{R}$. Vergleichen Sie dazu auch die Lösung von Aufgabe 33. Wir kommen nun zur eigentlichen Lösung dieser Aufgabe. Zunächst schreiben wir

$$\{X \leq \alpha Y\} = \{X - \alpha Y \leq 0\}$$

Somit gehört die rechte und damit auch die linke Seite der obigen Gleichung wegen der $\mathfrak{F}$-$\mathfrak{B}(\mathbb{R})$-Messbarkeit von $X - \alpha Y$ zur σ-Algebra $\mathfrak{F}$. Speziell gilt $\{X \leq Y\} \in \mathfrak{F}$. Mit einer analogen Begründung folgt auch $\{X \geq Y\} \in \mathfrak{F}$ und daher

$$\{X = Y\} = \{X \leq Y\} \cap \{X \geq Y\} \in \mathfrak{F}$$

Auch das Produkt XY ist eine Zufallsvariable, also folgt $\{XY \leq \alpha\} \in \mathfrak{F}$. Schließlich gilt

$$\{X \leq \alpha,\ Y \geq \alpha\} = \{X \leq \alpha\} \cap \{Y \geq \alpha\} \in \mathfrak{F}$$

da jede der beiden Mengen auf der rechten Seite zu $\mathfrak{F}$ gehört. Damit ist alles gezeigt.

Lösung Aufgabe 43 Betrachten wir die vom System $\mathfrak{E} := \{\{1\}, \{2, 3, 4\}\}$ erzeugte σ-Algebra $\mathfrak{A}$ über der Menge $X := \{1, 2, 3, 4\}$. Da $\mathfrak{E}$ offensichtlich eine Partition von X ist, ergibt sich gemäß Aufgabe 34 die erzeugte σ-Algebra

$$\mathfrak{A} = \Big\{\emptyset, \{1\}, \{2, 3, 4\}, X\Big\}$$

Mit dieser expliziten Darstellung können wir nun beide Teilaufgaben bearbeiten.

(a) Das Mengensystem $\mathfrak{J} := \{(-\infty, b] \mid b \in \mathbb{R}\}$ ist gemäß Aufgabe 33 ein Erzeuger der Borelschen σ-Algebra $\mathfrak{B}(\mathbb{R})$. Die Funktion $f : X \to \mathbb{R}$ mit $f(x) := x^2 + 1$ ist genau dann $\mathfrak{A}$-$\mathfrak{B}(\mathbb{R})$-messbar, wenn für alle $b \in \mathbb{R}$ die Urbilder

$$f^{-1}((-\infty, b]) = \{x \in X \mid f(x) \leq b\}$$

Elemente von $\mathfrak{A}$ sind. Es genügt also, die Messbarkeitsbedingung für die Erzeugermengen von $\mathfrak{B}(\mathbb{R})$ zu überprüfen, wie wir bereits in der Lösung von Aufgabe 39 bemerkt haben. Da $f(1) = 2$ und $f(2) = 5$ gelten, ergibt sich

$$f^{-1}((-\infty, 5]) = \{1, 2\}$$

Diese Menge ist jedoch nicht in $\mathfrak{A}$ enthalten, daher ist f nicht $\mathfrak{A}$-$\mathfrak{B}(\mathbb{R})$-messbar.

(b) Betrachten wir nun die konstante Funktion $g : X \to \mathbb{R}$ mit $g(x) := 0$. Für alle $b \in \mathbb{R}$ ergibt sich

$$g^{-1}((-\infty, b]) = \begin{cases} X & \text{falls } b \in \mathbb{R}_{\geq 0} \\ \emptyset & \text{falls sonst} \end{cases}$$

Da sowohl $\emptyset$ als auch X in $\mathfrak{A}$ enthalten sind, ist die Funktion $\mathfrak{A}$-$\mathfrak{B}(\mathbb{R})$-messbar.

Lösung Aufgabe 44 Seien $(X, \mathfrak{O}_X)$ und $(Y, \mathfrak{O}_Y)$ zwei topologische Räume. Aufgabe 24 folgend wird eine Abbildung $f : X \to Y$ *stetig* genannt, falls

$$f^{-1}(B) \in \mathfrak{O}_X$$

für alle $B \in \mathfrak{O}_Y$ gilt. Man sagt häufig auch: *Das Urbild jeder offenen Menge ist offen.* Für diese Aufgabe präsentieren wir zwei alternative Beweise, wobei wir stets voraussetzen, dass f eine stetige Abbildung von X nach Y ist:

(a) Das Mengensystem $\mathfrak{O}_Y$ ist per Definition ein Erzeuger der Borelschen σ-Algebra $\mathfrak{B}(Y)$. Vergleichen Sie auch Aufgabe 30. Ist nun $U \in \mathfrak{O}_Y$ eine offene Teilmenge von Y, so impliziert die Stetigkeit der Abbildung $f^{-1}(U) \in \mathfrak{O}_X$ und wegen $\mathfrak{O}_X \subseteq \mathfrak{B}(X)$ sogar

$$f^{-1}(U) \in \mathfrak{B}(X)$$

Dies zeigt bereits die $\mathfrak{B}(X)$-$\mathfrak{B}(Y)$-Messbarkeit der Abbildung, da die Messbarkeitsbedingung lediglich für einen Erzeuger von $\mathfrak{B}(Y)$ nachgewiesen werden muss. Dies können Sie beispielsweise in [3,7] nachlesen. Somit ist die Abbildung wie behauptet $\mathfrak{B}(X)$-$\mathfrak{B}(Y)$-messbar und wir sind fertig.

(b) Die Abbildung $f : X \to Y$ ist genau dann stetig, wenn

$$f^{-1}(\mathfrak{O}_Y) \subseteq \mathfrak{O}_X$$

Da der σ-Operator gemäß Aufgabe 32 monoton ist und $\mathfrak{O}_X$ die σ-Algebra $\mathfrak{B}(X)$ erzeugt, folgt zunächst

$$\sigma(f^{-1}(\mathfrak{O}_Y)) \subseteq \sigma(\mathfrak{O}_X) = \mathfrak{B}(X)$$

Die linke Seite der obigen Gleichung lässt sich mithilfe von [7, Aufgabe 54] noch weiter zu

$$\sigma(f^{-1}(\mathfrak{O}_Y)) = f^{-1}(\sigma(\mathfrak{O}_Y)) = f^{-1}(\mathfrak{B}(Y))$$

umschreiben. Es folgt $f^{-1}(\mathfrak{B}(Y)) \subseteq \mathfrak{B}(X)$ beziehungsweise $f^{-1}(B) \in \mathfrak{B}(X)$ für alle $B \in \mathfrak{B}(Y)$. Wir haben somit wie gewünscht gezeigt, dass eine stetige Abbildung von X nach Y stets $\mathfrak{B}(X)$-$\mathfrak{B}(Y)$-messbar ist.

Bemerkung Als direkte Konsequenz dieser Aufgabe erhalten wir folgendes nützliche Resultat als Spezialfall, das wir in diesem Buch mehrfach verwenden werden:

(Borel-Messbarkeit stetiger Funktionen). Jede stetige Funktion von $\mathbb{R}^q$ nach $\mathbb{R}^k$ ist Borel-messbar, genauer gesagt, $\mathfrak{B}(\mathbb{R}^q)$-$\mathfrak{B}(\mathbb{R}^k)$-messbar.

Lösung Aufgabe 45 Sei $(X, \mathfrak{A})$ ein messbarer Raum und sei $f : X \to \mathbb{R}^q$ eine Funktion mit $f = (f_1, \ldots, f_q)$. Wir wollen beweisen, dass f genau dann $\mathfrak{A}$-$\mathfrak{B}(\mathbb{R}^q)$-messbar ist, wenn jede der q Koordinatenfunktionen $\mathfrak{A}$-$\mathfrak{B}(\mathbb{R})$-messbar ist. Für den Nachweis der Äquivalenz werden wir zwei Implikationen zeigen:

($\Longrightarrow$). Sei zuerst f eine $\mathfrak{A}$-$\mathfrak{B}(\mathbb{R}^q)$-messbare Funktion und $k \in \{1, \ldots, q\}$ ein beliebiger Index. Jede Projektion $\pi_k : \mathbb{R}^q \to \mathbb{R}$ mit

$$\pi_k(x_1, \ldots, x_q) := x_k$$

ist stetig, da die Topologie auf $\mathbb{R}^q$ explizit so konstruiert ist, dass alle Projektionen stetig sind. Insbesondere sind diese stetigen Funktionen damit auch $\mathfrak{B}(\mathbb{R}^q)$-$\mathfrak{B}(\mathbb{R})$-messbar, wie wir uns in Aufgabe 44 überlegt haben. Aus Aufgabe 41 folgt schließlich die $\mathfrak{A}$-$\mathfrak{B}(\mathbb{R})$-Messbarkeit der Komposition

$$f_k = \pi_k \circ f$$

Damit ist die erste Implikation gezeigt.

($\Longleftarrow$). Sei nun umgekehrt jede Koordinatenfunktion $\mathfrak{A}$-$\mathfrak{B}(\mathbb{R})$-messbar. Da das Mengensystem

$$\mathfrak{J}^q := \big\{(a, b] \mid a, b \in \mathbb{R}^q\big\}$$

gemäß Aufgabe 33 ein Erzeuger der Borelschen σ-Algebra $\mathfrak{B}(\mathbb{R}^q)$ ist, müssen wir lediglich $f^{-1}(\mathfrak{J}^q) \subseteq \mathfrak{A}$ zeigen, da dies bereits die $\mathfrak{A}$-$\mathfrak{B}(\mathbb{R}^q)$-Messbarkeit von f beweist. Diese Tatsache können Sie beispielsweise in [7, Aufgabe 68] nachlesen. Für $a, b \in \mathbb{R}^q$ gilt

$$\begin{aligned} f^{-1}((a, b]) &= \{x \in X \mid a < f(x) \leq b\} \\ &= \big\{x \in X \mid a_k < f_k(x) \leq b_k \text{ für alle } k \in \{1, \ldots, q\}\big\} \\ &= \bigcap_{k=1}^{q} \{x \in X \mid a_k < f_k(x) \leq b_k\} \\ &= \bigcap_{k=1}^{q} f_k^{-1}((a_k, b_k]) \end{aligned}$$

Beachten Sie, dass in den obigen Umformungsschritten ausschließlich die Definitionen des Urbilds einer Menge sowie des Durchschnitts verwendet wurden. Wir haben somit $f^{-1}((a, b])$ als Durchschnitt von Mengen aus $\mathfrak{A}$ dargestellt, also gehört $f^{-1}((a, b])$ ebenfalls zur σ-Algebra $\mathfrak{A}$. Vergleichen Sie auch Aufgabe 28 (c). Dies beweist die $\mathfrak{A}$-$\mathfrak{B}(\mathbb{R}^q)$-Messbarkeit von f und wir sind fertig.

Bemerkung Da $\mathbb{C}$ und $\mathbb{R}^2$ bekanntlich isomorph sind, stattet man die komplexen Zahlen mit der Borelschen σ-Algebra $\mathfrak{B}(\mathbb{R}^2)$ aus. Für eine komplexwertige Funktion liefert das Resultat dieser Aufgabe also gerade:

(Messbarkeit komplexwertiger Funktionen). Sei $(X, \mathfrak{A})$ ein messbarer Raum. Eine komplexwertige Funktion $f : X \to \mathbb{C}$ mit $f = (\mathrm{Re}(f), \mathrm{Im}(f))$ ist genau dann $\mathfrak{A}$-$\mathfrak{B}(\mathbb{R}^2)$-messbar, wenn ihr Real- und Imaginärteil $\mathfrak{A}$-$\mathfrak{B}(\mathbb{R})$-messbare Funktionen sind.

Lösung Aufgabe 46

(a) Sei $f : \mathbb{R} \to \mathbb{R}$ eine Zähldichte, das heißt, die Funktion ist nichtnegativ und es gibt eine höchstens abzählbare Teilmenge C von $\mathbb{R}$ mit $f = 0$ auf $\mathbb{R} \setminus C$ und $\sum_{x \in C} f(x) = 1$. Sei $B \in \mathfrak{B}(\mathbb{R})$ beliebig. Die Menge B lässt sich schreiben als

$$B = (B \setminus \{0\}) \sqcup (B \cap \{0\})$$

Da die Urbildfunktion gemäß Aufgabe 16 operationstreu ist, folgt daraus

$$f^{-1}(B) = f^{-1}(B \setminus \{0\}) \sqcup f^{-1}(B \cap \{0\})$$

Unser Ziel ist es nun $f^{-1}(B \setminus \{0\}) \in \mathfrak{B}(\mathbb{R})$ und $f^{-1}(B \cap \{0\}) \in \mathfrak{B}(\mathbb{R})$ nachzuweisen, denn dies beweist die $\mathfrak{B}(\mathbb{R})$-$\mathfrak{B}(\mathbb{R})$-Messbarkeit der Zähldichte. Da die Funktion auf $\mathbb{R} \setminus C$ verschwindet, gilt $f^{-1}(B \setminus \{0\}) \subseteq C$. Folglich ist auch $f^{-1}(B \setminus \{0\})$ höchstens abzählbar und damit ein Element der Borelschen σ-Algebra $\mathfrak{B}(\mathbb{R})$. Weiter gilt

$$f^{-1}(B \cap \{0\}) = \begin{cases} (\mathbb{R} \setminus C) \cup \{x \in C \mid f(x) = 0\} & \text{falls } 0 \in B \\ \emptyset & \text{falls } 0 \notin B \end{cases}$$

Wegen $C \in \mathfrak{B}(\mathbb{R})$ gehört $f^{-1}(B \cap \{0\})$ zur Borelschen σ-Algebra $\mathfrak{B}(\mathbb{R})$. Damit ist alles gezeigt.

Bemerkung In der Literatur werden Zähldichten häufig auch *Wahrscheinlichkeitsfunktionen* genannt. Das liegt daran, dass jede Zähldichte $f : \mathbb{R} \to \mathbb{R}$ die univariate Verteilung $\mu : \mathfrak{B}(\mathbb{R}) \to \overline{\mathbb{R}}$ vermöge

$$\mu(B) := \sum_{x \in B} f(x)$$

induziert. Vergleichen Sie dazu auch [12, 12.1.5 Lemma].

(b) Seien $n \in \mathbb{N}$ und $p \in (0, 1)$. Wir wollen nachweisen, dass die Funktion $f : \mathbb{R} \to \mathbb{R}$ vermöge

$$f(k) := \begin{cases} \binom{n}{k} p^k (1-p)^{n-k} & \text{falls } k \in \{0, \dots, n\} \\ 0 & \text{sonst} \end{cases}$$

eine Zähldichte definiert. Dazu setzen wir $C := \{0, \ldots, n\}$ und bemerken, dass die Funktion nichtnegativ ist und auf $\mathbb{R} \setminus C$ verschwindet. Wir müssen also lediglich noch die Normierungsbedingung nachweisen. Mit dem binomischen Lehrsatz (!) folgt

$$\sum_{k \in C} f(k) = \sum_{k=0}^{n} f(k) = \sum_{k=0}^{n} \binom{n}{k} p^k (1-p)^{n-k} \overset{(!)}{=} (p + (1-p))^n = 1$$

und wir sind fertig. Zum Schluss beweisen wir die Rekursionsformel der Zähldichte. Für jedes $k \in \{0, \ldots, n-1\}$ gilt

$$\begin{aligned} f(k+1) &= \binom{n}{k+1} p^{k+1} (1-p)^{n-k-1} \\ &= \frac{p}{1-p} \cdot \frac{n!}{(n-k-1)!\,(k+1)!} \cdot p^k (1-p)^{n-k} \\ &= \frac{p}{1-p} \cdot \frac{n-k}{k+1} \cdot \frac{n!}{(n-k)!\,k!} \cdot p^k (1-p)^{n-k} \end{aligned}$$

Dabei haben wir lediglich den Binomialkoeffizienten geschickt umgeschrieben. Anhand der obigen Darstellung lesen wir wie gewünscht

$$f(k+1) = \frac{n-k}{k+1} \cdot \frac{p}{1-p} \cdot f(k)$$

ab.

Bemerkung Die von der obigen Zähldichte induzierte Verteilung wird *Binomial-Verteilung* genannt.

Lösung Aufgabe 47 Sei $n \in \mathbb{N}$ eine natürliche Zahl und sei $p : \mathbb{R} \to \mathbb{R}$ eine Zähldichte mit

$$\sum_{k=1}^{n} p_k = 1$$

wobei wir $p_k := p(k)$ für $k \in \{1, \ldots, n\}$ definieren.

(a) Für jedes $k \in \{1, \ldots, n\}$ gilt

$$\left(p_k - \frac{1}{n}\right)^2 = p_k^2 - \frac{1}{n}\left(2p_k - \frac{1}{n}\right)$$

und daher wie gewünscht

$$\begin{aligned}\sum_{k=1}^{n}\left(p_k-\frac{1}{n}\right)^2&=\sum_{k=1}^{n}p_k^2-\frac{1}{n}\sum_{k=1}^{n}\left(2p_k-\frac{1}{n}\right)\\&=\sum_{k=1}^{n}p_k^2-\frac{1}{n}\\&=\sum_{k=1}^{n}\left(p_k^2-\frac{1}{n^2}\right)\end{aligned}$$

(b) Wegen der berühmten Cauchy-Schwarz-Ungleichung (!) gilt

$$\frac{1}{n^2}=\left(\frac{1}{n}\sum_{k=1}^{n}p_k\right)^2=\left(\sum_{k=1}^{n}p_k\cdot\frac{1}{n}\right)^2\overset{(!)}{\leq}\left(\sum_{k=1}^{n}p_k^2\right)\left(\sum_{k=1}^{n}\frac{1}{n^2}\right)=\frac{1}{n}\sum_{k=1}^{n}p_k^2$$

Anhand der obigen Abschätzung können wir unmittelbar die zu beweisende Ungleichung

$$\sum_{k=1}^{n}p_k^2\geq\frac{1}{n}$$

ablesen. Alternativ kann man aber auch Teil (a) verwenden, um die Ungleichung nachzuweisen. In der obigen Ungleichung herrscht genau dann Gleichheit, falls $p_k = 1/n$ für $k \in \{1, \ldots, n\}$ gilt.

Bemerkung In der Kryptographie verwendet man die obige Ungleichung um den sogenannten *Friedmanschen Koinzidenzindex* eines Wortes über einem Alphabet abzuschätzen. Treten beispielsweise die 26 Buchstaben des deutschen Alphabets mit gleicher Wahrscheinlichkeit in einem Text auf, so beträgt der Koinzidenzindex 1/26, also rund 0.0385. Mithilfe dieses Werts kann man einen Schätzwert für die Schlüssellänge der Vigenère-Chiffre herleiten.

Lösung Aufgabe 48 Sei $(X, \mathfrak{A})$ ein messbarer Raum. Weiter sei V ein Vektorraum (linearer Raum) von Funktionen von X nach $\mathbb{R}$. In anderen Worten, für alle $a, b \in \mathbb{R}$ und $f, g \in V$ gilt $af + bg \in V$. Wir nehmen weiter an, dass V den beiden folgenden Eigenschaften genügt: (α) $1 \in V$. (β) Jeder Limes einer wachsenden Folge von Funktionen aus V liegt in V. Beachten Sie, dass der Vektorraum V wegen der ersten Eigenschaft alle konstanten Funktionen enthält.

(a) Wir zeigen nun, dass das Mengensystem

$$\mathfrak{D} := \{A \in \mathfrak{A} \mid \chi_A \in V\}$$

ein Dynkin-System auf X definiert. Wie üblich müssen wir dafür drei Bedingungen nachweisen:

(1) *Es gilt* $X \in \mathfrak{D}$. Die Indikatorfunktion der Menge X ist die konstante Funktion 1. Da diese gemäß Eigenschaft (α) zu V gehört, folgt $X \in \mathfrak{D}$.
(2) *Aus* $A \in \mathfrak{D}$ *folgt* $A^c \in \mathfrak{D}$. Sei $A \in \mathfrak{D}$ beliebig, das heißt, es gelten $A \in \mathfrak{A}$ und $\chi_A \in V$. Es folgen $A^c \in \mathfrak{A}$ und $\chi_{A^c} = 1 - \chi_A$, wobei der zweite Teil eine Konsequenz aus Aufgabe 17 ist. Wegen $1 \in V$ und $\chi_A \in V$ gilt auch $\chi_{A^c} \in V$ und damit wie gewünscht $A^c \in \mathfrak{D}$. Dies beweist die Abgeschlossenheit bezüglich Komplementbildung.
(3) $\mathfrak{D}$ *ist abgeschlossen bezüglich disjunkter Vereinigungen.* Sei $(A_n)_{n\in\mathbb{N}}$ eine Folge disjunkter Mengen aus $\mathfrak{D}$. Wir definieren

$$B_n := \bigsqcup_{k=1}^{n} A_k, \qquad B := \bigsqcup_{k=1}^{+\infty} A_k$$

für $n \in \mathbb{N}$. Die Folge $(B_n)_{n\in\mathbb{N}}$ ist wachsend und gemäß Aufgabe 14 gilt $B_n \uparrow B$. Daher ist auch die Folge der Indikatorfunktionen $(\chi_{B_n})_{n\in\mathbb{N}}$ wachsend mit $\chi_{B_n} \uparrow \chi_B$, wie wir der Lösung von Aufgabe 15 entnehmen. Da die Folge $(A_n)_{n\in\mathbb{N}}$ disjunkt und V ein Vektorraum ist, gilt

$$\chi_{B_n} = \chi_{\bigsqcup_{k=1}^{n} A_k} = \sum_{k=1}^{n} \chi_{A_k} \in V$$

Eigenschaft (β) impliziert nun wie gewünscht $\chi_B \in V$ beziehungsweise äquivalent $\bigsqcup_{n=1}^{+\infty} A_n \in \mathfrak{D}$. Damit ist die Abgeschlossenheit bezüglich disjunkter Vereinigungen bewiesen und wir sind fertig.

Die obigen Überlegungen beweisen, dass es sich bei $\mathfrak{D}$ um ein Dynkin-System auf X handelt. Somit ist die Behauptung bewiesen.

(b) Sei $\mathfrak{E} \subseteq \mathfrak{P}(X)$ ein *durchschnittsstabiler* Erzeuger von $\mathfrak{A}$ mit $\chi_A \in V$ für alle $A \in \mathfrak{E}$. Wir beweisen die Behauptung, indem wir zuerst nachweisen, dass in V alle Indikatorfunktionen χ_A mit $A \in \mathfrak{A}$ enthalten sind. Anschließend folgern wir schrittweise, dass jede Treppenfunktionen und damit alle $\mathfrak{A}$-$\mathfrak{B}(\mathbb{R})$-messbaren Funktionen zu V gehören. Bei dieser Beweismethode spricht man auch von der sogenannten *maßtheoretischen Induktion.* Zunächst gilt $\mathfrak{E} \subseteq \mathfrak{D}$. Da $\mathfrak{E}$ durchschnittsstabil ist, lehrt das Dynkin-Lemma [3, Kap. I, § 6, 6.7 Satz]

$$\delta(\mathfrak{E}) = \sigma(\mathfrak{E})$$

Folglich stimmt das von $\mathfrak{E}$ erzeugte Dynkin-System auf X mit der von $\mathfrak{E}$ erzeugten σ-Algebra überein. Da der δ-Operator monoton und minimal ist, folgt

$$\mathfrak{A} = \sigma(\mathfrak{E}) = \delta(\mathfrak{E}) \subseteq \delta(\mathfrak{D}) = \mathfrak{D}$$

also $\mathfrak{A} \subseteq \mathfrak{D}$. Beachten Sie, dass man die Eigenschaften des δ-Operators analog zu denen des σ-Operators nachweisen kann. Da die umgekehrte Inklusion $\mathfrak{D} \subseteq \mathfrak{A}$ per Definition erfüllt ist, erhalten wir schließlich $\mathfrak{A} = \mathfrak{D}$. Daher enthält V alle Indikatorfunktionen χ_A mit $A \in \mathfrak{A}$. Als Vektorraum liegen dann auch alle Treppenfunktionen $\sum_{k=1}^{n} \alpha_k \chi_{A_k}$ mit $n \in \mathbb{N}, \alpha_k \in \mathbb{R}$ und $A_k \in \mathfrak{A}$ für $k \in \{1, \ldots, n\}$ in V. Da gemäß dem Approximationssatz jede nichtnegative und $\mathfrak{A}$-$\mathfrak{B}(\mathbb{R})$-messbare Funktion (punktweiser) Grenzwert einer wachsenden Folge von Treppenfunktionen ist, gehört auch diese Funktionenklasse gemäß Eigenschaft (β) zu V. Beachten wir schließlich, dass sich jede $\mathfrak{A}$-$\mathfrak{B}(\mathbb{R})$-messbare Funktion als Differenz ihres Positiv- und Negativteils darstellen lässt und diese Funktionen stets nichtnegativ und $\mathfrak{A}$-$\mathfrak{B}(\mathbb{R})$-messbar sind, so enthält V alle $\mathfrak{A}$-$\mathfrak{B}(\mathbb{R})$-messbaren Funktionen von X nach $\mathbb{R}$. Damit ist alles gezeigt.

Lösungen: Wahrscheinlichkeitsräume 17

Lösung Aufgabe 49 Sei $(\Omega, \mathfrak{F})$ ein messbarer Raum und sei $\omega \in \Omega$ ein beliebiges Element. Wir wollen zeigen, dass die Funktion $\delta_\omega : \mathfrak{F} \to \overline{\mathbb{R}}$ mit

$$\delta_\omega(A) := \begin{cases} 1 & \text{falls } \omega \in A \\ 0 & \text{sonst} \end{cases}$$

ein Wahrscheinlichkeitsmaß auf $(\Omega, \mathfrak{F})$ definiert. Aus der Definition von δ_ω folgt unmittelbar

$$0 \leq \delta_\omega(A) \leq 1$$

für alle $A \in \mathfrak{F}$. Insbesondere gelten $\delta_\omega(\emptyset) = 0$ und $\delta_\omega(\Omega) = 1$. Wir müssen daher nur noch die σ-Additivität von δ_ω nachweisen. Sei dazu $(A_n)_{n\in\mathbb{N}}$ eine beliebige Folge disjunkter Mengen aus $\mathfrak{F}$. Gilt speziell $\omega \notin \bigsqcup_{n=1}^{+\infty} A_n$, so ist auch $\omega \notin A_n$ beziehungsweise äquivalent $\delta_\omega(A_n) = 0$ für alle $n \in \mathbb{N}$. Es folgt

$$\delta_\omega\left(\bigsqcup_{n=1}^{+\infty} A_n\right) = 0 = \sum_{n=1}^{+\infty} \delta_\omega(A_n)$$

Gelte nun umgekehrt $\omega \in \bigsqcup_{n=1}^{+\infty} A_n$. Da die Folge $(A_n)_{n\in\mathbb{N}}$ disjunkt ist, gibt es *genau einen* Index $k \in \mathbb{N}$ mit $\omega \in A_k$. Wegen $\delta_\omega(A_k) = 1$ und $\delta_\omega(A_n) = 0$ sonst erhalten wir

$$\delta_\omega\left(\bigsqcup_{n=1}^{+\infty} A_n\right) = 1 = \sum_{n=1}^{+\infty} \delta_\omega(A_n)$$

Damit ist gezeigt, dass δ_ω ein Wahrscheinlichkeitsmaß auf $(\Omega, \mathfrak{F})$ ist – dieses wird *Dirac-Maß* genannt.

N. Hebestreit-Düsing, *Übungs- und Lernbuch Wahrscheinlichkeitstheorie und Stochastik*, https://doi.org/10.1007/978-3-662-72720-1_17

Bemerkung

(1) Das Dirac-Maß lässt sich anschaulich als eine Massenverteilung interpretieren, bei der im Punkt $\omega \in \Omega$ eine gesamte Einheitsmasse konzentriert ist. Der Wert $\delta_\omega(A)$ entspricht dabei der in der Menge $A \in \mathfrak{F}$ enthaltenen Masse. Durch endliche Summen oder auch unendliche Reihen von Dirac-Maßen lassen sich komplexere Maße konstruieren, die als kompliziertere Massenverteilungen aufgefasst werden können. Ein Beispiel hierfür findet sich in der Lösung von Aufgabe 51.

(2) Zwischen dem Dirac-Maß und der Indikatorfunktion besteht der einfache, aber zentrale Zusammenhang

$$\delta_\omega(A) = \chi_A(\omega)$$

für alle $\omega \in \Omega$ und $A \in \mathfrak{F}$.

(3) Das Dirac-Maß ist ein Wahrscheinlichkeitsmaß auf $(\Omega, \mathfrak{F})$. Im Fall $\Omega = \mathbb{R}$ und $\mathfrak{F} = \mathfrak{B}(\mathbb{R})$ spricht man von einer *Dirac-Verteilung*.

Lösung Aufgabe 50 Sei $(\Omega, \mathfrak{F}, \mathbb{P})$ ein symmetrischer Wahrscheinlichkeitsraum. Nach Voraussetzung gibt es eine Zahl $p \in [0, 1]$ mit $\mathbb{P}(\{\omega\}) = p$ für alle $\omega \in \Omega$. Da das Wahrscheinlichkeitsmaß σ-additiv und somit auch endlich additiv ist, und weil $\mathbb{P}(\Omega) = 1$ gilt, erhalten wir

$$1 = \mathbb{P}(\Omega) = \sum_{\omega \in \Omega} \mathbb{P}(\{\omega\}) = |\Omega|\, \mathbb{P}(\{\omega\})$$

woraus

$$\mathbb{P}(\{\omega\}) = \frac{1}{|\Omega|}$$

für alle $\omega \in \Omega$ folgt. Dabei haben wir mehrfach verwendet, dass die Menge Ω endlich ist. Für jede Menge $A \in \mathfrak{F}$ gilt dann

$$\mathbb{P}(A) = \sum_{\omega \in A} \mathbb{P}(\{\omega\}) = \frac{|A|}{|\Omega|}$$

Damit ist alles gezeigt.

Lösung Aufgabe 51 Sei $(X, \mathfrak{A})$ ein messbarer Raum, sei $(\alpha_n)_{n\in\mathbb{N}}$ eine Folge nichtnegativer reeller Zahlen und sei $\mu_n : \mathfrak{A} \to \overline{\mathbb{R}}$ für jedes $n \in \mathbb{N}$ ein Maß auf $(X, \mathfrak{A})$.

(a) Wir wollen nachweisen, dass die Funktion $\mu : \mathfrak{A} \to \overline{\mathbb{R}}$ vermöge

$$\mu(A) := \sum_{n=1}^{+\infty} \alpha_n\, \mu_n(A)$$

ein Maß auf $(X, \mathfrak{A})$ definiert. Da jede Funktion μ_n ein Maß auf $(X, \mathfrak{A})$ ist, gelten per Definition $\mu_n \geq 0$ und $\mu_n(\emptyset) = 0$. Damit folgen auch

$$\mu \geq 0, \qquad \mu(\emptyset) = \sum_{n=1}^{+\infty} \alpha_n \, \mu_n(\emptyset) = 0$$

Zu zeigen bleibt die σ-Additivität. Sei dazu $(A_k)_{k \in \mathbb{N}}$ eine Folge disjunkter Mengen aus $\mathfrak{A}$. Es gilt

$$\begin{aligned} \mu\left(\bigsqcup_{k=1}^{+\infty} A_k\right) &= \sum_{n=1}^{+\infty} \alpha_n \, \mu_n \left(\bigsqcup_{k=1}^{+\infty} A_k\right) \\ &= \sum_{n=1}^{+\infty} \alpha_n \sum_{k=1}^{+\infty} \mu_n(A_k) \\ &= \sum_{n=1}^{+\infty} \sum_{k=1}^{+\infty} \alpha_n \, \mu_n(A_k) \end{aligned}$$

wobei in den zweiten Schritt eingeht, dass μ_n ein σ-additives Maß ist. Wegen $\alpha_n \, \mu_n(A_k) \geq 0$ für alle $(k, n) \in \mathbb{N}^2$ können wir die Reihenfolge der beiden Reihen in der letzten Zeile vertauschen. Dieses Resultat der Analysis ist als *großer Umordnungssatz* bekannt und lässt sich beispielsweise mithilfe von Techniken der Maß- und Integrationstheorie nachweisen. Vergleichen Sie dazu beispielsweise Aufgabe 155 in [7]. Nun lehrt der Umordnungssatz (!)

$$\mu\left(\bigsqcup_{k=1}^{+\infty} A_k\right) = \sum_{n=1}^{+\infty} \sum_{k=1}^{+\infty} \alpha_n \, \mu_n(A_k) \overset{(!)}{=} \sum_{k=1}^{+\infty} \sum_{n=1}^{+\infty} \alpha_n \, \mu_n(A_k) = \sum_{k=1}^{+\infty} \mu(A_k)$$

was schließlich die σ-Additivität von μ beweist. Für den zweiten Teil dieser Aufgabe nehmen wir zusätzlich an, dass jedes μ_n ein Wahrscheinlichkeitsmaß auf $(X, \mathfrak{A})$ ist und

$$\sum_{n=1}^{+\infty} \alpha_n = 1$$

gilt. Eine Folge mit dieser Eigenschaft heißt *stochastische Folge*. Wegen $\mu_n(X) = 1$ für alle $n \in \mathbb{N}$ folgt wie gewünscht

$$\mu(X) = \sum_{n=1}^{+\infty} \alpha_n \, \mu_n(X) = \sum_{n=1}^{+\infty} \alpha_n = 1$$

also definiert μ ebenfalls ein Wahrscheinlichkeitsmaß auf $(X, \mathfrak{A})$.

(b) Beim sogenannten *Zählmaß* auf $\mathbb{N}$ handelt es sich um die Funktion $\mu : \mathfrak{P}(\mathbb{N}) \to \overline{\mathbb{R}}$ vermöge

$$\mu(A) := \begin{cases} |A| & \text{falls } A \text{ endlich ist} \\ +\infty & \text{sonst} \end{cases}$$

Das Zählmaß misst also die Anzahl von Elementen jeder Teilmenge von $\mathbb{N}$. Mit dem Dirac-Maß aus Aufgabe 49 können wir somit

$$\mu(A) = \sum_{n=1}^{+\infty} \delta_n(A)$$

schreiben. In diesem Fall ist die Folge $(\alpha_n)_{n\in\mathbb{N}}$ also konstant mit $\alpha_n = 1$ für alle $n \in \mathbb{N}$. Wegen Teil (a) handelt es sich beim Zählmaß um ein Maß auf $(\mathbb{N}, \mathfrak{P}(\mathbb{N}))$. Damit ist alles gezeigt

Bemerkung

(1) Beachten Sie, dass man die eben verwendete Argumentation *nicht* verwenden kann, um nachzuweisen, dass das Zählmaß $\mu : \mathfrak{P}(X) \to \overline{\mathbb{R}}$ auf einer beliebigen Menge X ein Maß ist. Das liegt daran, dass die obige Reihe nicht wohldefiniert ist, falls X überabzählbar ist.

(2) Nicht nur das Zählmaß ist ein Spezialfall des abstrakten Maßes aus Teil (a). Ist Ω eine endliche Menge der Form $\Omega = \{\omega_1, \ldots, \omega_n\}$, wobei $n \in \mathbb{N}$ beliebig ist, so wird durch $\alpha_k := 1/n$ für $k \in \{1, \ldots, n\}$ und $\alpha_k := 0$ sonst eine stochastische Folge definiert. Für jede Menge $A \in \mathfrak{P}(\Omega)$ folgt somit

$$\mu(A) = \frac{1}{n} \sum_{k=1}^{n} \delta_{\omega_k}(A) = \frac{|A|}{n} = \frac{|A|}{|\Omega|}$$

also handelt es sich bei μ um das *Laplacesche Wahrscheinlichkeitsmaß* aus Aufgabe 50.

Lösung Aufgabe 52 Sei X eine beliebige Menge und definiere das Zählmaß $\mu : \mathfrak{P}(X) \to \overline{\mathbb{R}}$ vermöge

$$\mu(A) := \begin{cases} |A| & \text{falls } A \text{ endlich ist} \\ +\infty & \text{sonst} \end{cases}$$

Per Definition ist μ genau dann σ-endlich, wenn es eine Folge $(A_n)_{n\in\mathbb{N}}$ von Teilmengen von X mit $\mu(A_n) < +\infty$ und $\bigcup_{n=1}^{+\infty} A_n = X$ gibt. Die Bedingung $\mu(A_n) < +\infty$ ist gleichbedeutend damit, dass A_n endlich ist. Somit ist X als abzählbare Vereinigung endlicher Mengen dargestellt, was bedeutet, dass X höchstens abzählbar ist.

Damit ist die σ-Endlichkeit von μ genau dann gegeben, wenn X höchstens abzählbar ist.

Lösung Aufgabe 53 Sei $\mu : \mathfrak{B}(\mathbb{R}) \to \overline{\mathbb{R}}$ ein Wahrscheinlichkeitsmaß, also eine univariate Verteilung. Wir beweisen die Äquivalenzaussage wie üblich in zwei Schritten.

($\Longrightarrow$). Gelte zuerst $\mu(\mathbb{N}) = 1$. Da das Wahrscheinlichkeitsmaß wegen Aufgabe 54 (a) additiv und per Definition normiert ist, folgt aus

$$\mu(\mathbb{R} \setminus \mathbb{N}) + \mu(\mathbb{N}) = \mu(\mathbb{R}) = 1$$

sofort $\mu(\mathbb{R} \setminus \mathbb{N}) = 0$. Sei nun $B \in \mathfrak{B}(\mathbb{R})$ beliebig. Da sich die Menge als

$$B = (B \cap \mathbb{N}) \sqcup (B \cap (\mathbb{R} \setminus \mathbb{N}))$$

darstellen lässt und $B \cap (\mathbb{R} \setminus \mathbb{N})$ eine μ-Nullmenge ist, folgt $\mu(B) = \mu(B \cap \mathbb{N})$. Definiere nun die Folge $(\alpha_n)_{n \in \mathbb{N}}$ für jedes $n \in \mathbb{N}$ gemäß

$$\alpha_n := \mu(\{n\})$$

Diese ist nichtnegativ und stochastisch, denn wegen der σ-Additivität des Maßes folgt

$$\sum_{n=1}^{+\infty} \alpha_n = \sum_{n=1}^{+\infty} \mu(\{n\}) = \mu\left(\bigsqcup_{n=1}^{+\infty} \{n\}\right) = \mu(\mathbb{N}) = 1$$

Da die Menge $B \cap \mathbb{N}$ höchstens abzählbar ist, folgt mit der gleichen Begründung

$$\mu(B) = \mu(B \cap \mathbb{N}) = \mu\left(\bigsqcup_{n \in B \cap \mathbb{N}} \{n\}\right) = \sum_{n \in B \cap \mathbb{N}} \alpha_n = \sum_{n=1}^{+\infty} \alpha_n\, \delta_n(B)$$

wobei per Definition des Dirac-Maßes $\delta_n(B) = 1$ für $n \in B$ und $\delta_n(B) = 0$ sonst gilt. Somit besitzt μ die gewünschte Darstellung.

($\Longleftarrow$). Gelte nun umgekehrt

$$\mu = \sum_{n=1}^{+\infty} \alpha_n\, \delta_n$$

für eine stochastische Folge $(\alpha_n)_{n \in \mathbb{N}}$ nichtnegativer Zahlen. Da nach Definition des Dirac-Maßes $\delta_n(\mathbb{N}) = 1$ für alle $n \in \mathbb{N}$ gilt, folgt

$$\mu(\mathbb{N}) = \sum_{n=1}^{+\infty} \alpha_n\, \delta_n(\mathbb{N}) = \sum_{n=1}^{+\infty} \alpha_n = 1$$

Damit ist die Behauptung bewiesen.

Lösung Aufgabe 54 Sei in der gesamten Lösung $(\Omega, \mathfrak{F}, \mathbb{P})$ ein Wahrscheinlichkeitsraum. Beachten Sie, dass $\mathbb{P} : \mathfrak{F} \to \overline{\mathbb{R}}$ ein Wahrscheinlichkeitsmaß auf $(\Omega, \mathfrak{F})$ genannt wird, falls es den folgenden Bedingungen genügt:

(1) Es gelten $\mathbb{P}(\emptyset) = 0$ und $\mathbb{P}(\Omega) = 1$.
(2) $\mathbb{P}$ ist nichtnegativ, das heißt, es gilt $\mathbb{P}(A) \geq 0$ für alle $A \in \mathfrak{F}$.
(3) $\mathbb{P}$ ist σ-additiv, das heißt, für jede Folge $(A_n)_{n\in\mathbb{N}}$ disjunkter Ereignisse aus $\mathfrak{F}$ gilt

$$\mathbb{P}\left(\bigsqcup_{n=1}^{+\infty} A_n\right) = \sum_{n=1}^{+\infty} \mathbb{P}(A_n)$$

Wir kommen nun zur eigentlichen Lösung dieser Aufgabe.

(a) (Additivität). Seien $A, B \in \mathfrak{F}$ zwei disjunkte Ereignisse. Wir definieren eine Folge $(A_n)_{n\in\mathbb{N}}$ vermöge

$$A_1 := A, \qquad A_2 := B, \qquad A_n := \emptyset$$

für $n \in \mathbb{N}$ mit $n \geq 3$. Diese liegt vollständig in $\mathfrak{F}$ und ist disjunkt. Da das Wahrscheinlichkeitsmaß per Definition σ-additiv ist, gilt somit

$$\mathbb{P}(A \sqcup B) = \mathbb{P}\left(A \sqcup B \sqcup \bigsqcup_{n=3}^{+\infty} A_n\right) = \mathbb{P}\left(\bigsqcup_{n=1}^{+\infty} A_n\right) \overset{(3)}{=} \sum_{n=1}^{+\infty} \mathbb{P}(A_n)$$

Wegen $\mathbb{P}(\emptyset) = 0$ lässt sich die rechte Seite der obigen Gleichung weiter zu

$$\sum_{n=1}^{+\infty} \mathbb{P}(A_n) = \mathbb{P}(A) + \mathbb{P}(B) + \sum_{n=3}^{+\infty} \mathbb{P}(A_n) = \mathbb{P}(A) + \mathbb{P}(B)$$

umschreiben, womit wir schließlich

$$\mathbb{P}(A \sqcup B) = \mathbb{P}(A) + \mathbb{P}(B)$$

erhalten. Damit ist die Additivität des Wahrscheinlichkeitsmaßes gezeigt.

(b) Seien $A, B \in \mathfrak{F}$ zwei beliebige Ereignisse. Mit einem Venn-Diagramm überzeugt man sich leicht von der Gültigkeit der beiden Identitäten

$$A \cup B = A \sqcup (B \setminus A), \qquad B = (B \setminus A) \sqcup (A \cap B)$$

Vergleichen Sie dazu auch Abb. 17.1. Insbesondere ist die Vereinigung auf der rechten Seite beider Gleichungen disjunkt. Die Additivität des Wahrscheinlichkeitsmaßes aus Teil (a) impliziert somit

$$\mathbb{P}(A \cup B) = \mathbb{P}(A) + \mathbb{P}(B \setminus A), \qquad \mathbb{P}(B) = \mathbb{P}(B \setminus A) + \mathbb{P}(A \cap B)$$

Zusammenfassend gilt daher wie gewünscht

$$\mathbb{P}(A \cup B) = \mathbb{P}(A) + \mathbb{P}(B \setminus A) = \mathbb{P}(A) + \mathbb{P}(B) - \mathbb{P}(A \cap B)$$

Bemerkung Eine Verallgemeinerung dieser Formel lässt sich in Aufgabe 57 finden. Diese ist bekannt als *Siebformel von Sylvester-Poincaré.*

(c) Sei $A \in \mathfrak{F}$ ein beliebiges Ereignis. Dann ist

$$\Omega = A \sqcup A^{\mathrm{c}}$$

eine disjunkte Zerlegung von Ω. Vergleichen Sie auch Abb. 17.1. Somit folgt

$$1 \overset{(1)}{=} \mathbb{P}(\Omega) \overset{(a)}{=} \mathbb{P}(A) + \mathbb{P}(A^{\mathrm{c}})$$

und wir sind fertig.

Bemerkung Ist $A \in \mathfrak{F}$ ein Ereignis, so spricht man bei $\mathbb{P}(A^{\mathrm{c}})$ häufig von der *Gegenwahrscheinlichkeit* von A. In vielen Fällen ist die Berechnung von $\mathbb{P}(A)$ sehr umständlich, jedoch nicht die von $\mathbb{P}(A^{\mathrm{c}})$. Wegen der oben bewiesenen Gleichung reicht es jedoch aus, die in vielen Fällen leichter zu ermittelnde Gegenwahrscheinlichkeit von A zu bestimmen. Solch eine Vorgehensweise wird beispielsweise in Aufgabe 76 genutzt.

(d) (Subtraktivität). Seien $A, B \in \mathfrak{F}$ zwei Ereignisse mit $B \subseteq A$. Dann ist $A = B \sqcup (A \setminus B)$ eine disjunkte Zerlegung von A. Die Additivität des Wahrscheinlichkeitsmaßes impliziert

$$\mathbb{P}(A) = \mathbb{P}(B) + \mathbb{P}(A \setminus B)$$

woraus die Behauptung durch Umstellen folgt.

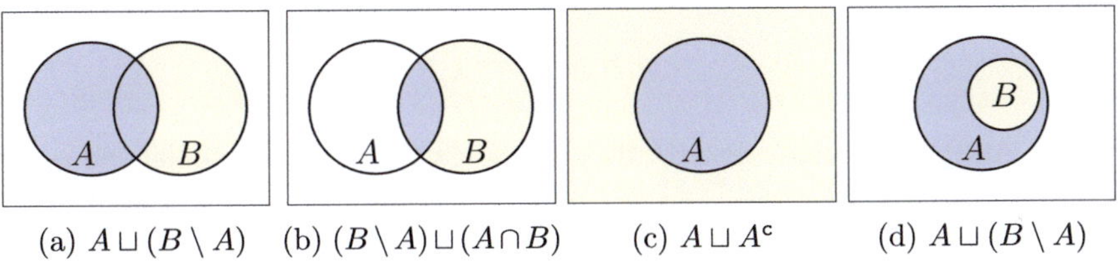

(a) $A \sqcup (B \setminus A)$ (b) $(B \setminus A) \sqcup (A \cap B)$ (c) $A \sqcup A^{\mathrm{c}}$ (d) $A \sqcup (B \setminus A)$

Abb. 17.1 Illustration verschiedener Venn-Diagramme

Bemerkung Als Spezialfall dieses Aufgabenteils erhält man die Aussage aus Teil (c). Dazu muss man lediglich $A^c = \Omega \setminus A$ und $A \subseteq \Omega$ für $A \in \mathfrak{F}$ sowie $\mathbb{P}(\Omega) = 1$ beachten und erhält

$$\mathbb{P}(A^c) = \mathbb{P}(\Omega \setminus A) \overset{(d)}{=} \mathbb{P}(\Omega) - \mathbb{P}(A) \overset{(1)}{=} 1 - \mathbb{P}(A)$$

(e) (Monotonie). Seien $A, B \in \mathfrak{F}$ zwei Ereignisse mit $A \subseteq B$. Da A eine Teilmenge von B ist, gilt

$$B = A \sqcup (B \setminus A)$$

Da das Wahrscheinlichkeitsmaß sowohl nichtnegativ als auch additiv ist, folgt aus

$$\mathbb{P}(B) \overset{(a)}{=} \mathbb{P}(A) + \mathbb{P}(B \setminus A) \overset{(2)}{\geq} \mathbb{P}(A)$$

die Monotonie von $\mathbb{P}$. Damit ist alles gezeigt.

Bemerkung Da für jedes Ereignis $A \in \mathfrak{F}$ trivialer Weise $\emptyset \subseteq A \subseteq \Omega$ gilt und das Wahrscheinlichkeitsmaß $\mathbb{P}(\emptyset) = 0$ und $\mathbb{P}(\Omega) = 1$ erfüllt, folgt

$$0 \leq \mathbb{P}(A) \leq 1$$

Das Wahrscheinlichkeitsmaß jedes Ereignisses aus $\mathfrak{F}$ beziehungsweise die Wahrscheinlichkeit, dass dieses eintritt, ist damit stets eine reelle Zahl aus dem Einheitsintervall $[0, 1]$.

(f) (σ-Subadditivität). Sei $(A_n)_{n\in\mathbb{N}}$ eine Folge von Ereignissen aus $\mathfrak{F}$. Da die Folge im Allgemeinen *nicht* disjunkt ist, können wir die σ-Additivität des Wahrscheinlichkeitsmaßes zunächst *nicht* anwenden. Wir definieren daher eine neue Folge $(B_n)_{n\in\mathbb{N}}$ gemäß

$$B_n := A_n \setminus \left(\bigcup_{k=1}^{n-1} A_k \right)$$

Die Folge gehört wegen Aufgabe 28 zur σ-Algebra $\mathfrak{F}$. Insbesondere gilt $B_n \subseteq A_n$ und daher

$$\mathbb{P}(B_n) \overset{(e)}{\leq} \mathbb{P}(A_n)$$

In [7, Aufgabe 5] wurde gezeigt, dass die Folge $(B_n)_{n\in\mathbb{N}}$ disjunkt ist und zudem

$$\bigcup_{n=1}^{+\infty} A_n = \bigsqcup_{n=1}^{+\infty} B_n$$

erfüllt. Nun lässt sich die σ-Additivität des Wahrscheinlichkeitsmaßes auf die Folge $(B_n)_{n\in\mathbb{N}}$ anwenden und wir erhalten

$$\mathbb{P}\left(\bigcup_{n=1}^{+\infty} A_n\right) = \mathbb{P}\left(\bigsqcup_{n=1}^{+\infty} B_n\right) \overset{(3)}{=} \sum_{n=1}^{+\infty} \mathbb{P}(B_n) \leq \sum_{n=1}^{+\infty} \mathbb{P}(A_n)$$

Damit ist die σ-Subadditivität von $\mathbb{P}$ bewiesen und wir sind fertig.

Bemerkung Als Spezialfall dieses Aufgabenteils erhalten wir folgendes nützliche Resultat:

Ist $(\Omega, \mathfrak{F}, \mathbb{P})$ ein Wahrscheinlichkeitsraum, so ist das Wahrscheinlichkeitsmaß *endlich subadditiv*, das heißt, es gilt

$$\mathbb{P}\left(\bigcup_{k=1}^{n} A_k\right) \leq \sum_{k=1}^{n} \mathbb{P}(A_k)$$

Dabei sind $n \in \mathbb{N}$ und $A_k \in \mathfrak{F}$ für jedes $k \in \{1, \ldots, n\}$ beliebige Ereignisse.

Die obige Ungleichung ist in der englischsprachigen Literatur auch als *Boole's inequality* bekannt.

Lösung Aufgabe 55 Sei Ω eine höchstens abzählbare Menge und $p : \Omega \to [0, 1]$ eine Wahrscheinlichkeitsfunktion, das heißt, es gilt

$$\sum_{\omega\in\Omega} p(\omega) = 1 \tag{17.1}$$

Wir werden zeigen, dass die Funktion $\mathbb{P} : \mathfrak{P}(\Omega) \to \overline{\mathbb{R}}$ vermöge

$$\mathbb{P}(A) := \sum_{\omega\in A} p(\omega)$$

ein Wahrscheinlichkeitsmaß auf $(\Omega, \mathfrak{P}(\Omega))$ definiert, das alle gewünschten Eigenschaften besitzt. Es gilt $\mathbb{P}(\emptyset) = 0$ und wegen Gl. (17.1) folgt $\mathbb{P}(\Omega) = 1$. Aus der Definition von $\mathbb{P}$ folgt zudem $\mathbb{P}(\{\omega\}) = p(\omega)$ für alle $\omega \in \Omega$. Wir zeigen die σ-Additivität. Sei dazu $(A_n)_{n\in\mathbb{N}}$ eine Folge disjunkter Teilmengen von Ω. Da Ω höchstens abzählbar ist, ist es auch die Vereinigung $A := \bigsqcup_{n=1}^{+\infty} A_n$, und es folgt

$$\mathbb{P}(A) = \sum_{\omega\in A} \mathbb{P}(\{\omega\}) = \sum_{n=1}^{+\infty} \sum_{\omega\in A_n} p(\omega) = \sum_{n=1}^{+\infty} \mathbb{P}(A_n)$$

Zum Schluss überlegen wir uns, dass es kein anderes Wahrscheinlichkeitsmaß $\hat{\mathbb{P}} : \mathfrak{P}(\Omega) \to \overline{\mathbb{R}}$ mit der Eigenschaften $\hat{\mathbb{P}}(\{\omega\}) = p(\omega)$ für alle $\omega \in \Omega$ gibt. Da dieses Maß dann ebenfalls σ-additiv ist, würde

$$\hat{\mathbb{P}}(A) = \sum_{\omega \in A} \hat{\mathbb{P}}(\{\omega\}) = \sum_{\omega \in A} p(\omega) = \mathbb{P}(A)$$

für jede Menge $A \in \mathfrak{P}(\Omega)$ folgen, was die Eindeutigkeit zeigt.

Bemerkung Die Lösung dieser Aufgabe zeigt, dass jede auf einer höchstens abzählbaren Menge Ω definierte Wahrscheinlichkeitsfunktion $p : \Omega \to [0, 1]$ ein Wahrscheinlichkeitsmaß induziert. Umgekehrt gilt aber auch: Ist $(\Omega, \mathfrak{P}(\Omega), \mathbb{P})$ ein diskreter Wahrscheinlichkeitsraum, so induziert das Wahrscheinlichkeitsmaß $\mathbb{P}$ vermöge $p(\omega) := \mathbb{P}(\{\omega\})$ eine Wahrscheinlichkeitsfunktion. Aus diesem Grund wird in der Literatur häufig nicht zwischen dem Wahrscheinlichkeitsmaß und der entsprechenden Wahrscheinlichkeitsfunktion unterschieden.

Lösung Aufgabe 56 Sei $(\Omega, \mathfrak{F}, \mathbb{P})$ ein Wahrscheinlichkeitsraum. Der Limes Superior einer Folge $(A_n)_{n\in\mathbb{N}}$ von Ereignissen aus $\mathfrak{F}$ ist definiert als das Ereignis

$$\limsup_{n\to+\infty} A_n := \bigcap_{n=1}^{+\infty} \bigcup_{k=n}^{+\infty} A_k$$

Vergleichen Sie auch die Lösung von Aufgabe 12. Sei nun $m \in \mathbb{N}$ beliebig. Aus der Definition des Limes Superiors folgt

$$\limsup_{n\to+\infty} A_n \subseteq \bigcup_{k=m}^{+\infty} A_k$$

Da das Wahrscheinlichkeitsmaß gemäß Aufgabe 54 sowohl monoton als auch σ-subadditiv ist, folgt daraus

$$\mathbb{P}\left(\limsup_{n\to+\infty} A_n\right) \le \mathbb{P}\left(\bigcup_{k=m}^{+\infty} A_k\right) \le \sum_{k=m}^{+\infty} \mathbb{P}(A_k)$$

Ist nun zusätzlich die Reihe über die Wahrscheinlichkeiten konvergent, es gilt also $\sum_{n=1}^{+\infty} \mathbb{P}(A_n) < +\infty$, so bildet die Folge der Reihenreste bekanntlich eine Nullfolge. Daher können wir in der obigen Ungleichung zum Grenzwert übergehen und erhalten

$$0 \le \mathbb{P}\left(\limsup_{n\to+\infty} A_n\right) \le \lim_{m\to+\infty} \sum_{k=m}^{+\infty} \mathbb{P}(A_k) = 0$$

Damit ist alles gezeigt und wir sind fertig.

Bemerkung Die Umkehrung des 1. Lemmas von Borel und Cantelli ist im Allgemeinen falsch: Um dies einzusehen betrachten wir den Wahrscheinlichkeitsraum $(\Omega, \mathfrak{F}, \mathbb{P})$ mit $\Omega := [0, 1]$, $\mathfrak{F} := \mathfrak{B}([0, 1])$ und $\mathbb{P} := \beta|_{\mathfrak{B}([0,1])}$. Da die Folge $(A_n)_{n\in\mathbb{N}}$ mit $A_n := [0, 1/n]$ fallend ist, konvergiert sie gemäß Aufgabe 14 gegen die Menge $A := \bigcap_{n=1}^{+\infty} A_n = \{0\}$. Insbesondere gelten $\limsup_n A_n = A$ und $\mathbb{P}(\limsup_n A_n) = 0$ obwohl die harmonische Reihe $\sum_{n=1}^{+\infty} \mathbb{P}(A_n) = \sum_{n=1}^{+\infty} 1/n$ divergiert.

Lösung Aufgabe 57

(a) Sei $(X, \mathfrak{A}, \mu)$ ein endlicher Maßraum und seien $A, B \in \mathfrak{A}$ beliebige Mengen. Gemäß Aufgabe 54 gilt

$$\mu(A \cup B) = \mu(A) + \mu(B) - \mu(A \cap B) \tag{17.2}$$

Seien nun $A_1, A_2, A_3 \in \mathfrak{A}$ drei beliebige Mengen. Wenden wir die obige Formel zunächst auf $A_1 \cup A_2$ und A_3 an, so erhalten wir

$$\begin{aligned} \mu((A_1 \cup A_2) \cup A_3) &\overset{(17.2)}{=} \mu(A_1 \cup A_2) + \mu(A_3) - \mu((A_1 \cup A_2) \cap A_3) \\ &= \mu(A_1 \cup A_2) + \mu(A_3) - \mu((A_1 \cap A_3) \cup (A_2 \cap A_3)) \end{aligned}$$

Wenden wir die Formel erneut an, diesmal auf A_1 und A_2 sowie auf $A_1 \cap A_3$ und $A_2 \cap A_3$, so erhalten wir

$$\mu(A_1 \cup A_2) = \mu(A_1) + \mu(A_2) - \mu(A_1 \cap A_2)$$

und

$$\mu((A_1 \cap A_3) \cup (A_2 \cap A_3)) = \mu(A_1 \cap A_3) + \mu(A_2 \cap A_3) - \mu(A_1 \cap A_2 \cap A_3)$$

Zusammensetzen der drei Gleichungen liefert nun wie gewünscht

$$\begin{aligned} \mu(A_1 \cup A_2 \cup A_3) = \mu(A_1) &+ \mu(A_2) + \mu(A_3) \\ &- \mu(A_1 \cap A_2) - \mu(A_1 \cap A_3) - \mu(A_2 \cap A_3) \\ &+ \mu(A_1 \cap A_2 \cap A_3) \end{aligned} \tag{17.3}$$

Damit ist alles gezeigt.

Bemerkung Gl. (17.3) lässt sich geometrisch wie folgt motivieren: Man stelle sich dazu die Mengen A_1, A_2 und A_3 als drei sich überschneidende Kreisscheiben vor, wie in Abb. 17.2 dargestellt. Unser Ziel ist es, den Flächeninhalt von $A_1 \cup A_2 \cup A_3$ zu bestimmen, den wir mit $\mu(A_1 \cup A_2 \cup A_3)$ bezeichnen. Zunächst addieren wir die Flächeninhalte der drei Mengen, berechnen also

$$\mu(A_1) + \mu(A_2) + \mu(A_3)$$

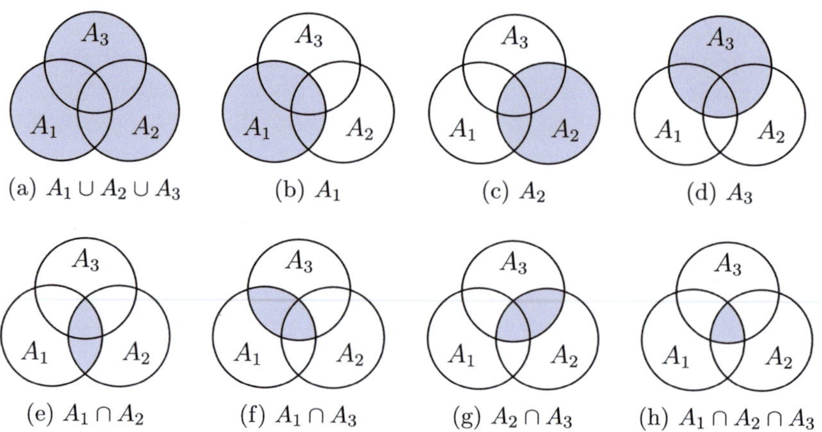

(a) $A_1 \cup A_2 \cup A_3$ (b) A_1 (c) A_2 (d) A_3

(e) $A_1 \cap A_2$ (f) $A_1 \cap A_3$ (g) $A_2 \cap A_3$ (h) $A_1 \cap A_2 \cap A_3$

Abb. 17.2 Geometrische Interpretation der Siebformel von Sylvester-Poincaré

wodurch jedoch die Flächen der Schnittmengen $A_1 \cap A_2$, $A_1 \cap A_3$ und $A_2 \cap A_3$ doppelt gezählt werden. Um dies zu korrigieren, ziehen wir diese überschüssigen Flächeninhalte ab und erhalten

$$\mu(A_1) + \mu(A_2) + \mu(A_3) - \mu(A_1 \cap A_2) - \mu(A_1 \cap A_3) - \mu(A_2 \cap A_3)$$

Allerdings wird die Fläche der Schnittmenge $A_1 \cap A_2 \cap A_3$ in diesem Schritt einmal zu viel abgezogen. Daher müssen wir diese Fläche noch hinzufügen, um den korrekten Flächeninhalt zu erhalten. Der endgültige Flächeninhalt lautet somit

$$\begin{aligned} &\mu(A_1) + \mu(A_2) + \mu(A_3) \\ &\quad - \mu(A_1 \cap A_2) - \mu(A_1 \cap A_3) - \mu(A_2 \cap A_3) \\ &\quad + \mu(A_1 \cap A_2 \cap A_3) \end{aligned}$$

was unseren Beweis oben bestätigt.

(b) In diesem Aufgabenteil wollen wir mithilfe von `SageMath` die Mächtigkeit der Menge $A_1 \cup A_2 \cup A_3$ bestimmen, wobei

$$A_1 := \{1, 2, 3\}, \qquad A_2 := \{4, 5, 6\}, \qquad A_3 := \{2, 3, 4, 5, 6, 7, 8, 9, 10\}$$

gesetzt wird. In `SageMath` können Mengen wie folgt durch explizite Angabe ihrer Elemente angegeben werden:

```
Set([1, 2, 3])

{1, 2, 3}
```

Die Liste `[1, 2, 3]` lässt sich aber auch kurz mit `[1..3]` erzeugen. Auf die Elemente einer Menge kann man genauso wie bei Listen über einen Index zugreifen oder die Mächtigkeit bestimmen, wie folgendes Beispiel zeigt:

```
A = Set([1, 2, 3])

print(f"first element: {A[0]}, cardinality: {len(A)}")

first element: 1, cardinality: 3
```

Die Vereinigung und der Durchschnitt von Mengen wird in `SageMath` mit dem Operator + beziehungsweise & geschrieben:

```
A = Set([1, 2, 3])
B = Set([2, 3, 4])

print(f"union: {A + B}, intersection: {A & B}")

union: {1, 2, 3, 4}, intersection: {2, 3}
```

Dementsprechend lässt sich die Mächtigkeit der Vereinigungsmenge wie folgt bestimmen:

```
A = Set([1..3])
B = Set([4..6])
C = Set([2..10])

print(f"cardinality: {len(A + B + C)}")

cardinality: 10
```

Mithilfe von Formel (17.3) erhalten wir natürlich das gleiche Ergebnis:

```
c1 = len(A) + len(B) + len(C)
c2 = len(A & B) + len(A & C) + len(B & C)
c3 = len(A & B & C)

print(f"cardinality: {c1 - c2 + c3}")

cardinality: 10
```

(c) Es sei $(X, \mathfrak{A}, \mu)$ ein endlicher Maßraum. Wir beweisen die Siebformel von Sylvester-Poincaré mithilfe von vollständiger Induktion über die Anzahl der Mengen:

(*Induktionsanfang*). Es sei $A_1 \in \mathfrak{A}$ eine beliebige Menge. Dann gibt es lediglich eine nichtleere Teilmenge J der Indexmenge $\{1\}$, nämlich $\{1\}$ selbst. Die rechte Seite von Gl. (3.2) lässt sich somit wegen

$$|\{1\}| = 1, \qquad \sum_{\substack{J \subseteq \{1\} \\ |J|=1}} \mu\Big(\bigcap_{j \in J} A_j\Big) = \mu\Big(\bigcap_{j \in \{1\}} A_j\Big) = \mu(A_1)$$

zu

$$\sum_{k=1}^{1}(-1)^{k+1} \sum_{\substack{J\subseteq\{1\}\\ |J|=k}} \mu\Big(\bigcap_{j\in J} A_j\Big) = \sum_{k=1}^{1}(-1)^{k+1}\mu(A_1) = \mu(A_1)$$

vereinfachen. Damit ist der Induktionsanfang gezeigt.

(*Induktionsvoraussetzung*). Sei $n \in \mathbb{N}$ eine natürliche Zahl derart, dass für Mengen $A_k \in \mathfrak{A}$ mit $k \in \{1, \dots, n\}$ die Siebformel

$$\mu\left(\bigcup_{j=1}^{n} A_j\right) = \sum_{k=1}^{n}(-1)^{k+1} \sum_{\substack{J\subseteq\{1,\dots,n\}\\ |J|=k}} \mu\left(\bigcap_{j\in J} A_j\right)$$

erfüllt ist.

(*Induktionsschritt*). Im letzten Schritt führen wir den Induktionsschritt von n nach $n+1$. Seien also $A_k \in \mathfrak{A}$ für $k \in \{1, \dots, n+1\}$ beliebige Mengen. Wenden wir Gl. (17.2) auf die Mengen $\bigcup_{j=1}^{n} A_j$ und A_{n+1} an, so erhalten wir

$$\mu\Big(\bigcup_{j=1}^{n+1} A_j\Big) = \mu\Big(\bigcup_{j=1}^{n} A_j\Big) + \mu(A_{n+1}) - \mu\Big(\bigcup_{j=1}^{n}(A_j \cap A_{n+1})\Big)$$

Da der erste und letzte Term auf der rechten Seite jeweils eine Vereinigung von genau n Mengen aus $\mathfrak{A}$ ist, können wir die Induktionsvoraussetzung anwenden und es folgt

$$\begin{aligned}\mu\Big(\bigcup_{j=1}^{n+1} A_j\Big) &= \sum_{k=1}^{n}(-1)^{k+1} \sum_{\substack{J\subseteq\{1,\dots,n\}\\ |J|=k}} \mu\Big(\bigcap_{j\in J} A_j\Big) \\ &\quad + \mu(A_{n+1}) - \sum_{k=1}^{n}(-1)^{k+1} \sum_{\substack{J\subseteq\{1,\dots,n\}\\ |J|=k}} \mu\Big(\bigcap_{j\in J}(A_j \cap A_{n+1})\Big)\end{aligned} \tag{17.4}$$

Die rechte Seite sieht nun deutlich unübersichtlicher aus. Wir wollen diese daher noch umschreiben und anschließend zusammenfassen. Im ersten Summanden auf der rechten Seite von Gl. (17.4) fügen wir geschickt eine additive Null ein. Dazu bemerken wir, dass für jede Indexmenge gilt: Es ist $J \subseteq \{1, \ldots, n\}$ genau dann, wenn $J \subseteq \{1, \ldots, n+1\}$ und $n+1 \notin J$. Somit folgt

$$\sum_{k=1}^{n}(-1)^{k+1} \sum_{\substack{J\subseteq\{1,\ldots,n\}\\ |J|=k}} \mu\Big(\bigcap_{j\in J} A_j\Big) = \sum_{k=1}^{n+1}(-1)^{k+1} \sum_{\substack{J\subseteq\{1,\ldots,n+1\}\\ n+1\notin J,\ |J|=k}} \mu\Big(\bigcap_{j\in J} A_j\Big)$$

Beachten wir nun

$$\mu(A_{n+1}) = \sum_{\substack{J\subseteq\{1,\ldots,n+1\}\\ n+1\in J,\ |J|=1}} \mu\Big(\bigcap_{j\in J}(A_j \cap A_{n+1})\Big)$$

so lassen sich auch die beiden verbleibenden Summanden auf der rechten Seite von Gl. (17.4) wie folgt zusammenfassen:

$$\begin{aligned}\mu(A_{n+1}) - \sum_{k=1}^{n}(-1)^{k+1} \sum_{\substack{J\subseteq\{1,\ldots,n\}\\ |J|=k}} \mu\Big(\bigcap_{j\in J}(A_j \cap A_{n+1})\Big)\\ = \sum_{k=1}^{n+1}(-1)^{k+1} \sum_{\substack{J\subseteq\{1,\ldots,n+1\}\\ n+1\in J,\ |J|=k}} \mu\Big(\bigcap_{j\in J} A_j\Big)\end{aligned}$$

Zusammensetzen aller Ergebnisse liefert schließlich

$$\begin{aligned}\mu\Big(\bigcup_{j=1}^{n+1} A_j\Big) &= \sum_{k=1}^{n+1}(-1)^{k+1} \sum_{\substack{J\subseteq\{1,\ldots,n+1\}\\ n+1\notin J,\ |J|=k}} \mu\Big(\bigcap_{j\in J} A_j\Big)\\ &\quad + \sum_{k=1}^{n+1}(-1)^{k+1} \sum_{\substack{J\subseteq\{1,\ldots,n+1\}\\ n+1\in J,\ |J|=k}} \mu\Big(\bigcap_{j\in J} A_j\Big)\\ &= \sum_{k=1}^{n+1}(-1)^{k+1} \sum_{\substack{J\subseteq\{1,\ldots,n+1\}\\ |J|=k}} \mu\Big(\bigcap_{j\in J} A_j\Big)\end{aligned}$$

Damit ist der Induktionsschritt gezeigt und die Behauptung bewiesen.

Bemerkung Die Siebformel von Sylvester-Poincaré ist in der Literatur auch unter den Namen *Prinzip von Inklusion und Exklusion* oder *Einschluss-Ausschluss-Verfahren* bekannt.

(d) In diesem Teil wollen wir die Siebformel von Sylvester-Poincaré in `SageMath` umsetzen. Dazu bemerken wir zuerst, dass man mithilfe der Siebformel die Mächtigkeit der Vereinigung von endlich vielen Mengen bestimmen kann, indem man den endlichen Maßraum $(X, \mathfrak{A}, \mu)$ mit

$$\mathfrak{A} := \mathfrak{P}(X), \qquad \mu(A) := |A|$$

betrachtet, wobei X eine endliche Menge ist. Damit lässt sich Gl. (3.2) für beliebige Mengen $A_k \in \mathfrak{A}$ mit $k \in \{1, \ldots, n\}$ äquivalent als

$$\left|\bigcup_{j=1}^{n} A_j\right| = \sum_{k=1}^{n}(-1)^{k+1} \sum_{\substack{J\subseteq\{1,\ldots,n\} \\ |J|=k}} \left|\bigcap_{j\in J} A_j\right|$$

beziehungsweise in verkürzter Schreibweise als

$$\left|\bigcup_{j=1}^{n} A_j\right| = \sum_{\emptyset\neq J\subseteq\{1,\ldots,n\}} (-1)^{|J|+1} \left|\bigcap_{j\in J} A_j\right| \tag{17.5}$$

darstellen. Bei der Berechnung von $|\bigcup_{j=1}^{n} A_j|$ müssen wir somit für jede nichtleere Teilmenge J der Indexmenge $\{1, \ldots, n\}$ die Mächtigkeit der Schnittmenge $\bigcap_{j\in J} A_j$ bestimmen und anschließend den Ausdruck mit einem Vorzeichen versehen. Zum Schluss werden alle Ausdrücke aufsummiert und wir erhalten die Mächtigkeit der Vereinigungsmenge $\bigcup_{j=1}^{n} A_j$. Diese Beobachtung wollen wir nun in `SageMath` umsetzen. Dazu bemerken wir zunächst, dass man die Potenzmenge einer endlichen Menge `J` durch `powerset(J)` erhält. Beispielsweise kann man sich die Elemente der Potenzmenge von `J = Set([1, 2, 3])` wie folgt auflisten lassen:

```
J = Set([1, 2, 3])
list(powerset(J))

[[], [1], [2], [1, 2], [3], [1, 3], [2, 3], [1, 2,3]]
```

Der Durchschnitt von zwei Mengen lässt sich bekanntermaßen mit dem Operator `&` bestimmen:

```
A = Set([1, 2, 3, 4])
B = Set([2, 3, 4, 5])
A & B

{2, 3, 4}
```

Zur Berechnung des Durchschnitts einer endlichen Familie `M` von Mengen bezüglich einer vorgegebenen (nichtleeren) Indexmenge `J` müssen wir jedoch in `SageMath` die folgende Funktion einführen:

```
def intersection_by_index(M, J):
    """
    Computes the intersection of sets from the collection M,
    using only the indices specified in the list J.

    Arguments:
        M (set): A collection of sets.
        J (list): A list of indices indicating which sets
                  from M should be intersected.

    Returns:
        (set): The intersection of all sets in M specified
               by the indices in J.
    """

    # Start with the set at the first index in J
    intersection = M[J[0]]

    # Iteratively compute the intersection of the sets
    for j in J:
        intersection = intersection & M[j]

    return intersection
```

Besteht das Mengensystem `M` aus den drei Mengen

`Set([1..6]),    Set([2..7]),    Set([4..9])`

so lässt sich der Durchschnitt der zweiten und dritten Menge wie folgt bestimmen:

```
A = Set([1..6])
B = Set([2..7])
C = Set([4..9])
M = Set([A, B, C])
J = [0, 2]

intersection_by_index(M, J)

{4, 5, 6, 7}
```

Hier ist zu beachten, dass durch `Set` die Reihenfolge der Mengen in `M` durcheinandergebracht wird und man dementsprechend die Indexmenge `[0, 2]` und nicht etwa `[1, 2]` verwenden muss:

```
M

{{2, 3, 4, 5, 6, 7}, {1, 2, 3, 4, 5, 6}, {4,5, 6, 7, 8, 9}}
```

Für unsere späteren Berechnungen wird dieser Umstand aber keine Probleme bereiten. Mithilfe der Funktion `intersection_by_index(M, J)` können wir nun die Siebformel `sieve_formula(M)` implementieren:

```
def sieve_formula(M):
    """
    Computes the cardinality of the union of all sets in the
    collection M using the inclusion-exclusion principle.

    Argument:
        M (set): A collection of sets.

    Returns:
        (str): The function prints the cardinality of the
               union.
    """

    # Initialize the cardinality
    c = 0

    # Generate all subsets of the index set {1, ..., len(M)}.
    # Each subset is a list of indices referring to sets in M.
    P = list(powerset([0..len(M) - 1]))

    # Skip the empty set and iterate over all non-empty
    # index combinations
    for k in range(1, len(P)):
        # If the number of sets in this subset is even,
        # subtract the size of their intersection
        if len(P[k]) % 2 == 0:
            c = c - len(intersection_by_index(M, P[k]))
        # If the number is odd, add the size of their
        # intersection
        else:
            c = c + len(intersection_by_index(M, P[k]))

    # Print the computed cardinality of the union
    return print(f"cardinality: {c}")
```

Für die drei Mengen A, B und C erhalten wir nun das gleiche Ergebnis wie oben:

```
A = Set([1..5])
B = Set([5..7])
C = Set([3..9])
M = Set([A, B, C])

sieve_formula(M)

cardinality: 9
```

(e) Sind die Mengen $A_k \in \mathfrak{A}$ für $k \in \{1, \ldots, n\}$ paarweise disjunkt, so gilt

$$\bigcap_{j \in J} A_j = \emptyset$$

für jede Teilmenge J von $\{1, \ldots, n\}$ mit mindestens zwei Elementen. Folglich liefert die Siebformel

$$\mu\left(\bigsqcup_{j=1}^{n} A_j\right) = \sum_{\substack{J\subseteq\{1,\ldots,n\}\\ |J|=1}} \mu\left(\bigcap_{j\in J} A_j\right) = \sum_{k=1}^{n} \mu(A_k)$$

(f) Sei $(X, \mathfrak{A}, \mu)$ ein endlicher Maßraum und seien $A_k \in \mathfrak{A}$ für $k \in \{1, \ldots, n\}$ Mengen mit der Eigenschaft

$$\mu\left(\bigcap_{i\in I} A_i\right) = \mu\left(\bigcap_{j\in J} A_j\right)$$

für alle Indexmengen $I, J \subseteq \{1, \ldots, n\}$ mit $|I| = |J|$. Da es für jedes $k \in \{1, \ldots, n\}$ genau $\binom{n}{k}$ viele Teilmengen von $\{1, \ldots, n\}$ mit k Elementen gibt, gilt

$$\sum_{\substack{J\subseteq\{1,\ldots,n\}\\ |J|=k}} \mu\left(\bigcap_{j\in J} A_j\right) = \binom{n}{k}\mu\left(\bigcap_{j=1}^{k} A_j\right)$$

Damit vereinfacht sich die Siebformel von Sylvester-Poincaré in diesem Spezialfall zu

$$\mu\left(\bigcup_{j=1}^{n} A_j\right) = \sum_{k=1}^{n}(-1)^{k+1}\binom{n}{k}\mu\left(\bigcap_{j=1}^{k} A_j\right)$$

Lösung Aufgabe 58 Zur Übersicht unterteilen wir die Lösung dieser Aufgabe in zwei Teile.

(a) Sei $n \in \mathbb{N}$ eine beliebige Zahl, und sei $\Omega := \{1, \ldots, n\}$ definiert. Eine *Permutation* auf Ω ist eine Bijektion der Menge Ω, also eine bijektive Abbildung von Ω nach Ω. Wir bezeichnen mit

$$S_n := \{\pi : \Omega \to \Omega \mid \pi \text{ ist eine Permutation}\}$$

die Menge der Permutationen auf Ω. Ist $\pi \in S_n$ eine Permutation, so heißt ein Element $k \in \Omega$ *Fixpunkt* von π, falls

$$\pi(k) = k$$

Aus der linearen Algebra ist bekannt, dass

$$|S_n| = n!$$

das heißt, es gibt genau $n!$ Permutationen auf der n-elementigen Menge Ω. Auf der Menge $\{1, 2, 3\}$ gibt es daher genau sechs Permutationen. Eine davon ist $\pi = (1, 3, 2)$. Diese Darstellung wird als Tupelschreibweise bezeichnet und bedeutet, dass die Bijektion $\pi : \{1, 2, 3\} \to \{1, 2, 3\}$ vermöge

$$\pi(1) := 1, \qquad \pi(2) := 3, \qquad \pi(3) := 2$$

definiert ist. Wie wir sehen, ist 1 der einzige Fixpunkt von π. Im Folgenden betrachten wir den symmetrischen Wahrscheinlichkeitsraum

$$(S_n, \mathfrak{P}(S_n), \mathbb{P})$$

wobei $\mathbb{P} : \mathfrak{P}(S_n) \to \mathbb{R}$ mit

$$\mathbb{P}(A) := \frac{|A|}{|S_n|} = \frac{|A|}{n!}$$

das *Laplacesche Wahrscheinlichkeitsmaß* aus Aufgabe 50 bezeichnet. Weiter setzen wir

$$A_k := \{\pi \in S_n \mid \pi(k) = k\}$$

für $k \in \Omega$, das heißt, das Ereignis A_k enthält alle Permutationen auf Ω, für die das Element k ein Fixpunkt ist. Nun wollen wir die Wahrscheinlichkeit des Ereignisses $\bigcup_{k=1}^{n} A_k$ berechnen, da dieses Ereignis alle Permutationen auf Ω umfasst, die mindestens einen Fixpunkt besitzen. Da jede Permutation aus A_k das Element k unverändert lässt, während die verbleibenden $n - 1$ Elemente bijektiv abgebildet werden, gilt

$$|A_k| = (n-1)!$$

Weiter folgt

$$\mathbb{P}(A_k) = \frac{|A_k|}{n!} = \frac{(n-1)!}{n!} = \frac{1}{n}$$

für jedes $k \in \Omega$. Insbesondere sind damit die Voraussetzungen von Aufgabe 57 (f) erfüllt. Die Siebformel von Sylvester-Poincaré liefert somit

$$\begin{aligned}\mathbb{P}\left(\bigcup_{k=1}^{n} A_k\right) &= \sum_{k=1}^{n} (-1)^{k+1} \binom{n}{k} \mathbb{P}\left(\bigcap_{j=1}^{k} A_j\right) \\ &= \sum_{k=1}^{n} (-1)^{k+1} \frac{1}{(n-k)!\,k!} \left|\bigcap_{j=1}^{k} A_j\right|\end{aligned}$$

Sei nun $\pi \in \bigcap_{j=1}^{k} A_j$ beliebig. Die Permutation π fixiert mindestens k Stellen, während die verbleibenden $n-k$ Stellen variabel sind. Daher gilt mit ähnlicher Begründung wie oben

$$\left|\bigcap_{j=1}^{k} A_j\right| = (n-k)!$$

Setzen wir dies in die obige Formel ein, so erhalten wir schließlich

$$\begin{aligned}\mathbb{P}\left(\bigcup_{k=1}^{n} A_k\right) &= \sum_{k=1}^{n}(-1)^{k+1}\frac{1}{(n-k)!\,k!}\left|\bigcap_{j=1}^{k} A_j\right| \\ &= \sum_{k=1}^{n}(-1)^{k+1}\frac{1}{k!} \\ &= 1-\sum_{k=0}^{n}(-1)^{k}\frac{1}{k!}\end{aligned}$$

Beachten wir nun, dass es sich bei der Summe auf der rechten Seite um die n-te Partialsumme der Exponentialreihe handelt, so folgt insgesamt

$$\mathbb{P}\left(\bigcup_{j=1}^{n} A_j\right) \approx 1-\frac{1}{\mathrm{e}} \approx 0.63212055$$

Unsere Überlegungen zeigen, dass rund 63 % aller Permutationen aus S_n mindestens einen Fixpunkt besitzen.

(b) In diesem Teil wollen wir unser Ergebnis oben mithilfe einer Simulation bestätigen. Die Permutation $\pi : \{1,2,3\} \to \{1,2,3\}$ vermöge $\pi(1) := 1$, $\pi(2) := 3$ und $\pi(3) := 2$ aus Teil (a) lässt sich beispielsweise wie folgt in `SageMath` mit einer Liste identifizieren:

```
# This permutation maps 1 -> 1, 2 -> 3, and 3 -> 2.

Permutation([1, 3, 2])

[1, 3, 2]
```

Die Fixpunkte der Permutation können mit dem Befehl `.fixed_points()` wie folgt ermittelt werden:

```
# Only the element 1 remains fixed, so 1 is the only fixed
# point.

Permutation([1, 3, 2]).fixed_points()

[1]
```

Wie wir aus Teil (a) wissen, gibt es insgesamt sechs verschiedene Permutationen auf der drei-elementigen Menge $\{1, 2, 3\}$. Diese lauten wie folgt:

```
Permutations(range(1, 4)).list()

[[1, 2, 3],
 [1, 3, 2],
 [2, 1, 3],
 [2, 3, 1],
 [3, 1, 2],
 [3, 2, 1]]
```

Von diesen sechs Permutationen besitzen insgesamt vier mindestens einen Fixpunkt: `[1, 2, 3]`, `[1, 3, 2]`, `[2, 1, 3]` und `[3, 2, 1]`. Daher beträgt die Wahrscheinlichkeit, dass eine zufällige Permutation der Menge $\{1, 2, 3\}$ mindestens einen Fixpunkt hat, etwa 66 %. Nun möchten wir diese Wahrscheinlichkeit für beliebige endliche Mengen berechnen. Mit der Funktion `calculate_probability(n)` wollen wir für jede natürliche Zahl $n \in \mathbb{N}$ die Wahrscheinlichkeit bestimmen, dass eine zufällige Permutation der Menge $\{1, \ldots, n\}$ mindestens einen Fixpunkt besitzt:

```
def calculate_probability(n):
    """
    Calculates the probability that a random permutation
    of the set {1, 2, ..., n} has at least one fixed point.

    Argument:
        n (int): The size of the set for which the permutation
                 probability is calculated.

    Returns:
        (list): A list of permutations that have at least one
                fixed point.
        (float): The probability that a random permutation has
                 at least one fixed point.
    """

    # Generate all permutations of the set {1, ..., n}
    permutations = Permutations(range(1, n + 1)).list()

    fixed_permutations = []

    # Iterate over all generated permutations
    for perm in permutations:
        # Check if the permutation has at least one fixed
        # point
        if len(Permutation(perm).fixed_points()) > 0:
            # If it has a fixed point, add it to the
            # list of fixed_permutations
            fixed_permutations.append(perm)

    # Calculate the probability as the ratio of
    # permutations with fixed points
```

```
    probability = len(fixed_permutations) / len(permutations)

    return [fixed_permutations, probability]
```

Die Funktion `calculate_probability(n)` erzeugt zunächst alle Permutationen der Menge $\{1, \ldots, n\}$. Anschließend iteriert sie über diese Permutationen, prüft mit `Permutation(perm).fixed_points()` auf das Vorhandensein von Fixpunkten und speichert diejenigen mit mindestens einem Fixpunkt in `fixed_permutations`. Abschließend berechnet sie die Wahrscheinlichkeit als das Verhältnis der gefundenen Permutationen zur Gesamtanzahl und gibt sowohl die Liste der Permutationen mit Fixpunkten als auch die berechnete Wahrscheinlichkeit zurück. Wir erhalten folgendes Ergebnis:

```
# Show the total permutations, the count of permutations with
# fixed points, and the probability that a permutation has at
# least
one fixed point

print(f"{'n':<5}{'Total Perm.':<20}
        {'Perm. with Fixed Points':<32}
        {'Probability':<15}")
for n in range(0, 9):
    fixed_permutations, probability = calculate_probability(n)
    print(f"{n:<5}{factorial(n):<20}
            {len(fixed_permutations):<32}
            {probability:.4f}")

n   Total Perm.    Perm. with Fixed Points   Probability
0   1              0                         0.0000
1   1              1                         1.0000
2   2              1                         0.5000
3   6              4                         0.6667
4   24             15                        0.6250
5   120            76                        0.6333
6   720            455                       0.6319
7   5040           3186                      0.6321
8   40320          25487                     0.6321
```

Wie wir anhand der letzten Zeilen ablesen können, nähern sich die Wahrscheinlichkeiten einem Wert von etwa 63 % an.

Bemerkung Im Zweiten Weltkrieg wurde die Enigma als elektromechanische Verschlüsselungsmaschine eingesetzt, die von der deutschen Wehrmacht zur Sicherung militärischer Kommunikation verwendet wurde. Ihre Funktion basierte auf der Durchführung von Permutationen des lateinischen Alphabets. Beim Drücken einer Taste wurde der entsprechende Buchstabe gemäß einer aktuellen Permutation durch einen anderen ersetzt. Diese Permutation war nicht statisch, sondern änderte sich bei jedem Tastendruck durch ein mechanisches Walzensystem, wodurch eine hochvariable Substitution entstand. Vergleichen Sie auch Abb. 17.3. Zu Beginn der Nutzung waren Permutationen mit Fixpunkten zulässig. Allerdings wurde diese Möglichkeit

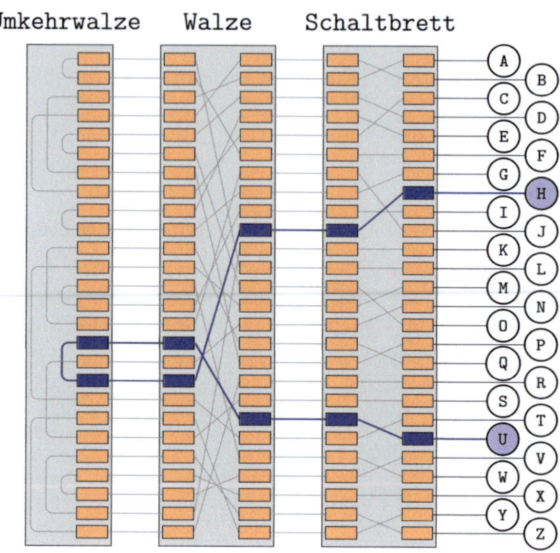

Abb. 17.3 Illustration einer vereinfachten Enigma Chiffriermaschine ohne Fixpunkte

später durch eine betriebliche Vorschrift ausgeschlossen, mit dem Ziel, die kryptographische Sicherheit zu erhöhen. Formal bedeutete dies, dass nur noch Derangements als Permutationen erlaubt waren, das heißt, Permutationen ohne Fixpunkte. Diese Einschränkung hatte jedoch den gegenteiligen Effekt, wie die Lösung dieser Aufgabe zeigt: Sie reduzierte den Schlüsselraum signifikant und ermöglichte es den britischen Kryptanalytikern, insbesondere unter der Leitung von Alan Turing, effizientere Angriffe zu konstruieren. Die systematische Ausnutzung dieser Strukturreduktion spielte eine zentrale Rolle beim Bruch des Enigma-Systems. Somit stellte das Fixpunktverbot eine sicherheitsrelevante Fehlannahme dar, die letztlich zur effektiveren Entzifferung beitrug.

Lösung Aufgabe 59 Sei $(\Omega, \mathfrak{F}, \mathbb{P})$ ein Wahrscheinlichkeitsraum und sei $(A_n)_{n\in\mathbb{N}}$ eine *wachsende* Folge von Ereignissen aus $\mathfrak{F}$, das heißt, es gilt $A_n \subseteq A_{n+1}$ für alle $n \in \mathbb{N}$. Gemäß Aufgabe 14 ist die Folge konvergent mit Grenzwert

$$\lim_{n\to+\infty} A_n = \bigcup_{n=1}^{+\infty} A_n$$

Da die Folge $(A_n)_{n\in\mathbb{N}}$ nicht notwendigerweise disjunkt ist und wir die σ-Additivität des Wahrscheinlichkeitsmaßes verwenden wollen, definieren wir eine neue Folge $(B_n)_{n\in\mathbb{N}}$ vermöge

$$B_1 := A_1, \qquad\qquad B_n := A_n \setminus A_{n-1}$$

für $n \in \mathbb{N}$ mit $n \geq 2$. Diese ist disjunkt und es gilt

$$\bigcup_{n=1}^{+\infty} A_n = \bigsqcup_{n=1}^{+\infty} B_n$$

Vergleichen Sie auch Aufgabe 27 in [7] für einen Beweis dieser Aussage. Wegen der σ-Additivität und der (endlichen) Additivität des Wahrscheinlichkeitsmaßes gilt

$$\begin{aligned}
\mathbb{P}\left(\bigcup_{n=1}^{+\infty} A_n\right) &= \mathbb{P}\left(\bigsqcup_{n=1}^{+\infty} B_n\right) \\
&= \sum_{n=1}^{+\infty} \mathbb{P}(B_n) \\
&= \lim_{k\to+\infty} \sum_{n=1}^{k} \mathbb{P}(B_n) \\
&= \lim_{k\to+\infty} \mathbb{P}\left(\bigsqcup_{n=1}^{k} B_n\right)
\end{aligned}$$

Beachten wir schließlich $A_k = \bigsqcup_{n=1}^{k} B_n$ für $k \in \mathbb{N}$, so können wir unsere Überlegungen wie folgt zusammenfassen:

$$\lim_{n\to+\infty} \mathbb{P}(A_n) = \mathbb{P}\left(\bigcup_{n=1}^{+\infty} A_n\right)$$

Damit ist die Stetigkeit des Wahrscheinlichkeitsmaßes bewiesen. Ist $(A_n)_{n\in\mathbb{N}}$ hingegen eine *fallende* Folge von Ereignissen aus $\mathfrak{F}$, so ist diese wegen Aufgabe 14 ebenfalls konvergent mit

$$\lim_{n\to+\infty} A_n = \bigcap_{n=1}^{+\infty} A_n$$

In diesem Fall gilt entsprechend

$$\lim_{n\to+\infty} \mathbb{P}(A_n) = \mathbb{P}\left(\bigcap_{n=1}^{+\infty} A_n\right)$$

Für den Beweis der obigen Aussage müssen wir lediglich beachten, dass die komplementäre Folge $(A_n^{\mathsf{c}})_{n\in\mathbb{N}}$ wachsend ist.

Bemerkung Die beiden Ergebnisse lassen sich wie folgt zusammenfassen: Für jede monotone Folge $(A_n)_{n\in\mathbb{N}}$ gilt

$$\lim_{n\to+\infty} \mathbb{P}(A_n) = \mathbb{P}\left(\lim_{n\to+\infty} A_n\right)$$

Beachten Sie, dass es sich links um den Grenzwert reeller Zahlen handelt und rechts um den Grenzwert von Mengen.

Lösung Aufgabe 60 Es sei $(\Omega, \mathfrak{F}, \mathbb{P})$ ein Wahrscheinlichkeitsraum und sei $B \in \mathfrak{F}$ ein beliebiges Ereignis mit $\mathbb{P}(B) > 0$. Die Funktion $\mathbb{P}_B : \mathfrak{F} \to \overline{\mathbb{R}}$ mit

$$\mathbb{P}_B(A) := \frac{\mathbb{P}(A \cap B)}{\mathbb{P}(B)}$$

ist normiert, denn wegen $\mathbb{P}(\Omega \cap B) = \mathbb{P}(B)$ gilt automatisch

$$\mathbb{P}_B(\Omega) = 1$$

Weiter ist $\mathbb{P}_B$ nichtnegativ, da das Wahrscheinlichkeitsmaß $\mathbb{P}$ nach Voraussetzung nichtnegativ ist. Zum Schluss beweisen wir die σ-Additivität von $\mathbb{P}_B$. Sei dazu $(A_n)_{n\in\mathbb{N}}$ eine Folge paarweiser disjunkter Ereignisse aus $\mathfrak{F}$. Dann folgt zunächst

$$\mathbb{P}_B\left(\bigsqcup_{n=1}^{+\infty} A_n\right) = \frac{1}{\mathbb{P}(B)}\mathbb{P}\left(\left(\bigsqcup_{n=1}^{+\infty} A_n\right) \cap B\right) = \frac{1}{\mathbb{P}(B)}\mathbb{P}\left(\bigsqcup_{n=1}^{+\infty}(A_n \cap B)\right)$$

Da die Folge $(A'_n)_{n\in\mathbb{N}}$ mit $A'_n := A_n \cap B$ ebenfalls paarweise disjunkt und $\mathbb{P}$ als Maß σ-additiv ist, folgt schließlich wie gewünscht

$$\mathbb{P}_B\left(\bigsqcup_{n=1}^{+\infty} A_n\right) = \frac{1}{\mathbb{P}(B)}\sum_{n=1}^{+\infty}\mathbb{P}(A_n \cap B) = \sum_{n=1}^{+\infty}\frac{\mathbb{P}(A_n \cap B)}{\mathbb{P}(B)} = \sum_{n=1}^{+\infty}\mathbb{P}_B(A_n)$$

Dies beweist, dass $\mathbb{P}_B$ ein Wahrscheinlichkeitsmaß auf $(\Omega, \mathfrak{F})$ definiert.

Bemerkung

(1) Häufig wird auch $\mathbb{P}(A \mid B)$ anstelle von $\mathbb{P}_B(A)$ geschrieben. Der Ausdruck $\mathbb{P}_B(A)$ steht für die Wahrscheinlichkeit des Eintretens von Ereignis A unter der Bedingung, dass Ereignis B bereits eingetreten ist. Für alle $A \in \mathfrak{F}$ gilt $\mathbb{P}_\Omega(A) = \mathbb{P}(A)$.

(2) Beachtet man, dass sich das bedingte Wahrscheinlichkeitsmaß äquivalent als

$$\mathbb{P}_B(A) = \frac{1}{\mathbb{P}(B)}\int_\Omega \chi_{A\cap B}\, d\mathbb{P} = \frac{1}{\mathbb{P}(B)}\int_A \chi_B\, d\mathbb{P}$$

schreiben lässt, so folgt die σ-Additivität von $\mathbb{P}_B$ direkt aus dem Satz von der monotonen Konvergenz. Vergleichen Sie dazu beispielsweise auch [3, Kap. IV, §2, 2.10 Satz].

Lösung Aufgabe 61 Seien $r, s, t \in \mathbb{N}$ drei natürliche Zahlen. In der Ausgangslage besteht die Pólya-Urne aus $r + s$ Kugeln. Davon sind r rot und s schwarz. Zieht man aus der Urne eine Kugel, so wird diese anschließend wieder in die Urne zurückgelegt. Zusätzlich werden noch t weitere Kugeln derselben Farbe in die Urne gelegt, sodass diese anschließend $r + s + t$ Kugeln enthält. Das Vorgehen ist in Abb. 3.1 illustriert. Wir wollen nun die Wahrscheinlichkeit bestimmen, dass beim zweiten Zug eine rote Kugel gezogen wird unter der Bedingung, dass die erste gezogene Kugel rot war. Dazu stellen wir zwei Lösungsstrategien vor:

(a) (Informelle Berechnung der Wahrscheinlichkeit). Wir betrachten die drei Ereignisse

$$\begin{aligned} A &:= \textit{Die zweite gezogene Kugel ist rot} \\ B_1 &:= \textit{Die erste gezogene Kugel ist rot} \\ B_2 &:= \textit{Die erste gezogene Kugel ist schwarz} \end{aligned}$$

Da die Pólya-Urne im Ausgangszustand $r + s$ Kugel enthält, von denen r rot und s schwarz sind, gelten

$$\mathbb{P}(B_1) = \frac{r}{r+s}, \qquad \mathbb{P}(B_2) = \frac{s}{r+s}$$

Wurde im ersten Schritt eine rote Kugel gezogen, so wird die Urne danach mit t weiteren roten Kugeln aufgefüllt. Da die Urne damit aus insgesamt $r + t$ roten Kugeln besteht, gilt

$$\mathbb{P}(A \mid B_1) = \frac{r+t}{r+s+t}$$

Mit einer analogen Begründung folgt

$$\mathbb{P}(A \mid B_2) = \frac{r}{r+s+t}$$

denn die Urne besteht aus $r + s + t$ Kugeln, von denen lediglich r rot sind. Da jedes zweistufige Ziehen der Kugeln entweder zu B_1 oder zu B_2 gehört, lässt sich die gesuchte Wahrscheinlichkeit $\mathbb{P}(B_1 \mid A)$ wie folgt mit der Formel von Bayes und dem Satz von der totalen Wahrscheinlichkeit aus den Aufgaben 63 (a) und 65 berechnen:

$$\mathbb{P}(B_1 \mid A) = \frac{\mathbb{P}(A \mid B_1)\,\mathbb{P}(B_1)}{\mathbb{P}(A)} = \frac{\mathbb{P}(A \mid B_1)\,\mathbb{P}(B_1)}{\mathbb{P}(A \mid B_1)\,\mathbb{P}(B_1) + \mathbb{P}(A \mid B_2)\,\mathbb{P}(B_2)}$$

Setzen wir nun alle ermittelten Wahrscheinlichkeiten in die obige Gleichung ein und vereinfachen diese, so erhalten wir

$$\mathbb{P}(B_1 \mid A) = \frac{\frac{r+t}{r+s+t} \cdot \frac{r}{r+s}}{\frac{r+t}{r+s+t} \cdot \frac{r}{r+s} + \frac{r}{r+s+t} \cdot \frac{s}{r+s}} = \frac{(r+t)r}{(r+t)r + rs} = \frac{r+t}{r+s+t}$$

Damit ist alles gezeigt.

(b) (Berechnung der Wahrscheinlichkeit in einem Zufallsexperiment). Da wir uns lediglich dafür interessieren, ob eine gezogene Kugel rot oder schwarz ist, betrachten wir die Grundmenge

$$\Omega := \{0, 1\}^2 = \big\{(0, 0), (0, 1), (1, 0), (1, 1)\big\}$$

Dabei steht 1 für „Treffer" (rote Kugel) und 0 für „Niete" (schwarze Kugel). Für die σ-Algebra auf Ω wählen wir $\mathfrak{F} := \mathfrak{P}(\Omega)$. Das Wahrscheinlichkeitsmaß $\mathbb{P} : \mathfrak{F} \to \overline{\mathbb{R}}$ wird von der Wahrscheinlichkeitsfunktion $p : \Omega \to [0, 1]$ vermöge

$$p(0, 0) := \frac{s}{r+s} \cdot \frac{s+t}{r+s+t}, \qquad p(1, 0) := \frac{r}{r+s} \cdot \frac{s}{r+s+t},$$
$$p(0, 1) := \frac{s}{r+s} \cdot \frac{r}{r+s+t}, \qquad p(1, 1) := \frac{r}{r+s} \cdot \frac{r+t}{r+s+t}$$

induziert. Beachten Sie, dass es sich dabei wegen

$$\sum_{(\omega_1,\omega_2)\in\Omega} p(\omega_1, \omega_2) = \frac{s(s+t) + rs + sr + r(r+t)}{(r+s)(r+s+t)} = 1$$

in der Tat um ein Wahrscheinlichkeitsfunktion auf Ω handelt. Die Wahrscheinlichkeit $p(1, 0)$ lässt sich beispielsweise wie folgt herleiten: Beim ersten Zug besteht die Pólya-Urne aus $r + s$ Kugeln. Daher beträgt die Wahrscheinlichkeit eine rote Kugel zu ziehen $r/(r + s)$. Danach wird die rote Kugel und t weitere rote Kugeln in die Urne zurückgelegt, womit diese aus insgesamt $r + s + t$ vielen Kugeln besteht. Davon sind also $r + t$ Kugeln rot und s Kugeln schwarz. Daher beträgt die Wahrscheinlichkeit beim zweiten Mal eine schwarze Kugel zu ziehen $s/(r + s + t)$. Die Wahrscheinlichkeiten der drei verbleibenden Ereignisse leitet man analog her. Die Ereignisse A und B_1 aus Teil (a) dieser Lösung lassen sich hier schreiben als

$$A = \big\{(0, 1), (1, 1)\big\}, \qquad B_1 = \big\{(1, 0), (1, 1)\big\}$$

Da der Schnitt dieser Ereignisse gerade $\{(1, 1)\}$ ist, folgt somit per Definition der bedingten Wahrscheinlichkeit

$$\mathbb{P}(A \mid B_1) = \frac{\mathbb{P}(A \cap B_1)}{\mathbb{P}(B_1)} = \frac{p(1, 1)}{p(1, 0) + p(1, 1)} = \frac{r+t}{r+s+t}$$

Wie erwartet erhalten wir damit dasselbe Ergebnis wie in Teil (a) dieser Lösung.

Lösung Aufgabe 62 Sei $(\Omega, \mathfrak{F}, \mathbb{P})$ ein beliebiger Wahrscheinlichkeitsraum und seien $A, B, C \in \mathfrak{F}$ drei Ereignisse mit $\mathbb{P}(B^c \cap C^c) > 0$. Beachten Sie, dass wegen der Monotonie des Wahrscheinlichkeitsmaßes auch $\mathbb{P}(C^c) > 0$ gilt, weshalb alle im Folgenden auftretenden bedingten Wahrscheinlichkeiten wohldefiniert sind. Zunächst gilt wegen der De Morganschen Regeln und Aufgabe 54 (c)

$$\mathbb{P}(A \cup B \cup C) = \mathbb{P}((A^c \cap B^c \cap C^c)^c) = 1 - \mathbb{P}(A^c \cap B^c \cap C^c)$$

Schreiben wir nun

$$\mathbb{P}(A^c \cap B^c \cap C^c) = \frac{\mathbb{P}(A^c \cap B^c \cap C^c)}{\mathbb{P}(B^c \cap C^c)} \frac{\mathbb{P}(B^c \cap C^c)}{\mathbb{P}(C^c)} \mathbb{P}(C^c)$$
$$= \mathbb{P}(A^c \mid B^c \cap C^c)\,\mathbb{P}(B^c \mid C^c)\,\mathbb{P}(C^c)$$

so lassen sich die beiden obigen Gleichungen zusammensetzen und wir sind fertig.

Lösung Aufgabe 63 Sei in der gesamten Lösung $(\Omega, \mathfrak{F}, \mathbb{P})$ ein Wahrscheinlichkeitsraum.

(a) Seien $A, B \in \mathfrak{F}$ zwei Ereignisse mit $\mathbb{P}(A) > 0$ und $\mathbb{P}(B) > 0$. Per Definition der bedingten Wahrscheinlichkeit gilt

$$\mathbb{P}(A)\,\mathbb{P}(B \mid A) = \mathbb{P}(A)\,\frac{\mathbb{P}(B \cap A)}{\mathbb{P}(A)} = \mathbb{P}(B)\,\frac{\mathbb{P}(A \cap B)}{\mathbb{P}(B)} = \mathbb{P}(B)\,\mathbb{P}(A \mid B)$$

(b) Seien $A, B \in \mathfrak{F}$ zwei Ereignisse mit $\mathbb{P}(B) > 0$. Per Definition gilt

$$\mathbb{P}(A \mid B) = \frac{\mathbb{P}(A \cap B)}{\mathbb{P}(B)}$$

Da das Wahrscheinlichkeitsmaß monoton ist, folgt aus $A \cap B \subseteq A$ bereits $\mathbb{P}(A \cap B) \leq \mathbb{P}(A)$. Damit ist die Ungleichung nach rechts gezeigt. Für die verbleibende Ungleichung müssen wir lediglich

$$\mathbb{P}(B) - \mathbb{P}(A^c) \leq \mathbb{P}(A \cap B)$$

nachweisen. Mit einem Venn-Diagramm überzeugt man sich leicht von der Identität

$$B = (A^c \cap B) \sqcup (A \cap B)$$

Da die Vereinigung disjunkt ist, liefert die Additivität des Wahrscheinlichkeitsmaßes $\mathbb{P}(B) = \mathbb{P}(A^c \cap B) + \mathbb{P}(A \cap B)$. Beachten wir nun $\mathbb{P}(A^c \cap B) \leq \mathbb{P}(A^c)$, so erhalten wir

$$\mathbb{P}(B) \leq \mathbb{P}(A^c) + \mathbb{P}(A \cap B)$$

und folglich

$$1 - \frac{\mathbb{P}(A^c)}{\mathbb{P}(B)} = \frac{\mathbb{P}(B) - \mathbb{P}(A^c)}{\mathbb{P}(B)} \leq \frac{\mathbb{P}(A \cap B)}{\mathbb{P}(B)}$$

Damit ist alles gezeigt.

(c) (Multiplikationssatz). Seien $A_k \in \mathfrak{F}$ für $k \in \{1, \ldots, n\}$ endlich viele Ereignisse mit der Eigenschaft

$$\mathbb{P}\left(\bigcap_{j=1}^{n-1} A_j\right) > 0$$

Für jedes $k \in \{1, \ldots, n\}$ folgt aus der Definition der bedingten Wahrscheinlichkeit

$$\mathbb{P}\left(A_k \mid \bigcap_{j=1}^{k-1} A_j\right) = \frac{\mathbb{P}\left(A_k \cap \bigcap_{j=1}^{k-1} A_j\right)}{\mathbb{P}\left(\bigcap_{j=1}^{k-1} A_j\right)} = \frac{\mathbb{P}\left(\bigcap_{j=1}^{k} A_j\right)}{\mathbb{P}\left(\bigcap_{j=1}^{k-1} A_j\right)}$$

Somit folgt

$$\prod_{k=1}^{n} \mathbb{P}\left(A_k \mid \bigcap_{j=1}^{k-1} A_j\right) = \prod_{k=1}^{n} \frac{\mathbb{P}\left(\bigcap_{j=1}^{k} A_j\right)}{\mathbb{P}\left(\bigcap_{j=1}^{k-1} A_j\right)} = \frac{\mathbb{P}\left(\bigcap_{j=1}^{n} A_j\right)}{\mathbb{P}\left(\bigcap_{j=1}^{0} A_j\right)} = \mathbb{P}\left(\bigcap_{j=1}^{n} A_j\right)$$

Hier ist zu beachten, dass sich die Zähler und Nenner der obigen Faktoren paarweise aufheben und der Durchschnitt über eine leere Indexmenge ganz Ω ist.

Lösung Aufgabe 64 Sei $(\Omega, \mathfrak{F}, \mathbb{P})$ ein Wahrscheinlichkeitsraum sowie $A, B \in \mathfrak{F}$ zwei beliebige Ereignisse. Sei weiter $(B_n)_{n \in \mathbb{N}}$ eine Folge paarweiser disjunkter Ereignisse aus $\mathfrak{F}$ mit $\mathbb{P}(B_n) > 0$ für alle $n \in \mathbb{N}$ und $\bigsqcup_{n=1}^{+\infty} B_n = B$. Per Definition der bedingten Wahrscheinlichkeit gilt

$$\sum_{n=1}^{+\infty} \mathbb{P}(A \mid B_n)\, \mathbb{P}(B_n) = \sum_{n=1}^{+\infty} \frac{\mathbb{P}(A \cap B_n)}{\mathbb{P}(B_n)}\, \mathbb{P}(B_n) = \sum_{n=1}^{+\infty} \mathbb{P}(A \cap B_n)$$

Da die Folge $(A \cap B_n)_{n \in \mathbb{N}}$ ebenfalls disjunkt ist und vollständig in $\mathfrak{F}$ liegt, folgt mithilfe der σ-Additivität des Wahrscheinlichkeitsmaßes

$$\sum_{n=1}^{+\infty} \mathbb{P}(A \cap B_n) = \mathbb{P}\left(\bigcup_{n=1}^{+\infty} (A \cap B_n)\right) = \mathbb{P}\left(A \cap \bigcup_{n=1}^{+\infty} B_n\right) = \mathbb{P}(A \cap B)$$

Damit ist der Satz von der totalen Wahrscheinlichkeit bewiesen.

Lösung Aufgabe 65 Sei $(\Omega, \mathfrak{F}, \mathbb{P})$ ein Wahrscheinlichkeitsraum und sei $A \in \mathfrak{F}$ ein beliebiges Ereignis mit $\mathbb{P}(A) > 0$. Weiter sei $(B_n)_{n \in \mathbb{N}}$ eine Folge paarweiser disjunkter Ereignisse aus $\mathfrak{F}$ mit $\mathbb{P}(B_n) > 0$ für $n \in \mathbb{N}$ und $\bigsqcup_{n=1}^{+\infty} B_n = \Omega$. Gemäß dem Satz von der totalen Wahrscheinlichkeit aus Aufgabe 64 gilt

$$\mathbb{P}(A) = \mathbb{P}(A \cap \Omega) = \sum_{n=1}^{+\infty} \mathbb{P}(A \mid B_n)\, \mathbb{P}(B_n)$$

Wegen Aufgabe 63 (a) erhalten wir somit wie gewünscht

$$\mathbb{P}(B_n \mid A) = \frac{\mathbb{P}(A \mid B_n)\,\mathbb{P}(B_n)}{\mathbb{P}(A)} = \frac{\mathbb{P}(A \mid B_n)\,\mathbb{P}(B_n)}{\sum_{n=1}^{+\infty} \mathbb{P}(A \mid B_n)\,\mathbb{P}(B_n)}$$

Damit ist alles bewiesen.

Bemerkung Als Spezialfall des Satzes von Bayes erhalten wir:

Sei $(\Omega, \mathfrak{F}, \mathbb{P})$ ein Wahrscheinlichkeitsraum und sei $A \in \mathfrak{F}$ mit $\mathbb{P}(A) > 0$ beliebig. Dann gilt für jedes Ereignis $B \in \mathfrak{F}$ mit $\mathbb{P}(B) > 0$

$$\mathbb{P}(B \mid A) = \frac{\mathbb{P}(A \mid B)\,\mathbb{P}(B)}{\mathbb{P}(A \mid B)\,\mathbb{P}(B) + \mathbb{P}(A \mid B^c)\,\mathbb{P}(B^c)}$$

Lösung Aufgabe 66 Es sei $(\Omega, \mathfrak{F}, \mathbb{P})$ ein geeigneter Wahrscheinlichkeitsraum, der das Zufallsexperiment adäquat beschreibt. Für jedes $k \in \{1, \ldots, 4\}$ bezeichne $B_k \in \mathfrak{F}$ das Ereignis, dass die k-te Urne ausgewählt wurde. Weiter sei $A \in \mathfrak{F}$ das Ereignis, dass die gezogene Kugel rot ist.

(a) Wir werden die Wahrscheinlichkeit $\mathbb{P}(A)$ mit dem Satz von der totalen Wahrscheinlichkeit berechnen. Dazu bemerken wir zunächst, dass $\bigsqcup_{k=1}^{4} B_k = \Omega$ gilt und wir aus der Aufgabenstellung sowohl

$$\mathbb{P}(B_1) = \frac{1}{10}, \qquad \mathbb{P}(B_2) = \frac{4}{10}, \qquad \mathbb{P}(B_3) = \frac{3}{10}, \qquad \mathbb{P}(B_4) = \frac{2}{10}$$

als auch

$$\mathbb{P}(A \mid B_k) = \frac{k}{10}$$

für $k \in \{1, \ldots, 4\}$ wissen. Gemäß dem Satz von der totalen Wahrscheinlichkeit aus Aufgabe 64 folgt somit

$$\begin{aligned}
\mathbb{P}(A) &= \sum_{k=1}^{4} \mathbb{P}(A \mid B_k)\,\mathbb{P}(B_k) \\
&= \frac{1}{10} \cdot \frac{1}{10} + \frac{4}{10} \cdot \frac{2}{10} + \frac{3}{10} \cdot \frac{3}{10} + \frac{2}{10} \cdot \frac{4}{10} \\
&= \frac{13}{50}
\end{aligned}$$

Die Wahrscheinlichkeit, eine rote Kugel zu ziehen, beträgt somit 26 %.

(b) Die Wahrscheinlichkeit $\mathbb{P}(B_2 \mid A)$ berechnet sich leicht mit der Formel von Bayes aus Aufgabe 63 (a). Diese lehrt

$$\mathbb{P}(B_2 \mid A) = \frac{\mathbb{P}(A \mid B_2)\,\mathbb{P}(B_2)}{\mathbb{P}(A)} = \frac{2/10 \cdot 4/10}{13/50} \approx 0.3077$$

Daraus folgt, dass mit einer Wahrscheinlichkeit von rund 31 % eine rote Kugel aus der zweiten Urne gezogen wird.

Lösung Aufgabe 67 Sei $(\Omega, \mathfrak{F}, \mathbb{P})$ ein Wahrscheinlichkeitsraum, der das vorliegende Zufallsexperiment beschreibt. Wie in der Aufgabenstellung bereits erwähnt, bezeichnen wir mit S und W das Ereignis, dass ein Auto schwarz beziehungsweise weiß ist, und mit $\hat{S}$ und $\hat{W}$ das Ereignis, dass der befragte Zeuge ein schwarzes beziehungsweise weißes Auto nennt. Laut Aufgabenstellung gelten

$$\mathbb{P}(W) = 0.85, \qquad \mathbb{P}(\hat{S} \mid S) = 0.9, \qquad \mathbb{P}(\hat{W} \mid W) = 0.8$$

Da es in der Stadt nur schwarze und weiße Autos gibt, folgt $W^c = S$ und somit

$$\mathbb{P}(S) = 1 - \mathbb{P}(W) = 0.15$$

Mit derselben Begründung gilt $\hat{W}^c = \hat{S}$. Für die Berechnung von $\mathbb{P}(S \mid \hat{S})$ und $\mathbb{P}(W \mid \hat{W})$ verwenden wir den Satz von Bayes. Vergleichen Sie dazu auch die Bemerkung in der Lösung von Aufgabe 65. Mit dem Satz von Bayes folgt

$$\mathbb{P}(S \mid \hat{S}) = \frac{\mathbb{P}(\hat{S} \mid S)\,\mathbb{P}(S)}{\mathbb{P}(\hat{S} \mid S)\,\mathbb{P}(S) + \mathbb{P}(\hat{S} \mid S^c)\,\mathbb{P}(S^c)} = \frac{\mathbb{P}(\hat{S} \mid S)\,\mathbb{P}(S)}{\mathbb{P}(\hat{S} \mid S)\,\mathbb{P}(S) + \mathbb{P}(\hat{S} \mid W)\,\mathbb{P}(W)}$$

Bis auf $\mathbb{P}(\hat{S} \mid W)$ sind die Werte aller Wahrscheinlichkeiten bekannt. Es gilt

$$\mathbb{P}(\hat{S} \mid W) = 1 - \mathbb{P}(\hat{S}^c \mid W) = 1 - \mathbb{P}(\hat{W} \mid W) = 0.2$$

Wir erhalten somit insgesamt

$$\mathbb{P}(S \mid \hat{S}) = \frac{0.9 \cdot 0.15}{0.9 \cdot 0.15 + 0.2 \cdot 0.85} \approx 0.44$$

Analog folgt mit dem Satz von Bayes

$$\mathbb{P}(W \mid \hat{W}) = \frac{0.8 \cdot 0.85}{0.8 \cdot 0.85 + 0.1 \cdot 0.15} \approx 0.98$$

Die Berechnungen zeigen, dass die Aussage des Zeugen über weiße Autos mit einer Wahrscheinlichkeit von 98 % korrekt ist, während seine Aussage über schwarze Autos nur in 44 % der Fälle zutrifft.

Bemerkung Ein häufiger Fehler in der Interpretation bedingter Wahrscheinlichkeiten besteht darin, $\mathbb{P}(\hat{S} \mid S)$ mit $\mathbb{P}(S \mid \hat{S})$ zu verwechseln. Die Bedingung $\mathbb{P}(\hat{S} \mid S) = 0.9$ bedeutet, dass der Zeuge mit einer Wahrscheinlichkeit von 90 % ein schwarzes Auto nennt, *falls* das Auto tatsächlich schwarz war. Dies bedeutet aber nicht automatisch, dass er mit 90 % Wahrscheinlichkeit korrekt liegt, wenn er ein schwarzes Auto benennt. Unsere Berechnungen zeigen, dass die Wahrscheinlichkeit, dass das Auto wirklich schwarz war, wenn der Zeuge es als schwarz beschreibt, nur 44 % beträgt. Dieses Phänomen ist als *Kahnemann–Tversky Phänomen* bekannt und verdeutlicht, dass bedingte Wahrscheinlichkeiten häufig nicht intuitiv sind.

Lösung Aufgabe 68 Wir untersuchen das Monty-Hall-Problem, wobei wir von folgender Situation ausgehen: Der Kandidat hat bereits Tür `1` gewählt und der Showmaster daraufhin Tür `2` geöffnet, hinter der sich eine Niete befindet.

(a) In diesem Teil wollen wir die beiden Spielstrategien

(`stay`) Der Kandidat ändert seine Wahl nicht. Er öffnet Tür `1`.
(`switch`) Der Kandidat ändert seine Wahl und öffnet die verbleibende geschlossene Tür. Er öffnet Tür `3`.

vergleichen. Die Gewinnwahrscheinlichkeit von Strategie (`stay`) lässt sich beispielsweise in folgendem Zufallsexperiment $(\Omega, \mathfrak{F}, \mathbb{P})$ berechnen:

$$\Omega := \{1, 2, 3\}, \qquad \mathfrak{F} := \mathfrak{P}(\Omega), \qquad \mathbb{P}(A) := \frac{|A|}{|\Omega|}$$

Die Elemente von Ω stehen dabei also für die drei Türen `1`, `2` und `3`. Wir interessieren uns für das Ereignis

$$G_1 := \textit{Der Gewinn ist hinter Tür } \texttt{1}$$

Da G_1 nur aus einem Element besteht, folgt

$$\mathbb{P}(G_1) = \frac{1}{3}$$

In diesem Fall beträgt die Gewinnwahrscheinlichkeit des Kandidaten rund 33 %. Das Ergebnis ist intuitiv klar, denn der Kandidat entscheidet sich am Anfang zufällig für eine der drei Türen. Wir kommen nun zu Strategie `switch`. Dazu betrachten wir für $k \in \Omega$ die beiden folgenden Ereignisse:

$$G_k := \textit{Der Gewinn ist hinter Tür } \texttt{k}$$
$$S_k := \textit{Der Showmaster öffnet Tür } \texttt{k}$$

Der Beschreibung des Monty-Hall-Problems lassen sich folgende Informationen entnehmen:

(1) Es gilt

$$\mathbb{P}(G_1) = \mathbb{P}(G_2) = \mathbb{P}(G_3) = \frac{1}{3}$$

denn der Gewinn wurde zufällig hinter einer der drei Türen `1`, `2` oder `3` versteckt.

(2) Es gilt

$$\mathbb{P}(S_2 \mid G_1) = \mathbb{P}(S_3 \mid G_1) = \frac{1}{2}$$

Da der Kandidat Tür `1` gewählt hat, liegen in diesem Fall hinter den beiden verbleibenden Türen `2` und `3` jeweils Nieten. Der Showmaster wählt dann zufällig eine der beiden Türen aus.

(3) Es gilt

$$\mathbb{P}(S_3 \mid G_2) = \mathbb{P}(S_2 \mid G_3) = 1$$

Da sich der Kandidat bereits für Tür `1` entschieden hat, kann der Showmaster nur noch genau eine Tür öffnen, da er nicht die Gewinnertür öffnen will.

(4) Es gilt

$$\mathbb{P}(S_1 \mid G_1) = \mathbb{P}(S_2 \mid G_2) = \mathbb{P}(S_3 \mid G_3) = 0$$

Der Showmaster öffnet niemals die Tür mit dem Gewinn.

Wir wollen nun die bedingte Wahrscheinlichkeit $\mathbb{P}(G_3 \mid S_2)$ berechnen. Diese beschreibt die Gewinnwahrscheinlichkeit des Kandidaten, der sich von Tür `1` zu Tür `3` umentschieden hat, vorausgesetzt, dass der Showmaster Tür `2` geöffnet hat. Wegen $G_1 \sqcup G_2 \sqcup G_3 = \Omega$ lässt sich die gesuchte Wahrscheinlichkeit mit dem Satz von Bayes aus Aufgabe 63 berechnen:

$$\mathbb{P}(G_3 \mid S_2) = \frac{\mathbb{P}(G_3)\,\mathbb{P}(S_2 \mid G_3)}{\mathbb{P}(G_1)\,\mathbb{P}(S_2 \mid G_1) + \mathbb{P}(G_2)\,\mathbb{P}(S_2 \mid G_2) + \mathbb{P}(G_3)\,\mathbb{P}(S_2 \mid G_3)}$$

Indem wir alle oben aufgezählten Informationen einsetzen, erhalten wir insgesamt

$$\mathbb{P}(G_3 \mid S_2) = \frac{1/3 \cdot 1}{1/3 \cdot 1/2 + 1/3 \cdot 0 + 1/3 \cdot 1} = \frac{2}{3}$$

also gewinnt der Kandidat mit einer Wahrscheinlichkeit von rund 66 %. Daher sollte sich der Kandidat immer umentscheiden, da er somit seine Gewinnwahrscheinlichkeit verdoppeln kann.

(b) In diesem Aufgabenteil wollen wir die berechneten Gewinnwahrscheinlichkeiten mithilfe einer Simulation in `Python` bestätigen:

```
import random

def simulate_candidates_strategy(games, strategy):
    """
    Simulates the Monty Hall problem over a specified number
    of games.

    Arguments:
        games (int): Number of simulation rounds to run.
        strategy (str): Candidate's strategy; 'stay' means
                        keep original choice, 'switch' means
                        change to the other unopened door.

    Returns:
        (str): Win probability as a formatted percentage.
    """

    # Counter for how many times the contestant wins
    win_count = 0

    # The doors are labeled 1, 2, and 3
    doors = [1, 2, 3]

    # Dictionary to associate strategy names with behavior
    strategies = {"stay": False, "switch": True}

    for _ in range(games):
        # Randomly select which door hides the prize
        win_door = random.choice(doors)

        # Contestant makes an initial random choice
        first_pick = random.choice(doors)

        if strategies[strategy]:
            # Strategy: switch
            # The host opens a door that is neither the
            # winning door nor the contestant's choice
            possible_doors_to_open
                = set(doors) - set([win_door, first_pick])
            host_door
                = random.choice(list(possible_doors_to_open))

            # Now the contestant switches to the one
            # remaining unopened door
            second_pick
                = (set(doors) - {first_pick, host_door}).pop()

            # Check if the new pick is the winning door
            if second_pick == win_door:
                win_count += 1
        else:
            # Strategy: stay
            # The contestant sticks with the initial choice
```

```
            if first_pick == win_door:
                win_count += 1

    # Calculate the win probability
    win_probability = win_count / games * 100
    return f"The win probability of strategy '{strategy}' is
            {win_probability:.2f}%"
```

Damit lässt sich das Zufallsexperiment beliebig oft wiederholen und die Strategien wechseln. Für die Strategie `stay` erhalten wir nach 1000 Versuchen folgendes Ergebnis:

```
# Results of strategy 'stay'

simulate_candidates_strategy(1000, "stay")

The win probability of strategy 'stay' is 36.30%
```

Die Gewinnwahrscheinlichkeit von Strategie `switch` liefert nach 1000 Versuchen folgendes Ergebnis:

```
# Results of strategy 'switch'

simulate_candidates_strategy(1000, "switch")

The win probability of strategy 'switch' is 64.60%
```

Die ersten fünf Wiederholungen des Zufallsexperiments mit Strategie `switch` sehen beispielsweise wie folgt aus:

```
Pick: 3, Win: 1, Host: 2, Result: Win
Pick: 1, Win: 1, Host: 3, Result: Loss
Pick: 3, Win: 2, Host: 1, Result: Win
Pick: 2, Win: 2, Host: 3, Result: Loss
Pick: 3, Win: 1, Host: 2, Result: Win
```

Im ersten Durchgang wählt der Kandidat also zufällig Tür `3`. Der Showmaster öffnet Tür `2`, woraufhin sich der Kandidat zu Gewinnertür `1` umentscheidet.

Bemerkung Das sogenannte Monty-Hall-Problem wurde nach dem Moderator der US-amerikanischen Spielshow *Let's Make a Deal*, benannt. Die Sendung wurde von Stefan Hatos und Monty Hall entwickelt und produziert, wobei Letzterer fast 30 Jahre lang als Moderator tätig war. In dieser Show mussten Kandidaten unter mehreren Türen wählen, wobei sich hinter einer der Türen ein Hauptgewinn und hinter den anderen Nieten verbargen. Die besondere Wendung: Nachdem ein Kandidat eine Tür gewählt hatte, öffnete der Moderator gezielt eine andere Tür, hinter der sich kein Gewinn befand, und bot dem Kandidaten die Möglichkeit, zu wechseln. Berühmt wurde das Problem durch eine Veröffentlichung in der Kolumne *Ask Marilyn* des US-Magazins Parade im Jahr 1990. Die Kolumnistin Marilyn vos Savant, beantwortete eine Leserfrage zur optimalen Strategie mit der Empfehlung, die Tür immer zu wechseln. Dies führte zu tausenden Leserbriefen, darunter auch viele von

Mathematikprofessoren, die ihre Antwort zunächst für falsch hielten. Der Grund, warum das *Monty-Hall-Problem* als paradox empfunden wird, liegt in der Intuition vieler Menschen: Sie glauben, dass nach dem Öffnen einer Niete hinter einer der beiden verbleibenden Türen die Gewinnwahrscheinlichkeit auf 50 % gesunken sei. Doch tatsächlich liegt die Gewinnwahrscheinlichkeit, wie Sie selbst oben gezeigt haben, bei einem Wechsel der Tür bei rund 66 %, während sie beim Beibehalten der Wahl nur rund 33 % beträgt. Die Diskrepanz zwischen intuitiver Einschätzung und mathematischer Wirklichkeit verleiht dem Problem seine besondere Faszination.

Lösung Aufgabe 69 Sei in der gesamten Lösung $(\Omega, \mathfrak{F}, \mathbb{P})$ ein Wahrscheinlichkeitsraum.

(a) Wir beweisen zuerst die Äquivalenz der Aussagen (α) und (β). Seien dazu $A, B \in \mathfrak{F}$ zwei Ereignisse mit $\mathbb{P}(B) \in (0, 1)$. Dann folgt per Definition der bedingten Wahrscheinlichkeit

$$\mathbb{P}(A \cap B) = \mathbb{P}(A \mid B)\, \mathbb{P}(B)$$

was die Äquivalenz beider Aussagen zeigt. Nun beweisen wir, dass auch (β) und (γ) äquivalent sind. Wegen

$$\mathbb{P}(B) + \mathbb{P}(B^{c}) = 1 \tag{17.6}$$

gilt insbesondere auch $\mathbb{P}(B^{c}) \in (0, 1)$. Beachten wir nun, dass

$$A = (A \cap B) \sqcup (A \cap B^{c})$$

eine disjunkte Zerlegung von A ist, so folgen aus der endlichen Additivität und der Definition der bedingten Wahrscheinlichkeit

$$\mathbb{P}(A) = \mathbb{P}(A \cap B) + \mathbb{P}(A \cap B^{c}) = \mathbb{P}(A \mid B)\, \mathbb{P}(B) + \mathbb{P}(A \mid B^{c})\, \mathbb{P}(B^{c})$$

Im Hinblick auf Gl. (17.6) beweist dies die Äquivalenz der Aussagen (β) und (γ).

(b) Seien $A, B \in \mathfrak{F}$ zwei Ereignisse mit $\mathbb{P}(A \cap B) = 1$. Da das Wahrscheinlichkeitsmaß gemäß Aufgabe 54 monoton ist, folgt aus $A \cap B \subseteq A$ direkt

$$1 = \mathbb{P}(A \cap B) \leq \mathbb{P}(A) \leq 1$$

und damit $\mathbb{P}(A) = 1$. Genauso gilt $\mathbb{P}(B) = 1$, also folgt aus $\mathbb{P}(A \cap B) = 1 = \mathbb{P}(A)\, \mathbb{P}(B)$ die Unabhängigkeit der Ereignisse A und B.

(c) Seien $A, B \in \mathfrak{F}$ zwei Ereignisse mit $\mathbb{P}(B) \in \{0, 1\}$. Wir beweisen die Unabhängigkeit von A und B mit einer Fallunterscheidung. Gilt $\mathbb{P}(B) = 0$, so folgt ähnlich wie in Teil (b) dieser Lösung aus $A \cap B \subseteq B$ die Ungleichung

$$0 \leq \mathbb{P}(A \cap B) \leq \mathbb{P}(B) = 0$$

Die Unabhängigkeit folgt nun aus

$$\mathbb{P}(A \cap B) = 0 = \mathbb{P}(A)\,\mathbb{P}(B)$$

Im Fall $\mathbb{P}(B) = 1$ argumentieren wir ähnlich. Wegen $B \subseteq A \cup B$ gilt $\mathbb{P}(A \cup B) = 1$. Beachten wir nun die in Aufgabe 54 bewiesene Gleichung

$$\mathbb{P}(A \cup B) + \mathbb{P}(A \cap B) = \mathbb{P}(A) + \mathbb{P}(B)$$

so lesen wir $\mathbb{P}(A \cap B) = \mathbb{P}(A)$ ab. Wegen $\mathbb{P}(B) = 1$ impliziert dies wie gewünscht $\mathbb{P}(A \cap B) = \mathbb{P}(A)\,\mathbb{P}(B)$. Damit ist alles gezeigt.

(d) Seien $A, B \in \mathfrak{F}$ zwei disjunkte Ereignisse. Dann gilt $\mathbb{P}(A \cap B) = \mathbb{P}(\emptyset) = 0$. Folglich ist die Bedingung $\mathbb{P}(A \cap B) = \mathbb{P}(A)\,\mathbb{P}(B)$ genau dann erfüllt, wenn entweder $\mathbb{P}(A) = 0$ oder $\mathbb{P}(B) = 0$ gilt.

(e) Seien $A, B \in \mathfrak{F}$ zwei Ereignisse mit $A \subseteq B$. Wir beweisen die Äquivalenzaussage in zwei Schritten. Sind A und B unabhängig, so folgt aus $A \cap B = A$ gerade

$$\mathbb{P}(A) = \mathbb{P}(A \cap B) = \mathbb{P}(A)\,\mathbb{P}(B) \tag{17.7}$$

oder äquivalent $\mathbb{P}(A)(1 - \mathbb{P}(B)) = 0$. Folglich gilt entweder $\mathbb{P}(A) = 0$ oder $\mathbb{P}(B) = 1$. Gilt umgekehrt $\mathbb{P}(A) = 0$ oder $\mathbb{P}(B) = 1$, so können wir die Unabhängigkeit der Ereignisse sofort aus Gl. (17.7) ablesen. Damit ist alles gezeigt.

(f) Für diesen Teil müssen wir lediglich $\mathbb{P}(\emptyset) = 0$ und $\mathbb{P}(\Omega) = 1$ beachten. Für ein beliebiges Ereignis $A \in \mathfrak{F}$ folgen dann

$$\mathbb{P}(A \cap \emptyset) = \mathbb{P}(\emptyset) = \mathbb{P}(A)\,\mathbb{P}(\emptyset)$$

und

$$\mathbb{P}(A \cap \Omega) = \mathbb{P}(A) = \mathbb{P}(A)\,\mathbb{P}(\Omega)$$

Somit sind $\emptyset$ und Ω unabhängig zu jedem Ereignis aus $\mathfrak{F}$. Alternativ zum Beweis oben kann man natürlich auch Teil (c) dieser Aufgabe verwenden.

Bemerkung *Achtung*: Die Umkehrung dieser Aussage gilt im Allgemeinen *nicht*. Ist das Ereignis $A \in \mathfrak{F}$ unabhängig zu jedem anderen Ereignis aus $\mathfrak{F}$, so folgt lediglich $\mathbb{P}(A) = 0$ oder $\mathbb{P}(A) = 1$.

(g) Seien $A, B \in \mathfrak{F}$ zwei unabhängige Ereignisse. Wir wollen zeigen, dass A und B^c ebenfalls unabhängig sind. Zunächst gilt wegen der endlichen Additivität des Wahrscheinlichkeitsmaßes

$$\mathbb{P}(A) = \mathbb{P}(A \cap B) + \mathbb{P}(A \cap B^c) = \mathbb{P}(A)\,\mathbb{P}(B) + \mathbb{P}(A \cap B^c)$$

Dabei haben wir im zweiten Schritt die Unabhängigkeit von A und B verwendet. Aus Gl. (17.6) folgt aber auch

$$\mathbb{P}(A) = \mathbb{P}(A)(\mathbb{P}(B) + \mathbb{P}(B^c)) = \mathbb{P}(A)\,\mathbb{P}(B) + \mathbb{P}(A)\,\mathbb{P}(B^c)$$

Setzen wir die beiden obigen Gleichungen gleich, so erhalten wir wie gewünscht

$$\mathbb{P}(A \cap B^c) = \mathbb{P}(A)\,\mathbb{P}(B^c)$$

Dies beweist die Unabhängigkeit von A und B^c.

Bemerkung Indem wir formal jedes Ereignis durch sein entsprechendes Gegenereignis austauschen, erhalten wir als Verallgemeinerung dieses Aufgabenteils folgendes nützliche Resultat:

Sei $(\Omega, \mathfrak{F}, \mathbb{P})$ ein Wahrscheinlichkeitsraum. Sind A und B unabhängige Ereignisse aus $\mathfrak{F}$, so sind auch A und B^c, A^c und B beziehungsweise A^c und B^c unabhängig.

Lösung Aufgabe 70

(a) Für das Zufallsexperiment des zweifachen Würfelwurfs betrachten wir einen sechsseitigen Würfel mit den Werten 1, 2, 3, 4, 5 und 6. Wir nehmen an, dass

(1) zwischen zwei Würfen keine gegenseitige Beeinflussung besteht,
(2) bei jedem Wurf nur eine der sechs Zahlen auftreten kann,
(3) der Würfel fair ist, also jede der sechs Zahlen mit einer gleichen Wahrscheinlichkeit auftritt.

Aufgrund der Annahmen (1), (2) und (3) ist es plausibel, dass jede Würfelkombination ebenfalls mit gleicher Wahrscheinlichkeit auftritt. Da es nur endlich viele solcher Kombinationen gibt, ist das folgende Modell wegen des sogenannten *Prinzip des unzureichenden Grundes* [12, Kap. 10] naheliegend:

$$\Omega := \{1, \ldots, 6\}^2, \qquad \mathfrak{F} := \mathfrak{P}(\Omega), \qquad \mathbb{P}(A) := \frac{|A|}{|\Omega|}$$

Vergleichen Sie auch Aufgabe 50. Ein Element $(j, k) \in \Omega$ steht somit für das Ergebnis eines zweifachen Würfelwurfs, bei dem zuerst j und anschließend k gewürfelt wurde.

(b) Wir betrachten die drei Ereignisse

$A :=$ *Es wird ein Pasch gewürfelt*

$B :=$ *Die Augensumme ist eine ungerade Zahl*

$C :=$ *Der erste oder zweite Würfel zeigt eine Primzahl*

deren Wahrscheinlichkeit wir berechnen wollen. Das Ereignis A lässt sich darstellen als

$$A = \{(j,k) \in \Omega \mid j = k\} = \{(1,1), (2,2), (3,3), (4,4), (5,5), (6,6)\}$$

Wegen $|\Omega| = 36$ müssen wir für die Berechnung der Wahrscheinlichkeit, dass A eintritt, lediglich die Mächtigkeit von A bestimmen. Da wir sofort $|A| = 6$ ablesen können, folgt

$$\mathbb{P}(A) = \frac{|A|}{36} = \frac{6}{36} = \frac{1}{6}$$

Es wird also mit einer Wahrscheinlichkeit von rund 16.67 % ein Pasch gewürfelt. Da die Summe von zwei natürlichen Zahlen genau dann ungerade ist, wenn einer der Summanden gerade und der andere ungerade ist, lässt sich B disjunkt zerlegen als $B = B_1 \sqcup B_2$, wobei

$$\begin{aligned} B_1 &:= \{(j,k) \in \Omega \mid j \in \{2,4,6\} \text{ und } k \in \{1,3,5\}\} \\ &= \{(2,1), (2,3), (2,5), (4,1), (4,3), (4,5), (6,1), (6,3), (6,5)\} \end{aligned}$$

und

$$\begin{aligned} B_2 &:= \{(j,k) \in \Omega \mid j \in \{1,3,5\} \text{ und } k \in \{2,4,6\}\} \\ &= \{(1,2), (1,4), (1,6), (3,2), (3,4), (3,6), (5,2), (5,4), (5,6)\} \end{aligned}$$

definiert seien. Das Ereignis B_1 beschreibt also alle Würfelkombinationen, bei denen die Augenzahl des ersten Würfels gerade und die des zweiten ungerade ist. Entsprechend ist B_2 zu verstehen. Wegen der Additivität des Wahrscheinlichkeitsmaßes, die wir in Aufgabe 54 (a) nachgewiesen haben, folgt nun

$$\mathbb{P}(B) = \mathbb{P}(B_1 \sqcup B_2) = \mathbb{P}(B_1) + \mathbb{P}(B_2) = \frac{9}{36} + \frac{9}{36} = \frac{1}{2}$$

Für das dritte Ereignis C gehen wir ähnlich vor. Dazu definieren wir die beiden Ereignisse

$$C_1 := \{(j,k) \in \Omega \mid j \in \{2,3,5\}\}, \qquad C_2 := \{(j,k) \in \Omega \mid k \in \{2,3,5\}\}$$

Es gilt $C := C_1 \cup C_2$. Beachten Sie, dass die beiden Ereignisse C_1 und C_2 *nicht* disjunkt sind. Zum Beispiel gilt $(2,3) \in C_1 \cap C_2$. Mithilfe des Resultats aus Aufgabe 54 (b) folgt

$$\mathbb{P}(C) = \mathbb{P}(C_1 \cup C_2) = \mathbb{P}(C_1) + \mathbb{P}(C_2) - \mathbb{P}(C_1 \cap C_2)$$

Da C_1 und C_2 jeweils genau 18 Elemente enthalten und der Schnitt aus 9 Elementen besteht, folgt

$$\mathbb{P}(C) = \frac{18}{36} + \frac{18}{36} - \frac{9}{36} = \frac{3}{4}$$

Damit ist alles gezeigt.

(c) Das Zufallsexperiment des zweifachen Würfelwurfs können wir in Python beispielsweise wie folgt simulieren:

```
import random

def roll_dice():
    """
    Simulates rolling two six-sided dice.

    Returns:
        (tuple): A tuple of two integers, representing
                 the outcome of each die.
    """
    return [random.randint(1, 6), random.randint(1, 6)]
```

Eine mögliche Ausgabe der Funktion roll_dice() lautet wie folgt:

```
roll_dice()

[5,2]
```

Mithilfe der folgenden Funktion können wir entscheiden, ob eine Würfelkombination zum Ereignis A gehört, oder nicht:

```
# Event A

def check_doubles(dice):
    """
    Checks whether both dice have the same value.

    Argument:
        dice (list): A list containing two dice values.

    Returns:
        (bool): True if both dice show the same number,
                False otherwise.
    """
    return dice[0] == dice[1]
```

Für die Ereignisse B und C definieren wir entsprechend die beiden Funktionen

```
# Event B

def check_sum(dice):
    """
    Determines whether the sum of two dice is an odd number.

```

```
    Argument:
        dice (list): A list containing two dice values.

    Returns:
        (bool): True if the sum is odd, False if it is even.

    """
    return (dice[0] + dice[1]) % 2 != 0
```

und

```
# Event C

def check_prime(dice):
    """
    Determines whether at least one dice shows a prime number.

    Arguments:
        dice (list): A list containing two dice values.

    Returns:
        (bool): True if at least one dice shows a prime
                number, False otherwise.
    """
    primes = {2, 3, 5}
    return dice[0] in primes or dice[1] in primes
```

Die Funktion `simulate` wiederholt das Zufallsexperiment insgesamt `runs` mal und wertet die entsprechenden Ergebnisse aus:

```
def simulate(runs):
    """
    Simulates a dice-rolling experiment for a given
    number of runs.

    Argument:
        runs (int): Number of times to roll a pair of dice.

    Returns:
        (tuple): A tuple containing:
                    - prob_double (float): Percentage prob.
                                           of event A.
                    - prob_sum (float):    Percentage prob.
                                           of event B.
                    - prob_prime (float):  Percentage prob.
                                           of event C.
    """
    doubles_prob = []
    sum_prob = []
    prime_prob = []

    # Counters for how often each event occurs
    doubles_count = 0
    sum_count = 0
```

```
    prime_count = 0

    for i in range(1, runs + 1):
        dice = roll_dice()
        # Check if the dice roll is a double (event A)
        if check_doubles(dice):
            doubles_count += 1
        # Check if the dice sum is odd (event B)
        if check_sum(dice):
            sum_count += 1
        # Check if a dice shows a prime number (event C)
        if check_prime(dice):
            prime_count += 1

    # Compute probabilities as percentages
    prob_double = doubles_count * 100 / i
    prob_sum = sum_count * 100 / i
    prob_prime = prime_count * 100 / i

    return prob_double, prob_sum, prob_prime
```

Wiederholt man das Zufallsexperiment hinreichend oft, so lassen sich alle Wahrscheinlichkeiten wie folgt näherungsweise bestimmen:

```
# Probabilities of the events A, B and C

runs = 100000
prob_double, prob_sum, prob_prime = simulate(runs)

print(f"Probability of event A after
      {runs} runs: {prob_double}%")
print(f"Probability of event B after
      {runs} runs: {prob_sum}%")
print(f"Probability of event C after
      {runs} runs: {prob_prime}%")

Probability of event A after 100000 runs: 16.6542%
Probability of event B after 100000 runs: 50.052%
Probability of event C after 100000 runs: 74.9626%
```

Die entsprechenden Wahrscheinlichkeiten der Durchläufe für Ereignis B sind in Abb. 17.4 dargestellt. Wie zu erwarten war, nähert sich die Wahrscheinlichkeit `prob_sum` für große Werte von `runs` immer mehr dem exakten Wert an, den wir in Teil (b) dieser Aufgabe berechnet haben.

Bemerkung Das obige Vorgehen wird durch das sogenannte *schwache Gesetz der großen Zahlen*, das unter anderem in Aufgabe 156 behandelt wird, gerechtfertigt. Konsultieren Sie auch die Bemerkung in der Lösung der Aufgabe.

(d) Die Ereignisse A und B sind *abhängig*. Offensichtlich sind A und B disjunkt, denn die Augensumme jedes Pasches ist gerade, und es gilt weder $\mathbb{P}(A) = 0$

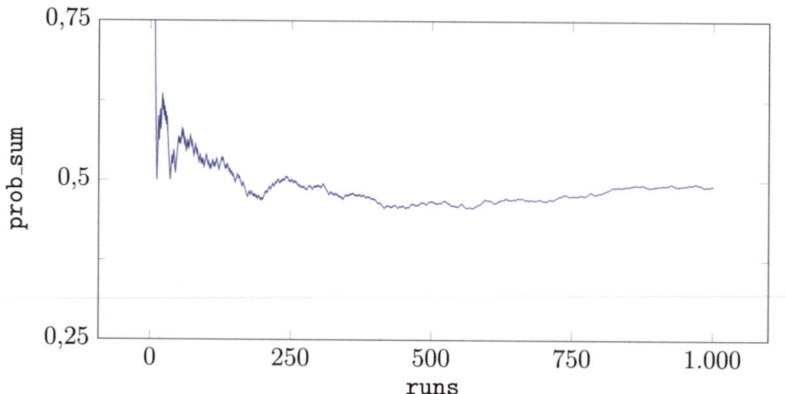

Abb. 17.4 Darstellung der simulierten Wahrscheinlichkeiten für Ereignis B

noch $\mathbb{P}(B) = 0$. Daher lehrt Aufgabe 69 (d) die Abhängigkeit beider Ereignisse. Die Ereignisse A und C sind ebenfalls *abhängig*. Es gilt

$$A \cap C = \{(2, 2), (3, 3), (5, 5)\}$$

Mit den Berechnungen aus Teil (b) folgt

$$\mathbb{P}(A \cap C) = \frac{1}{12} \neq \frac{1}{6} \cdot \frac{3}{4} = \mathbb{P}(A)\,\mathbb{P}(C)$$

also sind A und C abhängig.

(e) Wir betrachten die folgenden drei Ereignisse:

$$A' := \textit{Der erste Würfel zeigt eine gerade Zahl}$$
$$B' := \textit{Der zweite Würfel zeigt eine ungerade Zahl}$$
$$C' := \textit{Die Augensumme ist eine gerade Zahl}$$

Vergleichen Sie auch Abb. 17.5. Ähnlich wie in Teil (b) dieser Lösung folgt durch Abzählen

$$\mathbb{P}(A') = \mathbb{P}(B') = \mathbb{P}(C') = \frac{1}{2}$$

Da die Schnittmenge

$$A' \cap B' = \{(j, k) \in \Omega \mid j \in \{2, 4, 6\} \text{ und } k \in \{1, 3, 5\}\}$$

aus 9 Elementen besteht, folgt $\mathbb{P}(A' \cap B') = 1/4$. Mit einer analogen Begründung erhalten wir auch $\mathbb{P}(A' \cap C') = 1/4$ und $\mathbb{P}(B' \cap C') = 1/4$. Wegen

$$\mathbb{P}(A' \cap B') = \mathbb{P}(A')\,\mathbb{P}(B')$$
$$\mathbb{P}(A' \cap C') = \mathbb{P}(A')\,\mathbb{P}(C')$$
$$\mathbb{P}(B' \cap C') = \mathbb{P}(B')\,\mathbb{P}(C')$$

Abb. 17.5 Illustration der drei Ereignisse A', B' und C'

sind die drei Ereignisse A', B' und C' paarweise unabhängig. Zeigt der erste Würfel eine gerade und der zweite eine ungerade Zahl, so ist die Augensumme stets ungerade. Daher gilt $A' \cap B' \cap C' = \emptyset$ und es folgt

$$\mathbb{P}(A' \cap B' \cap C') = \mathbb{P}(\emptyset) = 0 \neq \frac{1}{8} = \frac{1}{2} \cdot \frac{1}{2} \cdot \frac{1}{2} = \mathbb{P}(A')\,\mathbb{P}(B')\,\mathbb{P}(C')$$

Dies beweist, dass die drei Ereignisse A', B' und C' zwar paarweise unabhängig aber *nicht* in der Gesamtheit unabhängig sind.

Bemerkung Unsere Überlegungen zeigen, dass man im Allgemeinen *nicht* von der paarweisen Unabhängigkeit von mindestens drei Ereignissen auf die Unabhängigkeit in der Gesamtheit schließen kann. Einen analogen Sachverhalt für Zufallsvariablen können Sie in Aufgabe 113 (d) nachweisen.

Lösung Aufgabe 71 Sei $p \in \mathbb{N}$ eine Primzahl. Wir betrachten den symmetrischen Wahrscheinlichkeitsraum $(\Omega, \mathfrak{F}, \mathbb{P})$ mit

$$\Omega := \{1, \ldots, p\}, \qquad \mathfrak{F} := \mathfrak{P}(\Omega), \qquad \mathbb{P}(A) := \frac{|A|}{|\Omega|}$$

Seien $A, B \in \mathfrak{F}$ zwei unabhängige Ereignisse, das heißt, es gilt

$$\mathbb{P}(A \cap B) = \mathbb{P}(A)\,\mathbb{P}(B)$$

Wegen $|\Omega| = p$ ist dies offensichtlich äquivalent zu der Bedingung

$$p\,|A \cap B| = |A|\,|B| \tag{17.8}$$

Gl. (17.8) ist erfüllt, falls mindestens eines der beiden Ereignisse leer ist. Sind die Ereignisse A und B hingegen nichtleer, so gilt $|A||B| \neq 0$ und wir lesen aus der obigen Gleichung ab, dass p ein Teiler des Produkts $|A||B|$ ist. Da p eine Primzahl ist, muss damit p auch ein Teiler von $|A|$ oder $|B|$ sein. Dies ist aber nur im Fall $p = |A|$ oder $p = |B|$ beziehungsweise $A = \Omega$ oder $B = \Omega$ möglich. Damit ist alles gezeigt.

Lösung Aufgabe 72

(a) In `SageMath` kann man mit `factor()` die Primfaktorzerlegung einer natürlichen Zahl bestimmen. Beispielsweise gilt

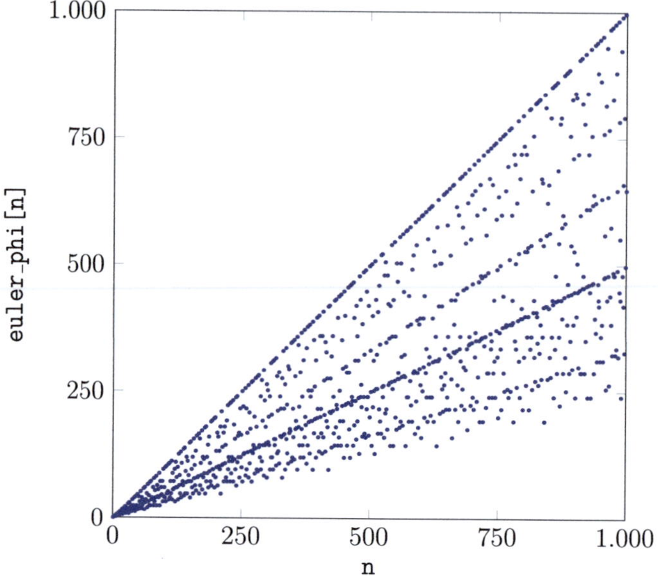

Abb. 17.6 Darstellung der Eulerschen Funktion

```
# Prime factor decomposition of 28

factor(28)

2^2 * 7
```

Dabei lässt sich `factor(28)` wie eine Liste von Tupeln behandeln und damit die Primfaktoren der Zahl 28 bestimmen:

```
# Prime factors of 28

[p for (p,v) in factor(28)]

[2, 7]
```

Mit diesen Überlegungen können wir die rechte Seite von Gl. (3.3) für jede natürliche Zahl wie folgt berechnen:

```
def euler_function(n):
    """
    Calculates Euler's totient function, which gives the
    count of integers up to n that are coprime to n.

    Argument:
        n (int): The integer to compute the totient function
                 for.

    Returns:
        (int): The count of integers between 1 and n that are
```

```
            coprime to n.
    """

    # Generate all unique prime factors of n
    prime_factors = [p for (p, v) in factor(n)]

    # Initialize result with n
    result = n

    # Apply the calculation formula for the Euler's totient
    # function
    for p in prime_factors:
        result = result * (1 - 1/p)

    return int(result)
```

Damit berechnet sich der Wert der Eulerschen Funktion für jede der fünf Zahlen wie folgt:

```
# List of sample numbers to test the Euler's totient function

numbers = [3, 10, 18, 64, 997]
for n in numbers:
    print(f"number: {n:3},
            number of coprimes: {euler_function(n):3}")

number:   3, number of coprimes:   2
number:  10, number of coprimes:   4
number:  18, number of coprimes:   6
number:  64, number of coprimes:  32
number: 997, number of coprimes: 996
```

Die Ergebnisse lassen sich sofort mit der `SageMath`-Funktion `euler_phi()` bestätigen. Die ersten 1000 Werte der Funktion `euler_function()` beziehungsweise `euler_phi()` sind in Abb. 17.6 dargestellt.

(b) Sei $n \in \mathbb{N}$ eine beliebige Primzahl. Dann gelten $\text{ggT}(k, n) = 1$ für jedes $k \in \{1, \ldots, n-1\}$ und $\text{ggT}(n, n) = n$. Folglich sind genau $n - 1$ Zahlen teilerfremd zu n und es folgt

$$\varphi(n) = n - 1$$

Andererseits hat die Primzahl genau einen Primfaktor, nämlich sich selbst. Daher ergibt sich

$$n \prod_{j=1}^{1} \left(1 - \frac{1}{p_j}\right) = n \cdot \left(1 - \frac{1}{n}\right) = n - 1$$

womit Gl. (3.3) in diesem Spezialfall erfüllt ist.

(c) Gegeben sei der symmetrische Wahrscheinlichkeitsraum $(\Omega, \mathfrak{F}, \mathbb{P})$ mit $\Omega := \{1, \ldots, 10\}$ und $\mathfrak{F} := \mathfrak{P}(\Omega)$. Bei dem Maß $\mathbb{P} : \mathfrak{F} \to \overline{\mathbb{R}}$ handelt es sich um das Laplacesche Wahrscheinlichkeitsmaß aus Aufgabe 50. Die Zahl $n = 10$ besitzt die beiden Primfaktoren $p_1 = 2$ und $p_2 = 5$. Daher untersuchen wir im Folgenden die beiden Ereignisse

$$A_2 = \big\{m \in \Omega \mid 2 \text{ teilt } m\big\} = \{2, 4, 6, 8, 10\}$$

und

$$A_5 = \big\{m \in \Omega \mid 5 \text{ teilt } m\big\} = \{5, 10\}$$

Da der Schnitt von A_2 und A_5 aus genau einem Element besteht, erhalten wir

$$\mathbb{P}(A_2 \cap A_5) = \frac{1}{10}, \qquad \mathbb{P}(A_2)\,\mathbb{P}(A_5) = \frac{5}{10} \cdot \frac{2}{10} = \frac{1}{10}$$

Dies zeigt die Unabhängigkeit der endlichen Folge $(A_{p_j})_{1 \leq j \leq 2}$. Es gibt insgesamt vier Zahlen aus Ω, die teilerfremd zu 10 sind. Diese lauten 1, 3, 7 und 9. Daher gilt $\varphi(10) = 4$. Es gilt aber auch

$$10 \cdot \prod_{j=1}^{2} \left(1 - \frac{1}{p_j}\right) = 10 \cdot \left(1 - \frac{1}{2}\right) \cdot \left(1 - \frac{1}{5}\right) = 10 \cdot \frac{1}{2} \cdot \frac{4}{5} = 4$$

und damit wie gewünscht

$$\varphi(10) = 10 \cdot \prod_{j=1}^{2} \left(1 - \frac{1}{p_j}\right)$$

Folglich ist Gl. (3.3) auch in diesem Spezialfall erfüllt.

(d) Es sei $n \in \mathbb{N}$ eine natürliche Zahl mit der Primfaktorzerlegung

$$n = p_1^{\nu_1} \cdot \ldots \cdot p_r^{\nu_r}$$

Dabei sind $r \in \mathbb{N}$ eine natürliche Zahl, $p_1, \ldots, p_r \in \mathbb{N}$ verschiedene Primzahlen und $\nu_1, \ldots, \nu_r \in \mathbb{N}$ die Vielfachheiten der Primzahlen. Wir nehmen dabei ohne Einschränkung $r \geq 2$ an. Weiter sei der Wahrscheinlichkeitsraum $(\Omega, \mathfrak{F}, \mathbb{P})$ gegeben durch

$$\Omega := \{1, \ldots, n\}, \qquad \mathfrak{F} := \mathfrak{P}(\Omega), \qquad \mathbb{P}(A) := \frac{|A|}{|\Omega|}$$

Für jede natürliche Zahl $p \in \mathbb{N}$ mit $p \mid n$ gilt

$$A_p = \{m \in \Omega \mid p \text{ teilt } m\} = \left\{kp \mid k \in \mathbb{N} \text{ und } 1 \leq k \leq \frac{n}{p}\right\}$$

und damit gerade

$$\mathbb{P}(A_p) = \frac{|A_p|}{|\Omega|} = \frac{n/p}{n} = \frac{1}{p} \tag{17.9}$$

Wir wollen nun zeigen, dass die Folge der Ereignisse $(A_{p_j})_{1\leq j\leq r}$ unabhängig ist. Sei dazu $\{p_{j_1}, \ldots, p_{j_s}\} \subseteq \{p_1, \ldots, p_r\}$ eine beliebige Teilmenge mit mindestens zwei Elementen. Wir setzen

$$p := p_{j_1} \cdot \ldots \cdot p_{j_s}$$

und bemerken, dass für jede natürliche Zahl $k \in \mathbb{N}$ gilt: p teilt k genau dann, wenn k von jedem Primfaktor von p geteilt wird. Dies ist gleichbedeutend mit

$$A_p = \bigcap_{\nu=1}^{s} A_{p_{j_\nu}}$$

Mithilfe von Gl. (17.9) erhalten wir daher

$$\mathbb{P}\left(\bigcap_{\nu=1}^{s} A_{p_{j_\nu}}\right) = \mathbb{P}(A_p) = \frac{1}{p} = \prod_{\nu=1}^{s} \frac{1}{p_{j_\nu}} = \prod_{\nu=1}^{s} \mathbb{P}(A_{p_{j_\nu}})$$

was die Unabhängigkeit der Folge $(A_{p_j})_{1\leq j\leq r}$ beweist. Wegen [12, 11.1.11 Satz] ist damit äquivalenter Weise auch die komplementäre Folge $(A^{\mathsf{c}}_{p_j})_{1\leq j\leq r}$ unabhängig. Wir erhalten somit

$$\mathbb{P}\left(\bigcap_{j=1}^{r} A^{\mathsf{c}}_{p_j}\right) = \prod_{j=1}^{r} \mathbb{P}(A^{\mathsf{c}}_{p_j}) = \prod_{j=1}^{r} \left(1 - \mathbb{P}(A_{p_j})\right) = \prod_{j=1}^{r} \left(1 - \frac{1}{p_j}\right)$$

Beachten Sie dabei auch das Resultat aus Aufgabe 54 (c). Auf der anderen Seite gilt aber auch

$$\mathbb{P}\left(\bigcap_{j=1}^{r} A^{\mathsf{c}}_{p_j}\right) = \frac{1}{|\Omega|}\left|\bigcap_{j=1}^{r} A^{\mathsf{c}}_{p_j}\right| = \frac{\varphi(n)}{n}$$

denn $\bigcap_{j=1}^{r} A^{\mathsf{c}}_{p_j}$ besteht aus allen natürlichen Zahlen aus Ω, die von keiner der Primzahlen $p_1, \ldots, p_r$ und damit auch nicht von n geteilt werden. Folglich besteht der Durchschnitt der komplementären Ereignisse aus allen zu n teilerfremden Zahlen aus Ω. Setzen wir nun die beiden obigen Gleichungen zusammen, so folgt

$$\frac{\varphi(n)}{n} = \prod_{j=1}^{r}\left(1 - \frac{1}{p_j}\right)$$

und damit wie gewünscht die Berechnungsformel der Eulerschen Funktion.

Bemerkung

(1) Die Eulersche Funktion spielt nicht nur in der Zahlentheorie eine wichtige Rolle, sondern ist auch in der Algebra und insbesondere in der Kryptographie von großer Bedeutung. Ihre Eigenschaften bilden die Grundlage für Verschlüsselungsverfahren wie RSA und verbinden so abstrakte mathematische Konzepte mit praktischen Anwendungen in der Informationssicherheit.

(2) Die Eulersche Funktion hängt wie folgt mit der in Aufgabe 73 behandelten Riemannschen Zeta-Funktion zusammen:

$$\sum_{n=1}^{+\infty} \frac{\varphi(n)}{n^s} = \frac{\zeta(s-1)}{\zeta(s)}$$

für $s \in (2, +\infty)$.

Lösung Aufgabe 73 Sei in der gesamten Lösung $s \in (1, +\infty)$ beliebig gewählt und bezeichne $\mathbb{P}$ die Menge der Primzahlen. Beachten Sie, dass $\zeta(s)^{-1}$ eine Kurzschreibweise für $(\zeta(s))^{-1}$ ist.

(a) Wir überlegen uns, dass durch $f_s : \mathbb{N} \to [0, 1]$ vermöge $f_s(n) := n^{-s}\zeta(s)^{-1}$ eine Zähldichte (Wahrscheinlichkeitsfunktion) definiert wird, denn gemäß Aufgabe 55 gibt es dann ein eindeutig bestimmtes Wahrscheinlichkeitsmaß $\mu_s : \mathfrak{P}(\mathbb{N}) \to \overline{\mathbb{R}}$ mit der Eigenschaft

$$\mu_s(\{n\}) = f_s(n)$$

für alle $n \in \mathbb{N}$. Dass die Funktion f wirklich eine Zähldichte ist, folgt sofort aus

$$\sum_{n=1}^{+\infty} f_s(n) = \zeta(s)^{-1} \sum_{n=1}^{+\infty} n^{-s} = \zeta(s)^{-1}\zeta(s) = 1$$

und $0 \leq n^{-s} \leq \zeta(s)$ für $n \in \mathbb{N}$.

(b) Wir zeigen, dass die Folge $(A_p)_{p\in\mathbb{P}}$ mit $A_p := p\mathbb{N}$ unabhängig ist. Seien dazu $p_1, \ldots, p_k \in \mathbb{P}$ verschiedene Primzahlen. Wir setzen $p := p_1 \cdot \ldots \cdot p_k$. Da eine natürliche Zahl genau dann durch p teilbar ist, wenn sie durch jeden der Primfaktoren von p teilbar ist, gilt

$$\bigcap_{j=1}^{k} A_{p_j} = A_p$$

Dies ist eine Konsequenz aus dem Lemma von Euklid. Somit liefern die σ-Additivität von μ_s und Teil (a) dieser Lösung

$$\mu_s\left(\bigcap_{j=1}^{k} A_{p_j}\right) = \mu_s(A_p) = \sum_{n=1}^{+\infty} \mu_s(\{pn\}) \overset{\text{(a)}}{=} \sum_{n=1}^{+\infty} f_s(pn) = \zeta(s)^{-1} \sum_{n=1}^{+\infty} (pn)^{-s}$$

Die rechte Seite lässt sich weiter zu

$$p^{-s}\zeta(s)^{-1} \sum_{n=1}^{+\infty} n^{-s} = p^{-s} = \left(\prod_{j=1}^{k} p_j^{-1}\right)^{s} = \prod_{j=1}^{k} p_j^{-s} = \prod_{j=1}^{k} \mu_s(A_{p_j})$$

umschreiben, womit wir insgesamt

$$\mu_s\left(\bigcap_{j=1}^{k} A_{p_j}\right) = \prod_{j=1}^{k} \mu_s(A_{p_j})$$

erhalten. Da die Primzahlen beliebig gewählt waren, ist die Folge $(A_p)_{p\in\mathbb{P}}$ und damit auch $(A_p^{\mathsf{c}})_{p\in\mathbb{P}}$ unabhängig. Da 1 die einzige natürliche Zahl ist, die sich *nicht* als Produkt von Primzahlen schreiben lässt, gilt

$$\bigcap_{p\in\mathbb{P}} A_p^{\mathsf{c}} = \{1\}$$

Wegen $\mu_s(\{1\}) = \zeta(s)^{-1}$ liefert die Unabhängigkeit (!) der komplementären Folge

$$\zeta(s)^{-1} = \mu_s\left(\bigcap_{p\in\mathbb{P}} A_p^{\mathsf{c}}\right) \overset{(!)}{=} \prod_{p\in\mathbb{P}} \mu_s(A_p^{\mathsf{c}}) = \prod_{p\in\mathbb{P}} (1 - \mu_s(A_p)) = \prod_{p\in\mathbb{P}} (1 - p^{-s})$$

und damit wie gewünscht Gl. (3.4). Dabei bedarf Schritt (!) noch einer genaueren Erklärung, da man gemäß der Unabhängigkeit nur die Wahrscheinlichkeit des Schnitts von *endlich vielen* Mengen als Produkt zerlegen darf. Setzen wir

$\mathbb{P}_n := \{p \in \mathbb{P} \mid p \leq n\}$ für $n \in \mathbb{N}$, so folgt aus der Stetigkeit des Wahrscheinlichkeitsmaßes, das wir in Aufgabe 59 nachgewiesen haben,

$$\mu_s\left(\bigcap_{p\in\mathbb{P}} A_p^{\mathsf{c}}\right) = \lim_{n\to+\infty} \mu_s\left(\bigcap_{p\in\mathbb{P}_n} A_p^{\mathsf{c}}\right)$$

Da jede Menge $\mathbb{P}_n$ endlich ist, lässt sich nun die Unabhängigkeit anwenden und es folgt wie gewünscht

$$\mu_s\left(\bigcap_{p\in\mathbb{P}} A_p^{\mathsf{c}}\right) = \lim_{n\to+\infty} \mu_s\left(\bigcap_{p\in\mathbb{P}_n} A_p^{\mathsf{c}}\right) = \lim_{n\to+\infty} \prod_{p\in\mathbb{P}_n} \mu_s(A_p^{\mathsf{c}}) = \prod_{p\in\mathbb{P}}(1 - \mu_s(A_p))$$

Damit ist alles gezeigt.

Bemerkung

(1) Das durch die Zähldichte (Wahrscheinlichkeitsfunktion) f_s induzierte Wahrscheinlichkeitsmaß μ_s wird *Zeta-Verteilung* oder auch *Zipf-Verteilung* genannt.
(2) Einen analytischen Beweis der Produktdarstellung der Riemannschen Zeta-Funktion auf $\{s \in \mathbb{C} \mid \mathrm{Re}(s) > 1\}$ findet man beispielsweise in [1].

Lösung Aufgabe 74

(a) Um nachzuweisen, dass das System

$$\mathfrak{F} := \{A \subseteq \Omega \mid \text{für alle } (\omega_1, \omega_2) \in \Omega \text{ gilt } (\omega_1, \omega_2) \in A \text{ genau dann, wenn } (\omega_2, \omega_1) \in A\}$$

eine σ-Algebra über $\Omega := \{1, \dots, 6\}^2$ definiert, müssen wir wie üblich drei Bedingungen überprüfen. Offensichtlich gilt $\Omega \in \mathfrak{F}$ und es ist $A \in \mathfrak{F}$ genau dann, wenn $A^{\mathsf{c}} \in \mathfrak{F}$. Daher müssen wir lediglich noch die Stabilität bezüglich abzählbarer Vereinigungen nachweisen. Sei dazu $(A_n)_{n\in\mathbb{N}}$ eine Folge von Mengen aus $\mathfrak{F}$. Für $(\omega_1, \omega_2) \in \Omega$ gilt $(\omega_1, \omega_2) \in \bigcup_{n=1}^{+\infty} A_n$ genau dann, wenn es einen Index $k \in \mathbb{N}$ mit $(\omega_1, \omega_2) \in A_k$ gibt. Wegen $A_k \in \mathfrak{F}$ gilt dann aber $(\omega_2, \omega_1) \in A_k$ und folglich $(\omega_2, \omega_1) \in \bigcup_{n=1}^{+\infty} A_n$. Somit ist $\bigcup_{n=1}^{+\infty} A_n \in \mathfrak{F}$ und wir sind fertig. Die σ-Algebra $\mathfrak{F}$ lässt sich beispielsweise wie folgt auffassen: Bei dem Würfelexperiment lassen sich die beiden Würfel nicht unterscheiden, womit die Reihenfolge dieser keine Rolle spielt. Wir können uns dazu beispielsweise vorstellen, wir würden eine Brille tragen, die es uns nicht erlaubt die Farben der Würfel zu unterscheiden.

(b) Das Ereignis A, dass einer der Würfel die Augenzahl 1 zeigt, lässt sich explizit als

$$\begin{aligned} A &= \{(\omega_1, \omega_2) \in \Omega \mid \omega_1 = 1 \text{ oder } \omega_2 = 1\} \\ &= \{(\omega_1, 1) \mid \omega_1 \in \{1, \dots, 6\}\} \cup \{(1, \omega_2) \mid \omega_2 \in \{1, \dots, 6\}\} \end{aligned}$$

schreiben. Anhand der zweiten Darstellung können wir sofort $A \in \mathfrak{F}$ ablesen. Interpretieren wir $(\omega_1, \omega_2) \in \Omega$ als das Ergebnis, dass der schwarze Würfel ω_1 und der weiße Würfel ω_2 zeigt, so gilt beispielsweise

$$B := \{(\omega_1, 1) \in \Omega \mid \omega_1 \in \{1, \dots, 6\}\} \notin \mathfrak{F}$$

Beachten Sie $(2, 1) \in B$ aber $(1, 2) \notin B$. Die Menge B beschreibt das Ereignis, dass der schwarze Würfel eine 1 zeigt.

(c) Die Funktion $X : \Omega \to \mathbb{R}$ mit $X(\omega_1, \omega_2) := |\omega_1 - \omega_2|$ ist $\mathfrak{F}$-$\mathfrak{B}(\mathbb{R})$-messbar, also eine Zufallsvariable. Für $b \in \mathbb{R}$ gilt nämlich

$$\begin{aligned} X^{-1}((-\infty, b]) &= \{(\omega_1, \omega_2) \in \Omega \mid |\omega_1 - \omega_2| \leq b\} \\ &= \{(\omega_1, \omega_2) \in \Omega \mid |\omega_2 - \omega_1| \leq b\} \end{aligned}$$

und damit $X^{-1}((-\infty, b]) \in \mathfrak{F}$. Dabei haben wir verwendet, dass die Funktion X symmetrisch ist. Entsprechend handelt es sich bei $Y : \Omega \to \mathbb{R}$ mit $Y(\omega_1, \omega_2) := \omega_2$ *nicht* um eine Zufallsvariable, denn es gilt

$$\begin{aligned} Y^{-1}((-\infty, 1]) &= \{(\omega_1, \omega_2) \in \Omega \mid \omega_2 \leq 1\} \\ &= \{(\omega_1, 1) \in \Omega \mid \omega_1 \in \{1, \dots, 6\}\} \end{aligned}$$

und die rechte Seite gehört gemäß Teil (b) dieser Lösung *nicht* zur σ-Algebra $\mathfrak{F}$.

Lösung Aufgabe 75 Das Würfelspiel zwischen Anton und Bert lässt sich in `Python` beispielsweise wie folgt simulieren, wobei Anton zuerst würfelt:

```
import random

def play_game():
    """
    Simulates a game where Anton and Bert take turns rolling
    a six-sided die. The first player to roll a 6 wins the
    game.

    Returns:
        (str): The winner of the game.
    """

    while True:
        # Anton rolls first
        if random.randint(1, 6) == 6:
            return "Anton"
        if random.randint(1, 6) == 6:
            return "Bert"
```

Die obige Funktion können wir beliebig oft aufrufen, das heißt, das Würfelspiel so oft wir wollen wiederholen lassen:

```
# Results of some games:

for _ in range(1, 6):
    print(play_game() + " wins the game.")

Anton wins the game.
Bert wins the game.
Bert wins the game.
Anton wins the game.
Anton wins the game.
```

Den Gewinner jedes Spiels zählen wir und erhalten damit eine gute Schätzung für die Gewinnwahrscheinlichkeiten beider Spieler:

```
def estimate_probabilities(runs):
    """
    Estimates the probabilities of Anton and Bert winning
    the game by simulating multiple runs.

    Argument:
        runs (int): The number of game simulations to perform.

    Returns:
        (list): A list containing the estimated probability
                of Anton and Bert winning.
    """

    anton_wins = 0
    bert_wins = 0

    for _ in range(runs):
        winner = play_game()
        if winner == "Anton":
            anton_wins += 1
        else:
            bert_wins += 1

    return [anton_wins / runs, bert_wins / runs]
```

Die Funktion `estimate_probabilities()` liefert die folgenden Gewinnwahrscheinlichkeiten für Anton und Bert:

```
runs = 100000
probabilities = estimate_probabilities(runs)
print("Probability of Anton winning:", probabilities[0])
print("Probability of Bert winning:", probabilities[1])

Probability of Anton winning: 0.54446
Probability of Bert winning: 0.45554
```

Wir wollen die Ergebnisse unserer Simulation nun rechnerisch bestätigen. Bezeichne dazu $(\Omega, \mathfrak{F}, \mathbb{P})$ einen nicht näher spezifizierten Wahrscheinlichkeitsraum, der das vorliegende Zufallsexperiment adäquat beschreibt und sei $X : \Omega \to \mathbb{R}$ die zufällige Anzahl von Würfen, bis die erste 6 gewürfelt wurde. Die Zufallsvariable ist geometrisch verteilt, genauer gesagt gilt $\mathbb{P}_X = \mathbf{Geo}(1/6)$. Daher gilt

$$\mathbb{P}(\{X = n\}) = \frac{1}{6}\left(\frac{5}{6}\right)^{n-1}$$

für $n \in \mathbb{N}$. Wir bezeichnen mit A und B das Ereignis, dass Anton beziehungsweise Bert das Spiel gewinnt. Da es genau einen Sieger gibt, gilt

$$\mathbb{P}(A) + \mathbb{P}(B) = \mathbb{P}(A \sqcup B) = \mathbb{P}(\Omega) = 1$$

Dabei gewinnt Anton genau dann das Würfelspiel, wenn die erste 6 nach einer *ungeraden* Anzahl von Würfen fällt. Dies ist gleichbedeutend mit

$$A = \{X \in 2\mathbb{N}_0 + 1\}$$

Die Gewinnwahrscheinlichkeit von Anton berechnet sich daher gemäß

$$\mathbb{P}(A) = \sum_{n=0}^{+\infty} \mathbb{P}(\{X = 2n + 1\}) = \frac{1}{6}\sum_{n=0}^{+\infty}\left(\frac{5}{6}\right)^{2n} = \frac{1}{6}\sum_{n=0}^{+\infty}\left(\frac{25}{36}\right)^{n} = \frac{1}{6}\,\frac{1}{1 - 25/36}$$

wobei wir im vorletzten Schritt den Reihenwert der geometrischen Reihe berechnet haben. Wir erhalten also

$$\mathbb{P}(A) = \frac{6}{11}$$

Berts Gewinnwahrscheinlichkeit beträgt entsprechend unserer Überlegung oben

$$\mathbb{P}(B) = 1 - \mathbb{P}(A) = \frac{5}{11}$$

Wegen $6/11 \approx 0.5454$ und $5/11 \approx 0.4545$ stimmen die Ergebnisse der Simulation recht genau mit den exakten Werten überein.

Bemerkung Natürlich kann man auch zuerst die Gewinnwahrscheinlichkeit von Bert ermitteln, indem man $B = \{X \in 2\mathbb{N}_0\}$ verwendet, und im Anschluss die von Anton berechnen.

Lösung Aufgabe 76 Sei $n \in \mathbb{N}$ eine natürliche Zahl und sei Ω eine n-elementige Menge, zum Beispiel $\Omega = \{1, \ldots, n\}$. Weiter sei $k \in \{0, \ldots, n\}$ beliebig.

(a) Im Folgenden werden wir die Wahrscheinlichkeit bestimmen, dass beim zufälligen Ziehen von k Elementen (mit Zurücklegen) aus Ω, alle Elemente *verschieden* sind. Die zugrundeliegende Menge dieses Zufallsexperiments ist somit gegeben durch

$$\Omega^k := \Omega \times \cdots \times \Omega = \big\{(\omega_1, \ldots, \omega_k) \mid \omega_j \in \Omega \text{ für } j \in \{1, \ldots, k\}\big\}$$

und die σ-Algebra auf Ω^k lautet $\mathfrak{F} := \mathfrak{P}(\Omega^k)$. Wir betrachten weiter das Wahrscheinlichkeitsmaß $\mathbb{P} : \mathfrak{F} \to \overline{\mathbb{R}}$ mit

$$\mathbb{P}(A) := \frac{|A|}{|\Omega|^k} = \frac{|A|}{n^k}$$

Wir wollen die Wahrscheinlichkeit des Ereignis

$$A_{k,n} := \big\{(\omega_1, \ldots, \omega_k) \in \Omega^k \mid \omega_1 \neq \ldots \neq \omega_k\big\}$$

bestimmen. Dazu müssen wir herausfinden, aus wie vielen Elementen die Menge $A_{k,n}$ besteht. Wir gehen dazu wie folgt vor: Im ersten Schritt wählen wir das Element ω_1 aus Ω. Dafür gibt es genau n Möglichkeiten. Im zweiten Schritt wählen wir ω_2 zufällig aus Ω. Da dies unabhängig vom ersten Schritt geschieht und $\omega_1 \neq \omega_2$ gelten soll, gibt es hierfür nur noch $n-1$ Möglichkeiten. Wiederholen wir dieses Vorgehen, so gibt es im k-ten Schritt genau $n-k+1$ Möglichkeiten das Element ω_k aus Ω so zu ziehen, dass $\omega_1 \neq \ldots \neq \omega_k$ gilt. Damit erhalten wir wie gewünscht

$$p_{k,n} := \mathbb{P}(A_{k,n}) = \frac{n}{n} \cdot \frac{n-1}{n} \cdot \ldots \cdot \frac{n-k+1}{n} = \frac{n!}{n^k (n-k)!} = \prod_{j=0}^{k-1} \left(1 - \frac{j}{n}\right)$$

(b) Da die Exponential- und Logarithmusfunktion zu einander invers sind, gilt

$$p_{k,n} \overset{\text{(a)}}{=} \exp\left(\ln\left(\prod_{j=0}^{k-1}\left(1 - \frac{j}{n}\right)\right)\right)$$

Das Argument der Exponentialfunktion können wir mit den üblichen Logarithmusgesetzen wie folgt umschreiben:

$$\ln\left(\prod_{j=0}^{k-1}\left(1 - \frac{j}{n}\right)\right) = \sum_{j=0}^{k-1} \ln\left(1 - \frac{j}{n}\right)$$

Aus der Analysis ist die Taylorreihe des (natürlichen) Logarithmus bekannt. Diese lautet

$$\ln(1+x) = \sum_{n=1}^{+\infty} \frac{(-1)^{n+1}}{n} x^n = x - \frac{x^2}{2} + \frac{x^3}{3} - \frac{x^4}{4} + \ldots$$

für $x \in (-1, 1)$. Insbesondere folgt daraus $\ln(1 + x) = x + \mathcal{O}(x^2)$ für $x \to 0$. Salopp gesagt bedeutet dies

$$\ln(1 + x) \approx x$$

für *kleines* $x \in (-1, 1)$. Nutzen wir nun diese Approximation und beachten, dass der Quotient k/n nach Voraussetzung *klein* ist, so folgt

$$\sum_{j=0}^{k-1} \ln\left(1 - \frac{j}{n}\right) \approx -\sum_{j=0}^{k-1} \frac{j}{n} = -\frac{1}{n}\sum_{j=0}^{k-1} j = -\frac{k(k-1)}{2n}$$

und damit insgesamt

$$p_{k,n} \approx \exp\left(-\frac{k(k-1)}{2n}\right) \tag{17.10}$$

Dabei haben wir im letzten Schritt die bekannte Gaußsche Summenformel

$$\sum_{j=0}^{k-1} j = \frac{k(k-1)}{2}$$

verwendet.

Bemerkung Anhand von Gl. (17.10) können wir näherungsweise angeben, wie groß k im Verhältnis zu n sein muss, damit

$$p_{k,n} \approx \frac{1}{2}$$

gilt. Beachten wir $k(k - 1) \approx k^2$, so folgt $\exp(-k^2/(2n)) \approx 1/2$. Umstellen nach k liefert $k \approx 1.1774\sqrt{n}$.

(c) Bei der Menge

$$B_{k,n} := \left\{(\omega_1, \ldots, \omega_k) \in \Omega^k \mid \omega_i = \omega_j \text{ für zwei verschiedene } i, j \in \{1, \ldots, k\}\right\}$$

handelt es sich wegen $B_{k,n} = \Omega^k \setminus A_{k,n}$ um das Gegenereignis von $A_{k,n}$. Somit gilt mit den üblichen Rechengesetzen für Maße

$$q_{k,n} := \mathbb{P}(B_{k,n}) = \mathbb{P}(\Omega^k \setminus A_{k,n}) = 1 - \mathbb{P}(A_{k,n}) = 1 - p_{k,n}$$

und daher wegen Teil (a) dieser Lösung

$$q_{k,n} = 1 - \prod_{j=0}^{k-1}\left(1 - \frac{j}{n}\right)$$

Die Wahrscheinlichkeit $q_{k,n}$ lässt sich in `Python` beispielsweise mithilfe folgender Funktion bestimmen:

```
def birthday(k, n):
    """
    Calculates the probability that at least two people
    share the same birthday in a group of k people,
    assuming there are n possible birthdays.

    Arguments:
        k (int): Number of people in the group.
        n (int): Number of possible birthdays.

    Returns:
        (float): Probability of at least one shared
                 birthday.
    """
    p = 1

    # Compute the probability that all k people have
    # unique birthdays
    for j in range(k):
        p *= (n - j) / n

    return 1 - p
```

Beispielsweise erhalten wir damit folgende Ausgabe:

```
birthday(37,365)

0.8487340082163846
```

Für $n = 365$ können wir die kleinste natürliche Zahl $k \in \mathbb{N}$ mit der Eigenschaft $q_{k,365} \geq 1/2$ wie folgt in `Python` bestimmen:

```
for k in range(0, 365):
    q = birthday(k, 365)
    if q >= 0.5:
        print(f"The shared birthday probability of
                k = {k} persons is {q}")
        break
    else:
        continue

The shared birthday probability of k = 23 persons is
0.5072972343239857
```

Dies entspricht den Überlegungen aus Teil (b) dieser Lösung, denn es gilt $1.1774 \cdot \sqrt{365} \approx 22.4942$. Das obige Ergebnis lässt sich – wie der Funktionsname `birthday` bereits andeutet – folgendermaßen interpretieren: Man betrachte eine Gruppe von $k \in \{0, \ldots, 365\}$ Personen. Die Wahrscheinlichkeit, dass mindestens zwei davon am selben Tag Geburtstag haben, beträgt $q_{k,365}$. Für eine Gruppe von 23 Personen entspricht diese Wahrscheinlichkeit in etwa der eines Münzwurfs, bei dem „Kopf" fällt.

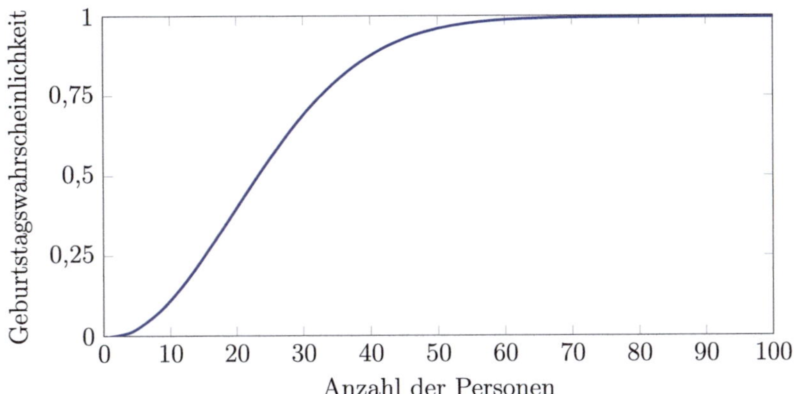

Abb. 17.7 Illustration der Wahrscheinlichkeit, dass mindestens zwei Personen am selben Tag Geburtstag haben

Bemerkung

(1) Das Geburtstagsparadoxon ist eines der bekanntesten Paradoxa aus der Wahrscheinlichkeitstheorie und Stochastik, das auch in anderen Bereichen, wie etwa der Kryptographie, von Bedeutung ist. Die paradoxe Wahrnehmung entsteht, weil die eigentliche Fragestellung lautet, wie wahrscheinlich es ist, dass zwei *beliebige* Personen innerhalb einer Gruppe an demselben *beliebigen* Tag Geburtstag haben. Häufig wird dies jedoch falsch interpretiert, indem man annimmt, es gehe darum, dass eine *bestimmte* Person an einem *bestimmten* Tag Geburtstag hat – beispielsweise übereinstimmend mit dem Geburtstag einer anderen Person der Gruppe. Tatsächlich ist diese Wahrscheinlichkeit deutlich geringer.

(2) Interessanterweise gilt $q_{57,365} \geq 0.99$. In einem Raum mit 57 Personen ist es somit fast garantiert, dass mindestens zwei am gleichen Tag Geburtstag haben. Vergleichen Sie auch Abb. 17.7.

(3) In der Kryptographie gibt es auf Grundlage des Geburtstagsparadoxons den sogenannten *Geburtstagsangriff*, der beim Angriff auf Hashfunktionen genutzt wird. Sei $f : \{0, 1\}^m \to \{0, 1\}^n$ eine Funktion, eine sogenannte Hashfunktion, wobei $m, n \in \mathbb{N}$ und $m \geq n$ gilt. Ein Angreifer möchte eine *Kollision*, also zwei Bit-Wörter $x, y \in \{0, 1\}^m$ mit $f(x) = f(y)$ finden. Bestimmt er dabei für zufällig gewählte $x, y \in \{0, 1\}^m$ die entsprechenden Funktionswerte und vergleicht diese, so benötigt er im schlechtesten Fall $2^n + 1$ Versuche. Eine deutlich höhere Erfolgswahrscheinlichkeit für eine Kollision kann er mit folgender Strategie erreichen: Er wählt zufällig $k \in \mathbb{N}$ verschiedene Wörter $x_1, \ldots, x_k \in \{0, 1\}^m$ und berechnet dann die Funktionswerte $f(x_1), \ldots, f(x_k)$. Anschließend prüft der Angreifer ob zwei der Funktionswerte übereinstimmen. Dabei hat er eine Erfolgswahrscheinlichkeit von $q_{k,2^n}$. Wie wir bereits in der Bemerkung zu Teil (b) gesehen haben, muss er dafür lediglich $k \approx 1.1774\sqrt{2^n}$ Bit-Wörter prüfen um eine Erfolgswahrscheinlichkeit von rund 50 % zu garantieren.

Lösung Aufgabe 77 Es sei $(\Omega, \mathfrak{F}, \mathbb{P})$ ein geeigneter Wahrscheinlichkeitsraum, der das Zufallsexperiment adäquat beschreibt. Weiter sei $n \in \mathbb{N}$ mit $n \geq 2$ die Anzahl der Personen auf der Party und sei $I := \{1, \ldots, n\}$ definiert. Für $k \in I$ bezeichnen wir mit $B_k : \Omega \to \mathbb{R}$ den Geburtstag der k-ten Person und nehmen an, dass die Familie $(B_k)_{k\in I}$ der Geburtstage unabhängig und uniform verteilt auf $\{1, \ldots, 365\}$ ist. Wir definieren weiter für $(j, k) \in I^2$ die Zufallsvariable $C_{j,k} : \Omega \to \mathbb{R}$ vermöge

$$C_{j,k} := \chi_{\{B_j=B_k\}} = \begin{cases} 1 & \text{falls } B_j = B_k \\ 0 & \text{sonst} \end{cases}$$

sowie $D : \Omega \to \mathbb{R}$ vermöge

$$D := \sum_{\substack{(j,k)\in I^2 \\ j<k}} C_{j,k}$$

Die Zufallsvariable D zählt wie viele ungeordnete Paare von Personen denselben Geburtstag haben. Wir kommen nun zur eigentlichen Lösung dieser Aufgabe.

(a) Offensichtlich gilt

$$\mathbb{P}(\{C_{j,k} = 1\}) = \mathbb{P}(\{B_j = B_k\}) = 365 \left(\frac{1}{365}\right)^2 = \frac{1}{365}$$

für alle $(j, k) \in I^2$ mit $j < k$. Daher genügt jede Zufallsvariable $C_{j,k}$ einer Bernoulli-Verteilung mit Parameter $p := 1/365$. Da die Bernoulli-Verteilung ein Spezialfall der Binomial-Verteilung ist, lehrt Aufgabe 126

$$\mathbb{E}[C_{j,k}] = p = \frac{1}{365}, \qquad \mathbb{V}[C_{j,k}] = p(1-p) = \frac{1}{365}\left(1 - \frac{1}{365}\right)$$

Da es insgesamt $\binom{n}{2}$ Tupel aus I mit unterschiedlichen Einträgen gibt und der Erwartungswert linear ist, folgt somit

$$\mathbb{E}[D] = \mathbb{E}\left[\sum_{\substack{(j,k)\in I^2 \\ j<k}} C_{j,k}\right] = \sum_{\substack{(j,k)\in I^2 \\ j<k}} \mathbb{E}[C_{j,k}] = \sum_{\substack{(j,k)\in I^2 \\ j<k}} \frac{1}{365} = \binom{n}{2}\frac{1}{365}$$

Bei der Berechnung der Varianz müssen wir beachten, dass die Geburtstage der anwesenden Personen und damit auch die Zufallsvariablen $C_{j,k}$ paarweise unabhängig (!) sind. Daher lässt sich die Varianz von D gemäß

$$\mathbb{V}[D] = \mathbb{V}\left[\sum_{\substack{(j,k)\in I^2 \\ j<k}} C_{j,k}\right] \overset{(!)}{=} \sum_{\substack{(j,k)\in I^2 \\ j<k}} \mathbb{V}[C_{j,k}] = \binom{n}{2}\frac{1}{365}\left(1 - \frac{1}{365}\right)$$

berechnen. Für $n = 100$ erhalten wir $\mathbb{E}[D] \approx 13.5616$ und $\mathbb{V}[D] \approx 13.5244$.

(b) Die Tschebyscheffsche Ungleichung liefert die Abschätzung

$$\mathbb{P}(\{|D - \mathbb{E}[D]| \geq 6\}) \leq \frac{\mathbb{V}[D]}{36} = \binom{100}{2} \frac{1}{36 \cdot 365} \left(1 - \frac{1}{365}\right) \approx 0.3757$$

Wegen $\mathbb{E}[D] \approx 14$ für $n = 100$ können wir die obige Ungleichung wie folgt weiter umstellen:

$$\mathbb{P}(\{8 \leq D \leq 20\}) > 0.5$$

Damit ist die Wahrscheinlichkeit, dass in einer Gruppe von 100 Personen mindestens 8 und höchstens 20 Paare am gleichen Tag Geburtstag haben, größer als 50 %.

Lösung Aufgabe 78 Zur Kontrolle wollen wir die drei Teilaufgaben nicht nur in `Python` lösen, sondern auch alle Rechnungen per Hand nachvollziehen. Es sei $(\Omega, \mathfrak{F}, \mathbb{P})$ ein beliebiger Wahrscheinlichkeitsraum. Die Zufallsvariable $Y : \Omega \to \mathbb{R}$ beschreibe die Natriumkonzentration in einem Liter Leitungswasser. Aus der Aufgabenstellung wissen wir, dass Y normal-verteilt mit $\mathbb{P}_Y = \mathbf{N}(42, 25)$ ist. Nach Aufgabe 89 ist daher die transformierte Zufallsvariable $X : \Omega \to \mathbb{R}$ mit $X := (Y - 42)/5$ standardnormal-verteilt, es gilt also $\mathbb{P}_X = \mathbf{N}(0, 1)$. Bei der Verteilungsfunktion von X handelt es sich somit um die Funktion $F_X : \mathbb{R} \to [0, 1]$ mit

$$F_X(x) := \mathbb{P}(\{X \leq x\}) = \frac{1}{\sqrt{2\pi}} \int_{-\infty}^{x} \mathrm{e}^{-\frac{1}{2}y^2}\, \mathrm{d}y$$

Mithilfe der obigen Überlegungen können wir alle zu berechnenden Ausdrücke auf die standardnormal-verteilte Zufallsvariable X zurückführen.

(a) Wir berechnen die Wahrscheinlichkeit, dass die Natriumkonzentration zwischen 37 mg und 52 mg liegt, zunächst per Hand. Dafür schreiben wir

$$\mathbb{P}(\{37 \leq Y \leq 52\}) = \mathbb{P}(\{-5 \leq Y - 42 \leq 10\}) = \mathbb{P}(\{-1 \leq X \leq 2\})$$

und erhalten somit

$$\mathbb{P}(\{37 \leq Y \leq 52\}) = F_X(2) - F_X(-1) = F_X(2) - (1 - F_X(1))$$

Die beiden Funktionswerte $F_X(1)$ und $F_X(2)$ entnehmen wir einer Tabelle für standardnormal-verteilte Zufallsvariablen. Es gelten $F_X(1) \approx 0.8413$ und $F_X(2) \approx 0.9773$. Somit erhalten wir

$$\mathbb{P}(\{37 \leq Y \leq 52\}) = F_X(2) - (1 - F_X(1)) \approx 0.8186$$

das heißt, die Wahrscheinlichkeit beträgt rund 82 %. Dieser Wert entspricht der in Abb. 17.8 dargestellten Fläche unterhalb der Dichtefunktion. Für die Berechnung in `Python` müssen wir lediglich

$$\mathbb{P}(\{37 \leq Y \leq 52\}) = F_Y(52) - F_Y(37)$$

beachten, wobei $F_Y : \mathbb{R} \to [0, 1]$ die Verteilungsfunktion von Y bezeichnet. Für die Berechnung verwenden wir das Paket `scipy.stats` und das Modul `norm`:

```
import numpy as np
from scipy.stats import norm

# Mean sodium concentration in mg
mu = 42
# Standard deviation in mg
sigma = 5
# Lower and upper bound
a, b = 37, 52

p = norm.cdf(b, mu, sigma) - norm.cdf(a, mu, sigma)
print(f"The probability is {p * 100:.2f}%")

The probability is 81.86%
```

(b) Die Wahrscheinlichkeit, dass die Natriumkonzentration höchstens 32 mg beträgt, berechnet sich gemäß

$$\mathbb{P}(\{Y \leq 32\}) = \mathbb{P}(\{Y - 42 \leq -10\}) = \mathbb{P}(\{X \leq -2\}) = F_X(-2)$$

und weiter

$$\mathbb{P}(\{Y \leq 32\}) = 1 - F_X(2) \approx 1 - 0.97725 = 0.02275$$

In `Python` berechnen wir die Wahrscheinlichkeit wie folgt:

```
p = norm.cdf(32, mu, sigma)
print(f"The probability is {p * 100:.2f}%")

The probability is 2.28%
```

(c) Wir wollen eine Zahl $y \in \mathbb{R}$ mit $\mathbb{P}(\{Y > y\}) = 0.975$ beziehungsweise $\mathbb{P}(\{Y \leq y\}) = 0.025$ finden. Indem wir Y ähnlich wie in den vorherigen Aufgabenteilen auf die standardnormal-verteilte Zufallsvariable X transformieren, genügt es eine Zahl $y \in \mathbb{R}$ mit

$$F_X\left(\frac{y-42}{5}\right) = \mathbb{P}\left(\left\{X \leq \frac{y-42}{5}\right\}\right) = 0.025$$

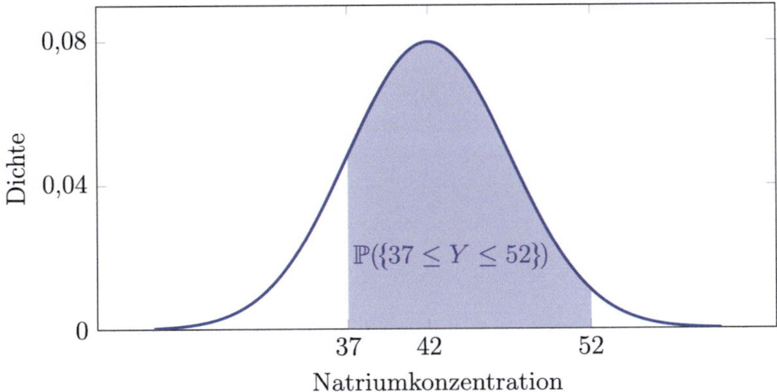

Abb. 17.8 Wahrscheinlichkeit für eine Natriumkonzentration zwischen 37 mg und 52 mg

zu bestimmen. Der Tabelle der Standardnormal-Verteilung entnehmen wir den Funktionswert $F_X(1.96) \approx 0.9745$ und erhalten

$$F_X(-1.96) \approx 1 - 0.9745 \approx 0.025$$

Den gesuchten Wert können wir daher vermöge

$$y = 5 \cdot (-1.96) + 42 = 32.2$$

bestimmen. Somit wird mit einer Wahrscheinlichkeit von 97.5 % eine Natriumkonzentration von 32.2 mg überschritten. In `Python` lässt sich das 2.5 %-Quantil mithilfe der sogenannten inversen Verteilungsfunktion `norm.ppf()` berechnen:

```
# Inverse CDF for lower 2.5%
p = norm.ppf(1 - 0.975, mu, sigma)
print(f"With 97.5% probability, the sodium concentration
      is at least {p:.2f} mg.")

With 97.5% probability, the sodium concentration is at
least 32.20 mg
```

18 Lösungen: Transformation von Wahrscheinlichkeitsmaßen

Lösung Aufgabe 79 Sei $(X, \mathfrak{A}, \mu)$ ein Maßraum, sei $(Y, \mathfrak{B})$ ein messbarer Raum und sei $f : X \to Y$ eine $\mathfrak{A}$-$\mathfrak{B}$-messbare Abbildung. Wegen der Messbarkeitsbedingung $f^{-1}(B) \in \mathfrak{A}$ für alle $B \in \mathfrak{B}$ ist die Funktion $\mu_f : \mathfrak{B} \to \overline{\mathbb{R}}$ vermöge

$$\mu_f(B) := \mu(f^{-1}(B))$$

wohldefiniert. Wir beweisen nun, dass es sich bei μ_f um ein Maß auf $(Y, \mathfrak{B})$ handelt. Zunächst folgt per Definition des Urbilds $f^{-1}(\emptyset) = \emptyset$ und damit

$$\mu_f(\emptyset) = \mu(\emptyset) = 0$$

Da das Maß μ nichtnegativ ist, folgt, dass auch μ_f nichtnegativ ist. Es verbleibt der Nachweis der σ-Additivität von μ_f. Sei dazu $(B_n)_{n\in\mathbb{N}}$ eine disjunkte Folge von Mengen aus $\mathfrak{B}$. Dann ist wegen der Operationstreue der Urbildfunktion $(f^{-1}(B_n))_{n\in\mathbb{N}}$ eine disjunkte Folge in $\mathfrak{A}$, und es gilt

$$f^{-1}\left(\bigsqcup_{n=1}^{+\infty} B_n\right) = \bigsqcup_{n=1}^{+\infty} f^{-1}(B_n)$$

Dies haben wir uns bereits in Aufgabe 16 überlegt. Somit folgt aus der σ-Additivität von μ wie gewünscht auch die von μ_f, wie folgende Rechnung zeigt:

$$\mu_f\left(\bigsqcup_{n=1}^{+\infty} B_n\right) = \mu\left(\bigsqcup_{n=1}^{+\infty} f^{-1}(B_n)\right) = \sum_{n=1}^{+\infty} \mu(f^{-1}(B_n)) = \sum_{n=1}^{+\infty} \mu_f(B_n)$$

N. Hebestreit-Düsing, *Übungs- und Lernbuch Wahrscheinlichkeitstheorie und Stochastik*, https://doi.org/10.1007/978-3-662-72720-1_18

Wir haben somit wie gewünscht nachgewiesen, dass μ_f ein Maß auf $(Y, \mathfrak{B})$ definiert und der Name *Bildmaß* gerechtfertigt ist.

Bemerkung

(1) Zusätzlich zu der oben verwendeten Schreibweise für das Bildmaß sind in der Literatur auch Notationen wie $\mu \circ f^{-1}$, $\mu(f)$, $f[\mu]$, $f_*(\mu)$ oder $f_*\mu$ gebräuchlich.

(2) Die Aufgabe zeigt, dass jede messbare Abbildung zwischen einem Maßraum und einem messbaren Raum ein Maß auf dem Zielraum induziert. Im Englischen spricht man in diesem Zusammenhang auch von einem *pushforward measure.*

(3) Sei $(\Omega, \mathfrak{F}, \mathbb{P})$ ein Wahrscheinlichkeitsraum und sei $X : \Omega \to \mathbb{R}$ eine reelle Zufallsvariable, also eine $\mathfrak{F}$-$\mathfrak{B}(\mathbb{R})$-messbare Funktion. Dann ist das Bildmaß

$$\mathbb{P}_X : \mathfrak{B}(\mathbb{R}) \to \overline{\mathbb{R}}, \qquad \mathbb{P}_X(B) := \mathbb{P}(X^{-1}(B))$$

wegen $X^{-1}(\mathbb{R}) = \Omega$ und $\mathbb{P}(\Omega) = 1$ ebenfalls ein Wahrscheinlichkeitsmaß. Das Bildmaß von $\mathbb{P}$ unter X wird *univariate Verteilung* oder *Verteilung von X* auf $\mathfrak{B}(\mathbb{R})$ genannt. Verteilungen von Zufallsvariablen sind in der Wahrscheinlichkeitstheorie von großem Interesse, denn zahlreiche Eigenschaften von Zufallsvariablen sind in Wirklichkeit nicht Eigenschaften der Zufallsvariable selbst, sondern Eigenschaften ihrer Verteilung. Vergleichen Sie dazu auch Aufgabe 92 für eine ausführliche Diskussion.

Lösung Aufgabe 80

(a) Die Funktion $f : \mathbb{R}^2 \to \mathbb{R}$ mit $f(x, y) := \sqrt{x^2 + y^2}$ ist als stetige Funktion automatisch $\mathfrak{B}(\mathbb{R}^2)$-$\mathfrak{B}(\mathbb{R})$-messbar, wie wir aus Aufgabe 44 wissen. Daher ist das Bildmaß $\beta_f^2 : \mathfrak{B}(\mathbb{R}) \to \overline{\mathbb{R}}$ mit

$$\beta_f^2(B) := \beta^2(f^{-1}(B))$$

wohldefiniert. Vergleichen Sie dazu auch Aufgabe 79. Bekanntlich ist das Mengensystem

$$\mathfrak{I} := \{[a, b] \mid a, b \in \mathbb{R}\}$$

ein durchschnittsstabiler Erzeuger der Borelschen σ-Algebra $\mathfrak{B}(\mathbb{R})$ und daher das Bildmaß auf $\mathfrak{I}$ vollständig bestimmt. Seien nun $a, b \in \mathbb{R}$ beliebig. Es gilt

$$f^{-1}([a, b]) = \{(x, y) \in \mathbb{R}^2 \mid a \leq \sqrt{x^2 + y^2} \leq b\}$$

Im Fall $a \leq 0 \leq b$ handelt es sich bei der Menge um eine Kreisscheibe mit Radius b und Flächeninhalt πb^2. Gilt hingegen $0 \leq a \leq b$, so handelt es sich dabei um einen Kreisring mit den Radien a und b. Der Flächeninhalt beträgt also $\pi(b^2 - a^2)$. Aus diesem Grund folgt

$$\beta_f^2([a, b]) = \beta^2(f^{-1}([a, b])) = \begin{cases} \pi b^2 & \text{falls } a \leq 0 \leq b \\ \pi(b^2 - a^2) & \text{falls } 0 \leq a \leq b \\ 0 & \text{sonst} \end{cases}$$

Wir haben somit wie gewünscht das Bildmaß des zweidimensionalen Borel-Lebesgue-Maßes unter f bestimmt.

(b) Im zweiten Teil wollen wir die Radon-Nikodym Ableitung von β_f^2 bezüglich des eindimensionalen Borel-Lebesgue-Maßes bestimmen. Dabei handelt es sich um eine nichtnegative und $\mathfrak{B}(\mathbb{R})$-$\mathfrak{B}(\mathbb{R})$-messbare Funktion $g : \mathbb{R} \to \mathbb{R}$ mit der Eigenschaft

$$\beta_f^2(B) = \int_B g \, \mathrm{d}\beta$$

für alle $B \in \mathfrak{B}(\mathbb{R})$. Beachten Sie, dass solch eine Funktion gemäß dem Satz von Radon-Nikodym β-fast überall eindeutig bestimmt. Mit der gleichen Begründung wie oben genügt es die obige Gleichung für Mengen aus $\mathfrak{J}$ nachzuweisen. Wegen Teil (a) dieser Lösung lässt sich die Radon-Nikodym Ableitung gemäß

$$g(x) := \begin{cases} 2\pi x & \text{falls } x \in \mathbb{R}_{>0} \\ 0 & \text{sonst} \end{cases}$$

beziehungsweise $g(x) := \max(0, 2\pi x)$ definieren, indem wir die Lage der Intervallgrenzen getrennt untersuchen.

Bemerkung In der Literatur wird die Radon-Nikodym Ableitung von β_f^2 bezüglich des Borel-Lebesgue-Maßes häufig in Analogie zur Differentialrechnung als

$$\frac{\mathrm{d}\mu}{\mathrm{d}\beta}$$

geschrieben. Das Maß β_f^2 wird dann entsprechend zu

$$\beta_f^2(B) = \int_B \frac{\mathrm{d}\beta_f^2}{\mathrm{d}\beta} \, \mathrm{d}\beta$$

Lösung Aufgabe 81 Sei $(X, \mathfrak{A}, \mu)$ ein Maßraum und seien $(Y, \mathfrak{B})$ und $(Z, \mathfrak{C})$ zwei messbare Räume. Sei weiter $f : X \to Y$ eine $\mathfrak{A}$-$\mathfrak{B}$-messbare und sei $g : Y \to Z$ eine $\mathfrak{B}$-$\mathfrak{C}$-messbare Abbildung. Gemäß Aufgabe 41 ist die Komposition $g \circ f : X \to Z$ eine $\mathfrak{A}$-$\mathfrak{C}$-messbare Abbildung und das Bildmaß von μ bezüglich $g \circ f$ somit wohldefiniert. Wegen $(g \circ f)^{-1} = f^{-1} \circ g^{-1}$ gilt

$$\mu_{g \circ f}(C) = \mu\big((g \circ f)^{-1}(C)\big) = \mu\big((f^{-1} \circ g^{-1})(C)\big)$$

für alle $C \in \mathfrak{C}$. Die rechte Seite lässt sich weiter zu

$$\mu\big((f^{-1} \circ g^{-1})(C)\big) = \mu\big(f^{-1}(g^{-1}(C))\big) = \mu_f\big(g^{-1}(C)\big) = (\mu_f)_g(C)$$

umschreiben, womit die Transitivität des Bildmaßes bewiesen ist.

Bemerkung Das obige Resultat wird in der Wahrscheinlichkeitstheorie und Stochastik zur Bestimmung der Verteilung einer transformierten Zufallsvariable verwendet: Sei $(\Omega, \mathfrak{F}, \mathbb{P})$ ein Wahrscheinlichkeitsraum, sei $X : \Omega \to \mathbb{R}$ eine Zufallsvariable und sei $\Psi : \mathbb{R} \to \mathbb{R}$ eine affine Funktion mit $\Psi(x) := a + bx$ für $a, b \in \mathbb{R}$. Dann lässt sich die Verteilung der transformierten Zufallsvariable $\Psi \circ X = a + bX$ mithilfe des eben bewiesenen Resultats gemäß

$$\mathbb{P}_{a+bX} = \mathbb{P}_{\Psi \circ X} = (\mathbb{P}_X)_\Psi$$

bestimmen. Vergleichen Sie dazu auch die Lösung von Aufgabe 119.

Lösung Aufgabe 82 Wir beweisen die Aussage mit einem Gegenbeispiel. Dazu betrachten wir den σ-endlichen Maßraum $(\mathbb{R}, \mathfrak{B}(\mathbb{R}), \beta)$ und den messbaren Raum $(\mathbb{N}, \mathfrak{P}(\mathbb{N}))$. Dass das Borel-Lebesgue-Maß σ-endlich ist, folgt sofort aus der Tatsache, dass sich $\mathbb{R}$ als abzählbare Vereinigung von kompakten Intervallen schreiben lässt. Die konstante Funktion $f : \mathbb{R} \to \mathbb{N}$ mit $f(x) := 1$ ist offensichtlich $\mathfrak{B}(\mathbb{R})$-$\mathfrak{P}(\mathbb{N})$-messbar und für $B \in \mathfrak{P}(\mathbb{N})$ gilt $f^{-1}(B) = \mathbb{R}$ falls $1 \in B$ und $f^{-1}(B) = \emptyset$ sonst. Für das Bildmaß $\beta_f : \mathfrak{P}(\mathbb{N}) \to \overline{\mathbb{R}}$ von β unter f erhalten wir daher entsprechend

$$\beta_f(B) = \begin{cases} +\infty & \text{falls } 1 \in B \\ 0 & \text{sonst} \end{cases}$$

Das Bildmaß ist *nicht* σ-endlich, denn ist $(B_n)_{n\in\mathbb{N}}$ eine Folge von Teilmengen von $\mathbb{N}$ mit $\bigcup_{n=1}^{+\infty} B_n = \mathbb{N}$, so gibt es mindestens einen Index $k \in \mathbb{N}$ mit $1 \in B_k$. In diesem Fall ist jedoch $\beta_f(B_k) = +\infty$. Damit ist alles gezeigt.

Bemerkung Man überlegt sich leicht, dass wegen der Operationstreue der Urbildfunktion aus Aufgabe 16 die folgende Umkehrung gilt:

Sei $(X, \mathfrak{A}, \mu)$ ein Maßraum, sei $(Y, \mathfrak{B})$ ein messbarer Raum und sei $f : X \to Y$ eine $\mathfrak{A}$-$\mathfrak{B}$-messbare Abbildung. Ist das Bildmaß $\mu_f : \mathfrak{B} \to \overline{\mathbb{R}}$ σ-endlich, so ist es auch das Maß $\mu : \mathfrak{A} \to \overline{\mathbb{R}}$.

Lösung Aufgabe 83 Sei in der gesamten Lösung $\mu : \mathfrak{B}(\mathbb{R}^q) \to \overline{\mathbb{R}}$ ein beliebiges Maß auf dem messbaren Raum $(\mathbb{R}^q, \mathfrak{B}(\mathbb{R}^q))$.

(a) Jede Translation $\Psi_a : \mathbb{R}^q \to \mathbb{R}^q$ vermöge

$$\Psi_a(x) := x + a$$

mit $a \in \mathbb{R}^q$ ist als stetige Funktion $\mathfrak{B}(\mathbb{R}^q)$-$\mathfrak{B}(\mathbb{R}^q)$-messbar, wie wir aus Aufgabe 44 wissen. Die Funktion Ψ_a ist offensichtlich bijektiv und besitzt die Inverse $\Psi_a^{-1} : \mathbb{R}^q \to \mathbb{R}^q$ mit $\Psi_a^{-1}(x) := x - a$. Daraus ergeben sich unmittelbar die Identitäten

$$\Psi_a^{-1} = \Psi_{-a}, \qquad \Psi_a = \Psi_{-a}^{-1}$$

für jedes $a \in \mathbb{R}^q$.

(b) Wir beweisen die Äquivalenzaussage in zwei Schritten:
($\Longrightarrow$). Sei das Maß μ translationsinvariant. Dann folgt per Definition des Bildmaßes für alle $a \in \mathbb{R}^q$ und $B \in \mathfrak{B}(\mathbb{R}^q)$

$$\mu(B + a) = \mu(\Psi_a(B)) \overset{\text{(a)}}{=} \mu(\Psi_{-a}^{-1}(B)) = \mu_{\Psi_{-a}}(B) = \mu(B)$$

Beachten Sie, dass in den letzten Schritt die Translationsinvarianz eingeht. Wir haben somit wie gewünscht

$$\mu(B + a) = \mu(B) \tag{18.1}$$

nachgewiesen, was die erste Implikation zeigt.
($\Longleftarrow$). Sei nun umgekehrt Gl. (18.1) für alle $a \in \mathbb{R}^q$ und $B \in \mathfrak{B}(\mathbb{R}^q)$ erfüllt. Dann folgt

$$\mu_{\Psi_a}(B) = \mu(\Psi_a^{-1}(B)) \overset{\text{(a)}}{=} \mu(\Psi_{-a}(B)) = \mu(B + (-a)) \overset{(18.1)}{=} \mu(B)$$

also ist das Maß μ translationsinvariant.

Bemerkung

(1) In Aufgabe 84 können Sie nachweisen, dass das Borel-Lebesgue-Maß $\beta^q : \mathfrak{B}(\mathbb{R}^q) \to \overline{\mathbb{R}}$ translationsinvariant ist. Man kann sogar zeigen, dass das Borel-Lebesgue-Maß das *einzige* translationsinvariante Maß auf $(\mathbb{R}^q, \mathfrak{B}(\mathbb{R}^q))$ ist, das der Normierungsbedingung

$$\beta^q([0, 1]^q) = 1$$

genügt. Für einen Beweis dieser Aussagen können Sie beispielsweise Kapitel III in [3] konsultieren.

(2) Geometrisch gesehen bedeutet die Translationsinvarianz des (dreidimensionalen) Borel-Lebesgue-Maßes, dass sich das Volumen einer messbaren Menge *nicht* ändert, wenn man diese einer beliebigen Verschiebung unterwirft.

Lösung Aufgabe 84 Das Borel-Lebesgue-Maß $\beta^q : \mathfrak{B}(\mathbb{R}^q) \to \overline{\mathbb{R}}$ ist Aufgabe 83 folgend genau dann translationsinvariant, falls

$$\beta^q_{\Psi_a} = \beta^q \tag{18.2}$$

für alle $a \in \mathbb{R}^q$ gilt. Dabei ist $\Psi_a : \mathbb{R}^q \to \mathbb{R}^q$ vermöge $\Psi(x) := x + a$ die Translation um $a \in \mathbb{R}^q$ und $\beta^q_{\Psi_a}$ bezeichnet das Bildmaß von β^q bezü Ψ_a. Gemäß Aufgabe 33 handelt es sich bei dem Mengensystem

$$\mathfrak{I}^q := \big\{(c, d] \mid c, d \in \mathbb{R}^q\big\}$$

um einen durchschnittsstabilen Erzeuger von $\mathfrak{B}(\mathbb{R}^q)$. Der Eindeutigkeitssatz für Maße lehrt nun: Die beiden Maße $\beta^q_{\Psi_a}$ und β^q stimmen genau dann auf $\mathfrak{B}(\mathbb{R}^q)$ überein, wenn sie auf dem Erzeuger $\mathfrak{I}^q$ übereinstimmen. Zunächst folgt aus $\Psi_a^{-1}(\emptyset) = \emptyset$ automatisch $\beta^q_{\Psi_a}(\emptyset) = \beta^q(\emptyset)$. Seien nun $c, d \in \mathbb{R}^q$ mit $c < d$ beliebig gewählt. Dann gilt

$$\begin{aligned}
\beta^q_{\Psi_a}((c, d]) &= \beta^q(\Psi_a^{-1}((c, d])) \\
&= \beta^q((c - a, d - a]) \\
&= \prod_{k=1}^{q}((d_k - a_k) - (c_k - a_k)) \\
&= \prod_{k=1}^{q}(d_k - c_k) \\
&= \beta^q((c, d])
\end{aligned}$$

also stimmen beide Maße auf $\mathfrak{I}^q$ überein. Dabei haben wir verwendet, dass das Borel-Lebesgue-Maß jedem nach links halboffenen Intervall aus $\mathfrak{I}^q$ sein elementargeometrisches Volumen zuordnet. Unsere Überlegungen zeigen nun wie gewünscht die Translationsinvarianz des Borel-Lebesgue-Maßes.

Bemerkung Gemäß Aufgabe 83 (b) gilt für das Borel-Lebesgue-Maß

$$\beta^q(B + a) = \beta^q(B)$$

für alle $a \in \mathbb{R}^q$ und $B \in \mathfrak{B}(\mathbb{R}^q)$.

Lösung Aufgabe 85 Sei $(X, \mathfrak{A}, \mu)$ ein Maßraum und sei $f : X \to \overline{\mathbb{R}}$ eine beliebige $\mathfrak{A}$-$\mathfrak{B}(\overline{\mathbb{R}})$-messbare Funktion. Im Folgenden werden wir die Funktion $\nu : \mathfrak{A} \to \overline{\mathbb{R}}$ mit

$$\nu(A) := \int_X f \cdot \chi_A \, \mathrm{d}\mu$$

untersuchen.

(a) Sei nun f zusätzlich nichtnegativ. Dann gilt somit auch

$$\nu(A) \geq 0$$

für alle $A \in \mathfrak{A}$. Per Definition des Lebesgue-Integrals folgt

$$\nu(\emptyset) = \int_X f \cdot \chi_\emptyset \, \mathrm{d}\mu = 0$$

denn es gilt $f \cdot \chi_\emptyset = 0$ auf X. Wir zeigen nun die σ-Additivität von ν. Sei dazu $(A_n)_{n\in\mathbb{N}}$ ein Folge disjunkter Mengen aus $\mathfrak{A}$. Dann gilt

$$\chi_{\bigsqcup_{n=1}^{+\infty} A_n} = \sum_{n=1}^{+\infty} \chi_{A_n} \tag{18.3}$$

Ist nämlich $x \in X$ mit $x \in \bigsqcup_{n=1}^{+\infty} A_n$ beliebig, so gibt es *genau ein* $k \in \mathbb{N}$ mit $x \in A_k$ beziehungsweise $\chi_{A_k}(x) = 1$. Da der Funktionswert aller anderen Indikatorfunktionen gleich null ist, stimmen beide Seiten der obigen Gleichung überein:

$$\chi_{\bigsqcup_{n=1}^{+\infty} A_n}(x) = 1 = \chi_{A_k}(x) = \sum_{n=1}^{+\infty} \chi_{A_n}(x)$$

Der Fall $x \notin \bigsqcup_{n=1}^{+\infty} A_n$ folgt analog, denn in diesem Fall verschwinden alle Ausdrücke in Gl. (18.3). Damit folgt

$$\nu\left(\bigsqcup_{n=1}^{+\infty} A_n\right) = \int_X f \cdot \chi_{\bigsqcup_{n=1}^{+\infty} A_n} \, \mathrm{d}\mu = \int_X \left(\sum_{n=1}^{+\infty} f \cdot \chi_{A_n}\right) \mathrm{d}\mu$$

Die rechte Seite der obigen Gleichung lässt sich mit dem Satz von der monotonen Konvergenz (Satz von Beppo Levi) weiter umschreiben. Wir betrachten dazu die wachsende Folge $(g_k)_{k\in\mathbb{N}}$ mit

$$g_k := f \cdot \chi_{\bigsqcup_{n=1}^{k} A_n} = \sum_{n=1}^{k} f \cdot \chi_{A_n}$$

Dann ist jede Funktion $g_k : X \to \overline{\mathbb{R}}$ nichtnegativ und $\mathfrak{A}$-$\mathfrak{B}(\overline{\mathbb{R}})$-messbar. Daher liefert der Satz von der monotonen Konvergenz

$$\begin{aligned}
\int_X \left(\sum_{n=1}^{+\infty} f \cdot \chi_{A_n}\right) \mathrm{d}\mu &= \int_X \left(\lim_{k\to+\infty} g_k\right) \mathrm{d}\mu \\
&= \lim_{k\to+\infty} \int_X g_k \, \mathrm{d}\mu \\
&= \sum_{n=1}^{+\infty} \int_X f \cdot \chi_{A_n} \, \mathrm{d}\mu
\end{aligned}$$

Dabei haben wir im letzten Schritt die Linearität des Lebesgue-Integrals verwendet. Zusammenfassend erhalten wir somit

$$\nu\left(\bigsqcup_{n=1}^{+\infty} A_n\right) = \sum_{n=1}^{+\infty} \nu(A_n)$$

was die σ-Additivität von ν beweist. Damit haben wir gewünscht gezeigt, dass ν ein Maß auf $(X, \mathfrak{A})$ definiert.

(b) Sei nun f eine μ-integrierbare Funktion auf X. Per Definition sind dann auch der Positiv- und Negativteil μ-integrierbar. Da $f^{\pm} : X \to \overline{\mathbb{R}}$ sowohl nichtnegativ als auch $\mathfrak{A}$-$\mathfrak{B}(\overline{\mathbb{R}})$-messbar ist, handelt es sich bei den Funktionen $\nu^{\pm} : \mathfrak{A} \to \overline{\mathbb{R}}$ mit

$$\nu^{\pm}(A) := \int_X f^{\pm} \cdot \chi_A \, \mathrm{d}\mu$$

wegen Teil (a) dieser Lösung um endliche Maße. Konsultieren Sie beispielsweise [7, Aufgabe 78] für einen Beweis der Messbarkeit des Positiv- und Negativteils. Beachten wir nun

$$f \cdot \chi_A = (f^+ - f^-) \cdot \chi_A = f^+ \cdot \chi_A - f^- \cdot \chi_A$$

für $A \in \mathfrak{A}$, so erhalten wir

$$\nu(A) = \int_X f \cdot \chi_A \, \mathrm{d}\mu = \int_X f^+ \cdot \chi_A \, \mathrm{d}\mu - \int_X f^- \cdot \chi_A \, \mathrm{d}\mu$$

und damit

$$\nu(A) = \nu^+(A) - \nu^-(A)$$

Folglich ist ν als Differenz von zwei endlichen Maßen ein signiertes Maß. Damit ist alles gezeigt.

Bemerkung Das Maß mit μ-Dichte f wird in der Literatur häufig auch als $f \odot \mu$ oder $f\mu$ geschrieben. In der Wahrscheinlichkeitstheorie und Stochastik spielen Maße mit Dichten eine große Rolle. Vergleichen Sie dazu auch die Lösung von Aufgabe 92.

Lösung Aufgabe 86 Sei $(X, \mathfrak{A}, \mu)$ ein Maßraum, sei $(Y, \mathfrak{B})$ ein messbarer Raum und sei $\Psi : X \to Y$ eine $\mathfrak{A}$-$\mathfrak{B}$-messbare Abbildung. Beachten Sie, dass das Bildmaß $\mu_\Psi : \mathfrak{B} \to \overline{\mathbb{R}}$ mit $\mu_\Psi(B) := \mu(\Psi^{-1}(B))$ gemäß Aufgabe 79 ein Maß auf $(Y, \mathfrak{B})$ definiert.

(a) Wir zeigen die Bildmaßformel (4.1) zuerst im einfachsten Fall, nämlich für eine Indikatorfunktion. Dazu betrachten wir die nichtnegative und $\mathfrak{B}$-$\mathfrak{B}(\mathbb{R})$-messbare Funktion $f : Y \to \mathbb{R}$ mit $f := \chi_A$ und $A \in \mathfrak{B}$. Vergleichen Sie auch Aufgabe 93. Es gilt

$$f \circ \Psi = \chi_A \circ \Psi = \chi_{\Psi^{-1}(A)}$$

Damit erhalten wir unter Beachtung der Definition des Lebesgue-Integrals über messbaren Mengen

$$\int_{\Psi^{-1}(B)} f \circ \Psi \, \mathrm{d}\mu = \int_{\Psi^{-1}(B)} \chi_{\Psi^{-1}(A)} \, \mathrm{d}\mu = \int_X \chi_{\Psi^{-1}(A)} \cdot \chi_{\Psi^{-1}(B)} \, \mathrm{d}\mu$$

wobei $B \in \mathfrak{B}$ beliebig ist. Das Produkt der Indikatorfunktionen auf der rechten Seite lässt sich wie folgt umschreiben:

$$\chi_{\Psi^{-1}(A)} \cdot \chi_{\Psi^{-1}(B)} = \chi_{\Psi^{-1}(A) \cap \Psi^{-1}(B)} = \chi_{\Psi^{-1}(A \cap B)}$$

Folglich lässt sich die rechte Seite der Bildmaßformel schreiben als

$$\int_{\Psi^{-1}(B)} f \circ \Psi \, \mathrm{d}\mu = \int_X \chi_{\Psi^{-1}(A \cap B)} \, \mathrm{d}\mu = \mu(\Psi^{-1}(A \cap B))$$

Per Definition des Bildmaßes folgt aber auch

$$\int_B f \, \mathrm{d}\mu_\Psi = \int_X f \cdot \chi_B \, \mathrm{d}\mu_\Psi = \int_X \chi_{A \cap B} \, \mathrm{d}\mu_\Psi = \mu(\Psi^{-1}(A \cap B))$$

Vergleichen wir nun beide Seiten, so haben wir die Bildmaßformel im Spezialfall bewiesen, in dem f eine Indikatorfunktion ist.
Ist hingegen $f : Y \to \mathbb{R}$ eine Treppenfunktion der Form

$$f := \sum_{j=1}^{k} \alpha_j \chi_{A_j}$$

wobei $k \in \mathbb{N}, \alpha_j \in \mathbb{R}_{\geq 0}$ und $A_j \in \mathfrak{B}$ für $j \in \{1, \ldots, k\}$, so folgt aus der Linearität des Lebesgue-Integrals und unseren Überlegungen oben

$$\begin{aligned}
\int_{\Psi^{-1}(B)} f \circ \Psi \, \mathrm{d}\mu &= \int_{\Psi^{-1}(B)} \left(\sum_{j=1}^{k} \alpha_j \chi_{A_j} \right) \circ \Psi \, \mathrm{d}\mu \\
&= \sum_{j=1}^{k} \alpha_j \int_B \chi_{A_j} \, \mathrm{d}\mu_\Psi \\
&= \int_B f \, \mathrm{d}\mu_\Psi
\end{aligned}$$

Auch in diesem Fall ist die Bildmaßformel bewiesen.
Ist nun $f : Y \to \overline{\mathbb{R}}$ eine beliebige nichtnegative und $\mathfrak{B}$-$\mathfrak{B}(\overline{\mathbb{R}})$-messbare Funktion, so existiert gemäß dem Approximationssatz [7, Aufgabe 81] eine wachsende Folge $(f_n)_{n\in\mathbb{N}}$ von Treppenfunktionen von Y nach $\mathbb{R}$ mit

$$f_n \to f$$

punktweise. Definieren wir $\hat{f}_n := f_n \circ \Psi$, so auch die Folge $(\hat{f}_n)_{n\in\mathbb{N}}$ wachsend, jede Funktion $\mathfrak{A}$-$\mathfrak{B}(\overline{\mathbb{R}})$-messbar und es gilt

$$\hat{f}_n \to \hat{f}$$

wobei wir $\hat{f} := f \circ \Psi$ gesetzt haben. Unter zweifacher Anwendung des Satzes von der monotonen Konvergenz (!) erhalten wir dann

$$\begin{aligned}
\int_{\Psi^{-1}(B)} f \circ \Psi \, \mathrm{d}\mu &= \int_{\Psi^{-1}(B)} \left(\lim_{n\to+\infty} \hat{f}_n \right) \mathrm{d}\mu \\
&\overset{(!)}{=} \lim_{n\to+\infty} \int_{\Psi^{-1}(B)} \hat{f}_n \, \mathrm{d}\mu \\
&= \lim_{n\to+\infty} \int_B f_n \, \mathrm{d}\mu_\Psi \\
&= \int_B \left(\lim_{n\to+\infty} f_n \right) \mathrm{d}\mu_\Psi \\
&\overset{(!)}{=} \int_B f \, \mathrm{d}\mu_\Psi
\end{aligned}$$

Somit ist die Bildmaßformel auch in diesem Fall bewiesen. Damit ist alles gezeigt.

(b) Sei nun $f : Y \to \overline{\mathbb{R}}$ eine beliebige $\mathfrak{B}$-$\mathfrak{B}(\overline{\mathbb{R}})$-messbare Funktion. Wenden wir Teil (a) dieser Lösung auf die Funktion $|f|$ an, so folgt wegen

$$|f \circ \Psi| = |f| \circ \Psi, \qquad \Psi^{-1}(Y) = X$$

gerade

$$\int_X |f \circ \Psi| \, \mathrm{d}\mu = \int_X |f| \circ \Psi \, \mathrm{d}\mu = \int_{\Psi^{-1}(Y)} |f| \circ \Psi \, \mathrm{d}\mu \overset{(a)}{=} \int_Y |f| \, \mathrm{d}\mu_\Psi$$

Beachten Sie, dass die Betragsfunktion $|\cdot| : \mathbb{R} \to \mathbb{R}$ stetig ist, weshalb $|f|$ gemäß den Aufgaben 41 und 44 ebenfalls $\mathfrak{B}$-$\mathfrak{B}(\overline{\mathbb{R}})$-messbar ist. Wir können somit wie gewünscht ablesen, dass $f \circ \Psi$ genau dann μ-integrierbar über X ist, wenn f μ_Ψ-integrierbar über Y ist.

Bemerkung Die obige Beweistechnik wird in der Literatur *maßtheoretische Induktion* oder *Lebesguesche Treppe* genannt.

Lösung Aufgabe 87 Sei $(X, \mathfrak{A}, \mu)$ ein Maßraum, sei $(Y, \mathfrak{B})$ ein messbarer Raum, sei $\Psi : X \to Y$ eine $\mathfrak{A}$-$\mathfrak{B}$-messbare Bijektion mit $\mathfrak{B}$-$\mathfrak{A}$-messbarer Inverser und sei $f : X \to \overline{\mathbb{R}}$ eine nichtnegative und $\mathfrak{A}$-$\mathfrak{B}(\overline{\mathbb{R}})$-messbare Funktion. Aus Aufgabe 85 ist bekannt, dass die Funktion $\nu : \mathfrak{A} \to \overline{\mathbb{R}}$ mit

$$\nu(A) := \int_X f \cdot \chi_A \, \mathrm{d}\mu$$

ein Maß auf $(X, \mathfrak{A})$ definiert. Dieses wird *Maß mit μ-Dichte f* genannt. Wir werden nun das Bildmaß von ν unter Ψ berechnen. Für jedes $B \in \mathfrak{B}$ gilt

$$\nu_\Psi(B) = \nu(\Psi^{-1}(B)) = \int_X f \cdot \chi_{\Psi^{-1}(B)} \, \mathrm{d}\mu = \int_{\Psi^{-1}(B)} f \, \mathrm{d}\mu$$

Schreiben wir den Integranden geschickt in der Form $(f \circ \Psi^{-1}) \circ \Psi$, so folgt

$$\int_{\Psi^{-1}(B)} f \, \mathrm{d}\mu = \int_{\Psi^{-1}(B)} (f \circ \Psi^{-1}) \circ \Psi \, \mathrm{d}\mu = \int_B f \circ \Psi^{-1} \, \mathrm{d}\mu_\Psi$$

Hierbei wurde im letzten Schritt die Bildmaßformel aus Aufgabe 86 (a) verwendet. Zusammenfassend erhalten wir

$$\nu_\Psi(B) = \int_B f \circ \Psi^{-1} \, \mathrm{d}\mu_\Psi$$

Damit ist alles gezeigt.

Bemerkung Gl. (4.2) ist in der Wahrscheinlichkeitstheorie und Stochastik von großer Bedeutung, wenn man Zusammenhänge zwischen Verteilungen von Zufallsvariablen nachweisen möchte. Besonders folgender Spezialfall ist sehr nützlich:

> Sei $f : \mathbb{R} \to \overline{\mathbb{R}}$ eine nichtnegative und $\mathfrak{B}(\mathbb{R})$-$\mathfrak{B}(\overline{\mathbb{R}})$-messbare Funktion, die die Verteilung $\nu : \mathfrak{B}(\mathbb{R}) \to \overline{\mathbb{R}}$ mit
>
> $$\nu(A) := \int_X f \cdot \chi_A \, \mathrm{d}\mu$$
>
> erzeugt. Weiter sei $\Psi : \mathbb{R} \to \mathbb{R}$ eine affine Funktion der Form
>
> $$\Psi(x) := ax + b$$
>
> mit $a \in \mathbb{R}$ und $b \in \mathbb{R} \setminus \{0\}$. Dann gilt
>
> $$\nu_\Psi(B) = \frac{1}{|b|} \int_B f\left(\frac{x-a}{b}\right) \mathrm{d}\beta(x) \qquad (18.4)$$
>
> für alle $B \in \mathfrak{B}(\mathbb{R})$.

Dabei lässt sich Gl. (18.4) wie folgt begründen: Zunächst ist zu beachten, dass die affine Funktion sowohl bijektiv als auch stetig ist. Bei der Inversen handelt es sich um die Funktion $\Psi^{-1} : \mathbb{R} \to \mathbb{R}$ mit

$$\Psi^{-1}(x) := \frac{x-a}{b}$$

Aus der bekannten Formel für das Bildmaß des Borel-Lebesgue-Maßes unter affinen Transformationen ergibt sich

$$\beta_\Psi = \frac{1}{|\det(\Psi)|}\,\beta = \frac{1}{|b|}\,\beta$$

Somit können wir das in Gl. (4.2) auftretende Bildmaß β_Ψ vereinfachen und erhalten damit wie gewünscht

$$\nu_\Psi(B) = \int_B (f \circ \Psi^{-1})(x)\,\mathrm{d}\beta_\Psi(x) = \frac{1}{|b|}\int_B f\left(\frac{x-a}{b}\right)\mathrm{d}\beta(x)$$

für jede Borel-messbare Menge $B \in \mathfrak{B}(\mathbb{R})$.

Lösung Aufgabe 88 Die Normal-Verteilung gehört zu den wichtigsten (absolutstetigen) Verteilungen in der Mathematik und ihren Anwendungen. Aufgrund ihrer fundamentalen Rolle im zentralen Grenzwertsatz tritt sie in der Statistik und in vielen natur- und sozialwissenschaftlichen Modellen häufig auf. Die Funktion $f : \mathbb{R} \to \mathbb{R}$ mit

$$f(x) := \frac{1}{\sqrt{2\pi}}\mathrm{e}^{-\frac{1}{2}x^2}$$

wird als *Gaußsche Glockenkurve* bezeichnet und definiert vermöge

$$\mu(B) := \int_{\mathbb{R}} f \cdot \chi_B \,\mathrm{d}\beta$$

ein Wahrscheinlichkeitsmaß $\mu : \mathfrak{B}(\mathbb{R}) \to \overline{\mathbb{R}}$, das als *Standardnormal-Verteilung* oder auch als *Gauß-Verteilung* bekannt ist. Dieses Maß wird häufig mit $\mathbf{N}(0, 1)$ oder $\mathcal{N}(0, 1)$ bezeichnet. Sei nun $(\Omega, \mathfrak{F}, \mathbb{P})$ ein beliebiger Wahrscheinlichkeitsraum und sei $X : \Omega \to \mathbb{R}$ eine Zufallsvariable. Dann heißt X *standardnormal-verteilt,* falls das von X induzierte Bildmaß $\mathbb{P}_X$ mit dem Maß $\mathbf{N}(0, 1)$ übereinstimmt, also

$$\mathbb{P}_X = \mathbf{N}(0, 1)$$

gilt. Dies wird häufig auch kurz als $X \sim \mathbf{N}(0, 1)$ notiert. Für eine solche Zufallsvariable gilt gemäß Aufgabe 119

$$\mathbb{E}[X] = 0, \qquad \mathbb{V}[X] = 1$$

was die Bedeutung der Parameter 0 und 1 im Ausdruck $\mathbf{N}(0, 1)$ erklärt. Eine reellwertige Zufallsvariable $Y : \Omega \to \mathbb{R}$ heißt *normal-verteilt* mit Parametern $\mu \in \mathbb{R}$ und $\sigma^2 \in \mathbb{R}$, falls es eine standardnormal-verteilte Zufallsvariable X gibt mit

$$\mathbb{P}_Y = \mathbb{P}_{\mu+\sigma X}$$

In diesem Fall schreibt man kurz $\mathbb{P}_Y = \mathbf{N}(\mu, \sigma^2)$ oder $Y \sim \mathbf{N}(\mu, \sigma^2)$. Da die Standardnormal-Verteilung gemäß Aufgabe 90 symmetrisch ist, gilt

$$\mathbb{P}_{\mu-\sigma X} = \mathbb{P}_{\mu+\sigma X}$$

sodass die Verteilung von Y nicht davon abhängt, ob σ die positive oder negative Wurzel von σ^2 ist. Im Fall $\sigma^2 \neq 0$ besitzt die Verteilung von Y die Lebesgue-Dichte $f_{\mu,\sigma} : \mathbb{R} \to \mathbb{R}$ vermöge

$$f_{\mu,\sigma}(x) := \frac{1}{\sqrt{2\pi\sigma^2}} \mathrm{e}^{-\frac{1}{2}\left(\frac{x-\mu}{\sigma}\right)^2}$$

Für die Zufallsvariable Y gelten, erneut gemäß Aufgabe 119,

$$\mathbb{E}[Y] = \mu, \qquad \mathbb{V}[Y] = \sigma^2$$

was die Rolle der beiden Parameter im Ausdruck $\mathbf{N}(\mu, \sigma^2)$ erklärt.

Bemerkung In der Literatur werden standardnormal-verteilte Zufallsvariablen häufig als Spezialfall von normal-verteilten Zufallsvariablen definiert. Damit muss der Sonderfall $\sigma^2 = 0$ separat behandelt werden; insbesondere sind bei dieser Definition konstante Zufallsvariablen *nicht* normal-verteilt. Das führt zu umständlichen Rechnungen und erzwingt im mehrdimensionalen Fall an vielen Stellen Ausnahmen. Die oben gewählte Definition – normal-verteilte Zufallsvariablen als Transformationen standardnormal-verteilter Zufallsvariablen – kehrt die Richtung um und vermeidet diese Komplikationen.

Lösung Aufgabe 89 Sei $(\Omega, \mathfrak{F}, \mathbb{P})$ ein Wahrscheinlichkeitsraum und sei $Y : \Omega \to \mathbb{R}$ eine normal-verteilte Zufallsvariable mit

$$\mathbb{P}_Y = \mathbf{N}(\mu, \sigma^2)$$

wobei $\mu \in \mathbb{R}$ und $\sigma \in \mathbb{R} \setminus \{0\}$ beliebige Parameter sind. Weiter sei $\Psi : \mathbb{R} \to \mathbb{R}$ mit $\Psi(x) := a + bx$ eine affine Transformation, wobei $a \in \mathbb{R}$ und $b \in \mathbb{R} \setminus \{0\}$. Wir wollen zeigen, dass dann auch die transformierte Zufallsvariable

$$\Psi \circ Y = a + bY$$

normal-verteilt ist, genauer gesagt

$$\mathbb{P}_{a+bY} = \mathbf{N}(a + b\mu, (|b|\sigma)^2)$$

Wegen der Transitivität des Bildmaßes lehrt Aufgabe 81 zunächst

$$\mathbb{P}_{a+bY} = \mathbb{P}_{\Psi \circ Y} = (\mathbb{P}_Y)_\Psi$$

das heißt, wir müssen lediglich noch das Bildmaß von $\mathbb{P}_Y$ unter Ψ bestimmen. Da $\mathbb{P}_Y$ eine absolutstetige Verteilung ist, die nach Voraussetzung die Lebesgue-Dichte $f : \mathbb{R} \to \mathbb{R}$ mit

$$f(x) := \frac{1}{\sqrt{2\pi\sigma^2}} \mathrm{e}^{-\frac{1}{2}\left(\frac{x-\mu}{\sigma}\right)^2}$$

besitzt, können wir das Resultat aus Aufgabe 87 anwenden. Dieses liefert für alle $B \in \mathfrak{B}(\mathbb{R})$

$$\begin{aligned}(\mathbb{P}_Y)_\Psi(B) &= \frac{1}{\sqrt{2\pi\sigma^2}\,|b|} \int_B \mathrm{e}^{-\frac{1}{2}\left(\frac{(x-a)/b-\mu}{\sigma}\right)^2} \mathrm{d}\beta(x) \\ &= \frac{1}{\sqrt{2\pi(|b|\sigma)^2}} \int_B \mathrm{e}^{-\frac{1}{2}\left(\frac{x-(a+b\mu)}{|b|\sigma}\right)^2} \mathrm{d}\beta(x)\end{aligned}$$

Vergleichen Sie dazu auch die Bemerkung in der Lösung von Aufgabe 87. Anhand der obigen Gleichungskette lesen wir ab, dass $(\mathbb{P}_Y)_\Psi$ eine Normal-Verteilung mit den Parametern $a + b\mu$ und $(|b|\sigma)^2$ ist. Dies ist aber gleichbedeutend damit, dass die transformierte Zufallsvariable $a + bY$ normal-verteilt mit den obigen Parametern ist.

Lösung Aufgabe 90 Es sei $\mu : \mathfrak{B}(\mathbb{R}) \to \overline{\mathbb{R}}$ die Standardnormal-Verteilung, das heißt, es gilt

$$\mu(B) = \frac{1}{\sqrt{2\pi}} \int_B \mathrm{e}^{-\frac{1}{2}x^2} \mathrm{d}\beta(x)$$

Vergleichen Sie auch Aufgabe 88. Weiter sei die Funktion $\Psi : \mathbb{R} \to \mathbb{R}$ vermöge $\Psi(x) := -x$ definiert. Per Definition ist μ genau dann symmetrisch, wenn das Bildmaß μ_Ψ von μ unter Ψ mit μ selbst übereinstimmt, also $\mu_\Psi = \mu$ gilt. Für $B \in \mathfrak{B}(\mathbb{R})$ gilt

$$\mu_\Psi(B) = \mu(-B) = \frac{1}{\sqrt{2\pi}} \int_{-B} \mathrm{e}^{-\frac{1}{2}x^2} \mathrm{d}\beta(x)$$

Da der Integrand des obigen Integrals, das heißt, die Lebesgue-Dichte der Standard-normal-Verteilung symmetrisch ist, liefert der Transformationssatz

$$\frac{1}{\sqrt{2\pi}}\int_{-B} e^{-\frac{1}{2}x^2}\,d\beta(x) = \frac{1}{\sqrt{2\pi}}\int_{B} e^{-\frac{1}{2}x^2}\,d\beta(x) = \mu(B)$$

also $\mu_\Psi(B) = \mu(B)$. Damit ist gezeigt, dass die Standardnormal-Verteilung symmetrisch ist.

Bemerkung Die obigen Überlegungen zeigen, dass eine absolutstetige Verteilung genau dann symmetrisch ist, wenn ihre Lebesgue-Dichte $f : \mathbb{R} \to \mathbb{R}$ symmetrisch ist, also $f(x) = f(-x)$ für alle $x \in \mathbb{R}$ gilt.

Lösung Aufgabe 91 Sei in der gesamten Lösung X eine überabzählbare Menge und sei

$$\mathfrak{A} := \{A \subseteq X \mid A \text{ oder } A^{\mathrm{c}} \text{ ist höchstens abzählbar}\}$$

Beachten Sie, dass das Mengensystem $\mathfrak{A}$ gemäß Aufgabe 27 eine σ-Algebra über X definiert.

(a) Die Funktion $\nu : \mathfrak{A} \to \overline{\mathbb{R}}$ mit

$$\nu(A) := \begin{cases} 0 & \text{falls } A \text{ höchstens abzählbar ist} \\ +\infty & \text{sonst} \end{cases}$$

ist per Definition nichtnegativ, denn sie nimmt lediglich die beiden Werte 0 und $+\infty$ an. Da die leere Menge endlich und daher höchstens abzählbar ist, gilt $\nu(\emptyset) = 0$. Es verbleibt die σ-Additivität von ν nachzuweisen. Sei dazu $(A_n)_{n\in\mathbb{N}}$ eine Folge disjunkter Mengen aus $\mathfrak{A}$. Sind alle Mengen höchstens abzählbar, so ist es bekanntlich auch die (abzählbare) Vereinigung $\bigsqcup_{n=1}^{+\infty} A_n$. Daher folgt in diesem Fall per Definition von ν

$$\nu\left(\bigsqcup_{n=1}^{+\infty} A_n\right) = 0 = \sum_{n=1}^{+\infty} \nu(A_n)$$

Besteht die Folge hingegen aus mindestens einer überabzählbaren Menge, so finden wir (genau) einen Index $k \in \mathbb{N}$ mit $\nu(A_k) = +\infty$. Da die Vereinigung $\bigsqcup_{n=1}^{+\infty} A_n$ in diesem Fall überabzählbar ist, folgt

$$\nu\left(\bigsqcup_{n=1}^{+\infty} A_n\right) = +\infty = \sum_{n=1}^{+\infty} \nu(A_n)$$

Damit ist die σ-Additivität bewiesen. Unsere Überlegungen zeigen, dass ν ein Maß auf $(X, \mathfrak{A})$ definiert.

(b) In diesem Teil betrachten wir neben ν das Zählmaß $\mu : \mathfrak{A} \to \overline{\mathbb{R}}$ mit

$$\mu(A) := \begin{cases} |A| & \text{falls } A \text{ endlich ist} \\ +\infty & \text{sonst} \end{cases}$$

Dass es sich dabei ebenfalls um ein Maß handelt, zeigt man ähnlich wie in Teil (a) dieser Lösung oder konsultiert die Lösung von Aufgabe 51 (b). Offensichtlich ist die leere Menge die einzige μ-Nullmenge aus $\mathfrak{A}$. Wegen $\mu(\emptyset) = 0$ und $\nu(\emptyset) = 0$ gilt daher $\nu \ll \mu$. Es gilt jedoch *nicht* $\mu \ll \nu$. Ist nämlich $A \in \mathfrak{A}$ eine nichtleere und endliche Menge, so gelten $\nu(A) = 0$ und $\mu(A) > 0$, aber *nicht* $\mu(A) = 0$. Folglich ist das Maß μ *nicht* absolutstetig bezüglich ν.

(c) Angenommen, das Maß ν besäße eine μ-Dichte. Dann würde es eine nichtnegative und $\mathfrak{A}$-$\mathfrak{B}(\overline{\mathbb{R}})$-messbare Funktion $f : X \to \overline{\mathbb{R}}$ mit

$$\nu(A) = \int_X f \cdot \chi_A \,\mathrm{d}\mu$$

für alle $A \in \mathfrak{A}$ geben. Für eine einelementige Menge $\{x\}$ mit $x \in X$ gilt somit

$$0 = \nu(\{x\}) = \int_X f \cdot \chi_{\{x\}} \,\mathrm{d}\mu = f(x)\,\mu(\{x\}) = f(x)$$

und daher $f = 0$ auf ganz X. Dies ist aber unmöglich, da es zum Widerspruch

$$+\infty = \nu(X) = \int_X f \,\mathrm{d}\mu = \int_X 0 \,\mathrm{d}\mu = 0$$

führt. Unsere Überlegungen zeigen, dass ν keine μ-Dichte besitzt. Dies steht jedoch *nicht* im Widerspruch zum Satz von Radon-Nikodym, denn dieser lautet wie folgt:

> (Satz von Radon-Nikodym). Sei $(X, \mathfrak{A})$ ein messbarer Raum, sei $\nu : \mathfrak{A} \to \overline{\mathbb{R}}$ ein Maß und sei $\mu : \mathfrak{A} \to \overline{\mathbb{R}}$ ein σ-endliches Maß. Dann gibt es eine nichtnegative und $\mathfrak{A}$-$\mathfrak{B}(\overline{\mathbb{R}})$-messbare Funktion $f : X \to \overline{\mathbb{R}}$ mit
>
> $$\nu(A) = \int_X f \cdot \chi_A \,\mathrm{d}\mu$$
>
> für alle $A \in \mathfrak{A}$. Insbesondere ist die Funktion f μ-fast überall eindeutig bestimmt.

Der Satz von Radon–Nikodym ist in dieser Aufgabe *nicht* anwendbar, da das Zählmaß auf $\mathfrak{A}$ *nicht* σ-endlich ist. Dies lässt sich wie folgt begründen: Angenommen, es existiere eine Folge $(A_n)_{n\in\mathbb{N}}$ von Mengen aus $\mathfrak{A}$ mit $\mu(A_n) < +\infty$ und

$$\bigcup_{n=1}^{+\infty} A_n = X$$

Da μ das Zählmaß ist, folgt aus $\mu(A_n) < +\infty$, dass jede Menge A_n endlich ist. Die Vereinigung abzählbar vieler endlicher Mengen ist jedoch höchstens abzählbar. Da X in der Aufgabenstellung als überabzählbar vorausgesetzt wird, kann eine solche Darstellung nicht existieren. Somit ist μ nicht σ-endlich, und der Satz von Radon–Nikodym ist folglich nicht anwendbar.

Lösung Aufgabe 92 Beachten Sie beim Lesen dieser Lösung, dass in der Wahrscheinlichkeitstheorie und Stochastik, wie auch in anderen Bereichen der Mathematik, häufig verschiedene Schreibweisen und Begriffe für dieselben Ausdrücke verwendet werden. Sei ab jetzt $(\Omega, \mathfrak{F}, \mathbb{P})$ ein Wahrscheinlichkeitsraum und sei $X : \Omega \to \mathbb{R}$ eine reelle Zufallsvariable, also eine $\mathfrak{F}$-$\mathfrak{B}(\mathbb{R})$-messbare Funktion. In der Wahrscheinlichkeitstheorie und Stochastik wird das Bildmaß von $\mathbb{P}$ unter X die *Verteilung* von X genannt. Dabei handelt es sich um das Wahrscheinlichkeitsmaß

$$\mathbb{P}_X : \mathfrak{B}(\mathbb{R}) \to \overline{\mathbb{R}}, \qquad \mathbb{P}_X(B) := \mathbb{P}(X^{-1}(B))$$

wobei $\mathfrak{B}(\mathbb{R})$ wie üblich die Borelsche σ-Algebra über $\mathbb{R}$ bezeichnet. Vergleichen Sie auch Aufgabe 79. Für den Ausdruck $\mathbb{P}_X(B)$ existieren in der Literatur mehrere äquivalente Schreibweisen. Einige davon lauten

$$\mathbb{P}^X(B), \qquad \mathbb{P}(\{X \in B\}), \qquad \mathbb{P}\{X \in B\}, \qquad \mathbb{P}(X \in B), \qquad \mathbb{P} \circ X^{-1}(B)$$

In diesem Buch werden wir lediglich von den beiden Schreibweisen $\mathbb{P}_X(B)$ und $\mathbb{P}(\{X \in B\})$ Gebrauch machen. Häufig spricht man bei dem Maß $\mathbb{P}_X$ auch von der *Verteilung auf* $\mathfrak{B}(\mathbb{R})$ beziehungsweise von einer *(univariaten) Verteilung.* Wie man bereits an der Namensgebung erkennen kann, sind viele Eigenschaften von Zufallsvariablen eigentlich Eigenschaften ihrer Verteilung. In der Literatur wird daher die Zufallsvariable und ihr zugrundeliegender Wahrscheinlichkeitsraum in der Regel nicht weiter spezifiziert. Man unterscheidet drei Typen von Verteilungen: absolutstetige (stetige), stetigsinguläre und diskrete Verteilungen.

(a) (Absolutstetige Verteilungen). Eine Verteilung $\mu : \mathfrak{B}(\mathbb{R}) \to \overline{\mathbb{R}}$ heißt *absolutstetig,* wenn sie absolutstetig bezüglich des Borel-Lebesgue-Maßes $\beta : \mathfrak{B}(\mathbb{R}) \to \overline{\mathbb{R}}$ ist. Dies ist genau dann der Fall, wenn für alle $B \in \mathfrak{B}(\mathbb{R})$ mit $\beta(B) = 0$ auch $\mu(B) = 0$ gilt. Man schreibt dafür kurz

$$\mu \ll \beta$$

Da das Borel-Lebesgue-Maß σ-endlich ist, lehrt der berühmte Satz von Radon-Nikodym: Die Verteilung μ ist genau dann absolutstetig, wenn es eine nichtnegative und $\mathfrak{B}(\mathbb{R})$-$\mathfrak{B}(\mathbb{R})$-messbare Funktion $f : \mathbb{R} \to \mathbb{R}$ mit

$$\mu(B) = \int_{\mathbb{R}} f \cdot \chi_B \, \mathrm{d}\beta = \int_B f \, \mathrm{d}\beta$$

für alle $B \in \mathfrak{B}(\mathbb{R})$ gibt. Die Funktion f ist β-fast überall eindeutig bestimmt und wird *Lebesgue-Dichte, β-Dichte (Dichte), Wahrscheinlichkeitsdichte* oder *Dichtefunktion* von μ genannt – genauer gesagt müsste man hier eigentlich von einer *Borel-Lebesgue-Dichte* sprechen. Gelegentlich sagt man, *X ist eine stetige Zufallsvariable* und meint damit, dass X eine absolutstetige Verteilung besitzt. Damit wird also nicht behauptet, dass die Zufallsvariable X im Sinne der Analysis eine stetige Funktion von Ω nach $\mathbb{R}$ ist. Man überlegt sich leicht, dass eine nichtnegative und $\mathfrak{B}(\mathbb{R})$-$\mathfrak{B}(\mathbb{R})$-messbare Funktion $f : \mathbb{R} \to \mathbb{R}$ genau dann Lebesgue-Dichte einer absolutstetigen Verteilung ist, falls sie der Normierungsbedingung

$$\int_{\mathbb{R}} f \,\mathrm{d}\beta = 1$$

genügt. Beispielsweise heißt die von

$$f(x) := \frac{1}{\sqrt{2\pi}}\,\mathrm{e}^{-\frac{1}{2}x^2}$$

induzierte Verteilung *Standardnormal-Verteilung*. Weitere absolutstetige Verteilungen sind beispielsweise die *Normal-Verteilung*, die *uniforme Verteilung*, die *Gamma-Verteilung*, die *Exponential-Verteilung*, die *χ^2-Verteilung* oder die *Studentische t-Verteilung*. Vergleichen Sie dazu beispielsweise Kap. 12 in [12].

(b) (Stetigsinguläre Verteilungen). Eine Verteilung $\mu : \mathfrak{B}(\mathbb{R}) \to \overline{\mathbb{R}}$ heißt *singulär*, falls sie singulär bezüglich des Borel-Lebesgue-Maßes ist. Dies ist genau dann der Fall, wenn es eine Menge $C \in \mathfrak{B}(\mathbb{R})$ mit der Eigenschaft

$$\mu(\mathbb{R} \setminus C) + \beta(C) = 0 \tag{18.5}$$

gibt. In diesem Fall schreibt man kurz

$$\mu \perp \beta$$

Eine singuläre Verteilung μ mit $\mu(\{x\}) = 0$ für alle $x \in \mathbb{R}$ heißt *stetigsingulär*. Beachten Sie, dass diese Bedingung dazu äquivalent ist, dass die von μ induzierte Verteilungsfunktion $F_\mu : \mathbb{R} \to [0, 1]$ mit $F_\mu(x) := \mu((-\infty, x])$ auf ganz $\mathbb{R}$ stetig ist. Die wohl bekannteste stetigsinguläre Verteilung ist die sogenannte *Cantor-Verteilung*, deren Konstruktion Sie beispielsweise in [12, 12.1.13 Beispiel] nachvollziehen können.

(c) (Diskrete Verteilungen). Eine Verteilung $\mu : \mathfrak{B}(\mathbb{R}) \to \overline{\mathbb{R}}$ heißt *diskret*, wenn es eine abzählbare Teilmenge C von $\mathbb{R}$ mit

$$\mu(C) = 1$$

gibt. Dies impliziert $\mu(\mathbb{R} \setminus C) = 0$. Da C abzählbar ist, gelten $C \in \mathfrak{B}(\mathbb{R})$ und $\beta(C) = 0$. Folglich ist Gl. (18.5) erfüllt und somit μ singulär bezüglich des Borel-Lebesgue-Maßes, also $\mu \perp \beta$. Eine nichtnegative Funktion $f : \mathbb{R} \to \mathbb{R}$

heißt *Zähldichte,* wenn es eine abzählbare Teilmenge C von $\mathbb{R}$ mit $f(x) = 0$ für $x \in \mathbb{R} \setminus C$ und

$$\sum_{x \in C} f(x) = 1$$

gibt. Man überlegt sich leicht, dass jede Zähldichte durch die Festlegung

$$\mu(B) := \sum_{x \in B} f(x)$$

eine diskrete Verteilung mit der Eigenschaft

$$\mu(\{x\}) = f(x)$$

für alle $x \in \mathbb{R}$ induziert. Daher genügt es im diskreten Fall die Verteilung einer Zufallsvariable mithilfe der entsprechenden Zähldichte einzuführen. Beispielsweise ist die Funktion $f : \mathbb{R} \to \mathbb{R}$ mit

$$f(n) := \begin{cases} (1-p)^{n-1}p & \text{falls } n \in \mathbb{N} \\ 0 & \text{sonst} \end{cases}$$

für jedes $p \in (0, 1)$ eine Zähldichte, wie man leicht prüft. Die zugehörige, also von f induzierte Verteilung heißt *geometrische Verteilung.* Neben der geometrischen Verteilung gibt es noch viele weitere diskrete Verteilungen. Dies sind beispielsweise die *Dirac-Verteilung,* die *hypergeometrische Verteilung,* die *Binomial-Verteilung,* die *Poisson-Verteilung* oder die *Panjer-Verteilung.*

Lösung Aufgabe 93 Sei in der gesamten Lösung $(\Omega, \mathfrak{F}, \mathbb{P})$ ein Wahrscheinlichkeitsraum sowie $A \in \mathfrak{F}$ ein beliebiges Ereignis.

(a) Die Indikatorfunktion der Menge A nimmt definitionsgemäß lediglich die beiden Werte 0 und 1 an. Daher gilt für jedes $B \in \mathfrak{B}(\mathbb{R})$

$$\{\chi_A \in B\} := \chi_A^{-1}(B) = \begin{cases} \emptyset & \text{falls } 0 \notin B \text{ und } 1 \notin B \\ A^c & \text{falls } 0 \in B \text{ und } 1 \notin B \\ A & \text{falls } 0 \notin B \text{ und } 1 \in B \\ \Omega & \text{falls } 0 \in B \text{ und } 1 \in B \end{cases}$$

Da die vier Mengen $\emptyset$, A, A^c und Ω zur σ-Algebra $\mathfrak{F}$ gehören, folgt

$$\{\chi_A \in B\} \in \mathfrak{F}$$

für $B \in \mathfrak{B}(\mathbb{R})$. Somit handelt es sich bei χ_A um eine $\mathfrak{F}$-$\mathfrak{B}(\mathbb{R})$-messbare Funktion, also um eine (reelle) Zufallsvariable.

Bemerkung Unsere Überlegungen zeigen folgende bekannte Charakterisierung:

Sei $(\Omega, \mathfrak{F})$ ein messbarer Raum und A eine Teilmenge von Ω. Dann ist die Indikatorfunktion $\chi_A : \Omega \to \mathbb{R}$ genau dann eine Zufallsvariable, wenn $A \in \mathfrak{F}$ gilt.

(b) Mit den Überlegungen aus Teil (a) dieser Lösung folgt für jedes $B \in \mathfrak{B}(\mathbb{R})$

$$\mathbb{P}_{\chi_A}(B) := \mathbb{P}(\{\chi_A \in B\}) = \begin{cases} 0 & \text{falls } 0 \notin B \text{ und } 1 \notin B \\ \mathbb{P}(A^c) & \text{falls } 0 \in B \text{ und } 1 \notin B \\ \mathbb{P}(A) & \text{falls } 0 \notin B \text{ und } 1 \in B \\ 1 & \text{falls } 0 \in B \text{ und } 1 \in B \end{cases}$$

Beachten Sie $\mathbb{P}(\emptyset) = 0$ und $\mathbb{P}(\Omega) = 1$. Die Verteilung $\mathbb{P}_{\chi_A} : \mathfrak{B}(\mathbb{R}) \to \overline{\mathbb{R}}$ von χ_A kann mithilfe des Dirac-Maßes auch äquivalent als

$$\mathbb{P}_{\chi_A}(B) = \mathbb{P}(A^c)\,\delta_0(B) + \mathbb{P}(A)\,\delta_1(B)$$

geschrieben werden. Die Verteilungsfunktion $F_{\chi_A} : \mathbb{R} \to [0, 1]$ vermöge

$$F_{\chi_A}(x) := \mathbb{P}_{\chi_A}((-\infty, x]) = \mathbb{P}(\{\chi_A \le x\})$$

berechnet sich analog. Für $x \in \mathbb{R}$ gilt

$$F_{\chi_A}(x) = \begin{cases} \mathbb{P}(\emptyset) & \text{falls } x \in (-\infty, 0) \\ \mathbb{P}(A^c) & \text{falls } x \in [0, 1) \\ \mathbb{P}(\Omega) & \text{falls } x \in [1, +\infty) \end{cases} = \begin{cases} 0 & \text{falls } x \in (-\infty, 0) \\ 1 - \mathbb{P}(A) & \text{falls } x \in [0, 1) \\ 1 & \text{falls } x \in [1, +\infty) \end{cases}$$

Vergleichen Sie auch Abb. 18.1.

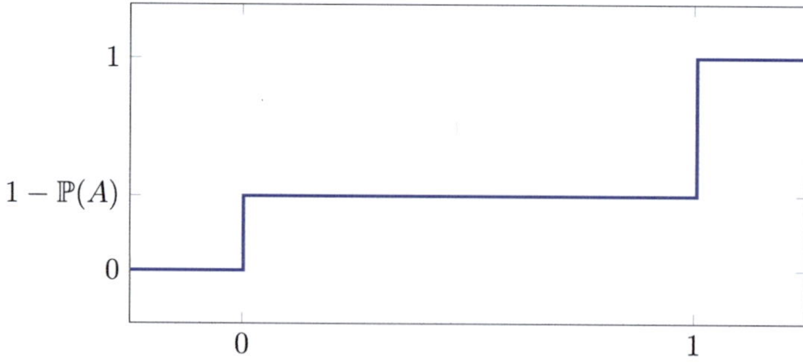

Abb. 18.1 Illustration der Verteilungsfunktion von χ_A

Lösung Aufgabe 94 Wir untersuchen den dreifachen Münzwurf, wobei wir zählen wollen, wie oft „Kopf" geworfen wird. Als Grundraum wählen wir die Menge

$$\Omega := \{0, 1\}^3$$

Dabei steht 0 für „Kopf" und 1 für „Zahl". Beispielsweise bedeutet $(1, 0, 0)$, dass beim ersten Wurf „Zahl" und sonst „Kopf" geworfen wurde. Für die σ-Algebra auf Ω wählen wir $\mathfrak{F} := \mathfrak{P}(\Omega)$. Die Wahl ist sinnvoll, denn jede Münzwurf-Kombination ist möglich. Da die Münzen wie üblich als *fair* angenommen sind, ist das Wahrscheinlichkeitsmaß $\mathbb{P} : \mathfrak{F} \to \overline{\mathbb{R}}$ gegeben durch

$$\mathbb{P}(A) := \frac{|A|}{|\Omega|} = \frac{|A|}{8}$$

Vergleichen Sie dazu auch Aufgabe 50. Die Zufallsvariable $X : \Omega \to \mathbb{R}$, die die Anzahl von „Kopf" zählt, definieren wir gemäß

$$X(\omega_1, \omega_2, \omega_3) := 3 - (\omega_1 + \omega_2 + \omega_3) = (1 - \omega_1) + (1 - \omega_2) + (1 - \omega_3)$$

Beispielsweise gilt $X(1, 0, 0) = 2$. Bei der Verteilung von X handelt es sich um das Bildmaß $\mathbb{P}_X : \mathfrak{B}(\mathbb{R}) \to \overline{\mathbb{R}}$ mit $\mathbb{P}_X(B) := \mathbb{P}(X^{-1}(B))$. Es gilt

$$\mathbb{P}_X(\{0\}) = \mathbb{P}(\{\omega \in \Omega \mid \omega_1 + \omega_2 + \omega_3 = 3\}) = \mathbb{P}(\{(1, 1, 1)\}) = \frac{1}{8}$$

Aus Gründen der Symmetrie gilt $\mathbb{P}_X(\{3\}) = \mathbb{P}_X(\{0\})$. Für die Berechnung von $\mathbb{P}_X(\{1\})$ und $\mathbb{P}_X(\{2\})$ müssen wir zählen, wie viele Elementarereignisse aus Ω genau einmal beziehungsweise zweimal „Kopf" enthalten. Durch Abzählen dieser Ereignisse folgen

$$\begin{aligned}\mathbb{P}_X(\{1\}) &= \mathbb{P}(\{\omega \in \Omega \mid \omega_1 + \omega_2 + \omega_3 = 2\}) \\ &= \mathbb{P}(\{(1, 1, 0), (1, 0, 1), (0, 1, 1)\}) \\ &= \frac{3}{8}\end{aligned}$$

und

$$\begin{aligned}\mathbb{P}_X(\{2\}) &= \mathbb{P}(\{\omega \in \Omega \mid \omega_1 + \omega_2 + \omega_3 = 1\}) \\ &= \mathbb{P}(\{(1, 0, 0), (0, 1, 0), (0, 0, 1)\}) \\ &= \frac{3}{8}\end{aligned}$$

Damit lässt sich die Verteilung von X für jede Borel-messbare Menge $B \in \mathfrak{B}(\mathbb{R})$ schreiben als

$$\mathbb{P}_X(B) = \frac{1}{8}\big(\delta_0(B) + \delta_3(B)\big) + \frac{3}{8}\big(\delta_1(B) + \delta_2(B)\big)$$

Beachten Sie $\mathbb{P}_X(B) = 0$ genau dann, wenn $B \cap \{0, 1, 2, 3\} = \emptyset$.

Lösung Aufgabe 95 Wir beweisen die Äquivalenz der beiden Aussagen in zwei Schritten:

($\Longrightarrow$). Es sei $\mu : \mathfrak{B}(\mathbb{R}) \to \overline{\mathbb{R}}$ eine univariate Verteilung mit $\mu(\mathbb{R}_{>0}) = 1$ und gelte Gl. (4.3) für alle $x, y \in \mathbb{R}_{>0}$. Wir definieren die (fallende) Funktion $G_\mu : \mathbb{R}_{>0} \to [0, 1]$ vermöge

$$G_\mu(x) := 1 - F_\mu(x) = \mu((x, +\infty))$$

wobei $F_\mu : \mathbb{R} \to [0, 1]$ mit $F_\mu(x) := \mu((-\infty, x])$ die Verteilungsfunktion von μ aus Aufgabe 98 bezeichnet. In der Literatur wird die Funktion G_μ häufig *Überlebensfunktion* von μ genannt. Folglich ist Gl. (4.3) äquivalent zur Cauchy-Funktionalgleichung

$$G_\mu(x + y) = G_\mu(x)\, G_\mu(y)$$

mit der Anfangsbedingung $G_\mu(0) = \mu(\mathbb{R}_{>0}) = 1$. Die eindeutige Lösung der Funktionalgleichung ist bekanntlich gegeben durch $G_\mu(x) = \mathrm{e}^{-\alpha x}$ mit $\alpha \in \mathbb{R}_{>0}$. Der Parameter lässt sich aus der Gleichung $G_\mu(1) = \mathrm{e}^{-\alpha}$ bestimmen und lautet

$$\alpha = -\ln(G_\mu(1))$$

Für $x \in \mathbb{R}_{>0}$ folgt somit

$$F_\mu(x) = 1 - G_\mu(x) = 1 - \mathrm{e}^{-\alpha x}$$

Da eine Verteilung wegen [12, 12.1.1 Satz] eindeutig durch ihre Verteilungsfunktion bestimmt ist, handelt es sich bei μ wegen der Überlegungen aus der Lösung von Aufgabe 96 (b) um die Exponential-Verteilung.

($\Longleftarrow$). Es sei nun $\mu : \mathfrak{B}(\mathbb{R}) \to \overline{\mathbb{R}}$ die Exponential-Verteilung mit dem Parameter $\alpha \in \mathbb{R}_{>0}$. Gemäß Aufgabe 96 besitzt die Exponential-Verteilung die Verteilungsfunktion $F_\mu : \mathbb{R} \to [0, 1]$ mit

$$F_\mu(x) := \mu((-\infty, x]) = \begin{cases} 1 - \mathrm{e}^{-\alpha x} & \text{falls } x \in \mathbb{R}_{>0} \\ 0 & \text{sonst} \end{cases}$$

Dann folgt aus $F_\mu(x) \to 1$ für $x \to +\infty$ und der Stetigkeit der Verteilung $\mu(\mathbb{R}_{>0}) = 1$. Weiter gilt für alle $x, y \in \mathbb{R}_{>0}$

$$\begin{aligned} \mu((x + y, +\infty)) &= \mu(\mathbb{R}_{>0}) - \mu((0, x + y]) \\ &= 1 - \mu((-\infty, x + y]) \\ &= 1 - F_\mu(x + y) \end{aligned}$$

Dabei haben wir verwendet, dass μ als Maß subtraktiv ist und die Verteilungsfunktion auf den negativen reellen Zahlen verschwindet. Es folgt

$$\begin{aligned}\mu((x+y,+\infty)) &= 1 - F_\mu(x+y)\\ &= \mathrm{e}^{-\alpha(x+y)}\\ &= \mathrm{e}^{-\alpha x}\,\mathrm{e}^{-\alpha y}\\ &= (1-F_\mu(x))(1-F_\mu(y))\end{aligned}$$

und damit wie gewünscht

$$\begin{aligned}\mu((x+y,+\infty)) &= (1-\mu((-\infty,x]))(1-\mu((-\infty,y]))\\ &= \mu((x,+\infty))\,\mu((y,+\infty))\end{aligned}$$

Damit alles gezeigt.

Bemerkung Für diskrete Verteilungen gibt es das folgende Pendant zu dieser Aufgabe:

Ist $\mu : \mathfrak{B}(\mathbb{R}) \to \overline{\mathbb{R}}$ eine univariate Verteilung, so sind die beiden folgenden Aussagen äquivalent:

(a) Es gilt $\mu(\mathbb{N}) = 1$ und für alle $m, n \in \mathbb{N}$ gilt

$$\mu((m+n,+\infty)) = \mu((m,+\infty))\,\mu((n,+\infty))$$

(b) Es gilt $\mu = \delta_1$ oder es gibt $p \in (0,1)$ mit $\mu = \mathbf{Geo}(p)$. Somit ist μ entweder die Dirac-Verteilung im Punkt 1 oder eine geometrische Verteilung.

Lösung Aufgabe 96 Sei $(\Omega, \mathfrak{F}, \mathbb{P})$ ein Wahrscheinlichkeitsraum und bezeichne $X : \Omega \to \mathbb{R}$ eine Zufallsvariable mit $\mathbb{P}_X = \mathbf{Exp}(\alpha)$. Dabei ist $\alpha \in \mathbb{R}_{>0}$ ein beliebiger Parameter und X beschreibt die Lebensdauer eines Transistors.

(a) Die Funktion $f : \mathbb{R} \to \mathbb{R}$ vermöge

$$f(x) := \begin{cases}\alpha \mathrm{e}^{-\alpha x} & \text{falls } x \in \mathbb{R}_{>0}\\ 0 & \text{sonst}\end{cases}$$

ist per Definition nichtnegativ und zudem $\mathfrak{B}(\mathbb{R})$-$\mathfrak{B}(\mathbb{R})$-messbar. Es gilt

$$\int_{\mathbb{R}} f(x)\,\mathrm{d}\beta(x) = \alpha \int_0^{+\infty} \mathrm{e}^{-\alpha x}\,\mathrm{d}\beta(x) = -\Big[\mathrm{e}^{-\alpha x}\Big]_0^{+\infty} = 1 - \lim_{x\to+\infty} \mathrm{e}^{-\alpha x} = 1$$

Unsere Überlegungen zeigen, dass es sich bei f um eine Lebesgue-Dichte handelt.

(b) Die Exponential-Verteilung besitzt die Lebesgue-Dichte aus Teil (a). Folglich lässt sich die Verteilungsfunktion $F_X : \mathbb{R} \to [0, 1]$ vermöge

$$F_X(x) := \mathbb{P}_X((-\infty, x]) = \int_{-\infty}^{x} f(t)\, \mathrm{d}\beta(t)$$

berechnen. Da f per Definition auf $(-\infty, 0]$ verschwindet, tut es auch F_X. Hingegen erhalten wir für $x \in \mathbb{R}_{>0}$

$$F_X(x) = \int_{-\infty}^{x} f(t)\, \mathrm{d}\beta(t) = \alpha \int_{0}^{x} \mathrm{e}^{-\alpha t}\, \mathrm{d}t = -\Big[\mathrm{e}^{-\alpha t}\Big]_0^x = 1 - \mathrm{e}^{-\alpha x}$$

Zusammenfassend gilt daher

$$F_X(x) = \begin{cases} 1 - \mathrm{e}^{-\alpha x} & \text{falls } x \in \mathbb{R}_{>0} \\ 0 & \text{sonst} \end{cases}$$

(c) Die Graphen der Funktionen $f : \mathbb{R} \to \mathbb{R}$ und $F_X : \mathbb{R} \to [0, 1]$ sind für $\alpha = 2$ in Abb. 18.2 dargestellt. Wie man sieht ist F_X stetig und f außerhalb des Nullpunkts stetig.

(d) Die beiden Ereignisse „Der Transistor funktioniert höchstens ein Jahr“ und „Der Transistor funktioniert mindestens ein halbes Jahr“entsprechen den Ereignissen $\{X \leq 1\}$ beziehungsweise $\{X \geq 1/2\}$. Es gelten

$$\mathbb{P}(\{X \leq 1\}) = F_X(1) \overset{(b)}{=} 1 - \mathrm{e}^{-2} \approx 0.8647$$

und

$$\mathbb{P}(\{X \geq 1/2\}) = 1 - \mathbb{P}(\{X < 1/2\}) \overset{(b)}{=} 1 - F_X(1/2) = \mathrm{e}^{-1} \approx 0.3679$$

Für die Berechnung der zweiten Wahrscheinlichkeit haben wir verwendet, dass die Verteilungsfunktion stetig ist. Der Transistor funktioniert somit mit einer Wahrscheinlichkeit von 86 % höchstens ein Jahr und mit einer Wahrscheinlichkeit von 37 % mindestens ein halbes Jahr. Weiter gilt

$$\mathbb{P}(\{1 \leq X \leq 2\}) \overset{(b)}{=} F_X(2) - F_X(1) = \mathrm{e}^{-2} - \mathrm{e}^{-4} \approx 0.1170$$

Somit funktioniert der Transistor mit einer Wahrscheinlichkeit von rund 12 % mindestens ein und höchstens zwei Jahre.

(e) Seien $x, y \in \mathbb{R}_{>0}$ beliebig. Wegen

$$\{X > x + y\} \cap \{X > y\} = \{X > x + y\}$$

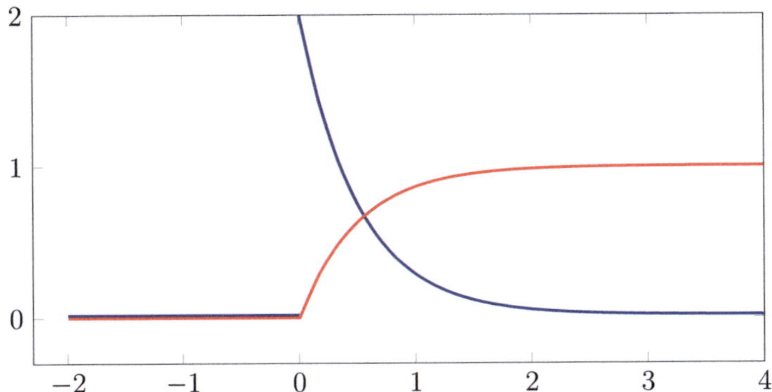

Abb. 18.2 Lebesgue-Dichte (blau) und Verteilungsfunktion (rot) der Exponentialverteilung für $\alpha = 2$

folgt unter Beachtung der Definition der bedingten Wahrscheinlichkeit

$$\mathbb{P}(\{X > x + y\} \mid \{X > y\}) = \frac{\mathbb{P}(\{X > x + y\})}{\mathbb{P}(\{X > y\})} = \frac{1 - \mathbb{P}(\{X \leq x + y\})}{1 - \mathbb{P}(\{X \leq y\})}$$

Die rechte Seite lässt sich mithilfe der Verteilungsfunktion aus Teil (b) weiter umschreiben zu

$$\frac{1 - \mathbb{P}(\{X \leq x + y\})}{1 - \mathbb{P}(\{X \leq y\})} = \frac{1 - F_X(x + y)}{1 - F_X(y)} = \frac{\mathrm{e}^{-\alpha(x+y)}}{\mathrm{e}^{-\alpha y}} = \mathrm{e}^{-\alpha x}$$

Beachten wir schließlich

$$\mathbb{P}(\{X > y\}) = 1 - \mathbb{P}(\{X \leq y\}) = 1 - F_X(y) = \mathrm{e}^{-\alpha y}$$

so erhalten wir wie gewünscht

$$\mathbb{P}(\{X > x + y\} \mid \{X > y\}) = \mathbb{P}(\{X > x\})$$

Bei der obigen Gleichung spricht man von der *Gedächtnislosigkeit* der Exponential-Verteilung, die sich in diesem Beispiel wie folgt interpretieren lässt: Die Gleichung besagt, dass die Wahrscheinlichkeit, dass der Transistor nach bereits y überstandenen Zeiteinheiten noch mindestens x weitere Zeiteinheiten hält, genau gleich ist wie die Wahrscheinlichkeit, dass ein neuer Transistor von Anfang an x Zeiteinheiten hält. Das bedeutet, dass der Transistor *keine Erinnerung* an seine bisherige Lebensdauer hat. In anderen Worten: Die Zukunft des Transistors hängt nicht von seiner Vergangenheit ab.

Lösung Aufgabe 97 In den folgenden Teilaufgaben werden wir mehrfach von den für alle $q \in (-1, 1)$ und $n \in \mathbb{N}_0$ gültigen Identitäten

$$\sum_{k=0}^{n} q^k = \frac{1-q^{n+1}}{1-q}, \qquad \sum_{k=0}^{+\infty} q^k = \frac{1}{1-q} \tag{18.6}$$

Gebrauch machen.

(a) Sei $p \in (0, 1)$ beliebig aber fest. Die Funktion $f : \mathbb{R} \to \mathbb{R}$ mit

$$f(n) := \begin{cases} (1-p)^{n-1} p & \text{falls } n \in \mathbb{N} \\ 0 & \text{sonst} \end{cases}$$

ist per Definition nichtnegativ. Weiter ist die Menge der natürlichen Zahlen abzählbar und es gilt $f(x) = 0$ für $x \in \mathbb{R} \setminus \mathbb{N}$. Wegen

$$\sum_{n=1}^{+\infty} f(n) = p \sum_{n=1}^{+\infty} (1-p)^{n-1} = p \sum_{n=0}^{+\infty} (1-p)^n \overset{(18.6)}{=} \frac{p}{1-(1-p)} = 1$$

handelt es sich bei der Funktion um eine Zähldichte.

(b) Sei $(\Omega, \mathfrak{F}, \mathbb{P})$ ein Wahrscheinlichkeitsraum und sei $X : \Omega \to \mathbb{R}$ eine Zufallsvariable mit abzählbarem Bild. Gelte weiter $\mathbb{P}_X(\mathbb{N}) = 1$ und $\mathbb{P}(\{X > n\}) > 0$ für alle $n \in \mathbb{N}$. Beachten Sie, dass wegen der σ-Additivität der univariten Verteilung

$$\mathbb{P}(\{X = 1\}) + \mathbb{P}(\{X > 1\}) = 1$$

und daher $\mathbb{P}(\{X = 1\}) \in (0, 1)$ gilt. Wir beweisen nun die Äquivalenzaussage in zwei Schritten:

($\Longrightarrow$). Sei nun X zusätzlich zu den obigen Eigenschaften gedächtnislos. Wir wollen zeigen, dass die Zufallsvariable geometrisch verteilt mit Parameter

$$p := \mathbb{P}(\{X = 1\})$$

ist. Dazu definieren wir $q_n := \mathbb{P}(\{X > n\})$ für $n \in \mathbb{N}$ und bemerken, dass sich Gl. (4.4) wegen

$$\begin{aligned} \mathbb{P}(\{X > m+n\} \mid \{X > m\}) &= \frac{\mathbb{P}(\{X > m+n\} \cap \{X > m\})}{\mathbb{P}(\{X > m\})} \\ &= \frac{\mathbb{P}(\{X > m+n\})}{\mathbb{P}(\{X > m\})} \end{aligned} \tag{18.7}$$

für alle $m, n \in \mathbb{N}$ äquivalent schreiben lässt als

$$q_{m+n} = q_m \, q_n$$

Für die spezielle Wahl $m = 1$ liefert die obige Gleichung induktiv

$$q_{n+1} = q_1 q_n = q_1^2 q_{n-1} = \ldots = q_1^{n+1} = (1-p)^{n+1}$$

Die Verteilung der Zufallsvariable X lässt sich demnach wie folgt ermitteln:

$$\begin{aligned}\mathbb{P}(\{X = n+1\}) &= \mathbb{P}(\{X > n\}) - \mathbb{P}(\{X > n+1\}) \\ &= q_n - q_{n+1} \\ &= (1-p)^n - (1-p)^{n+1} \\ &= (1-p)^n p\end{aligned}$$

Somit folgt wie gewünscht $\mathbb{P}_X = \mathbf{Geo}(p)$ und wir sind fertig.
($\Longleftarrow$). Sei nun umgekehrt X eine zum Parameter $p := \mathbb{P}(\{X = 1\})$ geometrisch verteilte Zufallsvariable. Da die geometrische Verteilung von der Zähldichte aus Teil (a) induziert wird, gilt entsprechend

$$\mathbb{P}(\{X = n\}) := \mathbb{P}_X(\{n\}) = (1-p)^{n-1} p$$

für alle $n \in \mathbb{N}$. Die Verteilungsfunktion $F_X : \mathbb{R} \to [0, 1]$ der geometrischen Verteilung lautet

$$F_X(x) := \mathbb{P}(\{X \leq x\}) := \mathbb{P}_X((-\infty, x])$$

und besitzt für jedes $x \in \mathbb{R}_{\geq 1}$ die Darstellung

$$F_X(x) = \sum_{n=1}^{\lfloor x \rfloor} \mathbb{P}(\{X = n\}) = p \sum_{n=1}^{\lfloor x \rfloor} (1-p)^{n-1} \overset{(18.6)}{=} 1 - (1-p)^{\lfloor x \rfloor}$$

Dabei bezeichnet $\lfloor x \rfloor := \max\{k \in \mathbb{Z} \mid k \leq x\}$ die sogenannte *Abrundungsfunktion.* Sind $m, n \in \mathbb{N}$ beliebige natürliche Zahlen, so folgt damit

$$\frac{\mathbb{P}(\{X > m+n\})}{\mathbb{P}(\{X > m\})} = \frac{1 - F_X(m+n)}{1 - F_X(m)} = \frac{(1-p)^{m+n}}{(1-p)^m} = (1-p)^n$$

Die Gl. (18.7) und

$$\mathbb{P}(\{X > n\}) = 1 - \mathbb{P}(\{X \leq n\}) = 1 - F_X(n) = (1-p)^n$$

beweisen nun wie gewünscht Gl. (4.4). Unsere Überlegungen zeigen, dass die geometrisch verteilte Zufallsvariable gedächtnislos ist.

Bemerkung Im zweiten Beweisteil haben wir die spezielle Darstellung des Parameters nicht verwendet. Unsere Überlegungen zeigen somit, dass die geometrische Verteilung mit *jedem* Parameter $p \in (0, 1)$ gedächtnislos ist.

(c) Sei $(\Omega, \mathfrak{F}, \mathbb{P})$ ein Wahrscheinlichkeitsraum. In diesem Teil bestimmen wir den Erwartungswert und die Varianz einer geometrisch verteilten Zufallsvariable $X : \Omega \to \mathbb{R}$ mit $\mathbb{P}_X = \mathbf{Geo}(p)$ und $p \in (0, 1)$. Da die geometrische Verteilung von der in Teil (a) untersuchten Zähldichte $f : \mathbb{R} \to \mathbb{R}$ induziert wird, gilt

$$\mathbb{E}[X] = \sum_{n=1}^{+\infty} nf(n) = \sum_{n=1}^{+\infty} n(1-p)^{n-1}p$$

Indem wir eine Indexverschiebung vornehmen und die resultierende Reihe zerlegen, folgt

$$\begin{aligned} \mathbb{E}[X] &= \sum_{n=0}^{+\infty}(n+1)(1-p)^n p \\ &= (1-p)\sum_{n=1}^{+\infty} n(1-p)^{n-1}p + \sum_{n=1}^{+\infty}(1-p)^{n-1}p \\ &\overset{(18.6)}{=} (1-p)\mathbb{E}[X] + 1 \end{aligned}$$

und damit

$$\mathbb{E}[X] = \frac{1}{p}$$

Die Berechnung der Varianz erfolgt auf ähnliche Weise. Da die Rechnungen dafür schnell sehr unübersichtlich werden, wollen wir noch einen alternativen Zugang betrachten, für den wir lediglich die *wahrscheinlichkeitserzeugende Funktion* $m_X : [0, 1] \to \mathbb{R}$ mit $m_X(t) := \mathbb{E}[t^X]$ und deren Ableitungen bestimmen müssen. Für $t \in [0, 1]$ mit $(1-p)t < 1$ gilt

$$m_X(t) = \sum_{n=1}^{+\infty} \mathbb{P}(\{X = n\})\, t^n = tp\sum_{n=0}^{+\infty}(1-p)^n t^n \overset{(18.6)}{=} \frac{tp}{1-(1-p)t}$$

Die beiden ersten Ableitungen von m_X lauten

$$m'_X(t) = \frac{p}{(1-(1-p)t)^2}, \qquad m''_X(t) = \frac{2p(1-p)}{(1-(1-p)t)^3}$$

Damit lässt sich die Varianz von X gemäß

$$\mathbb{V}[X] = m''_X(1) + m'_X(1) - (m'_X(1))^2 = \frac{2p(1-p)}{p^3} + \frac{1}{p} - \frac{1}{p^2} = \frac{1}{p^2} - \frac{1}{p}$$

berechnen.

Bemerkung

(1) Der Erwartungswert lässt sich wegen $\mathbb{E}[X] = m'_X(1)$ natürlich ebenfalls mithilfe der wahrscheinlichkeitserzeugenden Funktion bestimmen.

(2) Alternativ zur obigen Herangehensweise kann man zur Berechnung von Erwartungswert und Varianz auch die geometrische Reihe aus Gl. (18.6) verwenden. Für $q \in (-1, 1)$ ergeben sich die ersten beiden Ableitungen der geometrischen Reihe zu

$$\sum_{n=1}^{+\infty} nq^{n-1} = \frac{1}{(1-q)^2}, \qquad \sum_{n=2}^{+\infty} n(n-1)q^{n-2} = \frac{2}{(1-q)^3}$$

Für $p \in (0, 1)$ und $q := 1 - p$ gilt daher

$$\mathbb{E}[X] = \sum_{n=1}^{+\infty} nf(n) = p \sum_{n=1}^{+\infty} n(1-p)^{n-1} = \frac{p}{p^2} = \frac{1}{p}$$

Multipliziert man nun die zweite Ableitung mit q und addiert anschließend die erste Ableitung, so erhält man

$$\begin{aligned}\sum_{n=1}^{+\infty} n^2 q^{n-1} &= \sum_{n=1}^{+\infty} nq^{n-1} + \sum_{n=1}^{+\infty} n(n-1)q^{n-1} \\ &= \frac{1}{(1-q)^2} + \frac{2q}{(1-q)^3} \\ &= -\frac{q+1}{(q-1)^3}\end{aligned}$$

Daraus folgt

$$\mathbb{E}[X^2] = \sum_{n=1}^{+\infty} n^2 f(n) = p \sum_{n=1}^{+\infty} n^2 (1-p)^{n-1} = \frac{p(2-p)}{p^3} = \frac{2-p}{p^2}$$

Die Varianz ergibt sich somit zu

$$\mathbb{V}[X] = \mathbb{E}[X^2] - (\mathbb{E}[X])^2 = \frac{2-p}{p^2} - \frac{1}{p^2} = \frac{1-p}{p^2} = \frac{1}{p^2} - \frac{1}{p}$$

was mit dem Ergebnis aus Teil (c) übereinstimmt.

Lösung Aufgabe 98 Sei $\mu : \mathfrak{B}(\mathbb{R}) \to \overline{\mathbb{R}}$ eine univariate Verteilung, also ein Wahrscheinlichkeitsmaß auf dem messbaren Raum $(\mathbb{R}, \mathfrak{B}(\mathbb{R}))$. In dieser Aufgabe wollen wir verschiedene Eigenschaften der sogenannten *Verteilungsfunktion* $F_\mu : \mathbb{R} \to [0, 1]$ vermöge

$$F_\mu(x) := \mu((-\infty, x])$$

nachweisen. Dabei ist zu beachten, dass F_μ wohldefiniert ist, denn jedes halboffene Intervall der Form $(-\infty, x]$ mit $x \in \mathbb{R}$ gehört zur Borelschen σ-Algebra $\mathfrak{B}(\mathbb{R})$ und μ nimmt als Wahrscheinlichkeitsmaß lediglich Werte in $[0, 1]$ an.

(a) *F_μ ist wachsend.* Seien $x, y \in \mathbb{R}$ mit $x \leq y$ beliebig gewählt. Offensichtlich gilt dann

$$(-\infty, x] \subseteq (-\infty, y]$$

Da das Wahrscheinlichkeitsmaß gemäß Aufgabe 54 (e) monoton ist, erhalten wir wie gewünscht die zu beweisende Ungleichung

$$F_\mu(x) = \mu((-\infty, x]) \leq \mu((-\infty, y]) = F_\mu(y)$$

womit die Monotonie gezeigt ist.

(b) *F_μ ist rechtsseitig stetig.* Die Funktion F_μ ist genau dann rechtsseitig stetig, wenn $F_\mu(x_n) \to F_\mu(x)$ für jedes $x \in \mathbb{R}$ und jede fallende Folge $(x_n)_{n\in\mathbb{N}}$ mit $x_n \downarrow x$ gilt. Zunächst gilt für jedes $n \in \mathbb{N}$ wegen $x \leq x_n$

$$F_\mu(x_n) = \mu((-\infty, x_n]) = \mu((-\infty, x]) + \mu((x, x_n]) = F_\mu(x) + \mu((x, x_n])$$

Dabei haben wir im zweiten Schritt die Additivität des Maßes verwendet. Wegen $x_n \downarrow x$ gilt $(x, x_n] \downarrow \emptyset$. Die Stetigkeit des Wahrscheinlichkeitsmaßes liefert weiter $\mu((x, x_n]) \downarrow 0$ und damit wie gewünscht $F_\mu(x_n) \to F_\mu(x)$. Vergleichen Sie auch Aufgabe 59. Damit ist die rechtsseitige Stetigkeit von F_μ gezeigt.

(c) *Es gelten $F_\mu(x) \to 0$ für $x \to -\infty$ und $F_\mu(x) \to 1$ für $x \to +\infty$.* Für diesen Teil werden wir erneut die Stetigkeit von μ verwenden. Sei zuerst $(x_n)_{n\in\mathbb{N}}$ eine fallende Folge von reellen Zahlen mit $x_n \downarrow -\infty$. Dann ist auch die Mengenfolge $(A_n)_{n\in\mathbb{N}}$ mit $A_n := (-\infty, x_n]$ fallend und besitzt gemäß Aufgabe 14 den Grenzwert

$$\bigcap_{n=1}^{+\infty} A_n = \bigcap_{n=1}^{+\infty} (-\infty, x_n] = \emptyset$$

In Zeichen bedeutet dies gerade $A_n \downarrow \emptyset$. Die Stetigkeit von μ lehrt $\mu(A_n) \downarrow 0$. Setzen wir nun alle Ergebnisse zusammen, so folgt

$$\lim_{n\to+\infty} F_\mu(x_n) = \lim_{n\to+\infty} \mu(A_n) = 0$$

und damit wie gewünscht $F_\mu(x) \to 0$ für $x \to -\infty$. Die zweite Grenzwertbeziehung weisen wir ähnlich nach. Dazu betrachten wir eine wachsende Folge $(x_n)_{n\in\mathbb{N}}$ mit $x_n \uparrow +\infty$. Dann ist $(B_n)_{n\in\mathbb{N}}$ mit $B_n := (-\infty, x_n]$ eine wachsende Folge von Mengen, die Aufgabe 14 folgend den Grenzwert

$$\bigcup_{n=1}^{+\infty} B_n = \bigcup_{n=1}^{+\infty}(-\infty, x_n] = \mathbb{R}$$

besitzt, in Zeichen $B_n \uparrow \mathbb{R}$. Es folgt $\mu(B_n) \uparrow \mu(\mathbb{R})$. Wegen $\mu(\mathbb{R}) = 1$ erhalten wir somit

$$\lim_{n\to+\infty} F_\mu(x_n) = \lim_{n\to+\infty} \mu(B_n) = 1$$

und damit $F_\mu(x) \to 1$ für $x \to +\infty$.

Bemerkung

(1) Wir haben gezeigt, dass jede univariate Verteilung, also jedes Wahrscheinlichkeitsmaß auf $(\mathbb{R}, \mathfrak{B}(\mathbb{R}))$, eine Verteilungsfunktion auf $\mathbb{R}$ induziert. Man kann aber auch umgekehrt zeigen, dass es zu jeder Verteilungsfunktion $F : \mathbb{R} \to [0, 1]$ genau ein Wahrscheinlichkeitsmaß $\mu_F : \mathfrak{B}(\mathbb{R}) \to \overline{\mathbb{R}}$ mit

$$\mu_F((-\infty, x]) = F(x)$$

für alle $x \in \mathbb{R}$ gibt. Insbesondere gilt die Korrespondenz

$$\mu_{(F_\mu)} = \mu, \qquad F_{(\mu_F)} = F$$

Aus diesem Grund ist der obige Zusammenhang zwischen univariaten Verteilungen und Verteilungsfunktionen auf $\mathbb{R}$ als *Korrespondenzsatz* bekannt. Einen Beweis dieses Satzes findet man beispielsweise in [12, 12.1.1 Satz].

(2) Die Verteilungsfunktion wird in der Literatur häufig auch *Wahrscheinlichkeitsverteilungsfunktion, kumulative Wahrscheinlichkeitsfunktion* oder *kumulative Verteilungsfunktion* genannt. In der englischsprachigen Literatur werden die Synonyme *cumulative (probability) distribution function* oder kurz *CDF* verwendet.

Lösung Aufgabe 99 Es seien $\mu, \nu : \mathfrak{B}(\mathbb{R}) \to \mathbb{R}$ zwei Wahrscheinlichkeitsmaße auf der Borelschen σ-Algebra von $\mathbb{R}$. Wir zeigen die Äquivalenz in zwei Schritten:

($\Longrightarrow$). Gelte $\mu = \nu$ auf $\mathfrak{B}(\mathbb{R})$, also $\mu(B) = \nu(B)$ für alle $B \in \mathfrak{B}(\mathbb{R})$. Dann folgt insbesondere für alle $x \in \mathbb{R}$

$$F_\mu(x) = \mu((-\infty, x]) = \nu((-\infty, x]) = F_\nu(x)$$

das heißt, die Verteilungsfunktionen von μ und ν stimmen überein.

($\Longleftarrow$). Gelte nun umgekehrt $F_\mu = F_\nu$ auf $\mathbb{R}$. Wir zeigen die Gleichheit der Maße mithilfe des Eindeutigkeitssatzes für Maße, den Sie beispielsweise in [3, Kap. II, §5, 5.6 Eindeutigkeitssatz] nachlesen können. Dazu betrachten wir das Mengensystem

$$\mathfrak{J} := \{(-\infty, x] \mid x \in \mathbb{R}\}$$

welches gemäß Aufgabe 33 ein durchschnittsstabiler Erzeuger der Borelschen σ-Algebra ist. Für jedes $x \in \mathbb{R}$ gilt

$$\mu((-\infty, x]) = F_\mu(x) = F_\nu(x) = \nu((-\infty, x])$$

Damit stimmen die Maße μ und ν auf dem Erzeuger $\mathfrak{J}$ überein. Nach dem Fortsetzungssatz stimmen sie somit auch auf ganz $\mathfrak{B}(\mathbb{R})$ überein. Damit ist alles gezeigt.

Lösung Aufgabe 100 Sei $F : \mathbb{R} \to [0, 1]$ eine stetige Verteilungsfunktion auf $\mathbb{R}$. Wir fixieren $h \in \mathbb{R}_{>0}$ und betrachten die Funktion $G_h : \mathbb{R} \to [0, 1]$ mit

$$G_h(x) := \frac{1}{h} \int_x^{x+h} F(t)\, \mathrm{d}t$$

Da F stetig ist, ist G_h gemäß dem Hauptsatz der Differential- und Integralrechnung stetig differenzierbar – insbesondere ist G_h damit rechtsseitig stetig. Die Ableitung von G_h können wir für jedes $x \in \mathbb{R}$ wie folgt mit der Leibnizregel für Parameterintegrale oder mit der Kettenregel berechnen:

$$G_h'(x) = \frac{1}{h}(F(x+h) - F(x))$$

Da die Verteilungsfunktion F wachsend ist, folgt $G_h'(x) \geq 0$. Der Mittelwertsatz lehrt somit, dass G_h ebenfalls wachsend ist. Zum Schluss wollen wir die beiden Grenzwertbeziehungen

$$\lim_{x \to -\infty} G_h(x) = 0, \qquad \lim_{x \to +\infty} G_h(x) = 1 \tag{18.8}$$

nachweisen. Sind $x \in \mathbb{R}$ und $t \in \mathbb{R}$ mit $x < t < x + h$ beliebig, so folgt aus der Monotonie und Wachstumsbeschränkung von F sowohl

$$0 \leq F(x) \leq F(t) \leq F(x+h) \leq 1$$

als auch

$$h\, F(x) = \int_x^{x+h} F(x)\, \mathrm{d}t \leq \int_x^{x+h} F(t)\, \mathrm{d}t \leq \int_x^{x+h} F(x+h)\, \mathrm{d}t = h\, F(x+h)$$

Dies impliziert

$$0 \leq F(x) \leq G_h(x) \leq F(x+h) \leq 1$$

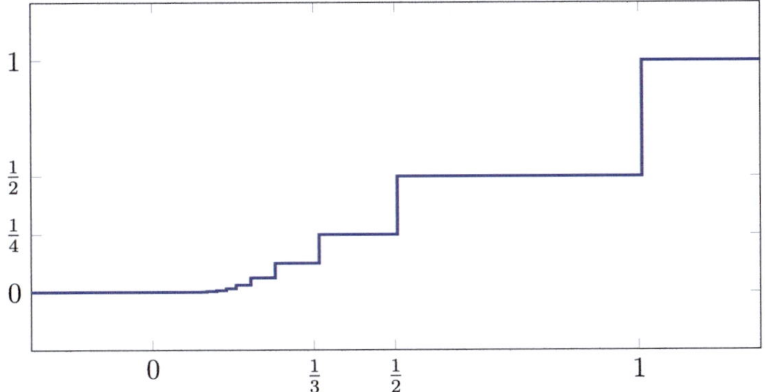

Abb. 18.3 Illustration der Verteilungsfunktion F

Da F eine Verteilungsfunktion ist, sind beide Grenzwertbeziehungen aus Gl. (18.8) erfüllt. Daher definiert G_h eine Verteilungsfunktion auf $\mathbb{R}$ und wir sind fertig.

Lösung Aufgabe 101 Wir betrachten die Funktion $F : \mathbb{R} \to [0, 1]$ mit

$$F(x) := \sum_{n=1}^{+\infty} \frac{1}{2^n} \chi_{A_n}(x)$$

wobei wir $A_n := [1/n, +\infty)$ für $n \in \mathbb{N}$ setzen. Die Funktion ist gemäß dem Weierstraßschen Majorantenkriterium wohldefiniert, denn es gelten $|\chi_{A_n}| \leq 1$ und (geometrische Reihe)

$$\sum_{n=1}^{+\infty} \frac{1}{2^n} = 1 \tag{18.9}$$

Wir kommen nun zur eigentlichen Lösung dieser Aufgabe:

(a) Sei $x \in \mathbb{R}$ beliebig gewählt. Gilt $x \leq 0$, so folgt $x \notin A_n$ beziehungsweise $\chi_{A_n}(x) = 0$ für alle $n \in \mathbb{N}$. In diesem Fall gilt $F(x) = 0$. Gilt hingegen $0 < x < 1$, so finden wir einen Index $n_0 \in \mathbb{N}$ mit $x \in A_n$ für alle $n \geq n_0$. Beachten Sie, dass die Folge der halboffenen Intervalle $(A_n)_{n \in \mathbb{N}}$ wachsend ist. Unsere Überlegungen und Gl. (18.9) implizieren $0 < F(x) < 1$. Den verbleibenden Fall $x \geq 1$ behandeln wir analog. Offensichtlich gilt $x \in A_n$ und damit $\chi_{A_n}(x) = 1$ für alle $n \in \mathbb{N}$, also $F(x) = 1$. Unsere Überlegungen zeigen nun wie gewünscht $0 \leq F(x) \leq 1$ für alle $x \in \mathbb{R}$. Insbesondere gelten $F(0) = 0$ und $F(1) = 1$.

(b) Es seien $x, y \in \mathbb{R}$ mit $x \leq y$ und $n \in \mathbb{N}$ beliebig. Gilt $x \in A_n$, so folgt wegen $x \leq y$ auch $y \in A_n$ und damit $\chi_{A_n}(x) = \chi_{A_n}(y)$. Gilt hingegen $x \notin A_n$, so folgt wegen $\chi_{A_n}(x) = 0$ automatisch $\chi_{A_n}(x) \leq \chi_{A_n}(y)$. Es spielt dabei keine Rolle, welchen Wert die rechte Seite annimmt. Dies impliziert aber sofort $F(x) \leq F(y)$, also ist die Funktion wachsend. Vergleichen Sie auch Abb. 18.3. Für die rechtsseitige Stetigkeit müssen wir lediglich $A_{n+1} \setminus A_n = [1/(n+1), 1/n)$ für $n \in \mathbb{N}$ beachten. Folglich ist die Funktion auf jedem der Intervalle $[1/(n+1), 1/n)$ konstant und damit rechtsseitig stetig.

(c) Wir überlegen uns zuerst, dass F eine (univariate) Verteilungsfunktion auf $\mathbb{R}$ ist. Zunächst gelten wegen der Überlegungen aus Teil (a) dieser Lösung

$$\lim_{x\to-\infty} \frac{1}{2^n} \chi_{A_n}(x) = 0, \qquad \lim_{x\to+\infty} \frac{1}{2^n} \chi_{A_n}(x) = \frac{1}{2^n}$$

für jedes $n \in \mathbb{N}$. Der Satz von der dominierten Konvergenz liefert somit

$$\lim_{x\to-\infty} F(x) = \sum_{n=1}^{+\infty} \left(\lim_{x\to-\infty} \frac{1}{2^n} \chi_{A_n}(x) \right) = 0$$

und

$$\lim_{x\to+\infty} F(x) = \sum_{n=1}^{+\infty} \left(\lim_{x\to+\infty} \frac{1}{2^n} \chi_{A_n}(x) \right) = \sum_{n=1}^{+\infty} \frac{1}{2^n} = 1$$

wobei wir erneut Gl. (18.9) verwendet haben. Gemäß dem Korrespondenzsatz [12, 12.1.1 Lemma] gibt es somit genau ein Wahrscheinlichkeitsmaß, auch bekannt als univariate Verteilung, $\mathbb{P}_F : \mathfrak{B}(\mathbb{R}) \to \overline{\mathbb{R}}$ mit der Eigenschaft

$$\mathbb{P}_F((-\infty, x]) = F(x)$$

für alle $x \in \mathbb{R}$. Aus der Monotonie und Stetigkeit von unten folgt

$$F(x) - \lim_{y\uparrow x} F(y) = \mathbb{P}_F(\{x\}) \tag{18.10}$$

für alle $x \in \mathbb{R}$. Dies ist Lemma 12.1.2 in [12]. Für beliebiges $n \in \mathbb{N}$ erhalten wir somit aus der obigen Gleichung

$$\mathbb{P}_F\left(\left\{\frac{1}{n}\right\}\right) = F\left(\frac{1}{n}\right) - \lim_{y\uparrow \frac{1}{n}} F(y) = F\left(\frac{1}{n}\right) - F\left(\frac{1}{n+1}\right)$$

Werten wir die Funktionswerte der Verteilungsfunktion auf der rechten Seite aus, so erhalten wir

$$\mathbb{P}_F\left(\left\{\frac{1}{n}\right\}\right) = F\left(\frac{1}{n}\right) - F\left(\frac{1}{n+1}\right) = \sum_{k=n}^{+\infty} \frac{1}{2^k} - \sum_{k=n+1}^{+\infty} \frac{1}{2^k} = \frac{1}{2^n}$$

Wegen Gl. (18.9) folgt

$$\sum_{n=1}^{+\infty} \mathbb{P}_F\left(\left\{\frac{1}{n}\right\}\right) = 1$$

also handelt es sich bei dem Wahrscheinlichkeitsmaß $\mathbb{P}_F$ um eine Massenverteilung mit Masse $1/2^n$ in jedem Punkt $1/n$ für $n \in \mathbb{N}$. Anders ausgedrückt, es gilt

$$\mathbb{P}_F = \sum_{n=1}^{+\infty} \frac{1}{2^n} \delta_{\frac{1}{n}}$$

Dass es sich bei $\mathbb{P}_F$ wirklich um ein Wahrscheinlichkeitsmaß auf $(\mathbb{R}, \mathfrak{B}(\mathbb{R}))$ handelt, folgt sofort aus Aufgabe 51.

(d) Da das Wahrscheinlichkeitsmaß subtraktiv ist, gilt zunächst

$$\mathbb{P}_F\left(\left[0, \frac{1}{2}\right]\right) = \mathbb{P}_F\left(\left(-\infty, \frac{1}{2}\right]\right) - \mathbb{P}_F((-\infty, 0))$$

Beachten wir den Zusammenhang zwischen Verteilungsfunktion F und Verteilung $\mathbb{P}_F$, so erhalten wir schließlich

$$\mathbb{P}_F\left(\left[0, \frac{1}{2}\right]\right) = F\left(\frac{1}{2}\right) - \lim_{y \uparrow 0} F(y) = \sum_{n=1}^{+\infty} \frac{1}{2^n} - \sum_{n=2}^{+\infty} \frac{1}{2^n} = \frac{1}{2}$$

Per Definition von $\mathbb{P}_F$ gilt

$$\mathbb{P}_F\left(\left\{\frac{1}{2}\right\}\right) = \frac{1}{4}$$

In Hinblick auf Gl. (18.10) kann die Verteilungsfunktion F nicht in $1/2$ stetig sein, denn dazu müsste der linksseitige Grenzwert in $1/2$ mit dem Funktionswert $F(1/2)$ übereinstimmen.

Lösung Aufgabe 102 Sei $(\Omega, \mathfrak{F}, \mathbb{P})$ ein Wahrscheinlichkeitsraum und sei $(X_i)_{i \in I}$ eine Familie von reellen Zufallsvariablen auf Ω. In vielen Büchern zur Wahrscheinlichkeitstheorie und Stochastik wird die Unabhängigkeit der Familie wie folgt definiert: Die Familie $(X_i)_{i \in I}$ heißt *(stochastisch) unabhängig,* falls

$$\mathbb{P}\left(\bigcap_{k \in J}\{X_k \leq \alpha_k\}\right) = \prod_{k \in J} \mathbb{P}(\{X_k \leq \alpha_k\})$$

für jede nichtleere und endliche Teilmenge J von I und für alle $\alpha_k \in \mathbb{R}$ mit $k \in J$ gilt. Im Fall $I = \{1, 2\}$ vereinfacht sich die Definition entsprechend wie folgt: Die Familie

$(X_i)_{i\in I}$ beziehungsweise die beiden Zufallsvariablen $X_1 : \Omega \to \mathbb{R}$ und $X_2 : \Omega \to \mathbb{R}$ heißen *unabhängig,* falls

$$\mathbb{P}(\{X_1 \leq \alpha_1\} \cap \{X_2 \leq \alpha_2\}) = \mathbb{P}(\{X_1 \leq \alpha_1\})\,\mathbb{P}(\{X_2 \leq \alpha_2\})$$

für alle $\alpha_1, \alpha_2 \in \mathbb{R}$ gilt. Im Grunde ist die Aufgabe damit bereits gelöst. Wir wollen dennoch im Detail untersuchen, wie die obige Definition motiviert ist, in welchem Zusammenhang zu unabhängigen Ereignissen diese steht und vieles mehr. Dazu gehen wir wie folgt schrittweise vor:

(Unabhängige Familie von Ereignissen). Eine Familie $(A_i)_{i\in I}$ von Ereignissen aus $\mathfrak{F}$ wird *unabhängig* genannt, falls für jede nichtleere und endliche Teilmenge J von I gilt, dass

$$\mathbb{P}\left(\bigcap_{k\in J} A_k\right) = \prod_{k\in J} \mathbb{P}(A_k)$$

Insbesondere sind damit zwei Ereignisse $A_1, A_2 \in \mathfrak{F}$ unabhängig, falls

$$\mathbb{P}(A_1 \cap A_2) = \mathbb{P}(A_1)\,\mathbb{P}(A_2)$$

Entsprechend sind drei Ereignisse $A_1, A_2, A_3 \in \mathfrak{F}$ unabhängig, falls die vier Gleichungen

$$\begin{aligned}
\mathbb{P}(A_1 \cap A_2) &= \mathbb{P}(A_1)\,\mathbb{P}(A_2)\\
\mathbb{P}(A_1 \cap A_3) &= \mathbb{P}(A_1)\,\mathbb{P}(A_3)\\
\mathbb{P}(A_2 \cap A_3) &= \mathbb{P}(A_2)\,\mathbb{P}(A_3)\\
\mathbb{P}(A_1 \cap A_2 \cap A_3) &= \mathbb{P}(A_1)\,\mathbb{P}(A_2)\,\mathbb{P}(A_3)
\end{aligned}$$

erfüllt sind.

(Unabhängige Familie von Ereignissystemen). Seien zunächst $A_1, A_2 \in \mathfrak{F}$ zwei Ereignisse. Aufgabe 69 folgend sind diese genau dann unabhängig, wenn für jede Wahl von $A_1' \in \{\emptyset, A_1, A_1^c, \Omega\}$ und $A_2' \in \{\emptyset, A_2, A_2^c, \Omega\}$ die Ereignisse A_1' und A_2' unabhängig sind. Bei den beiden Ereignissystemen handelt es sich um die von A_1 beziehungsweise A_2 erzeugte σ-Algebra über Ω, also um $\sigma(\{A_1\})$ und $\sigma(\{A_2\})$. Daher wird die Definition der Unabhängigkeit wie folgt auf Familien von Ereignissystemen übertragen: Sei $(\mathfrak{E}_i)_{i\in I}$ eine Familie, wobei $\mathfrak{E}_i \subseteq \mathfrak{F}$ für jedes $i \in I$ ein Ereignissystem ist. Dann wird die Familie der Ereignissystemen *unabhängig* genannt, wenn jede Familie von Ereignissen $(A_i)_{i\in I}$ mit $A_i \in \mathfrak{E}_i$ für $i \in I$ unabhängig ist. Sind alle Ereignissysteme *durchschnittsstabil,* so kann man zeigen, dass die Familie $(\mathfrak{E}_i)_{i\in I}$ genau dann unabhängig ist, wenn die Familie der erzeugten σ-Algebren $(\sigma(\mathfrak{E}_i))_{i\in I}$ unabhängig ist. Ein Beweis dieser Aussage findet sich beispielsweise in [12].

(Unabhängige Familie von Zufallsgrößen). Sei nun $(\Gamma, \mathfrak{G})$ ein weiterer messbarer Raum und sei $X : \Omega \to \Gamma$ eine Zufallsgröße, also eine $\mathfrak{F}$-$\mathfrak{G}$-messbare Abbildung.

Gemäß Aufgabe 29 definiert $X^{-1}(\mathfrak{G})$ eine σ-Algebra auf Ω. In der Literatur wird diese häufig als $\sigma(X)$ geschrieben. Beachten Sie, dass wegen der $\mathfrak{F}$-$\mathfrak{G}$-Messbarkeit von X insbesondere $X^{-1}(\mathfrak{G}) \subseteq \mathfrak{F}$ gilt. Mit diesen Überlegungen lässt sich die vorherige Definition wie folgt übertragen: Sei $(\Gamma_i, \mathfrak{G}_i)_{i\in I}$ eine Familie von messbaren Räumen und sei $(X_i)_{i\in I}$ eine Familie von Zufallsgrößen $X_i : \Omega \to \Gamma_i$ für $i \in I$. Dann heißt $(X_i)_{i\in I}$ *unabhängig,* falls die Familie der σ-Algebren $(X_i^{-1}(\mathfrak{G}_i))_{i\in I}$ unabhängig ist. Die drei obigen Definitionen stehen dabei wie folgt in Verbindung:

(Hauptsatz über unabhängige Familien). Sei $(\Omega, \mathfrak{F}, \mathbb{P})$ ein Wahrscheinlichkeitsraum, sei $(\Gamma_i, \mathfrak{G}_i)_{i\in I}$ eine Familie messbarer Räume, sei $(\mathfrak{E}_i)_{i\in I}$ eine Familie von *durchschnittsstabilen* Erzeugern mit $\sigma(\mathfrak{E}_i) = \mathfrak{G}_i$ und sei $(X_i)_{i\in I}$ eine Familie von Zufallsgrößen $X_i : \Omega \to \Gamma_i$. Dann sind folgende Aussagen äquivalent:

(α) Die Familie von Zufallsgrößen $(X_i)_{i\in I}$ ist unabhängig.
(β) Die Familie von σ-Algebren $(X_i^{-1}(\mathfrak{G}_i))_{i\in I}$ ist unabhängig.
(γ) Die Familie von Ereignissystemen $(X_i^{-1}(\mathfrak{E}_i))_{i\in I}$ ist unabhängig.
(δ) Für jede Familie $(A_i)_{i\in I}$ mit $A_i \in \mathfrak{E}_i$ für $i \in I$ ist die Familie von Ereignissen $(X_i^{-1}(A_i))_{i\in I}$ unabhängig.

Einen Beweis dieses Resultats findet man beispielsweise in [12, 11.3.1 Satz]. Wir kommen nun zum Ausgangspunkt dieser Aufgabe zurück und betrachten eine Familie $(X_i)_{i\in I}$ von reellen Zufallsvariablen auf Ω. Somit ist jedes X_i eine Funktion von Ω nach $\mathbb{R}$. Wie üblich statten wir den Zielraum mit der Borelschen σ-Algebra $\mathfrak{B}(\mathbb{R})$ aus. Da das Mengensystem

$$\mathfrak{J} := \{(-\infty, \alpha] \mid \alpha \in \mathbb{R}\}$$

gemäß Aufgabe 33 ein durchschnittsstabiler Erzeuger von $\mathfrak{B}(\mathbb{R})$ ist und

$$\{X_i \leq \alpha\} := X_i^{-1}((-\infty, \alpha])$$

für $i \in I$ und $\alpha \in \mathbb{R}$ gesetzt wird, erhalten wir aus den Überlegungen oben wie gewünscht die Definition vom Anfang dieser Lösung.

Lösung Aufgabe 103 Sei $(\Omega, \mathfrak{F}, \mathbb{P})$ ein Wahrscheinlichkeitsraum sowie $X : \Omega \to \mathbb{R}$ und $Y : \Omega \to \mathbb{R}$ zwei unabhängige Zufallsvariablen. Wie üblich bezeichnet $X \vee Y := \max(X, Y)$ das Maximum und $X \wedge Y := \min(X, Y)$ das Minimum von X und Y. Für jedes $x \in \mathbb{R}$ gilt daher

$$\{X \vee Y \leq x\} = \{X \leq x\} \cap \{Y \leq x\}$$

denn die Funktionswerte von $X \vee Y$ werden genau dann durch x dominiert, wenn gleichzeitig die von X und Y durch x dominiert werden. Da die Mengen $\{X \leq x\}$ und $\{Y \leq x\}$ wegen der $\mathfrak{F}$-$\mathfrak{B}(\mathbb{R})$-Messbarkeit beider Zufallsvariablen zur σ-Algebra $\mathfrak{F}$ gehören, lehrt die Unabhängigkeit von X und Y wie gewünscht

$$\mathbb{P}(\{X \vee Y \leq x\}) = \mathbb{P}(\{X \leq x\})\,\mathbb{P}(\{Y \leq x\})$$

Entsprechend gilt für das Minimum

$$\{X \wedge Y > x\} = \{X > x\} \cap \{Y > x\}$$

Da die beiden Mengen $\{X > x\}$ und $\{Y > x\}$ ebenfalls zu $\mathfrak{F}$ gehören, folgt aus der Unabhängigkeit wie gewünscht

$$\mathbb{P}(\{X \wedge Y > x\}) = \mathbb{P}(\{X > x\})\,\mathbb{P}(\{Y > x\})$$

Damit ist alles gezeigt.

Lösung Aufgabe 104 Sei $(\Omega, \mathfrak{F}, \mathbb{P})$ ein Wahrscheinlichkeitsraum und seien $X, Y : \Omega \to \mathbb{R}$ zwei Zufallsvariablen. Ohne Einschränkung sei X konstant. Das heißt, es gibt eine Zahl $c \in \mathbb{R}$ mit $X(\omega) = c$ für alle $\omega \in \Omega$. Per Definition sind X und Y genau dann unabhängig, falls

$$\mathbb{P}(\{X \in A\} \cap \{Y \in B\}) = \mathbb{P}(\{X \in A\})\,\mathbb{P}(\{Y \in B\})$$

für alle $A, B \in \mathfrak{B}(\mathbb{R})$ gilt. Vergleichen Sie auch die Lösung von Aufgabe 102. Wir beweisen nun die Unabhängigkeit von X und Y mit einer Fallunterscheidung.

(a) *Es gilt $c \in A$.* In diesem Fall folgt $\{X \in A\} = \Omega$ und somit

$$\mathbb{P}(\{X \in A\} \cap \{Y \in B\}) = \mathbb{P}(\Omega \cap \{Y \in B\}) = \mathbb{P}(\{Y \in B\})$$

Wegen $\mathbb{P}(\{X \in A\}) = 1$ ist damit die Unabhängigkeit von X und Y gezeigt.

(b) *Es gilt $c \notin A$.* Da in diesem Fall $\{X \in A\} = \emptyset$ gilt, erhalten wir

$$\mathbb{P}(\{X \in A\} \cap \{Y \in B\}) = \mathbb{P}(\emptyset \cap \{Y \in B\}) = \mathbb{P}(\emptyset) = 0$$

Wegen $\mathbb{P}(\{X \in A\})\,\mathbb{P}(\{Y \in B\}) = 0$ folgt auch in diesem Fall die Unabhängigkeit der beiden Zufallsvariablen X und Y.

Damit haben wir gezeigt, dass jede konstante Zufallsvariable unabhängig von jeder anderen Zufallsvariable ist.

Bemerkung Wie wir bereits in unterschiedlichen Aufgaben gesehen haben, ist die Umkehrung der obigen Aussage im Allgemeinen *falsch*.

Lösung Aufgabe 105 Sei $(\Omega, \mathfrak{F}, \mathbb{P})$ ein Wahrscheinlichkeitsraum und seien $X, Y : \Omega \to \mathbb{R}$ zwei Zufallsvariablen. Weiter seien $f, g : \mathbb{R} \to \mathbb{R}$ beliebige $\mathfrak{B}(\mathbb{R})$-$\mathfrak{B}(\mathbb{R})$-messbare Funktionen. Wir beweisen die Äquivalenzaussage in zwei Schritten.

($\Longrightarrow$). Seien X und Y unabhängig, das heißt, für alle $A, B \in \mathfrak{B}(\mathbb{R})$ gilt

$$\mathbb{P}(\{X \in A\} \cap \{Y \in B\}) = \mathbb{P}(\{X \in A\})\,\mathbb{P}(\{Y \in B\})$$

Wir zeigen, dass die Zufallsvariablen $f \circ X$ und $g \circ Y$ ebenfalls unabhängig sind. Gemäß der $\mathfrak{B}(\mathbb{R})$-$\mathfrak{B}(\mathbb{R})$-Messbarkeit von f gilt $f^{-1}(A) \in \mathfrak{B}(\mathbb{R})$ und aus $(f \circ X)^{-1}(A) = (X^{-1} \circ f^{-1})(A)$ folgt

$$\{f \circ X \in A\} = \{X \in f^{-1}(A)\} \in \mathfrak{B}(\mathbb{R})$$

Zusammenfassend erhalten wir somit für alle $A, B \in \mathfrak{B}(\mathbb{R})$ wie gewünscht

$$\begin{aligned}\mathbb{P}(\{f \circ X \in A\} \cap \{g \circ Y \in B\}) &= \mathbb{P}(\{X \in f^{-1}(A)\} \cap \{Y \in g^{-1}(B)\}) \\ &= \mathbb{P}(\{X \in f^{-1}(A)\})\,\mathbb{P}(\{Y \in g^{-1}(B)\}) \\ &= \mathbb{P}(\{f \circ X \in A\})\,\mathbb{P}(\{g \circ Y \in B\})\end{aligned}$$

Dabei geht in den zweiten Schritt die Unabhängigkeit von X und Y ein. Unsere Überlegungen zeigen damit wie gewünscht, dass $f \circ X$ und $g \circ Y$ unabhängig sind.

($\Longleftarrow$). Seien $f \circ X : \Omega \to \mathbb{R}$ und $g \circ Y : \Omega \to \mathbb{R}$ unabhängige Zufallsvariablen. Diese Implikation ist trivial. Wählen wir f und g als die Identität auf $\mathbb{R}$, so gelten $f \circ X = X$ und $g \circ Y = Y$ und wir sind fertig.

Bemerkung Als direkte Konsequenz dieser Aufgabe erhalten wir folgende Spezialfälle, die häufig genutzt werden:

> Sei $(\Omega, \mathfrak{F}, \mathbb{P})$ ein Wahrscheinlichkeitsraum und seien $X, Y : \Omega \to \mathbb{R}$ zwei unabhängige Zufallsvariablen. Dann sind auch die Zufallsvariablen t^X und t^Y beziehungsweise e^{tX} und e^{tY} für alle $t \in \mathbb{R}$ unabhängig.

Lösung Aufgabe 106 Sei in der gesamten Lösung $(\Omega, \mathfrak{F}, \mathbb{P})$ ein Wahrscheinlichkeitsraum und sei $X : \Omega \to \mathbb{R}$ eine Zufallsvariable. Wir beweisen die Äquivalenzaussage in zwei Schritten:

($\Longrightarrow$). Sei zuerst X unabhängig (!) zu sich selbst. Dann gilt speziell

$$\mathbb{P}(\{X \in B\}) = \mathbb{P}(\{X \in B\} \cap \{X \in B\}) \overset{(!)}{=} \mathbb{P}(\{X \in B\})\,\mathbb{P}(\{X \in B\})$$

für alle $B \in \mathfrak{B}(\mathbb{R})$. Da die Wahrscheinlichkeit der Menge $\{X \in B\}$ zu $[0, 1]$ gehört, folgt aus der obigen Gleichung $\mathbb{P}(\{X \in B\}) \in \{0, 1\}$. Es bezeichne nun wie üblich $F_X : \mathbb{R} \to [0, 1]$ vermöge

$$F_X(x) := \mathbb{P}(\{X \leq x\})$$

die Verteilungsfunktion von X. Beachten Sie $F_X(x) \in \{0, 1\}$ für alle $x \in \mathbb{R}$. Wir definieren die Nullstellenmenge

$$N := \{x \in \mathbb{R} \mid F_X(x) = 0\}$$

Diese ist nichtleer, denn es gilt $F_X(x) \to 0$ für $x \to -\infty$. Vergleichen Sie hierzu auch Aufgabe 98, die Eigenschaften der Verteilungsfunktionen behandelt. Wegen

$F_X(x) \to 1$ für $x \to +\infty$ ist N beschränkt und das Supremum der Menge existiert in $\mathbb{R}$. Wir setzen

$$c := \sup(N)$$

und überlegen uns nun, dass $\mathbb{P}(\{X = c\}) = 1$ gilt. Per Definition des Supremums finden wir eine reelle und wachsende Folge $(x_n)_{n\in\mathbb{N}}$ mit $x_n \in N$ beziehungsweise $F_X(x_n) = 0$ und $x_n \uparrow c$. Wir bezeichnen nun wie üblich mit

$$F_X(c-) := \lim_{x\uparrow c} F_X(x)$$

den linksseitigen Grenzwert in c. Aus der Monotonie von F_X und der Stetigkeit der Verteilung $\mathbb{P}_X$ folgt

$$F_X(c-) = \mathbb{P}_X((-\infty, c)) = 0$$

beziehungsweise $\mathbb{P}(\{X < c\}) = 0$. Per Konstruktion von c gilt $F_X(c+\varepsilon) = 1$ für jedes $\varepsilon \in \mathbb{R}_{>0}$, denn die Verteilungsfunktion kann nur die beiden Werte 0 und 1 annehmen. Da die Verteilungsfunktion rechtsseitig stetig ist, impliziert dies beim Grenzübergang $\varepsilon \downarrow 0$ gerade $F_X(c) = 1$ und schließlich wie gewünscht

$$\mathbb{P}(\{X = c\}) = \mathbb{P}(\{X \le c\}) - \mathbb{P}(\{X < c\}) = F_X(c) = 1$$

Damit ist alles gezeigt.

Bemerkung Die Verteilungsfunktion von X entspricht in diesem Fall der Indikatorfunktion der Menge $[c, +\infty)$. Vergleichen Sie auch Abb. 107.

($\Longleftarrow$). Wir beweisen nun die umgekehrte Implikation. Dazu nehmen wir, dass es eine Zahl $c \in \mathbb{R}$ mit $\mathbb{P}(\{X = c\}) = 1$ gibt. Da die Zufallsvariable X damit fast sicher konstant ist, gilt

$$\mathbb{P}(\{X \in A\}) = \begin{cases} 1 & \text{falls } c \in A \\ 0 & \text{sonst} \end{cases}$$

beziehungsweise $\mathbb{P}_X(A) = \delta_c(A)$ für alle $A \in \mathfrak{B}(\mathbb{R})$. Die Wahrscheinlichkeit von $\{X \in A\}$ ist also lediglich durch die Lage der Zahl c bestimmt. Ist nun $B \in \mathfrak{B}(\mathbb{R})$ eine weitere Menge, so gilt genau dann

$$\mathbb{P}(\{X \in A\} \cap \{X \in B\}) = 1$$

wenn $c \in A$ und $c \in B$. Andernfalls ist die Wahrscheinlichkeit gleich 0. Insgesamt folgt somit

$$\mathbb{P}(\{X \in A\} \cap \{X \in B\}) = \mathbb{P}(\{X \in A\})\,\mathbb{P}(\{X \in B\})$$

also ist die Zufallsvariable unabhängig zu sich selbst.

Lösung Aufgabe 107 Sei $(\Omega, \mathfrak{F}, \mathbb{P})$ ein Wahrscheinlichkeitsraum und sei $A \in \mathfrak{F}$ ein beliebiges Ereignis. Für die Lösung dieser Aufgabe machen wir zuerst einige Vorbetrachtungen. Die von der Indikatorfunktion $\chi_A : \Omega \to \mathbb{R}$ induzierte σ-Algebra ist definiert als

$$\chi_A^{-1}(\mathfrak{B}(\mathbb{R})) := \{\chi_A^{-1}(B) \mid B \in \mathfrak{B}(\mathbb{R})\}$$

Vergleichen Sie auch Aufgabe 29. Da die Indikatorfunktion lediglich die Werte 0 und 1 annimmt und jede σ-Algebra per Definition die Mengen $\emptyset$ und Ω enthält, folgt

$$\chi_A^{-1}(\mathfrak{B}(\mathbb{R})) = \big\{\emptyset, \{\chi_A = 0\}, \{\chi_A = 1\}, \Omega\big\} = \{\emptyset, A, A^c, \Omega\}$$

Sei nun $B \in \mathfrak{F}$ ein zu A unabhängiges Ereignis. Gemäß den Überlegungen aus Aufgabe 69 sind somit auch die beiden σ-Algebren $\chi_A^{-1}(\mathfrak{B}(\mathbb{R}))$ und $\chi_B^{-1}(\mathfrak{B}(\mathbb{R}))$ unabhängig. Wegen Aufgabe 102 ist dies aber gleichbedeutend mit der Unabhängigkeit der Zufallsvariablen χ_A und χ_B. Damit ist alles gezeigt.

Lösung Aufgabe 108 Sei $(\Omega, \mathfrak{F}, \mathbb{P})$ ein Wahrscheinlichkeitsraum und seien $X, Y : \Omega \to \mathbb{R}$ zwei unabhängige Zufallsvariablen mit $\mathbb{P}_X(\mathbb{N}_0) = 1$ und $\mathbb{P}_Y(\mathbb{N}_0) = 1$. Zur Übersicht unterteilen wir die Lösung dieser Aufgabe in vier Teile:

(a) Wir zeigen zuerst

$$m_{X+Y}(t) = m_X(t)\, m_Y(t) \tag{18.11}$$

für $t \in [0, 1]$. Dafür müssen wir lediglich beachten, dass wegen der Unabhängigkeit von X und Y auch t^X und t^Y unabhängige (!) Zufallsvariablen sind. Dies folgt unmittelbar aus Aufgabe 105. Somit ergibt sich wie gewünscht

$$m_{X+Y}(t) = \mathbb{E}[t^{X+Y}] \overset{(!)}{=} \mathbb{E}[t^X]\,\mathbb{E}[t^Y] = m_X(t)\, m_Y(t)$$

und wir sind fertig.

(b) Die wahrscheinlichkeitserzeugende Funktion $m_{X+Y} : [0, 1] \to \mathbb{R}$ ist bekanntlich beliebig oft auf $[0, 1)$ differenzierbar. Da die Funktion m_{X+Y} wegen Teil (a) in das Produkt von m_X und m_Y zerfällt, folgt mit der Leibniz-Formel für höhere Ableitungen

$$m_{X+Y}^{(n)}(t) = \sum_{k=0}^{n} \binom{n}{k} m_X^{(k)}(t)\, m_Y^{(n-k)}(t) \tag{18.12}$$

für alle $n \in \mathbb{N}_0$ und $t \in [0, 1]$. Wir werden die obige Gleichung in $t = 0$ auswerten, denn aus der Potenzreihenentwicklung der wahrscheinlichkeitserzeugenden Funktion [12, 16.1.3 Lemma] folgt sofort

$$\mathbb{P}(\{X + Y = n\}) = \frac{1}{n!}\, m_{X+Y}^{(n)}(0)$$

Entsprechende Identitäten gelten natürlich auch für m_X und m_Y. Setzen wir schließlich $t = 0$ in Gl. (18.12) ein, so folgt für alle $n \in \mathbb{N}_0$

$$\begin{aligned}
\mathbb{P}(\{X + Y = n\}) &= \frac{1}{n!}\, m_{X+Y}^{(n)}(0) \\
&= \frac{1}{n!} \sum_{k=0}^{n} \binom{n}{k} m_X^{(k)}(0)\, m_Y^{(n-k)}(0) \\
&= \sum_{k=0}^{n} \frac{1}{k!} m_X^{(k)}(0)\, \frac{1}{(n-k)!} m_Y^{(n-k)}(0) \\
&= \sum_{k=0}^{n} \mathbb{P}(\{X = k\})\, \mathbb{P}(\{Y = n - k\})
\end{aligned}$$

und die Faltungsformel ist bewiesen.

Bemerkung Die Faltungsformel bleibt richtig, wenn man auf der rechten Seite die Rollen von X und Y vertauscht:

$$\mathbb{P}(\{X + Y = n\}) = \sum_{k=0}^{n} \mathbb{P}(\{X = n - k\})\, \mathbb{P}(\{Y = k\})$$

(c) Gelte nun $\mathbb{P}_X = \mathbf{B}(m, p)$ und $\mathbb{P}_Y = \mathbf{B}(n, p)$ für beliebige Parameter $m, n \in \mathbb{N}$ und $p \in (0, 1)$. Die Binomial-Verteilung wird von der Zähldichte aus Aufgabe 46 erzeugt. Daher gilt

$$m_X(t) = \sum_{k=0}^{+\infty} \mathbb{P}(\{X = k\})\, t^k = \sum_{k=0}^{m} \binom{m}{k} (pt)^k (1 - p)^{m-k} = (1 - p + pt)^m$$

für alle $t \in [0, 1]$, wobei wir im letzten Schritt den binomischen Lehrsatz aus Aufgabe 10 (b) verwendet haben. Analog folgt $m_Y(t) = (1 - p + pt)^n$ und damit gerade

$$\begin{aligned}
m_{X+Y}(t) &\overset{(a)}{=} m_X(t)\, m_Y(t) \\
&= (1 - p + pt)^m\, (1 - p + pt)^n \\
&= (1 - p + pt)^{m+n}
\end{aligned}$$

Damit entspricht m_{X+Y} der wahrscheinlichkeitserzeugenden Funktion einer Zufallsvariable mit Verteilung $\mathbf{B}(m+n, p)$ und der Eindeutigkeitssatz für wahrscheinlichkeitserzeugende Funktionen [12, 16.1.4 Satz] liefert wie behauptet

$$\mathbb{P}_{X+Y} = \mathbf{B}(m+n, p)$$

Unsere Überlegungen zeigen, dass die Summe von zwei unabhängigen und Binomial-verteilten Zufallsvariablen ebenfalls Binomial-verteilt ist.

(d) Gelte erneut $\mathbb{P}_X = \mathbf{B}(m, p)$ und $\mathbb{P}_Y = \mathbf{B}(n, p)$ für Parameter $m, n \in \mathbb{N}$ und $p \in (0, 1)$. Dann gilt

$$\mathbb{P}(\{X = j\}) = \binom{m}{j} p^j (1-p)^{m-j}, \quad \mathbb{P}(\{Y = k\}) = \binom{n}{k} p^k (1-p)^{n-k}$$

für $j \in \{0, \ldots, m\}$ und $k \in \{0, \ldots, n\}$. Die Faltungsformel lehrt somit für alle $i \in \mathbb{N}_0$

$$\begin{aligned} \mathbb{P}(\{X+Y=i\}) &\overset{\text{(b)}}{=} \sum_{k=0}^{i} \mathbb{P}(\{X=k\})\, \mathbb{P}(\{Y=i-k\}) \\ &= \sum_{k=0}^{i} \binom{m}{k} p^k (1-p)^{m-k} \binom{n}{i-k} p^{i-k} (1-p)^{n-(i-k)} \\ &= p^i (1-p)^{m+n-i} \sum_{k=0}^{i} \binom{m}{k}\binom{n}{i-k} \end{aligned}$$

Zur Vereinfachung des Ausdrucks auf der rechten Seite werden wir die Identität

$$\binom{m+n}{i} = \sum_{k=0}^{i} \binom{m}{k}\binom{n}{i-k} \tag{18.13}$$

verwenden. Diese ist bekannt als *Vandermonde-Identität* und lässt sich unter anderem mit analytischen Mitteln herleiten, man kann aber auch *doppeltes Abzählen* verwenden. Vergleichen Sie dazu auch Aufgabe 9. Wir stellen uns dazu eine Gruppe von $m+n$ Personen vor, von denen m Männer und n Frauen sind. Dann gibt es genau $\binom{m+n}{i}$ Möglichkeiten aus allen Personen einen Ausschuss von i Personen zu bilden. Man kann die Anzahl der Ausschüsse aber auch wie folgt herleiten: Für jedes $k \in \{0, \ldots, i\}$ soll der Ausschuss aus genau k Männern und $i-k$ Frauen bestehen. Das sind genau $\binom{m}{k}\binom{n}{i-k}$ viele Möglichkeiten. Summieren wir nun über die Anzahl aller Möglichkeiten dieser Art, so erhalten wir wie gewünscht Gl. (18.13). Mithilfe der Vandermonde-Identität folgt

$$\mathbb{P}(\{X+Y=i\}) = \binom{m+n}{i} p^i (1-p)^{m+n-i}$$

Dabei handelt es sich offensichtlich um die Zähldichte der Binomial-Verteilung $\mathbf{B}(m+n,p)$, also gilt $\mathbb{P}_{X+Y} = \mathbf{B}(m+n,p)$.

Bemerkung Die *Vandermonde-Identität* lässt sich wie folgt mithilfe des binomischen Lehrsatzes (!) beweisen. Zunächst gilt für jedes $x \in \mathbb{R}$

$$\sum_{i=0}^{m+n} \binom{m+n}{i} x^i \overset{(!)}{=} (1+x)^{m+n} = (1+x)^m (1+x)^n$$

Das Produkt auf der rechten Seite lässt sich ebenfalls wie folgt umschreiben:

$$\begin{aligned}(1+x)^m(1+x)^n &\overset{(!)}{=} \left(\sum_{k=0}^{m} \binom{m}{k} x^k\right)\left(\sum_{i=0}^{n} \binom{n}{i} x^i\right) \\ &= \sum_{k=0}^{m}\sum_{i=0}^{n} \binom{m}{k}\binom{n}{i} x^{i+k} \\ &= \sum_{k=0}^{m+n} \left(\sum_{i=0}^{n} \binom{m}{i}\binom{n}{i-k}\right) x^k \\ &= \sum_{k=0}^{m+n} \left(\sum_{i=0}^{k} \binom{m}{i}\binom{n}{i-k}\right) x^k\end{aligned}$$

Dabei definieren wir $\binom{m}{i} := 0$ für alle $i, m \in \mathbb{N}$ mit $i > m$. Insgesamt folgt somit

$$\sum_{i=0}^{m+n} \binom{m+n}{i} x^i = \sum_{k=0}^{m+n} \left(\sum_{i=0}^{k} \binom{m}{i}\binom{n}{i-k}\right) x^k$$

Ein Koeffizientenvergleich liefert nun wie gewünscht die Vandermonde-Identität in Gl. (18.13) und wir sind fertig.

Lösung Aufgabe 109 Sei $(\Omega, \mathfrak{F}, \mathbb{P})$ ein Wahrscheinlichkeitsraum und seien $Y_1, Y_2 : \Omega \to \mathbb{R}$ zwei unabhängige und normal-verteilte Zufallsvariablen mit $\mathbb{P}_{Y_k} = \mathbf{N}(\mu_k, \sigma_k^2)$. Dabei sind $\mu_k \in \mathbb{R}$ und $\sigma_k \in \mathbb{R}_{>0}$ für $k \in \{1, 2\}$ beliebige Parameter. Bekanntlich ist die Normal-Verteilung $\mathbf{N}(\mu_k, \sigma_k^2)$ absolutstetig und besitzt die Lebesgue-Dichte $f_k : \mathbb{R} \to \mathbb{R}$ vermöge

$$f_k(x) := \frac{1}{\sqrt{2\pi\sigma_k^2}} \mathrm{e}^{-\frac{1}{2}\left(\frac{x-\mu_k}{\sigma_k}\right)^2}$$

Vergleichen Sie auch die Lösung von Aufgabe 88, in der die Normal-Verteilung im Detail erläutert wird. Gemäß der Faltungsformel [12, 13.5.9 Folgerung] ist die

Verteilung der Summe $Y_1 + Y_2$ gegeben durch

$$\mathbb{P}_{Y_1+Y_2}(B) = \int_B (f_1 * f_2)(x)\, \mathrm{d}\beta(x) = \int_B \left(\int_{\mathbb{R}} f_1(x-y) f_2(y)\, \mathrm{d}\beta(y)\right) \mathrm{d}\beta(x)$$

für $B \in \mathfrak{B}(\mathbb{R})$. Beim ersten Integral spricht man von der *Faltung* der Lebesgue-Dichten f_1 und f_2. Zur Vereinfachung der folgenden Rechnungen nehmen wir ab jetzt $\mu_k = 0$ für $k \in \{1, 2\}$ an. Dies ist möglich, da wir anschließend die Verteilungen $\mathbf{N}(0, \sigma_k^2)$ auf den allgemeinen Fall zurückführen werden. Zunächst gilt für alle $x \in \mathbb{R}$

$$\int_{\mathbb{R}} f_1(x-y) f_2(y)\, \mathrm{d}\beta(y) = \frac{1}{2\pi\sqrt{\sigma_1^2\sigma_2^2}} \int_{\mathbb{R}} \mathrm{e}^{-\frac{1}{2}\left(\frac{(x-y)^2}{\sigma_1^2} + \frac{y^2}{\sigma_2^2}\right)}\, \mathrm{d}\beta(y) \tag{18.14}$$

Den Exponenten der Exponentialfunktion schreiben wir mit einer quadratischen Ergänzung als

$$-\frac{1}{2}\left(\frac{(x-y)^2}{\sigma_1^2} + \frac{y^2}{\sigma_2^2}\right) = -\frac{1}{2}\frac{\sigma_1^2+\sigma_2^2}{\sigma_1^2\sigma_2^2}\left(y - \frac{\sigma_2^2}{\sigma_1^2+\sigma_2^2}x\right)^2 - \frac{1}{2}\frac{x^2}{\sigma_1^2+\sigma_2^2}$$

was sich durch Ausmultiplizieren und Vereinfachen der rechten Seite leicht bestätigen lässt. Das Integral aus Gl. (18.14) ist damit von der Form

$$\frac{1}{2\pi\sqrt{\sigma_1^2\sigma_2^2}} \mathrm{e}^{-\frac{1}{2}\frac{x^2}{\sigma_1^2+\sigma_2^2}} \int_{\mathbb{R}} \mathrm{e}^{-\frac{1}{2}\frac{\sigma_1^2+\sigma_2^2}{\sigma_1^2\sigma_2^2}\left(y - \frac{\sigma_2^2}{\sigma_1^2+\sigma_2^2}x\right)^2}\, \mathrm{d}\beta(y)$$

Auf den ersten Blick haben wir das zu untersuchende Integral noch weiter verkompliziert. Wir werden jedoch gleich feststellen, dass es sich auf das aus Aufgabe 132 bekannte Integral

$$\int_{\mathbb{R}} \mathrm{e}^{-y^2}\, \mathrm{d}\beta(y)$$

zurückführen lässt, welches den Wert $\sqrt{\pi}$ besitzt. Wir definieren dazu die affine Transformation $\Psi : \mathbb{R} \to \mathbb{R}$ mit

$$\Psi(y) := \frac{\sqrt{\sigma_1^2+\sigma_2^2}}{\sqrt{2\sigma_1^2\sigma_2^2}}\left(y - \frac{\sigma_2^2}{\sigma_1^2+\sigma_2^2}x\right)$$

Offensichtlich sind alle Voraussetzungen der Bildmaßformel aus Aufgabe 86 erfüllt. Unter Beachtung von

$$\Psi^{-1}(\mathbb{R}) = \mathbb{R}, \qquad \det(\Psi) = \frac{\sqrt{\sigma_1^2+\sigma_2^2}}{\sqrt{2\sigma_1^2\sigma_2^2}}, \qquad \beta_\Psi = \frac{\sqrt{2\sigma_1^2\sigma_2^2}}{\sqrt{\sigma_1^2+\sigma_2^2}}\beta$$

liefert die Bildmaßformel (!)

$$\int_{\mathbb{R}} \mathrm{e}^{-\frac{1}{2}\frac{\sigma_1^2+\sigma_2^2}{\sigma_1^2\sigma_2^2}\left(y-\frac{\sigma_2^2}{\sigma_1^2+\sigma_2^2}x\right)^2} \mathrm{d}\beta(y) = \int_{\mathbb{R}} \mathrm{e}^{-(\Psi(y))^2}\,\mathrm{d}\beta(y)$$

$$\overset{(!)}{=} \frac{\sqrt{2\sigma_1^2\sigma_2^2}}{\sqrt{\sigma_1^2+\sigma_2^2}} \int_{\mathbb{R}} \mathrm{e}^{-y^2}\,\mathrm{d}\beta(y) = \frac{\sqrt{2\pi\sigma_1^2\sigma_2^2}}{\sqrt{\sigma_1^2+\sigma_2^2}}$$

Setzen wir schließlich alle Ergebnisse zusammen, so erhalten wir

$$\frac{1}{2\pi\sqrt{\sigma_1^2\sigma_2^2}}\mathrm{e}^{-\frac{1}{2}\frac{x^2}{\sigma_1^2+\sigma_2^2}} \int_{\mathbb{R}} \mathrm{e}^{-\frac{1}{2}\frac{\sigma_1^2+\sigma_2^2}{\sigma_1^2\sigma_2^2}\left(y-\frac{\sigma_2^2}{\sigma_1^2+\sigma_2^2}x\right)^2} \mathrm{d}\beta(y) = \frac{1}{\sqrt{2\pi(\sigma_1^2+\sigma_2^2)}}\mathrm{e}^{-\frac{1}{2}\frac{x^2}{\sigma_1^2+\sigma_2^2}}$$

Dabei handelt es sich offensichtlich um die Lebesgue-Dichte der Normal-Verteilung $\mathbf{N}(0, \sigma_1^2 + \sigma_2^2)$. Die Faltungsformel liefert somit

$$\mathbb{P}_{Y_1+Y_2} = \mathbf{N}(0, \sigma_1^2 + \sigma_2^2)$$

das heißt, die Summe der unabhängigen und normal-verteilten Zufallsvariablen ist ebenfalls normal-verteilt. Zum Schluss behandeln wir den (allgemeinen) Fall $\mu_k \in \mathbb{R}$ für $k \in \{1, 2\}$. Dann ist die neue Zufallsvariable $\hat{Y}_k := Y_k - \mu_k$ wegen Aufgabe 89 ebenfalls normal-verteilt mit $\mathbb{P}_{\hat{Y}_k} = \mathbf{N}(0, \sigma_k^2)$. Schreiben wir also geschickt

$$Y_1 + Y_2 = \hat{Y}_1 + \mu_1 + \hat{Y}_2 + \mu_2$$

so folgt wie gewünscht

$$\mathbb{P}_{Y_1+Y_2} = \mathbf{N}(\mu_1 + \mu_2, \sigma_1^2 + \sigma_2^2)$$

Unsere Überlegungen zeigen, dass die Summe von zwei unabhängigen und normal-verteilten Zufallsvariablen ebenfalls normal-verteilt ist.

Lösung Aufgabe 110 Zur Übersicht unterteilen wir die Lösung dieser Aufgabe in zwei Teile:

(a) Die Faltung der Indikatorfunktion $\chi_{(0,1)}$ mit sich selbst ist definiert als die Funktion $\chi_{(0,1)} * \chi_{(0,1)} : \mathbb{R} \to \mathbb{R}$ mit

$$\chi_{(0,1)} * \chi_{(0,1)}(x) := \int_{\mathbb{R}} \chi_{(0,1)}(x-y)\chi_{(0,1)}(y)\,\mathrm{d}\beta(y) = \int_0^1 \chi_{(0,1)}(x-y)\,\mathrm{d}\beta(y)$$

Zur Auswertung des obigen Integral schreiben wir den Integranden um. Für $x \in \mathbb{R}$ und $y \in (0, 1)$ gilt $0 < x - y < 1$ genau dann, wenn $x - 1 < y < x$. Folglich gilt $\chi_{(0,1)}(x - y) \neq 0$ für alle $x \in \mathbb{R}$ und $y \in (0, 1) \cap (x - 1, x)$. Weiter gilt

$$
\begin{aligned}
(0, 1) \cap (x - 1, x) &= (\max(0, x - 1), \min(1, x)) \\
&= (\max(1, x) - 1, \min(1, x))
\end{aligned}
$$

Zur Vereinfachung der Notation sei ab jetzt

$$
I_x := (\max(1, x) - 1, \min(1, x))
$$

für $x \in \mathbb{R}$ definiert. Anhand von Abb. 18.4 macht man sich leicht klar, dass das Intervall I_x genau dann nichtleer ist, wenn $x \in (0, 2)$ gilt. Dies entspricht genau den Bereich, in dem die blaue über der roten Funktion verläuft. Im Fall $x \in (0, 1)$ gilt $I_x = (0, x)$ und im Fall $x \in [1, 2)$ gilt $I_x = (x - 1, 1)$. Daher folgt für $x \in (0, 1)$

$$
\chi_{(0,1)} * \chi_{(0,1)}(x) = \int_0^1 \chi_{(0,1)}(x - y)\, \mathrm{d}\beta(y) = \int_0^x 1\, \mathrm{d}\beta(y) = x
$$

und entsprechend für $x \in (1, 2]$

$$
\chi_{(0,1)} * \chi_{(0,1)}(x) = \int_0^1 \chi_{(0,1)}(x - y)\, \mathrm{d}\beta(y) = \int_{x-1}^1 1\, \mathrm{d}\beta(y) = 2 - x
$$

Wie bereits erwähnt, verschwindet die Indikatorfunktion von I_x außerhalb von $(0, 2)$, weshalb in diesem Fall $\chi_{(0,1)} * \chi_{(0,1)}(x) = 0$ gilt. Zusammenfassend erhalten wir damit

$$
\chi_{(0,1)} * \chi_{(0,1)}(x) = \begin{cases} x & \text{falls } x \in (0, 1) \\ 2 - x & \text{falls } x \in [1, 2) \\ 0 & \text{sonst} \end{cases}
$$

Bemerkung In der Signalverarbeitung spricht man bei der Indikatorfunktion auch von einer sogenannten Rechteckfunktion. Das obige Resultat wird daher häufig auch wie folgt zusammengefasst: *Rechteck mal Rechteck ergibt Dreieck.*

(b) Sei $(\Omega, \mathfrak{F}, \mathbb{P})$ ein Wahrscheinlichkeitsraum und seien $X, Y : \Omega \to \mathbb{R}$ zwei unabhängige und uniform verteilte Zufallsvariablen mit $\mathbb{P}_X = \mathbf{U}(0, 1)$ und $\mathbb{P}_Y = \mathbf{U}(0, 1)$. Die uniforme Verteilung $\mathbf{U}(0, 1)$ besitzt die Lebesgue-Dichte $\chi_{(0,1)} : \mathbb{R} \to \mathbb{R}$. Gemäß der Faltungsformel für absolutstetige Verteilungen gilt

$$
\mathbb{P}_{X+Y}(B) = \int_B \chi_{(0,1)} * \chi_{(0,1)}(x)\, \mathrm{d}\beta(x)
$$

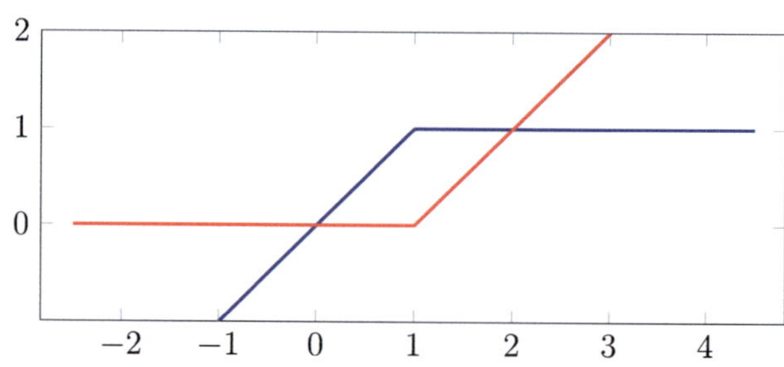

Abb. 18.4 Illustration der reellen Funktionen $x \mapsto \min(1, x)$ (blau) und $x \mapsto \max(1, x) - 1$ (rot)

für alle $B \in \mathfrak{B}(\mathbb{R})$. Da $\chi_{(0,1)} * \chi_{(0,1)}$ die Form eines Dreiecks hat, nennt man die obige Verteilung auch *Dreiecksverteilung*.

Lösung Aufgabe 111 Sei $(\Omega, \mathfrak{F}, \mathbb{P})$ ein Wahrscheinlichkeitsraum und sei $X : \Omega \to \mathbb{R}^2$ ein Zufallsvektor mit $X = (X_1, X_2)$. Bekanntlich besitzt X wegen des Eindeutigkeitssatzes für Maße [3, Kap. II, §5, 5.6 Eindeutigkeitssatz] genau dann unabhängige Koordinaten $X_1, X_2 : \Omega \to \mathbb{R}$, falls

$$\mathbb{P}_X = \mathbb{P}_{X_1} \otimes \mathbb{P}_{X_2}$$

gilt. Das bedeutet, die Verteilung $\mathbb{P}_X$ entspricht dem Produktmaß der Verteilungen $\mathbb{P}_{X_1}$ und $\mathbb{P}_{X_2}$. Daher liefert der Satz von Fubini

$$\begin{aligned}
\mathbb{E}[|X_1 X_2|] &= \int_{\mathbb{R}^2} |x_1 x_2| \, \mathrm{d}\mathbb{P}_X(x_1, x_2) \\
&= \int_{\mathbb{R}^2} |x_1||x_2| \, \mathrm{d}(\mathbb{P}_{X_1} \otimes \mathbb{P}_{X_2})(x_1, x_2) \\
&= \left(\int_{\mathbb{R}} |x_1| \, \mathrm{d}\mathbb{P}_{X_1}(x_1) \right) \left(\int_{\mathbb{R}} |x_2| \, \mathrm{d}\mathbb{P}_{X_2}(x_2) \right) \\
&= \mathbb{E}[|X_1|] \, \mathbb{E}[|X_2|]
\end{aligned}$$

Im Fall nichtnegativer Koordinaten ist die Behauptung damit gezeigt. Besitzen die Koordinaten von X endliche Erwartungswerte, so besitzt auch das Produkt $|X_1 X_2|$ einen endlichen Erwartungswert und mit der gleichen Begründung wie oben gilt

$$\mathbb{E}[X_1 X_2] = \mathbb{E}[X_1] \, \mathbb{E}[X_2] \tag{18.15}$$

Damit ist alles gezeigt.

Bemerkung Unsere Überlegungen zeigen, dass für Zufallsvariablen mit endlichem Erwartungswert die Unabhängigkeit eine hinreichende Bedingung für die Gültigkeit von Gl. (18.15) ist. Umgekehrt ist die Gleichung im Allgemeinen *nicht* notwendig. Falls die Zufallsvariablen aber gewissen Verteilungen genügen, so lassen sich Bedingungen angeben, unter denen die Umkehrung gültig ist. Vergleichen Sie dazu [12, 13.4.4 Beispiel].

Lösung Aufgabe 112 Wir konstruieren ein möglichst einfaches Beispiel. Dazu betrachten wir den symmetrischen Wahrscheinlichkeitsraum $(\Omega, \mathfrak{F}, \mathbb{P})$ mit

$$\Omega := \{1, 2, 3\}, \qquad \mathfrak{F} := \mathfrak{P}(\Omega), \qquad \mathbb{P}(A) := \frac{|A|}{3}$$

Weiter definieren wir die beiden Zufallsvariablen $X_1, X_2 : \Omega \to \mathbb{R}$ gemäß

$$X_1(\omega) := \begin{cases} -1 & \text{falls } \omega = 1 \\ 0 & \text{falls } \omega = 2 \\ 1 & \text{falls } \omega = 3 \end{cases} \qquad X_2(\omega) := \begin{cases} 0 & \text{falls } \omega = 1 \\ 1 & \text{falls } \omega = 2 \\ 0 & \text{falls } \omega = 3 \end{cases}$$

Beachten Sie, dass damit $\mathbb{P}(\{X_1 = k\}) = 1/3$ für $k \in \{-1, 0, 1\}$ gilt. Da die Zufallsvariable X_1 lediglich die drei Werte -1, 0 und 1 annimmt, gilt

$$\mathbb{E}[X_1] = \sum_{k \in \{-1,0,1\}} k\,\mathbb{P}(\{X_1 = k\}) = \mathbb{P}(\{X_1 = 1\}) - \mathbb{P}(\{X_1 = -1\}) = 0$$

Mit einer ähnlichen Rechnung folgt

$$\mathbb{E}[X_2] = \mathbb{P}(\{X_2 = 1\}) = \frac{1}{3}$$

Da die Zufallsvariable $X_1 X_2$ auf ganz Ω verschwindet, erhalten wir $\mathbb{E}[X_1 X_2] = 0$ und damit wie gefordert

$$\mathbb{E}[X_1 X_2] = \mathbb{E}[X_1]\,\mathbb{E}[X_2]$$

Die Zufallsvariablen sind jedoch *nicht* unabhängig, denn wegen $\{X_1 = X_2\} = \emptyset$ folgt

$$\mathbb{P}(\{X_1 = 1\} \cap \{X_2 = 1\}) = \mathbb{P}(\{X_1 = X_2 = 1\}) = 0$$

während andererseits

$$\mathbb{P}(\{X_1 = 1\})\,\mathbb{P}(\{X_2 = 1\}) = \frac{1}{9}$$

gilt. Damit ist alles gezeigt.

Bemerkung Unsere Überlegungen zeigen, dass die Umkehrung der Aussage aus Aufgabe 111 im Allgemeinen *nicht* gilt.

Lösung Aufgabe 113 Sei $(\Omega, \mathfrak{F}, \mathbb{P})$ ein Wahrscheinlichkeitsraum und sei $p \in (0, 1)$ ein beliebiger Parameter. Die Bernoulli-Verteilung $\mathbf{B}(p)$ entspricht der Binomial-Verteilung $\mathbf{B}(1, p)$ und besitzt daher die Zähldichte $f : \mathbb{R} \to \mathbb{R}$ vermöge

$$f(k) := \begin{cases} 1-p & \text{falls } k = 0 \\ p & \text{falls } k = 1 \\ 0 & \text{sonst} \end{cases}$$

Seien $X_1, X_2, X_3 : \Omega \to \mathbb{R}$ drei Bernoulli-verteilte Zufallsvariable mit Verteilung $\mathbb{P}_{X_1} = \mathbb{P}_{X_2} = \mathbb{P}_{X_3} = \mathbf{B}(p)$. Zur Vereinfachung der folgenden Rechnungen nehmen wir ohne Einschränkung an, dass die Zufallsvariablen lediglich Werte in $\{0, 1\}$ annehmen. Definieren wir also $A_k := \{X_k = 0\}$, so gelten

$$X_k(\Omega) = \{0, 1\}, \qquad \mathbb{P}(A_k) = 1 - p, \qquad \mathbb{P}(A_k^c) = p$$

für $k \in \{1, 2, 3\}$.

(a) Seien X_1, X_2 und X_3 paarweise unabhängig. Da ein Produkt genau dann Null ist, wenn mindestens einer der Faktoren Null ist, gilt

$$\{X_1 X_2 X_3 = 0\} = A_1 \cup A_2 \cup A_3$$

Bei der Berechnung der Wahrscheinlichkeit dieser Menge müssen wir beachten, dass die drei Ereignisse A_1, A_2 und A_3 im Allgemeinen *nicht* disjunkt sind. Daher müssen wir zur Berechnung der Wahrscheinlichkeit von $A_1 \cup A_2 \cup A_3$ die Siebformel von Sylvester-Poincaré aus Aufgabe 57 verwenden. Die Siebformel lehrt

$$\begin{aligned} \mathbb{P}(A_1 \cup A_2 \cup A_3) &= \mathbb{P}(A_1) + \mathbb{P}(A_2) + \mathbb{P}(A_3) \\ &\qquad - \mathbb{P}(A_1 \cap A_2) - \mathbb{P}(A_1 \cap A_3) - \mathbb{P}(A_2 \cap A_3) \\ &\qquad + \mathbb{P}(A_1 \cap A_2 \cap A_3) \\ &= 3(1-p) - 3(1-p)^2 + \mathbb{P}(A_1 \cap A_2 \cap A_3) \\ &= 3p(1-p) + \mathbb{P}(A_1 \cap A_2 \cap A_3) \end{aligned}$$

Dabei geht in den zweiten Schritt die paarweise Unabhängigkeit der Zufallsvariablen ein, weshalb

$$\mathbb{P}(A_j \cap A_k) = \mathbb{P}(A_j)\,\mathbb{P}(A_k) = (1-p)^2$$

für $j, k \in \{1, 2, 3\}$ mit $j \neq k$ gilt. Da das Wahrscheinlichkeitsmaß nichtnegativ ist, folgt aus der obigen Gleichungskette die zu beweisende Ungleichung.

(b) Seien X_1, X_2 und X_3 paarweise unabhängig. Wir betrachten die drei Zufallsvariablen

$$Y_1 := \max(X_1, X_2), \qquad Y_2 := \max(X_1, X_3), \qquad Y_3 = \max(X_2, X_3)$$

und überlegen uns, dass Y_1 Bernoulli-verteilt mit $\mathbb{P}_{Y_1} = \mathbf{B}(q)$ und Parameter

$$q := 1 - (1-p)^2$$

ist. Die Zufallsvariablen Y_2 und Y_3 besitzen dann mit einer analogen Begründung dieselbe Verteilung. Da X_1 und X_2 unabhängig (!) sind, gilt

$$\mathbb{P}(\{Y_1 = 0\}) = \mathbb{P}(\{A_1 \cap A_2\}) \overset{(!)}{=} \mathbb{P}(A_1)\,\mathbb{P}(A_2) = (1-p)^2 = 1 - q$$

Beachten Sie, dass genau dann $Y_1 = 0$ gilt, wenn gleichzeitig $X_1 = 0$ und $X_2 = 0$ erfüllt sind. Da die Zufallsvariable Y_1 nur Werte in $\{0, 1\}$ annimmt, folgt

$$\mathbb{P}(\{Y_1 = 1\}) = 1 - \mathbb{P}(\{Y_1 = 0\}) = 1 - (1-q) = q$$

und damit wie behauptet $\mathbb{P}_{Y_1} = \mathbf{B}(q)$. Da die Bernoulli-Verteilung ein Spezialfall der Binomial-Verteilung ist, lehrt Aufgabe 126 schließlich

$$\mathbb{E}[Y_k] = q = 2p - p^2, \qquad \mathbb{V}[Y_k] = q(1-q) = (1 - 2p + p^2)(2p - p^2)$$

für $k \in \{1, 2, 3\}$ und wir sind fertig.

(c) In diesem Teil nehmen wir an, dass die drei Zufallsvariablen X_1, X_2 und X_3 in ihrer Gesamtheit unabhängig (!) sind. Wir wollen den Erwartungswert und die Varianz von $Y := Y_1 + Y_2 + Y_3$ bestimmen. Zunächst gilt wegen der Linearität des Erwartungswerts

$$\mathbb{E}[Y] = \mathbb{E}[Y_1] + \mathbb{E}[Y_2] + \mathbb{E}[Y_3] \overset{(b)}{=} 3q = 3 - 3(1-p)^2$$

Die Varianz von Y lässt sich schreiben als

$$\begin{aligned}\mathbb{V}[Y] &= \mathbb{V}[Y_1] + \mathbb{V}[Y_2] + \mathbb{V}[Y_3] \\ &\qquad + 2\mathrm{Cov}(Y_1, Y_2) + 2\mathrm{Cov}(Y_1, Y_3) + 2\mathrm{Cov}(Y_2, Y_3) \\ &= 3\mathbb{V}[Y_1] + 6\mathrm{Cov}(Y_1, Y_2)\end{aligned}$$

Wir ermitteln zuerst $\mathbb{E}[Y_1 Y_2]$. Da die Zufallsvariable $Y_1 Y_2$ nur Werte in $\{0, 1\}$ annimmt, gilt

$$\begin{aligned}\mathbb{E}[Y_1 Y_2] &= \mathbb{P}(\{Y_1 Y_2 = 1\}) \\ &= \mathbb{P}(\{Y_1 = 1\} \cap \{Y_2 = 1\}) \\ &= \mathbb{P}((\{X_1 = 1\} \cup \{X_2 = 1\}) \cap (\{X_1 = 1\} \cup \{X_3 = 1\})) \\ &= \mathbb{P}(\{X_1 = 1\} \cup (\{X_2 = 1\} \cap \{X_3 = 1\}))\end{aligned}$$

Beachten wir weiter, dass das Wahrscheinlichkeitsmaß gemäß Aufgabe 54 endlich additiv ist, so erhalten wir

$$\begin{aligned}\mathbb{E}[Y_1 Y_2] &= \mathbb{P}(\{X_1 = 1\} \cup (\{X_2 = 1\} \cap \{X_3 = 1\}))\\ &= \mathbb{P}(\{X_1 = 1\}) + \mathbb{P}(\{X_2 = 1\} \cap \{X_3 = 1\})\\ &\quad\quad - \mathbb{P}(\{X_1 = 1\} \cap \{X_2 = 1\} \cap \{X_3 = 1\})\\ &\overset{(!)}{=} \mathbb{P}(\{X_1 = 1\}) + \mathbb{P}(\{X_2 = 1\})\,\mathbb{P}(\{X_3 = 1\})\\ &\quad\quad - \mathbb{P}(\{X_1 = 1\})\,\mathbb{P}(\{X_2 = 1\})\,\mathbb{P}(\{X_3 = 1\})\\ &= p + p^2 - p^3\end{aligned}$$

Damit folgt

$$\begin{aligned}\mathrm{Cov}(Y_1, Y_2) &= \mathbb{E}[Y_1 Y_2] - \mathbb{E}[Y_1]\mathbb{E}[Y_2]\\ &\overset{(b)}{=} p + p^2 - p^3 - (2p - p^2)^2\\ &= p(1-p)^3\end{aligned}$$

und schließlich

$$\mathbb{V}[Y] \overset{(b)}{=} 3\mathbb{V}[Y_1] + 6\mathrm{Cov}(Y_1, Y_2) = 3p(p-1)^2(4-3p)$$

(d) Wir wollen zeigen, dass drei paarweise unabhängige und Bernoulli-verteilte Zufallsvariablen im Allgemeinen *nicht* in ihrer Gesamtheit unabhängig zu sein brauchen. Seien $Z_2, Z_3 : \Omega \to \mathbb{R}$ zwei unabhängige und Bernoulli-verteilte Zufallsvariablen mit $\mathbb{P}_{Z_2} = \mathbf{B}(1/2)$ und $\mathbb{P}_{Z_3} = \mathbf{B}(1/2)$. Wir definieren die Zufallsvariable $Z_1 : \Omega \to \mathbb{R}$ vermöge

$$Z_1(\omega) := \chi_{\{Z_2 = Z_3\}}(\omega) = \begin{cases} 1 & \text{falls } Z_2(\omega) = Z_3(\omega) \\ 0 & \text{sonst} \end{cases}$$

Man prüft leicht nach, dass Z_1 eine Bernoulli-verteilte Zufallsvariable mit $\mathbb{P}_{Z_1} = \mathbf{B}(1/2)$ ist. Wir wollen uns nun überlegen, dass auch Z_1 und Z_2 beziehungsweise Z_1 und Z_3 unabhängig sind. Wegen der Unabhängigkeit (!) von Z_2 und Z_3 gilt

$$\begin{aligned}\mathbb{P}(\{Z_1 = 0\} \cap \{Z_2 = 1\}) &= \mathbb{P}(\{Z_2 \neq Z_3\} \cap \{Z_2 = 1\})\\ &= \mathbb{P}(\{Z_2 = 1\} \cap \{Z_3 = 0\})\\ &\overset{(!)}{=} \mathbb{P}(\{Z_2 = 1\})\,\mathbb{P}(\{Z_3 = 0\})\\ &= \frac{1}{4}\end{aligned}$$

und damit

$$\mathbb{P}(\{Z_1 = 0\} \cap \{Z_2 = 1\}) = \frac{1}{4} = \mathbb{P}(\{Z_1 = 0\})\,\mathbb{P}(\{Z_2 = 1\})$$

Die verbleibenden drei Fälle zeigt man ähnlich, was die Unabhängigkeit von Z_1 und Z_2 beweist. Mit einer analogen Begründung sind auch Z_1 und Z_3 sowie Z_2 und Z_3 unabhängig, womit Z_1, Z_2 und Z_3 *paarweise unabhängig* sind. Die Zufallsvariablen sind jedoch *nicht* in ihrer Gesamtheit unabhängig, denn

$$\mathbb{P}(\{Z_1 = 0\} \cap \{Z_2 = 0\} \cap \{Z_3 = 0\}) = 0$$

und

$$\mathbb{P}(\{Z_1 = 0\})\,\mathbb{P}(\{Z_2 = 0\})\,\mathbb{P}(\{Z_3 = 0\}) = \frac{1}{8}$$

Beachten Sie dabei, dass $Z_1 = 0$ gleichbedeutend mit $Z_2 \neq Z_3$ ist und daher $\{Z_1 = 0\} \cap \{Z_2 = 0\} \cap \{Z_3 = 0\} = \emptyset$ gilt.

Bemerkung Das obige Beispiel zeigt, dass man aus der paarweisen Unabhängigkeit von mindestens drei Zufallsvariablen im Allgemeinen *nicht* auf die Unabhängigkeit in der Gesamtheit schließen kann.

Lösungen: Integration bezüglich Wahrscheinlichkeitsmaßen und Invarianten von Zufallsvariablen

19

Lösung Aufgabe 114 Der *Erwartungswert,* also das *Lebesgue-Integral* einer numerischen und messbaren Funktion wird üblicherweise in einem abgestuften Prozess entwickelt, der sich in drei wesentliche Schritte gliedert. Im ersten Schritt definiert man das Integral für nichtnegative Treppenfunktionen. Im nächsten Schritt weitet man das Konzept auf beliebige nichtnegative und messbare Funktionen aus. Schließlich erweitert man den Integralbegriff auf integrierbare Funktionen, indem man auf den Integralbegriff für nichtnegative und messbare Funktionen zurückgreift. Sei ab jetzt $(\Omega, \mathfrak{F}, \mathbb{P})$ ein beliebiger Wahrscheinlichkeitsraum.

(1) *(Erwartungswert einer nichtnegativen Treppenfunktion).* Wir betrachten eine nichtnegative Treppenfunktion $X : \Omega \to \mathbb{R}$ mit der Darstellung

$$X = \sum_{k=1}^{n} \alpha_k \chi_{A_k}$$

Dabei sind $n \in \mathbb{N}$ eine natürliche Zahl sowie $\alpha_k \in \mathbb{R}_{\geq 0}$ und $A_k \in \mathfrak{F}$ paarweise disjunkt für $k \in \{1, \ldots, n\}$. Dann definiert man den *Erwartungswert* der Treppenfunktion X als die Zahl

$$\mathbb{E}[X] := \int_{\Omega} X \, \mathrm{d}\mathbb{P} := \sum_{k=1}^{n} \alpha_k \, \mathbb{P}(A_k) \in \mathbb{R}_{\geq 0}$$

(2) *(Erwartungswert einer nichtnegativen Zufallsvariable).* Im Folgenden werden wir den Integralbegriff für Treppenfunktionen auf nichtnegative Zufallsvariablen ausdehnen. Sei $X : \Omega \to \overline{\mathbb{R}}$ eine nichtnegative Zufallsvariable, also eine $\mathfrak{F}$-$\mathfrak{B}(\overline{\mathbb{R}})$-messbare Funktion. Der Approximationssatz [3, Kap. III, §4, 4.13 Satz]

N. Hebestreit-Düsing, *Übungs- und Lernbuch Wahrscheinlichkeitstheorie und Stochastik,* https://doi.org/10.1007/978-3-662-72720-1_19

garantiert die Existenz einer wachsenden Folge von nichtnegativen Treppenfunktionen $(X_n)_{n\in\mathbb{N}}$ auf Ω mit

$$\lim_{n\to+\infty} X_n = X$$

punktweise. Da der Erwartungswert für jede Treppenfunktion X_n gemäß dem vorherigen Schritt sinnvoll definiert ist, erklärt man auf natürliche Weise

$$\mathbb{E}[X] := \int_\Omega X \, d\mathbb{P} := \lim_{n\to+\infty} \int_\Omega X_n \, d\mathbb{P} \in [0, +\infty]$$

Hierbei spricht man vom *Erwartungswert* beziehungsweise vom *Lebesgue-Integral* der Zufallsvariable X.

(3) *(Erwartungswert einer Zufallsvariable).* In diesem letzten Schritt wird der Integralbegriff auf beliebige Zufallsvariablen erweitert. Sei $X : \Omega \to \overline{\mathbb{R}}$ eine Zufallsvariable. Die Funktion kann demnach auch negative Werte annehmen. Dann lässt sich X schreiben als

$$X = X^+ - X^-$$

Die beiden Funktionen $X^+, X^- : \Omega \to \overline{\mathbb{R}}$ vermöge

$$X^+ := \max(X, 0), \qquad X^- := -\min(X, 0)$$

werden *Positivteil* beziehungsweise *Negativteil* von X genannt. Man überlegt sich leicht, dass X^+ und X^- nichtnegative Zufallsvariablen sind, weshalb die beiden Erwartungswerte $\mathbb{E}[X^+]$ und $\mathbb{E}[X^-]$ gemäß dem vorherigen Schritt wohldefiniert sind. Sind *beide* Erwartungswerte endlich, also

$$\max(\mathbb{E}[X^-], \mathbb{E}[X^+]) < +\infty$$

so wird der *Erwartungswert* von X über Ω bezüglich des Wahrscheinlichkeitsmaßes $\mathbb{P}$ definiert als

$$\mathbb{E}[X] := \mathbb{E}[X^+] - \mathbb{E}[X^-] := \int_\Omega X \, d\mathbb{P} \in \mathbb{R}$$

Man sagt auch, dass X einen *endlichen Erwartungswert* besitzt. Wenn die Deutlichkeit eine klare Kennzeichnung der Integrationsvariablen erfordert, wird der Erwartungswert häufig ausführlicher als

$$\int_\Omega X(\omega) \, d\mathbb{P}(\omega)$$

geschrieben.

Bemerkung Eine ausführliche Diskussion des Lebesgue-Integrals mit alternativen Definitionen finden Sie beispielsweise auch in den Werken [3,7].

Lösung Aufgabe 115 Gegeben sei der symmetrische Wahrscheinlichkeitsraum $(\Omega, \mathfrak{F}, \mathbb{P})$ mit

$$\Omega := \{1, \ldots, 6\}^3, \qquad \mathfrak{F} := \mathfrak{P}(\Omega), \qquad \mathbb{P}(A) := \frac{|A|}{|\Omega|}$$

In dieser Aufgabe wollen wir den Erwartungswert der Zufallsvariable $X : \Omega \to \mathbb{R}$ mit

$$X(\omega_1, \omega_2, \omega_3) := \omega_1 + \omega_2 + \omega_3$$

bestimmen.

(a) Der Wahrscheinlichkeitsraum ist gerade so gewählt, dass er einen dreifachen Würfelwurf modelliert. Entsprechend berechnet die Zufallsvariable die Augensumme der drei Würfel.

(b) Es gibt insgesamt sechs verschiedene Möglichkeiten, die Zahl 5 als Summe von drei Zahlen aus $\{1, \ldots, 6\}$ darstellen. Diese lauten

$$1+1+3, \quad 1+2+2, \quad 1+3+1, \quad 2+1+2, \quad 2+2+1, \quad 3+1+1$$

Dabei wird die Reihenfolge der Summanden berücksichtigt, weshalb beispielsweise $1 + 1 + 3$ und $3 + 1 + 1$ als unterschiedliche Darstellungen gezählt werden. Nun wollen wir mithilfe von `Python` die Anzahl der Darstellungen jeder natürlichen Zahl bestimmen. Offensichtlich ist dies lediglich für die Zahlen aus $X(\Omega) = \{3, \ldots, 18\}$ möglich. Die Anzahl der Darstellungen lässt sich wie folgt mithilfe der Funktion `sum_of_three()` ermitteln:

```python
from itertools import product

def sum_of_three():
    """
    Computes how many different ways a given number can be
    obtained as the sum of three dice rolls. Each die shows
    a number from 1 to 6.

    Returns:
        representations: A dictionary where the keys are
                         possible sums, and the values are
                         the number of combinations
                         (representations) that result in each
                         sum.
    """

    representations = {}
```

```
    # Generate all possible outcomes of rolling three
    # six-sided dice
    for dice in product(range(1, 7), repeat = 3):
        total_sum = dice[0] + dice[1] + dice[2]

        # If this sum has been seen before, increment its
        # count.
        if total_sum in representations:
            representations[total_sum] += 1
        # Otherwise, initialize the count for this sum.
        else:
            representations[total_sum] = 1

    return representations
```

Die Funktion `sum_of_three()` berechnet für jeden Tripel $(\omega_1, \omega_2, \omega_3) \in \Omega$ den Wert $\omega_1 + \omega_2 + \omega_3$ und speichert die Anzahl der Darstellungen einer Zahl in `representations`. Ein Aufruf der Funktion `sum_of_three()` liefert folgende Ausgabe:

```
# Get the number of representations for each possible dice
# sum.

for total_sum, count in sum_of_three().items():
    print(f"sum of dice: {total_sum:2},
          representations: {count:2}")

sum of dice: 3,   representations: 1
sum of dice: 4,   representations: 3
sum of dice: 5,   representations: 6
sum of dice: 6,   representations: 10
sum of dice: 7,   representations: 15
sum of dice: 8,   representations: 21
sum of dice: 9,   representations: 25
sum of dice: 10,  representations: 27
sum of dice: 11,  representations: 27
sum of dice: 12,  representations: 25
sum of dice: 13,  representations: 21
sum of dice: 14,  representations: 15
sum of dice: 15,  representations: 10
sum of dice: 16,  representations: 6
sum of dice: 17,  representations: 3
sum of dice: 18,  representations: 1
```

Folglich gibt es beispielsweise eine Darstellung der beiden Zahlen 3 und 18 sowie sechs Darstellungen der Zahl 5.

(c) Wir berechnen nun den Erwartungswert der nichtnegativen Zufallsvariable auf zwei unterschiedliche Weisen. Zur Vereinfachung der Notation setzen wir

$$A_n := \{(\omega_1, \omega_2, \omega_3) \in \Omega \mid \omega_1 + \omega_2 + \omega_3 = n\}$$

für $n \in \mathbb{N}$. Da das Ereignis A_n im Fall $n \notin \{3, \ldots, 18\}$ leer ist, gilt

$$X(\omega_1, \omega_2, \omega_3) = \sum_{n=3}^{18} n \cdot \chi_{A_n}(\omega_1, \omega_2, \omega_3)$$

Der Erwartungswert der Treppenfunktion lässt sich anhand der Definition gemäß

$$\mathbb{E}[X] = \sum_{n=3}^{18} n \cdot \mathbb{P}(A_n) = \frac{1}{|\Omega|} \sum_{n=3}^{18} n \cdot |A_n| = \frac{1}{216} \sum_{n=3}^{18} n \cdot |A_n| = 10.5$$

ermitteln, wobei wir die Berechnung der Summe im letzten Schritt in Python durchgeführt haben:

```
import numpy as np

# Get the frequency (counts) and corresponding sums from the
# distribution
distribution = sum_of_three()
sums = list(distribution.keys())
frequencies = list(distribution.values())

# Compute the expected value as the dot product of sums and
# their frequencies,
# divided by the total number of outcomes
E = sum(np.multiply(sums, frequencies)) / 6**3

print(f"expected value: {E}")

expected value: 10.5
```

Wir wollen das obige Ergebnis nun mithilfe von Gl. (5.1) bestätigen. Da die Zufallsvariable nur endlich viele Werte annimmt, gilt

$$\mathbb{E}[X] = \sum_{n=0}^{+\infty} \mathbb{P}(\{X > n\}) = \sum_{n=0}^{17} \mathbb{P}(\{X > n\})$$

Beachten Sie dabei die *strikte* Ungleichung in der Formel. Um den obigen Ausdruck auszuwerten, müssen wir uns überlegen, aus wie vielen Elementen jedes der Ereignisse $\{X > n\}$ besteht. Beispielsweise gilt $\{X > 0\} = \Omega$ und damit $\mathbb{P}(\{X > 0\}) = 1$, da die Augensumme von drei Würfeln mindestens 3 beträgt. Entsprechend gelten auch $\mathbb{P}(\{X > 1\}) = 1$ und $\mathbb{P}(\{X > 2\}) = 1$. Das Ereignis $\{X > 3\} = \{X \geq 4\}$ enthält hingegen nicht mehr alle Elemente aus Ω. Genauer gesagt liegt kein Element aus A_3 darin, denn es gilt $X(\omega_1, \omega_2, \omega_3) = 3$ für $(\omega_1, \omega_2, \omega_3) \in A_3$. Dementsprechend gilt

$$\mathbb{P}(\{X > 3\}) = 1 - \mathbb{P}(\{X \leq 3\}) = 1 - \mathbb{P}(\{X = 3\}) = 1 - \frac{|A_3|}{|\Omega|} = \frac{215}{216}$$

Bei der Berechnung von $\mathbb{P}(\{X > 4\})$ muss man beachten, dass $\{X > 4\}$ keine Elemente der Ereignisse A_3 und A_4 enthält. Wegen $|A_3| = 1$ und $|A_4| = 3$ folgt entsprechend

$$\mathbb{P}(\{X > 4\}) = 1 - \mathbb{P}(\{X = 3\}) - \mathbb{P}(\{X = 4\}) = \frac{212}{216}$$

Die Berechnung der Wahrscheinlichkeiten aller Ereignisse lässt sich in `Python` wie folgt vornehmen:

```python
counts = [distribution[s] for s in range(3, 19)]

def probability(n):
    """
    Computes the probability that the sum of three dice rolls
    exceeds the value n.

    Argument:
        n (int): The threshold value to compare the sum
                 against.

    Returns:
        (float): The probability of the event {X > n}.
    """
    if n <= 2:
        # The minimum possible sum is 3.
        return 1.0
    elif n >= 18:
        # The maximum possible sum is 18.
        return 0
    else:
        # Sums the values from 3 to 18.
        index = n - 2
        return sum(counts[index:]) / 6**3
```

Wir erhalten beispielsweise folgende Ausgaben:

```python
# Display probability of the events {X > 0} and {X > 15}.

probability(0)
probability(15)

1
0.046296296296296294
```

Der Erwartungswert lässt sich somit entsprechend der obigen Formel wie folgt bestimmen:

```python
# Calculate expected value using the sum formula.

E = sum([probability(n) for n in range(18)])

print(f"expected value: {E}")

expected value: 10.5
```

Lösung Aufgabe 116 Wir möchten mit `Python` herausfinden, wie oft man einen Würfel im Durchschnitt werfen muss, bis jede Augenzahl mindestens einmal erschienen ist. Dieses Problem ist in der Literatur als *Sammelbilderproblem* beziehungsweise *coupon collector's problem* bekannt. Um die mittlere Anzahl an Würfen zu bestimmen, führen wir eine Liste `remaining_numbers` ein, die alle bisher nicht geworfenen Augenzahlen enthält. Dann würfeln wir so lange, bis die Liste leer ist, also bis jede Zahl mindestens einmal aufgetreten ist. Die folgende Funktion setzt dies um:

```python
import random

def count_throws(n, display_throw):
    """
    Simulates the coupon collector's problem in the context
    of a dice roll. Calculates the number of rolls needed to
    ensure that each number from 1 to n is rolled at least
    once.

    Arguments:
        n (int): The number of unique numbers.
                 For a dice take n = 6.
        display_throw (bool): If True, prints each roll and
                              the remaining missing numbers.
    Returns:
        count (int): The number of rolls required until all
                     numbers have appeared at least once.
    """
    count = 0
    # List of numbers not yet rolled
    remaining_numbers = list(range(1, n+1))

    # Repeat until all numbers are rolled at least once
    while remaining_numbers:
        count += 1
        throw = random.randint(1, n)
        # Check if the rolled number is still missing
        if throw in remaining_numbers:
            # Remove the number from the list of missing numbers
            remaining_numbers.remove(throw)

        # Display results
        # (this part can be commented out if not needed)
        if display_throw:
            print(f"throw: {throw},
                  remaining numbers: {remaining_numbers}")

    return count
```

Im Fall `n = 6` ergibt sich beispielsweise die folgende Sequenz an Würfen, die schrittweise die Liste `remaining_numbers` der noch fehlenden Augenzahlen verkleinert:

```
count_throws(6, True)

throw: 5, remaining numbers: [1, 2, 3, 4, 6]
throw: 4, remaining numbers: [1, 2, 3, 6]
throw: 5, remaining numbers: [1, 2, 3, 6]
throw: 6, remaining numbers: [1, 2, 3]
throw: 4, remaining numbers: [1, 2, 3]
throw: 6, remaining numbers: [1, 2, 3]
throw: 5, remaining numbers: [1, 2, 3]
throw: 3, remaining numbers: [1, 2]
throw: 3, remaining numbers: [1, 2]
throw: 6, remaining numbers: [1, 2]
throw: 2, remaining numbers: [1]
throw: 4, remaining numbers: [1]
throw: 4, remaining numbers: [1]
throw: 6, remaining numbers: [1]
throw: 1, remaining numbers: []

15
```

In diesem Beispiel mussten insgesamt 15 Würfe erfolgen, bis jede Augenzahl des Würfels mindestens einmal aufgetreten ist. Die erwartete Anzahl an Würfen lässt sich durch eine Simulation ermitteln. Dazu wiederholen wir das oben beschriebene Zufallsexperiment `count_throws(6)` insgesamt `runs`-mal und berechnen anschließend den Durchschnitt der benötigten Würfe. Die Umsetzung erfolgt wie folgt:

```
def simulate(n, runs):
    """
    Simulates multiple runs of the coupon collector's problem
    and calculates the expected number of rolls.

    Arguments:
        n (int): The number of unique numbers.
        runs (int): The number of simulation runs.

    Returns:
        expected_throws (float): The average number of rolls
                                 needed to collect all unique
                                 numbers.
    """
    total_count = 0
    for _ in range(1, runs + 1):
        total_count += count_throws(n, False)
    expected_throws = total_count / runs

    return expected_throws
```

Für hinreichend viele Durchläufe liefert die obige Simulation folgende Anzahl an zu erwartenden Würfen:

```
simulate(6, 10000)

14.6394
```

Man muss also rund 15 mal Würfeln, damit der Würfel alle sechs Augenzahlen mindestens einmal zeigt.

Bemerkung Wie bereits angemerkt, handelt es sich bei dem obigen Problem um einen Spezialfall des sogenannten *Sammelbilderproblems*. Wir können uns dieses so vorstellen, als würden wir einen Würfel mit n verschiedenen Seiten werfen, wobei $n \in \mathbb{N}$ eine beliebig vorgegebene Zahl ist. Sei $(\Omega, \mathfrak{F}, \mathbb{P})$ ein Wahrscheinlichkeitsraum und sei $k \in \{1, \dots, n\}$. Die Zufallsvariable $X_k : \Omega \to \mathbb{R}$ beschreibe die Anzahl an Würfen, die benötigt wird, um nach dem Erscheinen der $(k-1)$-ten unterschiedlichen Augenzahl erstmals eine weitere neue Augenzahl zu würfeln. Da der erste Wurf sicher eine neue Augenzahl zeigt, gilt $\mathbb{P}(\{X_1 = 1\}) = 1$. Beim zweiten Wurf verbleiben noch $n-1$ der Augenzahlen, also gilt $\mathbb{P}(\{X_2 = 1\}) = (n-1)/n$. Man kann allgemein zeigen, dass jede Zufallsvariable X_k geometrisch verteilt zum Parameter $p_k := (n-k+1)/n$ ist. Es gilt also

$$\mathbb{E}[X_k] = \frac{1}{p_k} = \frac{n}{n-k+1}$$

für $k \in \{1, \dots, n\}$. Die Zufallsvariable $X : \Omega \to \mathbb{R}$ mit

$$X := \sum_{k=1}^{n} X_k$$

gibt somit an, wie viele Würfe benötigt werden, damit alle Augenzahlen mindestens einmal aufgetreten sind. Wir erhalten

$$\mathbb{E}[X] = \mathbb{E}\left[\sum_{k=1}^{n} X_k\right] = \sum_{k=1}^{n} \mathbb{E}[X_k] = \sum_{k=1}^{n} \frac{n}{n-k+1} = n \sum_{k=1}^{n} \frac{1}{k}$$

Besitzt der Würfel also sechs verschiedene Seiten, so lautet die mittlere Anzahl an Würfen gerade

$$6 \sum_{k=1}^{6} \frac{1}{k} = 14.7$$

Dieser Wert stimmt mit dem Ergebnis unserer Simulation überein.

Lösung Aufgabe 117 Sei $(\Omega, \mathfrak{F}, \mathbb{P})$ ein Wahrscheinlichkeitsraum und sei $X : \Omega \to \mathbb{R}$ eine nichtnegative Zufallsvariable. Per Definition des Erwartungswerts gilt

$$\mathbb{E}[X] = \int_{\Omega} X(\omega)\, \mathrm{d}\mathbb{P}(\omega) \in [0, +\infty]$$

Zum Nachweis von Identität (5.2) werden wir den Satz von Fubini verwenden. Dazu betrachten wir die Indikatorfunktion $\chi_A : \Omega \times \mathbb{R} \to \mathbb{R}$ der Menge

$$A := \big\{(\omega, x) \in \Omega \times \mathbb{R} \mid 0 \leq x \leq X(\omega)\big\}$$

Wir werden zuerst die $\mathfrak{F} \otimes \mathfrak{B}(\mathbb{R})$-$\mathfrak{B}(\mathbb{R})$-Messbarkeit der Indikatorfunktion nachweisen. Bekanntlich müssen wir dafür der Lösung von Aufgabe 93 (a) folgend lediglich $A \in \mathfrak{F} \otimes \mathfrak{B}(\mathbb{R})$ zeigen. Dafür führen wir die Menge

$$A' := \big\{(x, y) \in \mathbb{R}^2 \mid 0 \leq x \leq y\big\}$$

und die Funktion $Y : \Omega \times \mathbb{R} \to \mathbb{R}^2$ mit

$$Y(\omega, x) := (x, X(\omega))$$

ein. Dabei ist die Menge A' offensichtlich abgeschlossen und somit Element der Borelschen σ-Algebra $\mathfrak{B}(\mathbb{R}^2)$. Vergleichen Sie auch Aufgabe 33. Weiter ist Y eine $\mathfrak{F} \otimes \mathfrak{B}(\mathbb{R})$-$\mathfrak{B}(\mathbb{R}^2)$-messbare Funktion, denn jede der Koordinatenfunktionen $Y_1, Y_2 : \Omega \times \mathbb{R} \to \mathbb{R}$ von Y mit

$$Y_1(\omega, x) := x, \qquad\qquad Y_2(\omega, x) := X(\omega)$$

ist $\mathfrak{F} \otimes \mathfrak{B}(\mathbb{R})$-$\mathfrak{B}(\mathbb{R})$-messbar. Dies folgt sofort aus

$$Y_1^{-1}(B) = \Omega \times B, \qquad\qquad Y_2^{-1}(B) = X^{-1}(B) \times \mathbb{R}$$

für alle $B \in \mathfrak{B}(\mathbb{R})$ sowie aus Aufgabe 45. Weiter gilt

$$\begin{aligned} Y^{-1}(A') &= \big\{(\omega, x) \in \Omega \times \mathbb{R} \mid Y(\omega, x) \in A'\big\} \\ &= \big\{(\omega, x) \in \Omega \times \mathbb{R} \mid 0 \leq x \leq X(\omega)\big\} \\ &= A \end{aligned}$$

das heißt, die Menge A ist das Urbild von Y unter A'. Die $\mathfrak{F} \otimes \mathfrak{B}(\mathbb{R})$-$\mathfrak{B}(\mathbb{R}^2)$-Messbarkeit von Y lehrt $A \in \mathfrak{F} \otimes \mathfrak{B}(\mathbb{R})$. Somit sind alle Voraussetzungen des Satzes von Fubini (nichtnegative Version) erfüllt. Mit diesem folgt

$$\begin{aligned} &\int_{\Omega \times \mathbb{R}} \chi_A(\omega, x) \,\mathrm{d}(\mathbb{P} \otimes \beta)(\omega, x) \\ &\quad = \int_\Omega \left(\int_\mathbb{R} \chi_A(\omega, x) \,\mathrm{d}\beta(x) \right) \mathrm{d}\mathbb{P}(\omega) = \int_\mathbb{R} \left(\int_\Omega \chi_A(\omega, x) \,\mathrm{d}\mathbb{P}(\omega) \right) \mathrm{d}\beta(x) \end{aligned}$$

Das Lebesgue-Integral bezüglich dem Produktmaß $\mathbb{P} \otimes \beta$ lässt sich also als iteriertes Lebesgue-Integral bezüglich $\mathbb{P}$ und β berechnen. Beachten wir nun, dass für jedes

$(\omega, x) \in \Omega \times \mathbb{R}$ genau dann $(\omega, x) \in A$ erfüllt ist, wenn $x \in [0, X(\omega)]$ gilt, so lässt sich das zweite Integral in der obigen Gleichung wie folgt vereinfachen:

$$\begin{aligned}\int_\Omega \left(\int_\mathbb{R} \chi_A(\omega, x)\, \mathrm{d}\beta(x) \right) \mathrm{d}\mathbb{P}(\omega) &= \int_\Omega \left(\int_\mathbb{R} \chi_{[0, X(\omega)]}(x)\, \mathrm{d}\beta(x) \right) \mathrm{d}\mathbb{P}(\omega) \\ &= \int_\Omega \beta([0, X(\omega)])\, \mathrm{d}\mathbb{P}(\omega) \\ &= \int_\Omega X(\omega)\, \mathrm{d}\mathbb{P}(\omega)\end{aligned}$$

Das zweite iterierte Integral lässt sich ebenfalls vereinfachen, wenn man die Indikatorfunktion geschickt umschreibt. Dazu werden wir

$$\chi_A(\omega, x) = \chi_{[0, +\infty)}(x) \cdot \chi_{\{X \geq x\}}(\omega)$$

für $(\omega, x) \in \Omega \times \mathbb{R}$ verwenden, wobei $\{X \geq x\}$ wie üblich eine Kurzschreibweise für die Menge $\{\omega \in \Omega \mid X(\omega) \geq x\}$ ist. Mit dieser Überlegung folgt nun

$$\begin{aligned}\int_\mathbb{R} \left(\int_\Omega \chi_A(\omega, x)\, \mathrm{d}\mathbb{P}(\omega) \right) \mathrm{d}\beta(x) &= \int_\mathbb{R} \left(\int_\Omega \chi_{[0, +\infty)}(x) \cdot \chi_{\{X \geq x\}}(\omega)\, \mathrm{d}\mathbb{P}(\omega) \right) \mathrm{d}\beta(x) \\ &= \int_\mathbb{R} \chi_{[0, +\infty)}(x) \left(\int_\Omega \chi_{\{X \geq x\}}(\omega)\, \mathrm{d}\mathbb{P}(\omega) \right) \mathrm{d}\beta(x) \\ &= \int_0^{+\infty} \mathbb{P}(\{X \geq x\})\, \mathrm{d}\beta(x)\end{aligned}$$

Setzen wir nun alle Ergebnisse zusammen, so erhalten wir wie

$$\mathbb{E}[X] = \int_\Omega X(\omega)\, \mathrm{d}\mathbb{P}(\omega) = \int_0^{+\infty} \mathbb{P}(\{X \geq x\})\, \mathrm{d}\beta(x)$$

und die Darstellung für den Erwartungswert ist bewiesen.

Bemerkung Mit einer analogen Begründung gilt auch die Identität

$$\mathbb{E}[X] = \int_0^{+\infty} \mathbb{P}(\{X > x\})\, \mathrm{d}\beta(x)$$

mit strikter Ungleichung. Bezeichnen wir mit $F_X : \mathbb{R} \to [0, 1]$ wie üblich die Verteilungsfunktion von X, so gilt $\mathbb{P}(\{X > x\}) = 1 - \mathbb{P}(\{X \leq x\}) = 1 - F_X(x)$ für alle $x \in \mathbb{R}$, womit wir zusammenfassend folgendes bekannte Resultat erhalten:

Ist $(\Omega, \mathfrak{F}, \mathbb{P})$ ein Wahrscheinlichkeitsraum und $X : \Omega \to \mathbb{R}$ eine nichtnegative Zufallsvariable, so besitzt der Erwartungswert die Darstellung

$$\mathbb{E}[X] = \int_0^{+\infty} 1 - F_X(x)\, \mathrm{d}\beta(x)$$

Lösung Aufgabe 118 Es seien $(\Omega, \mathfrak{F}, \mathbb{P})$ ein Wahrscheinlichkeitsraum und $X : \Omega \to \mathbb{R}$ eine nichtnegative Zufallsvariable. Sind $x \in \mathbb{R}$ und $n \in \mathbb{N}$ mit $n-1 \leq x \leq n$ beliebig, so gilt

$$\{X \geq n\} \subseteq \{X \geq x\} \subseteq \{X \geq n-1\}$$

und somit wegen der Monotonie des Wahrscheinlichkeitsmaßes

$$\mathbb{P}(\{X \geq n\}) \leq \mathbb{P}(\{X \geq x\}) \leq \mathbb{P}(\{X \geq n-1\})$$

Wir integrieren die obige Ungleichung über das Intervall $[n-1, n)$ und erhalten

$$\mathbb{P}(\{X \geq n\}) \leq \int_{[n-1,n)} \mathbb{P}(\{X \geq x\})\, \mathrm{d}\beta(x) \leq \mathbb{P}(\{X \geq n-1\})$$

Es folgt weiter

$$\sum_{n=1}^{+\infty} \mathbb{P}(\{X \geq n\}) \leq \sum_{n=1}^{+\infty} \int_{[n-1,n)} \mathbb{P}(\{X \geq x\})\, \mathrm{d}\beta(x) \leq \sum_{n=0}^{+\infty} \mathbb{P}(\{X \geq n\})$$

wobei wir auf der rechten Seite noch zusätzlich eine Indexverschiebung vorgenommen haben. Da die Zufallsvariable X nichtnegativ ist, lässt sich der mittlere Ausdruck nach Aufgabe 85 (a) wie folgt umschreiben:

$$\begin{aligned}
&\sum_{n=1}^{+\infty} \int_{[n-1,n)} \mathbb{P}(\{X \geq x\})\, \mathrm{d}\beta(x) \\
&\quad = \int_{\bigsqcup_{n=1}^{+\infty}[n-1,n)} \mathbb{P}(\{X \geq x\})\, \mathrm{d}\beta(x) = \int_0^{+\infty} \mathbb{P}(\{X \geq x\})\, \mathrm{d}\beta(x)
\end{aligned}$$

Wegen der Nichtnegativität von X gilt aber auch

$$\mathbb{P}(\{X \geq 0\}) = \mathbb{P}(\Omega) = 1$$

sodass wir insgesamt wie gewünscht

$$\sum_{n=1}^{+\infty} \mathbb{P}(\{X \geq n\}) \leq \mathbb{E}[X] \leq 1 + \sum_{n=1}^{+\infty} \mathbb{P}(\{X \geq n\})$$

erhalten. Damit ist alles gezeigt.

Lösung Aufgabe 119 Sei $(\Omega, \mathfrak{F}, \mathbb{P})$ ein beliebiger Wahrscheinlichkeitsraum. Zur Übersicht unterteilen wir die Lösung in zwei Teile:

(a) Es sei $X : \Omega \to \mathbb{R}$ eine Zufallsvariable mit $\mathbb{P}_X = \mathbf{N}(0, 1)$. Da die Standard normal-Verteilung $\mathbf{N}(0, 1)$ eine absolutstetige Verteilung mit Lebesgue-Dichte $f : \mathbb{R} \to \mathbb{R}$ vermöge

$$f(x) := \frac{1}{\sqrt{2\pi}} \mathrm{e}^{-\frac{1}{2}x^2}$$

ist, folgt zunächst

$$\mathbb{E}[X^+] = \int_{\mathbb{R}} x^+ \,\mathrm{d}\mathbb{P}_X(x) = \int_0^{+\infty} x f(x)\,\mathrm{d}\beta(x) = \frac{1}{\sqrt{2\pi}} \int_0^{+\infty} x\mathrm{e}^{-\frac{1}{2}x^2}\,\mathrm{d}\beta(x)$$

Das obige Integral ist äquivalent zum Riemannschen Pendant. Mithilfe von partieller Integration oder der formalen Substitution $y = x^2$ folgt

$$\int_0^{+\infty} x\mathrm{e}^{-\frac{1}{2}x^2}\,\mathrm{d}x = \left[-\mathrm{e}^{-\frac{1}{2}x^2}\right]_0^{+\infty} = 1 - \lim_{x\to+\infty} \mathrm{e}^{-\frac{1}{2}x^2} = 1$$

und somit

$$\mathbb{E}[X^+] = \frac{1}{\sqrt{2\pi}}$$

Da die Standardnormal-Verteilung gemäß Aufgabe 90 symmetrisch ist, lehrt Aufgabe 146 gerade $\mathbb{P}_X = \mathbb{P}_{-X}$. Wegen $(-X)^+ = X^-$ folgt daher

$$\mathbb{E}[X^-] = \int_{\mathbb{R}} (-x)^+ \,\mathrm{d}\mathbb{P}_X(x) = \int_{\mathbb{R}} (-x)^+ \,\mathrm{d}\mathbb{P}_{-X}(x) = \int_{\mathbb{R}} x^+ \,\mathrm{d}\mathbb{P}_X(x) = \mathbb{E}[X^+]$$

das heißt, der Erwartungswert von Positiv- und Negativteil stimmen überein. Zusammenfassend erhalten wir

$$\mathbb{E}[X] = \mathbb{E}[X^+] - \mathbb{E}[X^-] = 0$$

Für die Berechnung der Varianz müssen wir wegen

$$\mathbb{V}[X] = \mathbb{E}[X^2] - (\mathbb{E}[X])^2 \tag{19.1}$$

lediglich den Erwartungswert der Zufallsvariable X^2 bestimmen. Die Bildmaßformel lehrt

$$\mathbb{E}[X^2] = \int_{\mathbb{R}} x^2 \,\mathrm{d}\mathbb{P}_X(x) = \frac{1}{\sqrt{2\pi}} \int_{-\infty}^{+\infty} x^2\mathrm{e}^{-\frac{1}{2}x^2}\,\mathrm{d}x$$

Das Integral auf der rechten Seite lässt sich mithilfe von partieller Integration wie folgt berechnen:

$$\int_{-\infty}^{+\infty} x^2 \mathrm{e}^{-\frac{1}{2}x^2}\,\mathrm{d}x = \left[-x\mathrm{e}^{-\frac{1}{2}x^2}\right]_{-\infty}^{+\infty} + \int_{-\infty}^{+\infty} \mathrm{e}^{-\frac{1}{2}x^2}\,\mathrm{d}x$$

Da die Funktion in den eckigen Klammern antisymmetrisch ist und

$$\int_{-\infty}^{+\infty} \mathrm{e}^{-\frac{1}{2}x^2}\,\mathrm{d}x = \sqrt{2\pi}$$

gilt, folgt schließlich $\mathbb{E}[X^2] = 1$. Zusammenfassend lässt sich damit die Varianz der standardnormal-verteilten Zufallsvariable X wegen Gleichung (19.1) und $\mathbb{E}[X] = 0$ wie folgt angeben:

$$\mathbb{V}[X] = 1$$

Damit besitzt jede standardnormal-verteilte Zufallsvariable den Erwartungswert 0 und die Varianz 1.

(b) Sei nun $Y : \Omega \to \mathbb{R}$ eine Zufallsvariable mit $\mathbb{P}_Y = \mathbf{N}(\mu, \sigma^2)$. Dabei sind wie üblich $\mu, \sigma \in \mathbb{R}$ beliebige reelle Parameter. Da Y normal-verteilt ist, gilt definitionsgemäß

$$\mathbb{P}_Y = \mathbb{P}_{\mu+\sigma X}$$

wobei $X : \Omega \to \mathbb{R}$ eine standardnormal-verteilte Zufallsvariable ist. Daher folgen mit den üblichen Rechenregeln für Erwartungswert und Varianz

$$\mathbb{E}[Y] = \mathbb{E}[\mu + \sigma X] = \mu + \sigma\mathbb{E}[X] \overset{(a)}{=} \mu$$

und

$$\mathbb{V}[Y] = \mathbb{V}[\mu + \sigma X] = \sigma^2\,\mathbb{V}[X] \overset{(a)}{=} \sigma^2$$

Damit ist alles gezeigt.

Lösung Aufgabe 120 Es sei $(\Omega, \mathfrak{F}, \mathbb{P})$ ein beliebiger Wahrscheinlichkeitsraum sowie $\alpha \in \mathbb{R}_{>0}$ und $n \in \mathbb{N}$. Für jedes $k \in \{1, \dots, n\}$ interpretieren wir die nichtnegative Zufallsvariable $X_k : \Omega \to \mathbb{R}$ als die Bearbeitungszeit des k-ten Servers. Aus der Aufgabenstellung wissen wir, dass diese Bearbeitungszeiten unabhängig und auf $(0, \alpha)$ uniform verteilt sind. Folglich gilt $\mathbb{P}_{X_k} = \mathbf{U}(0, \alpha)$ für $k \in \{1, \dots, n\}$. Die Zufallsvariable $X : \Omega \to \mathbb{R}$ vermöge

$$X := \min(X_1, \dots, X_n)$$

beschreibt die Wartezeit, bis eine neue Serveranfrage bearbeitet werden kann. Wir werden den Erwartungswert von X mithilfe der Identität

$$\mathbb{E}[X] = \int_0^{+\infty} 1 - F_X(x) \, \mathrm{d}\beta(x) \tag{19.2}$$

berechnen, die wir in der Lösung von Aufgabe 117 hergeleitet haben. Dazu müssen wir zunächst die Verteilungsfunktion $F_X : \mathbb{R} \to [0, 1]$ mit

$$F_X(x) := \mathbb{P}(\{X \leq x\}) = 1 - \mathbb{P}(\{X > x\}) = 1 - \mathbb{P}(\{\min(X_1, \ldots, X_n) > x\})$$

berechnen. Beachten wir dabei, dass

$$\{\min(X_1, \ldots, X_n) > x\} = \bigcap_{k=1}^{n} \{X_k > x\}$$

gilt, so lässt sich die Verteilungsfunktion weiter schreiben als

$$F_X(x) = 1 - \mathbb{P}\left(\bigcap_{k=1}^{n} \{X_k > x\}\right) \stackrel{(!)}{=} 1 - \prod_{k=1}^{n} \mathbb{P}(\{X_k > x\}) = 1 - \prod_{k=1}^{n} (1 - F_{X_k}(x))$$

Dabei haben wir in Schritt (!) die Unabhängigkeit der Wartezeiten verwendet. Da die uniforme Verteilung absolutstetig ist, lautet die Verteilungsfunktion von X_k

$$F_{X_k}(x) = \frac{1}{\alpha} \int_{-\infty}^{x} \chi_{(0,\alpha)} \, \mathrm{d}\beta(x) = \begin{cases} 0 & \text{falls } x \in (-\infty, 0] \\ \dfrac{x}{\alpha} & \text{falls } x \in (0, \alpha) \\ 1 & \text{falls } x \in [\alpha, +\infty) \end{cases}$$

Setzen wir nun alle Ergebnisse zusammen, so erhalten wir

$$F_X(x) = 1 - \prod_{k=1}^{n} (1 - F_{X_k}(x)) = \begin{cases} 0 & \text{falls } x \in (-\infty, 0] \\ 1 - \left(1 - \dfrac{x}{\alpha}\right)^n & \text{falls } x \in (0, \alpha) \\ 1 & \text{falls } x \in [\alpha, +\infty) \end{cases}$$

Aus Gleichung (19.2) folgt nun

$$\mathbb{E}[X] = \int_0^{+\infty} 1 - F_X(x) \, \mathrm{d}x = \int_0^{\alpha} \left(1 - \frac{x}{\alpha}\right)^n \mathrm{d}x$$

wobei wir alle zu berechnenden Integrale durch ihre Riemannschen Pendants ersetzt haben. Mit der Substitution $y = 1 - x/\alpha$ folgt

$$\mathbb{E}[X] = \int_0^{\alpha} \left(1 - \frac{x}{\alpha}\right)^n \mathrm{d}x = \alpha \int_0^1 y^n \, \mathrm{d}y = \left[\frac{\alpha}{n+1} \, y^{n+1}\right]_0^1 = \frac{\alpha}{n+1}$$

Daher beträgt die durchschnittliche Wartezeit der neuen Anfrage $\alpha/(n+1)$ Minuten. Besteht der Server-Cluster also beispielsweise aus 50 Servern, die 0.1 Minuten für die Bearbeitung einer Anfrage benötigen, so wartet eine neue Anfrage rund 0.002 Minuten auf Bearbeitung.

Bemerkung Die Überlegungen oben lassen sich wie folgt zusammenfassen und verallgemeinern:

Sei $(\Omega, \mathfrak{F}, \mathbb{P})$ ein Wahrscheinlichkeitsraum und $n \in \mathbb{N}$ beliebig. Weiter seien $X_1, \ldots, X_n : \Omega \to \mathbb{R}$ unabhängige Zufallsvariablen. Definieren wir $X, Y : \Omega \to \mathbb{R}$ vermöge

$$X := \min(X_1, \ldots, X_n), \qquad Y := \max(X_1, \ldots, X_n)$$

so besitzen die Zufallsvariablen X und Y die Verteilungsfunktionen $F_X, F_Y : \mathbb{R} \to [0, 1]$ mit

$$F_X(x) = 1 - \prod_{k=1}^{n}(1 - F_{X_k}(x)), \qquad F_Y(x) = \prod_{k=1}^{n} F_{X_k}(x)$$

Sind die Zufallsvariablen X_k für jedes $k \in \{1, \ldots, n\}$ identisch verteilt, so folgen insbesondere

$$F_X(x) = 1 - (1 - F(x))^n, \qquad F_Y(x) = (F(x))^n$$

wobei $F : \mathbb{R} \to [0, 1]$ die gemeinsame Verteilungsfunktion bezeichnet.

Lösung Aufgabe 121 Es seien $(\Omega, \mathfrak{F}, \mathbb{P})$ ein Wahrscheinlichkeitsraum und $(X_n)_{n\in\mathbb{N}}$ eine Folge von positiven sowie unabhängig und identisch verteilten Zufallsvariablen auf Ω. Seien weiter $m, n \in \mathbb{N}$ mit $m \leq n$ beliebig gewählte natürliche Zahlen. Da die Folge $(X_n)_{n\in\mathbb{N}}$ unabhängig ist, gilt für jedes $k \in \{1, \ldots, n\}$ und jede Permutation π der Menge $\{1, \ldots, n\}$

$$\mathbb{E}\left[\frac{X_k}{X_1 + \ldots + X_n}\right] = \mathbb{E}\left[\frac{X_{\pi(k)}}{X_{\pi(1)} + \ldots + X_{\pi(n)}}\right] = \mathbb{E}\left[\frac{X_{\pi(k)}}{X_1 + \ldots + X_n}\right]$$

Beachten Sie, dass der Nenner invariant gegenüber jeder Permutation ist. Weiter gelten offensichtlich

$$\frac{X_1 + \ldots + X_n}{X_1 + \ldots + X_n} = 1, \qquad \mathbb{E}\left[\frac{X_1 + \ldots + X_n}{X_1 + \ldots + X_n}\right] = 1$$

Da die Zufallsvariablen nach Voraussetzung identisch verteilt sind, folgt somit aus der Überlegung oben

$$\mathbb{E}\left[\frac{X_k}{X_1 + \ldots + X_n}\right] = \frac{1}{n}$$

für jedes $k \in \{1, \dots, n\}$. Die Linearität des Erwartungswerts liefert schließlich

$$\mathbb{E}\left[\frac{X_1 + \ldots + X_m}{X_1 + \ldots + X_n}\right] = \sum_{k=1}^{m} \mathbb{E}\left[\frac{X_k}{X_1 + \ldots + X_n}\right] = \sum_{k=1}^{m} \frac{1}{n} = \frac{m}{n}$$

und wir sind fertig.

Lösung Aufgabe 122 Sei $(\Omega, \mathfrak{F}, \mathbb{P})$ ein Wahrscheinlichkeitsraum und sei $X : \Omega \to \mathbb{R}$ eine Cauchy-verteilte Zufallsvariable mit $\mathbb{P}_X = \mathbf{Ca}(0, 1)$. Die Cauchy-Verteilung ist absolutstetig mit der Lebesgue-Dichte $f : \mathbb{R} \to \mathbb{R}$ gegeben durch

$$f(x) := \frac{1}{\pi} \frac{1}{1 + x^2}$$

Daraus ergibt sich für den Erwartungswert von X^+ die Darstellung

$$\mathbb{E}[X^+] = \int_{\mathbb{R}} x^+ f(x) \, \mathrm{d}\beta(x) = \frac{1}{\pi} \int_{\mathbb{R}} \frac{x^+}{1 + x^2} \, \mathrm{d}\beta(x) = \frac{1}{\pi} \int_0^{+\infty} \frac{x}{1 + x^2} \, \mathrm{d}\beta(x)$$

Wir werden das obige Integral nun geschickt nach unten abschätzen. Da der Integrand nichtnegativ ist, folgt

$$\mathbb{E}[X^+] \geq \frac{1}{\pi} \int_1^{+\infty} \frac{x}{1 + x^2} \, \mathrm{d}\beta(x) \geq \frac{1}{2\pi} \int_1^{+\infty} \frac{1}{x} \, \mathrm{d}\beta(x)$$

Weiter gilt für jedes $n \in \mathbb{N}$ mit $n \geq 2$

$$\int_{n-1}^{n} \frac{1}{x} \, \mathrm{d}\beta(x) \geq \int_{n-1}^{n} \frac{1}{n} \, \mathrm{d}\beta(x) = \frac{1}{n}$$

und somit

$$\mathbb{E}[X^+] \geq \frac{1}{2\pi} \sum_{n=2}^{+\infty} \left(\int_{n-1}^{n} \frac{1}{x} \, \mathrm{d}\beta(x) \right) \geq \frac{1}{2\pi} \sum_{n=2}^{+\infty} \frac{1}{n}$$

Da die harmonische Reihe bekanntlich divergiert, folgt $\mathbb{E}[X^+] = +\infty$. Die Cauchy-Verteilung ist offensichtlich symmetrisch. Gemäß Aufgabe 146 gilt daher $\mathbb{P}_X = \mathbb{P}_{-X}$ und folglich

$$\mathbb{E}[X^-] = \mathbb{E}[(-X)^+] = \mathbb{E}[X^+] = +\infty$$

Unsere Überlegungen zeigen, dass X keinen (endlichen) Erwartungswert besitzt. Vergleichen Sie dazu auch die Lösung von Aufgabe 114.

Lösung Aufgabe 123 Sei $(\Omega, \mathfrak{F}, \mathbb{P})$ ein Wahrscheinlichkeitsraum und sei $X : \Omega \to \mathbb{R}$ eine Zufallsvariable, also eine $\mathfrak{F}$-$\mathfrak{B}(\mathbb{R})$-messbare Funktion. Wir zeigen zunächst für $x \in \mathbb{R}_{>0}$ die (vereinfachte) Ungleichung

$$\mathbb{P}(\{|X| \geq x\}) \leq \frac{1}{x} \int_\Omega |X| \, d\mathbb{P} \tag{19.3}$$

Für $x \in \mathbb{R}_{>0}$ und $\omega \in \Omega$ gilt offensichtlich

$$x \cdot \chi_{\{|X| \geq x\}}(\omega) \leq |X(\omega)| \cdot \chi_{\{|X| \geq x\}}(\omega)$$

Da das Lebesgue-Integral monoton ist, erhalten wir damit wie gewünscht

$$\mathbb{P}(\{|X| \geq x\}) = \int_\Omega \chi_{\{|X| \geq x\}} \, d\mathbb{P} \leq \frac{1}{x} \int_\Omega |X| \cdot \chi_{\{|X| \geq x\}} \, d\mathbb{P} \leq \frac{1}{x} \int_\Omega |X| \, d\mathbb{P}$$

Ist nun $\varphi : \mathbb{R}_{\geq 0} \to \mathbb{R}_{\geq 0}$ eine wachsende Funktion, so ist diese wegen [7, Aufgabe 75] automatisch $\mathfrak{B}(\mathbb{R})$-$\mathfrak{B}(\mathbb{R})$-messbar. Daher ist die Verknüpfung $\varphi \circ |X| : \Omega \to \mathbb{R}$ nichtnegativ und $\mathfrak{F}$-$\mathfrak{B}(\mathbb{R})$-messbar. Folglich können wir im Fall $x \in \mathbb{R}_{\geq 0}$ und $\varphi(x) > 0$ unsere obigen Überlegungen anwenden und erhalten

$$\mathbb{P}(\{|X| \geq x\}) \leq \mathbb{P}(\{\varphi \circ |X| \geq \varphi(x)\}) \overset{(19.3)}{\leq} \frac{1}{\varphi(x)} \int_\Omega \varphi \circ |X| \, d\mathbb{P}$$

Damit ist alles bewiesen. Beachten Sie, dass die erste Ungleichung aus der Monotonie der Funktion φ und des Wahrscheinlichkeitsmaßes $\mathbb{P}$ folgt.

Bemerkung Setzen wir speziell $\varphi(x) := x^n$ für $x \in \mathbb{R}_{>0}$ und $n \in \mathbb{N}$, so erhalten wir als Spezialfall der Ungleichung von Markow

$$\mathbb{P}(\{|X| \geq x\}) \leq \frac{\mathbb{E}[|X|^n]}{x^n}$$

Lösung Aufgabe 124 Sei $(\Omega, \mathfrak{F}, \mathbb{P})$ ein Wahrscheinlichkeitsraum und sei $X : \Omega \to \overline{\mathbb{R}}$ eine Zufallsvariable mit endlichem Erwartungswert. Die Varianz von X ist definiert als

$$\mathbb{V}[X] := \mathbb{E}[(X - \mathbb{E}[X])^2] \in [0, +\infty]$$

und dient als Maß der Abweichung der Zufallsvariable X von ihrem Erwartungswert $\mathbb{E}[X]$. Die Varianz von X ist somit genau dann endlich, wenn X ein endliches zweites Moment besitzt. Wir kommen nun zur Lösung dieser Aufgabe.

(a) Offensichtlich ist die Zufallsvariable $(X - \mathbb{E}[X])^2$ nichtnegativ. Da der Erwartungswert monoton ist und $\mathbb{E}[0] = 0$ gilt, folgt somit automatisch

$$\mathbb{V}[X] = \mathbb{E}[(X - \mathbb{E}[X])^2] \geq 0$$

Wir beweisen die erste Darstellung der Varianz mit einer Fallunterscheidung. Im Fall $\mathbb{E}[X^2] = +\infty$ folgt

$$\mathbb{V}[X] = +\infty = +\infty - (\mathbb{E}[X])^2 = \mathbb{E}[X^2] - (\mathbb{E}[X])^2$$

Beachten Sie dabei, dass nach Voraussetzung $(\mathbb{E}[X])^2 < +\infty$ gilt und es somit *nicht* zum undefinierten Ausdruck $(+\infty) - (+\infty)$ kommen kann. Im Fall $\mathbb{E}[X^2] < +\infty$ folgt aus der Linearität des Erwartungswerts

$$\begin{aligned}
\mathbb{V}[X] &= \mathbb{E}[(X - \mathbb{E}[X])^2] \\
&= \mathbb{E}[X^2 - 2\mathbb{E}[X]X + (\mathbb{E}[X])^2] \\
&= \mathbb{E}[X^2] - 2\mathbb{E}[X]\mathbb{E}[X] + (\mathbb{E}[X])^2 \\
&= \mathbb{E}[X^2] - (\mathbb{E}[X])^2
\end{aligned}$$

Mit derselben Begründung folgt aus

$$X^2 = (X^2 - X) + X = X(X - 1) + X$$

die zweite Darstellung

$$\mathbb{V}[X] = \mathbb{E}[X^2] - (\mathbb{E}[X])^2 = \mathbb{E}[X(X - 1)] + \mathbb{E}[X] - (\mathbb{E}[X])^2$$

Damit ist alles bewiesen.

Bemerkung Wegen $\mathbb{V}[X] \geq 0$ gilt $(\mathbb{E}[X])^2 \leq \mathbb{E}[X^2]$. Besitzt die Zufallsvariable X also ein endliches Moment der zweiten Ordnung, so besitzt sie auch einen endlichen Erwartungswert.

(b) (Verschiebungssatz). Sei $\mu \in \mathbb{R}$ beliebig gewählt. Wir rechnen die Identität nach. Im Fall $\mathbb{E}[X^2] = +\infty$ folgt sofort

$$(\mathbb{E}[X] - \mu)^2 + \mathbb{V}[X] = +\infty = \mathbb{E}[(X - \mu)^2]$$

Besitzt X hingegen ein endliches zweites Moment, so erhalten wir wegen der Linearität des Erwartungswerts

$$\begin{aligned}
(\mathbb{E}[X] - \mu)^2 + \mathbb{V}[X] &= (\mathbb{E}[X])^2 - 2\mu\mathbb{E}[X] + \mu^2 + \mathbb{V}[X] \\
&= (\mathbb{E}[X])^2 - 2\mu\mathbb{E}[X] + \mu^2 + \mathbb{E}[X^2] - (\mathbb{E}[X])^2 \\
&= \mathbb{E}[X^2] - 2\mu\mathbb{E}[X] + \mu^2 \\
&= \mathbb{E}[X^2 - 2\mu X + \mu^2] \\
&= \mathbb{E}[(X - \mu)^2]
\end{aligned}$$

Bemerkung Der Verschiebungssatz ist in der Literatur auch als Satz von Steiner bekannt. Für $\mu = 0$ erhalten wir $(\mathbb{E}[X])^2 + \mathbb{V}[X] = \mathbb{E}[X^2]$ und damit die Darstellung der Varianz aus Teil (a).

(c) Seien $a, b \in \mathbb{R}$ beliebig. Da mit X insbesondere auch $a + bX$ einen endlichen Erwartungswert besitzt, folgt aus der Linearität des Erwartungswerts und Teil (a) dieser Aufgabe

$$\begin{aligned}\mathbb{V}[a + bX] &= \mathbb{E}\big[(a + bX)^2\big] - (\mathbb{E}[a + bX])^2 \\ &= \mathbb{E}[a^2 + 2abX + b^2X^2] - (a + b\mathbb{E}[X])^2 \\ &= a^2 + 2ab\mathbb{E}[X] + b^2\mathbb{E}[X^2] - (a^2 + 2ab\mathbb{E}[X] + b^2(\mathbb{E}[X])^2) \\ &= b^2\mathbb{E}[X^2] - b^2(\mathbb{E}[X])^2 \\ &= b^2\mathbb{V}[X]\end{aligned}$$

Man kann die obige Identität aber auch direkt anhand der Definition der Varianz nachrechnen.

Bemerkung Die obige Identität zeigt, dass additive Konstanten keinen Einfluss auf die Varianz einer Zufallsvariable haben. Insbesondere ist die Varianz einer konstanten Zufallsvariable gleich null.

(d) Sei nun das zweite Moment von X endlich und gelte $\mathbb{V}[X] > 0$. Wir betrachten die sogenannte *standardisierte Zufallsvariable* $Z : \Omega \to \overline{\mathbb{R}}$ vermöge

$$Z := \frac{X - \mathbb{E}[X]}{\sqrt{\mathbb{V}[X]}}$$

Der Erwartungswert und die Varianz von Z lassen sich mit den Teilen (a) und (c) dieser Lösung wie folgt berechnen:

$$\mathbb{E}[Z] = \mathbb{E}\left[\frac{X - \mathbb{E}[X]}{\sqrt{\mathbb{V}[X]}}\right] = \frac{\mathbb{E}[X]}{\sqrt{\mathbb{V}[X]}} - \frac{\mathbb{E}[X]}{\sqrt{\mathbb{V}[X]}} = 0$$

und

$$\mathbb{V}[Z] = \mathbb{V}\left[\frac{X - \mathbb{E}[X]}{\sqrt{\mathbb{V}[X]}}\right] = \frac{\mathbb{V}[X]}{\mathbb{V}[X]} = 1$$

Damit ist alles gezeigt.

(e) (Charakterisierung der Varianz). Wir nehmen zuerst zusätzlich an, dass X ein endliches Moment der zweiten Ordnung besitzt und betrachten die Funktion $f : \mathbb{R} \to \mathbb{R}$ mit

$$f(\mu) := \mathbb{E}[(X - \mu)^2]$$

Diese ist wohldefiniert, denn für $\mu \in \mathbb{R}$ besitzt auch $(X - \mu)^2$ wegen unserer soeben getroffenen Annahme einen endlichen Erwartungswert. Für $\mu \in \mathbb{R}$ gelten

$$f(\mu) = \mathbb{E}[X^2] - 2\mathbb{E}[X]\mu + \mu^2, \quad f'(\mu) = -2\mathbb{E}[X] + 2\mu, \quad f''(\mu) = 2$$

Insbesondere erkennen wir anhand der ersten Gleichung, dass es sich bei der Funktion um ein auf ganz $\mathbb{R}$ differenzierbares quadratisches Polynom handelt. Aus der notwendigen und hinreichenden Bedingung für die Existenz eines Extremums lesen wir sofort ab, dass die Zahl $\mu^* := \mathbb{E}[X]$ wegen $f'(\mu^*) = 0$ und $f''(\mu^*) > 0$ ein Minimierer von f ist. Daher gilt

$$\mathbb{V}[X] = \mathbb{E}[(X - \mathbb{E}[X])^2] = f(\mu^*) = \inf_{\mu \in \mathbb{R}} f(\mu) = \inf_{\mu \in \mathbb{R}} \mathbb{E}[(X - \mu)^2]$$

Diese Gleichung ist aber auch im Fall $\mathbb{E}[X^2] = +\infty$ gültig, sodass damit alles gezeigt ist.

Bemerkung In der Literatur wird die Varianz der Zufallsvariable X häufig auch mit $\mathrm{var}[X]$ oder $\sigma^2(X)$ abgekürzt.

Lösung Aufgabe 125 Es seien $(\Omega, \mathfrak{F}, \mathbb{P})$ ein Wahrscheinlichkeitsraum und $X : \Omega \to \overline{\mathbb{R}}$ eine Zufallsvariable mit endlichem Erwartungswert. Die Varianz von X ist definiert als

$$\mathbb{V}[X] := \mathbb{E}[(X - \mathbb{E}[X])^2] = \int_\Omega (X - \mathbb{E}[X])^2 \, \mathrm{d}\mathbb{P}$$

Wir beweisen die Äquivalenz der drei Aussagen, indem wir (c) $\Longleftrightarrow$ (b) und (b) $\Longleftrightarrow$ (c) zeigen. Zur Übersicht unterteilen wir daher die Lösung dieser Aufgabe in zwei Teile:

(α) Wir beweisen die Äquivalenz (a) $\Longleftrightarrow$ (b) in zwei Schritten.
($\Longrightarrow$). Gelte zuerst $\mathbb{V}[X] = 0$. Wir definieren die Zufallsvariable $Y : \Omega \to \overline{\mathbb{R}}$ vermöge $Y := (X - \mathbb{E}[X])^2$. Es gilt also

$$\int_\Omega Y \, \mathrm{d}\mathbb{P} = 0$$

Weiter definieren wir für jedes $n \in \mathbb{N}$ das Ereignis $A_n := \{Y > 1/n\}$ und setzen $A := \{Y > 0\}$. Alle Ereignisse gehören wegen der $\mathfrak{F}$-$\mathfrak{B}(\overline{\mathbb{R}})$-Messbarkeit von Y zur σ-Algebra $\mathfrak{F}$. Wegen

$$\frac{1}{n} \cdot \chi_{A_n} \leq Y$$

liefert die Monotonie des Erwartungswerts die Abschätzung

$$0 \leq \frac{1}{n} \cdot \mathbb{P}(A_n) = \int_\Omega \frac{1}{n} \cdot \chi_{A_n} \, d\mathbb{P} \leq \int_\Omega Y \, d\mathbb{P} = 0$$

Daher gilt $\mathbb{P}(A_n) = 0$ für alle $n \in \mathbb{N}$. Wegen $A_n \uparrow A$ liefert die Stetigkeit des Wahrscheinlichkeitsmaßes gerade $\mathbb{P}(A) = 0$. Vergleichen Sie auch Aufgabe 59. Dies ist gleichbedeutend damit, dass $Y = 0$ fast sicher beziehungsweise $\mathbb{P}(\{X = \mathbb{E}[X]\}) = 1$ gilt.

($\Longleftarrow$). Für die umgekehrte Implikation sei $\mathbb{P}(A) = 0$. Wegen

$$0 \leq Y \leq (+\infty) \cdot \chi_A$$

erhalten wir

$$0 \leq \int_\Omega Y \, d\mathbb{P} \leq (+\infty) \cdot \int_\Omega \chi_A \, d\mathbb{P} = (+\infty) \cdot \mathbb{P}(A) = (+\infty) \cdot 0 = 0$$

und damit wie gewünscht $\mathbb{E}[Y] = 0$ beziehungsweise $\mathbb{V}[X] = 0$. Beachten Sie dabei, dass wir im letzten Schritt von der in der Maß- und Integrationstheorie üblichen Konvention $(+\infty) \cdot 0 = 0$ Gebrauch gemacht haben.

(β) Nun zeigen wir die Äquivalenz (b) $\Longleftrightarrow$ (c) in zwei Schritten.

($\Longrightarrow$). Gelte nun $\mathbb{P}(\{X = \mathbb{E}[X]\}) = 1$. Wegen $X = \mathbb{E}[X]$ fast sicher ist X fast sicher konstant und wir sind fertig.

($\Longleftarrow$). Sei nun umgekehrt X fast sicher konstant. Dann finden wir eine Zahl $c \in \mathbb{R}$ mit $X(\omega) = c$ für fast alle $\omega \in \Omega$. Definieren wir $A := \{X = c\}$, so folgen $A \in \mathfrak{F}$ und $\mathbb{P}(A^c) = 1 - \mathbb{P}(A) = 0$. Da das Lebesgue-Integral invariant gegenüber Abänderungen auf Nullmengen ist, erhalten wir

$$\mathbb{E}[X] = \int_\Omega X \, d\mathbb{P} = \int_A c \, d\mathbb{P} = c \int_A 1 \, d\mathbb{P} = c$$

Wegen $\mathbb{E}[X] = \mathbb{E}[c] = c$ zeigt dies wie gewünscht $X = \mathbb{E}[X]$ fast sicher.

Lösung Aufgabe 126 Sei $(\Omega, \mathfrak{F}, \mathbb{P})$ ein Wahrscheinlichkeitsraum und sei $X : \Omega \to \mathbb{R}$ eine Zufallsvariable mit $\mathbb{P}_X = \mathbf{B}(n, p)$, wobei $n \in \mathbb{N}$ und $p \in (0, 1)$ beliebige Parameter sind. Die Binomial-Verteilung $\mathbf{B}(n, p)$ wird von der Zähldichte aus Aufgabe 46 erzeugt. Daher gilt

$$\mathbb{P}(\{X = k\}) = \binom{n}{k} p^k (1 - p)^{n-k}$$

für $k \in \{0, \ldots, n\}$. Der Erwartungswert von X berechnet sich mithilfe der Formel

$$\mathbb{E}[X] = \sum_{k=0}^{n} k\,\mathbb{P}(\{X = k\}) = \sum_{k=0}^{n} k\binom{n}{k} p^k (1-p)^{n-k}$$

Die endliche Summe auf der rechten Seite werden wir nun in mehreren Schritten vereinfachen, wobei wir lediglich die Definition des Binomialkoeffizienten und eine Indexverschiebung verwenden:

$$\begin{aligned}\sum_{k=0}^{n} k\binom{n}{k} p^k (1-p)^{n-k} &= p\sum_{k=1}^{n} k\binom{n}{k} p^{k-1}(1-p)^{n-k} \\ &= np\sum_{k=1}^{n}\binom{n-1}{k-1} p^{k-1}(1-p)^{(n-1)-(k-1)} \\ &= np\sum_{k=0}^{n-1}\binom{n-1}{k} p^k (1-p)^{(n-1)-k}\end{aligned}$$

Die rechte Seite lässt sich nun mit dem binomischen Lehrsatz aus Aufgabe 10 (b) auswerten, womit wir

$$\mathbb{E}[X] = np(p + (1-p))^{n-1} = np$$

erhalten. Wegen Aufgabe 124 (a) müssen wir zur Ermittlung der Varianz $\mathbb{V}[X]$ lediglich noch das zweite Moment $\mathbb{E}[X^2]$ berechnen. Dazu kann man ähnlich wie oben vorgehen und die Summe auf der rechten Seite von

$$\mathbb{E}[X^2] = \sum_{k=0}^{n} k^2\binom{n}{k} p^k (1-p)^{n-k}$$

mit denselben Methoden wie eben umschreiben:

$$\mathbb{E}[X^2] = np\sum_{k=0}^{n-1} k\binom{n-1}{k} p^k (1-p)^{(n-1)-k} + np\sum_{k=0}^{n-1}\binom{n-1}{k} p^k (1-p)^{(n-1)-k}$$

Beim ersten Summanden handelt es sich, bis auf den Vorfaktor np, um den Erwartungswert einer zu den Parametern $n-1$ und p Binomial-verteilten Zufallsvariable während sich der zweite Summand vollständig mit dem binomischen Lehrsatz zu

$$np(p + (1-p))^{n-1} = np$$

auswerten lässt. Somit folgt

$$\mathbb{E}[X^2] = np(n-1)p + np$$

und Aufgabe 124 lehrt schließlich

$$\mathbb{V}[X] = \mathbb{E}[X^2] - (\mathbb{E}[X])^2 = np(n-1)p + np - n^2p^2 = np(1-p)$$

Der Erwartungswert und die Varianz von X lassen sich aber auch alternativ wie folgt herleiten: Wir betrachten dazu die beliebig oft differenzierbare Funktion $f : \mathbb{R} \to \mathbb{R}$ vermöge

$$f(t) := \sum_{k=0}^{n} \binom{n}{k} p^k t^k (1-p)^{n-k} = (pt + (1-p))^n$$

Dann gilt

$$f'(t) = \sum_{k=0}^{n} k \binom{n}{k} p^k t^{k-1} (1-p)^{n-k} = np(pt + (1-p))^{n-1}$$

wobei wir die Ableitung der rechten Seite mit der Kettenregel bestimmt haben. Die Auswertung der obigen Gleichung bei $t = 1$ ergibt

$$\mathbb{E}[X] = \sum_{k=0}^{n} k \binom{n}{k} p^k (1-p)^{n-k} = f'(1) = np(p + (1-p))^{n-1} = np$$

Dies bestätigt die Rechnung im ersten Teil der Lösung. Für die Berechnung der Varianz gehen wir nun ähnlich vor. Die zweite Ableitung der Funktion lautet

$$f''(t) = \sum_{k=0}^{n} k(k-1) \binom{n}{k} p^k t^{k-2} (1-p)^{n-k} = n(n-1)p^2(pt + (1-p))^{n-2}$$

Auswerten der obigen Gleichung in $t = 1$ liefert

$$\begin{aligned}
\mathbb{E}[X^2] - np &= \sum_{k=0}^{n} k^2 \binom{n}{k} p^k (1-p)^{n-k} - np \\
&= \sum_{k=0}^{n} k^2 \binom{n}{k} p^k (1-p)^{n-k} - \sum_{k=0}^{n} k \binom{n}{k} p^k (1-p)^{n-k} \\
&= \sum_{k=0}^{n} k(k-1) \binom{n}{k} p^k (1-p)^{n-k} \\
&= f''(1) \\
&= n(n-1)p^2
\end{aligned}$$

und damit

$$\mathbb{V}[X] = \mathbb{E}[X^2] - (\mathbb{E}[X])^2 = n(n-1)p^2 + np - n^2p^2 = np(1-p)$$

Bemerkung Für $p \in (0, 1)$ wird die Binomial-Verteilung $\mathbf{B}(1, p)$ auch *Bernoulli-Verteilung* genannt und mit $\mathbf{B}(p)$ abgekürzt.

Lösung Aufgabe 127 Sei $(\Omega, \mathfrak{F}, \mathbb{P})$ ein Wahrscheinlichkeitsraum und sei $X : \Omega \to \mathbb{R}$ eine Zufallsvariable mit $\mathbb{P}_X = \mathbf{Be}(\alpha, \gamma)$. Dabei sind $\alpha, \gamma \in \mathbb{R}_{>0}$ zwei beliebige Parameter. Gemäß Aufgabe 124 (a) müssen zur Berechnung der Varianz von X lediglich die beiden ersten Momente bestimmt werden. Da die Beta-Verteilung die Lebesgue-Dichte $f : \mathbb{R} \to \mathbb{R}$ mit

$$f(x) := \begin{cases} \dfrac{1}{\mathsf{B}(\alpha, \gamma)} x^{\alpha-1}(1-x)^{\gamma-1} & \text{falls } x \in (0, 1) \\ 0 & \text{sonst} \end{cases}$$

besitzt, erhalten wir für jedes $n \in \mathbb{N}$

$$\mathbb{E}[X^n] = \int_{\mathbb{R}} x^n f(x)\, \mathrm{d}\beta(x) = \frac{1}{\mathsf{B}(\alpha, \gamma)} \int_0^1 x^{\alpha+n-1}(1-x)^{\gamma-1}\, \mathrm{d}\beta(x)$$

Die rechte Seite lässt sich mithilfe der bekannten Identität [1, Kap. VI, 9.12 Bemerkung]

$$\mathsf{B}(\alpha, \gamma) = \frac{\Gamma(\alpha)\,\Gamma(\gamma)}{\Gamma(\alpha+\gamma)}$$

geschickt schreiben als

$$\frac{\Gamma(\alpha+\gamma)}{\Gamma(\alpha)} \frac{\Gamma(\alpha+n)}{\Gamma(\alpha+n+\gamma)} \int_0^1 \frac{\Gamma(\alpha+\gamma+n)}{\Gamma(\alpha+n)\,\Gamma(\gamma)} x^{\alpha+n-1}(1-x)^{\gamma-1}\, \mathrm{d}\beta(x)$$

Dabei haben wir den Integranden so umgeschrieben, dass wir ihn als Lebesgue-Dichte der Beta-Verteilung $\mathbf{Be}(\alpha + n, \gamma)$ identifizieren können. Es gilt also

$$\begin{aligned} &\int_0^1 \frac{\Gamma(\alpha+\gamma+n)}{\Gamma(\alpha+n)\,\Gamma(\gamma)} x^{\alpha+n-1}(1-x)^{\gamma-1}\, \mathrm{d}\beta(x) \\ &\qquad = \frac{1}{\mathsf{B}(\alpha+n, \gamma)} \int_0^1 x^{\alpha+n-1}(1-x)^{\gamma-1}\, \mathrm{d}\beta(x) = 1 \end{aligned}$$

Da die Gamma-Funktion bekanntlich der Funktionalgleichung [1, Kap. VI, 9.2 Theorem]

$$x\,\Gamma(x) = \Gamma(x+1)$$

für $x \in \mathbb{R}_{>0}$ genügt, lässt sich der verbleibende Ausdruck noch weiter vereinfachen. Wegen

$$\frac{\Gamma(\alpha+n)}{\Gamma(\alpha)} = \prod_{k=0}^{n-1} (\alpha+k), \qquad \frac{\Gamma(\alpha+\gamma+n)}{\Gamma(\alpha+\gamma)} = \prod_{k=0}^{n-1} (\alpha+\gamma+k)$$

erhalten wir

$$\mathbb{E}[X^n] = \frac{\Gamma(\alpha+\gamma)}{\Gamma(\alpha)} \frac{\Gamma(\alpha+n)}{\Gamma(\alpha+n+\gamma)} = \prod_{k=0}^{n-1} \frac{\alpha+k}{\alpha+\gamma+k}$$

Die ersten beiden Momente lauten somit

$$\mathbb{E}[X] = \frac{\alpha}{\alpha+\gamma}$$

und

$$\mathbb{E}[X^2] = \frac{\alpha(\alpha+1)}{(\alpha+\gamma)(\alpha+\gamma+1)}$$

Damit berechnet sich die Varianz der Zufallsvariable gemäß

$$\begin{aligned}\mathbb{V}[X] &= \mathbb{E}[X^2] - (\mathbb{E}[X])^2\\ &= \frac{\alpha(\alpha+1)}{(\alpha+\gamma)(\alpha+\gamma+1)} - \frac{\alpha^2}{(\alpha+\gamma)^2}\\ &= \frac{\alpha\gamma}{(\alpha+\gamma+1)(\alpha+\gamma)^2}\end{aligned}$$

und wir sind fertig.

Lösung Aufgabe 128 Sei $(\Omega, \mathfrak{F}, \mathbb{P})$ ein nicht näher spezifizierter Wahrscheinlichkeitsraum, der das vorliegende Zufallsexperiment beschreibt. Wir bezeichnen mit $X : \Omega \to \mathbb{R}$ die Zufallsvariable, die den Index des zuletzt umgefallenen Dominosteins angibt.

(a) Sei $k \in \mathbb{N}$ eine beliebige natürliche Zahl. Wir bezeichnen mit A_k das Ereignis, dass der k-te Dominostein umgefallen ist. Nach Voraussetzung gilt dann

$$p_k := \mathbb{P}(A_k \mid A_{k-1}) = \frac{1}{k}$$

Weiter folgt für alle $n \in \mathbb{N}$

$$\{X = n\} = \bigcap_{j=1}^{n} A_j \cap A_{n+1}^{c}$$

In anderen Worten: Die ersten n Dominosteine sind umgefallen, der Stein mit dem Index $n+1$ hingegen *nicht*. Der Multiplikationssatz aus Aufgabe 63 (c) lehrt somit

$$\begin{aligned}\mathbb{P}(\{X=n\}) &= \mathbb{P}\left(\bigcap_{j=1}^{n} A_j \cap A_{n+1}^{\mathsf{c}}\right)\\ &= \mathbb{P}\left(A_{n+1}^{\mathsf{c}} \mid \bigcap_{j=1}^{n} A_j\right)\prod_{k=1}^{n}\mathbb{P}\left(A_k \mid \bigcap_{j=1}^{k-1} A_j\right)\end{aligned}$$

Da ein Stein nur dann umfallen kann, wenn zuvor *alle* Vorgängersteine umgefallen sind, gilt

$$A_n = \bigcap_{j=1}^{n} A_j$$

für jeden Index $n \in \mathbb{N}$. Damit lässt sich die rechte Seite der obigen Gleichung vereinfachen. Wir erhalten

$$\begin{aligned}\mathbb{P}(\{X=n\}) &= \mathbb{P}\left(A_{n+1}^{\mathsf{c}} \mid A_n\right)\prod_{k=1}^{n}\mathbb{P}\left(A_k \mid A_{k-1}\right)\\ &= \left(1-\mathbb{P}\left(A_{n+1} \mid A_n\right)\right)\prod_{k=1}^{n}\mathbb{P}(A_k \mid A_{k-1})\\ &= (1-p_{n+1})\prod_{k=1}^{n} p_k\\ &= \left(1-\frac{1}{n+1}\right)\prod_{k=1}^{n}\frac{1}{k}\\ &= \frac{1}{n!}-\frac{1}{(n+1)!}\end{aligned}$$

Damit ist die Verteilung von X vollständig bestimmt und wir sind fertig.

Bemerkung Die Rechnung in Teil (b) dieser Lösung wird zeigen, dass es sich bei der Folge $(\alpha_n)_{n\in\mathbb{N}}$ mit

$$\alpha_n := \frac{1}{n!}-\frac{1}{(n+1)!}$$

um eine stochastische Folge handelt, womit die Verteilung von X vollständig bestimmt ist. Vergleichen Sie auch Aufgabe 53.

(b) Für die Simulation des Zufallsexperiments definieren wir zwei Hilfsfunktionen. Mithilfe der `Python`-Funktion `dominos` simulieren wir, wie viele Dominosteine nacheinander in einem Durchgang umgefallen sind. Die Funktion `simulate` ruft diese `runs`-mal auf. Die entsprechenden Ergebnisse für `runs = 100000` werden in der Liste `simulation_results` gespeichert und damit der Erwartungswert `E` und die Varianz `V` berechnet. Der vollständige `Python` Code sieht wie folgt aus:

```
import random

def dominos():
    """
    Simulates the falling of a sequence of domino stones.

    Returns:
        stone (int): The index of the last domino that
                     falls before stopping.
    """
    stone = 1

    while True:
        if random.random() > 1 / stone:
            return stone - 1
        stone += 1

def simulate(runs):
    """
    Simulates multiple runs of the domino game.

    Arguments:
        runs (int): The number of simulation runs.

    Returns:
        results (list):  A list containing the index of
                         the last falling domino for
                         each run.
    """
    results = [dominos() for _ in range(runs)]
    return results

# Calculate expected value and variance
runs = 100000
results = simulate(runs)
E = sum(results) / runs
V = sum((n - E) ** 2 for n in
results) / runs

print("expected value:", E)
print("variance:", V)

expected value: 1.71704
variance: 0.7670136384002892
```

(c) Da die Zufallsvariable X lediglich Werte in $\mathbb{N}$ annimmt, können wir den Erwartungswert mit der Formel

$$\mathbb{E}[X] = \sum_{n=1}^{+\infty} n\, \mathbb{P}(\{X = n\})$$

bestimmen. Dafür wird der Zusammenhang

$$\begin{aligned}
\sum_{n=1}^{+\infty} \frac{n}{(n+1)!} &= \sum_{n=1}^{+\infty} \left(\frac{1}{n!} - \frac{1}{(n+1)!} \right) \\
&= \lim_{N \to +\infty} \sum_{n=1}^{N} \left(\frac{1}{n!} - \frac{1}{(n+1)!} \right) \\
&= \lim_{N \to +\infty} \left(1 - \frac{1}{(N+1)!} \right) \\
&= 1
\end{aligned}$$

nützlich sein. Beachten Sie, dass es sich bei der Summe in der zweiten Zeile um eine sogenannte *Teleskopsumme* handelt, da sich aufeinanderfolgende Glieder paarweise aufheben. Weiter gilt

$$\sum_{n=1}^{+\infty} \frac{1}{(n-1)!} = \sum_{n=0}^{+\infty} \frac{1}{n!} = \mathrm{e}$$

denn es handelt sich hierbei um die bekannte Exponentialreihe. Mit diesen beiden Vorüberlegungen lässt sich nun der Erwartungswert von X vermöge

$$\begin{aligned}
\mathbb{E}[X] &= \sum_{n=1}^{+\infty} n\, \mathbb{P}(\{X = n\}) \\
&= \sum_{n=1}^{+\infty} \frac{1}{(n-1)!} - \sum_{n=1}^{+\infty} \frac{n}{(n+1)!} \\
&= \mathrm{e} - 1
\end{aligned}$$

berechnen. Es gilt $\mathbb{E}[X] \approx 1.7183$. Für die Varianz müssen wir lediglich noch $\mathbb{E}[X^2]$ bestimmen. Mit ähnlichen Überlegungen folgt

$$\mathbb{E}[X^2] = \sum_{n=1}^{+\infty} n^2\, \mathbb{P}(\{X = n\}) = \sum_{n=1}^{+\infty} \frac{n}{(n-1)!} - \sum_{n=1}^{+\infty} \frac{n^2}{(n+1)!} = \mathrm{e} + 1$$

Dabei besitzt die erste Reihe einen Reihenwert von 2e und die zweite einen von e − 1. Zusammenfassend beträgt die Varianz von X somit

$$\mathbb{V}[X] = \mathbb{E}[X^2] - (\mathbb{E}[X])^2 = \mathrm{e} + 1 - (\mathrm{e} - 1)^2 \approx 0.7658$$

Wie wir sehen können, stimmen Erwartungswert und Varianz von X mit den beiden Werten aus Teil (b) dieser Lösung überein.

Lösung Aufgabe 129 Sei in der gesamten Lösung $(\Omega, \mathfrak{F}, \mathbb{P})$ ein Wahrscheinlichkeitsraum und sei $X : \Omega \to \mathbb{R}$ eine Zufallsvariable mit $\mathbb{P}_X = \mathbf{Pa}(\alpha, \gamma)$. Dabei sind $\alpha, \gamma \in \mathbb{R}_{>0}$ beliebige Parameter.

(a) Die Funktion $f : \mathbb{R} \to \mathbb{R}$ mit

$$f(x) := \begin{cases} \frac{\gamma}{\alpha}\left(\frac{\alpha}{x}\right)^{\gamma+1} & \text{falls } x \in (\alpha, +\infty) \\ 0 & \text{sonst} \end{cases}$$

ist offensichtlich nichtnegativ und als Komposition $\mathfrak{B}(\mathbb{R})$-$\mathfrak{B}(\mathbb{R})$-messbarer Funktionen ebenfalls $\mathfrak{B}(\mathbb{R})$-$\mathfrak{B}(\mathbb{R})$-messbar. Weiter gilt

$$\int_{\mathbb{R}} f(x)\,\mathrm{d}\beta(x) = \frac{\gamma}{\alpha}\int_{\alpha}^{+\infty}\left(\frac{\alpha}{x}\right)^{\gamma+1}\mathrm{d}\beta(x) = \frac{\gamma}{\alpha}\left[\frac{1}{\gamma}\,\frac{\alpha^{\gamma+1}}{x^{\gamma}}\right]_{\alpha}^{+\infty} = 1$$

Beachten Sie dabei $x^{-\gamma} \to 0$ für $x \to +\infty$. Folglich handelt es sich bei der Funktion um eine Lebesgue-Dichte.

(b) Für diesen Teil werden wir die folgende aus der Analysis I bekannte Tatsache verwenden: Für zwei reelle Zahlen $a \in \mathbb{R}_{>0}$ und $b \in \mathbb{R}$ ist das uneigentliche Riemann-Integral

$$\int_a^{+\infty} \frac{1}{x^b}\,\mathrm{d}x$$

genau dann konvergent, wenn $b > 1$. Für $b > 1$ besitzt das Integral den Wert $a^{1-b}/(b-1)$. Da die Pareto-Verteilung absolutstetig mit Lebesgue-Dichte f ist, gilt

$$\mathbb{E}[X] = \int_{\mathbb{R}} x f(x)\,\mathrm{d}\beta(x) = \alpha^{\gamma}\gamma\int_{\alpha}^{+\infty}\frac{1}{x^{\gamma}}\,\mathrm{d}x$$

Gemäß der Vorbemerkung ist das Integral auf der rechten Seite genau dann endlich, falls $\gamma > 1$. In diesem Fall gilt

$$\int_{\alpha}^{+\infty}\frac{1}{x^{\gamma}}\,\mathrm{d}x = \frac{\alpha^{1-\gamma}}{\gamma - 1}$$

Zusammenfassend folgt daher

$$\mathbb{E}[X] = \begin{cases} \dfrac{\alpha\gamma}{\gamma - 1} & \text{falls } \gamma > 1 \\ +\infty & \text{sonst} \end{cases}$$

Das zweite Moment berechnen wir analog. Für $\gamma > 2$ beziehungsweise $\gamma - 1 > 1$ gilt

$$\mathbb{E}[X^2] = \int_{\mathbb{R}} x^2 f(x)\, \mathrm{d}\beta(x) = \alpha^\gamma \gamma \int_\alpha^{+\infty} \frac{1}{x^{\gamma-1}}\, \mathrm{d}x = \alpha^\gamma \gamma \, \frac{\alpha^{2-\gamma}}{\gamma - 2} = \frac{\alpha^2 \gamma}{\gamma - 2}$$

und damit

$$\mathbb{E}[X^2] = \begin{cases} \dfrac{\alpha^2\gamma}{\gamma - 2} & \text{falls } \gamma > 2 \\ +\infty & \text{sonst} \end{cases}$$

Die Varianz von X bestimmen wir mit der Formel $\mathbb{V}[X] = \mathbb{E}[X^2] - (\mathbb{E}[X])^2$ aus Aufgabe 124. Für $\gamma > 2$ existieren die ersten beiden Momente und wir erhalten

$$\mathbb{V}[X] = \frac{\alpha^2\gamma}{\gamma - 2} - \left(\frac{\alpha\gamma}{\gamma - 1}\right)^2 = \frac{\alpha^2\gamma}{(\gamma - 2)(\gamma - 1)^2}$$

Für $\gamma \in (0, 2)$ existiert die Varianz hingegen nicht.

Bemerkung Aus unseren Überlegungen folgt für jedes $n \in \mathbb{N}$

$$\mathbb{E}[X^n] = \begin{cases} \dfrac{\alpha^n\gamma}{\gamma - n} & \text{falls } \gamma > n \\ +\infty & \text{sonst} \end{cases}$$

Die Existenz der Momente hängt also vom Parameter γ der Pareto-Verteilung ab.

Lösung Aufgabe 130 Sei $(\Omega, \mathfrak{F}, \mathbb{P})$ ein Wahrscheinlichkeitsraum und sei $X : \Omega \to \mathbb{R}$ eine Zufallsvariable mit einem endlichen Moment der Ordnung $n \in \mathbb{N}$. Beachten Sie, dass damit auch alle Momente der Ordnung $k \in \{0, \ldots, n - 1\}$ existieren. Vergleichen Sie dazu beispielsweise [12, 12.3.13 Lemma]. Wir kommen nun zur eigentlichen Lösung dieser Aufgabe:

(a) Da die Potenzfunktion $h : \mathbb{R} \to \mathbb{R}$ mit $h(x) := (x - \mathbb{E}[X])^n$ stetig und damit $\mathfrak{B}(\mathbb{R})$-$\mathfrak{B}(\mathbb{R})$-messbar ist, liefert die Substitutionsregel für den Erwartungswert

$$\mathbb{E}[(X - \mathbb{E}[X])^n] = \mathbb{E}[h \circ X] = \int_{\mathbb{R}} h(x)\, \mathrm{d}\mathbb{P}_X(x) = \int_{\mathbb{R}} (x - \mathbb{E}[X])^n\, \mathrm{d}\mathbb{P}_X(x)$$

Für festes $x \in \mathbb{R}$ lässt sich der Integrand des rechten Integrals mithilfe des binomischen Lehrsatzes aus Aufgabe 10 wie folgt umschreiben:

$$(x - \mathbb{E}[X])^n = \sum_{k=0}^{n} \binom{n}{k} x^k (-\mathbb{E}[X])^{n-k}$$

Da der Erwartungswert beziehungsweise das Lebesgue-Integral linear ist, gilt

$$\begin{aligned}\int_{\mathbb{R}} (x - \mathbb{E}[X])^n \, \mathrm{d}\mathbb{P}_X(x) &= \sum_{k=0}^{n} \binom{n}{k} \left(\int_{\mathbb{R}} x^k \, \mathrm{d}\mathbb{P}_X(x) \right) (-\mathbb{E}[X])^{n-k} \\ &= \sum_{k=0}^{n} \binom{n}{k} \mathbb{E}[X^k] (-\mathbb{E}[X])^{n-k}\end{aligned}$$

und wir sind fertig. Der Nachweis der zweiten Identität erfolgt analog. Für $x \in \mathbb{R}$ schreiben wir geschickt

$$x^n = ((x - \mathbb{E}[X]) + \mathbb{E}[X])^n = \sum_{k=0}^{n} \binom{n}{k} (x - \mathbb{E}[X])^k (\mathbb{E}[X])^{n-k}$$

womit wir ähnlich wie oben durch Integration

$$\begin{aligned}\mathbb{E}[X^n] &= \sum_{k=0}^{n} \binom{n}{k} \left(\int_{\mathbb{R}} (x - \mathbb{E}[X])^k \, \mathrm{d}\mathbb{P}_X(x) \right) (\mathbb{E}[X])^{n-k} \\ &= \sum_{k=0}^{n} \binom{n}{k} \mathbb{E}[(X - \mathbb{E}[X])^k] (\mathbb{E}[X])^{n-k}\end{aligned}$$

erhalten.

(b) Seien nun $a, b \in \mathbb{R}$ mit $0 < a < b$ und gelte $\mathbb{P}_X = \mathbf{U}(a, b)$. Die Zufallsvariablen ist also auf dem Intervall (a, b) uniform verteilt. Da die uniforme Verteilung $\mathbf{U}(a, b)$ absolutstetig mit Lebesgue-Dichte $f : \mathbb{R} \to \mathbb{R}$ vermöge

$$f(x) := \frac{1}{b - a} \chi_{(a,b)}(x)$$

ist, lassen sich alle Momente von X mithilfe der Dichte berechnen. Für jedes $k \in \mathbb{N}_0$ gilt

$$\mathbb{E}[X^k] = \int_{-\infty}^{+\infty} x^k f(x) \, \mathrm{d}x = \frac{1}{b - a} \int_a^b x^k \, \mathrm{d}x = \frac{1}{b - a} \left[\frac{x^{k+1}}{k + 1} \right]_a^b$$

und damit

$$\mathbb{E}[X^k] = \frac{1}{k+1}\,\frac{b^{k+1} - a^{k+1}}{b-a}$$

Insbesondere erhalten wir damit speziell

$$\mathbb{E}[X] = \frac{1}{2}\,\frac{b^2 - a^2}{b-a} = \frac{a+b}{2}$$

Dabei haben wir erneut ausgenutzt, dass sich das Lebesgue-Integral in diesem Fall äquivalent als Riemann-Integral auffassen lässt. Entsprechend gilt

$$\mathbb{E}[(X - \mathbb{E}[X])^k] = \frac{1}{b-a}\int_a^b (x - \mathbb{E}[X])^k \,\mathrm{d}x = \frac{1}{b-a}\int_{a-\mathbb{E}[X]}^{b-\mathbb{E}[X]} x^k \,\mathrm{d}x$$

wobei wir $y = x - \mathbb{E}[X]$ substituiert haben. Werten wir das Integral auf der rechten Seite aus, so erhalten wir

$$\begin{aligned}
\mathbb{E}[(X - \mathbb{E}[X])^k] &= \frac{1}{b-a}\left[\frac{x^{k+1}}{k+1}\right]_{a-\mathbb{E}[X]}^{b-\mathbb{E}[X]} \\
&= \frac{1}{(b-a)(k+1)}\left((b - \mathbb{E}[X])^{k+1} - (a - \mathbb{E}[X])^{k+1}\right) \\
&= \frac{1}{(b-a)(k+1)}\left(\left(\frac{b-a}{2}\right)^{k+1} - \left(\frac{a-b}{2}\right)^{k+1}\right)
\end{aligned}$$

Indem wir unterscheiden, ob die Potenz gerade oder ungerade ist, lässt sich der obige Ausdruck schreiben als

$$\mathbb{E}[(X - \mathbb{E}[X])^k] = \begin{cases} \dfrac{1}{k+1}\left(\dfrac{b-a}{2}\right)^k & \text{falls } k \in 2\mathbb{N}_0 \\ 0 & \text{sonst} \end{cases}$$

Speziell erhalten wir damit die bekannte Formel für die Varianz

$$\mathbb{V}[X] = \mathbb{E}[(X - \mathbb{E}[X])^2] = \frac{1}{3}\left(\frac{b-a}{2}\right)^2 = \frac{(b-a)^2}{12}$$

Zum Schluss wollen wir Gl. (5.3) verifizieren. Dazu müssen wir

$$\frac{1}{n+1}\,\frac{b^{n+1} - a^{n+1}}{b-a} = \sum_{k=0}^{\lfloor n/2 \rfloor} \frac{1}{2k+1}\binom{n}{2k}\left(\frac{b-a}{2}\right)^{2k}\left(\frac{b+a}{2}\right)^{n-2k} \qquad (19.4)$$

zeigen. Beachten Sie, dass wir dabei lediglich die geraden Indizes berücksichtigen müssen, da gemäß unseren Überlegungen $\mathbb{E}[(X - \mathbb{E}[X])^k] = 0$ für $k \in 2\mathbb{N}_0 + 1$ gilt. Zur Vereinfachung der Notation setzen wir ab jetzt

$$\xi := \frac{b-a}{b+a}$$

Damit lässt sich die rechte Seite von Gleichung (19.4) wie folgt umschreiben:

$$\sum_{k=0}^{\lfloor n/2 \rfloor} \frac{1}{2k+1} \binom{n}{2k} \left(\frac{b-a}{2}\right)^{2k} \left(\frac{b+a}{2}\right)^{n-2k} = \frac{1}{\xi} \left(\frac{b+a}{2}\right)^n \sum_{k=0}^{\lfloor n/2 \rfloor} \binom{n}{2k} \frac{\xi^{2k+1}}{2k+1}$$

Weiter gelten

$$\sum_{k=0}^{\lfloor n/2 \rfloor} \binom{n}{2k} \frac{\xi^{2k+1}}{2k+1} = \sum_{k=0}^{\lfloor n/2 \rfloor} \binom{n}{2k} \int_0^\xi x^{2k}\,\mathrm{d}x = \int_0^\xi \sum_{k=0}^{\lfloor n/2 \rfloor} \binom{n}{2k} x^{2k}\,\mathrm{d}x$$

und

$$\begin{aligned} \int_0^\xi \sum_{k=0}^{\lfloor n/2 \rfloor} \binom{n}{2k} x^{2k}\,\mathrm{d}x &= \int_0^\xi \frac{(1+x)^n + (1-x)^n}{2}\,\mathrm{d}x \\ &= \frac{(1+\xi)^{n+1} - (1-\xi)^{n+1}}{2n+2} \end{aligned}$$

Dabei haben wir im ersten Schritt den Ausdruck durch ein Integral dargestellt, Integral und Summation vertauscht und anschließend den binomischen Lehrsatz angewandt. Beachten wir nun

$$1 + \xi = \frac{2b}{b+a}, \qquad 1 - \xi = \frac{2a}{b+a}$$

so können wir alle Ergebnisse zusammensetzen und erhalten damit wie gewünscht

$$\mathbb{E}[X^n] = \frac{1}{\xi} \left(\frac{b+a}{2}\right)^n \frac{(1+\xi)^{n+1} - (1-\xi)^{n+1}}{2n+2} = \frac{1}{n+1} \frac{b^{n+1} - a^{n+1}}{b-a}$$

Damit ist Gleichung (19.4) bewiesen und wir sind fertig.

Bemerkung

(1) Analog zu der Lösung von Aufgabe 131 kann man die Momente der uniformen Verteilung auch anhand der Potenzreihenentwicklung der momentenerzeugenden Funktion ablesen.

(2) Im Fall $\mathbb{P}_X = \mathbf{U}(0, 1)$ gelten $\mathbb{E}[X] = 1/2$ und $\mathbb{V}[X] = 1/12$.

Lösung Aufgabe 131 Sei $(\Omega, \mathfrak{F}, \mathbb{P})$ ein Wahrscheinlichkeitsraum und sei $X : \Omega \to \mathbb{R}$ eine Zufallsvariable mit $\mathbb{P}_X = \mathbf{U}(0, 1)$. Die uniforme Verteilung $\mathbf{U}(0, 1)$ besitzt bekanntlich die Lebesgue-Dichte $f : \mathbb{R} \to \mathbb{R}$ vermöge

$$f(x) := \chi_{(0,1)}(x) = \begin{cases} 1 & \text{falls } x \in (0, 1) \\ 0 & \text{sonst} \end{cases}$$

Die *momenterzeugende Funktion* $M_X : \mathbb{R} \to \overline{\mathbb{R}}$ von X lautet daher

$$M_X(t) = \mathbb{E}[\mathrm{e}^{tX}] = \int_{\mathbb{R}} \mathrm{e}^{tx} f(x) \, \mathrm{d}\beta(x) = \int_0^1 \mathrm{e}^{tx} \, \mathrm{d}\beta(x)$$

Es gilt $M_X(0) = 1$ und für $t \in \mathbb{R} \setminus \{0\}$ erhalten wir

$$M_X(t) = \left[\frac{1}{t} \mathrm{e}^{tx} \right]_0^1 = \frac{\mathrm{e}^t - 1}{t}$$

Da die momenterzeugende Funktion somit auf ganz $\mathbb{R}$ endlich ist, lehrt Satz 16.2.4 in [12] für alle $t \in \mathbb{R}$

$$M_X(t) = \sum_{n=0}^{+\infty} \frac{t^n}{n!} \mathbb{E}[X^n]$$

Wir können die Momente von X also an der Reihendarstellung der momenterzeugenden Funktion ablesen. Für $t \in \mathbb{R} \setminus \{0\}$ schreiben wir dazu

$$M_X(t) = \frac{\mathrm{e}^t - 1}{t} = \frac{1}{t} \left(\sum_{n=0}^{+\infty} \frac{t^n}{n!} - 1 \right) = \frac{1}{t} \sum_{n=1}^{+\infty} \frac{t^n}{n!} = \sum_{n=1}^{+\infty} \frac{t^{n-1}}{n!} = \sum_{n=0}^{+\infty} \frac{t^n}{n!} \frac{1}{n+1}$$

Beachten Sie dabei die Reihendarstellung der Exponentialfunktion. Wegen

$$\sum_{n=0}^{+\infty} \frac{t^n}{n!} \mathbb{E}[X^n] = \sum_{n=0}^{+\infty} \frac{t^n}{n!} \frac{1}{n+1}$$

können wir nun wie gewünscht

$$\mathbb{E}[X^n] = \frac{1}{n+1}$$

für alle $n \in \mathbb{N}_0$ ablesen. Die Lösung von Aufgabe 130 (b) bestätigt dieses Ergebnis.

Lösung Aufgabe 132 Wir betrachten im Folgenden die Funktion $F : \mathbb{R}^2 \to \mathbb{R}$ mit

$$F(x, y) := \begin{cases} ye^{-(1+x^2)y^2} & \text{falls } (x, y) \in \mathbb{R}_{>0} \times \mathbb{R}_{>0} \\ 0 & \text{sonst} \end{cases}$$

Diese ist nichtnegativ und als Produkt $\mathfrak{B}(\mathbb{R}^2)$-$\mathfrak{B}(\mathbb{R})$-messbarer Funktionen ebenfalls $\mathfrak{B}(\mathbb{R}^2)$-$\mathfrak{B}(\mathbb{R})$-messbar.

(a) Wir bestimmen die beiden iterierten Integrale. Da die Funktion F außerhalb von $\mathbb{R}_{>0} \times \mathbb{R}_{>0}$ verschwindet, gilt

$$\int_{\mathbb{R}} \left(\int_{\mathbb{R}} F(x, y)\, d\beta(y) \right) d\beta(x) = \int_0^{+\infty} \left(\int_0^{+\infty} ye^{-(1+x^2)y^2}\, d\beta(y) \right) d\beta(x)$$

Das innere Integral lässt sich geschickt berechnen, indem wir den Integranden als partielle Ableitung einer Funktion identifizieren:

$$\partial_y \left(-\frac{e^{-(1+x^2)y^2}}{2(1+x^2)} \right) = ye^{-(1+x^2)y^2}$$

Da sich für festes $x \in \mathbb{R}_{>0}$ partielle Ableitung und Integral aufheben, folgt damit weiter

$$\begin{aligned} \int_0^{+\infty} ye^{-(1+x^2)y^2}\, d\beta(y) &= \frac{1}{2(1+x^2)} \left[-e^{-(1+x^2)y^2} \right]_0^{+\infty} \\ &= \frac{1}{2(1+x^2)} \left(1 - \lim_{y \to +\infty} e^{-(1+x^2)y^2} \right) \\ &= \frac{1}{2(1+x^2)} \end{aligned}$$

Zusammenfassend folgt somit wegen $\arctan(x) \to \pi/2$ für $x \to +\infty$

$$\begin{aligned} \int_{\mathbb{R}} \left(\int_{\mathbb{R}} F(x, y)\, d\beta(y) \right) d\beta(x) &= \int_0^{+\infty} \frac{1}{2(1+x^2)}\, d\beta(x) \\ &= \frac{1}{2} \Big[\arctan(x) \Big]_0^{+\infty} \\ &= \frac{\pi}{4} \end{aligned}$$

Das zweite iterierte Integral werden wir zwar nicht direkt ausrechnen, dafür aber geschickt umschreiben. Zunächst schreiben wir

$$\int_{\mathbb{R}} \left(\int_{\mathbb{R}} F(x, y)\, d\beta(x) \right) d\beta(y) = \int_0^{+\infty} \left(\int_0^{+\infty} ye^{-x^2y^2}\, d\beta(x) \right) e^{-y^2}\, d\beta(y)$$

Den Integranden des inneren Integrals werden wir mit der Bildmaßformel und Substitutionsregel umschreiben. Dazu fixieren wir $y \in \mathbb{R}_{>0}$ und definieren die Abbildung $\Psi : \mathbb{R} \to \mathbb{R}$ vermöge $\Psi(x) := xy$. Bei dieser handelt es sich um eine lineare und bijektive Abbildung mit

$$\det(\Psi) = y, \qquad \Psi^{-1}((0, +\infty)) = (0, +\infty)$$

Der Satz über das Bildmaß des Lebesgue-Maßes unter bijektiven affinen Abbildungen (Substitutionsregel) [3, Kap. III, §2, 2.5 Satz] liefert somit

$$\beta_\Psi = \frac{1}{|\det(\Psi)|}\,\beta = \frac{1}{y}\,\beta$$

Das Bildmaß β_Ψ stimmt damit bis auf einen Vorfaktor mit dem Borel-Lebesgue-Maß β überein. Mithilfe der Bildmaßformel (!) aus Aufgabe 86 vereinfacht sich das innere Integral somit zu

$$\begin{aligned}
\int_0^{+\infty} y\mathrm{e}^{-x^2y^2}\,\mathrm{d}\beta(x) &= \int_{\Psi^{-1}((0,+\infty))} y\mathrm{e}^{-(\Psi(x))^2}\,\mathrm{d}\beta(x)\\
&\overset{(!)}{=} \int_0^{+\infty} y\mathrm{e}^{-z^2}\,\mathrm{d}\beta_\Psi(z)\\
&= \int_0^{+\infty} \mathrm{e}^{-z^2}\,\mathrm{d}\beta(z)
\end{aligned}$$

Setzen wir dieses Ergebnis in das Ausgangsintegral ein, so folgt damit

$$\begin{aligned}
\int_{\mathbb{R}}\left(\int_{\mathbb{R}} F(x,y)\,\mathrm{d}\beta(x)\right)\mathrm{d}\beta(y) &= \int_0^{+\infty}\left(\int_0^{+\infty} \mathrm{e}^{-z^2}\,\mathrm{d}\beta(z)\right)\mathrm{e}^{-y^2}\,\mathrm{d}\beta(y)\\
&= \left(\int_0^{+\infty} \mathrm{e}^{-y^2}\,\mathrm{d}\beta(y)\right)\left(\int_0^{+\infty} \mathrm{e}^{-z^2}\,\mathrm{d}\beta(z)\right)\\
&= \left(\int_0^{+\infty} \mathrm{e}^{-z^2}\,\mathrm{d}\beta(z)\right)^2
\end{aligned}$$

und wir sind fertig.

(b) Gemäß dem Satz von Fubini (nichtnegative Version) stimmen die beiden iterierten Integrale aus Teil (a) überein. Es gilt also

$$\begin{aligned}
\left(\int_0^{+\infty} \mathrm{e}^{-z^2}\,\mathrm{d}\beta(z)\right)^2 &= \int_{\mathbb{R}}\left(\int_{\mathbb{R}} F(x,y)\,\mathrm{d}\beta(x)\right)\mathrm{d}\beta(y)\\
&= \int_{\mathbb{R}}\left(\int_{\mathbb{R}} F(x,y)\,\mathrm{d}\beta(y)\right)\mathrm{d}\beta(x)\\
&= \frac{\pi}{4}
\end{aligned}$$

und damit wie gewünscht

$$\int_0^{+\infty} e^{-x^2} \, d\beta(x) = \frac{\sqrt{\pi}}{2}$$

Bemerkung Da unter den obigen Voraussetzungen Riemann- und Lebesgue-Integral übereinstimmen, lässt sich die Identität auch alternativ mit der sogenannten *Ergänzungsformel* [1, Kap. VI, 9.6 Theorem]

$$\Gamma(z)\,\Gamma(1-z) = \frac{\pi}{\sin(\pi z)}$$

für $z \in \mathbb{C} \setminus \mathbb{Z}$ der Gamma-Funktion berechnen. Wegen $\Gamma(1/2)\,\Gamma(1/2) = \pi$ folgt mithilfe der Substitution $y = \sqrt{x}$ gerade

$$\sqrt{\pi} = \Gamma\left(\frac{1}{2}\right) = \int_0^{+\infty} e^{-x} x^{-\frac{1}{2}} \, dx = 2 \int_0^{+\infty} e^{-x^2} \, dx$$

(c) Wir wollen nachweisen, dass die Funktion $f : \mathbb{R} \to \mathbb{R}$ vermöge

$$f(x) := \frac{1}{\sqrt{2\pi}} e^{-\frac{1}{2}x^2}$$

die Lebesgue-Dichte einer univariaten Verteilung ist. Da die Funktion offensichtlich nichtnegativ und $\mathfrak{B}(\mathbb{R})$-$\mathfrak{B}(\mathbb{R})$-messbar ist, müssen wir lediglich noch

$$\frac{1}{\sqrt{2\pi}} \int_{\mathbb{R}} e^{-\frac{1}{2}x^2} \, d\beta(x) = 1$$

zeigen. Wie in der Bemerkung zu Teil (b) können wir das obige Integral als Riemann-Integral auffassen. Mit der Substitution $y = x/\sqrt{2}$ folgt dann wie gewünscht

$$\int_{\mathbb{R}} e^{-\frac{1}{2}x^2} \, dx = 2 \int_0^{+\infty} e^{-\frac{1}{2}x^2} \, dx = 2 \int_0^{+\infty} e^{-\left(\frac{x}{\sqrt{2}}\right)^2} \, dx = \sqrt{8} \int_0^{+\infty} e^{-y^2} \, dy \overset{(b)}{=} \sqrt{2\pi}$$

und wir sind fertig. Dabei haben wir im zweiten Schritt verwendet, dass der Integrand $\mathbb{R} \to \mathbb{R}$, $x \mapsto e^{-\frac{1}{2}x^2}$ eine gerade Funktion ist.

Bemerkung Die Funktion $f : \mathbb{R} \to \mathbb{R}$ mit

$$f(x) := \frac{1}{\sqrt{2\pi}} e^{-\frac{1}{2}x^2}$$

ist die Lebesgue-Dichte der *Standardnormal-Verteilung*. Vergleichen Sie dazu auch die Aufgaben 88 und 92.

Lösung Aufgabe 133 Es sei $(X, \mathfrak{A})$ ein messbarer Raum. Weiter sei $x \in X$ ein beliebiges Element und es bezeichne $\delta_x : \mathfrak{A} \to \overline{\mathbb{R}}$ wie üblich das Dirac-Maß aus Aufgabe 49. Wir beweisen die behauptete Identität mithilfe sogenannter *maßtheoretischer Induktion.* Vergleichen Sie dazu auch die Lösung von Aufgabe 79 (a).

(a) Wir definieren $f : X \to \overline{\mathbb{R}}$ vermöge $f(x) := \chi_A(x)$ mit $A \in \mathfrak{A}$ beliebig. Die *Indikatorfunktion* ist offensichtlich nichtnegativ und $\mathfrak{A}$-$\mathfrak{B}(\overline{\mathbb{R}})$-messbar. Per Definition des Lebesgue-Integrals für Indikatorfunktionen folgt nun

$$\int_X f \, \mathrm{d}\delta_x = \int_X \chi_A \, \mathrm{d}\delta_x = \delta_x(A) = \chi_A(x) = f(x)$$

Damit ist die Identität für alle Indikatorfunktionen gültig.

(b) Wir nehmen nun an, dass $f : X \to \overline{\mathbb{R}}$ eine *Treppenfunktion* ist und definieren

$$f := \sum_{k=1}^{n} \alpha_k \, \chi_{A_k}$$

mit $\alpha_k \in \mathbb{R}_{\geq 0}$ und paarweise disjunkten Mengen $A_k \in \mathfrak{A}$ für $k \in \{1, \dots, n\}$. Dann folgt aus der Linearität des Lebesgue-Integrals und dem vorherigen Schritt

$$\int_X f \, \mathrm{d}\delta_x = \sum_{k=1}^{n} \alpha_k \int_X \chi_{A_k} \, \mathrm{d}\delta_x \overset{(a)}{=} \sum_{k=1}^{n} \alpha_k \, \chi_{A_k}(x) = f(x)$$

Folglich gilt die Identität für beliebige Treppenfunktionen.

(c) Nun kommen wir zum allgemeinen Fall. Wir nehmen dazu an, dass $f : X \to \overline{\mathbb{R}}$ eine *beliebige nichtnegative und* $\mathfrak{A}$-$\mathfrak{B}(\overline{\mathbb{R}})$*-messbare Funktion* ist. Nach dem Approximationssatz [3, Kap. III, §4, 4.13 Satz] existiert eine wachsende Folge $(f_n)_{n \in \mathbb{N}}$ von Treppenfunktionen auf X mit $f_n \to f$ punktweise. Gemäß dem Satz von der monotonen Konvergenz (!) gilt dann

$$\int_X f \, \mathrm{d}\delta_x = \int_X \left(\lim_{n \to +\infty} f_n \right) \mathrm{d}\delta_x \overset{(!)}{=} \lim_{n \to +\infty} \int_X f_n \, \mathrm{d}\delta_x \overset{(b)}{=} \lim_{n \to +\infty} f_n(x) = f(x)$$

wobei im letzten Schritt die punktweise Konvergenz eingeht. Damit ist alles gezeigt.

Bemerkung Eine alternative Lösungsmöglichkeit für die obige Aussage finden Sie beispielsweise in [7, Aufgabe 122].

Lösung Aufgabe 134 In der gesamten Lösung bezeichne $\mu : \mathfrak{P}(\mathbb{N}) \to \overline{\mathbb{R}}$ vermöge

$$\mu(A) := \begin{cases} |A| & \text{falls } A \text{ endlich ist} \\ +\infty & \text{sonst} \end{cases}$$

das sogenannte *Zählmaß* auf $\mathbb{N}$. Aufgabe 51 lehrt, dass es sich dabei wirklich um ein Maß auf $(\mathbb{N}, \mathfrak{P}(\mathbb{N}))$ handelt.

(a) Eine Funktion $f : \mathbb{N} \to \overline{\mathbb{R}}$ ist genau dann $\mathfrak{P}(\mathbb{N})$-$\mathfrak{B}(\overline{\mathbb{R}})$-messbar, falls $f^{-1}(B) \in \mathfrak{P}(\mathbb{N})$ für alle $B \in \mathfrak{B}(\overline{\mathbb{R}})$ gilt. Diese Bedingung ist per Definition des Urbilds aber immer erfüllt. Folglich ist jede Funktion von $\mathbb{N}$ nach $\overline{\mathbb{R}}$ immer $\mathfrak{P}(\mathbb{N})$-$\mathfrak{B}(\overline{\mathbb{R}})$-messbar.

Bemerkung Sei X eine Menge und $(Y, \mathfrak{B})$ ein messbarer Raum. Die Potenzmenge $\hat{\mathfrak{A}} := \mathfrak{P}(X)$ ist eine σ-Algebra über X. Sie wird auch *diskrete σ-Algebra* genannt. Dann ist mit der selben Begründung wie oben jede Funktion von X nach Y immer $\hat{\mathfrak{A}}$-$\mathfrak{B}$-messbar. Ist hingegen $(X, \mathfrak{A})$ ein beliebiger messbarer Raum und Y eine Menge, so definiert $\hat{\mathfrak{B}} := \{\emptyset, Y\}$ eine σ-Algebra auf Y, die sogenannt *indiskrete* oder *triviale σ-Algebra*. Entsprechend ist jede Abbildung von X nach Y immer $\mathfrak{A}$-$\hat{\mathfrak{B}}$-messbar.

(b) Sei $f : \mathbb{N} \to \overline{\mathbb{R}}$ eine nichtnegative Funktion. Die grundlegende Idee dieser Lösung ist es, die Funktion als Funktionenreihe darzustellen und anschließend mit dem Satz von der monotonen Konvergenz (Satz von Beppo Levi) zu argumentieren. Wir betrachten dazu die Folge $(f_n)_{n \in \mathbb{N}}$ von Funktionen $f_n : \mathbb{N} \to \overline{\mathbb{R}}$ mit

$$f_n(k) := \begin{cases} f(n) & \text{falls } k = n \\ 0 & \text{sonst} \end{cases}$$

Dies ist gleichbedeutend mit $f_n = f(n) \cdot \chi_{\{n\}}$. Daher gilt

$$f(k) = \sum_{n=1}^{+\infty} f_n(k)$$

für alle $k \in \mathbb{N}$. Wir betrachten nun weiter die Folge $(g_n)_{n \in \mathbb{N}}$ von nichtnegativen Funktionen mit

$$g_n := \sum_{k=1}^{n} f_k$$

Dann ist jedes g_n wegen Teil (a) dieser Lösung eine $\mathfrak{P}(\mathbb{N})$-$\mathfrak{B}(\overline{\mathbb{R}})$-messbare Funktion von $\mathbb{N}$ nach $\overline{\mathbb{R}}$. Da das Lebesgue-Integral linear ist, gilt

$$\begin{aligned} \lim_{n \to +\infty} \int_{\mathbb{N}} g_n \, \mathrm{d}\mu &= \lim_{n \to +\infty} \int_{\mathbb{N}} \left(\sum_{k=1}^{n} f_k \right) \mathrm{d}\mu \\ &= \lim_{n \to +\infty} \sum_{k=1}^{n} \int_{\mathbb{N}} f_k \, \mathrm{d}\mu \\ &= \sum_{k=1}^{+\infty} \int_{\mathbb{N}} f_k \, \mathrm{d}\mu \end{aligned}$$

Da die Folge $(g_n)_{n\in\mathbb{N}}$ wachsend ist und punktweise gegen f konvergiert, in Zeichen $g_n \to f$, können wir auf der linken Seite Integral und Grenzwert vertauschen. Der Satz von der monotonen Konvergenz (!) lehrt somit

$$\int_{\mathbb{N}} f \, \mathrm{d}\mu = \int_{\mathbb{N}} \left(\lim_{n\to+\infty} g_n \right) \mathrm{d}\mu \overset{(!)}{=} \lim_{n\to+\infty} \int_{\mathbb{N}} g_n \, \mathrm{d}\mu = \sum_{k=1}^{+\infty} \int_{\mathbb{N}} f_k \, \mathrm{d}\mu$$

Zum Schluss vereinfachen wir die Integrale auf der rechten Seite. Für jedes $k \in \mathbb{N}$ gilt per Definition des Lebesgue-Integrals für Indikatorfunktionen

$$\int_{\mathbb{N}} f_k \, \mathrm{d}\mu = \int_{\mathbb{N}} f(k) \cdot \chi_{\{k\}} \, \mathrm{d}\mu = f(k) \int_{\mathbb{N}} \chi_{\{k\}} \, \mathrm{d}\mu = f(k) \, \mu(\{k\}) = f(k)$$

Beachten Sie, dass die Menge $\{k\}$ einelementig ist und daher $\mu(\{k\}) = 1$ gilt. Nun können wir alle Ergebnisse zusammensetzen und erhalten wie gewünscht

$$\int_{\mathbb{N}} f \, \mathrm{d}\mu = \sum_{k=1}^{+\infty} \int_{\mathbb{N}} f_k \, \mathrm{d}\mu = \sum_{k=1}^{+\infty} f(k)$$

Damit stimmt das Integral bezüglich des Zählmaßes mit der Reihe der Funktionswerte überein.

Bemerkung

(1) Ist $f : \mathbb{N} \to \overline{\mathbb{R}}$ eine *beliebige* Funktion, also nicht notwendigerweise nichtnegativ, so ist diese bezüglich des Zählmaßes auf $\mathbb{N}$ genau dann integrierbar, falls die Reihe der Funktionswerte *absolut* konvergiert, und dann gilt

$$\int_{\mathbb{N}} f \, \mathrm{d}\mu = \sum_{k=1}^{+\infty} f(k)$$

Um dies einzusehen müssen wir lediglich $f = f^+ + f^-$ schreiben und beachten, dass der Positiv- und Negativteil nichtnegative Funktionen sind, deren Integral wir gemäß Teil (b) dieser Lösung als Reihe der Funktionswerte darstellen können.

(2) Dieser Aufgabenteil lässt sich alternativ auch wie folgt lösen: Mit dem Satz von der monotonen Konvergenz und Aufgabe 51 beweist man leicht das folgende Resultat:

Sei $(X, \mathfrak{A})$ ein messbarer Raum und sei $\mu_n : \mathfrak{A} \to \overline{\mathbb{R}}$ für jedes $n \in \mathbb{N}$ ein Maß auf $(X, \mathfrak{A})$. Sei ferner $\mu : \mathfrak{A} \to \overline{\mathbb{R}}$ gegeben durch

$$\mu := \sum_{n=1}^{+\infty} \mu_n$$

Dann definiert μ ein Maß auf $(X, \mathfrak{A})$ und für jede nichtnegative und $\mathfrak{A}$-$\mathfrak{B}(\overline{\mathbb{R}})$-messbare Funktion $f : X \to \overline{\mathbb{R}}$ gilt

$$\int_X f \, \mathrm{d}\mu = \sum_{n=1}^{+\infty} \int_X f \, \mathrm{d}\mu_n$$

Schreiben wir also das Zählmaß $\mu : \mathfrak{P}(\mathbb{N}) \to \overline{\mathbb{R}}$ in der Form

$$\mu = \sum_{n=1}^{+\infty} \delta_n$$

und beachten, dass sich Integrale bezüglich des Dirac-Maßes wegen Aufgabe 133 besonders leicht berechnen lassen, so folgt für jede nichtnegative Funktion $f : \mathbb{N} \to \overline{\mathbb{R}}$

$$\int_{\mathbb{N}} f \, \mathrm{d}\mu = \sum_{n=1}^{+\infty} \int_X f \, \mathrm{d}\delta_n = \sum_{n=1}^{+\infty} f(n)$$

und wir sind fertig.

(3) Wir wollen untersuchen, für welchen Parameter $\alpha \in \mathbb{R}$ die Funktion $f_\alpha : \mathbb{N} \to \overline{\mathbb{R}}$ mit $f_\alpha(k) := (-1)^k k^{-\alpha}$ über $\mathbb{N}$ bezüglich des Zählmaßes integrierbar ist. Wegen der obigen Bemerkung ist dies äquivalent zur Frage, für welchen Parameter die Reihe

$$\sum_{k=1}^{+\infty} |f_\alpha(k)| = \sum_{k=1}^{+\infty} k^{-\alpha}$$

konvergiert. Zur Vereinfachung definieren wir die Folge $(x_k)_{k\in\mathbb{N}}$ mit $x_k := k^{-\alpha}$ für $k \in \mathbb{N}$. Im Fall $\alpha \leq 0$ handelt es sich dabei um *keine* Nullfolge und die Reihe *divergiert* gemäß dem Trivialkriterium (notwendigen Konvergenzkriterium) für Reihen. Sei ab jetzt $\alpha > 0$. Dann ist die nichtnegative Folge $(x_k)_{k\in\mathbb{N}}$ fallend und die obige Reihe hat gemäß dem Verdichtungskriterium von Cauchy das gleiche Konvergenzverhalten wie die verdichtete Reihe

$$\sum_{k=0}^{+\infty} 2^k x_{2^k} = \sum_{k=0}^{+\infty} 2^k (2^k)^{-\alpha} = \sum_{k=0}^{+\infty} (2^{1-\alpha})^k$$

Die geometrische Reihe auf der rechten Seite ist bekanntlich *konvergent,* falls $2^{1-\alpha} < 1$ beziehungsweise $\alpha > 1$. Zusammenfassend ist f_α somit genau dann über $\mathbb{N}$ bezüglich des Zählmaßes integrierbar, wenn $\alpha > 1$ gilt.

Bemerkung Die obigen Überlegungen implizieren, dass die Riemannsche Zeta-Funktion aus Aufgabe 73 wohldefiniert ist.

Lösung Aufgabe 135 Sei $\alpha \in \mathbb{R}_{>1}$ beliebig. Wir überlegen uns zuerst, dass die Funktion $f_\alpha : [0, 1] \times \mathbb{N} \to \mathbb{R}$ mit $f_\alpha(x, k) := x^k \alpha^{-k}$ messbar, genauer gesagt $\mathfrak{B}([0, 1]) \otimes \mathfrak{P}(\mathbb{N})$-$\mathfrak{B}(\mathbb{R})$-messbar ist. Da das System

$$\mathfrak{J} := \{(-\infty, b] \mid b \in \mathbb{R}\}$$

gemäß Aufgabe 33 ein Erzeuger der Borelschen σ-Algebra $\mathfrak{B}(\mathbb{R})$ ist, genügt es lediglich

$$f_\alpha^{-1}((-\infty, b]) \in \mathfrak{B}([0, 1]) \otimes \mathfrak{P}(\mathbb{N})$$

für alle $b \in \mathbb{R}$ zu zeigen. Wegen $0 \leq f_\alpha \leq 1$ müssen wir hierbei nur den Fall $b \in [0, 1]$ berücksichtigen, denn in den anderen Fällen gilt

$$f_\alpha^{-1}((-\infty, b]) = \begin{cases} \emptyset & \text{falls } b \in (-\infty, 0) \\ [0, 1] \times \mathbb{N} & \text{falls } b \in (1, +\infty) \end{cases}$$

und jede der beiden Mengen $\emptyset$ und $[0, 1] \times \mathbb{N}$ gehört offensichtlich zur Produkt-σ-Algebra $\mathfrak{B}([0, 1]) \otimes \mathfrak{P}(\mathbb{N})$. Für $b \in [0, 1]$ überlegt man sich $(x, k) \in f_\alpha^{-1}((-\infty, b])$ genau dann, wenn $(x, k) \in [0, \min(1, \alpha \sqrt[k]{b})] \times \{k\}$. Aus diesem Grund gilt

$$f_\alpha^{-1}((-\infty, b]) = \bigsqcup_{k=1}^{+\infty} [0, \min(1, \alpha \sqrt[k]{b})] \times \{k\}$$

Da die rechte Seite eine abzählbare Vereinigung von Mengen aus $\mathfrak{B}([0, 1]) \otimes \mathfrak{P}(\mathbb{N})$ ist, gilt somit auch $f_\alpha^{-1}((-\infty, b]) \in \mathfrak{B}([0, 1]) \otimes \mathfrak{P}(\mathbb{N})$ und die Messbarkeit der Funktion ist bewiesen. Beachten wir nun weiter, dass die beiden Maßräume

$$([0, 1], \mathfrak{B}([0, 1]), \beta), \qquad (\mathbb{N}, \mathfrak{P}(\mathbb{N}), \mu)$$

σ-endlich sind, so sind alle Voraussetzungen des Satzes von Fubini (nichtnegative Version) erfüllt. Dieser lehrt

$$\begin{aligned} \int_{[0,1]\times\mathbb{N}} f_\alpha(x, k) \, \mathrm{d}(\beta \otimes \mu)(x, k) &= \int_{[0,1]} \left(\int_{\mathbb{N}} f_\alpha(x, k) \, \mathrm{d}\mu(k) \right) \mathrm{d}\beta(x) \\ &= \int_{\mathbb{N}} \left(\int_{[0,1]} f_\alpha(x, k) \, \mathrm{d}\beta(x) \right) \mathrm{d}\mu(k) \end{aligned}$$

das heißt, das zu untersuchende Integral zerfällt in zwei iterierte Integrale. Wir werden nun nacheinander die beiden iterierten Integrale auf der rechten Seite berechnen und damit die zu beweisende Identität herleiten. Zunächst gilt für jedes $x \in [0, 1]$ unter Beachtung der geometrischen Reihe

$$\int_{\mathbb{N}} x^k \alpha^{-k} \, \mathrm{d}\mu(k) = \sum_{k=1}^{+\infty} \left(\frac{x}{\alpha}\right)^k = \frac{x}{\alpha} \sum_{k=0}^{+\infty} \left(\frac{x}{\alpha}\right)^k = \frac{x}{\alpha} \frac{1}{1 - \frac{x}{\alpha}} = \frac{x}{\alpha - x}$$

Dabei haben wir im ersten Schritt das Resultat aus Aufgabe 134 verwendet, weshalb wir das Integral bezüglich des Zählmaßes als Reihe entsprechender Funktionswerte darstellen können. Schreiben wir nun geschickt

$$\frac{x}{\alpha - x} = \frac{x - \alpha + \alpha}{\alpha - x} = \frac{x - \alpha}{\alpha - x} + \frac{\alpha}{\alpha - x} = \frac{\alpha}{\alpha - x} - 1$$

und integrieren den vereinfachten Ausdruck, so folgt

$$\int_0^1 \frac{\alpha}{\alpha - x} - 1 \, \mathrm{d}\beta(x) = \Big[- \alpha \ln(\alpha - x) - x \Big]_0^1 = \alpha \ln\left(\frac{\alpha}{\alpha - 1}\right) - 1$$

und damit

$$\int_{[0,1]} \left(\int_{\mathbb{N}} f_\alpha(x, k) \, \mathrm{d}\mu(k) \right) \mathrm{d}\beta(x) = \alpha \ln\left(\frac{\alpha}{\alpha - 1}\right) - 1$$

Das zweite iterierte Integral berechnen wir auf ähnliche Weise. Für jedes $k \in \mathbb{N}$ gilt

$$\int_0^1 x^k \alpha^{-k} \, \mathrm{d}\beta(x) = \alpha^{-k} \int_0^1 x^k \, \mathrm{d}\beta(x) = \alpha^{-k} \left[\frac{x^{k+1}}{k+1} \right]_0^1 = \frac{1}{(k+1)\alpha^k}$$

und damit wegen Aufgabe 134

$$\int_{\mathbb{N}} \frac{\alpha^{-k}}{k+1} \, \mathrm{d}\mu(k) = \sum_{k=1}^{+\infty} \frac{\alpha^{-k}}{k+1}$$

Setzen wir nun alle Ergebnisse zusammen, so erhalten wir wie gewünscht die Identität

$$\sum_{k=1}^{+\infty} \frac{\alpha^{-k}}{k+1} = \alpha \ln\left(\frac{\alpha}{\alpha - 1}\right) - 1$$

Lösung Aufgabe 136 Seien $(X, \mathfrak{A}, \mu)$ und $(Y, \mathfrak{B}, \nu)$ zwei σ-endliche Maßräume.

(a) Sei $f : X \to \mathbb{R}$ eine $\mathfrak{A}$-$\mathfrak{B}(\mathbb{R})$-messbare Funktion. Um die Aussage zu beweisen, werden wir Aufgabe 48 verwenden. Wir werden zeigen, dass die Menge

$$V_f := \{g : Y \to \mathbb{R} \text{ ist } \mathfrak{B}\text{-}\mathfrak{B}(\mathbb{R})\text{-messbar} \mid X \times Y \to \mathbb{R},\\ (x, y) \mapsto f(x)g(y) \text{ ist } \mathfrak{A} \otimes \mathfrak{B}\text{-}\mathfrak{B}(\mathbb{R})\text{-messbar}\}$$

alle $\mathfrak{B}$-$\mathfrak{B}(\mathbb{R})$-messbaren Funktionen von Y nach $\mathbb{R}$ enthält. Dazu überprüfen wir die Voraussetzungen von Aufgabe 48. Seien $a, b \in \mathbb{R}$ und $g_1, g_2 \in V_f$ beliebig gewählt. Wegen

$$f(x)(ag_1(y) + bg_2(y)) = af(x)g_1(y) + bf(x)g_2(y)$$

für $(x, y) \in X \times Y$ ist auch die Funktion $X \times Y \to \mathbb{R}, (x, y) \mapsto f(x)(ag_1(y) + bg_2(y))$ als Summe von $\mathfrak{A} \otimes \mathfrak{B}$-$\mathfrak{B}(\mathbb{R})$-messbaren Funktionen $\mathfrak{A} \otimes \mathfrak{B}$-$\mathfrak{B}(\mathbb{R})$-messbar. Daher ist V_f, ausgestattet mit der punktweisen Addition und skalaren Multiplikation, ein Vektorraum. Zudem ist klar, dass $1 \in V_f$ gilt und jeder Limes von (wachsenden) Funktionen aus V_f ebenfalls in V_f enthalten ist. Sei $B \in \mathfrak{B}(\mathbb{R})$ beliebig. Wir zeigen $\chi_B \in V_f$. Die Funktion $h_B : X \times Y \to \mathbb{R}$ mit $h_B(x, y) := f(x) \cdot \chi_B(y)$ ist $\mathfrak{A} \otimes \mathfrak{B}$-$\mathfrak{B}(\mathbb{R})$-messbar, denn es gilt

$$h_B^{-1}((a, +\infty)) = \begin{cases} f^{-1}((a, +\infty)) \times B & \text{falls } a \in \mathbb{R}_{\geq 0} \\ (f^{-1}((a, +\infty)) \times B) \cup (X \times B^c) & \text{sonst} \end{cases}$$

und beide Mengen auf der rechten Seite gehören zur σ-Algebra $\mathfrak{A} \otimes \mathfrak{B}$. Nun folgt gemäß Aufgabe 48, dass die Menge V_f alle $\mathfrak{B}$-$\mathfrak{B}(\mathbb{R})$-messbaren Funktionen von Y nach $\mathbb{R}$ enthält. Damit ist die Aussage bewiesen.

(b) Sei $f : X \to \mathbb{R}$ eine nichtnegative und $\mathfrak{A}$-$\mathfrak{B}(\mathbb{R})$-messbare Funktion und sei $g : Y \to \mathbb{R}$ eine nichtnegative und $\mathfrak{B}$-$\mathfrak{B}(\mathbb{R})$-messbare Funktion. Dann ist $h : X \times Y \to \mathbb{R}$ vermöge $h(x, y) := f(x)g(y)$ wegen Teil (a) eine nichtnegative und $\mathfrak{A} \otimes \mathfrak{B}$-$\mathfrak{B}(\mathbb{R})$-messbare Funktion und der Satz von Fubini (nichtnegative Version) liefert wie gewünscht

$$\begin{aligned} \int_{X \times Y} h(x, y) \, \mathrm{d}(\mu \otimes \nu)(x, y) &= \int_X \left(\int_Y f(x)g(y) \, \mathrm{d}\nu(y) \right) \mathrm{d}\mu(x) \\ &= \left(\int_X f(x) \, \mathrm{d}\mu(x) \right) \left(\int_Y g(y) \, \mathrm{d}\nu(y) \right) \end{aligned}$$

(c) Der Integrand des Integrals

$$\int_{\mathbb{R}^q} \mathrm{e}^{-\|x\|_2^2} \, \mathrm{d}\beta^q(x)$$

lässt sich offensichtlich wie folgt als Produkt schreiben:

$$\mathrm{e}^{-\|x\|_2^2} = \mathrm{e}^{-\sum_{k=1}^q x_k^2} = \prod_{k=1}^q \mathrm{e}^{-x_k^2}$$

Beachten wir weiter

$$\mathfrak{B}(\mathbb{R}^q) = \bigotimes_{k=1}^{q} \mathfrak{B}(\mathbb{R}), \qquad \beta^q = \bigotimes_{k=1}^{q} \beta$$

so können wir das Integral (induktiv) mithilfe der Identität aus Teil (b) berechnen:

$$\int_{\mathbb{R}^q} \mathrm{e}^{-\|x\|_2^2} \, \mathrm{d}\beta^q(x) = \prod_{k=1}^{q} \int_{\mathbb{R}} \mathrm{e}^{-x_k^2} \, \mathrm{d}\beta(x_k) = \left(\int_{\mathbb{R}} \mathrm{e}^{-x^2} \, \mathrm{d}\beta(x) \right)^q = \pi^{\frac{q}{2}}$$

Lösung Aufgabe 137 Sei $(\Omega, \mathfrak{F}, \mathbb{P})$ ein Wahrscheinlichkeitsraum und sei $Y : \Omega \to \mathbb{R}$ eine normal-verteilte Zufallsvariable mit $\mathbb{P}_Y = \mathbf{N}(\mu, \sigma^2)$, wobei $\mu \in \mathbb{R}$ und $\sigma \in \mathbb{R}_{>0}$ beliebig sind. Weiter sei $X : \Omega \to \mathbb{R}$ eine standardnormal-verteilte Zufallsvariable mit

$$\mathbb{P}_Y = \mathbb{P}_{\mu + \sigma X}$$

Wir bezeichnen ab jetzt die Lebesgue-Dichte der Standardnormal-Verteilung $\mathbf{N}(0, 1)$ mit $f_X : \mathbb{R} \to \mathbb{R}$. Für $x \in \mathbb{R}$ gilt also

$$f_X(x) := \frac{1}{\sqrt{2\pi}} \mathrm{e}^{-\frac{1}{2}x^2}$$

Im Folgenden werden wir unter Verwendung des Transformationssatzes die Lebesgue-Dichte $f_Y : \mathbb{R} \to \mathbb{R}$ von $\mathbf{N}(\mu, \sigma^2)$ herleiten. Dazu definieren wir zunächst den C^1-Diffeomorphismus $\Psi : \mathbb{R} \to \mathbb{R}$ vermöge $\Psi(x) := \mu + \sigma x$. Dann ist auch die Umkehrabbildung $\Psi^{-1} : \mathbb{R} \to \mathbb{R}$ ein C^1-Diffeomorphismus mit

$$\Psi^{-1}(x) = \frac{x - \mu}{\sigma}$$

Da das Bildmaß gemäß Aufgabe 81 transitiv ist, folgt

$$\mathbb{P}_Y(B) = \mathbb{P}_{\Psi \circ X}(B) = (\mathbb{P}_X)_\Psi(B) = \mathbb{P}_X(\Psi^{-1}(B))$$

und somit

$$\int_B f_Y \, \mathrm{d}\beta = \mathbb{P}_Y(B) = \mathbb{P}_X(\Psi^{-1}(B)) = \int_{\Psi^{-1}(B)} f_X \, \mathrm{d}\beta \qquad (19.5)$$

für alle $B \in \mathfrak{B}(\mathbb{R})$. Das Integral auf der rechten Seite von Gleichung (19.5) lässt sich mit dem Transformationssatz wie folgt umschreiben:

$$\int_{\Psi^{-1}(B)} f_X \, \mathrm{d}\beta = \int_B f_X \circ \Psi^{-1} |\det(J_{\Psi^{-1}})| \, \mathrm{d}\beta \qquad (19.6)$$

Dabei bezeichnet $J_{\Psi^{-1}}$ die Jakobi-Matrix von Ψ^{-1}, die in diesem Fall einfach der Ableitung von Ψ^{-1} entspricht. Setzen wir die Gleichungen (19.5) und (19.6) zusammen, so erhalten wir

$$f_Y(x) = (f_X \circ \Psi^{-1})(x)\left|\det(J_{\Psi^{-1}}(x))\right| = \frac{1}{\sqrt{2\pi\sigma^2}} \mathrm{e}^{-\frac{1}{2}\left(\frac{x-\mu}{\sigma}\right)^2} \tag{19.7}$$

für β-fast alle $x \in \mathbb{R}$. Damit ist alles gezeigt.

Bemerkung Gleichung (19.7) lässt sich für $x \in \mathbb{R}$ auch äquivalent schreiben als

$$f_Y(x) = \frac{1}{|\sigma|} f_X\left(\frac{x-\mu}{\sigma}\right)$$

Lösung Aufgabe 138 Sei $A \in \mathbb{R}^{q\times q}$ eine invertierbare Matrix. Wir beweisen die Identität mit dem Transformationssatz. Dazu definieren wir die Transformation $\Psi : \mathbb{R}^q \to \mathbb{R}^q$ mit

$$\Psi(x) := Ax$$

Da A invertierbar ist, handelt es sich bei Ψ um einen C^1-Diffeomorphismus, also um eine bijektive und stetige Abbildung mit stetiger Inversen. Insbesondere gelten

$$\Psi^{-1}(\mathbb{R}^q) = \mathbb{R}^q, \qquad J_\Psi = A$$

Da der Integrand des zu berechnenden Integrals offensichtlich sowohl nichtnegativ als auch $\mathfrak{B}(\mathbb{R}^q)$-$\mathfrak{B}(\mathbb{R})$-messbar ist, lehrt der Transformationssatz [3, Kap. V]

$$\begin{aligned}\int_{\mathbb{R}^q} \mathrm{e}^{-\|x\|_2^2}\,\mathrm{d}\beta^q(x) &= \int_{\mathbb{R}^q} \mathrm{e}^{-\|\Psi(x)\|_2^2}\,|\det(J_\Psi(x))|\,\mathrm{d}\beta^q(x)\\ &= |\det(A)| \int_{\mathbb{R}^q} \mathrm{e}^{-\|Ax\|_2^2}\,\mathrm{d}\beta^q(x)\end{aligned}$$

Beachten Sie dabei, dass die Determinante der Jacobi-Matrix J_Ψ konstant ist und somit aus dem Integral gezogen werden kann. Da wir den Wert des Integrals auf der linken Seite bereits aus Aufgabe 136 kennen, können wir nun alle Ergebnisse zusammenfassen und erhalten wie gewünscht

$$\int_{\mathbb{R}^q} \mathrm{e}^{-\|Ax\|_2^2}\,\mathrm{d}\beta^q(x) = \frac{\pi^{\frac{q}{2}}}{|\det(A)|}$$

Damit ist alles gezeigt.

Bemerkung Als Spezialfall unserer Überlegungen erhalten wir

$$\int_{\mathbb{R}} \mathrm{e}^{-(\alpha x)^2} \, \mathrm{d}\beta(x) = \frac{\sqrt{\pi}}{|\alpha|}$$

beziehungsweise

$$\int_{\mathbb{R}} \mathrm{e}^{-|\alpha| x^2} \, \mathrm{d}\beta(x) = \sqrt{\frac{\pi}{|\alpha|}}$$

für $\alpha \in \mathbb{R} \setminus \{0\}$.

Lösungen: Erzeugende Funktionen 20

Lösung Aufgabe 139 Sei in der gesamten Lösung $(\Omega, \mathfrak{F}, \mathbb{P})$ ein Wahrscheinlichkeitsraum und sei $X : \Omega \to \mathbb{R}$ eine Poisson-verteilte Zufallsvariable mit $\mathbb{P}_X = \mathbf{P}(\alpha)$ für einen Parameter $\alpha \in \mathbb{R}_{>0}$. Da die Poisson-Verteilung von der Zähldichte aus Aufgabe 40 (c) erzeugt wird, gilt

$$\mathbb{P}(\{X = n\}) = \mathrm{e}^{-\alpha} \frac{\alpha^n}{n!}$$

für alle $n \in \mathbb{N}_0$.

(a) Die *wahrscheinlichkeitserzeugende Funktion* $m_X : [0, 1] \to \mathbb{R}$ ist definiert als

$$m_X(t) := \mathbb{E}[t^X] = \sum_{n=0}^{+\infty} \mathbb{P}(\{X = n\})\, t^n$$

Beachten Sie, dass die Zufallsvariable t^X wegen $\mathbb{P}_X(\mathbb{N}_0) = 1$ für jedes $t \in [0, 1]$ einen *endlichen* Erwartungswert besitzt. Setzen wir die Zähldichte der Poisson-Verteilung ein, so folgt für $t \in [0, 1]$ unter Beachtung der Exponentialreihe

$$m_X(t) = \mathrm{e}^{-\alpha} \sum_{n=0}^{+\infty} \frac{\alpha^n}{n!} t^n = \mathrm{e}^{-\alpha} \sum_{n=0}^{+\infty} \frac{(\alpha t)^n}{n!} = \mathrm{e}^{-\alpha}\, \mathrm{e}^{\alpha t} = \mathrm{e}^{\alpha(t-1)}$$

(b) Die Funktion m_X ist als Komposition von wachsenden und stetigen Funktionen ebenfalls wachsend beziehungsweise stetig. Insbesondere lesen wir sofort ab, dass

$$0 \leq m_X(t) \leq m_X(1) = 1$$

für jedes $t \in [0, 1]$ gilt.

N. Hebestreit-Düsing, *Übungs- und Lernbuch Wahrscheinlichkeitstheorie und Stochastik*, https://doi.org/10.1007/978-3-662-72720-1_20

(c) Die Exponentialfunktion ist bekanntlich beliebig oft differenzierbar. Daher ist auch m_X auf $[0, 1)$ beliebig oft differenzierbar. Mithilfe der Kettenregel folgen

$$m'_X(t) = \alpha e^{\alpha(t-1)}, \qquad m''_X(t) = \alpha^2 e^{\alpha(t-1)}, \qquad m'''_X(t) = \alpha^3 e^{\alpha(t-1)}$$

und damit induktiv

$$m_X^{(n)}(t) = \alpha^n e^{\alpha(t-1)}$$

für $t \in [0, 1)$ und $n \in \mathbb{N}$. Werten wir die Ableitungen in $t = 0$ aus, so erhalten wir

$$\frac{1}{n!} m_X^{(n)}(0) = e^{-\alpha} \frac{\alpha^n}{n!} = \mathbb{P}(\{X = n\})$$

für alle $n \in \mathbb{N}_0$. Damit ist alles gezeigt.

(d) In diesem Teil berechnen wir den Erwartungswert und die Varianz der Poisson-verteilten Zufallsvariable X. Es gilt

$$\mathbb{E}[X] = \sum_{n=0}^{+\infty} n\, \mathbb{P}(\{X = n\}) = \alpha e^{-\alpha} \sum_{n=1}^{+\infty} \frac{\alpha^{n-1}}{(n-1)!}$$

und mit einer Indexverschiebung folgt

$$\mathbb{E}[X] = \alpha e^{-\alpha} \sum_{n=1}^{+\infty} \frac{\alpha^{n-1}}{(n-1)!} = \alpha e^{-\alpha} \sum_{n=0}^{+\infty} \frac{\alpha^n}{n!} = \alpha e^{-\alpha} e^{\alpha} = \alpha$$

Für die Varianz berechnen wir zuerst den Erwartungswert der Zufallsvariable $X(X-1)$. Es gilt

$$\mathbb{E}[X(X-1)] = \sum_{n=2}^{+\infty} n(n-1)\, \mathbb{P}(\{X = n\}) = \alpha^2 e^{-\alpha} \sum_{n=2}^{+\infty} \frac{\alpha^{n-2}}{(n-2)!} = \alpha^2$$

Wir erhalten somit

$$\mathbb{E}[X^2] = \mathbb{E}[X(X-1)] + \mathbb{E}[X] = \alpha^2 + \alpha$$

und

$$\mathbb{V}[X] = \mathbb{E}[X^2] - (\mathbb{E}[X])^2 = \alpha^2 + \alpha - \alpha^2 = \alpha$$

Wir können den Erwartungswert und die Varianz von X aber auch mithilfe der wahrscheinlichkeitserzeugenden Funktion berechnen. Wegen Teil (c) gelten $m'_X(1) = \alpha$ und $m''_X(1) = \alpha^2$. Somit folgen [12, 16.1.6 Folgerung]

$$\mathbb{E}[X] = m'_X(1) = \alpha$$

und

$$\mathbb{V}[X] = m_X''(1) + m_X'(1) - (m_X'(1))^2 = \alpha^2 + \alpha - \alpha^2 = \alpha$$

Bemerkung Unabhängig von der Wahl des Parameters stimmen Erwartungswert und Varianz der Poisson-Verteilung stets überein.

(e) Für jedes $n \in \mathbb{N}_0$ und $t \in [0, 1)$ gilt ähnlich wie in den vorherigen Teilen

$$\begin{aligned}\sum_{k=n}^{+\infty} \mathbb{P}(\{X = k\}) \frac{k!}{(k-n)!} t^{k-n} &= \mathrm{e}^{-\alpha} \sum_{k=n}^{+\infty} \frac{\alpha^k}{k!} \frac{k!}{(k-n)!} t^{k-n} \\ &= \alpha^n \mathrm{e}^{-\alpha} \sum_{k=n}^{+\infty} \frac{(\alpha t)^{k-n}}{(k-n)!} \\ &= \alpha^n \mathrm{e}^{\alpha(t-1)}\end{aligned}$$

Beachten Sie dabei erneut, dass es sich bei der Reihe in der vorletzten Zeile um die Exponentialreihe an der Stelle αt handelt. Da wegen Teil (c) gerade $m_X^{(n)}(t) = \alpha^n \mathrm{e}^{\alpha(t-1)}$ gilt, ist damit alles gezeigt.

(f) Für jedes $n \in \mathbb{N}_0$ gelten wegen der Überlegungen der Teile (c) und (e) sowohl

$$\sup_{t \in [0,1)} m_X^{(n)}(t) = \alpha^n \sup_{t \in [0,1)} \mathrm{e}^{\alpha(t-1)} = \alpha^n$$

als auch

$$\sum_{k=n}^{+\infty} \mathbb{P}(\{X = k\}) \frac{k!}{(k-n)!} = \alpha^n \mathrm{e}^{-\alpha} \sum_{k=n}^{+\infty} \frac{\alpha^{k-n}}{(k-n)!} = \alpha^n \mathrm{e}^{-\alpha} \mathrm{e}^{\alpha} = \alpha^n$$

Dies zeigt die gewünschte Identität.

Lösung Aufgabe 140 Sei in der gesamten Lösung $(\Omega, \mathfrak{F}, \mathbb{P})$ ein Wahrscheinlichkeitsraum, sei $X : \Omega \to \mathbb{R}$ eine Zufallsvariable und seien $a, b \in \mathbb{R}$ zwei Parameter mit $a + b > 0$. Beachten Sie, dass die Panjer-Verteilung $\mathbf{Pan}(a, b)$ von einer stochastischen Folge $(p_n)_{n \in \mathbb{N}_0}$ mit den Eigenschaften

$$\sum_{n=0}^{+\infty} p_n = 1 \tag{20.1}$$

und

$$p_n = \left(a + \frac{b}{n}\right) p_{n-1} \tag{20.2}$$

für $n \in \mathbb{N}$ induziert wird. Dies ist eine unmittelbare Konsequenz aus Aufgabe 55. Man spricht bei der Folge $(p_n)_{n\in\mathbb{N}_0}$ gelegentlich auch von der *Panjer-Folge.* Insbesondere gilt im Fall $\mathbb{P}_X = \mathbf{Pan}(a, b)$ wegen der gleichen Aufgabe

$$p_n = \mathbb{P}_X(\{n\}) = \mathbb{P}(\{X = n\})$$

für alle $n \in \mathbb{N}_0$, womit Bedingung (20.1) äquivalent zu $\mathbb{P}_X(\mathbb{N}_0) = 1$ ist. Wir kommen nun zur eigentlichen Lösung dieser Aufgabe.

(a) Gelte $\mathbb{P}_X = \mathbf{Pan}(a, b)$. Wir berechnen den Erwartungswert und die Varianz von X. Zunächst gilt

$$\mathbb{E}[X] = \sum_{n=0}^{+\infty} np_n = \sum_{n=1}^{+\infty} np_n \overset{(20.2)}{=} \sum_{n=1}^{+\infty} n\left(a + \frac{b}{n}\right) p_{n-1} = \sum_{n=1}^{+\infty} (an + b)\, p_{n-1}$$

Schreiben wir nun $an + b = (n-1)a + a + b$, so lässt sich die Reihe auf der rechten Seite geschickt zerlegen. Wir erhalten

$$\begin{aligned}
\mathbb{E}[X] &= a\sum_{n=1}^{+\infty}(n-1)p_{n-1} + (a+b)\sum_{n=1}^{+\infty} p_{n-1} \\
&\overset{(20.1)}{=} a\sum_{n=0}^{+\infty} np_n + (a+b)\sum_{n=0}^{+\infty} p_n \\
&= a\mathbb{E}[X] + a + b
\end{aligned}$$

und damit wie gewünscht

$$\mathbb{E}[X] = \frac{a+b}{1-a}$$

Für die Berechnung der Varianz gehen wir ähnlich vor. Wegen den Gleichungen (20.1) und (20.2) gilt

$$\begin{aligned}
\mathbb{E}[X^2] &= \sum_{n=1}^{+\infty} n^2\left(a + \frac{b}{n}\right) p_{n-1} \\
&= a\sum_{n=1}^{+\infty} n^2 p_{n-1} + b\sum_{n=1}^{+\infty} np_{n-1} \\
&= a\sum_{n=1}^{+\infty} n(n-1)p_{n-1} + a\sum_{n=1}^{+\infty} np_{n-1} + b\sum_{n=1}^{+\infty}(n-1)p_{n-1} + b\sum_{n=1}^{+\infty} p_{n-1} \\
&\overset{(!)}{=} a\sum_{n=1}^{+\infty}(n-1)^2 p_{n-1} + 2a\mathbb{E}[X] + a + b\mathbb{E}[X] + b \\
&= a\mathbb{E}[X^2] + (2a+b)\mathbb{E}[X] + a + b
\end{aligned}$$

Dabei haben wir in Schritt (!) einmal geschickt den Erwartungswert $a\mathbb{E}[X]$ hinzugefügt und abgezogen, sodass wir im darauffolgenden Schritt die Reihe zu $a\mathbb{E}[X^2]$ vereinfachen konnten. Die obige Gleichung lässt sich weiter zu

$$\begin{aligned}(1-a)\mathbb{E}[X^2] &= (2a+b)\mathbb{E}[X] + a + b \\ &= \frac{(2a+b)(a+b)}{1-a} + a + b \\ &= \frac{(a+b)(a+b+1)}{1-a}\end{aligned}$$

umstellen, weshalb sich die Varianz von X gemäß

$$\mathbb{V}[X] = \mathbb{E}[X^2] - (\mathbb{E}[X])^2 = \frac{(a+b)(a+b+1)}{(1-a)^2} - \frac{(a+b)^2}{(1-a)^2} = \frac{a+b}{(1-a)^2}$$

berechnen lässt. Damit ist alles gezeigt.

Bemerkung Wie wir anhand der obigen Berechnungen sofort erkennen, gilt

$$\frac{\mathbb{V}[X]}{\mathbb{E}[X]} = \frac{1}{1-a}$$

und damit $\mathbb{V}[X] \sim \mathbb{E}[X]$ genau dann, wenn $a \sim 0$. Dabei ist $\sim$ eine beliebige Relation aus $\{<, =, >\}$. Man kann zeigen, dass ausschließlich drei Verteilungen zur Klasse der Panjer-Verteilungen zählen, die sich durch das Verhältnis von Varianz und Erwartungswert charakterisieren lassen: die Binomial-Verteilung, die Poisson-Verteilung und die Negativbinomial-Verteilung. Vergleichen Sie auch die Bemerkung in Teil (e) dieser Lösung.

(b) Wir beweisen die Äquivalenzaussage mit einem Ringschluss.
Aus (α) folgt (β). Gelte zuerst $\mathbb{P}_X = \mathbf{Pan}(a, b)$. Bei der *wahrscheinlichkeitserzeugenden Funktion* von X handelt es sich um die Funktion $m_X : [0, 1] \to \mathbb{R}$ vermöge

$$m_X(t) := \mathbb{E}[t^X] = \sum_{n=0}^{+\infty} p_n\, t^n$$

Die Potenzreihe ist wegen Gl. (20.1) auf ganz $[0, 1]$ konvergent und daher im Inneren des Konvergenzradius differenzierbar mit Ableitung

$$m'_X(t) = \sum_{n=1}^{+\infty} np_n t^{n-1}$$

für $t \in [0, 1)$. Da die Zufallsvariable X als Panjer-verteilt vorausgesetzt ist, lässt sich die gliedweise differenzierte Potenzreihe wie folgt weiter umschreiben:

$$\begin{aligned}\sum_{n=1}^{+\infty} np_n t^{n-1} &\overset{(20.2)}{=} \sum_{n=1}^{+\infty} n\left(a+\frac{b}{n}\right) p_{n-1} t^{n-1} \\ &= at\sum_{n=2}^{+\infty}(n-1)p_{n-1}t^{n-2} + (a+b)\sum_{n=1}^{+\infty} p_{n-1}t^{n-1}\end{aligned}$$

Mit einer Indexverschiebung erhalten wir

$$m'_X(t) = at\sum_{n=1}^{+\infty} np_n t^{n-1} + (a+b)\sum_{n=0}^{+\infty} p_n t^n = at\, m'_X(t) + (a+b)m_X(t)$$

und damit wie gewünscht

$$(1-at)m'_X(t) = (a+b)m_X(t)$$

Aus (β) *folgt* (γ). Wir nehmen nun an, dass die wahrscheinlichkeitserzeugende Funktion m_X der obigen Differentialgleichung genügt und beweisen

$$(1-at)m_X^{(n)}(t) = (na+b)m_X^{(n-1)}(t) \tag{20.3}$$

für alle $t \in [0, 1)$ und $n \in \mathbb{N}_0$. Dazu werden wir vollständige Induktion verwenden. Der Induktionsanfang ist bereits erfüllt. Für den Induktionsschritt differenzieren wir die obige Gleichung erneut. Es folgt

$$(1-at)m_X^{(n+1)}(t) - a\, m_X^{(n)}(t) = (na+b)m_X^{(n)}(t)$$

beziehungsweise

$$(1-at)m_X^{(n+1)}(t) = ((n+1)a+b)m_X^{(n)}(t)$$

und wir sind fertig.
Aus (γ) *folgt* (α). Zum Schluss wollen wir nachweisen, dass aus Gl. (20.3) bereits $\mathbb{P}_X = \mathbf{Pan}(a, b)$ folgt. Da die wahrscheinlichkeitserzeugende Funktion m_X beliebig oft in $[0, 1)$ differenzierbar ist, gilt mit den üblichen Rechenregeln für Potenzreihen

$$m_X^{(n)}(t) = \sum_{k=n}^{+\infty} p_k \frac{k!}{(k-n)!} t^{k-n} \tag{20.4}$$

Die zweite und dritte Ableitung von m_X lauten beispielsweise

$$m''_X(t) = \sum_{k=2}^{+\infty} k(k-1)p_k t^{k-2}, \qquad m'''_X(t) = \sum_{k=3}^{+\infty} k(k-1)(k-2)p_k t^{k-2}$$

Unter Verwendung von Gl. (20.4) erhalten wir den bekannten Zusammenhang zwischen der Verteilung von X und der wahrscheinlichkeitserzeugenden Funktion

$$p_n = \frac{1}{n!} m_X^{(n)}(0) \tag{20.5}$$

für jedes $n \in \mathbb{N}_0$. Dafür müssen wir lediglich beachten, dass die Potenzreihe $m_X^{(n)}$ an der Stelle $t = 0$ den Wert $n!\, p_n$ besitzt. Unter Verwendung von Gl. (20.5) lässt sich nun schließlich Gl. (20.3) für $t = 0$ wie folgt umschreiben:

$$n!\, p_n = m_X^{(n)}(0) = (a+b)m_X^{(n-1)}(0) = (na+b)(n-1)!\, p_{n-1}$$

Vergleichen wir nun die linke und rechte Seite, so erhalten wir wie gewünscht Gl. (20.2) und sind fertig.
Zum Schluss beweisen wir $a < 1$, falls eine der drei Bedingungen (α), (β) und (γ) erfüllt ist. Da diese wegen unseren Überlegungen oben äquivalent sind, können wir ab jetzt $\mathbb{P}_X = \mathbf{Pan}(a, b)$ annehmen. Es gilt $p_0 > 0$. Andernfalls würde aus Gl. (20.2) nämlich $p_n = 0$ für alle $n \in \mathbb{N}$ folgen, was gemäß Bedingung (20.1) unmöglich ist. Wegen $p_1 = (a+b)p_0$ und $a + b > 0$ gilt daher insbesondere auch $p_1 > 0$. Weiter gilt für alle $n \in \mathbb{N}$

$$p_n = \left(a + \frac{b}{n}\right) p_{n-1} = \frac{(n-1)a + (a+b)}{n} p_{n-1} \geq \frac{(n-1)a}{n} p_{n-1}$$

Angenommen, es würde $a \geq 1$ gelten. Dann impliziert die obige Ungleichung insbesondere

$$p_n \geq \frac{n-1}{n} p_n \geq \frac{n-2}{n} p_{n-1} \geq \ldots \geq \frac{1}{n} p_1$$

und damit

$$p_0 + p_1 \sum_{n=1}^{+\infty} \frac{1}{n} \leq \sum_{n=0}^{+\infty} p_n = 1$$

Das ist unmöglich, denn es ist $p_1 > 0$ und die harmonische Reihe divergiert, während die rechte Seite der Ungleichung beschränkt ist. Somit war unsere Annahme falsch und es gilt $a < 1$.

(c) Wir wollen zeigen, dass die Binomial-Verteilung zur Klasse der Panjer-Verteilungen gehört. Sei $\mathbb{P}_X = \mathbf{B}(n, p)$ mit $n \in \mathbb{N}$ und $p \in (0, 1)$. Da die Binomial-Verteilung von der Zähldichte aus Aufgabe 46 (b) induziert wird, gilt

$$p_k := \mathbb{P}(\{X = k\}) = \binom{n}{k} p^k (1-p)^{n-k}$$

für $k \in \{0, \ldots, n\}$ und $p_k := 0$ sonst. Die Panjer-Folge $(p_k)_{k\in\mathbb{N}_0}$ ist damit ab dem $(n+1)$-ten Folgenglied konstant und erfüllt daher wegen Aufgabe 10

$$\sum_{k=0}^{+\infty} p_k = \sum_{k=0}^{n} p_k = \sum_{k=0}^{n} \binom{n}{k} p^k (1-p)^{n-k} = 1$$

Die Zähldichte der Binomial-Verteilung lässt sich geschickt umschreiben zu

$$\begin{aligned}\binom{n}{k} p^k (1-p)^{n-k} &= \frac{n!}{(n-k)!\,k!} p^k (1-p)^{n-k} \\ &= \frac{p(n-(k-1))}{(1-p)k} \frac{n!}{(n-(k-1))!\,(k-1)!} p^{k-1} (1-p)^{n-(k-1)}\end{aligned}$$

womit wir die rekursive Darstellung

$$p_k = \left(\frac{p}{p-1} + \frac{p(n+1)}{(1-p)k} \right) p_{k-1}$$

für $k \in \{0, \ldots, n\}$ ablesen können. Folglich genügt die Zufallsvariable X einer Panjer-Verteilung mit den Parametern

$$a := \frac{p}{p-1}, \qquad b := \frac{p(n+1)}{1-p}$$

Beachten Sie dabei $a + b = np/(1-p) > 0$. Wegen $1 - a = 1/(1-p)$ erhalten wir mit den Formeln aus Teil (a) dieser Aufgabe sowohl

$$\mathbb{E}[X] = \frac{a+b}{1-a} = \frac{np/(1-p)}{1/(1-p)} = np$$

als auch

$$\mathbb{V}[X] = \frac{a+b}{(1-a)^2} = \frac{np/(1-p)}{1/(1-p)^2} = np(1-p)$$

Dies bestätigt noch einmal unsere Überlegungen aus Aufgabe 126.

Bemerkung Für die Binomial-verteilte Zufallsvariable X gilt

$$\frac{\mathbb{V}[X]}{\mathbb{E}[X]} = \frac{1}{1-a} = \frac{1}{1-p/(p-1)} = 1 - p > 0$$

Vergleichen Sie auch die Bemerkung zu Teil (a) dieser Lösung.

(d) Gelte nun $\mathbb{P}_X = \mathbf{Pan}(0, b)$. Wir werden zeigen, dass die Zufallsvariable X einer Poisson-Verteilung genügt. Die Rekursionsvorschrift (20.2) für die Zähldichte vereinfacht sich in diesem Fall für jedes $n \in \mathbb{N}$ zu

$$p_n = \frac{b}{n}\, p_{n-1}$$

Die Rekursion lässt sich sogar explizit auflösen. Mithilfe von vollständiger Induktion sieht man leicht

$$p_n = \frac{b^n}{n!}\, p_0$$

Dabei wird der Wert p_0 durch Gl. (20.1) festgelegt. Es gilt nämlich

$$1 = \sum_{n=0}^{+\infty} p_n = p_0 + \sum_{n=1}^{+\infty} p_n = p_0 + p_0 \sum_{n=1}^{+\infty} \frac{b^n}{n!} = p_0\, \mathrm{e}^b$$

womit wir den Anfangswert $p_0 = \mathrm{e}^{-b}$ erhalten. Beachten Sie, dass es sich bei der Reihe auf der rechten Seite um die Exponentialreihe handelt. Zusammenfassend gilt daher

$$p_n = \frac{b^n}{n!}\, p_0 = \mathrm{e}^{-b}\, \frac{b^n}{n!}$$

also genügt X einer Poisson-Verteilung.

Bemerkung Für eine Poisson-verteilte Zufallsvariable stimmen Erwartungswert und Varianz überein, wie wir in Aufgabe 139 gesehen haben. Mithilfe von Teil (a) dieser Lösung lassen sich die obigen Überlegungen wie folgt zusammenfassen:

Sei $(\Omega, \mathfrak{F}, \mathbb{P})$ ein Wahrscheinlichkeitsraum und sei $X : \Omega \to \mathbb{R}$ eine Zufallsvariable. Weiter seien $a, b \in \mathbb{R}$ mit $a + b > 0$ beliebig und gelte $\mathbb{P}_X = \mathbf{Pan}(a, b)$. Dann sind folgende Aussagen äquivalent:

(1) Es gilt $\mathbb{E}[X] = \mathbb{V}[X]$.
(2) Es gilt $a = 0$.
(3) Es gilt $\mathbb{P}_X = \mathbf{P}(b)$, das heißt, die Zufallsvariable X genügt einer Poisson-Verteilung.

Lösung Aufgabe 141 Sei $(\Omega, \mathfrak{F}, \mathbb{P})$ ein Wahrscheinlichkeitsraum und sei $X : \Omega \to \mathbb{R}$ eine Zufallsvariable. Dann besitzt die Zufallsvariable e^{tX} für jedes $t \in \mathbb{R}$ einen Erwartungswert, der nicht notwendigerweise endlich sein muss. Die nichtnegative Funktion $M_X : \mathbb{R} \to \overline{\mathbb{R}}$ mit

$$M_X(t) := \mathbb{E}[\mathrm{e}^{tX}] = \int_{\mathbb{R}} \mathrm{e}^{tx}\, \mathrm{d}\mathbb{P}_X(x)$$

wird *momenterzeugende Funktion* von X genannt und ist vollständig durch die Verteilung von X bestimmt. Wir nehmen ab jetzt $\mathbb{P}_X = \mathbf{N}(0, 1)$ an und erinnern daran, dass die Standardnormal-Verteilung die Lebesgue-Dichte $f : \mathbb{R} \to \mathbb{R}$ mit

$$f(x) := \frac{1}{\sqrt{2\pi}} e^{-\frac{1}{2}x^2}$$

besitzt. Wir werden zuerst die momenterzeugende Funktion von X berechnen und damit die einer normal-verteilten Zufallsvariable herleiten. Für jedes $t \in \mathbb{R}$ gilt

$$M_X(t) = \frac{1}{\sqrt{2\pi}} \int_{\mathbb{R}} e^{tx} e^{-\frac{1}{2}x^2} \, d\beta(x) = \frac{1}{\sqrt{2\pi}} \int_{-\infty}^{+\infty} e^{tx-\frac{1}{2}x^2} \, dx$$

Schreiben wir den Integranden des obigen Integrals geschickt in der Form

$$e^{tx-\frac{1}{2}x^2} = e^{\frac{1}{2}t^2} \, e^{-\frac{1}{2}(x-t)^2}$$

so können wir im vereinfachten Riemann-Integral $y = x - t$ substituieren. Damit erhalten wir

$$\int_{-\infty}^{+\infty} e^{tx-\frac{1}{2}x^2} \, dx = e^{\frac{1}{2}t^2} \int_{-\infty}^{+\infty} e^{-\frac{1}{2}(x-t)^2} \, dx = e^{\frac{1}{2}t^2} \int_{-\infty}^{+\infty} e^{-\frac{1}{2}y^2} \, dy = \sqrt{2\pi} \, e^{\frac{1}{2}t^2}$$

Zusammenfassend lautet die momenterzeugende Funktion von X damit

$$M_X(t) = e^{\frac{1}{2}t^2}$$

Sei nun $Y : \Omega \to \mathbb{R}$ eine normal-verteilte Zufallsvariable mit $\mathbb{P}_Y = \mathbf{N}(\mu, \sigma^2)$. Wie üblich sind $\mu, \sigma \in \mathbb{R}$ beliebige Parameter. Es gilt $Y = \mu + \sigma X$. Da der Erwartungswert linear ist, folgt für alle $t \in \mathbb{R}$

$$M_Y(t) = \mathbb{E}[e^{tY}] = \mathbb{E}[e^{t(\mu+\sigma X)}] = \mathbb{E}[e^{\mu t} \, e^{t\sigma X}] = e^{\mu t} \, \mathbb{E}[e^{t\sigma X}] = e^{\mu t} \, M_X(\sigma t)$$

das heißt, wir können M_Y mithilfe von M_X konstruieren. Aus den Überlegungen oben folgt daher

$$M_Y(t) = e^{\mu t} \, M_X(\sigma t) = e^{\mu t} \, e^{\frac{1}{2}(\sigma t)^2} = e^{\mu t + \frac{1}{2}\sigma^2 t^2}$$

und wir sind fertig.

Bemerkung Offensichtlich ist die momenterzeugende Funktion M_Y der normal-verteilten Zufallsvariable Y beliebig oft differenzierbar. Wegen [12, 16.2.3 Lemma] gilt

$$\mathbb{E}[Y] = M_Y'(0), \qquad \mathbb{E}[Y^2] = M_Y''(0)$$

was den Namen *momenterzeugende Funktion* erklärt. Die ersten beiden Ableitungen berechnen wir gemäß

$$M_Y'(t) = (\mu + \sigma^2 t)\, e^{\mu t + \frac{1}{2}\sigma^2 t^2}, \qquad M_Y''(t) = (\sigma^2 + (\mu + \sigma^2 t)^2)\, e^{\mu t + \frac{1}{2}\sigma^2 t^2}$$

und lesen sowohl $M_Y'(0) = \mu$ als auch $M_Y''(0) = \sigma^2 + \mu^2$ ab.

Lösung Aufgabe 142 Sei in der gesamten Lösung $(\Omega, \mathfrak{F}, \mathbb{P})$ ein Wahrscheinlichkeitsraum und sei $X : \Omega \to \mathbb{R}$ eine Zufallsvariable mit $\mathbb{P}_X = \mathbf{Exp}(\alpha)$ und Parameter $\alpha \in \mathbb{R}_{>0}$.

(a) Wir berechnen die Momente der exponential-verteilten Zufallsvariable X. Bekanntlich besitzt die Exponential-Verteilung die Lebesgue-Dichte $f : \mathbb{R} \to \mathbb{R}$ mit

$$f(x) := \begin{cases} \alpha e^{-\alpha x} & \text{falls } x \in \mathbb{R}_{>0} \\ 0 & \text{sonst} \end{cases}$$

Daher gilt wegen der Bildmaßformel und der Kettenregel für Maße mit Dichten

$$\mathbb{E}[X^n] = \int_{\mathbb{R}} x^n f(x)\, d\beta(x) = \alpha \int_0^{+\infty} x^n e^{-\alpha x}\, d\beta(x)$$

für jedes $n \in \mathbb{N}$. Man kann sich leicht überlegen, dass der Integrand des rechten Integrals sowohl $\mathfrak{B}(\mathbb{R})$-$\mathfrak{B}(\mathbb{R})$-messbar als auch uneigentlich Riemann-integrierbar ist. Daher lässt sich das Integral äquivalent als uneigentliches Riemann-Integral auffassen. Es folgt

$$\mathbb{E}[X^n] = \alpha \int_0^{+\infty} x^n e^{-\alpha x}\, dx = \frac{1}{\alpha^n} \int_0^{+\infty} y^n e^{-y}\, dy = \frac{\Gamma(n+1)}{\alpha^n} = \frac{n!}{\alpha^n}$$

wobei wir im zweiten Schritt $y = \alpha x$ substituiert und anschließend die Definition der Gamma-Funktion verwendet haben. Alternativ kann man das obige Integral aber auch rekursiv mithilfe von partieller Integration berechnen.

(b) In diesem Teil berechnen wir die momenterzeugende Funktion von X. Bei dieser handelt es sich um die Funktion $M_X : \mathbb{R} \to \overline{\mathbb{R}}$ vermöge

$$M_X(t) := \mathbb{E}[e^{tX}] = \int_{\mathbb{R}} e^{tx}\, d\mathbb{P}_X(x)$$

Mit ähnlichen Überlegungen wie in Teil (a) dieser Lösung folgt

$$M_X(t) = \int_{\mathbb{R}} e^{tx} f(x)\, d\beta(x) = \alpha \int_0^{+\infty} e^{-(\alpha - t)x}\, dx$$

Das uneigentliche Riemann-Integral ist genau dann endlich, wenn $\alpha - t > 0$ oder äquivalent $t \in (-\infty, \alpha)$ gilt. In diesem Fall können wir das Integral wie folgt auswerten:

$$\alpha \int_0^{+\infty} \mathrm{e}^{-(\alpha-t)x}\,\mathrm{d}x = \frac{\alpha}{t-\alpha}\Big[\mathrm{e}^{-(\alpha-t)x}\Big]_0^{+\infty} = \frac{\alpha}{\alpha-t}$$

Beachten Sie dabei $\mathrm{e}^{-(\alpha-t)x} \to 0$ für $x \to +\infty$. Zusammenfassend gilt somit

$$M_X(t) = \begin{cases} \dfrac{\alpha}{\alpha-t} & \text{falls } t \in (-\infty, \alpha) \\ +\infty & \text{sonst} \end{cases}$$

Anhand der obigen Darstellung lesen wir $M_X(0) = 1$ und $M_X(t) \in (0, +\infty]$ für alle $t \in \mathbb{R}$ ab.

(c) Gemäß Aufgabenteil (a) gilt

$$\sum_{n=0}^{+\infty} \frac{t^n}{n!}\,\mathbb{E}[X^n] = \sum_{n=0}^{+\infty} \frac{t^n}{\alpha^n} = \sum_{n=0}^{+\infty} \left(\frac{t}{\alpha}\right)^n$$

Die geometrische Reihe ist genau dann konvergent, wenn $|t/\alpha| < 1$ beziehungsweise $t \in (-\alpha, \alpha)$ gilt. In diesem Fall besitzt die Reihe bekanntlich den Reihenwert

$$\frac{1}{1-t/\alpha} = \frac{\alpha}{\alpha} \cdot \frac{1}{1-t/\alpha} = \frac{\alpha}{\alpha-t}$$

der mit $M_X(t)$ übereinstimmt. Damit ist alles gezeigt.

(d) Die momenterzeugende Funktion M_X ist auf $(-\alpha, \alpha)$ als Quotient differenzierbarer Funktionen beliebig oft differenzierbar. Die ersten drei Ableitungen lauten

$$M_X'(t) = \frac{\alpha}{(\alpha-t)^2}, \qquad M_X''(t) = \frac{2\alpha}{(\alpha-t)^3}, \qquad M_X'''(t) = \frac{6\alpha}{(\alpha-t)^4}$$

für $t \in (-\alpha, \alpha)$. Mithilfe von vollständiger Induktion zeigt man leicht

$$M_X^{(n)}(t) = \frac{n!\,\alpha}{(\alpha-t)^{n+1}}$$

für jede natürliche Zahl $n \in \mathbb{N}$. Daher erhalten wir mithilfe von Teil (a) dieser Lösung sofort

$$M_X^{(n)}(0) = \frac{n!\,\alpha}{\alpha^{n+1}} = \frac{n!}{\alpha^n} = \mathbb{E}[X^n]$$

Die Konvexität von M_X folgt sofort aus dem Konvexitätskriterium für differenzierbare Funktionen, denn es gilt $M_X''(t) \geq 0$ für alle $t \in (-\alpha, \alpha)$. Da die zweite Ableitung in keinem Punkt aus $(-\alpha, \alpha)$ verschwindet, ist die momenterzeugende Funktion sogar strikt konvex.

Bemerkung Die nachgewiesenen Eigenschaften der momenterzeugenden Funktion gelten nicht ausschließlich für exponential-verteilte Zufallsvariablen. Vielmehr gilt allgemein:

(Hauptsatz über momenterzeugende Funktionen). Sei $(\Omega, \mathfrak{F}, \mathbb{P})$ ein Wahrscheinlichkeitsraum und sei $X : \Omega \to \mathbb{R}$ eine Zufallsvariable. Gibt es $a \in \mathbb{R}_{>0}$ mit $M_X(t) < +\infty$ für alle $t \in (-a, a)$, so gelten die folgenden Aussagen:

(1) Die Zufallsvariable X besitzt endliche Momente beliebiger Ordnung.
(2) Die momenterzeugende Funktion von X besitzt für $t \in (-a, a)$ die Potenzreihendarstellung

$$M_X(t) = \sum_{n=0}^{+\infty} \frac{t^n}{n!} \mathbb{E}[X^n]$$

(3) Die momenterzeugende Funktion M_X ist auf $(-a, a)$ beliebig oft differenzierbar, und für alle $n \in \mathbb{N}$ gilt $\mathbb{E}[X^n] = M_X^{(n)}(0)$.
(4) Besitzt M_X die Potenzreihendarstellung

$$M_X(t) = \sum_{n=0}^{+\infty} a_n t^n$$

so gilt $\mathbb{E}[X^n] = a_n n!$ für alle $n \in \mathbb{N}$.

Einen Beweis des obigen Satzes findet man beispielsweise in [12]. Die beiden ersten Aussagen folgen dabei nahezu direkt aus den Sätzen über die monotone und dominierte Konvergenz, während sich die verbleibenden Aussagen aus den Eigenschaften von Potenzreihen ergeben.

Lösung Aufgabe 143 Sei $(\Omega, \mathfrak{F}, \mathbb{P})$ ein Wahrscheinlichkeitsraum und sei $X : \Omega \to \mathbb{R}$ eine Zufallsvariable.

(a) Die Funktion $M_X : \mathbb{R} \to \overline{\mathbb{R}}$ mit

$$M_X(t) := \mathbb{E}[e^{tX}]$$

heißt *momenterzeugende Funktion* von X. Sie ordnet jeder Zahl $t \in \mathbb{R}$ den Erwartungswert der reellen Zufallsvariable e^{tX} zu. Wegen

$$\mathbb{E}[e^{tX}] = \int_{\Omega} e^{tX(\omega)} \, d\mathbb{P}(\omega) = \int_{\mathbb{R}} e^{tx} \, d\mathbb{P}_X(x)$$

ist die momenterzeugende Funktion von X durch die (univariate) Verteilung von X, also durch das Wahrscheinlichkeitsmaß $\mathbb{P}_X : \mathfrak{B}(\mathbb{R}) \to \overline{\mathbb{R}}$, bestimmt. Diese Beobachtung werden wir in Teil (b) dieser Lösung nutzen. Wir nehmen ab jetzt zusätzlich an, dass X einen endlichen Erwartungswert besitzt und schreiben Ungleichung (6.1) für $t \in \mathbb{R}_{>0}$ äquivalent in der Form

$$e^{\mathbb{E}[tX]} \leq \mathbb{E}[e^{tX}]$$

Da die Exponentialfunktion $\varphi : \mathbb{R} \to \mathbb{R}$ mit $\varphi(x) := e^x$ wegen

$$\varphi''(x) = \varphi(x) \geq 0$$

für alle $x \in \mathbb{R}$ konvex ist und mit X auch tX für jedes $t \in \mathbb{R}_{>0}$ einen endlichen Erwartungswert besitzt, folgt die obige Ungleichung direkt aus der bekannten *Ungleichung von Jensen.* Diese können Sie in der Bemerkung unten nachlesen. Damit ist alles gezeigt.

Bemerkung

(1) Besitzt eine Zufallsvariable einen endlichen Erwartungswert, so muss die momenterzeugende Funktion dieser *nicht* zwingend endlich sein, wie wir in Teil (b) sehen werden.
(2) Zum Nachweis von Ungleichung (6.1) haben wir die sogenannte *Ungleichung von Jensen* in der folgenden Form verwendet:

(Ungleichung von Jensen). Sei $(\Omega, \mathfrak{F}, \mathbb{P})$ ein Wahrscheinlichkeitsraum, sei $X : \Omega \to \mathbb{R}$ eine Zufallsvariable mit endlichem Erwartungswert und sei $\varphi : \mathbb{R} \to \mathbb{R}$ eine konvexe Funktion. Dann besitzt $\varphi \circ X : \Omega \to \mathbb{R}$ einen Erwartungswert und es gilt

$$\varphi\left(\int_\Omega X \, d\mathbb{P}\right) \leq \int_\Omega \varphi \circ X \, d\mathbb{P}$$

Einen Beweis dieser Aussage findet man beispielsweise in [3, 12]. Häufig wird die Ungleichung von Jensen in der Wahrscheinlichkeitstheorie und Stochastik äquivalent als

$$\varphi(\mathbb{E}[X]) \leq \mathbb{E}[\varphi(X)]$$

geschrieben.

(b) In diesem Teil werden wir Ungleichung (6.1) in den drei folgenden Spezialfällen verifizieren: Die Zufallsvariable X besitzt eine Normal-Verteilung, Exponential-Verteilung oder Poisson-Verteilung.

(α) (Normal-Verteilung). Gelte $\mathbb{P}_X = \mathbf{N}(\mu, \sigma^2)$ mit beliebigen Parametern $\mu, \sigma \in \mathbb{R}$. In Aufgabe 141 haben wir bereits die momenterzeugende Funktion von X bestimmt. Diese lautet

$$M_X(t) = \mathrm{e}^{\mu t + \frac{1}{2}\sigma^2 t^2}$$

Beachten wir $\mathbb{E}[X] = \mu$, so vereinfacht sich Ungleichung (6.1) in diesem Fall zu

$$\mu t \leq \mu t + \frac{1}{2}\sigma^2 t^2$$

welche sogar für alle $t \in \mathbb{R}$ gültig ist.

(β) (Exponential-Verteilung). Gelte $\mathbb{P}_X = \mathbf{Exp}(\alpha)$ mit $\alpha \in \mathbb{R}_{>0}$. Wir haben die momenterzeugende Funktion einer exponential-verteilten Zufallsvariable X bereits in Aufgabe 142 bestimmt. Diese lautet

$$M_X(t) = \begin{cases} \dfrac{\alpha}{\alpha - t} & \text{falls } t \in (-\infty, \alpha) \\ +\infty & \text{sonst} \end{cases}$$

Wegen $M_X(t) = +\infty$ für $t \in [\alpha, +\infty)$ ist Ungleichung (6.1) in diesem Fall trivialer Weise erfüllt. Für $t \in (0, \alpha)$ wird die Ungleichung wegen $\mathbb{E}[X] = 1/\alpha$ zu

$$\frac{t}{\alpha} \leq \ln\left(\frac{\alpha}{\alpha - t}\right) \tag{20.6}$$

Für den Nachweis dieser Ungleichung definieren wir die auf dem offenen Intervall $(0, \alpha)$ differenzierbare Funktion $f : [0, \alpha) \to \mathbb{R}$ mit

$$f(t) := \ln\left(\frac{\alpha}{\alpha - t}\right) - \frac{t}{\alpha}$$

Die Ableitung der Funktion berechnet sich für $t \in (0, \alpha)$ gemäß

$$f'(t) = \frac{1}{\alpha - t} - \frac{1}{\alpha} = \frac{t}{\alpha(\alpha - t)} > 0$$

Folglich ist f auf $(0, \alpha)$ streng wachsend. Wegen $f(0) = 0$ gilt somit $f(t) > 0$ für $t \in (0, \alpha)$. Unsere Überlegungen zeigen, dass in Ungleichung (20.6) sogar eine *strikte* Ungleichung herrscht.

(γ) (Poisson-Verteilung). Gelte nun $\mathbb{P}_X = \mathbf{P}(\alpha)$ mit $\alpha \in \mathbb{R}_{>0}$. Die Poisson-Verteilung wird bekanntlich von der Zähldichte $f : \mathbb{R} \to \mathbb{R}$ mit

$$f(n) := \begin{cases} \mathrm{e}^{-\alpha} \dfrac{\alpha^n}{n!} & \text{falls } n \in \mathbb{N}_0 \\ 0 & \text{sonst} \end{cases}$$

erzeugt. Daher lässt sich die momenterzeugende Funktion von X für jedes $t \in \mathbb{R}$ gemäß

$$M_X(t) = \mathbb{E}[\mathrm{e}^{tX}] = \sum_{n=0}^{+\infty} \mathrm{e}^{tn} f(n) = \mathrm{e}^{-\alpha} \sum_{n=0}^{+\infty} \frac{(\alpha \mathrm{e}^t)^n}{n!} = \mathrm{e}^{-\alpha} \mathrm{e}^{\alpha \mathrm{e}^t} = \mathrm{e}^{\alpha(\mathrm{e}^t - 1)}$$

berechnen. Beachten Sie, dass es sich bei der Reihe im drittletzten Umformungsschritt um die Exponentialreihe an der Stelle $\alpha \mathrm{e}^t$ handelt. Wegen $\mathbb{E}[X] = \alpha$ vereinfacht sich Ungleichung (6.1) somit zu

$$\alpha t \leq \alpha(\mathrm{e}^t - 1)$$

Aus der Analysis I ist bekannt, dass $1 + t \leq \mathrm{e}^t$ für $t \in \mathbb{R}$ gilt. Daher ist die obige Ungleichung ebenfalls für alle $t \in \mathbb{R}$ erfüllt.

Lösung Aufgabe 144 Sei $(\Omega, \mathfrak{F}, \mathbb{P})$ ein Wahrscheinlichkeitsraum und seien $X, Y : \Omega \to \mathbb{R}$ zwei Zufallsvariablen mit $\mathbb{P}_X = \mathbf{Ga}(\alpha, \gamma)$ und $\mathbb{P}_Y = \mathbf{Ga}(\alpha, \hat{\gamma})$. Dabei sind $\alpha, \gamma, \hat{\gamma} \in \mathbb{R}_{>0}$ beliebige Parameter.

(a) Die Gamma-Verteilung $\mathbf{Ga}(\alpha, \gamma)$ besitzt bekanntlich die Lebesgue-Dichte $f : \mathbb{R} \to \mathbb{R}$ mit

$$f(x) := \begin{cases} \dfrac{\alpha^\gamma}{\Gamma(\gamma)} \mathrm{e}^{-\alpha x} x^{\gamma - 1} & \text{falls } x \in \mathbb{R}_{>0} \\ 0 & \text{sonst} \end{cases}$$

Die momenterzeugende Funktion von X lautet daher

$$M_X(t) = \mathbb{E}[\mathrm{e}^{tX}] = \int_{\mathbb{R}} \mathrm{e}^{tx} f(x) \, \mathrm{d}\beta(x) = \frac{\alpha^\gamma}{\Gamma(\gamma)} \int_0^{+\infty} x^{\gamma - 1} \mathrm{e}^{-(\alpha - t)x} \, \mathrm{d}\beta(x)$$

für $t \in \mathbb{R}$. Im Fall $t \in (0, \alpha)$ fassen wir das Integral auf der rechten Seite als Riemann-Integral auf und erhalten mithilfe der Substitution $y = (\alpha - t)x$

$$\frac{\alpha^\gamma}{\Gamma(\gamma)} \int_0^{+\infty} x^{\gamma - 1} \mathrm{e}^{-(\alpha - t)x} \, \mathrm{d}x = \left(\frac{\alpha}{\alpha - t} \right)^\gamma \frac{1}{\Gamma(\gamma)} \int_0^{+\infty} y^{\gamma - 1} \mathrm{e}^{-y} \, \mathrm{d}y$$

Per Definition der Gamma-Funktion gilt

$$\Gamma(\gamma) = \int_0^{+\infty} y^{\gamma - 1} \mathrm{e}^{-y} \, \mathrm{d}y$$

sodass wir insgesamt

$$M_X(t) = \left(\frac{\alpha}{\alpha - t} \right)^\gamma$$

erhalten. Im Fall $t \in [\alpha, +\infty)$ divergiert das obige Riemann-Integral; daher erhalten wir $M_X(t) = +\infty$.

(b) Wir nehmen nun zusätzlich an, dass die Zufallsvariablen X und Y *unabhängig* sind. Dann stimmt die momenterzeugende Funktion M_{X+Y} von $X+Y$ mit dem Produkt von M_X und M_Y überein. Für $t \in (0, \alpha)$ gilt also

$$M_{X+Y}(t) = M_X(t)\, M_Y(t) \stackrel{\text{(a)}}{=} \left(\frac{\alpha}{\alpha - t}\right)^{\gamma} \left(\frac{\alpha}{\alpha - t}\right)^{\hat{\gamma}} = \left(\frac{\alpha}{\alpha - t}\right)^{\gamma+\hat{\gamma}}$$

Wie wir sofort erkennen, handelt es sich bei M_{X+Y} um die momenterzeugende Funktion einer zu den Parametern α und $\gamma + \hat{\gamma}$ gamma-verteilten Zufallsvariable. Da M_{X+Y} offensichtlich in einer Umgebung des Nullpunkts endlich ist, bestimmt die momenterzeugende Funktion M_{X+Y} die (univariate) Verteilung von $X+Y$ eindeutig. Unsere Überlegungen zeigen also wie gewünscht

$$\mathbb{P}_{X+Y} = \mathbf{Ga}(\alpha, \gamma + \hat{\gamma})$$

und wir sind fertig.

Bemerkung Dass die Summe von zwei unabhängigen und gamma-verteilten Zufallsvariablen ebenfalls gamma-verteilt ist, lässt sich natürlich auch mithilfe der Faltungsformel für absolutstetige Verteilungen beweisen. Die dabei auftretenden Integrale sind jedoch deutlich komplizierter als die Berechnung des Produkts der beiden momenterzeugenden Funktionen.

Lösung Aufgabe 145 Sei in der gesamten Lösung $(\Omega, \mathfrak{F}, \mathbb{P})$ ein Wahrscheinlichkeitsraum und sei $X : \Omega \to \mathbb{R}$ eine Zufallsvariable mit $\mathbb{P}_X = \mathbf{N}(0, 1)$.

(a) Die komplexwertige Funktion $\psi_X : \mathbb{R} \to \mathbb{C}$ vermöge

$$\psi_X(t) := \mathbb{E}[\mathrm{e}^{\mathrm{i}tX}] = \int_{\mathbb{R}} \mathrm{e}^{\mathrm{i}tx}\, \mathrm{d}\mathbb{P}_X(x)$$

heißt *charakteristische Funktion* von X. Da die Normal-Verteilung absolutstetig ist, folgt

$$\int_{\mathbb{R}} \mathrm{e}^{\mathrm{i}tx}\, \mathrm{d}\mathbb{P}_X(x) = \frac{1}{\sqrt{2\pi}} \int_{\mathbb{R}} \mathrm{e}^{\mathrm{i}tx}\, \mathrm{e}^{-\frac{1}{2}x^2}\, \mathrm{d}\beta(x) = \frac{1}{\sqrt{2\pi}} \int_{\mathbb{R}} \mathrm{e}^{-\frac{1}{2}(x-\mathrm{i}t)^2} \mathrm{e}^{-\frac{1}{2}t^2}\, \mathrm{d}\beta(x)$$

und somit

$$\psi_X(t) = \mathrm{e}^{-\frac{1}{2}t^2}$$

für $t \in \mathbb{R}$. Beachten Sie, dass wegen Aufgabe 132

$$\frac{1}{\sqrt{2\pi}} \int_{\mathbb{R}} \mathrm{e}^{-\frac{1}{2}(x-\mathrm{i}t)^2}\, \mathrm{d}\beta(x) = 1$$

gilt. Anhand der obigen Darstellung von ψ_X lesen wir sofort die Eigenschaften $\psi_X(0) = 1$, $|\psi_X(t)| \leq 1$ und $\psi_X(-t) = \psi_X(t) = \overline{\psi_X(t)}$ für $t \in \mathbb{R}$ ab.

(b) Sei nun $Y : \Omega \to \mathbb{R}$ eine Zufallsvariable mit $\mathbb{P}_Y = \mathbf{N}(\mu, \sigma^2)$. Dabei sind $\mu, \sigma \in \mathbb{R}$ beliebige Parameter. Es gilt $Y = \mu + \sigma X$. Da der Erwartungswert beziehungsweise das Lebesgue-Integral linear ist, folgt somit

$$\psi_{\mu+\sigma X}(t) = \mathbb{E}[\mathrm{e}^{\mathrm{i}t(\mu+\sigma X)}] = \mathbb{E}[\mathrm{e}^{\mathrm{i}t\mu}\,\mathrm{e}^{\mathrm{i}\sigma t X}] = \mathrm{e}^{\mathrm{i}t\mu}\,\mathbb{E}[\mathrm{e}^{\mathrm{i}\sigma t X}] = \mathrm{e}^{\mathrm{i}t\mu}\,\psi_X(\sigma t)$$

für jedes $t \in \mathbb{R}$. Wegen Teil (a) und unseren Überlegungen oben lautet die charakteristische Funktion von Y somit

$$\psi_Y(t) = \psi_{\mu+\sigma X}(t) = \mathrm{e}^{\mathrm{i}\mu t}\,\psi_X(\sigma t) \overset{\text{(a)}}{=} \mathrm{e}^{\mathrm{i}\mu t - \frac{1}{2}\sigma^2 t^2}$$

Seien nun $Y_1, Y_2 : \Omega \to \mathbb{R}$ zwei unabhängige und normal-verteilte Zufallsvariablen mit $\mathbb{P}_{Y_k} = \mathbf{N}(\mu_k, \sigma_k^2)$ und $\mu_k, \sigma_k \in \mathbb{R}$ für $k \in \{1, 2\}$. Da gemäß Aufgabe 105 somit auch die Zufallsvariablen $\mathrm{e}^{\mathrm{i}tY_1}$ und $\mathrm{e}^{\mathrm{i}tY_2}$ unabhängig (!) sind, folgt

$$\psi_{Y_1+Y_2}(t) = \mathbb{E}[\mathrm{e}^{\mathrm{i}t(Y_1+Y_2)}] = \mathbb{E}[\mathrm{e}^{\mathrm{i}tY_1}\,\mathrm{e}^{\mathrm{i}tY_2}] \overset{(!)}{=} \mathbb{E}[\mathrm{e}^{\mathrm{i}tY_1}]\,\mathbb{E}[\mathrm{e}^{\mathrm{i}tY_2}] = \psi_{Y_1}(t)\,\psi_{Y_2}(t)$$

und damit

$$\psi_{Y_1+Y_2}(t) = \psi_{Y_1}(t)\,\psi_{Y_2}(t) \overset{\text{(a)}}{=} \mathrm{e}^{\mathrm{i}\mu_1 t - \frac{1}{2}\sigma_1^2 t^2}\,\mathrm{e}^{\mathrm{i}\mu_2 t - \frac{1}{2}\sigma_2^2 t^2} = \mathrm{e}^{\mathrm{i}(\mu_1+\mu_2)t - \frac{1}{2}(\sigma_1^2+\sigma_2^2)t^2}$$

Dabei handelt es sich um die charakteristische Funktion einer zu den Parametern $\mu_1 + \mu_2$ und $\sigma_1^2 + \sigma_2^2$ normal-verteilten Zufallsvariable. Der Eindeutigkeitssatz für charakteristische Funktionen [12, 16.4.7 Satz] liefert somit wie gewünscht

$$\mathbb{P}_{Y_1+Y_2} = \mathbf{N}(\mu_1 + \mu_2, \sigma_1^2 + \sigma_2^2)$$

Damit ist alles gezeigt.

Bemerkung Vergleichen Sie auch Aufgabe 109 für einen Nachweis des obigen Zusammenhangs mithilfe der Faltungsformel für absolutstetige Verteilungen.

(c) In diesem Teil wollen wir die Momente der standardnormal-verteilten Zufallsvariable X bestimmen. Wegen dem asymptotischen Verhalten der Exponentialfunktion ist sofort klar, dass alle Momente existieren. Da die Standardnormal-Verteilung symmetrisch ist, verschwinden damit alle Momente mit ungerader Ordnung. Für $k \in \mathbb{N}$ gilt

$$\mathbb{E}[X^{2k+2}] = \frac{1}{\sqrt{2\pi}} \int_{\mathbb{R}} x^{2k+2}\mathrm{e}^{-\frac{1}{2}x^2}\,\mathrm{d}\beta(x)$$

Wir fassen nun das obige Integral als Riemann-Integral auf und setzen formal

$$u' := x\mathrm{e}^{-\frac{1}{2}x^2}, \qquad v := x^{2k+1}, \qquad u := -\mathrm{e}^{-\frac{1}{2}x^2}, \qquad v' := (2k+1)x^{2k}$$

Partielle Integration liefert somit $\int u'v \, \mathrm{d}x = [uv] - \int uv' \, \mathrm{d}x$ beziehungsweise

$$\int_{\mathbb{R}} x^{2k+2} \mathrm{e}^{-\frac{1}{2}x^2} \, \mathrm{d}x = \left[-x^{2k+1} \mathrm{e}^{-\frac{1}{2}x^2} \right]_{-\infty}^{+\infty} + (2k+1) \int_{-\infty}^{+\infty} x^{2k} \mathrm{e}^{-\frac{1}{2}x^2} \, \mathrm{d}x$$
$$= (2k+1) \int_{-\infty}^{+\infty} x^{2k} \mathrm{e}^{-\frac{1}{2}x^2} \, \mathrm{d}x$$

und damit

$$\mathbb{E}[X^{2k+2}] = (2k+1)\mathbb{E}[X^{2k}]$$

Wegen dem Anfangswert $\mathbb{E}[1] = 1$ erhalten wir daher induktiv

$$\mathbb{E}[X^{2k}] = (2k-1)!! = \frac{(2k)!}{2^k k!}$$

für $k \in \mathbb{N}$. Damit ist die behauptete Darstellung der Momente von X bewiesen.

Bemerkung Mithilfe der obigen Darstellung der Momente lässt sich die charakteristische Funktion von X für jedes $t \in \mathbb{R}$ alternativ wie folgt berechnen:

$$\psi_X(t) = \mathbb{E}[\mathrm{e}^{\mathrm{i}tX}] = \mathbb{E}\left[\sum_{n=0}^{+\infty} \frac{(\mathrm{i}tX)^n}{n!} \right] \overset{(!)}{=} \sum_{n=0}^{+\infty} \mathbb{E}\left[\frac{(\mathrm{i}tX)^n}{n!} \right] = \sum_{n=0}^{+\infty} \mathbb{E}\left[\frac{(\mathrm{i}tX)^{2n}}{(2n)!} \right]$$

Dabei ist zu beachten, dass man in Schritt (!) Erwartungswert und Reihe gemäß dem Satz von der dominierten Konvergenz vertauschen darf. Wegen

$$\mathbb{E}\left[\frac{(\mathrm{i}tX)^{2n}}{(2n)!} \right] = \frac{(\mathrm{i}t)^{2n}}{(2n)!} \mathbb{E}[X^{2n}] = \frac{(\mathrm{i}t)^{2n}}{(2n)!} \frac{(2n)!}{2^n n!}$$

für $n \in \mathbb{N}_0$ folgt damit schließlich

$$\psi_X(t) = \sum_{n=0}^{+\infty} \frac{(\mathrm{i}t)^{2n}}{(2n)!} \frac{(2n)!}{2^n n!} = \sum_{n=0}^{+\infty} \frac{(-t^2/2)^n}{n!} = \mathrm{e}^{-\frac{1}{2}t^2}$$

(d) Da die Exponentialfunktion beliebig oft differenzierbar ist, ist es auch ψ_X. Die ersten drei Ableitungen der charakteristischen Funktion lauten

$$\psi_X'(t) = -t\,\psi_X(t), \quad \psi_X''(t) = (t^2 - 1)\,\psi_X(t), \quad \psi_X'''(t) = (-t^3 + 3t)\,\psi_X(t)$$

für $t \in \mathbb{R}$. Mithilfe von vollständiger Induktion zeigt man für alle $n \in \mathbb{N}_0$ die Darstellung

$$\psi_X^{(n)}(t) = P_n(t)\,\psi_X(t) \tag{20.7}$$

wobei jedes P_n ein Polynom vom Grad n mit $P_n'(t) = -n P_{n-1}(t)$ ist. Differenzieren wir Gl. (20.7) erneut, so erhalten wir unter Beachtung der Produktregel

$$\psi_X^{(n+1)}(t) = P_n'(t)\, \psi_X(t) + P_n(t)\, \psi_X'(t) = (-n P_{n-1}(t) - t P_n(t))\, \psi_X(t)$$

Die Polynome genügen somit der Rekursion

$$P_0(t) = 1, \qquad P_1(t) = -t, \qquad P_{n+1}(t) = -n P_{n-1}(t) - t P_n(t) \tag{20.8}$$

Man kann zeigen, dass die Polynome im engen Zusammenhang mit den sogenannten *Hermiteschen Polynome* stehen. Da eine explizite Herleitung dieser Polynome recht aufwändig ist, beschränken wir uns darauf, diese lediglich im Nullpunkt auszuwerten. Gemäß Gl. (20.8) gilt $P_{n+1}(0) = -n P_{n-1}(0)$. Wegen $P_0(0) = 1$ und $P_1(0) = 0$ erhalten wir damit induktiv für jedes $n \in \mathbb{N}$

$$P_n(0) = \begin{cases} 0 & \text{falls } n \in 2\mathbb{N}_0 + 1 \\ (-1)^k \dfrac{(2k)!}{2^k k!} & \text{falls } n \in 2\mathbb{N}_0 \text{ mit } n = 2k \end{cases}$$

Setzen wir nun alle Ergebnisse zusammen und beachten $\mathrm{i}^{2k} = (-1)^k$ für jedes $k \in \mathbb{N}$, so folgt wie gewünscht Gl. (6.2).

Bemerkung Sei $(\Omega, \mathfrak{F}, \mathbb{P})$ ein Wahrscheinlichkeitsraum und sei $X : \Omega \to \mathbb{R}$ eine Zufallsvariable mit einem endlichen Moment der Ordnung $n \in \mathbb{N}_0$. Dann ist die charakteristische Funktion $\psi_X : \mathbb{R} \to \mathbb{C}$ genau n-mal differenzierbar und für alle $k \in \{0, \ldots, n\}$ und $t \in \mathbb{R}$ gilt

$$\psi_X^{(n)}(t) = \mathbb{E}\left[\mathrm{i}^n X^n \,\mathrm{e}^{\mathrm{i}tX}\right]$$

Vergleichen Sie auch [12, 16.4.5 Lemma]. Damit ist Gl. (6.2) lediglich ein Spezialfall der obigen Identität.

Lösung Aufgabe 146 Sei $(\Omega, \mathfrak{F}, \mathbb{P})$ ein Wahrscheinlichkeitsraum und sei $X : \Omega \to \mathbb{R}$ eine Zufallsvariable. Beachten Sie, dass die Funktion $\psi_X : \mathbb{R} \to \mathbb{C}$ mit

$$\psi_X(t) := \mathbb{E}[\mathrm{e}^{\mathrm{i}tX}] = \int_{\mathbb{R}} \mathrm{e}^{\mathrm{i}tx}\, \mathrm{d}\mathbb{P}_X(x)$$

charakteristische Funktion von X genannt wird. Wir zeigen die Äquivalenz der vier Aussagen mithilfe eines Ringschlusses und unterteilen daher den Beweis in vier Teile:

(1) *Aus* (a) *folgt* (b). Gelte

$$\mathbb{P}_X = \mathbb{P}_{-X}$$

Die beiden Zufallsvariablen X und $-X$ besitzen also dieselbe Verteilung. Wir wollen zeigen, dass dann auch die charakteristischen Funktionen von X und $-X$ übereinstimmen. Wir definieren dazu die Spiegelung $\Psi : \mathbb{R} \to \mathbb{R}$ vermöge $\Psi(x) := -x$. Es gilt $\Psi \circ X = -X$. Da die stetige Funktion Ψ insbesondere $\mathfrak{B}(\mathbb{R})$-$\mathfrak{B}(\mathbb{R})$-messbar ist, folgt aus Aufgabe 81 gerade

$$(\mathbb{P}_X)_\Psi = \mathbb{P}_{\Psi \circ X} = \mathbb{P}_{-X}$$

Wegen $\Psi^{-1}(\mathbb{R}) = \mathbb{R}$ liefert die Bildmaßformel (!) aus Aufgabe 86

$$\psi_X(t) = \int_{\mathbb{R}} \mathrm{e}^{\mathrm{i}tx}\, \mathrm{d}\mathbb{P}_X(x) = \int_{\mathbb{R}} \mathrm{e}^{-\mathrm{i}t\Psi(x)}\, \mathrm{d}\mathbb{P}_X(x) \overset{(!)}{=} \int_{\mathbb{R}} \mathrm{e}^{\mathrm{i}tx}\, \mathrm{d}\mathbb{P}_{-X}(x) = \psi_{-X}(t)$$

für alle $t \in \mathbb{R}$ und wir sind fertig.

(2) *Aus* (b) *folgt* (c). Gelte nun $\psi_X(t) = \psi_{-X}(t)$ für alle $t \in \mathbb{R}$. Gemäß der Eulerschen Formel gilt

$$\begin{aligned} \mathrm{e}^{\mathrm{i}tX} + \mathrm{e}^{-\mathrm{i}tX} &= \cos(tX) + \cos(-tX) + \mathrm{i}(\sin(tX) + \sin(-tX)) \\ &= \cos(tX) + \cos(tX) + \mathrm{i}(\sin(tX) - \sin(tX)) \\ &= 2\cos(tX) \end{aligned}$$

für alle $t \in \mathbb{R}$. Beachten Sie dabei die Symmetrieeigenschaften der beiden trigonometrischen Funktionen. Schreiben wir nun

$$\psi_X(t) + \psi_X(t) = \psi_X(t) + \psi_{-X}(t) = \mathbb{E}[\mathrm{e}^{\mathrm{i}tX} + \mathrm{e}^{-\mathrm{i}tX}] = 2\mathbb{E}[\cos(tX)]$$

so lesen wir wie gewünscht $\psi_X(t) = \mathbb{E}[\cos(tX)]$ ab.

(3) *Aus* (c) *folgt* (d). Gelte nun $\psi_X(t) = \mathbb{E}[\cos(tX)]$ für $t \in \mathbb{R}$. Da $\cos(tX)$ eine reelle Zufallsvariable ist, ist auch der Erwartungswert dieser eine reelle Zahl. Daher ist die charakteristische Funktion reellwertig, also $\psi_X(t) \in \mathbb{R}$ für alle $t \in \mathbb{R}$.

(4) *Aus* (d) *folgt* (a). Sei $\psi_X(t) \in \mathbb{R}$ für $t \in \mathbb{R}$. Da reelle Zahlen durch komplexe Konjugation unverändert bleiben und die charakteristische Funktion hermitesch ist, gilt

$$\psi_X(-t) = \overline{\psi_X(t)} = \psi_X(t)$$

Folglich ist ψ_X symmetrisch (gerade). Analog zum ersten Teil folgt mit der Bildmaßformel

$$\int_{\mathbb{R}} \mathrm{e}^{-\mathrm{i}tX}\, \mathrm{d}\mathbb{P}_X = \psi_X(-t) = \psi_X(t) = \int_{\mathbb{R}} \mathrm{e}^{-\mathrm{i}tX}\, \mathrm{d}\mathbb{P}_{-X}$$

was gleichbedeutend mit $\psi_X = \psi_{-X}$ ist. Der Eindeutigkeitssatz für charakteristische Funktionen [12, 16.4.7 Satz] liefert nun wie gewünscht $\mathbb{P}_X = \mathbb{P}_{-X}$. Damit ist alles gezeigt.

Bemerkung Die Standardnormal-Verteilung ist symmetrisch und die charakteristische Funktion einer standardnormal-verteilten Zufallsvariable genügt den drei Eigenschaften (b), (c) und (d) aus dieser Aufgabe. Vergleichen Sie dazu auch die Lösung von Aufgabe 145 (a).

Lösung Aufgabe 147 Sei $(\Omega, \mathfrak{F}, \mathbb{P})$ ein Wahrscheinlichkeitsraum und sei $X : \Omega \to \mathbb{R}$ eine Cauchy-verteilte Zufallsvariable mit $\mathbb{P}_X = \mathbf{Ca}(\alpha, \gamma)$. Dabei sind $\alpha \in \mathbb{R}$ und $\gamma \in \mathbb{R}_{>0}$ beliebige Parameter. Da die Cauchy-Verteilung die Lebesgue-Dichte $f : \mathbb{R} \to \mathbb{R}$ mit

$$f(x) := \frac{1}{\pi} \frac{\gamma}{\gamma^2 + (x-\alpha)^2}$$

besitzt, ist die charakteristische Funktion für jedes $t \in \mathbb{R}$ von der Form

$$\psi_X(t) = \int_{\mathbb{R}} f(x)\, \mathrm{e}^{\mathrm{i}tx}\, \mathrm{d}\beta(x) = \frac{\gamma}{\pi} \int_{\mathbb{R}} \frac{\mathrm{e}^{\mathrm{i}tx}}{\gamma^2 + (x-\alpha)^2}\, \mathrm{d}\beta(x) \tag{20.9}$$

Das obige Integral lässt sich mit Hilfe des aus der Funktionalanalysis bekannten Residuensatzes [10, 4.41 Satz] berechnen. Wir nehmen nun zusätzlich $t \in \mathbb{R}_{>0}$ an und betrachten die komplexe Funktion $g : \mathbb{C} \setminus \{z_1, z_2\} \to \mathbb{C}$ mit

$$g(z) := \frac{\mathrm{e}^{\mathrm{i}tz}}{\gamma^2 + (z-\alpha)^2}$$

wobei wir $z_1 := \alpha + \mathrm{i}\gamma$ und $z_2 := \overline{z_1} = \alpha - \mathrm{i}\gamma$ setzen. Beachten Sie, dass die Funktion holomorph und wegen $(z - z_1)(z - z_2) = \gamma^2 + (z-\alpha)^2$ wohldefiniert ist. Insbesondere liegt z_1 in der oberen und z_2 in der unteren Halbebene. Wir definieren weiter für $\eta \in \mathbb{R}_{>0}$ die beiden glatten Teilkurven $\gamma_{1,\eta} : [-\eta, \eta] \to \mathbb{C}$ und $\gamma_{2,\eta} : [0, \pi] \to \mathbb{C}$ gemäß

$$\gamma_{1,\eta}(t) := \alpha + t, \qquad \gamma_{2,\eta}(t) := \alpha + \eta\, \mathrm{e}^{\mathrm{i}t}$$

und setzen

$$\gamma_\eta := \gamma_{1,\eta} \oplus \gamma_{2,\eta}$$

Folglich ist γ_η die aus $\gamma_{1,\eta}$ und $\gamma_{2,\eta}$ zusammengesetzte geschlossene Kurve. Vergleichen Sie dazu auch Abb. 13.1 im Lösungshinweis zu dieser Aufgabe. Daher gilt

$$\oint_{\gamma_\eta} g(z)\, \mathrm{d}z = \int_{\gamma_{1,\eta}} g(z)\, \mathrm{d}z + \int_{\gamma_{2,\eta}} g(z)\, \mathrm{d}z$$

Wir werden das geschlossene Kurvenintegral über γ_η mit dem Residuensatz bestimmen. Dabei ist zu beachten, dass das komplexe Integral über $\gamma_{1,\eta}$ dem in Gl. (20.9) entspricht. Daher werden wir zusätzlich noch zeigen, dass der Wert des Integrals über $\gamma_{2,\eta}$ für $\eta \to +\infty$ verschwindet, um damit die charakteristische Funktion von X zu ermitteln. Wir fordern ab jetzt $\eta > \gamma$. Die Ungleichung stellt sicher, dass die Kurve

γ_η genau eine der beiden Singularitäten umläuft, nämlich z_1. Daher erhalten wir die Umlaufzahlen $\operatorname{Ind}_{\gamma_\eta}(z_1) = 1$ und $\operatorname{Ind}_{\gamma_\eta}(z_2) = 0$. Der Residuensatz lehrt somit

$$\frac{1}{2\pi \mathrm{i}} \oint_{\gamma_\eta} g(z)\,\mathrm{d}z = \sum_{k=1}^{2} \operatorname{Ind}_{\gamma_\eta}(z_k) \operatorname{Res}(g, z_k) = \operatorname{Res}(g, z_1)$$

das heißt, wir müssen nur noch das Residuum von g in z_1 bestimmen. Da die Funktion g in z_1 offensichtlich einen Pol erster Ordnung hat, folgt

$$\operatorname{Res}(g, z_1) = \lim_{z \to z_1} (z - z_1) g(z) = \lim_{z \to z_1} \frac{\mathrm{e}^{\mathrm{i}tz}}{z - z_2} = \frac{\mathrm{e}^{\mathrm{i}tz_1}}{z_1 - z_2} = \frac{1}{2\gamma \mathrm{i}} \mathrm{e}^{\alpha t \mathrm{i}} \mathrm{e}^{-\gamma t}$$

Beachten Sie dabei $z_1 - z_2 = 2\gamma\mathrm{i}$. Wir erhalten somit

$$\oint_{\gamma_\eta} g(z)\,\mathrm{d}z = 2\pi \mathrm{i} \operatorname{Res}(g, z_1) = \frac{\pi}{\gamma} \mathrm{e}^{\alpha t \mathrm{i}} \mathrm{e}^{-\gamma t}$$

Zum Schluss wollen wir zeigen, dass das komplexe Integral über $\gamma_{2,\eta}$ im Grenzfall $\eta \to +\infty$ verschwindet. Zunächst gilt bekanntlich die Abschätzung

$$\left| \int_{\gamma_{2,\eta}} g(z)\,\mathrm{d}z \right| \leq L(\gamma_{2,\eta}) \max_{z \in \gamma_{2,\eta}^*} |g(z)|$$

wobei $L(\gamma_{2,\eta})$ die Bogenlänge von $\gamma_{2,\eta}$ und $\gamma_{2,\eta}^*$ die Spur von $\gamma_{2,\eta}$ bezeichnet. Da $\gamma_{2,\eta}$ ein Halbkreis mit Radius η ist, gilt $L(\gamma_{2,\eta}) = \pi\eta$. Das Maximum von $|g|$ auf $\gamma_{2,\eta}^*$ lässt sich wie folgt nach oben abschätzen: Für $z \in \mathbb{C}$ mit $z = x + \mathrm{i}y$ gilt $\mathrm{e}^{\mathrm{i}tz} = \mathrm{e}^{\mathrm{i}tx}\,\mathrm{e}^{-ty}$. Wegen $|\mathrm{e}^{\mathrm{i}tx}| = 1$ und $\mathrm{e}^{-ty} \leq 1$ folgt somit $|\mathrm{e}^{\mathrm{i}tz}| \leq 1$. Beachten Sie dabei, dass wir $t \in \mathbb{R}_{>0}$ angenommen haben. Für $z \in \gamma_{2,\eta}^*$ beziehungsweise $|z - \alpha| = \eta$ folgt mithilfe der umgekehrten Dreiecksungleichung

$$\left|\gamma^2 + (z-\alpha)^2\right| \geq \left|\gamma^2 - |z-\alpha|^2\right| = \left|\gamma^2 - \eta^2\right| = \eta^2 - \gamma^2$$

Damit lässt sich das Maximum der Funktion wie folgt nach oben abschätzen:

$$\max_{z \in \gamma_{2,\eta}^*} |g(z)| = \max_{z \in \gamma_{2,\eta}^*} \frac{|\mathrm{e}^{\mathrm{i}tz}|}{|\gamma^2 + (z-\alpha)^2|} \leq \frac{1}{\eta^2 - \gamma^2}$$

Die obige Abschätzung zeigt, dass das komplexe Integral über $\gamma_{2,\eta}$ beim Grenzübergang $\eta \to +\infty$ verschwindet. Setzen wir nun alle Ergebnisse zusammen, so folgt schließlich

$$\psi_X(t) = \lim_{\eta \to +\infty} \frac{\gamma}{\pi} \int_{-\eta}^{\eta} \frac{\mathrm{e}^{\mathrm{i}tz}}{\gamma^2 + (z-\alpha)^2}\,\mathrm{d}z = \mathrm{e}^{\alpha t \mathrm{i}} \mathrm{e}^{-\gamma t}$$

Der andere Fall $t \in \mathbb{R} \setminus \mathbb{R}_{>0}$ lässt sich analog behandeln, indem man $\gamma_{2,\eta}$ durch einen Halbkreis in der unteren Halbebene ersetzt, der in entgegengesetzter Richtung orientiert ist. Dadurch wird wieder gewährleistet, dass die geschlossene Kurve lediglich z_2 umläuft. Entsprechend erhalten wir dann $\psi_X(t) = \mathrm{e}^{\alpha t i}\,\mathrm{e}^{\gamma t}$. Zusammenfassend lautet die charakteristische Funktion der Cauchy-Verteilung daher

$$\psi_X(t) = \mathrm{e}^{\alpha t i}\,\mathrm{e}^{-\gamma |t|}$$

Damit ist alles gezeigt.

Bemerkung Da sich die (allgemeine) Cauchy-Verteilung $\mathbf{Ca}(\alpha, \gamma)$ auf die Cauchy-Verteilung $\mathbf{Ca}(0, 1)$ zurückführen lässt, kann man im obigen Beweis auch ohne Einschränkung $\alpha = 0$ und $\gamma = 1$ annehmen. Alternativ kann man die charakteristische Funktion der Cauchy-Verteilung aber auch mit der Umkehrformel für Wahrscheinlichkeitsdichten [11, 7.10 Satz] oder dem Satz von Fubini [11, 7.5 Beispiel] berechnen.

21 Lösungen: Konvergenz von Folgen von Zufallsvariablen

Lösung Aufgabe 148 Es seien $(\Omega, \mathfrak{F}, \mathbb{P})$ ein Wahrscheinlichkeitsraum und $A \in \mathfrak{F}$ ein Ereignis mit $\mathbb{P}(A) = 0$. Wir betrachten die Folge $(X_n)_{n\in\mathbb{N}}$ mit $X_n : \Omega \to \mathbb{R}$ und

$$X_n(\omega) := \begin{cases} 2 & \text{falls } \omega \in A \\ 1/\ln(n+1) & \text{sonst} \end{cases}$$

Die Folge ist genau dann fast sicher konvergent, falls

$$\mathbb{P}\left(\left\{\liminf_{n\to+\infty} X_n = \limsup_{n\to+\infty} X_n\right\}\right) = 1$$

Für $\omega \in \Omega$ mit $\omega \notin A$ gilt per Definition der Folge

$$\lim_{n\to+\infty} X_n(\omega) = \lim_{n\to+\infty} \frac{1}{\ln(n+1)} = 0$$

und im Fall $\omega \in A$ entsprechend

$$\lim_{n\to+\infty} X_n(\omega) = \lim_{n\to+\infty} 2 = 2$$

Damit stimmen insbesondere Limes Inferior und Limes Superior überein und es folgt wie erwartet

$$\mathbb{P}\left(\left\{\liminf_{n\to+\infty} X_n = \limsup_{n\to+\infty} X_n\right\}\right) = \mathbb{P}(A \sqcup A^c) = \mathbb{P}(\Omega) = 1$$

Damit ist alles gezeigt.

N. Hebestreit-Düsing, *Übungs- und Lernbuch Wahrscheinlichkeitstheorie und Stochastik*, https://doi.org/10.1007/978-3-662-72720-1_21

Lösung Aufgabe 149 Wir betrachten den Wahrscheinlichkeitsraum

$$\Omega := [0, 1], \qquad \mathfrak{F} := \mathfrak{B}([0, 1]), \qquad \mathbb{P} := \beta|_{\mathfrak{B}([0,1])}$$

Für $m \in \mathbb{N}$ und $k \in \{1, \dots, 2^m\}$ sei die Zufallsvariable $X_{2^m+k-2} : \Omega \to \mathbb{R}$ vermöge

$$X_{2^m+k-2}(\omega) := \begin{cases} 1 & \text{falls } \omega \in ((k-1)2^{-m}, k2^{-m}] \\ 0 & \text{sonst} \end{cases}$$

definiert. Seien $n \in \mathbb{N}$ und $\varepsilon \in \mathbb{R}_{>0}$ beliebig. Dann gibt es eindeutig bestimmte Zahlen $m \in \mathbb{N}$ und $k \in \{1, \dots, 2^m\}$ mit $n = 2^m + k - 2$ und es folgt

$$\mathbb{P}(\{|X_n| \geq \varepsilon\}) = \mathbb{P}(\{X_n \geq \varepsilon\}) = \mathbb{P}\left(\left[\frac{k-1}{2^m}, \frac{k}{2^m}\right]\right) = \frac{k}{2^m} - \frac{k-1}{2^m} = \frac{1}{2^m}$$

Gehen wir schließlich zum Grenzwert über, so erhalten wir

$$\lim_{n \to +\infty} \mathbb{P}(\{|X_n| \geq \varepsilon\}) = \lim_{m \to +\infty} \frac{1}{2^m} = 0$$

was die stochastische Konvergenz der Folge gegen 0 beweist. Wir überlegen uns nun, dass die Folge *nicht* fast sicher konvergiert. Für $\omega \in \Omega$ und $n \in \mathbb{N}$ gilt

$$\inf_{k \in \mathbb{N}_{\geq n}} X_k(\omega) = 0, \qquad \sup_{k \in \mathbb{N}_{\geq n}} X_k(\omega) = 1$$

und daher beim Übergang zum Grenzwert

$$\liminf_{n \to +\infty} X_n(\omega) = 0 \neq 1 = \limsup_{n \to +\infty} X_n(\omega)$$

Dabei haben wir die Abkürzung $\mathbb{N}_{\geq n} := \{m \in \mathbb{N} \mid m \geq n\}$ für $n \in \mathbb{N}$ verwendet. Unsere Überlegungen zeigen

$$\mathbb{P}\left(\left\{\liminf_{n \to +\infty} X_n = \limsup_{n \to +\infty} X_n\right\}\right) = \mathbb{P}(\emptyset) = 0$$

also konvergiert die Folge *nicht* fast sicher.

Bemerkung. In der Literatur wird die Folge der Zufallsvariablen gelegentlich auch *Folge der wandernden Türme* genannt. Vergleichen Sie auch Abb. 21.1.

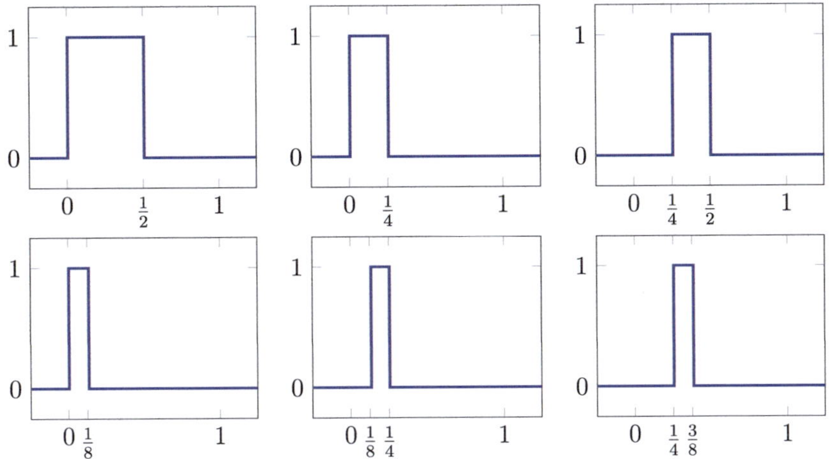

Abb. 21.1 Illustration der wandernden Türme

Lösung Aufgabe 150 Es sei $(\Omega, \mathfrak{F}, \mathbb{P})$ ein Wahrscheinlichkeitsraum und $(X_n)_{n\in\mathbb{N}}$ eine Folge Bernoulli-verteilter Zufallsvariablen mit $\mathbb{P}_{X_n} = \mathbf{B}(p_n)$ und $p_n \in (0, 1)$ für alle $n \in \mathbb{N}$. Zur Vereinfachung der Notation setzen wir ab jetzt

$$A_n := \{X_n = 1\}$$

womit $\mathbb{P}(A_n) = p_n$ gilt.

(a) Bevor wir zur eigentlichen Lösung dieses Aufgabenteils kommen, wollen wir uns eine einfache Charakterisierung der fast sicheren Konvergenz überlegen. Zunächst gilt

$$\begin{aligned}&\left\{\omega \in \Omega \mid \lim_{n\to+\infty} X_n(\omega) = 0\right\}\\ &\qquad = \{\omega \in \Omega \mid \text{es gibt } k \in \mathbb{N} \text{ mit } X_n(\omega) = 0 \text{ für alle } n \geq k\}\\ &\qquad = \{\omega \in \Omega \mid \omega \in A_n \text{ für endlich viele } n \in \mathbb{N}\}\\ &\qquad = \left(\limsup_{n\to+\infty} A_n\right)^{\mathsf{C}}\end{aligned}$$

Daher konvergiert die Folge $(X_n)_{n\in\mathbb{N}}$ genau dann fast sicher gegen 0, wenn

$$\mathbb{P}\left(\limsup_{n\to+\infty} A_n\right) = 0$$

gilt.

($\Longrightarrow$). Sei die Folge der Zufallsvariablen zusätzlich unabhängig und gelte $X_n \to 0$ fast sicher. Dann ist auch die Folge von Ereignissen $(A_n)_{n\in\mathbb{N}}$ unabhängig, wie man der Lösung von Aufgabe 102 entnehmen kann. Würde nun $\sum_{n=1}^{+\infty} p_n = +\infty$ gelten, so ergäbe das 2. Lemma von Borel und Cantelli [12, 11.1.13 Lemma]

$$\mathbb{P}\left(\limsup_{n\to+\infty} A_n\right) = 1$$

einen Widerspruch zu den obigen Überlegungen. Folglich muss die Reihe $\sum_{n=1}^{+\infty} p_n$ konvergieren.
($\Longleftarrow$). Sei nun umgekehrt $\sum_{n=1}^{+\infty} p_n$ konvergent. Dann liefert das 1. Lemmas von Borel und Cantelli aus Aufgabe 56

$$\mathbb{P}\left(\limsup_{n\to+\infty} A_n\right) = 0$$

und damit $X_n \to 0$ fast sicher. Damit ist alles gezeigt.

(b) Per Definition gilt $X_n \to 0$ stochastisch genau dann, wenn für jedes $\varepsilon \in \mathbb{R}_{>0}$ gilt, dass

$$\lim_{n\to+\infty} \mathbb{P}(\{|X_n| \geq \varepsilon\}) = 0 \tag{21.1}$$

Im Fall $\varepsilon \in (1, +\infty)$ tritt das Ereignis $\{|X_n| \geq \varepsilon\}$ mit Wahrscheinlichkeit Null ein, womit der obige Grenzwert trivial ist. Daher ist lediglich der Fall $\varepsilon \in (0, 1]$ von Interesse. In diesem Fall gilt nämlich

$$\mathbb{P}(\{|X_n| \geq \varepsilon\}) = \mathbb{P}(\{|X_n| = 1\}) = \mathbb{P}(\{X_n = 1\}) = \mathbb{P}(A_n) = p_n$$

Folglich ist Gl. (21.1) genau dann erfüllt, wenn die Folge der Parameter $(p_n)_{n\in\mathbb{N}}$ eine reelle Nullfolge ist.

Lösung Aufgabe 151 Es sei $(\Omega, \mathfrak{F}, \mathbb{P})$ ein Wahrscheinlichkeitsraum und sei $(X_n)_{n\in\mathbb{N}}$ eine Folge von reellen Zufallsvariablen auf Ω, die stochastisch gegen die beiden Zufallsvariablen $X, Y : \Omega \to \mathbb{R}$ konvergiert. Wir nehmen $X \neq Y$ an, denn andernfalls würden X und Y bereits $\mathbb{P}$-fast überall auf Ω übereinstimmen. Gemäß der Dreiecksungleichung gilt

$$|X - Y| \leq |X - X_n| + |Y - X_n|$$

Für beliebig gewähltes $\varepsilon \in \mathbb{R}_{>0}$ mit $|X - Y| \geq \varepsilon$ folgt daraus $|X - X_n| \geq \varepsilon/2$ oder $|Y - X_n| \geq \varepsilon/2$. Andernfalls, also im Fall $|X - X_n| < \varepsilon/2$ und $|Y - X_n| < \varepsilon/2$, wäre nämlich wegen der obigen Ungleichung $|X - Y| < \varepsilon$, was unmöglich ist. Unsere Überlegungen zeigen also gerade

$$\{|X - Y| \geq \varepsilon\} \subseteq \{|X - X_n| \geq \varepsilon/2\} \cup \{|Y - X_n| \geq \varepsilon/2\}$$

Die σ-Subadditivität des Wahrscheinlichkeitsmaßes, die wir in Aufgabe 54 (f) bewiesen haben, liefert

$$\mathbb{P}(\{|X - Y| \geq \varepsilon\}) \leq \mathbb{P}(\{|X - X_n| \geq \varepsilon/2\}) + \mathbb{P}(\{|Y - X_n| \geq \varepsilon/2\})$$

Da die Folge $(X_n)_{n\in\mathbb{N}}$ stochastisch gegen X und Y konvergiert, konvergiert die rechte Seite der obigen Gleichung beim Grenzübergang $n \to +\infty$ gegen Null. Wir erhalten somit $\mathbb{P}(\{|X - Y| \geq \varepsilon\}) = 0$. Beachten wir nun

$$\mathbb{P}(\{X \neq Y\}) = \mathbb{P}(\{|X - Y| > 0\}) \leq \mathbb{P}(\{|X - Y| \geq \varepsilon\})$$

so handelt es sich auch bei $\{X \neq Y\}$ um eine $\mathbb{P}$-Nullmenge aus $\mathfrak{F}$. Dies bedeutet aber gerade $X = Y$ $\mathbb{P}$-fast überall und wir sind fertig.

Bemerkung. Die Aufgabe zeigt, dass der Grenzwert jeder stochastisch konvergenten Folge fast überall eindeutig bestimmt ist.

Lösung Aufgabe 152 Sei $(\Omega, \mathfrak{F}, \mathbb{P})$ ein Wahrscheinlichkeitsraum und seien $(X_n)_{n\in\mathbb{N}}$ und $(Y_n)_{n\in\mathbb{N}}$ Folgen von reellen Zufallsvariablen auf Ω, die stochastisch gegen die Zufallsvariablen X und Y konvergieren. Wir zeigen nun, dass dann für jede Wahl von $a, b \in \mathbb{R}$ die Folge $(aX_n + bY_n)_{n\in\mathbb{N}}$ stochastisch gegen die Zufallsvariable $aX + bY$ konvergiert. Im Fall $a = 0$ oder $b = 0$ ist dabei nichts zu zeigen. Seien ab jetzt $a \neq 0$ und $b \neq 0$. Gemäß der Dreiecksungleichung gilt dann für alle $n \in \mathbb{N}$

$$|aX_n + bY_n - (aX + bY)| \leq |a||X_n - X| + |b||Y_n - Y|$$

Für jedes $\varepsilon \in \mathbb{R}_{>0}$ folgt daher mit einer analogen Begründung wie in der Lösung von Aufgabe 151

$$\{|aX_n + bY_n - (aX + bY)| \geq \varepsilon\} \subseteq \{|a||X_n - X| \geq \varepsilon/2\} \cup \{|b||Y_n - Y| \geq \varepsilon/2\}$$

Da das Wahrscheinlichkeitsmaß σ-subadditiv ist, folgt damit weiter

$$\begin{aligned}&\mathbb{P}(\{|aX_n + bY_n - (aX + bY)| \geq \varepsilon\})\\ &\qquad \leq \mathbb{P}(\{|X_n - X| \geq \varepsilon/|2a|\}) + \mathbb{P}(\{|Y_n - Y| \geq \varepsilon/|2b|\})\end{aligned}$$

Gehen wir in der obigen Gleichung zum Grenzwert $n \to +\infty$ über, so konvergiert die rechte und damit auch die linke Seite gegen Null. Wir erhalten daher

$$\lim_{n\to+\infty} \mathbb{P}(\{|aX_n + bY_n - (aX + bY)| \geq \varepsilon\}) = 0$$

womit alles gezeigt ist.

Lösung Aufgabe 153 Es seien $(\Omega, \mathfrak{F}, \mathbb{P})$ ein Wahrscheinlichkeitsraum und $X : \Omega \to \mathbb{R}$ eine Zufallsvariable mit $\mathbb{P}_X = \mathbf{U}(0, 1)$. Wir wollen uns zuerst überlegen, dass auch die Zufallsvariable $1 - X$ uniform auf $(0, 1)$ verteilt ist. Für jedes $x \in \mathbb{R}$ gilt

$$\mathbb{P}(\{1 - X \leq x\}) = \mathbb{P}(\{X \geq 1 - x\}) = 1 - \mathbb{P}(\{X < 1 - x\})$$

Da X nach Voraussetzung auf $(0, 1)$ uniform verteilt ist, erhalten wir

$$\mathbb{P}(\{1 - X \leq x\}) = 1 - \int_{-\infty}^{1-x} \chi_{(0,1)}(y) \, \mathrm{d}\beta(y) = 1 - (1 - x) = x$$

für $x \in (0, 1)$. Folglich ist $1 - X$ ebenfalls uniform verteilt auf $(0, 1)$. Nun betrachten wir die Folge $(X_n)_{n\in\mathbb{N}}$ mit

$$X_n := \begin{cases} X & \text{falls } n \in 2\mathbb{N} \\ 1 - X & \text{sonst} \end{cases}$$

Wegen unseren Überlegungen besitzen alle X_n dieselbe Verteilung. Daher gilt automatisch $X_n \to X$ in Verteilung. Jedoch konvergiert die Folge nicht stochastisch, wie wir uns nun überlegen wollen. Seien dazu $n \in 2\mathbb{N}_0 + 1$ und $\varepsilon \in (0, 1)$ beliebig. Dann gilt

$$\mathbb{P}(\{|X_n - X| \geq \varepsilon\}) = \mathbb{P}(\{|1 - 2X| \geq \varepsilon\}) = 1 - \mathbb{P}(\{|1 - 2X| < \varepsilon\}) = 1 - \varepsilon$$

wobei in den letzten Schritt

$$\mathbb{P}(\{|1 - 2X| < \varepsilon\}) = \mathbb{P}\left(\left\{X \leq \frac{1 + \varepsilon}{2}\right\}\right) - \mathbb{P}\left(\left\{X \leq \frac{1 - \varepsilon}{2}\right\}\right) = \varepsilon$$

eingeht. Unsere Überlegungen zeigen somit

$$\limsup_{n\to+\infty} \mathbb{P}(\{|X_n - X| \geq \varepsilon\}) > 0$$

also konvergiert die Folge nicht stochastisch gegen X. Damit ist alles gezeigt.

Lösung Aufgabe 154 Sei $(\Omega, \mathfrak{F}, \mathbb{P})$ ein Wahrscheinlichkeitsraum und sei $p \in [1, +\infty)$ ein beliebiger Exponent. Weiter sei $(X_n)_{n\in\mathbb{N}}$ eine Folge reeller Zufallsvariablen aus $\mathcal{L}^p(\Omega, \mathfrak{F}, \mathbb{P})$, die im p-ten Mittel gegen eine Zufallsvariable $X : \Omega \to \mathbb{R}$ konvergiert, das heißt, es gilt $\|X_n - X\|_p \to 0$. Für $\varepsilon \in \mathbb{R}_{>0}$ liefert die Ungleichung von Markow aus Aufgabe 123, angewandt auf die wachsende Funktion $\varphi : \mathbb{R}_{\geq 0} \to \mathbb{R}_{\geq 0}$ mit $\varphi(x) := x^p$, die Abschätzung

$$\begin{aligned} \mathbb{P}(\{|X_n - X| \geq \varepsilon\}) &\leq \frac{1}{\varepsilon^p} \int_\Omega \varphi \circ |X_n - X| \, \mathrm{d}\mathbb{P} \\ &= \frac{1}{\varepsilon^p} \int_\Omega |X_n - X|^p \, \mathrm{d}\mathbb{P} \\ &= \frac{1}{\varepsilon^p} \|X_n - X\|_p^p \end{aligned}$$

Gehen wir nun zum Grenzwert über, so folgt unmittelbar

$$\lim_{n\to+\infty} \mathbb{P}(\{|X_n - X| \geq \varepsilon\}) = 0$$

und damit wie gewünscht die stochastische Konvergenz der Folge. Damit ist alles gezeigt.

Lösung Aufgabe 155 Sei $p \in [1, +\infty)$ und sei der Wahrscheinlichkeitsraum $(\Omega, \mathfrak{F}, \mathbb{P})$ definiert als

$$\Omega := [0, 1], \qquad \mathfrak{F} := \mathfrak{B}([0, 1]), \qquad \mathbb{P} := \beta|_{\mathfrak{B}([0,1])}$$

Wir betrachten für jedes $n \in \mathbb{N}$ die Zufallsvariable $X_n : \Omega \to \mathbb{R}$ vermöge

$$X_n(\omega) := 2^n \cdot \chi_{[0,1/n]}(\omega) = \begin{cases} 2^n & \text{falls } \omega \in [0, 1/n] \\ 0 & \text{sonst} \end{cases}$$

Sei $\varepsilon \in \mathbb{R}_{>0}$ beliebig und $n \in \mathbb{N}$ so groß, dass $2^n \geq \varepsilon$. Dann ist $X_n(\omega) \geq \varepsilon$ gleichbedeutend mit $\omega \in [0, 1/n]$, womit wir

$$\mathbb{P}(\{X_n \geq \varepsilon\}) = \mathbb{P}([0, 1/n]) = \frac{1}{n}$$

erhalten. Dies zeigt, dass die Folge $(X_n)_{n\in\mathbb{N}}$ stochastisch gegen 0 konvergiert, wobei 0 hier die konstante Zufallsvariable ist, die überall den Wert 0 annimmt. Die Folge konvergiert jedoch *nicht* im p-ten Mittel gegen 0. Tatsächlich gilt

$$\|X_n\|_p^p = \int_\Omega X_n^p(\omega)\, \mathrm{d}\mathbb{P}(\omega) = 2^{np} \int_\Omega \chi_{[0,1/n]}(\omega)\, \mathrm{d}\mathbb{P}(\omega) = 2^{np}\, \mathbb{P}([0, 1/n]) = \frac{2^{np}}{n}$$

Da die rechte Seite für $n \to +\infty$ divergiert, folgt, dass keine Konvergenz im p-ten Mittel vorliegt. Damit ist alles gezeigt.

Bemerkung. Das obige Beispiel zeigt, dass man von der stochastischen Konvergenz im Allgemeinen *nicht* auf die Konvergenz im p-ten Mittel schließen kann.

Lösung Aufgabe 156 Es sei $(\Omega, \mathfrak{F}, \mathbb{P})$ ein Wahrscheinlichkeitsraum und sei $(X_n)_{n\in\mathbb{N}}$ eine Folge reeller Zufallsvariablen aus $\mathcal{L}^2(\Omega, \mathfrak{F}, \mathbb{P})$ mit $\mathbb{E}[X_n] = \mu$ für alle $n \in \mathbb{N}$ und

$$\lim_{n\to+\infty} \mathbb{V}\left[\frac{1}{n}\sum_{k=1}^{n} X_k\right] = 0 \tag{21.2}$$

Zunächst gilt aufgrund der Linearität des Erwartungswerts

$$\mathbb{E}\left[\frac{1}{n}\sum_{k=1}^{n} X_k\right] = \frac{1}{n}\sum_{k=1}^{n}\mathbb{E}[X_k] = \mu$$

Daraus folgt

$$\begin{aligned}\left\|\frac{1}{n}\sum_{k=1}^{n} X_k - \mu\right\|_2^2 &= \mathbb{E}\left[\left(\frac{1}{n}\sum_{k=1}^{n} X_k - \mu\right)^2\right] \\ &= \mathbb{V}\left[\frac{1}{n}\sum_{k=1}^{n} X_k - \mu\right] \\ &= \mathbb{V}\left[\frac{1}{n}\sum_{k=1}^{n} X_k\right]\end{aligned}$$

wobei im vorletzten Schritt die Definition der Varianz und im letzten Schritt Aufgabe 124 (c) verwendet wurden. Wir erhalten

$$\left\|\frac{1}{n}\sum_{k=1}^{n} X_k - \mu\right\|_2^2 = \mathbb{V}\left[\frac{1}{n}\sum_{k=1}^{n} X_k\right]$$

und zusammen mit Gl. (21.2) folgt die Konvergenz im quadratischen Mittel. Die stochastische Konvergenz der Stichprobenmittel ist dabei eine unmittelbare Konsequenz von Aufgabe 154.

Bemerkung. Das schwache Gesetz der großen Zahlen kann als innermathematisches Analogon der objektivistischen Interpretation von Wahrscheinlichkeiten mit relativen Häufigkeiten aufgefasst werden. Sind die Zufallsvariablen im schwachen Gesetz der großen Zahlen Indikatorfunktionen von Ereignissen, die mit einer festen Wahrscheinlichkeit eintreten, so erhalten wir folgenden Spezialfall:

(Schwaches Gesetz der großen Zahlen für relative Häufigkeiten). Es sei $(\Omega, \mathfrak{F}, \mathbb{P})$ ein Wahrscheinlichkeitsraum und sei $(A_n)_{n\in\mathbb{N}}$ eine Folge unabhängiger Ereignisse aus $\mathfrak{F}$ mit $\mathbb{P}(A_n) = p$ für alle $n \in \mathbb{N}$. Dann gilt

$$\lim_{n\to+\infty}\frac{1}{n}\sum_{k=1}^{n}\chi_{A_k} = p$$

im quadratischen Mittel und stochastisch.

Beachten Sie, dass wegen

$$\mathbb{E}[\chi_{A_n}] \quad = p, \mathbb{V}[\chi_{A_n}] \quad = p(1-p), \quad \mathbb{V}\left[\frac{1}{n}\sum_{k=1}^{n}\chi_{A_k}\right] = \frac{p(1-p)}{n}$$

für $n \in \mathbb{N}$ alle Voraussetzung des schwachen Gesetzes der großen Zahlen erfüllt sind. Das obige Resultat ist uns bereits in vielen Zufallsexperimenten untergekommen, in denen wir die Wahrscheinlichkeit eines bestimmten Ereignisses mithilfe von Simulationen approximieren wollten. In Aufgabe 70 haben wir uns beispielsweise dafür interessiert, wie groß die Wahrscheinlichkeit ist, mit zwei fairen Würfeln eine gerade Augensumme zu würfeln. Wir bezeichnen dieses Ereignis mit B. In jedem Simulationsschritt haben wir ein Ereignis B_n mit $\mathbb{P}(B_n) = 1/2$ erzeugt und anschließend die relative Häufigkeit von B, also das Verhältnis der *günstigen Ereignisse* und *aller Ereignisse* berechnet und damit die Wahrscheinlichkeit von B approximiert. Vergleichen Sie dazu auch Abb. 17.4.

Lösung Aufgabe 157 Um die Übersichtlichkeit zu wahren, unterteilen wir die Lösung dieser Aufgabe in drei Abschnitte. Alle verwendeten Begriffe und relevanten Ergebnisse können Sie in [2, 12] nachlesen.

(1) Eine Folge $(\mu_n)_{n\in\mathbb{N}}$ von Verteilungen $\mu_n : \mathfrak{B}(\mathbb{R}) \to \overline{\mathbb{R}}$ heißt *schwach konvergent,* wenn es eine Verteilung $\mu : \mathfrak{B}(\mathbb{R}) \to \overline{\mathbb{R}}$ derart gibt, sodass

$$\lim_{n\to+\infty} \int_{\mathbb{R}} f \,\mathrm{d}\mu_n = \int_{\mathbb{R}} f \,\mathrm{d}\mu$$

für alle beschränkten und stetigen Funktionen $f : \mathbb{R} \to \mathbb{R}$ gilt. Wir notieren dies als $\mu_n \to \mu$ schwach. Der bekannte Satz von Portemanteau [12, 17.1.3 Satz] liefert folgende Charakterisierung der schwachen Konvergenz:

(Satz von Portemanteau). Die folgenden Aussagen sind äquivalent:

(a) Die Folge $(\mu_n)_{n\in\mathbb{N}}$ konvergiert schwach gegen μ.
(b) Für jede offene Menge $U \subseteq \mathbb{R}$ gilt

$$\liminf_{n\to+\infty} \mu_n(U) \geq \mu(U)$$

(c) Für jede abgeschlossene Teilmenge $A \subseteq \mathbb{R}$ gilt

$$\limsup_{n\to+\infty} \mu_n(A) \leq \mu(A)$$

(d) Für alle Mengen $B \in \mathfrak{B}(\mathbb{R})$ mit $\mu(B^\circ) = \mu(B^\bullet)$ gilt

$$\lim_{n\to+\infty} \mu_n(B) = \mu(B)$$

Dabei bezeichnet B° das Innere und $B^\bullet$ das Äußere der Menge B.

(2) Eine Folge $(F_n)_{n\in\mathbb{N}}$ von Verteilungsfunktionen auf $\mathbb{R}$ heißt *schwach konvergent,* wenn es eine Verteilungsfunktion $F : \mathbb{R} \to [0, 1]$ derart gibt, dass

$$\lim_{n\to+\infty} F_n(x) = F(x)$$

für alle $x \in \mathbb{R}$ gilt, in denen F stetig ist. Die Folge $(F_n)_{n\in\mathbb{N}}$ konvergiert also genau dann gegen F, wenn sie in allen Stetigkeitsstellen von F punktweise gegen F konvergiert. Gemäß dem Satz von Helly und Bray [12, 17.1.4 Satz] konvergiert die Folge $(\mu_n)_{n\in\mathbb{N}}$ von Verteilungen genau dann schwach gegen die Verteilung μ, wenn die Folge $(F_{\mu_n})_{n\in\mathbb{N}}$ der induzierten Verteilungsfunktionen $F_{\mu_n} : \mathbb{R} \to [0, 1]$ mit

$$F_{\mu_n}(x) := \mu_n((-\infty, x])$$

schwach gegen die Verteilungsfunktion F_μ konvergiert.

(3) Sei nun $(\Omega, \mathfrak{F}, \mathbb{P})$ ein beliebiger Wahrscheinlichkeitsraum. Dann heißt eine Folge $(X_n)_{n\in\mathbb{N}}$ von reellen Zufallsvariablen auf Ω *konvergent in Verteilung,* wenn es eine Zufallsvariable $X : \Omega \to \mathbb{R}$ derart gibt, dass die Folge der Verteilungen $(\mathbb{P}_{X_n})_{n\in\mathbb{N}}$ schwach gegen die Verteilung $\mathbb{P}_X$ konvergiert.

Lösung Aufgabe 158 Auf dem messbaren Raum $(\mathbb{R}, \mathfrak{B}(\mathbb{R}))$ betrachten wir für jedes $\omega \in \mathbb{R}$ das Dirac-Maß $\delta_\omega : \mathfrak{B}(\mathbb{R}) \to \overline{\mathbb{R}}$ vermöge

$$\delta_\omega(A) := \begin{cases} 1 & \text{falls } \omega \in A \\ 0 & \text{sonst} \end{cases}$$

Gemäß Aufgabe 133 gilt für jede $\mathfrak{B}(\mathbb{R})$-$\mathfrak{B}(\mathbb{R})$-messbare Funktion $f : \mathbb{R} \to \mathbb{R}$

$$\int_{\mathbb{R}} f \, \mathrm{d}\delta_\omega = f(\omega)$$

Somit entspricht das Lebesgue-Integral von f bezüglich des Dirac-Maßes δ_ω dem Funktionswert $f(\omega)$. Sei ab jetzt $(\omega_n)_{n\in\mathbb{N}}$ eine beliebige Folge reeller Zahlen und $\omega \in \mathbb{R}$. Im Folgenden werden wir die Äquivalenz $\omega_n \to \omega$ genau dann, wenn $\delta_{\omega_n} \to \delta_\omega$ schwach bewiesen.

($\Longrightarrow$). Gelte zuerst $\omega_n \to \omega$ und sei $f : \mathbb{R} \to \mathbb{R}$ eine beschränkte und stetige Funktion. Gemäß Aufgabe 44 ist diese dann auch $\mathfrak{B}(\mathbb{R})$-$\mathfrak{B}(\mathbb{R})$-messbar und wegen $f(\omega_n) \to f(\omega)$ folgt

$$\lim_{n\to+\infty} \int_{\mathbb{R}} f \, \mathrm{d}\delta_{\omega_n} = \lim_{n\to+\infty} f(\omega_n) = f(\omega) = \int_{\mathbb{R}} f \, \mathrm{d}\delta_\omega$$

Damit ist gezeigt, dass die Folge der univariaten Verteilungen $(\delta_{\omega_n})_{n\in\mathbb{N}}$ schwach gegen δ_ω konvergiert.

($\Longleftarrow$). Gelte nun umgekehrt $\delta_{\omega_n} \to \delta_\omega$ schwach. Für $\varepsilon \in \mathbb{R}_{>0}$ definieren wir die beschränkte und stetige Funktion $f_\varepsilon : \mathbb{R} \to \mathbb{R}$ mit

$$f_\varepsilon(x) := \begin{cases} 1 - \dfrac{|x-\omega|}{\varepsilon} & \text{falls } |x-\omega| \leq \varepsilon \\ 0 & \text{sonst} \end{cases}$$

Die schwache Konvergenz der Dirac-Maße liefert

$$\lim_{n\to+\infty} f_\varepsilon(\omega_n) = \lim_{n\to+\infty} \int_{\mathbb{R}} f_\varepsilon \, \mathrm{d}\delta_{\omega_n} = \lim_{n\to+\infty} \int_{\mathbb{R}} f_\varepsilon \, \mathrm{d}\delta_\omega = f_\varepsilon(\omega)$$

Wegen $f_\varepsilon(\omega) = 1$ bedeutet dies aber gerade $\omega_n \to \omega$ und wir sind fertig.

Lösung Aufgabe 159 Es sei $(\Omega, \mathfrak{F}, \mathbb{P})$ ein Wahrscheinlichkeitsraum und sei $\alpha \in \mathbb{R}_{>0}$ eine beliebige Zahl. Außerdem betrachten wir eine Folge $(X_n)_{n\in\mathbb{N}}$ von reellen Zufallsvariablen auf Ω, wobei jedes X_n Binomial-verteilt ist mit $\mathbb{P}_{X_n} = \mathbf{B}(n, \alpha/n)$, und eine reelle Zufallsvariable X mit $\mathbb{P}_X = \mathbf{P}(\alpha)$. Für jedes $k \in \mathbb{N}_0$ lässt sich die Verteilung der X_n schreiben als

$$\begin{aligned}
\mathbb{P}(\{X_n = k\}) &= \binom{n}{k} \left(\frac{\alpha}{n}\right)^k \left(1 - \frac{\alpha}{n}\right)^{n-k} \\
&= \frac{\alpha^k}{k!} \frac{n!}{(n-k)!\, n^k} \left(1 - \frac{\alpha}{n}\right)^n \left(1 - \frac{\alpha}{n}\right)^{-k} \qquad (21.3) \\
&= \frac{\alpha^k}{k!} \left(1 - \frac{\alpha}{n}\right)^n \left(1 - \frac{\alpha}{n}\right)^{-k} \prod_{j=0}^{k-1} \left(1 - \frac{j}{n}\right)
\end{aligned}$$

Dabei haben wir die Umformung

$$\frac{n!}{(n-k)!\, n^k} = \frac{1}{n^k} \prod_{j=0}^{k-1} (n-j) = \prod_{j=0}^{k-1} \left(1 - \frac{j}{n}\right)$$

verwendet. Aus der Analysis I wissen wir, dass

$$\lim_{n\to+\infty} \left(1 - \frac{\alpha}{n}\right)^n = \mathrm{e}^{-\alpha}$$

Wir können daher in Gl. (21.3) zum Grenzwert $n \to +\infty$ übergehen, da die beiden anderen Faktoren offensichtlich gegen 1 konvergieren. Wir erhalten

$$\lim_{n\to+\infty} \mathbb{P}(\{X_n = k\}) = \frac{\alpha^k}{k!} \lim_{n\to+\infty} \left(1 - \frac{\alpha}{n}\right)^n \left(1 - \frac{\alpha}{n}\right)^{-k} \prod_{j=0}^{k-1} \left(1 - \frac{j}{n}\right) = \mathrm{e}^{-\alpha} \frac{\alpha^k}{k!}$$

also

$$\lim_{n\to+\infty} \mathbb{P}(\{X_n = k\}) = \mathrm{e}^{-\alpha}\,\frac{\alpha^k}{k!} = \mathbb{P}(\{X = k\})$$

Durch Summation folgt aus der obigen Gleichung sofort für alle $x \in \mathbb{R}$

$$\lim_{n\to+\infty} \mathbb{P}(\{X_n \leq x\}) = \mathbb{P}(\{X \leq x\})$$

also konvergiert die Folge $(X_n)_{n\in\mathbb{N}}$ wie behauptet in Verteilung gegen die Zufallsvariable X. Damit ist alles gezeigt.

Lösung Aufgabe 160 Es sei $(\Omega, \mathfrak{F}, \mathbb{P})$ ein Wahrscheinlichkeitsraum und es bezeichne $X : \Omega \to \mathbb{R}$ die Zufallsvariable, die die Anzahl der fehlerhaft übertragenen Buchstaben zählt. Da die Übertragung der einzelnen Buchstaben unabhängig ist und die Wahrscheinlichkeit einer Fehlübertragung bei jedem Buchstaben gleich ist, genügt die Zufallsvariable einer Binomial-Verteilung mit den Parametern $n = 3000$ und $p = 0.002$. Daher gilt

$$\mathbb{P}(\{X \leq 3\}) = \sum_{k=0}^{3} \mathbb{P}(\{X = k\}) = \sum_{k=0}^{3} \binom{n}{k} p^k (1-p)^{n-k} \approx 0.15094$$

Mit dem Statistik Modul `stats` lässt sich die obige Wahrscheinlichkeit wie folgt in `Python` berechnen:

```
import scipy.stats as stats

# Total number of characters transmitted
n = 3000
# Probability that a single character is transmitted
# incorrectly
p = 0.002
# Number of errors
k = 3

# Use the cumulative distribution function (CDF) of the
# binomial distribution. This calculates the probability
# that the numbers of errors is at most 3.
prob_error = stats.binom.cdf(k, n, p)
print(f"The probability of at most {k} errors is {prob_error:.
5f}.")

The probability of at most 3 errors is 0.15094.
```

Dabei steht `stats.binom.cdf` für die Verteilungsfunktion der Binomial-Verteilung, im Englischen *cumulative distribution function* (CDF). Alternativ kann man die Wahrscheinlichkeit auch wie folgt ohne das Statistik Modul berechnen, indem man die Verteilungsfunktion selbst mit einer Hilfsfunktion implementiert:

```
import math

def cdf_binomial(k, n, p):
    """
    Calculates the cumulative distribution function (CDF) of
    the binomial distribution.

    Arguments:
        k (int): The maximum number of errors.
        n (int): The total number of trials.
        p (float): The probability of an error in a single
                   trial.

    Returns:
        cdf_result (float): The probability of having at most
                            k errors.
    """

    cdf_result = 0
    for i in range(0, k + 1):
        # Compute the probability of exactly i errors
        prob_i_errors = math.comb(n, i) * p**i * (1-p)**(n-i)
        cdf_result += prob_i_errors

    return cdf_result

n = 3000
p = 0.002
k = 3
prob_error = cdf_binomial(k, n, p)
print(f"The probability of at most {k} errors is {prob_error:.
5f}.")

The probability of at most 3 errors is 0.15094.
```

Da die Anzahl der übertragenen Buchstaben groß und die Fehlerwahrscheinlichkeit gering ist, kann die gesuchte Wahrscheinlichkeit näherungsweise mit der Poisson-Approximation aus Aufgabe 159 berechnet werden. Da die Zufallsvariable X näherungsweise einer Poisson-Verteilung mit dem Parameter $\alpha = np = 6$ folgt, gilt

$$\mathbb{P}(\{X \leq 3\}) \approx \mathrm{e}^{-\alpha} \sum_{k=0}^{3} \frac{\alpha^k}{k!} = \mathrm{e}^{-6} \cdot (1 + 6 + 18 + 36) = \mathrm{e}^{-6} \cdot 61 \approx 0.1512$$

Der obige Ausdruck lässt sich in `Python` direkt berechnen:

```
k = 3
prob_error = math.exp(-6) * 61
print(f"The probability of at most {k} errors is {prob_error:.
5f}.")

The probability of at most 3 errors is 0.15120.
```

Alternativ kann man auch die Verteilungsfunktion `stats.poisson.cdf` der Poisson-Verteilung aus dem Statistikmodul `scipy.stats` verwenden. Die Wahrscheinlichkeit, dass höchstens drei Buchstaben fehlerhaft übertragen werden, beträgt somit rund 15 %.

Lösung Aufgabe 161 Es seien $(\Omega, \mathfrak{F}, \mathbb{P})$ ein Wahrscheinlichkeitsraum und sei $(X_n)_{n\in\mathbb{N}}$ eine Folge von reellen Zufallsvariablen auf Ω. Weiter sei $X : \Omega \to \mathbb{R}$ eine konstante Zufallsvariable, das heißt, es gibt eine Zahl $c \in \mathbb{R}$ mit $X(\omega) = c$ für alle $\omega \in \Omega$. Die Verteilungsfunktion $F_X : \mathbb{R} \to [0, 1]$ von X ist nach Aufgabe 92 definiert durch

$$F_X(x) := \mathbb{P}(\{X \leq x\}) = \begin{cases} 1 & \text{falls } x \in [c, +\infty) \\ 0 & \text{sonst} \end{cases}$$

Wir setzen weiter voraus, dass $X_n \to X$ in Verteilung gilt. Gemäß dem Satz von Helly und Bray [12, 17.1.4 Satz] ist dies äquivalent zu: Die Folge $(F_{X_n})_{n\in\mathbb{N}}$ der Verteilungsfunktionen konvergiert in jeder Stetigkeitsstelle von F_X punktweise gegen F_X. Wie wir sofort erkennen ist die Funktion F_X in $\mathbb{R} \setminus \{c\}$ stetig, das heißt, es gilt

$$\lim_{n\to+\infty} F_{X_n}(x) = F_X(x) \tag{21.4}$$

für alle $x \in \mathbb{R} \setminus \{c\}$. Wir zeigen nun, dass die Folge $(X_n)_{n\in\mathbb{N}}$ stochastisch gegen X konvergiert. Sei dazu $\varepsilon \in \mathbb{R}_{>0}$ beliebig gewählt. Mit den in Aufgabe 54 bewiesenen Rechengesetzen für Wahrscheinlichkeitsmaße folgt

$$\begin{aligned} \mathbb{P}(\{|X_n - X| \geq \varepsilon\}) &= 1 - \mathbb{P}(\{|X_n - X| < \varepsilon\}) \\ &= 1 - \mathbb{P}(\{c - \varepsilon < X_n < c + \varepsilon\}) \\ &\leq 1 - \mathbb{P}(\{c - \varepsilon/2 < X_n < c + \varepsilon/2\}) \\ &\leq 1 - F_{X_n}(c + \varepsilon/2) + F_{X_n}(c - \varepsilon/2) \end{aligned} \tag{21.5}$$

Da die Verteilungsfunktion F_X in den beiden Stellen $c \pm \varepsilon/2$ stetig ist, folgt aus Gl. (21.4) speziell

$$\lim_{n\to+\infty} F_{X_n}(c \pm \varepsilon/2) = F_X(c \pm \varepsilon/2)$$

Da $F_X(c - \varepsilon/2) = 0$ und $F_X(c + \varepsilon/2) = 1$ gilt, ergibt der Grenzübergang in Gl. (21.5)

$$\lim_{n\to+\infty} \mathbb{P}(\{|X_n - X| \geq \varepsilon\}) \leq 1 - F_X(c + \varepsilon/2) + F_X(c - \varepsilon/2) = 0$$

und damit wie gewünscht

$$\lim_{n\to+\infty} \mathbb{P}(\{|X_n - X| \geq \varepsilon\}) = 0$$

Dies zeigt, dass die Folge der Zufallsvariablen $(X_n)_{n\in\mathbb{N}}$ stochastisch gegen X konvergiert.

Lösung Aufgabe 162 Sei $n \in \mathbb{N}$ eine natürliche Zahl. Wir betrachten die Verteilung $\mu_n : \mathfrak{B}([0,1]) \to \overline{\mathbb{R}}$ vermöge

$$\mu_n := \frac{1}{n}\sum_{k=0}^{n-1} \delta_{\frac{k}{n}}$$

Anders gesagt, μ_n ist die gleichgewichtete Summe von Dirac-Maßen und stellt nach Aufgabe 51 sogar ein Wahrscheinlichkeitsmaß dar. Tatsächlich gilt

$$\mu_n([0,1]) = \frac{1}{n}\sum_{k=0}^{n-1} \delta_{\frac{k}{n}}([0,1]) = \frac{1}{n}\sum_{k=0}^{n-1} 1 = 1$$

Sei nun $f : [0,1] \to \mathbb{R}$ eine beschränkte und stetige Funktion. Es lässt sich leicht zeigen, dass

$$\int_0^1 f \,\mathrm{d}\mu_n = \frac{1}{n}\sum_{k=0}^{n-1}\int_0^1 f \,\mathrm{d}\delta_{\frac{k}{n}}$$

gilt. Nach Aufgabe 133 folgt weiter

$$\int_0^1 f \,\mathrm{d}\mu_n = \frac{1}{n}\sum_{k=0}^{n-1} f\left(\frac{k}{n}\right) = \sum_{k=0}^{n-1}\left(\frac{k+1}{n} - \frac{k}{n}\right) f\left(\frac{k}{n}\right)$$

Die rechte Seite dieser Gleichung entspricht einer Riemann-Summe zur äquidistanten Zerlegung des Intervalls $[0,1]$. Daher konvergiert die linke Seite beim Grenzübergang gegen das Riemann-Integral der Funktion, das heißt, es gilt

$$\lim_{n\to+\infty}\int_0^1 f \,\mathrm{d}\mu_n = \int_0^1 f(x)\,\mathrm{d}x$$

Das Riemann-Integral einer stetigen Funktion über einer kompakten Menge stimmt jedoch mit dem entsprechenden Lebesgue-Integral überein, wie man beispielsweise in [3,7] nachlesen kann. Daher folgt

$$\lim_{n\to+\infty}\int_0^1 f \,\mathrm{d}\mu_n = \int_0^1 f \,\mathrm{d}\beta|_{\mathfrak{B}([0,1])}$$

Unsere Überlegungen zeigen also, wie gewünscht, dass die Folge der Verteilungen $(\mu_n)_{n\in\mathbb{N}}$ schwach gegen das auf $\mathfrak{B}([0,1])$ eingeschränkte Borel-Lebesgue-Maß konvergiert.

Lösung Aufgabe 163 Es sei $(\sigma_n)_{n\in\mathbb{N}}$ eine Folge von positiven Zahlen mit $\sigma_n \to 0$ und sei $g : \mathbb{R} \to \mathbb{R}$ eine beschränkte und stetige Funktion. Wir werden beweisen, dass

$$\lim_{n\to+\infty} \int_{\mathbb{R}} g \, \mathrm{d}\mathbf{N}(0, \sigma_n^2) = \int_{\mathbb{R}} g \, \mathrm{d}\delta_0$$

gilt. Jede Normal-Verteilung $\mathbf{N}(0, \sigma_n^2)$ ist bekanntlich absolutstetig und besitzt die Dichtefunktion $f_n : \mathbb{R} \to \mathbb{R}$ mit

$$f_n(x) := \frac{1}{\sqrt{2\pi\sigma_n^2}} \, \mathrm{e}^{-\frac{1}{2}\left(\frac{x}{\sigma_n}\right)^2}$$

Nach der Kettenregel [12, 9.2.2 Satz] gilt daher

$$\int_{\mathbb{R}} g \, \mathrm{d}\mathbf{N}(0, \sigma_n^2) = \int_{\mathbb{R}} g \, f_n \, \mathrm{d}\beta = \frac{1}{\sqrt{2\pi\sigma_n^2}} \int_{\mathbb{R}} g(x) \, \mathrm{e}^{-\frac{1}{2}\left(\frac{x}{\sigma_n}\right)^2} \, \mathrm{d}\beta(x)$$

Wir betrachten nun die Transformation $\Psi : \mathbb{R} \to \mathbb{R}$ mit $\Psi(x) := \sigma_n x$. Diese ist ein C^1-Diffeomorphismus mit $\det(J_\Psi) = \sigma_n$, sodass der Transformationssatz

$$\frac{1}{\sqrt{2\pi\sigma_n^2}} \int_{\mathbb{R}} g(x) \, \mathrm{e}^{-\frac{1}{2}\left(\frac{x}{\sigma_n}\right)^2} \, \mathrm{d}\beta(x) = \frac{1}{\sqrt{2\pi}} \int_{\mathbb{R}} g(\sigma_n x) \, \mathrm{e}^{-\frac{1}{2}x^2} \, \mathrm{d}\beta(x)$$

liefert. Um im obigen Integral zum Grenzwert überzugehen, prüfen wir die Voraussetzungen des Satzes von der dominierten Konvergenz (Satz von Lebesgue). Da g beschränkt ist, existiert eine Zahl $M \in \mathbb{R}$ mit $|g| \leq M$. Somit gilt für alle $x \in \mathbb{R}$ die Abschätzung

$$\left| g(\sigma_n x) \, \mathrm{e}^{-\frac{1}{2}x^2} \right| \leq M \mathrm{e}^{-\frac{1}{2}x^2}$$

Die dominierende Funktion ist wegen der bekannten Identität

$$\frac{1}{\sqrt{2\pi}} \int_{\mathbb{R}} \mathrm{e}^{-\frac{1}{2}x^2} \, \mathrm{d}\beta(x) = 1$$

integrierbar über $\mathbb{R}$. Ferner folgt aus der Stetigkeit von g, dass $g(\sigma_n x) \to g(0)$ für alle $x \in \mathbb{R}$ gilt. Damit sind die Voraussetzungen des Satzes von der dominierten Konvergenz (!) erfüllt. Gemäß diesem folgt

$$\begin{aligned}
\lim_{n\to+\infty} \int_{\mathbb{R}} g \, \mathrm{d}\mathbf{N}(0, \sigma_n^2) &= \lim_{n\to+\infty} \frac{1}{\sqrt{2\pi}} \int_{\mathbb{R}} g(\sigma_n x) \, \mathrm{e}^{-\frac{1}{2}x^2} \, \mathrm{d}\beta(x) \\
&\overset{(!)}{=} g(0) \, \frac{1}{\sqrt{2\pi}} \int_{\mathbb{R}} \mathrm{e}^{-\frac{1}{2}x^2} \, \mathrm{d}\beta(x) \\
&= g(0)
\end{aligned}$$

Unter Verwendung von Aufgabe 133 erhalten wir somit

$$\lim_{n\to+\infty} \int_{\mathbb{R}} g \, \mathrm{d}\mathbf{N}(0, \sigma_n^2) = g(0) = \int_{\mathbb{R}} g \, \mathrm{d}\delta_0$$

also konvergiert die Folge der Normal-Verteilungen schwach gegen die Dirac-Verteilung $\delta_0 : \mathfrak{B}(\mathbb{R}) \to \overline{\mathbb{R}}$. Damit ist alles gezeigt.

Lösung Aufgabe 164 Sei in der gesamten Lösung $(\Omega, \mathfrak{F}, \mathbb{P})$ ein beliebiger Wahrscheinlichkeitsraum und bezeichne $\Phi : \mathbb{R} \to \mathbb{R}$ die Verteilungsfunktion der Standardnormal-Verteilung.

(a) Der zentrale Grenzwertsatz gehört zu einem der wichtigsten Resultate der Wahrscheinlichkeitstheorie und Stochastik und lässt sich beispielsweise in [2, §51 Der zentrale Grenzwertsatz] oder [12, 17.3.1 Satz] nachlesen. Der zentrale Grenzwertsatz lautet wie folgt:

(Zentraler Grenzwertsatz). Sei $(X_n)_{n\in\mathbb{N}}$ eine unabhängig und identisch verteilte Folge von reellen Zufallsvariablen aus $\mathcal{L}^2(\Omega, \mathfrak{F}, \mathbb{P})$ mit Erwartungswert $\mathbb{E}[X_n] = \mu$ und Varianz $\mathbb{V}[X_n] = \sigma^2$. Dabei sind $\mu \in \mathbb{R}$ und $\sigma \in \mathbb{R}_{>0}$ beliebig. Für $n \in \mathbb{N}$ sei

$$Y_n := \sum_{k=1}^{n} \frac{X_k - \mu}{\sigma\sqrt{n}}$$

definiert. Dann gilt für alle $x \in \mathbb{R}$

$$\lim_{n\to+\infty} \mathbb{P}(\{Y_n \leq x\}) = \Phi(x)$$

also konvergieren die standardisierten Stichprobenmittel in Verteilung gegen eine standardnormalverteilte Zufallsvariable.

(b) Wir beweisen den Satz von Moivre-Laplace. Sei $(X_n)_{n\in\mathbb{N}}$ eine unabhängige und identisch verteilte Folge von Bernoulli-verteilten Zufallsvariablen auf Ω mit $\mathbb{P}_{X_n} = \mathbf{B}(p)$ und $p \in (0, 1)$. Wir setzen $S_n := \sum_{k=1}^{n} X_k$. Wegen

$$\mathbb{E}[X_n] = p, \qquad \mathbb{V}[X_n] = p(1-p)$$

sind die Voraussetzungen des zentralen Grenzwertsatzes erfüllt. Beachten wir weiter

$$Y_n = \sum_{k=1}^{n} \frac{X_k - p}{\sqrt{np(1-p)}} = \frac{\sum_{k=1}^{n}(X_k - p)}{\sqrt{np(1-p)}} = \frac{S_n - np}{\sqrt{np(1-p)}}$$

so erhalten wir wie gewünscht

$$\lim_{n\to+\infty} \mathbb{P}\left(\left\{\frac{S_n - np}{\sqrt{np(1-p)}} \leq x\right\}\right) \overset{\text{(a)}}{=} \Phi(x)$$

Beim Satz von Moivre-Laplace handelt es sich also lediglich um einen Spezialfall des zentralen Grenzwertsatzes.

(c) Wir untersuchen das Zufallsexperiment des mehrfachen Münzwurfs. Für jedes $k \in \{1, \ldots, 1000\}$ sei $X_k : \Omega \to \mathbb{R}$ die Zufallsvariable, die angibt, ob der k-te Münzwurf „Kopf" zeigt. Dann gilt offensichtlich $\mathbb{P}_{X_k} = \mathbf{B}(1/2)$ und weiter $\mathbb{E}[X_k] = 1/2$ und $\mathbb{V}[X_k] = 1/4$. Wir wollen die Wahrscheinlichkeit $\mathbb{P}(\{480 \leq S_{1000} \leq 540\})$ bestimmen, wobei wir

$$S_{1000} := \sum_{k=1}^{1000} X_k$$

setzen. Dazu schreiben wir geschickt

$$\mathbb{P}(\{480 \leq S_{1000} \leq 540\}) = \mathbb{P}\left(\left\{-\frac{20}{\sqrt{250}} \leq \frac{S_{1000} - 500}{\sqrt{250}} \leq \frac{40}{\sqrt{250}}\right\}\right)$$

Da die Anzahl der Münzwürfe *hinreichend* groß ist, liefert der Satz von Moivre-Laplace

$$\begin{aligned}\mathbb{P}(\{480 \leq S_{1000} \leq 540\}) &\approx \Phi\left(\frac{40}{\sqrt{250}}\right) - \Phi\left(-\frac{20}{\sqrt{250}}\right) \\ &\approx \Phi(2.53) - \Phi(-1.26)\end{aligned}$$

Den Wert $\Phi(2.53)$ entnimmt man der Tabelle der Standardnormal-Verteilung. Es gilt $\Phi(2.53) \approx 0.9943$. Den zweiten Wert bestimmen wir mit dem Zusammenhang $\Phi(-1.26) = 1 - \Phi(1.26)$ und $\Phi(1.26) \approx 0.8962$. Damit folgt

$$\mathbb{P}(\{480 \leq S_{1000} \leq 540\}) \approx 0.9943 - 0.1038 = 0.8905$$

Folglich wird mit einer Wahrscheinlichkeit von rund 89 % bei 1000 Würfen mindestens 480 und höchstens 540 mal „Kopf" geworfen. Das Ergebnis deckt sich auch mit unserer Intuition, denn wir erwarten, dass 500 mal „Kopf" geworfen wird.

Bemerkung.

(1) Da die Zufallsvariable S_{1000} Binomial-verteilt mit $\mathbb{P}_{S_{1000}} = \mathbf{B}(1000, 1/2)$ ist, kann man die Wahrscheinlichkeit auch vermöge

$$\mathbb{P}(\{480 \leq S_{1000} \leq 540\}) = \left(\frac{1}{2}\right)^{1000} \sum_{k=480}^{540} \binom{1000}{k}$$

berechnen. Im Gegensatz zu unserer Lösung oben lässt sich der Ausdruck jedoch nicht per Hand auswerten. Mithilfe von `Python` berechnet sich der Wert der obigen Wahrscheinlichkeit zu 0.8974.

(2) Die Approximation der Binomial-Verteilung mithilfe der Standardnormal-Verteilung ist in der Literatur als *Normal-Approximation* bekannt. Ist die Binomial-Verteilung $\mathbf{B}(n, p)$ symmetrisch im Sinne, dass sich p und $1 - p$ nur wenig unterscheiden, so ist die Approximation im Fall $np(1 - p) \geq 9$ ausreichend gut. In unserem Fall gilt $np(1 - p) = 250$.

Lösung Aufgabe 165 Es sei $(\Omega, \mathfrak{F}, \mathbb{P})$ ein Wahrscheinlichkeitsraum und sei $f : [0, 1] \to \mathbb{R}$ eine stetige Funktion.

(a) Weiter sei $(X_n)_{n\in\mathbb{N}}$ eine Folge unabhängiger und reeller Zufallsvariablen auf Ω mit $\mathbb{P}_{X_n} = \mathbf{B}(p)$ und $p \in (0, 1)$. Da die Bernoulli-Verteilung ein Spezialfall der Binomial-Verteilung ist, gelten $\mathbb{E}[X_n] = p$ und $\mathbb{V}[X_n] = p(1 - p)$. Vergleichen Sie dazu auch Aufgabe 126. Wir definieren für jedes $n \in \mathbb{N}$ die Zufallsvariable $Y_n : \Omega \to \mathbb{R}$ vermöge

$$Y_n := \frac{1}{n} \sum_{k=1}^{n} X_k$$

Der Erwartungswert der Zufallsvariable berechnet sich gemäß

$$\mathbb{E}[Y_n] = \frac{1}{n} \sum_{k=1}^{n} \mathbb{E}[X_k] = p$$

und da die Folge $(X_n)_{n\in\mathbb{N}}$ unabhängig (!) ist, gilt

$$\mathbb{V}[Y_n] = \frac{1}{n^2} \mathbb{V}\left[\sum_{k=1}^{n} X_k\right] \overset{(!)}{=} \frac{1}{n^2} \sum_{k=1}^{n} \mathbb{V}[X_k] = \frac{p(1-p)}{n}$$

Nun lehrt Aufgabe 108, dass jede Zufallsvariable $S_n := \sum_{k=1}^{n} X_k$ Binomial-verteilt ist, genauer gesagt gilt $\mathbb{P}_{S_n} = \mathbf{B}(n, p)$. Wir erhalten somit

$$\begin{aligned}\mathbb{E}\left[f\left(\frac{1}{n}\sum_{k=1}^{n} X_k\right)\right] &= \sum_{k=0}^{n} f\left(\frac{k}{n}\right) \mathbb{P}(\{S_n = k\}) \\ &= \sum_{k=0}^{n} f\left(\frac{k}{n}\right) \binom{n}{k} p^k (1-p)^{n-k}\end{aligned}$$

Damit ist alles gezeigt.

(b) In diesem Teil wollen wir zeigen, dass die Folge $(f_n)_{n\in\mathbb{N}}$ der Bernstein-Polynome gleichmäßig gegen f konvergiert. Dazu bemerken wir zunächst, dass die stetige Funktion auf dem Kompaktum $[0, 1]$ sowohl beschränkt als auch gleichmäßig stetig ist. Wir bezeichnen ab jetzt mit

$$\|f\| := \sup_{x\in[0,1]} |f(x)|$$

die Supremumsnorm von f. Sei $\varepsilon \in \mathbb{R}_{>0}$ beliebig. Gemäß der gleichmäßigen Stetigkeit existiert eine Zahl $\delta \in \mathbb{R}_{>0}$ derart, dass $|f(x) - f(y)| < \varepsilon$ für alle $x, y \in [0, 1]$ mit $|x - y| < \delta$ gilt. Somit folgt

$$|f_n(p) - f(p)| \leq \mathbb{E}[|f(Y_n) - f(p)|] \leq \mathbb{E}\left[\varepsilon + 2\|f\| \cdot \chi_{\{|Y_n - p| \geq \delta\}}\right]$$

wobei in den letzten Schritt folgende Fallunterscheidung für $\omega \in \Omega$ eingeht: Im Fall $|Y_n(\omega) - p| < \delta$ folgt aus der gleichmäßigen Stetigkeit

$$|f(Y_n(\omega)) - f(p)| < \varepsilon$$

Gilt hingegen die umkehrte Ungleichung $|Y_n(\omega) - p| \geq \delta$, so liefert die Beschränktheit der Funktion

$$|f(Y_n(\omega)) - f(p)| \leq |f(Y_n(\omega))| + |f(p)| \leq 2\|f\|$$

Unter Beachtung der Linearität des Erwartungswerts folgt weiter

$$\begin{aligned}\mathbb{E}\left[\varepsilon + 2\|f\| \cdot \chi_{\{|Y_n - p| \geq \delta\}}\right] &= \varepsilon + 2\|f\|\, \mathbb{E}\left[\chi_{\{|Y_n - p| \geq \delta\}}\right] \\ &= \varepsilon + 2\|f\|\, \mathbb{P}(\{|Y_n - p| \geq \delta\})\end{aligned}$$

Schätzen wir nun die Wahrscheinlichkeit auf der rechten Seite mithilfe der Tschebyscheffschen Ungleichung ab, so folgt

$$\mathbb{P}(\{|Y_n - p| \geq \delta\}) = \mathbb{P}(\{|Y_n - \mathbb{E}[Y_n]| \geq \delta\}) \leq \frac{\mathbb{V}[Y_n]}{\delta^2} \overset{(a)}{=} \frac{p(1-p)}{n\,\delta^2}$$

Nun können wir alle Ergebnisse zusammensetzen: Für alle $p \in [0, 1]$ und $n \in \mathbb{N}$ gilt

$$|f_n(p) - f(p)| \leq \varepsilon + \frac{2\|f\|\, p(1-p)}{n\,\delta^2} < \varepsilon + \frac{2\|f\|}{n\,\delta^2}$$

Gehen wir schließlich zuerst zum Supremum und dann zum Grenzwert über, so erhalten wir wie gewünscht

$$\lim_{n \to +\infty} \|f_n - f\| = 0$$

Damit ist die gleichmäßige Konvergenz der Folge bewiesen.

Bemerkung. Der Approximationssatz von Weierstraß besagt, dass man jede stetige Funktion $f : [0, 1] \to \mathbb{R}$ gleichmäßig durch ein Polynom approximieren kann. Das heißt, zu jedem $\varepsilon \in \mathbb{R}_{>0}$ gibt es ein Polynom $P : [0, 1] \to \mathbb{R}$ mit

$$\sup_{x \in [0,1]} |f(x) - P(x)| < \varepsilon$$

Lösung Aufgabe 166 Es sei $(\Omega, \mathfrak{F}, \mathbb{P})$ ein Wahrscheinlichkeitsraum. Weiter sei $X_k : \Omega \to \mathbb{R}$ für jedes $k \in \{1, \dots, 1000\}$ eine auf $(-1/2, 1/2)$ uniform verteilte Zufallsvariable. Gemäß der Lösung von Aufgabe 130 gilt

$$\mathbb{E}[X_k] = 0, \qquad \mathbb{V}[X_k] = \frac{1}{12}$$

Da die Zufallsvariablen laut Aufgabenstellung unabhängig sind, lehrt der zentrale Grenzwertsatz: Für alle $x \in \mathbb{R}$ gilt

$$\mathbb{P}\left(\left\{\sum_{k=1}^{1000} \frac{X_k}{1/\sqrt{12} \cdot \sqrt{1000}} \le x\right\}\right) = \mathbb{P}\left(\left\{\frac{\sqrt{12}}{\sqrt{1000}} \sum_{k=1}^{1000} X_k \le x\right\}\right) \approx \Phi(x)$$

Dabei bezeichnet $\Phi : \mathbb{R} \to \mathbb{R}$ wie üblich die Verteilungsfunktion der Standardnormal-Verteilung. Damit folgt

$$\mathbb{P}\left(\left\{\left|\sum_{k=1}^{1000} X_k\right| \le 18\right\}\right) \approx \mathbb{P}\left(\left\{\frac{\sqrt{12}}{\sqrt{1000}} \left|\sum_{k=1}^{1000} X_k\right| \le 2\right\}\right) \approx \Phi(2) - \Phi(-2)$$

Da $\Phi(2) \approx 0.9773$ und $\Phi(-2) = 1 - \Phi(2)$ gelten, erhalten wir damit insgesamt

$$\mathbb{P}\left(\left|\sum_{k=1}^{1000} X_k\right| \le 18\right) \approx 2\,\Phi(2) - 1 \approx 0.9545$$

Die Summe aller Rundungsfehler liegt somit mit einer Wahrscheinlichkeit von rund 95 % zwischen −18 und 18.

Bemerkung. Obwohl die theoretischen Extremwerte −500 und 500 des gesamten Rundungsfehler möglich sind, ist die Wahrscheinlichkeit dafür sehr gering. Die Rundungsfehler sind unabhängig und symmetrisch verteilt, wodurch große Abweichungen nach oben meist durch andere nach unten ausgeglichen werden.

Lösung Aufgabe 167 Sei $(\Omega, \mathfrak{F}, \mathbb{P})$ ein beliebiger Wahrscheinlichkeitsraum und sei $(X_n)_{n\in\mathbb{N}}$ eine Folge unabhängiger und reeller Zufallsvariablen auf Ω mit $\mathbb{P}_{X_n} = \mathbf{P}(1)$. Da jede Zufallsvariable Poisson-verteilt ist, lehrt Aufgabe 139 (d)

$$\mathbb{E}[X_n] = \mathbb{V}[X_n] = 1$$

für alle $n \in \mathbb{N}$. Wegen der Unabhängigkeit der Zufallsvariablen ist auch

$$Y_n := \sum_{k=1}^{n} X_k$$

Poisson-verteilt mit $\mathbb{P}_{Y_n} = \mathbf{P}(n)$. Dies lässt sich ähnlich wie in Aufgabe 108 mithilfe der Faltungsformel zeigen. Wir erhalten somit

$$e^{-n} \sum_{k=0}^{n} \frac{n^k}{k!} = \sum_{k=0}^{n} e^{-n} \frac{n^k}{k!} = \sum_{k=0}^{n} \mathbb{P}(\{Y_n = k\}) = \mathbb{P}(\{Y_n \leq n\})$$

Schreiben wir die Wahrscheinlichkeit auf der rechten Seite geschickt in der Form

$$\mathbb{P}(\{Y_n \leq n\}) = \mathbb{P}\left(\left\{\frac{Y_n - n}{\sqrt{n}} \leq 0\right\}\right) = \mathbb{P}\left(\left\{\frac{Y_n - \mathbb{E}[Y_n]}{\sqrt{\mathbb{V}[Y_n]}} \leq 0\right\}\right)$$

so können wir anschließend zum Grenzwert übergehen und den zentralen Grenzwertsatz (!) anwenden. Dieser liefert

$$\lim_{n\to+\infty} e^{-n} \sum_{k=0}^{n} \frac{n^k}{k!} = \lim_{n\to+\infty} \mathbb{P}\left(\left\{\frac{Y_n - \mathbb{E}[Y_n]}{\sqrt{\mathbb{V}[Y_n]}} \leq 0\right\}\right) \overset{(!)}{=} \Phi(0)$$

Hier bezeichnet $\Phi : \mathbb{R} \to \mathbb{R}$ die Verteilungsfunktion der Standardnormal-Verteilung. Da diese bekanntlich punktsymmetrisch ist, gilt

$$\Phi(-x) = 1 - \Phi(x)$$

für alle $x \in \mathbb{R}$. Insbesondere folgt daraus speziell $\Phi(0) = 1/2$, sodass wir wie gewünscht

$$\lim_{n\to+\infty} e^{-n} \sum_{k=0}^{n} \frac{n^k}{k!} = \frac{1}{2}$$

erhalten. Damit ist alles bewiesen.

Literatur

1. Amann, Herbert; Escher, Joachim: *Analysis II*, 2. Auflage, Birkhäuser, Basel, 2006
2. Bauer, Heinz: *Wahrscheinlichkeitstheorie und Grundzüge der Maßtheorie*, 2., überarb. Auflage, de Gruyter, Berlin–New York, 1973
3. Elstrodt, Jürgen: *Maß- und Integrationstheorie*, 8. Auflage, Springer Spektrum, Berlin, Heidelberg, 2018
4. Fischer, Gerd; Lehner, Matthias; Puchert, Angela: *Einführung in die Stochastik*, 2. Auflage, Springer Spektrum, Wiesbaden, 2015
5. Hebestreit, Niklas: *Übungsbuch Analysis I*, 1. Auflage, Springer Spektrum, Berlin, Heidelberg, 2022
6. Hebestreit, Niklas: *Übungsbuch Analysis II*, 1. Auflage, Springer Spektrum, Berlin, Heidelberg, 2022
7. Hebestreit, Niklas: *Übungs- und Lernbuch Maß- und Integrationstheorie*, 1. Auflage, Springer Spektrum, Berlin, Heidelberg, 2024
8. Jänich, Klaus: *Topologie*, 8. Auflage, Springer-Verlag, Berlin, Heidelberg, 2006
9. Klenke, Achim: *Wahrscheinlichkeitstheorie*, 5. Auflage, Springer Spektrum, Berlin, Heidelberg, 2020
10. Salamon, Dietmar A.: *Funktionentheorie*, Birkhäuser, Basel, 2011
11. Schilling, René L.: *Wahrscheinlichkeit: Eine Einführung für Bachelor-Studenten*, De Gruyter, Berlin, Boston, 2017
12. Schmidt, Klaus D.: *Maß und Wahrscheinlichkeit*, Springer-Verlag, Berlin, Heidelberg, 2011
13. Toenniessen, Fridtjof: *Topologie. Ein Lehrbuch von den elementaren Grundlagen bis zur Homologie und Kohomologie*, 2. Auflage, Springer Spektrum, Wiesbaden, 2025

N. Hebestreit-Düsing, *Übungs- und Lernbuch Wahrscheinlichkeitstheorie und Stochastik*, https://doi.org/10.1007/978-3-662-72720-1

Stichwortverzeichnis

N. Hebestreit-Düsing, *Übungs- und Lernbuch Wahrscheinlichkeitstheorie und Stochastik*, https://doi.org/10.1007/978-3-662-72720-1

MIX
Papier aus verantwortungsvollen Quellen
Paper from responsible sources
FSC® C105338

If you have any concerns about our products, you can contact us on
ProductSafety@springernature.com

In case Publisher is established outside the EU, the EU authorized representative is:
Springer Nature Customer Service Center GmbH
Europaplatz 3, 69115 Heidelberg, Germany

Printed by Libri Plureos GmbH
in Hamburg, Germany